邓其生
论文选集

邓其生　著

中国建筑工业出版社

图书在版编目（CIP）数据

邓其生论文选集 / 邓其生著 .—北京：中国建筑工业出版社，2020.7
ISBN 978-7-112-25007-3

Ⅰ. ①邓… Ⅱ. ①邓… Ⅲ. ①建筑科学 - 文集 Ⅳ. ① TU-53

中国版本图书馆 CIP 数据核字（2020）第 058021 号

责任编辑：毋婷娴　陈小娟
责任校对：王　烨

邓其生论文选集
邓其生　著
*
中国建筑工业出版社出版、发行（北京海淀三里河路9号）
各地新华书店、建筑书店经销
北京方舟正佳图文设计有限公司制版
北京建筑工业印刷厂印刷
*
开本：880×1230毫米　1/16　印张：25　字数：750千字
2020年10月第一版　2020年10月第一次印刷
定价：128.00元
ISBN 978-7-112-25007-3
（35731）

目 录

第一章　建筑理念与创作艺匠

重视建筑形式的探索

——对广州几个新建筑的一点看法

原载于1979年《建筑学报》第一期

近些年来，北京、广州、南宁、桂林、南京、上海、成都、郑州、长沙、武汉等地的设计人员，对建筑形式和艺术风格问题，在实践中遵循“古为今用，洋为中用”的方针，突破了一些旧观念，应用了一些新技术，反映了一些民族和地区特征，为我国现阶段建筑形式的创新进行了有益的探索。显然，这些建筑在创作上还是不成熟的，不能视为一种标准形式的蓝本生硬搬用，更不能说代表着今后的创作方向；但肯定其新的萌芽的因素，剔除一些毛病和不足之处，给予总结提高，对我们今后的创作实践是极有意义的。

我国要在20世纪内实现四个现代化，城市和乡村，都将进行大规模的建设，无数工业与民用建筑，等待着我们去规划、设计。因此，我们建筑规划、设计工作者，担负着描绘祖国壮丽面貌的艰巨而光荣的任务。我们必须打破“四人帮”所造成的万马齐暗的沉闷局面，按照“百花齐放，百家争鸣”的方针，重视和展开对建筑形式与风格的研究讨论，以便集思广益，逐步创造出既能反映新时代风貌，又具有民族风格与特点的新的建筑形式。这是一个长期实践、不断探索与创造的过程。为此，首先应该提倡各抒己见，畅所欲言，对现有的建筑进行分析、总结，本着这一目的，下面就广州几个新建筑谈谈自己的看法。

在广州，为了适应日益频繁的外贸活动的需要，兴建了一批新建筑（包括人民大厦新楼、广州宾馆、新温泉旅舍、东方宾馆、中国出口商品展览馆、白云宾馆等）。这些建筑建成以后，引起了多方面的评议。有的同志因这些建筑与一些国外现代建筑有某些共同之处，而简单地持否定态度，这是不恰当的。我们应该具体地分析研究，看这种形式的出现有没有道理、是否合乎客观的需要和具体环境、技术条件的要求。这些建筑同我们所习惯的传统形式的确有很大的区别，比如坡顶、柱廊、台座“三段式”没有了，屋顶挑檐没有了，外表多余的装饰和装修也没有了，剩下的基本体形，从表面上看确有点像外国的一些建筑形式，但实际上是大有区别的。这种变化有没有客观依据呢？首先要看旧传统中的“三段式”等形式是否适合广州这几个建筑的具体情况，有没有存在的必要。“三段式”是我国古代木构建筑技术条件下产生的造型特征，当代的钢筋混凝土高层建筑是无法也无须套用这种“法式”和比例概念的。挑檐是保护墙面不受雨淋的一种技术措施，高层建筑中如挑出少许则起不了什么作用，且不合比例；挑出过于深远则给结构和施工带来很大的麻烦。如果墙面采取了水刷石、贴面砖等防水措施，取消大挑檐又何尝不可？至于外表的装饰尽量减少，是合乎节约原则和有利于工业化施工的，何况附贴式的装饰在高大形体建筑中也收效甚微。

关于采用水平线条构图还是采用垂直线条构图以及体形体量问题，则要看功能需要和技术因素而定。这些建筑的外墙多数选择逐层出挑的横悬板线，对于处在亚热带地区的广州建筑的遮阳防雨和窗墙的清洁维修是有好处的；由此所产生的水平线构图，有点像我国传统古塔的出檐，但又具有一种清新的感觉。至于采用单体量还是多体量，则应该看周围环境条件和使用需要而定，不应以主观构图为出发点。譬如广州宾馆等建筑，因受用地的限制，为了争取空间，结合结构抗风抗震的要求，配合现代化的施工方法，采用了板式单体量的体形，是可算因地制宜的。这些建筑为了适应当地湿热的气候，底层常采用通透开敞的手法，适当地运用了我国建筑传统的庭园布局，应用了通花墙、漏窗、连廊等建筑小品，使建筑空间与自然空间取得有机的联系，有利于改善生活条件和美化环境，应该说，这是广州建筑在传统与革新问题上进行探索的成功之处。在这些建筑中，适当地采用了当地的民间瓷雕、彩色玻璃、木雕、剪纸、砖雕、铸雕等工艺美术装饰，反映了一定的地方特色，这对探索建筑的地方风采是有启发作用的。

在室内空间处理和装修方面，这些建筑以适合人体的比例来处理空间尺度，既节省又较有亲切感。烦琐的装修线条和不必要的图案被取消了；充分利用了自然光源，适当选用了现代的灯具；室内顶棚与墙面选择较清淡的冷色调或采用塑料纸饰面，并重点应用了一些冰裂纹砌筑的花岗石墙和大理石、瓷面砖饰面；同时还考虑到室内空间与现代设备、家具的结合，具有较明朗、轻快、清新的感觉。这些新的处理手法，恐怕较能适应现代的生活气息。我认为，这些都是对传统建筑空间处理手法的继承和革新，有可取之处。此外，建筑标准取决于建筑性质及服务对象等因素；但广州的一些建筑，在同类性质的建筑之中，经济指标是较好的。这说明，必要的建筑处理，并不一定需要增加很多造价。

对建筑色彩的处理，广州新建筑选用冷灰色为主调是有理由的。首先，地方性的水刷石本来就是灰水泥和白石米真实本色的表现，用不着加颜料；其次，这种冷色调较适合南方炎热气候的防热要求和心理观感，而且与南方蔚蓝的天空和常年的绿荫易于取得协调统一，适当地与其他浅色调颜色配合，显得格外明朗。

还应该指出，广州的新建筑类型还不够多，同时还存在着不少缺点，比如建筑的工业化程度还不高，如何在形式上进一步反映社会主义新面貌和民族特征，功夫还下得不够，其中也存在着某些为追求形式而忽视功能的做法，如过分地采用玻璃墙面和增加无谓的构图线条，在庭园中也有少量猎奇和矫揉造作的现象。但总的来说，这些建筑的成就是主要的，对我们探索新的建筑形式有不少启示，不应求全责备。在创作中，因受到主观和客观、内容与形式多种因素的制约，有时产生缺点和错误是难免的，需要经过不断的实践——认识——再实践——再认识的过程来改正、提高。从这一点来说，一种新的建筑风格的形成，不是几个人在短时间内能完成得了的，而是工作者共同努力，不断发展的结果，是时代和社会的产物。

我国幅员广阔，民族众多，各地的地形气候条件不同，生活方式和风俗习惯亦有差异，在历史上就形成了各地特殊的建筑风采，在建筑现代化过程中，即使是技术条件相同，建筑形式也不会完全一样。形式的多样性是历史上就存在的；现在，我们更应该正确贯彻“百花齐放”的方针，探索和创造新的建筑形式和风格，为实现四个现代化服务。

祖国建筑遗产与建筑现代化

原载于 1979 年《华南土建》

党的第十一次全国代表大会，标志着我国社会主义革命和建设进入了新的发展时期，摆在全国人民面前的伟大而光荣的历史使命，就是在 20 世纪末，把我国建设成为具有四个现代化的社会主义强国。四个现代化要求建筑的现代化，要求建筑师创造现代化的生产环境和生活环境；建筑现代化必将加速四个现代化的进程，另外，人民也需要现代化的建筑内容和形式来反映现代化的社会精神面貌。所以建筑现代化是当前建筑发展的不可违背的客观规律。至于用什么方法，走什么道路来加速我国的建筑现代化，使我国建筑技术和建筑艺术健康地发展，这是值得讨论和研究的问题。本文想通过对祖国建筑遗产的认识和理解，对学习外国先进建筑经验的态度，来阐述我国建筑现代化必须走自己民族发展道路的观点，供大家讨论。

一、历史的经验

回顾新中国成立以来我国建筑发展的历程，总结近三十年来正反两方面的历史经验，也许对我们如何正确对待祖国建筑遗产和如何选择走自己现代化的道路有所帮助。

新中国成立后，我国建筑事业在毛主席革命线路的指引下，开始了发展的新纪元，逐步改变了城乡半殖民地半封建的建筑面貌。广大设计人员，根据党的“实用、经济、在可能条件下注意美观”的建筑方针，设计了许多前所未有的建筑类型，建筑规模之广，速度之快，是我国历史上所空前的。建筑设计水平也在逐步提高。不少设计人员，在实践中刻苦学习，认真创作，对建筑形式的民族性、地方性和时代感都进行了积极的探索，逐步在开扩着适应于我国实际情况的建筑发展道路。

但也必须看到，前进的道路是曲折的。在第一个五年计划初期，有些设计人员在对民族形式的探求中，由于对古代建筑遗产理解不全面，观点不对头，把民族形式错误地理解为“宫殿形式”和“民族装饰”，把建筑形式和社会内容、技术条件割裂开来，不分时间、地点、条件，抄用“大屋顶”，套用旧“法式”，滥用彩画，讲求气派，造成了形式陈旧，建筑空间过于高大，结构复杂，施工麻烦，靡费巨大的后果。历史的教训值得注意。

本来对民族形式的探索是学术之争，然而，通过这次批判活动后，建筑界却出现了忽视和轻视祖国建筑遗产的倾向，由一个极端走向另一个极端，好些建筑历史遗产研究室被取消了，设计中一提民族形式就易于被说成是“复古主义”，好些设计人员对自己民族的东西不甚了解，认为是“古董”，认为没有什么可继承或难于继承，更甚者，是对自己民族遗产抱蔑视态度，或以“洋”为荣，割断历史，盲目搬用外国的一套；或只满足于设计的低水平，而对人民的生活习惯要求和民族的爱好就不注意了。

关于学习外国建筑经验，新中国成立前期也出现过“教条主义”的倾向。向苏联学习先进建筑经验是应该的，但有些同志却不管我国的实际情况，适用的和不适用的，把苏联当时“肥梁、胖柱、重屋盖、深基础”的建筑方法和“重艺术轻技术”等一套统统机械地搬过来了。设计思想也僵化了，出现了“公式主义”，容易形成方案的千篇一律。

在建筑教育方面，亦曾产生过忽视理论的倾向，建筑历史几乎被取消了，设计中只求图面效果，创作理论基础被看作是可有可无的东西，这样势必造成学生做设计只满足于照搬国内外现成的方案，没有自己的设计思想和观点，容易出现随风倒现象。这样培养出来的学生就难免缺乏创造性和独立工作能力。

在建筑史学研究方面，老一辈曾经做了不少工作，为后代留下了一批可贵的史学遗产。但由于历史条件的局限，还存在着为研究而研究，与现实社会需要脱节的现象，研究的深度和广度都还有限。总的来说是，注意表面形式多，忽视了规律性、理论性的研究；宫殿庙宇研究得多，民间建筑研究得少；建筑艺术注意得多，工程科学技术研究得少；汉族建筑和城市建筑研究得多，少数民族和农村建筑研究得少。此外，民族建筑和国内外建筑的交流影响也研究得少。由于史料的支离破碎，所以很难系统地得出指导性的理论来，遗产的精华与糟粕也往往难于分清。“古为今用”成了一句空话。

我们的国家历史悠久，国土辽阔，民族众多，我们的祖先在长期的建筑实践中，为我们留下了许多宝贵的建筑遗产，从古建筑遗物和历史文献中反映出来的建筑技术和建筑艺术上的伟大成就是世界上所公认和推崇的：不论在城镇规划、总体布置、庭园绿化、空间组织、造型构图、细部装饰、色彩配置和家具布设等都有它精华所在；不论对结构原理的理解、材料的合理选择、建筑防护与施工技术都有它科学性的方面。一个伟大的宝库，如不作进一步的发掘和研究，不给予继承和发展，实在会造成不应该的损失。

近些年来，全国一些大城市出现了一批新型公共建筑，它们造型简洁轻快，线条挺拔畅朗，用色明快清新，体量组合与布局不拘一格，以一种新的面貌呈现在人们的面前，反映了一些设计人员解放了思想，敢于突破一些旧观念，应用一些新技术。为我国现阶段建筑形式的创新打开了局面，为创造我国现代化的建筑形式进行了有益的探索。但应该指出，这些建筑并不能说代表着今后我国建筑现代化的方向。如果我们把这些建筑摆在世界现代建筑的范围内，摆在建筑历史发展的过程中，就会发现，它们形式上还缺乏我们民族的特点，技术设备上好些还是先进国家十几年前的东西。需要有“更上一层楼”的不断努力精神。

的确，在实现我国建筑现代化过程中，完全抛弃中国建筑遗产，比设法批判、继承民族遗产容易得多；创造社会主义的民族建筑风格，比搬用外国现成的建筑形式困难得多。但这里面有文野、高低、好坏之分。每一个民族都有其建筑特点，这是历史地理环境和民族审美素质所决定的，如果一个民族的建筑失去了自己的特点，就说明这个民族的存在成了问题。当前我们提出建筑要有民族特征，一方面是由于反帝反新老殖民主义的需要，用建筑的民族性来表现民族的独立尊严和增强民族的自尊心、自信心；另一方面，是因为在民族遗产中，确实存在着对我们社会主义多快好省建设有用的东西。

二、道路的选择

展观世界各国建筑现代化的过程，也许对我们认识我国今后走现代化的创作道路有所帮助，美国和西欧资本主义各国，按照资本主义经济竞争垄断的发展规律，形成了他们畸形的发展道路，并造成后来建筑思想“自由化”的混乱；苏联和波兰等国亦有其革命前期的发展特征和后来蜕变成“福利主义”的过程；日本建筑也有过全面西化和后来发展成自己独特体系的教训和经验；朝鲜、罗马尼亚和南斯拉夫也有他们自己现代化的特殊道路。而我国今后建筑现代化的道路应该如何？这是事关重大而带有战略性的问题。

周总理曾经指出：“在建筑形式和艺术风格上，要古今中外，一切精华，皆为我用”。这是我们创作的方向和奋斗的目标，意思就是说，现成的道路是没有的，不能走别的国家，特别是资本主义国家的老路，也不能走“复古主义”的回头路，我们要继往开来，吸收古今中外的建筑精华，开扩我们崭新的中国式的社会主义现代化道路。

我国建筑现代化的道路决不应该是建筑的“洋化”道路。因为，一方面时间不允许，跟着人家屁股后面走，永远落在人家的后面；另一方面，如果我们的建筑现代化失去社会主义的特点，失去民族性和地方性，人民通不过，也不好向后一代交代。

为了不至重蹈资本主义国家建筑现代化道路的覆辙，研究一下他们是如何实现现代化的过程是有好处的。

18 世纪末叶，工业革命在欧洲揭开了序幕。蒸汽机的发明，火车轮船的问世，国际市场的开辟等，迫使新兴资产阶级需要探求新的建筑来为其政治经济服务。银行、交易所、医院、火车站、旅馆和出租公寓相继出现，新的建筑内容要求新的建筑形式，但当时的资产阶级既要在政治上反对中世纪以来封建社会时期的建筑形式，又一时无法创造新的建筑形式来适应新内容的要求，只好从古希腊罗马奴隶社会时代的建筑形式中寻求范本，或从中拼集华丽之大成。这就是当时出现的复古主义和折衷主义。

经过了整整半个世纪，人们对这些束缚建筑发展的旧形式已经感到厌烦了，有些建筑师也力图突破这些表面的古典金科玉律的外壳，但收效甚微。

19 世纪最后的 30 年间，资本主义逐步向垄断资本主义过渡，工业大生产引起了国际市场的尖锐竞争；科学的发展，建筑技术的飞跃，新结构新材料的出现，旧建筑形式严重地限制着新技术新内容的发展，也阻碍着资本家对最大利润的追求，于是一些建筑师在资本家的支持和鼓励下，展开了新建筑运动。提出了反历史的“与传统分离”的口号，索性反对过去一切的建筑美学观点，片面地强调“结构就是美”“功能就是美”。这就是资本主义国家出现在 19 世纪末叶的赫赫有名的“功能主义”和“结构主义”。后来，帝国主义为了侵略殖民地的需要，还鼓吹过否定建筑有民族特点的所谓“世界主义”，这些主义就是在资本主义国家里也被认为“建筑技术进步了，建筑艺术却落后了”。认为割断了历史的发展是不合乎建筑发展逻辑的异常现象。从此以后，则引起了建筑思潮的混乱，有些建筑师在否定了“功能主义”和“结构主义”以后，企图在新形式上找出路，但他们丢弃传统遗产和脱离社会内容，主观臆造形式，追求精神的刺激，猎奇以制胜，出现了五花八门的所谓抽象派、流体派、表现派、构成派、立体派、非预定狂想派等彻头彻尾的形式主义派别。这种资本主义极端“自由化”的设计思想，不但不可能解决当时建筑技术和艺术之间的尖锐矛盾，而且是资本主义建筑艺术颓唐的表现。当然也不可否定，在此同时，亦有不少先进的建筑师从实际出发，注意到了建筑的民族性和人民性，推动着资本主义建筑的发展。但是要知道，资本主义社会实现建筑现代化，足足经历了一百多年呀！

从全盘搬用古典建筑形式到全盘否定建筑历史遗产，然后导致建筑思潮的混乱，这就是欧美资本主义国家建筑现代化过程中所经过的一段曲折道路。这种现象虽然产生在资本主义社会的历史背景下，但从设计思想而言，如果我们在理论上忽视对建筑内容与形式统一规律的研究，任意夸大建筑的某一要素，在实践中崇拜或忽视我国建筑遗产的作用，都有在设计中重蹈这种形式主义后尘的可能。应引以为戒。

我国社会主义的政治因素和进步的思想体系为我国建筑现代化正常的发展创造了条件，马列主义唯物辩证法为我们处理建筑内容和形式的关系奠定了理论基础，学术上的“百家争鸣”与创作上的“百花齐放”政策可以促进建筑形式的多样性。我国悠久而丰富多彩的民族建筑遗产和广大地区的地方传统建筑经验为我们广开了创作的思路，建筑的大量性和人民性为新形式的探索展示了无限的创作广度和深度，科学技术的现代化为我们的建筑创作提供了新的物质因素。这些都是资本主义国家建筑现代化过程中无可伦比的。所以我们满怀信心，坚定地走我国自己建筑现代化的发展道路。

三、有益的借鉴

不可否认，近代资本主义的建筑科学技术的发展是前所未有的，建筑材料、建筑设备、建筑结构力学、建筑施工技术都起了革命性的变化，比我国进步多了。按照马克思主义的观点，科学技术是人类创造的共同财富，是没有国籍之分的。落后的国家学习外国先进的东西，已经是国际惯例。另外，按自然法则，科学技术的基本原理是共同的，学来的东西是能够为我们建设社会主义所用的。西方经过上百年发展而成的现代建筑科学，可以而且能够拿来改进和代替我国原来保守的落后技术，为何不能呢？

我国近代建筑历史上曾经反复出现过“排外主义”到“崇外主义”再到“排外主义”的现象。在鸦片战争前，清朝“闭关自守”，虽然西方建筑早在16世纪已经传入我国南方沿海，但人们称这些“洋楼”为“鬼楼”，加以蔑视。鸦片战争后，有不少人失去了民族自信心，崇洋媚外思潮泛滥，南方有些城市建筑也殖民化了，羊城有称为“洋”城。“五四运动”后，有人主张“整理国故”，排外的设计思想又有所抬头。在抗日战争胜利后，在国民党统治区又出现了一次建筑“洋化”的思潮。新中国成立后，从设计思想而言，我们也曾吃过一些保守排外和盲目崇外流毒的亏。

我国近代会出现这种由“排外主义”极端转化到“崇外主义”极端的现象，原因主要在于国家的保守落后和不能自主自强，但从认识论来分析，却是人们把古今中外的建筑人为地对立起来了。然而事实上，它们之间本来就没有什么不可逾越的鸿沟，正常的建筑发展总是今日继承古代，中外互相影响的。

外国学习中国的东西，在建筑史上是屡见不鲜的。日本在隋唐时期曾大量地引进我国建筑经验，从整个城市规划到园林绿化，从建筑技术到建筑艺术，几乎都搬用过去了，日本现存的平城（奈良）、法隆寺、东寺等都是当时中日文化交流的见证，后来，日本工匠把中国建筑日本化了，变成了日本独特的风格。朝鲜和越南的建筑也历代受到我国的影响，有些古建筑是直接由中国工匠建起来的，但朝鲜建筑还是朝鲜风格，越南建筑还是越南风采，与中国建筑迥然异味。至于我国建筑对西欧的影响，其历史可以追溯到汉代，当时我国的筑城技术、装修技术和造园技术已逐步通过丝绸之路由西域传入罗马等国。到了18世纪中叶，西欧宣传中国建筑的更不乏其人。1752年，英国出版了《中国庙宇新设计及其他》一书，1757年出版了《中国建筑设计》一书，稍后又出版了《中国建筑实录》（1873年）一书，1925年德国出版了《中国建筑》更全面地、更高度地评价了我国古代建筑遗产，对西欧现代建筑的发展起了不小的影响。

我国古代建筑经过几千年的发展，始终保持着自己民族的特殊风格，在世界上独树一帜，这是客观事实。要知道，在我国建筑发展过程中，工匠们是在传统的基础上不断吸收外国和外族的东西来改进自己的建筑体系的。其史例很多。

汉代佛教从西域传入，我国建筑首先就受到印度建筑的影响，产生了佛塔和“石窟寺”之类的建筑类型。印度的“窣堵坡”与中国的台楼式建筑结合演变成中国式的佛塔；印度的“支堤”与中国的崖墓庙堂式建筑结合脱胎成为中国式的石窟寺；佛教精神保存下来了，印度建筑的姿、味都有一些，但整体上仍然是中国的气派、中国的形式，这种中外建筑融合得天衣无缝的手法难道不值得借鉴吗？在后来中国建筑中，常见的莲花纹、背光火焰纹、须弥座、山蕉叶纹、菩提树纹等装饰装修题材，园林建筑中的“须弥山”“浮屠院”“浅水方池”等布局手法，建筑壁画和雕刻的内容、构图、用色，我们都可以看到其中不仅明显地接受了印度的影响，而且融合了其他中亚国家，甚至从伊朗萨珊朝传来的成分。

现存的清建热河承德外八庙是我国封建社会后期将汉、藏、蒙建筑交融起来，有机结合，企图创造成新的建筑体系的尝试。工匠们在建筑技术上取长补短，在建筑艺术上把各民族精彩的东西按当时的需要汇合在一起，并增加了一些新的成分，创造了一种既保持浓厚中国特点，又以新的面貌出现的建筑风格。这种成功的创作经验难道不能为我们今天创作所借鉴吗？

在中国建筑史上，完全照搬外国、外族的建筑形式的事例也有。如广州的怀圣寺光塔就是唐宋年间阿拉伯人建造的，北京的妙应寺白塔就是在元代由尼泊尔青年匠师阿尼设计的，新疆喀什清代建造的阿巴伙加玛扎墓和一些伊斯兰教建筑是西亚伊斯兰教建筑的翻版。但这些建筑都没有成为我国建筑的主流，只不过是我国多样建筑形式的一种花絮而已。在近代，随着帝国主义的侵入，殖民主义者在中国的土地上建起了一批完全西洋式的教堂、海关、车站、银行。因为它们是强加给中国人民的，恐怕没有多少中国人会欢迎和欣赏，最多也只不过是见识一下，知道世界上还有这样形式的建筑而已。但中国人历来具有善于吸收外国长处的优点，近代西方建筑技术和艺术的输入，确实也为我国近代建筑的发展提供了新的因素。

我国古代建筑作为独特的一种风格，在世界上一直保持了几千年，可谓保守性之强矣，但仔细研究，它的形式是一直在发展变化的。秦汉建筑和唐宋不同，唐宋建筑又与明清异样。就“宫式建筑”而言，唐宋以前的建筑总的形象是，总平面多用回廊式布局，平面列柱比较整齐，建筑空间比较低矮（因人席地而坐），屋顶比较平缓（举折 1/6 ～ 1/4，清为 1/4 ～ 1/3），斗栱比较硕大，挑檐比较深远，柱子比较粗壮（柱径高度比 1/8 ～ 1/9，清代为 1/9 ～ 1/11），装饰比较简朴，用色比较淡雅等。经过了约一千年的发展，却发展成现存的北京明清故宫那样的建筑形象了。由此可见，一成不变的民族特点是不存在的，它总是随着社会性质、生产水平、生活习惯、建筑技术的发展、外来的影响和美学观点的变化而变化，总是按社会新的需要和技术条件的进步而淘汰一些旧东西，添进一些新东西。

自秦汉至明清，我国建筑形式虽然产生了巨大的变化，但中国的建筑还是中国的风格，其原因是民族的基本特点保存下来了，如木结构的梁柱框架体系，庭园的空间布局，贯穿南北轴线的均齐对称的群体概念，建筑与外界环境的协调法则，建筑与其他艺术的力求完善和谐的精神，建筑设色的强烈鲜明手法，建筑体型的轻巧舒展，构图上的严谨与秩序井然，建筑的真实感与材契法则，等等。我国古代工匠就是在继承了这些基本营造规律后进行创作的，所以某些形式的变化并不失去固有的风格。

综合上述，可给我们如下借鉴：

（1）一个国家建筑的发展并不是孤立的，国与国之间的学习交流是正常的历史现象，向外国学习先进的东西有助于促进本国建筑的发展。在世界建筑日新月异发展的今天，更不能“闭门造车”，要把我国建筑现代化摆在世界建筑现代化的行列中找出差距，思想再解放一点，方法再多一点，广辟创作的途径，借鉴外国经验，少走弯路，赶超世界建筑先进水平。

（2）民族的建筑历史要重视，不能割断，创新要以自己的东西为主，在自己民族的基础上有目的地吸收国外的东西，要把外国的东西中国化，而不是把现代化理解为洋化。向外国学习是为了使我们民族的建筑有一个跃进，是为了社会主义的现代化。

（3）实现建筑现代化要有一定过程。在建筑技术上一方面要学习外国先进的技术，一方面要对传统的技术进行改造和革新，使之中西结合，但应以学习外国先进技术为主，“洋为中用”应该从技术上多考虑一些，在建筑艺术上应该是古今相承，在传统基础上的革新。要了解我国古代的建筑规律，决不能生搬外国的形式，艺术上的“全盘西化”群众是不易接受的。“古为今用”应该从建筑艺术上多考虑一些。总的来说，技术上应以“洋”来推动“古”，学“洋”是为了今天的中国现代化，艺术上应立足于“中”，但学“古”是为了现代人的需要，要有时代的新颖感。

四、可贵的启示

马克思在《共产党宣言》中指出：“它（指资本主义）创造了根本与埃及金字塔、罗马水道及哥特式教堂不同的艺术奇迹。”革命导师在这里提到的“艺术奇迹”可以从两方面去解释，一方面是资本主义现代建筑标奇立异地出现了“结构主义”“功能主义”和其他形式主义，建筑艺术的衰退是历史事实。另一方面也要承认它有进步的方面，有一些进步的建筑师在对建筑新形制的探索中注意到民间的传统和吸收了东方国家的优秀艺术，在新的技术条件下创造了一些可贵的手法和法则，出现了好些既技术先进又艺术高明的新颖建筑，这也可以说是一种奇迹。

艺术终究是人民的艺术，资产阶级对艺术的偏见始终左右不了人民对建筑固有的本质的看法，建筑技术和建筑艺术还是不可分的，历史还是不能割断的。结构主义和功能主义已经被历史所否定。

一种公认为好的建筑理论，或一幢优秀的建筑创作，总是总结了人类过去的建筑精华的再创造，不可能是某种灵感所产生的。所有建筑实践都是在前人基础之上的再实践，不可能是无源之流，无本之木。只要我们深入分析一下西方现代比较成功的建筑的设计原则和表现手法就会发现，许多优秀的东西，与我们祖国建筑遗产中的某些法则和手法是何其相似呀！

西方现代建筑提出带革命性的建筑三大法则是底层支柱透空、平屋顶、框架结构使平面和立面灵活布置。事实上，这些法则早在我国古建筑中就存在着。底层立柱透空即相仿于我国西南地区常见的“干阑”建筑，它的起源可以追溯到考古发掘的浙江余姚河姆渡原始社会居住遗址，在南方汉代明器中已为普遍。平屋顶我国最早见于云南元谋大墩子新石器时代建筑遗址，三国时《广雅》亦有“屠苏、平屋也”的记载，现在西北、西南、华北少雨地区民间亦颇为流行，西藏拉萨布达拉宫是我国古代大面积平顶建筑造型的典型。框架结构本来就是我国古建筑体系的主要特点，已保持了几千年的历史了，我国传统建筑空间的灵活隔断，外形处理的自由舒畅等特征，就是这种结构形式所秉赋的。

现代建筑的主要技术关键是设计的标准化和施工的装配化。我国古代标准化的概念和装配化的措施（当然是手工业式的）最迟可以追溯到春秋战国之前。《考工记》一书记载有步、寻、雉、筵、轨等作为建筑基本尺度，实质上是古代建筑模数制，此书中还规定不同用途、不同等级的建筑采用不同的模数（如雉）二倍或三的倍数（相似现代的扩大模数）。到了唐代，模数制进一步发展，宋《营造法式》记载的“材契制”就是标准模数制，书中提出“以材为祖，材分八等”，就是说建筑设计的一切尺寸，都以材（即栱高）为根据，而且按建筑的用途和类型分为八等，以此八等模数来确定所有构件的尺寸，这样建筑就可以定型化和标准化了，所以我国古代建筑有定工、定料和建筑速度较快的特点。在古文献中记载整座建筑快速拆迁的例子不少，说明我国古代建筑装配化程度之高。在民间建筑中通常平面、立面、构件尺寸都是定型化了的，只要说盖哪一类型的房子，工匠就会按某一标准格式建造起来，可见我国早就有建标准房子，住标准住宅的习惯了。

欧美现代建筑的先驱人物包豪斯极力主张忠实表现和暴露各种建筑材料的固有性格和天然本性。许多现代建筑师对各种建筑材料的质感色泽的独特艺术表现效果都有独到的研究，在好些优秀的现代建筑中，都利用了各种饰面材料：钢材、玻璃、乱石墙、清水墙、合金等材料的迥然不同的表现效果、和谐的搭配，达到高度的艺术成就。我国古代建筑对于材料的自然美表现和结构形式的忠实表露，不仅在实践中极为常见（特别在民间建筑中），在理论上也有不少文献提及，如汉《说苑》有“质有余者，不受饰也”的记载，魏《文心雕龙》有“使文不灭质”的论述，清《一家言》有“因其材美而取材”的主张。

欧美优秀现代建筑往往因其造型简洁，细部处理精巧朴素而著称，现代西方建筑大师密斯·凡·德·罗有“要获得最丰富的效果，就要运用最简洁的手法”的论述，提出“少就是多”的论点。在我国传统民居和园林中，运用简练的设计手法取得良好艺术表现效果的实例到处皆是。明末清初李渔在论述建筑创作思想时明确提出：“土木之事，最忌奢靡……盖居室之制，贵精而不贵丽，贵新素大雅，不贵纤巧烂漫。”对细部装修提出：“宜简不宜繁，宜自然不宜雕斫”和“简而文，新而妥”的主张，并提倡“点铁为金”和“一物幻二物”的经济简练的以少胜多的处理手法。可见，我国古代工匠对简朴外形的处理是有理论有实践的。

在建筑室内空间处理上，欧美现代建筑有一种流动空间的理论，主张突破封闭性的盒子式空间布局，按功能和观感的要求，灵活布置墙壁，采用各种活动隔断、漏空墙、玻璃断墙和其他设施等分隔空间，使室与室之间密切联系，而又隔而不断，达到开敞而丰富的空间艺术效果。这种空间处理概念，我国最迟在战国时代就已经形成，从战国时的文献和石刻金雕的建筑形象中可以看到，当时普遍采用帐幕、屏风、格扇、屏门、器具等来灵活分隔空间。这种手法后来更为充分地发展，形式更多种多样，如用玲珑透巧的隔罩（落地罩、栏杆罩、花罩、几腿罩等）、博古架、珠帘、空花墙、彩色玻璃墙，亦有采用走马廊、地面与楼面的高差，或地面依地形的错落起伏，所造成空间巧妙变化的艺术效果。在园林建筑中，突破封闭空间的手法更是多种多样，几乎找不到一个孤立的封闭空间，所有空间的处理都是经过苦心琢磨，使之互相联系，互相渗透，互相流连，其深幽巧妙、富有抑扬韵律的艺术表现手法，就是欧美现代建筑也尚未能超越。

漏花墙和漏空窗格是西方现代建筑风行一时的用来表现建筑形式美的装饰手段。在拉丁美洲、非洲和东南亚更为常见，有些建筑结合遮阳和通风，在适当部位采用富有装饰性和独特立体感的预制混凝土或金属漏空花格窗，给人一种清新雅致的感觉。这和我国南方各地民间建筑采用的瓦片、陶砖、琉璃花砖所砌的通花墙、漏花窗的构图意图大致相同。美国有名的建筑师爱德华·斯通曾在美国驻印大使馆大胆采用整片通花墙而轰动了现代建筑论坛，而我国则早在两千多年前的汉代民居（据广州汉明器发掘）就出现有整片通花墙的处理了。

对于空间尺度处理，欧美现代建筑由于经济原因和空间概念的变化，趋向按照人的比例尺度来控制和安排空间。有些现代建筑以小巧舒适而盛名。这种小尺度建筑空间处理，在我国传统民居和园林中是习以为常的。明代《园冶》中提到的“精在体宜”“巧而得体”“得体合宜”，都是强调建筑与周围环境、人物与空间要有适宜的尺度关系。在古代园林建筑中优秀空间处理的法则之一是，小环境空间中配置小体量建筑、小山、小水、小路，在小体量房间内设置小尺寸的家具陈设、小栏杆、小窗户和小尺度装饰构件，力求在较小的绝对尺度空间内，通过相对尺度的灵巧对比，达到小中见大的艺术效果。至于民居的空间尺度，清《一家言》亦提到：“夫房舍与人，欲其相称，画山水者有诀云，丈山尺树，寸马豆人……不则，堂愈高而人愈觉其矮，地愈宽而体愈形其瘠。”意思是说，追求高大的比例尺度，会破坏人与建筑间的正常尺度关系。

美国著名建筑师赖特的“有机”建筑理论是西方现代建筑颇有影响的流派，他主张建筑是一个有机体，是自然的一部分，他作品的主要特点是空间处理倾向于自由活泼，室内外空间互相错综穿插，力图把建筑设计成“像树生长在自然中一样。”将室外花草树木，乱石、水面引进室内，室内空间采用敞廊、花架、露台、连廊等与室外空间结合起来，使室内外融为一体，给人以畅朗深幽的感觉。这种处理手法，赖特本人也承认是受日本庭园的影响，然而他们无法改变这一铁的事实，日本庭园的处理手法多出于我国古典园林艺术。

以上事实给了我们如下几点启示：

（1）西方现代建筑的一些进步因素是有历史根源的。有许多优秀的法则和手法，在我国古代建筑遗产中亦可以找到它的渊源。这说明我国古代建筑遗产确实有一些精华可以为现代化所用。直接借鉴自己的古代遗产，要比间接把国外学过去的东西再学过来更真实更直接得多。问题是我们过去把自己民族的东西研究得不透，很少发现它的规律性的东西。要走我国建筑自己的道路，就要首先研究好我们祖国遗产中有哪些精华可以吸收。

（2）要承认外国现代建筑有其高明之处。外国现代建筑的一些原理也是科学的，我们可以学习这些原理来分析和研究我国古代的建筑遗产。用现代的科学艺术理论来发掘自己民族的精华，再用来创造新的民族建筑风格，成效会更大些。

（3）民族的信心是走民族道路的关键。外国的东西不能盲目崇拜，奉为典范，对外国的现代建筑如果心摹手追，忘记了因地制宜，因人制宜，因时制宜，就等于淹没了自己民族建筑的性灵，我国的建筑在世界上就不会有地位。当前的世界注意力正逐渐转向东方。我们的建筑现代化不走我们自己民族发展的道路那能成吗？

注：本文撰写时得龙庆忠教授指导，特表感谢。

院落住宅发展与南方农舍探讨

原载于1981年《南方建筑》

我国幅员广阔，民族众多，各地自然环境和风俗习惯均千差万别，传统民居形式千变万化，极其丰富多彩，但历史最悠久，使用最广泛的住宅形式可算是院落式住宅。不论南方或北方，城市与乡村，各不同阶层的人们都乐于居住，足说明它有很大的适应性。这种住宅形式的确有不少优点，至今在南方农村仍被普遍采用。笔者对我国院落式住宅的发展作了一些研究，本着学习优良传统经验的精神，结合时代的要求，进行了一些革新，注入了新的内容，试作了一种适应南方地区的农舍方案，并就有关一些问题作了以下论述。

一、渊源与历史

据考古发掘，院落式住宅起源于原始社会后期，当人类定居以后，为从事种植和饲养，在房前屋后建栅栏圈牢，这可谓院落的前身。在我国河南郑州大河和云南元谋新石器时代住宅遗址发现，为防御大自然风雪和野兽的侵袭，有的建筑在排列上，相互靠拢，组成内向空地，形成院子，这种情况在上古时代的埃及、印度、希腊、西亚和南非等文明古国亦是如此，说明院落本是人类为自我生存跟自然斗争的产物。

在私有制产生以后，院落住宅得到因袭和发展，商殷甲骨文中的[illegible]、[illegible]等字是两向合院和四向合院的典型形象。实例则见于河南偃师二里头商代宫室遗址，如图1所示，宫室与宫门中间有一宽广的庭院；庭院四周围墉拱卫，并有回廊绕院，显然是出现阶级对立后，庭院兼备有军事防御和精神上的壮威作用。如图2为陕西岐山凤雏西周早期建筑。

遗址复原平面。这是一座有计划一次建成的多院落住宅，以堂为中心，前为门塾、后为寝室、侧为厢庑，组成四面封闭、中为庭院、中轴对称的完整的四合院形式。它说明三千多年前我国住宅内容已相当丰富复杂，其形制是按当时古籍《周礼》布置的，注入了社会意识因素，反映了宗法家族精神。

到了封建社会，院落式住宅进一步被广泛应用，根据《管子》和《墨子》所载的城市“闾里”制，战国时的城市居民均大多住天井式住宅。

汉代自给自足的小农经济颇发达，独门独户的小院落住宅得到很大发展，这从广东、河南、广西、四川、陕西、内蒙古汉墓发掘的明器（随葬陶制建筑模型）可以得到证明。如图3～图5所示，它们的共同特征是：①平面外形规整，院子尺度较小，院子与房间相通，院子位置或中或偏，有作饲养家畜的，也有作舂米、厕所等杂用，平面简单紧凑；②结构用穿斗屋架或山墙承重，屋顶用双坡瓦面，错落组合自如，排水合理，挑檐深远；③立面造型朴实大方，不求对称，不谋齐整，结构外露，但屋顶的起伏、脊饰、门饰、山墙和围墙通花等处理生动活泼，很有风采。上述处理手法有些一直沿袭到今天，因其实用经济，直到两千多年后的农村，仍为小康之家所欢迎。

汉代的中型住宅可在四川成都出土的汉画像砖见到缩影（图6）。其布局是三进两院，东边还有两个侧院，前庭进深较浅，中庭方整，有回廊，气氛宁静肃穆。侧前院有厨房杂舍，挖有水井，设有晒衣物架。侧后院有方形高楼，估计是作为眺望、藏物和夏天居住的“高明设计”。院落功能分区明确，内外有别，主次分明，与后世富家宅第颇相似。

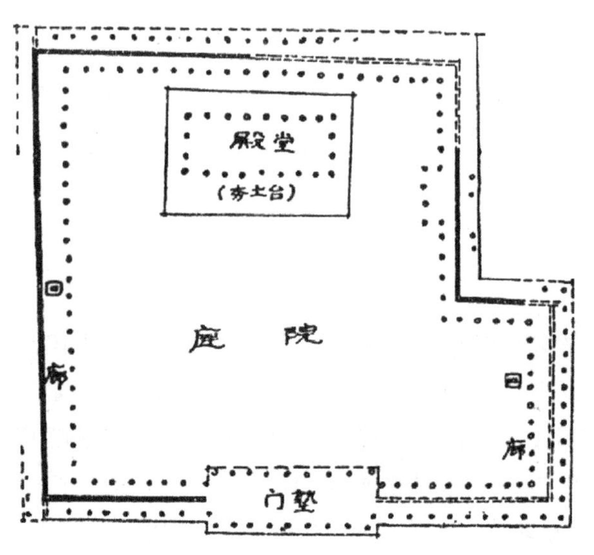

图 1　河南偃师二里头商代宫室遗址复原

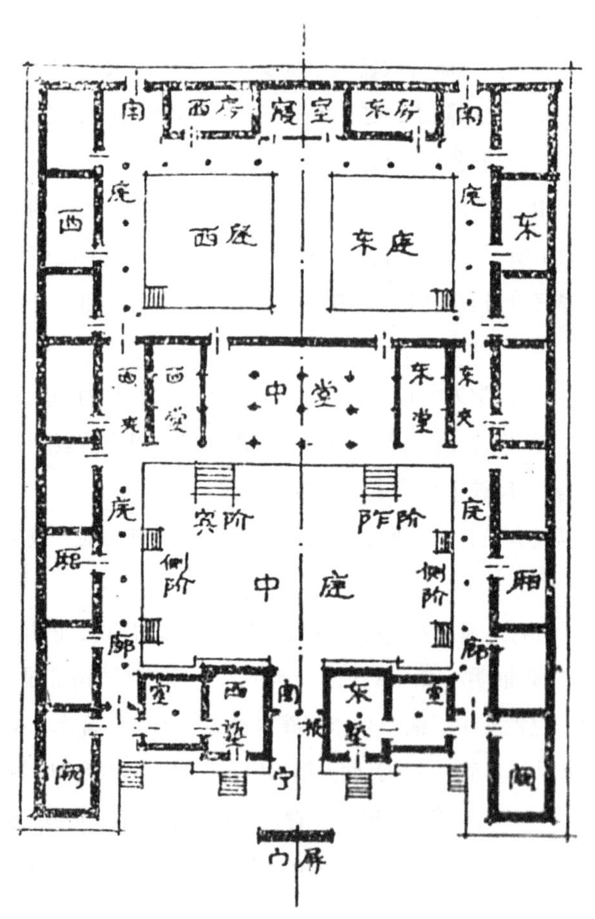

图 2　陕西岐山凤雏西周早期住宅遗址复原

图 3　广西出土汉明器三合院住宅

图 4　广州西村出土汉明器楼院住宅

图 5　广州西村出土汉明器楼院住宅

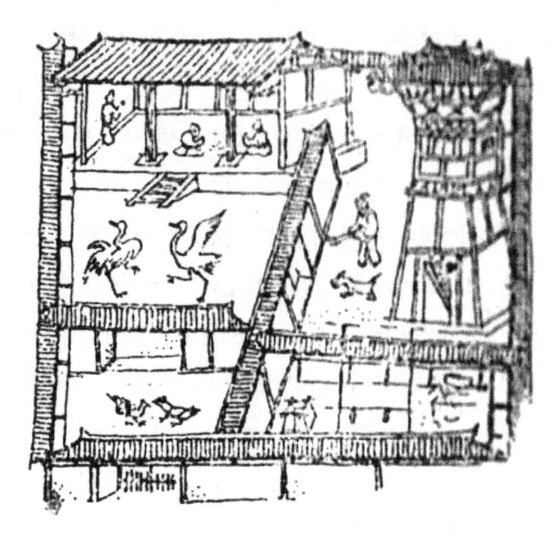

图 6　四川成都出土汉画像砖所见的住宅

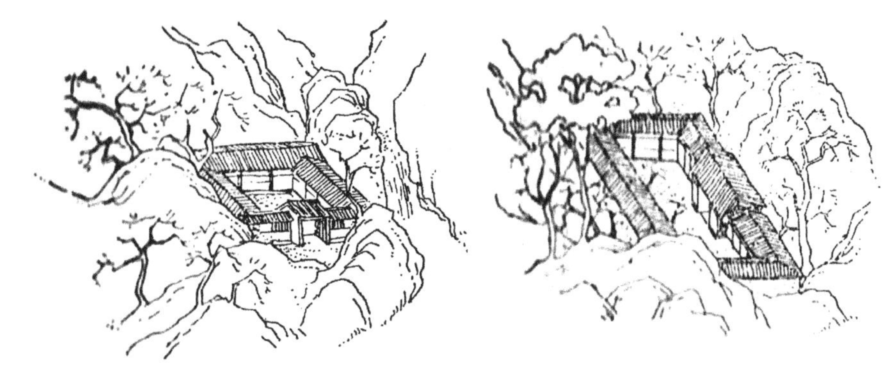

图 7　隋《展子虔游春图》反映的山居

图 8　宋王希孟《千里江山图卷》所见乡村住宅

隋唐时期是我国封建社会发展的高峰，院落式住宅形式更为多样。如图 7 为隋代《展子虔游春图》中反映的两种四合院山居住宅，在郊野采用内向空间院落，增加了居住的安全感。唐代住宅，主要厅堂建筑位居中间，周边用回廊或墙围绕，组成院落，院内还植树种花，已注意了庭园美化。

宋画《清明上河图》反映的城市住宅稠密，院落狭小，为解决通风采光，房间多向内院敞开，还在屋顶加天窗和气窗。宋代的乡村住宅在《千里江山图卷》中可见一斑，如图 8 所示，住宅注意与优美的自然环境结合，富园林风趣，单幢建筑灵活散置在山间水畔的隙地上，或随一瀑，或隅一石，通常用竹篱把建筑串连成三合院或四合院，也有用山石树林围合成庭院，随山依势，尽得自然之美。因地制宜，布局不拘一格，性格粗犷，景趣盎然。

明清时期的城乡民居，基本仍遵循传统院落式布局发展。至今在祖国各地，到处仍可找到它们的许多实物和遗迹。如北京四合院、云南一颗印、东北三合房和四合房、江浙口字屋和日字屋、青海庄窠、山东曲尺房、湖南四合水、河南窑院、广东客家堂屋和围屋、江西三房一院、广西麻栏合院、新疆井院、西藏拉让等，均为大同小异的院落式住宅，虽风采因地而异，但以院落来组织空间的匠意基本相同。这些宝贵遗产为我们提供了灵感，是我们探求建筑民族和地方风格的创作源泉。

二、传统与革新

传统民居经过无数工匠长期的千锤百炼，凝集了广大群众的智慧，值得继承效法的方面很多。但也必须看到，它毕竟是旧时代的产物，存在着好些不科学、不合理的地方，只有进行改革才能适应当前生活的需要。新民居要符合群众的生活习惯，反映民族传统特点，又要考虑到新生活的要求，反映社会主义时代精神。笔者为搞好农舍设计，曾走向民间，调查了一些现存的小型典型传统农居，现将部分实例简单分析如下。

如图 9 为广东粤中地区小户人家的“三间两廊”式农居，中间为厅，左右间为房，东廊为门廊，西廊为厨房，厅前由围墙围成约 10 平方米的小院落，除供作通风、采光、排水、晒物、饲禽和设井汲水洗涤外，热天夜晚还可在此乘凉闲坐，使用效率高，经济实惠。在心理上，这种向心聚合式院落空间，自成一个独立恬静的小天地，给人以一种含蓄、隐蔽的感觉，有家庭温暖的气氛。院中通花围墙下通常还砌有花坛，围墙下摆设盆花，整个院落朴实无华，但院内光影变化却活泼了空间，静中有动，增加了生活感和艺术感。由于院落尺度小，挑檐和围墙阻挡了大量太阳辐射热，故院内颇阴凉。进口门廊除作交通缓冲外，还作暂存农具之用，进可放，出可取，随手携取非常方便，平时亦可在此进行手工业操作和粮食加工。门廊尺度较低矮，入门后可从通花隔墙依稀看到院中景色，给人以亲切的感觉。结构采用山墙承重。为解决农村贮藏粮食、物品，通常利用房间屋顶山尖空间设置搁板楼或搁板，还有设壁龛、壁橱存放物品的。檐下、屋面亦可供晒晾谷物和种子。但也必须看到，过去因社会治安、封建迷信和总体并联局限等原因，外墙多不开窗，故卧室通风、采光较差，较阴暗潮湿。院落使用也过于繁杂，有碍卫生，平面过于呆板，没有扩建的余地。这些缺点都是应加以革新的。

像上类农舍，南方各地均有，如图 9 ～图 12 等，基本属三合院，它们之间的微妙变化，正说明传统农舍的地方性、灵活性和求实性。它们在造型上的自然多姿、洒脱自如，蕴蓄着许多设计技巧和手法，值得借鉴。

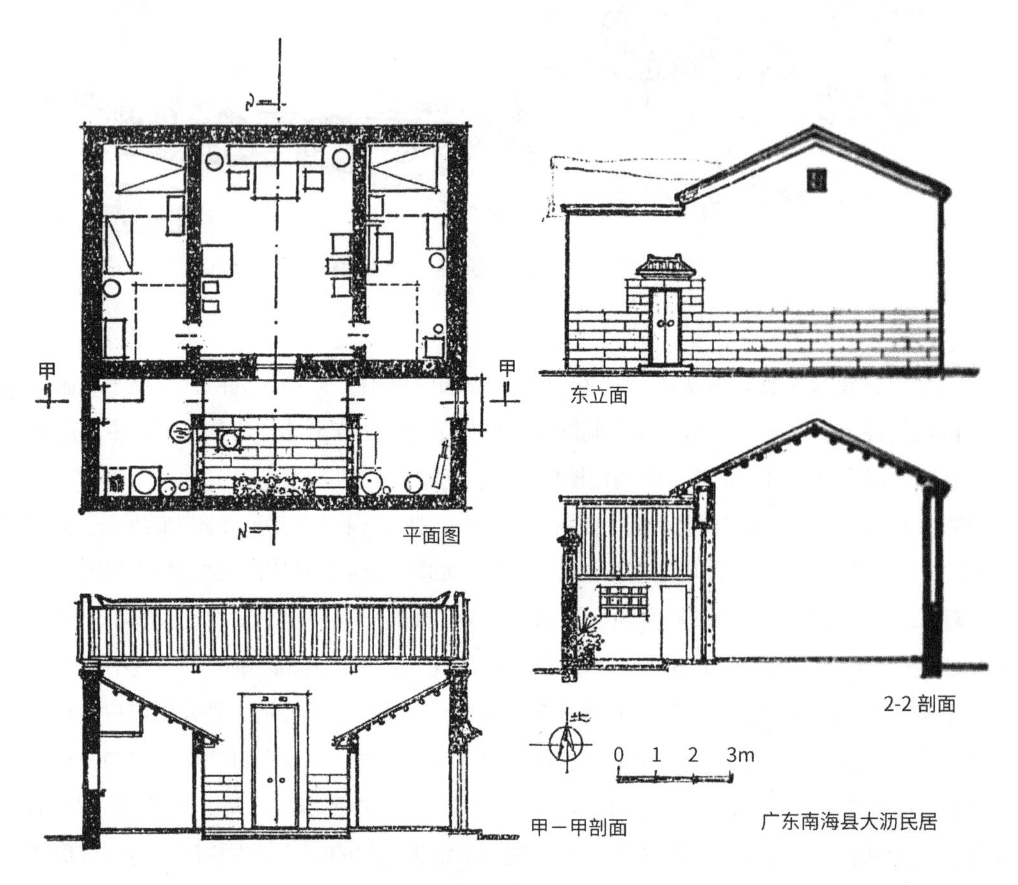

图 9　广东粤中地区三间两廊民居

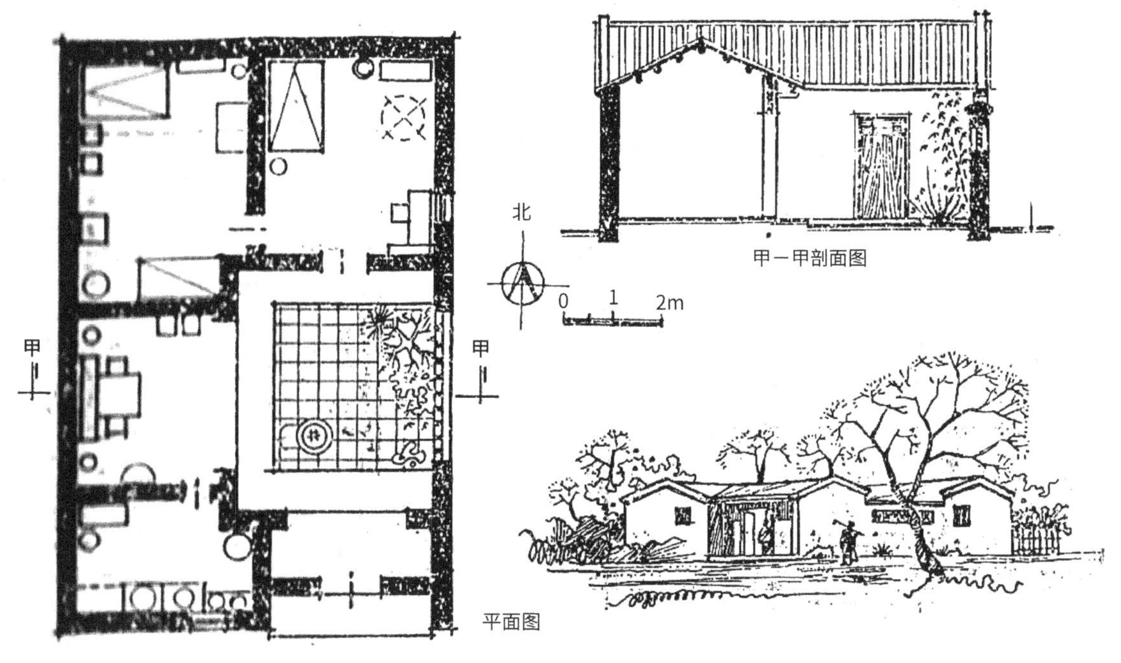

图 10　广东潮阳县民居

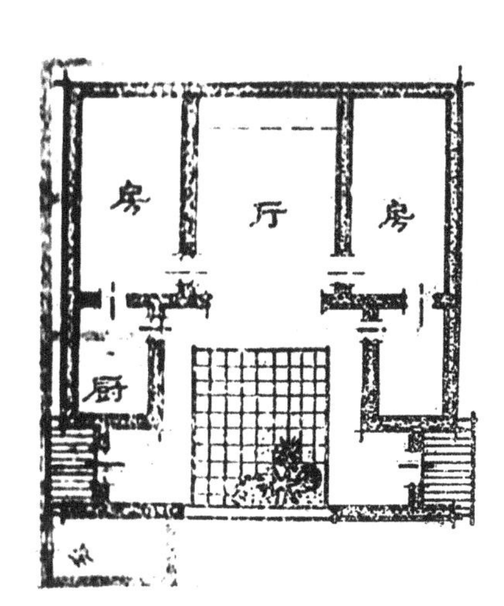

图 11　广东揭阳县民居

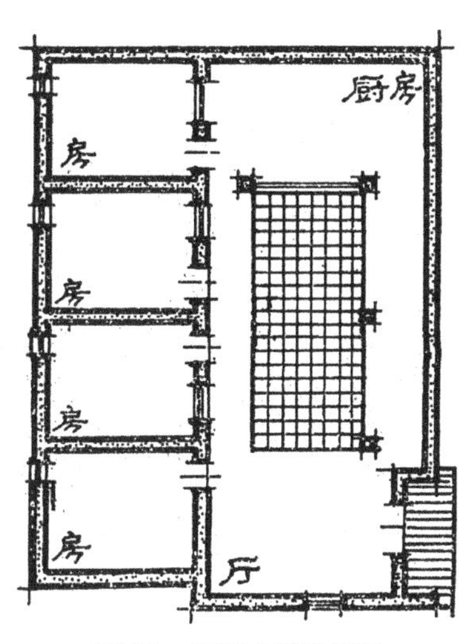

图 12　广东大埔县民居

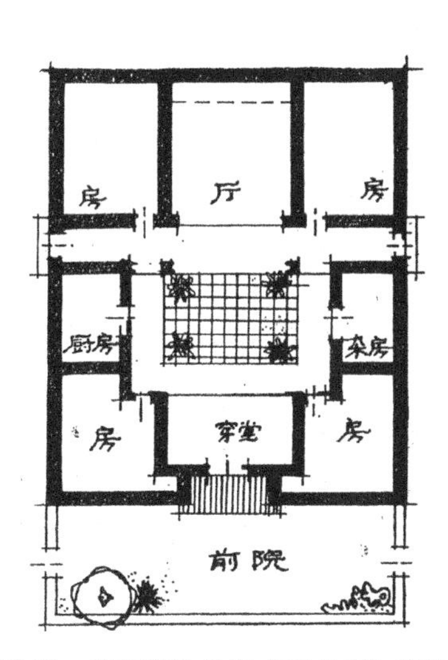

图 13　广东潮汕地区“四点金”民居

如图 13 是广东潮汕地区“四点金”平面，适合于 6 ～ 10 口人的农家居住。布局紧凑，中轴对称，前后进三间，以天井为核心组成内开放外封闭的居住空间。明间宽度为 15 或 17 瓦坑（每坑约 24 厘米），次间多为 13 或 15 瓦坑宽。明间作厅堂，是全家的活动中心，供作会客、吃饭、礼典、供奉祖先、玩乐等用。厅前不设墙，向天井敞开，使室内外空间连成一片，天井地面用卵石或条石铺砌，常摆设盆花，明快简洁。进门有凹门廊，适应于南方防雨遮阳的需求，且是立面装饰的重点，门框用花岗石刻有线脚，有门簪、门匾、对联等装饰，侧壁常绘有风俗彩画，富有家庭气氛（图 14）。门厅的面积较大。门厅与天井间置通花屏风隔扇，以挡视线，避免一览无余，又使空间转折变化，内涵而不外露。每当礼典或办红白家事，可拆除以扩大空间。前座屋顶和地面稍低于后座，以利通风、采光和排水。内院充满着宁静安谧的农家气息。墙体用贝灰三合土，石块砌墙脚，硬山墙上搁木桁条铺瓦面，经济、简易、耐久。其缺点是外墙无窗户，天井狭窄，显得挤塞，房舍进深大，难免阴湿。造型亦较严谨呆板，装饰和神龛等也难免有封建迷信色彩。另外随着今天家庭结构的变化，房间的组合和尺度亦已不合时宜。

图 14　广东潮汕地区民居凹门廊处理

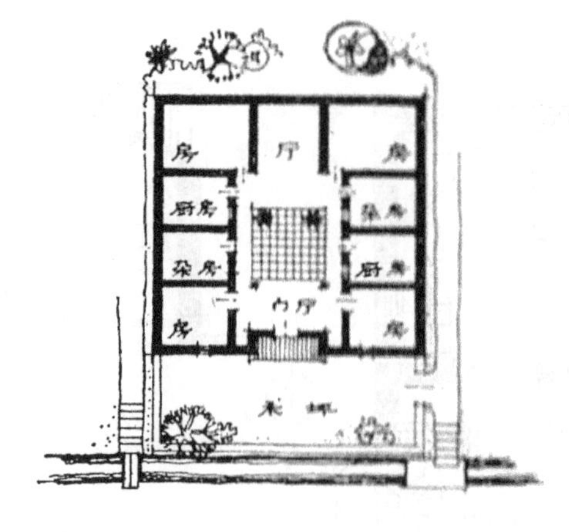

图 15　广东大埔县民居

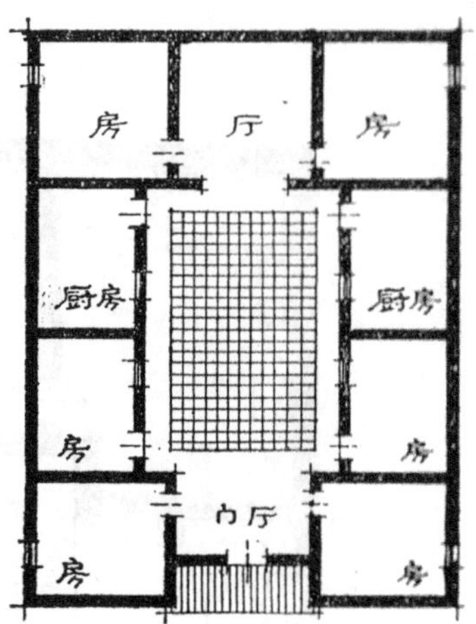

图 16　广东曲江县民居

类似上述四合院农舍，南方亦到处可见。如图 15、图 16 所示的变化，是因地、因人、因经济条件不同而异的，共性中又存在着个性。

三、探讨与展望

传统院落式农舍是我国几千年来发展形成的一种住宅形式，它是我们民族在特定环境和条件下土生土长的建筑类型，在民间有深厚的土壤，为农民所喜爱，在当前农村经济生活水平和技术条件下，基本上还是适合于农民使用的。当然应该结合新的生活要求和新技术因素加以革新，达到“推陈出新”的目的。笔者认为，要设计好当前农村的住宅，离开本民族的特点、农民的生活习惯、现实的条件和发展源流，是根本办不到的。根据这一主张，我们在学习优良传统的基础上，试作了几个南方农舍方案（图 17、图 18），目的在于抛砖引玉。下面仅将设计过程中所考虑的一些问题和依据，探讨如下。

（1）总体布局问题：好的个体设计需立足于总体规划的良好意图。所作方案考虑到总体布局紧凑和便于集中成片组织居民点，既节约用地，又使每户有较独立安静的环境。单元拼连灵活，可以两户拼连，也可四户组连，亦可多户横连或斜角错连。适合于缓坡山地或平地建造。方案（甲）效仿传统村落棋盘式布局，进口在南，另后院设便门，两排建筑间距为 6 米，东西向巷道为 2 米。方案（乙）效仿传统梳篦形村落布局。由于布局整齐端庄，所以交通联系方便，有利将来电气化、自来水化、沼气化和交通机械化、半机械化。所有主要房间都南北向布置，建筑组合通透，考虑到能引入东南风，以利通风降温。绿化主要考虑在每户的前庭后院，以利管理和直接与室内环境结合。群体组合疏密有致，体型变化丰富。

（2）院落组织与尺度问题：南方传统农居多以内院为中心来组织房间。探讨方案仍保持着这一特点，基本效仿旧法布置，厅房面向内院，利于通风采光和观望院中景色。内院一侧为厨房，便于排除污水和在院井中汲水、洗衣物，院内设花台或花池点缀。内院的大小比例大体按传统小尺度处理，进深接近檐高，冬天可御寒风，夏天能遮阳降温，形成冬暖夏凉的小气候，调节室内气温。旧农居通常只有一个内院，因使用过于集中，难免有杂乱不卫生现象，新作方案均设计了三个小院落。方案（甲）有后院两个，一个作饲养禽畜，另一个作晒物和种瓜果。方案（乙）的前庭作庭园绿化，侧院供杂务和饲养等用，院落功能分工明确，联系方便。院落在收获季节还可兼作晒谷物之用，也可利用附属建筑简易平顶晒物。建筑用地面积控制在基地面积 40%～ 50%。计楼房方案每户基地面积为 89.1 ～ 95.8 平方米，平房为 126.4 ～ 134 平方米，按每户平均 6 人计算，每人平均用地面积约 15 ～ 22 平方米。

（3）户型组成与房间设计：按农村传统习惯，家庭是社会生活细胞，也是副业生产小单位，每个家庭需要有

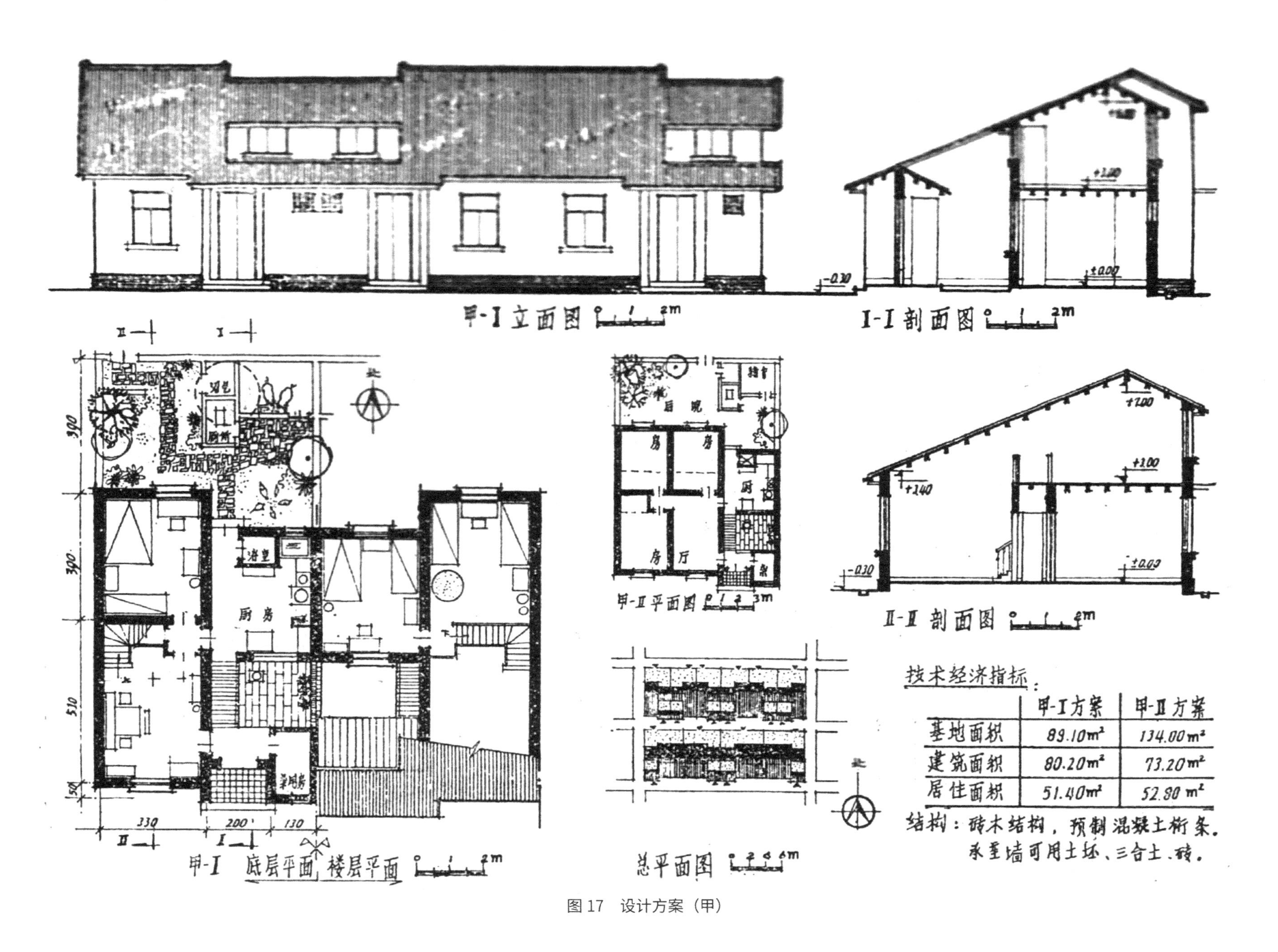

甲-I 立面图
I-I 剖面图
甲-II 平面图
II-II 剖面图
甲-I 底层平面 楼层平面
总平面图
厨房
浴室
房
厅
后院
技术经济指标：
甲-I方案 甲-II方案
基地面积 89.10m² 134.00m²
建筑面积 80.20m² 73.20m²
居住面积 51.40m² 52.80m²
结构：砖木结构，预制混凝土桁条。
承重墙可用土坯、三合土、砖。

图 17 设计方案（甲）

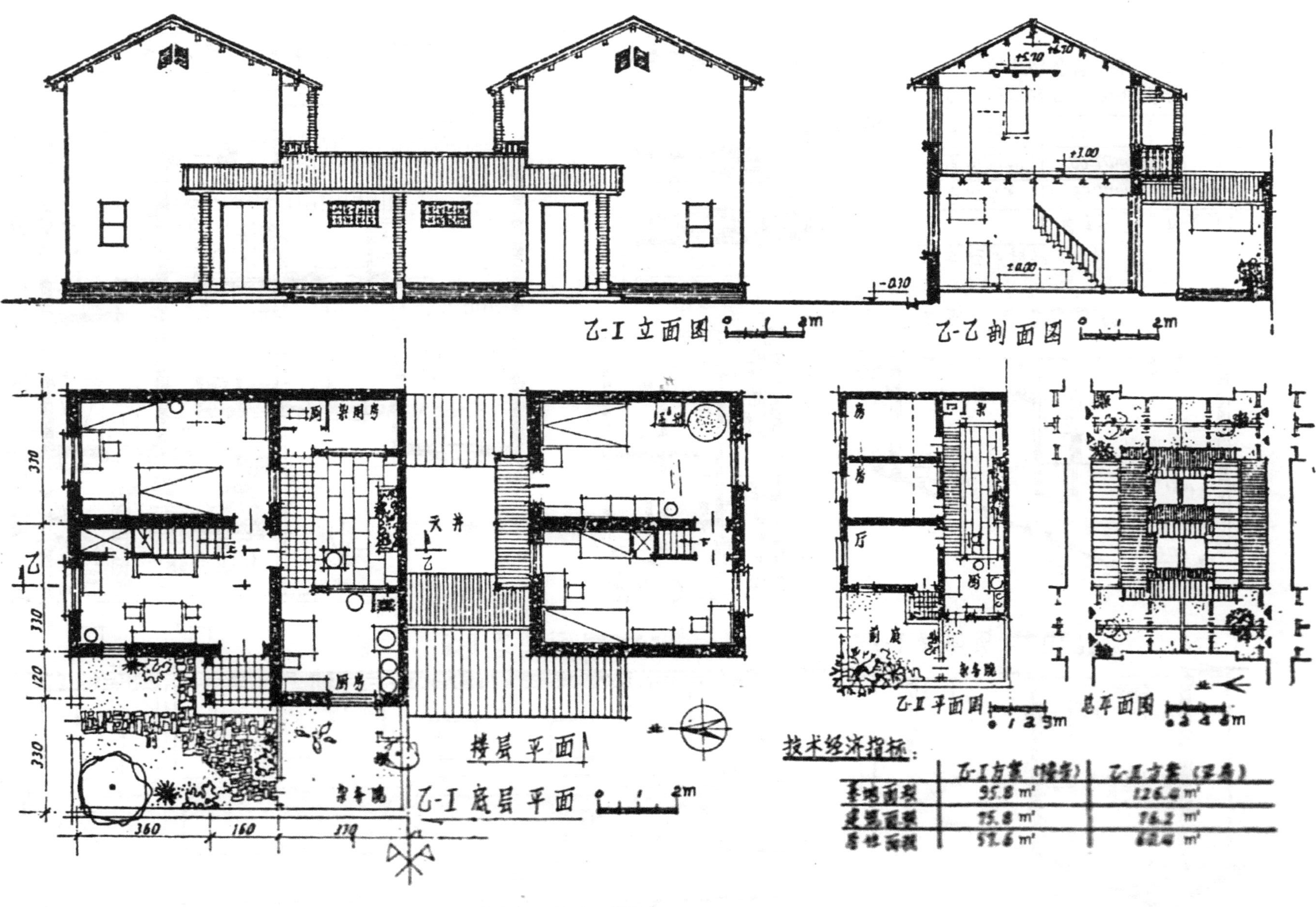
乙-I立面图
乙-乙剖面图
+5.10
+6.70
+3.00
±0.00
-0.10
天井
乙
厨房
杂务院
楼层平面
乙-I底层平面
360
160
170
330
310
120
房
厅
前庭
乙-II平面图
总平面图
技术经济指标：
乙-I方案（楼房）
乙-II方案（平房）
基地面积
95.8 m²
126.4 m²
建筑面积
75.8 m²
76.2 m²
居住面积
57.6 m²
62.4 m²

图18 设计方案（乙）

个厅堂作为家庭团聚、起居、会客之用。厅堂与入口、厨房、卧室、院落都要有直接联系，新方案是遵循这传统习惯设计的，室外的交通主要靠檐廊，经济方便。家庭人口结构是决定户型的依据，据广东人口统计，每户人口多在4～7口之间，考虑到赡老养幼的需要和乡村亲朋好友的往来，住房不宜少于两个，考虑到农民建房不易，世代相传，为百年大计，房间不仅要住得下、分得开，还要有机动和发展的余地，主要户型采用三房一厅，暂时用不上的房间可供副业生产和贮藏等杂用。农村房间的功能变动性大，面积考虑在15～16m^2为宜，最小亦不少于10m^2。每个房间都为南北向，均直接采光，保证光线充足，适应农民的文化学习、车衣和手工业操作。厨房在农村有特殊意义，供煮饭、煮饲料、贮存种子和冬天吃饭、休闲、取暖等用，且当前农村多烧柴草，用水缸贮水，灶眼大而多，故面积要求较大，现方案采用9～10m^2。南方天热，人们常需洗浴冲凉，方案在近厨房处均设有浴室。厕所考虑到积肥和沼气利用等原因，则安置在外院建造。

（4）层数与层高问题：传统农居多为平房，原因是，①结构简单，便于就地取材；②便于利用地下空地进行副业生产和户外生活，并有利于环境美化、绿化；③适合农村人热爱土地的心理，且老人小孩不用上下楼梯，符合农民经常与大地接触的生活习惯。但平房有占地多、道路管道不够集中和潮湿等缺点。因此我们主张采取一楼一底的形式为宜，它兼有平房和楼房的优点，如所作方案，每户独门出入，楼上楼下不受干扰，楼下作客厅、厨房和老人住房，楼上住青年人和贮存防潮物品，它比平房节约用地30%～40%。在山区和地基较差的地段，或建楼房尚未具备技术条件的农户，可适当建平房，将来亦可增建成两层。至于层高问题，南方气候炎热，人们在生理上要求有较大的空气容量，且农村房内空间常用来挂吊和搁置东西，层高不低于3米为宜。方案（甲）考虑到厅堂需有较大的空间，而采用传统民居阁楼式处理手法，把屋顶处理成长短坡，充分利用后部山尖空间作房间，使空间流通（俗称骑马楼），经济典雅。农村储物有多而杂的特点，要求有足够的容积潜力。所作方案尽量利用阁楼、阁板、壁橱、楼梯上下空间、檐下空间来储物。方案（乙）还设有阳台。

（5）结构与用材：当前农民收入增加，房舍缺少，急需建房，主要困难是建筑材料短缺，特别是水泥、木材和玻璃。据统计，1980年全国农村建房就有500万户以上。新建农舍的结构选型和用料选择对建房速度、质量和国民经济的影响甚大。所作方案在结构上尽量考虑到结构牢靠、施工简便和逐步向标准化、工业化和系列化过渡，在选料上考虑到因地制宜、就地取材和充分利用当地资源的方针。方案基本选用传统山墙承重、双坡屋顶的结构，这种结构农民熟悉，易于实行，便于自力更生建造，开间一律为3.3米，平面用30厘米模数。桁条、楼板、门窗、挑檐、过梁等构件尺寸力求一致，使其简单化、统一化。拼联的山墙也节约了造价。在用料上充分注意到选材的多样性和可变性，如墙体可用砖、石、土坯、三合土等，基础可用灰土、卵石、砌块等；楼板可用木、钢筋混凝土、各种小梁拱板、山形叠合板等；屋面可用陶瓦、水泥瓦、草顶等；门窗框可用木、菱苦土、石、混凝土等；桁条采用预制钢筋混凝土，农民最为欢迎，因其经济（每条约八九元，木桁条要二三十元）、耐久、防蛀、防火，制作、运输和安装技术也易为群众掌握，山区亦可用木桁条。

（6）立面造型与装饰问题：简洁、明快、大方、自然是南方传统农居的外貌特色。方案立面处理基本考虑保留这些特色，表现一定的乡土风趣。具体处理手法有如下几点，①利用屋顶的起伏，屋顶山尖长短坡处理，屋面的搭接变化，深远的挑檐和屋面的错落伸展，构成活泼轻盈的形态与生动自然的轮廓；②利用墙面的凹凸、凹廊与檐口阴影的变化，使立面富有生气；西墙面为避免西晒而不开窗或少开窗，虚实的对比为立面增姿添色；③整体立面朴实无华，仅利用一些传统的漏花窗和山尖、门口的缀饰，起画龙点睛的作用；④白色的粉墙，灰黑色的瓦，砖石的勒脚处理，显得明快、稳重；注意了质感的表现；⑤前庭后院的庭园绿化，使建筑与环境有机地结合在一起。

所作方案是从现实条件出发的，居住水平还不算高，符合普通农民经济收入的要求，将来生产进一步发展，农民对居住质量的要求会越来越高。展望未来，随着城乡差别的缩小，农村住宅也会日趋现代化，设备会更好，居住会更舒适，造型会更美观。但我认为，传统农居的土特色和亲切、朴实、温暖的家的气氛还是应该保留的，建筑与自然环境有机结合的传统品格还是要发扬光大的，从这一点来说，院落式农居将永远具有它的生命力。

壁画·建筑·雕塑

原载于 1982 年《南方建筑》，与史庆堂合著

建筑是边缘学科，有综合多种艺术的特点。特定的建筑空间为其他艺术的表现提供了良好的环境，其他艺术也有助于增强建筑艺术的表现力。因此，自古以来，壁画、雕塑与建筑就结下了不解之缘。

在原始社会里，人们为赞美劳动的收获和表达对生活的愿望，就在洞窟壁面绘画各种动、植物形象了。我国春秋战国时所著《礼记》记载有在名堂和祠庙中“峻宇雕墙”的实例。考古发掘的秦汉墓室和宫殿，有奇禽异兽的雕饰和山神海灵、人物风景等壁画。

随着佛教的传入，作为东方文明古国和希腊文化交流的结晶——犍陀罗艺术，也传入了我国，它与我国固有的传统建筑艺术结合，引起了我国建筑的巨大变化。当时的工匠，把中、外的建筑、壁画和雕塑融合在一起，达到天衣无缝的境界。现存的北魏敦煌莫高窟、天水麦积山石窟、云冈石窟、龙门石窟等，都是当时中外建筑交流的历史见证。

唐代的壁画和雕塑更为兴盛，名画家都乐于在寺庙宫室中绘壁画，以施展其才能。“画圣”吴道子一生中就制作了三百幅大型壁画。现存山西五台山佛光寺与西安盛唐三陵（章怀、懿德、永泰）中的壁画和雕塑的题材和内容就更丰富了，技艺也更高超了，规模更大型了，这些标志着我国古典建筑进入了黄金时代。但在宋代以后，由于种种原因，我国建筑中的壁画和雕塑的艺术作用，则逐步减弱了。

随着社会主义建设事业的开始，建筑师负有建设社会主义精神文明的职责，建筑的现代化、民族化和环境的美化，将随着物质生活的丰富而提到日程上来了。

近些年来，在我国一些重大建筑工程中都相继采用了壁画、雕塑等艺术来作为提高建筑思想内容和艺术质量的手段，它为建筑新风格的创造提供了广阔的前景，也为美术家们的创作开辟了崭新的天地。

实践需加以总结。最近，我们本着学习的精神，参观调查了一些典型建筑，对壁画、雕塑与建筑之间的联系与协调问题，有些体会和点滴联想，特提出几点浅见，以作抛砖引玉。

一、壁画、雕塑与建筑环境

壁画、雕塑处于建筑环境之中，它们从属于建筑，但相互间要密切结合，成为整体，把多种艺术形式和谐地交融在一起，使之相得益彰，给人以完美的精神享受。

以风景为内容的壁画，有幽雅、抒情、开旷的气氛，应用于餐厅、宾馆、休息厅和园林中，与建筑功能配合颇为得体，有助于创造轻松恬静的休闲空间。但在不同环境中，需得因地制宜。例如，在桂林有三幢建筑，同样运用了“桂林山水”壁画，均表现“桂林山水甲天下”的主题，但处理手法不同，在艺术效果上却各有差异。

桂林花桥展览馆在半开放的 13 米 ×14 米的休息厅主墙面上，设置了整幅的“桂林山水”壁画，运用写实的手法，构成了层次深远的山水意境，化实为虚，夸大了空间，壁前的天井和顶光天窗，更渲染了自然的明朗艺术效果。

桂林榕湖饭店四号楼餐厅的内庭，面积为 12 米 ×15 米，面对餐厅的主墙面亦设置“桂林山水”壁画作对景，因为是室外壁画，壁前有池石花草和葵竹等景栽作陪衬和补角，故壁画表现手法不宜写实，颜色不宜浓艳，而采用象征性的手法，明简的线条，图案装饰性的构图，形成人工与自然的对比，真真假假，既有园林粉墙的光影效果，

又把内庭空间扩大了。

桂林饭店门厅后面10米×7米的小天井，在对着门厅的主墙面上同样采用“桂林山水”壁画，画面朴素大方。壁画的尺度和位置处理，从门厅透过玻璃窗所得的景观效果亦颇完整，富吸引力。可惜没有考虑到壁画处在太阳长期照不到的北天井之中，颜色亦过于灰暗，因而减弱了它应有的艺术效果。

雕塑属立体空间造型艺术，与建筑配合的关系更为密切，如处理不协调，则会造成互相拆台，把观众引向分散的精神境界，破坏了建筑空间，不能取得良好的艺术空间效益。

武汉长江大桥桥头堡内的半圆形壁洞中的雕塑，我们认为是配合恰当的。选择工人劳动群像为主题是符合雄伟桥梁气概的，群像的动态轮廓与尺度，颇适于圆拱的构图，显得匀称协和、姿态自然、色调统一。雕像位置考虑了白天的自然光源和晚上龛内暗藏人工照明，任何情况下，都给人明快清晰之感。因整体观念强，故雕像美化了建筑，建筑又衬托了雕像。前面的通花铁栏杆赋予雕像以真实的比例尺度，同时显示了它在空间中的重要位置。

北京中国革命历史博物馆（现国家博物馆）的中央大厅是极富政治气氛的建筑空间，要求庄严肃穆。大厅正面壁画采用传统屏风格局，在绿色绒毡上嵌以马克思、恩格斯、列宁、斯大林浮雕和一组标语，组合成均衡、安定、简练的画面，唤起人民对革命伟人的敬仰热忱。但由于厅内空间容量较大，浮雕欠立体感，室内装修与主题空间配合得也不甚恰当，稍有平直单调感。

南京水西门外莫愁湖名声，传说是六朝时莫愁女故居而得名，梁武帝《河中之水歌》有云：“莫愁十三能织绮，十四采桑南陌头”，莫愁女在人们心目中就成了勤劳智慧少女的典型形象了。人们为怀念她，同时增添园林历史诗意，在一幢建筑内庭水池中，雕塑了莫愁女全身像，尺度近似真人，用色淡雅，与庭园建筑环境配合颇适宜。雕像体态娴静健美，表情含蓄自然，清秀俊逸的意境令人遐想。

广州文化公园“园中园”是近年来广州建筑、园林和美术工作者共同创作出来的新颖式庭园建筑，它的突破口就是，把建筑、壁画、雕塑、绿化融合在一体，给人以亲切感和新鲜感。引人注目的是，在主庭南壁长29米、高5米的墙面上，运用了巨幅浮雕，景观以“广州好”为主题，描写了广州历史传说、人情风俗和当代广州繁荣景象，构图延绵不断，抑扬顿挫，一气呵成，可谓壮观矣！浮雕增加了内庭温暖、亲和的气氛。浮雕壁前畔以水池，水池岸与地面仿造广州古海遗址的先人脚印和赤岗等迹象，地面与壁面浮雕处理协调，景色丰富自然，浮雕的构图和壁画的延伸，把原来迫促的内庭空间扩展了，显得极其深渊畅朗了。不过“五羊仙”浮雕最下一层人物，处地平线以下，又觉欠佳。东厅面积颇大，三面壁体绘有通幅竹林，亦幽雅清新，但画面处理在壁面护墙之上，且视点过高，又感失真。

二、构图与视角处理

壁画、雕塑的构图一方面取决于建筑空间的性能和结构形式，另一方面要考虑到人们在建筑空间中，从每一个角度观看，都有良好的视野和视线，能满足预定的心理观享要求。尤其要注意的是，巨幅壁画和长卷群雕，观者的视点是在移动的，需采取多中心构图，才能使流动的人群在任何部位观赏，都获得均衡、完整的画面，避免片断、残缺而破坏建筑空间整体的现象。

毛主席纪念堂北大厅汉白玉座像后面一幅气势磅礴的壁画，以青绿为主色调的“祖国河山”毛绒刺绣，设计是成功的。它的布局和尺度，使人们进入大厅后，感到安定、开朗。画面的宽度延伸到柱间之外，这样使视距之比为1：1，水平视角为54度，仰视角为18度，均为最佳视线。汉白玉雕像在壁画的烘托和其他建筑装修的陪衬下，显得格外巍峨安详。人群无论从哪一方向移动都感受到构图严谨、主题突出。

人民大会堂北门厅后的长楼梯，梯宽为8米，梯高为8.5米，全部用汉白玉砌成梯级，梯尽端的壁画宽为24米，深10.5米，高15米，在此墙面正对梯身处，设置了一幅4.8米×8.3米的“沁园春”壁画。人们从层层梯级徐缓上升时，红地毯引向楼层，视野宽阔，壁画作为人的视线焦点，约束了空间。壁画采用传统多灭点透视，以仰视为主的国画构图，当人登上平台时，真可谓“引无数英雄竞折腰”。

北京饭店宴会厅的主墙面山水壁画的构图处理也别出心裁。由于宴会厅排满桌位时，人们无法看到壁画的下部，所以设计者结合功能使用情况，把画面的地平线有意提高一些，使画面中的水面有所增高，当人们坐席观望时，好像席座临江边而设，给人以身临其境的感受。而且壁画与家具、灯具、窗帘配置和谐统一，创造了更高的艺术空间意境。又如北京饭店仙鹤厅，主要功能是会客，室内家具不多，壁面采用琉璃仙鹤壁画，群鹤展翅翱翔，劲松迎客，构思奇巧，图案别致，空间舒展雅致。北京国际俱乐部休息厅所采用手法也基本相似。

桂林火车站长廊侧庭的山水壁画，为适应长廊和广厅的眺望，采用横长轴构图，因廊柱为结构所需，画面必为廊柱所分割，考虑到画面的连续性，构图上选用多中心景物组合手法，每个由柱子、地面和檐口所形成的柱间景框，均可独立构成完整的构图画面，又有横向长轴的整体效果。人在长廊移动，画面在有韵律地不断更换，达到步移景异的观效，给人强烈的运动感和戏剧感。

风景壁画是平面上描绘的三度空间景物，虽有平面特征，但通过运用视线的透视原理，却给人产生空间的深度感和扩大感。传统壁画的地平线，在大幅寺院壁画中，通常是以观者的眼睛高度为准则的，即画面地平线与人的真实视平线合而为一，这样就使画面空间与建筑空间有如水乳交融，好像人处于画境之中，更感到自然、亲和；画面里的人物也似乎要走向观众。

浮雕也有平面性特点和构图上的远近空间感，通常是运用重叠法的假象造成的。但为了强调主题中心，可用夸张的手法，把主景物或人物的比例适当放大。单层或多层浮雕的任何一层，均忌产生深入墙体的感觉，力求保持墙面的平面感。不然的话，就会给人以建筑空间的凌乱，甚至凸凹不平的感觉。一般浮雕的空间感，也有通过装饰性、象征性和感性色彩等方面的虚象幻觉所形成的。

至于雕像在建筑中所处的位置和比例、高度等，应由空间的性质和形式来决定。如果放置过高，因透视关系，会产生缩小的现象，因此在处理时，要加强头部的比例尺度，强调脸部的线条，同时需改变雕像的倾斜度，使上部稍向前倾，以纠正人体视觉所造成的差值。另外，雕像的底座也需稳定自然，且低于像高。这方面的处理经验，在我国古代石窟和佛阁建筑中是相当丰富的，如河北蓟县辽建观音阁、敦煌莫高窟唐建（明清修）大佛像、热河承德清建普宁寺大佛像等，均把雕像的比例和形态置于特定的建筑空间来考虑，互相依存，达到不可分割的地步，在视觉处理上也尽量提高整体环境的艺术欣赏价值。

三、制作材料与表达内容

壁画、雕塑的制作材料颇为广泛，对其选择既要注意与环境的协调，也要考虑到有利于表达预定的题材和内容。也就是说，创作成败的关键，一方面在于建筑范畴与艺术范畴的结合，另一方面在于艺术主题与技术手段的结合。

我们知道，不同材料的质感会影响到人们对视距的感受。如材料质感较细腻，细部刻绘较明显，视距会感到近些；反之，细部看得模糊，视距会感到远些。因此我们通常可通过材料质感的选择，来调整建筑空间的视距。同样，材料的色泽浓淡也有类似现象，浓艳鲜明的色调会感到近些，清淡轻抹的色调会感到远些。但无论如何，材料的质感和设色要考虑到与建筑周围环境材料的一致，注意相互间的内在联系。

我国传统壁画的壁面多是先用纸筋灰浆抹平，做成“底子”（各地材料和做法不尽相同），然后直接在“底子”上勾画着色。此法简便，又易于使“壁”与“画”统一协调。画法有湿法（即壁未干，趁湿作画）和干法两种。色调有重彩、淡彩、蛋彩、白描、多彩、单彩等。此外还有漆画、沥粉彩画等绘画手段。

另一类与工艺手段相结合的壁画有琉璃或陶瓷镶嵌、编织针绣、画像石拼绘、影塑（重彩与浮刻相结合）等。这些壁画的装饰风味较浓，有坚固耐久的特性。

传统材料和制作方法是土生土长的东西，有一定的适应性，易于体现浓郁的民族特点，今天仍被继承采用着。如首都国际机场的休息厅内的《哪吒闹海》《黛色参天》等就是在干壁上用矿物颜料画成的重彩壁画，画家利用传统国画的流畅线条和浓彩，吸收现代艺术表现语言和手法，有继承也有革新。《森林之歌》（3 米 ×6 米）是由景德镇制成的 3000 多块彩色瓷砖（6 英寸 ×6 英寸）板拼镶而成的；《科学的春天》和《民间的舞蹈》是由 24 厘米 ×24 厘米的磁州窑制作的刻线喷釉陶板拼镶起来的，工精艺高，匠心独运，作为单独的美术作品来看，可以说是成功的。

沥粉彩画风格华贵艳丽，有堂皇的逸气，明清时多用于宫殿建筑，传统做法是用糨糊（4）、熟桐油（2）、水胶（5）、钛白（6）调成粉浆状，装于锡管之中，用直径为 3～4 毫米的管嘴沿画稿沥出粉浆，绘成画线，待沥粉条干后再用各色料绘成凹凸状的画面。如果要贴金，则在沥粉条上涂一层桐油，待将干时贴土金箔（或贴金粉），谓之“沥粉贴金”，更为华丽。此法在北京火车站、人民大会堂和北京美术馆等处亦曾运用。

现代科学的发展，许多新材料新工艺的发明，为壁画的现代化和新风格的创造，提供了良好的物质条件。国际上新壁画的兴起，亦是和壁画新材料的产生和大量生产分不开的。如各种优质化学油漆涂料和人造合成颜料调剂的应用，壁画的色相丰富了，色泽鲜明了，提高了壁画的永久性价值，壁画逐步从内壁面转向外壁面，壁画有点缀街景的作用。例如“壁画之国”的墨西哥，自 20 世纪以来就兴起了大规模的壁画运动，几乎把城市的主要建筑都壁画化了，十多层楼高的墨西哥国立大学四周壁面都绘上了光彩夺目的壁画，画面竟达 43000 多平方米。壁画成了城市环境艺术、大众艺术。许多著名画家都投身于壁画创作，大显身手，在西方现代建筑流派中别具风采，标奇致胜。

丙烯颜料是 20 世纪在欧美、澳大利亚、荷兰等地流行的新产品，它与塑性聚合乳剂调和绘制壁画，有防裂、防潮、牢固的优点。首都机场休息厅 3.4 米 ×20 米的主墙面《巴山蜀水》壁画，就是大胆引用丙烯颜料绘成的。画家运用这种新材料，把陈毅同志所描写的“峨岷高万丈，夔巫锁西风，江流关不住，众水尽朝东”的意境表达得淋漓尽致。《北京风光》和《祖国各地》则大胆采用了酸腐蚀玻璃隔断壁画，玻璃质体光洁，轻快离奇，有透明性，适于表达花鸟虫鱼和人物风景等图案内容。

油画是西方古典绘画材料，在我国运用其制作壁画亦属少见。北京人民大会堂的西藏厅《喜马拉雅山颂》和广东厅《椰林风光》是“洋”油画为“中”用的典型，这些油画运用粗犷的线条和强烈色块构成画面，以“致广大、尽精微”的表现手法，各已把西藏高原峻险雄拔的山川气势和广东热带海滨秀丽风光都描绘出来了，地方色彩鲜明。

华南地区的一些公共建筑外墙面，近代惯于用洗石米，斩假石等材料挡面。采用不同颜色的石米和水泥分块组成图案壁面，也是近年来的创造，此法耐久、经济、富装饰性，也容易适应各种环境的要求。也可以仿古代塑壁的手法，把墙面利用水泥的可塑性塑成凹凸浮面，以色或以状成画，新颖大方。

广州东方宾馆过厅的一幅壁画，原用大理石碎片拼镶成冰裂纹，不规则而调和，设计者别出心裁地在壁面用铝合金做成几只南归飞雁，用红色有机玻璃作眼嘴点缀，简练自然，俨然是一幅优美的壁画。画前设水池散石，植芦苇，构图更为生动活泼，形式雅朴，野趣横生，别出心裁。

雕塑的形式感同样涉及制作材料和艺术加工方法，这些因素对建筑装饰艺术表现也起到重大作用。每一种材料都有它独特的装饰性能，就是同一种材料，制作方法不同，亦可产生完全不同的艺术风格。

常见雕塑材料按其性能基本有以下几种：

石膏——这是西亚古代常用的一种雕塑材料。约在 12 世纪我国新疆已采用石膏制作墙面装饰了。在清真寺和民居中被广泛用作浮雕和通花，创造了清雅爽朗的室内空间环境。石膏质地轻巧、细密、洁白，通常是浇制成型再进行精雕细刻，造型柔和稳重，但因其防水、耐潮和防尘性能差，通常仅限用于室内。

花岗石——是古希腊、古埃及常用的一种雕塑材料，我国秦汉以来亦常用来雕制墓祠、墓阙、墓表和石像生等。其质体坚实、刚硬、有永恒感。宜雕制粗犷、简明的形象题材。为了防护和修饰，古代亦有在石表面着色施画者。花岗石属火成岩，含有矿物结晶粒，有多种色斑，所选石色应考虑与建筑的协调。另外，用花岗石制作细小形体作品，较易破碎，选材时应多注意石纹结构。

青铜——在我国殷商时期（公元前 17～前 11 世纪），青铜器已相当发达，其形制之精美和铸雕艺术之高超，被誉为当代之魁。我国铸铜工艺历代均有发展，现存广州清代所铸大佛寺铜佛像，高达 6 米之多，用铜近二万市，形象逼真，全国罕见。青铜有坚韧古雅的特性，工艺性强，适于浇制人物、动物，可极其准确地刻画每一个细部，使制品形象生动，表情传神。但因其价格昂贵，制作工艺设备较复杂，故较为少用。有时为了追求刚毅质感，亦有先用石膏或石料制胚，外表面涂古钢色者。

玻璃——虽然发明甚早，但用作雕塑材料还是近代的事。它有透明光洁的特性，富现代感。其造型设计和摆设位置，要考虑到背面的逆光现象和周围的反光折射等特殊影响。在造型细部组合时，各局部毗连衔接处要特别注意相互间的柔顺和协和，线条力求流畅圆润。在一般情况下，玻璃雕塑的体积不宜过大，以精致取胜，靠流动的形体，光怪离奇的色泽，轻盈含蓄的情态，给人以明丽清新的美感。

除上述雕塑材料外，传统材料还有木材、铸铁、烧陶、彩瓷、填漆、绰织胶合、草编涂面、各种泥胶等。近代雕塑材料还有混凝土、水泥、塑料钢和各种合金等。

总的来说，现代建筑结构、材料和施工技术在不断发展，建筑技术和艺术的现代化是向前的历史潮流，建筑造型和室内装饰装修逐步趋向简化、明洁、轻巧。可以预见，与之相应的壁画、雕塑亦会在传统的基础上加以革新，向现代化、装饰化、图案化、群众化方向发展。实践——认识——再实践，才能创作出社会主义的、民族的新风格来。

上面所谈的几点，仅供设计工作者参考。具体设计时，不应把建筑建成后交给艺术家们去点缀壁画和雕塑，而是把三者统筹考虑。应先有充分的建筑构思，把空间的序列安排、观赏者的视角视线要求和感受程度告诉画家和雕刻家，与他们密切合作，共同推敲。同时，应该把壁画、雕塑的题材、形式、比例、位置、设色、材料的选择和确定，看作是加强建筑内容表现和建筑艺术水平提高的手段。只有各方面配合默契，才能创造出更为完善、激动人心的建筑空间，使建筑环境更富情趣和充满感染力，给人以更多美好的感受。

传统·革新·现代化

原载于1982年《南方建筑》

建筑现代化是当前建筑发展不可违背的客观规律。至于用什么方法，走什么道路来实现建筑现代化，这是摆在我们面前的重大理论问题。本文的观点是：任何创作，首先要有民族的自尊心和自信心，要尊重传统，然后通过研究国情，学习外国先进经验，在传统的基础上立足于革新，从而探索我国民族建筑内在的继承性，坚定地走自己民族发展的道路。下面谈几点看法。

一、注重历史的教训

在20世纪50年代，民族形式是作为建筑政策提出来的。我认为，作为一个刚刚取得民族独立的国家，要求建筑有民族特色并没有错。这是因为一方面时代要求用建筑来反映民族的特性，满足民族心理上的需要；另一方面民族的东西是人民熟悉的东西，美感上为群众喜闻乐见。至于如何表现建筑的民族传统，则各有各的理解，理解不同，手法不同，效果也不同。

对当时民族形式的探索采用全盘否定的态度是不科学和不公正的。探索总要有个过程，不可能一蹴而就。我们的态度是：应该历史地去总结它，向前看，而不应该消极地给它画成“复古主义”的大花脸，叫它永世不得翻身，一了百了。

从历史的观点来看，当时中华人民共和国刚刚成立，建设作为中华民族文明中心的北京，总要有继承的象征。好的建筑形式总不可能一朝一夕从天上掉下来的。很难想象，如果当时建设首都不考虑到民族形式，现在首都会是个什么样子。难道以当时国际上流行的“切豆腐”般的“现代派”建筑来合乎我们的国情？或是还有什么人能创造更高超的形式出来？

任何建筑创作都只可能在前人的基础上再创作，模仿是不可避免的，而且有时候这还是一种高效率的手段。当时北京出现的一些仿古建筑，并不是某一个人存心复古的，是合乎历史逻辑的发展。在历史转折时期，在形式演变时期，“旧瓶装新酒”几乎是事务发展的普遍规律。所谓的“折中主义”，不是一无是处，要看它是进步了还是退步了。

中华人民共和国成立初期的北京，某些主要建筑局部运用了“大屋顶”，我认为并不应该说成是“复古主义”。因为我当时对“大屋顶”的运用主要是作为古都环境的协调和民族风格表现着想的。它的出现是一种民族情绪的表现，绝不是一场灾难。把“大屋顶”说成是“封建形式”，实在是历史的冤枉。“大屋顶”的主要外貌特征无非是屋面有举折曲线、出檐深远和屋角起翘。从它产生初期，人们就认识到它“吐水疾而溜远”“激日景而纳光”的科学意义，它完全是我国古代木结构建筑合乎力学原则和构造法则的合理形象表露，任何封建帝王没有参与营造，在民间也广为选用。封建意识不知从何而来？表现何在？我国古代工匠在封建社会苛刻的条件下，创造了当时如此完善的“大屋顶”，应是我们民族的骄傲。没有理由去鄙视它。对它怀有一定的情感，企图利用它来表现民族特点，这很自然。不允许“大屋顶”的出现，正如不允许“方盒子”出现同样是不利于创作的多方面探求的。

欧洲资本主义的文明是从文艺复兴开始的，没有文艺复兴对传统建筑的研究和后来古典主义的兴起，也许就没有现代建筑的成就。否定的否定本来是发展的客观规律。现代建筑的好些建筑空间实践和理论还不是从自己的对立面（如巴洛克、洛可可和浪漫主义等）吸取营养而丰富起来的吗？

把民族形式理解成“宫殿形式”和“民族装饰”这是不全面的；把建筑形式和社会内容、技术条件割裂开来，滥用“大屋顶”，套用旧法式，造就结构复杂，浪费巨糜，是要通过学术讨论，实事求是地总结教训来解决的。

本来要不要提民族形式和对民族风格如何探索，这是学派之争，是学术观点的实践问题，然而想通过批判运动，人为地不许对祖国建筑遗产进行研究和古为今用的实践，这就起了压制广开思路、有碍“百花齐放”的效果了。我们希望建筑要体现民族特点，在实践中虽然有不少失败的教训，但判其此路不通也未免过早。说它与“实用、经济，在可能下注意美观”的方针背道而驰也不合乎事实。就北京最初出现的被重点批判的几幢仿古建筑而言，难道北京火车站、中国美术馆、农业展览馆、友谊宾馆、民族文化宫等建筑的实用价值不是主要的？经济是相对的，其他建筑比他们造价高得多的例子比比皆是，至于美不美可以各持己见，并不由得某些人说的算。一幢建筑设计得十全十美是不可能的，如果把它们摆在我国建筑的历史发展过程中，它比20世纪30年代出现的所谓“民族主义”建筑确实是进步了，我认为应该给予它应有的地位，因为有其可取之处。

我并不偏爱“大屋顶”，时代不同了，也不主张用新材料新结构勉强地去仿造大屋顶，但在特定的条件，局部运用一些大屋顶作为一种民族的象征，也未尝不可，这是艺术处理手法问题。比较而言，我认为北京火车站的钟楼大屋顶的设计比长沙火车站的火炬顶成功多了，北京民族文化宫的塔楼屋顶比广州新农讲所的塔楼屋顶协调多了。

我们的祖先在几千年的建筑实践中留下了许多宝贵的建筑遗产，从古建筑遗物和历史文献中所反映出来的建筑技术和建筑艺术的伟大成就是世界上所公认和推崇的。在城镇规划、总体布置、庭园绿化、空间组织、造型构图、细部装饰、彩色装饰、彩色配置和家具陈设都有其精妙之处；对结构原理的理解、材料的合理选择、建筑防护与施工技术，都有科学的方面。建筑遗产是一个伟大的宝库，确实存在着对我们社会主义多快好省建设有用的东西，不给予研究、利用和发展，实在会产生不应该的损失。把古的和新的，东方的和西方的对立起来，看作是互不相容的东西，这实在没什么意思了。

的确，在实现我国建筑现代化过程中，完全抛弃祖国建筑遗产比设法批判、继承遗产容易得多；创造社会主义民族风格比搬用外国现有的建筑形式困难得多。但这里面有文野、高低、好坏之分。每一个民族都有其建筑特点，这是历史地理环境和民族审美素质所决定的。在我国现历史阶段中谈“国际主义”建筑，是不现实的；要求清一色，限制多方面的探索，是不利于开扩我国建筑发展的正常道路的。

二、革新的途径

周总理曾经指出：“在建筑形式和艺术风格上，要古今中外，一切精华，皆为我用。”意思就是说，现成的道路是没有的，要我们继往开来，集人类建筑之大成，勇于构思，勇于走自己创新的道路。

人类在对待传统与革新的问题上，是付出过极大代价的。18世纪末叶，工业革命在欧洲揭开了序幕，银行、交易所、医院、旅馆、火车站相继出现，新的建筑内容要求新的建筑形式，但当时的资产阶级一时无法创造新的形式出来，又要反对中世纪沿袭的建筑形式，只好从古希腊罗马建筑形式中寻求范本，这就是当时出现的古典主义。经过了整整半个世纪，人们对古典主义厌烦了，力图创新，但客观条件不具备，收效甚微。与此同时，有些建筑师为了谋求出路先着手简化处理，也有从中世纪田园建筑中吸取手法，为现代建筑思想的产生起了积极的作用。

19世纪最后的30年间，资本主义逐步向垄断资本主义过渡，工业大生产引起了国际市场的尖锐竞争；科学的发展、新建筑材料和结构的发明、旧建筑形式成了建筑发展的严重障碍，也限制了最大利润的追求。功能主义和结构主义在当时资产阶级的支持和鼓励下，登上了世界建筑舞台，它们首先提出了与传统决裂的理论，反对过去的一切建筑美学观点。它们的理论导致了建筑技术的进步，建筑艺术的倒退，建筑形式变得冷冰冰的，枯燥浅薄无味。因为反古，在旧城建设中也肆意对古建筑进行破坏。狂热地醉心于对物质和技术的追求和崇拜，结果他们发现了精神的空虚，曾几何时，相继出现了追求精神刺激，猎奇制胜的五花八门的建筑流派。但始终没有很好解决建筑技术与建筑艺术矛盾统一的问题。现今建筑潮流又趋于对传统文明的尊重。人们已在历史创伤中发现，保存历史文化对人类生存的重要性。从全盘搬用古典建筑形式到全盘否定建筑历史传统，这是欧美资本主义国家建筑现代化过程中所经过的一段曲折的道路，要知道，这足经历了一百多年呀，我们跟着人家屁股后面走“洋化”的道路，一方面时间不允许，会永远落在人家的后面；另一方面没有自己的民族特色，外国人会嘲弄，人民也通不过。

不可否认，近代资本主义的建筑科学技术的发展是前所未有的，建筑行业起了革命性的变化，比我国进步多了。然而在我们近代建筑史中却反复出现过“排外主义”到“崇外主义”的教训。在鸦片战争前，清朝“闭关自守”。虽然在1299年西方天主教士在元大都建立过教堂，在16世纪在南方沿海出现了“洋楼”，但人们当时都称之为“鬼楼”加以蔑视。鸦片战争后，有不少人失去了民族自信心，崇外媚外思想泛滥，南方有些城市殖民化了，羊城有称“洋”城。“五四运动”后，有人提倡“国粹主义”，排外思想又有所抬头。在抗日战争胜利后，在国民党统治区又出现了一次建筑“洋化”思潮。这种由一个极端走向另一极端的原因，我看主要是国家的保守落后和不能独立自强，但从认识论来分析，却是人为制造了“土”“洋”的对衡。中华人民共和国成立后我们还不是因认识不足吃过盲目排斥西方和崇拜西方的亏。

我国古代建筑经过几千年的发展，始终保持着自己民族的风格，但我们的祖先并非固执和狭隘，要知道，我国古代工匠一直是在不断吸收外国、外族优秀的东西，来丰富和改进自己民族建筑的体系。佛教从西域传入，我国建筑就首先受到印度建筑的影响，产生了佛塔和石窟寺之类的建筑类型。印度的“窣堵坡”与中国原有台楼式建筑结合演变成中国式的佛塔；印度的“支堤”与中国的崖墓庙堂式建筑结合，脱胎出中国式的石窟寺，佛教精神保存下来了，印度的风味也有一些，但整体上是中国的气派、中国的形式，把中印建筑融合得天衣无缝。在后来的建筑发展中，常见的莲花纹、背光火焰纹、须弥座、山蕉叶纹、茗莨纹、虎狮和飞天等装饰题材，园林建筑中的“浮屠院”“浅水方池”“须弥山”等布局手法，建筑壁画和雕刻的内容、构图、用色，都可以看出受到了印度明显的影响，而且融合了中亚、西亚等国的成分。

现存的清代热河承德外八庙是试图把汉、藏、蒙古族建筑交融起来进行创新的尝试。工匠们在建筑技术上取长补短，成功地采用了藏族多层石构墙体和平顶结构，局部点缀了汉族大屋顶，配合默契，刚柔兼蓄，起伏有韵，气势磅礴，形象新颖；在平面上把殿堂式、回廊式、帐幕式糅合在一起；在艺术装饰上吸取了各族的风采之长处，并按需要增加了新的成分，在继承中求变化。这种成功的创作经验和手法，难道对我们没有点启发吗？

以上历史经验说明，我国古代工匠并没有把继承作为目的，也没有把折衷作为自己的最高要求，但他们自觉或不自觉地知道，发展过程总是在传统基点上按社会新需要进行民族间、国际间的交流，淘汰一些旧东西，添进一些新东西的。

在我国历史上，完全移植外国、外族建筑形式的事例也有。如广州的怀圣寺光塔就是唐宋年间阿拉伯人建造的，北京的妙应寺白塔是在元代由尼泊尔青年匠师阿尼来设计的，清代新疆喀什建造的阿巴伙加玛扎墓和一些伊斯兰教建筑是西亚回教建筑的翻版。但这些建筑都没有成为我国建筑的主流，只不过是我国多样建筑的一种花絮而已。在近代，随着帝国主义的侵入，殖民主义者在中国的土地上建起了一批完全西洋式的教堂、海关、车站、银行等。1872年起，留洋学生回来后，也带来了近代外国建筑思潮。这些建筑，最初恐怕没有多少中国人会欢迎和欣赏，最多也只不过是给人见识见识，知道世界上还有这样形式的建筑罢了。但中国人历来具有善于吸收外国长处的优点，近代西方建筑技术和艺术的输入，确实也为我国近代建筑的发展提供了新的因素。

促进革新有内因和外因两个方面。在传统习惯势力比较强的情况下，往往需要外来的影响和文化的交流来推动革新的进程。追溯历史，我国几次建筑风格的重大演变多是与建筑的展览和交流有关。秦始皇统一中国后，召集全国能工巧匠在咸阳仿建六国宫殿，可真是世界上最早的建筑展览；南北朝时民族的融合和民族区域性的迁移，形成了建筑技术与艺术的广泛交流；唐宋以来长安、广州、泉州国际贸易的兴盛，佛教的传入和在全国的传播，北京圆明园集中模仿全国著名园林和西洋建筑，以及全国性的节日活动、文艺交流改朝换代等，都深刻地影响着我国古代建筑的革新、演变。看来这些交流活动仍具有促进我国当代建筑革新的现实意义。如举办全国性或国际性的博览会，萃集全国或世界建筑先进之大成，使人们在全面大检阅中找出差距，推动革新。

革新大致可分技术和艺术两个方面，两者相互联系又相互制约。在建筑技术上，我国现状大大落后于先进国家，如果没有技术的现代化就谈不上建筑的现代化，它是当前革新的主要矛盾所在。技术的革新脱离不了现实的经济基础，在农村当前还是应重点放在对传统技术的改造，逐步由“土”变“洋”，在城市则可以学习外国先进技术为主，加快革新的步伐，“洋为中用”应该从技术上多考虑。在建筑艺术上应该多从保持民族特点着想，在传统基础上革新，使之古今相承，师古而不古。“古为今用”则可偏重于建筑艺术方面。总的意见是，技术上应以“洋”来推动“古”，学“洋”是为了今天中国的现代化；艺术上应立足于“中”，但学“古”是为了现代人的欣赏，要有时代的新鲜感，学习外国现代建筑艺术手法当然也不可忽视，但不要舍本求末，末流的东西，时髦一时，不免昙花一现，需慎重考虑。

三、创作的泉源

要想把我国现代建筑立足于世界现代建筑之林，离开我们民族建筑的源头去创作，没有本民族的特点，是根本办不到的。时代不同了，现在再也不是像20世纪初工业革命后，现代建筑的开拓者们，为了冲破传统的束缚，提出矫枉过正的“革命”口号的时代了。物极必反，在当时的历史背景下，在策略上提出“与传统分离”，确有鼓动革新的积极意义，理论上也易为人们所接受。但平心而论，现代建筑大师们的创新成就，说不受传统的影响是不可能的。就说“功能主义”和“结构主义”是当时“革命”的产物， 试问它们又流行多久？影响多大呀？世界建筑的历史主流还不是按建筑的本来属性，沿着传统与革新的历史逻辑发展的！

事实上现代建筑刚产生就曾运用了我国古代的建筑理论。“包豪斯”的中坚人物之一瑞士伊顿就曾经引用我国春秋战国时老子《道德经》“凿户以为室，当其无有，室之用”的哲学作为空间理论，运用我国北宋画家郭思的山水画论来引导人们打开设计的思路。

现代建筑大师柯布西耶极力主张忠实表现和暴露各种建筑材料的固有性格和天然本性。许多现代建筑师对各种建筑材料的质感色泽的独特艺术表现效果都有独到的研究，在好些优秀的现代建筑中，都利用了各种表面材料：钢材、玻璃、乱石墙、混凝土墙、清水墙等材料的和谐配合，达到了高度的艺术造诣。我国古代建筑对于材料的自然美表现和结构形式的真实表露，不仅在实践中极为常见（特别在民间建筑中），理论上也在不少古文献中提及，如汉《说范》有“质有余者、不受饰也”的记载；《文心雕龙》有“文不发质”的论述；清《一家言》有“因其材美而取材”的主张。

著名西方建筑师密斯·凡德罗提出“少即是多”的造型理论，说“要获得最丰富的效果、就要运用最简练的手法。”有些人常用此论点来作为反对传统的论据。其实烦琐堆砌只不过是我国官式建筑的一个侧面，大量传统民居还是以简洁淡雅著称于世的。在创作理论上我国秦《礼乐记》把真实（即诚）作为美学核心。清代李渔《一家言》亦指出：“土木之事，最忌奢靡……盖居室之制，贵精而不贵丽，贵新素大雅，不贵纤巧烂漫。”对细部装修提出：“宜简不宜繁，宜自然不宜雕琢”和“简而文、新而妥”的主张，并提倡“点铁成金”和“一物幻三物”的以少胜多的处理手法。

灵活布局和流动空间是欧美现代建筑设计的常用手法，许多著名建筑采用了活动隔断、镂空墙、玻璃断墙和其他设施等灵活分隔空间，突破了盒子式空间的封闭感，使室内与空间流连自如，隔而不断，达到了开敞、变幻、丰富的空间艺术效果。这种空间处理观念，我国最迟在战国时期就已存在，从战国时的文献和石刻金雕建筑形象可以看到，当时采用帐部、屏风、屏门、隔罩、器具来灵活分隔空间是习以为常的。《红楼梦》对大观园怡红院的描述是：“进入房内，只见其中收拾的与别处不同，竟分不出间隔来。原来四面皆是雕空玲珑木板……倏尔彩绫轻覆，竟系幽户……贾政走进来了，未到两层，便都迷了旧路，左瞧也有门可通，右瞧也有窗隔断。及到跟前，又被一架书挡住，回头又有窗纱明透门径，及至门前，忽见迎面也进来了一起人，与自己的形相一样，却是一架大玻璃镜。转过镜去，一发见门多了。”看！我国古代流动空间手法运用得多富有艺术魅力呀！

赖特是美国现代建筑的拓荒者，他认为建筑是一个有机体，必须与自然环境融糅，提出造型的“构成美”。他的作品的主要特点是空间处理倾向于自由活泼，室内外空间错综穿插，力图把建筑设计成“像树木从土中自然生长出来一样。”将室外花草树木、乱石、水面引进室内，室内空间采用敞廊、花架、露台联廊等与室外空间结合起来，使内外空间融为一体，给人以畅朗深幽的感觉。这种处理手法，赖特本人就是受日本庭园的启发，然而谁也无法否认，日本庭园手法多出于我国古典园林。我国传统园林的观景、障景、对景、借景、衬景和意境表达等手法在西方现代建筑中是经常被运用的。

对于空间尺度处理，欧美有些现代建筑为谋求经济效益和取得所谓“亲密空间”，主张对人的比例尺度来抑制和安排空间。有些现代建筑以小巧、安静、舒适而盛名。其实这也并非现代的独创，我国明代《园冶》中提到的“精在体宜”“巧而得体”“得体合宜”等论述，都是强调人物与空间要有适宜的尺度，建筑与周围环境要密切配合。苏州园林常见的空间处理手法是：小环境空间配置小体量建筑，小建筑前布置小路、小石、小池，在小体量房间内设置小尺寸的家具陈设、小栏杆、小窗户和小尺度装饰构件，力求在较小的绝对尺度空间内，通过相对尺度的对比，达到小中见大的艺术效果。江浙民居所以给人以亲切宜人的印象也主要是运用小尺度空间取得的。《一家言》亦提到：“夫房舍与人，欲其相称。画山水者有诀云：‘丈山尺树，寸马豆人’……不则堂愈高而人愈觉其矮，地愈宽而体愈形其瘠。”意即追求高大的比例尺度，会破坏人与建筑房间的正常尺度关系。

漏花窗与漏空窗是西方现代建筑风行一时的用来表现建筑形式美的装饰手段。在拉丁美洲、非洲和东南亚更为常见，有些建筑结合遮阳和通风，在适当部位采用富有装饰性和立体感的预制混凝土或金属漏花格墙，具有清新雅致感。这和我国南方民间建筑采用的瓦片、陶砖、玻璃花砖所砌的通花墙、漏花窗异曲同工。美国著名建筑师斯通曾在美国驻印度大使馆中大胆采用整片通花墙而轰动了现代建筑界，然而在我国，早在在两千多年前的汉代明器（广州发掘的陶制建筑模型）就已出现有整片通花外墙的处理了。

西方现代建筑带有革命性的三大建筑处理法则是底层支柱透空、平屋顶、框架结构体系的空间可变性。事实上，这些法则早在我国古建筑中就存在了。底层立柱透空即相仿于我国西南地区常见的“干阑”建筑，它的起源可追溯到考古发掘的浙江余姚河姆渡原始社会居住遗址，在南方汉代明器中已为普遍。平屋顶我国最早见于云南元谋大墩子新石器时代建筑遗址，三国时著《广雅》亦有：“屠苏，平屋也”的记载，现在西北、西南、华北少雨地区民间亦颇流行，西藏拉萨布达拉宫是我国古代大面积平顶建筑造型的范例。框架结构在我国安阳殷商宫殿遗址已初步形成，本来就是我国古建筑体系的主要特点。我国传统建筑内部空间的灵活性和外部造型的自由性就是这种结构形式所秉赋的。

现代建筑的主要技术革新关键是设计的标准化和施工的装配化。这种原则和概念，对我国传统建筑来说亦非新鲜。《考工记》记载的用步、寻、雉、筵、轨、扃等作为建筑基本尺度，实质上是建筑模数制的雏形，《营造法式》的“材契制”是我国模数制的进一步发展，所谓“以材为主，材分八等”，这样就把各种不同类型建筑定工、定料、定型化了。在古文献中记载整座建筑快速拆迁的例子不少，说明我国古建筑施工装配化的程度之高。在民间也有用标准住宅的习惯，虽为手工业作，但其简化结构、便于施工和节约人力物力的目的是明确的。以上说明，西方现代建筑中许多优秀建筑的设计法则和手法与我国传统建筑的原则是何其相像呀！这不引起我们对否定传统建筑的继承性的反省吗？

四、结语

综合上述意见，大体为如下几点：

（1）在我国建筑现代化进程中应该重视对建筑形式的探索。提倡解放思想，勇于独创，允许各学派和各观点的实践，不求全责备，不搞清一色，根据各自实际条件，扬长避短，繁荣创作。

（2）不能把现代化和对民族形式的探求对立起来。有深厚民族自尊心和坚韧不拔民族意志才能从我国国情出发，融合世界现代建筑之精华，不为“时髦”建筑思潮所左右，这对于创造能立于世界现代建筑之林的作品是大有裨益的。如果盲目崇拜西方，将外国现代建筑奉为典范，心摹手追，忘记了因地制宜，因人制宜，因时制宜，就等于湮灭我国现代建筑的生灵。

（3）西方现代建筑的一些进步因素是有传统根源的。许多优秀法则和手法，在我国古代建筑遗产中亦可找到它的渊源。这说明我国传统建筑确有精华可为当前创作借鉴的。直接借鉴自己的历史经验，要比间接地把外国学过来更真实、更直接得多。问题是我们过去对自己民族的东西研究不透，未究其竟，故在民居形式的探索中，难免受东施效颦之讥，但只要我们不断加深对传统的钻研和增加历史知识的积累，努力探求它的内在继承性，终可推陈出新，创造出我们时代的民族风格。

（4）要承认外国建筑技术的进步，建筑艺术也有高明的地方，同时还有一套现代建筑的理论，我们也可以利用这些理论来分析和研究我们的遗产，进一步发掘其中精华，再加以运用来创造我们的现代建筑。在世界建筑日新月异发展的今天，要重视国际的交流。既要走我们民族发展的道路，又要把我国建筑摆在世界建筑历史发展的主流之中。

开放与创作

原载于 1987 年《南方建筑》

近十多年来，广东的建筑创作出现了新的局面，比较以往，形式多样了，内容丰富了，格调新鲜了，在全国产生了一定的影响。究其原因，这和广东比较好地执行了开放政策有关。

所谓开放，我理解是为增加横向联系，加强信息交流，对外国的、国内的、历史的建筑优秀经验的吸收，开放创作实质是从现实出发，对各种建筑文化“兼容”，广泛地、灵活地运用各种优良表现手法，创造多元、多样、多彩、多向、多层次的建筑作品。

一、历史回顾

广东是我国历史上开放最早的地区，秦汉以来就与东南亚等国有经济、文化交流，所谓“海上丝绸之路”就是以广州为起点的。两晋、南北朝时期，印度佛教僧徒亦曾多次到广州建寺传教，现今华林寺，便是天竺禅宗大师达摩于公元 526 年初来广州时的驻地，谓之“西来初地”。

唐初，广州可真是全面对外开放，据《大唐和尚东征传》载，唐代高僧鉴真于天宝九年（公元750年）路经广州时，见闻谓：“有婆罗门寺三所并梵僧居住，江中有婆罗门、波斯、昆仑等舶，不知其数……狮子国、大石食国、骨唐国、白蛮赤蛮等来往居住，种类极多”。外贸事业的繁荣，促使了广州经济的发展，民房店铺，货栈旅邸也不断增加，随着张九龄主持开凿大庾岭大道的畅通和珠江与长江水系运输的发展，中州、江南与广州的经济文化交往更加频繁。开放带来生机，建筑形式也产生了变化。

现存怀圣寺光塔便是我国前所未有的建筑形式，它是唐初阿拉伯商人来华时，移植西亚建筑的史证，不论是内容或形式上都是新的东西，骤然异趣，倍觉神奇，突破了我国传统大屋顶体系的一统格调。光孝寺虽始于东晋，而大规模扩建还是在唐代，平面体制是中原佛寺，瘗发塔、须弥座、栏杆、菩提树等还是外来建筑的中国化。由于当时中国国力强盛，开放是自发的，受到朝官鼓励，建筑文化交流还比较正常。

宋代广州对外贸易进一步发展，番坊扩大，番人激增，程师孟《共乐楼》诗云：“千门日照珍珠市，万心烟生碧玉城。山海是为中国藏，梯航尤见外夷情。”可见当时广州面貌已掺有外国情调。宋岳柯在《程史》中记载莆姓番商的住宅云：“有楼高百余尺，下瞰通流，谒者登之，以中金为版，施机蔽其下，奏厕铿然有声。楼上雕镂金碧，莫可名状……层楼杰观，晃蕴绵亘……屋室稍侈靡逾禁，使者方务招徕，以阜国计，且以其非吾国人，不之问。故其宏丽奇伟，益张而大。”又据《续资治通鉴长编》载，熙宁五年（1072 年）杂居广州的外番已经达到数万家之多，他们的住房估计多为外国形式。当时，广州与东南亚交往，通过郑和“七下西洋”，进一步延展扩大。无疑，广州成了外国经济文化输入和北方汉文化南来的交聚点，结合广州原有的文化基础，逐步形成岭南文化圈。

清朝康熙初年，当朝还是重视吸收外来科学文化的，曾准备推行西洋新政，但受到儒家学者的广泛反对，康熙为巩固统治，决策恢复孔孟之道，搞“闭关锁国”政策，雍正进一步提出“正本抑末”，从此我国就变成了封闭系统，广州与外国的交流也被封锁了，把自己孤立于世界文化技术交流之外，势必落后。1840 年鸦片战争以后，中国的门户为帝国主义的炮舰所轰开，是一个消极被迫的开放。半殖民地、半封建社会建筑，谈不上创作的自由，但外国流行的建筑形式，很快地就流传到广州。辛亥革命后，孙中山先生提出“适合世界潮流，合乎人群需要”的主张，亲自设计建造西洋楼式住宅（现孙中山故居），中西结合。广东是侨乡，华侨的出国来往，促进了建筑形式的外向吸收，故广东的建筑形式向来比内地多样。

中华人民共和国成立后，由于外国的封锁和我们极左思想的影响，中国社会的封闭还是主要方面，但由于广州地近港澳，每年春秋季出口商品交易会在这里举行，保持了一个开放窗口，这对广州建筑的发展起了一定的作用。广州建筑吸收了欧美现代建筑和日本建筑庭园的形式，与内地建筑比较，稍为新颖，被称为“广式建筑”。文化公园水族馆、新爱群大厦、白云山庄、出口商品展览馆、友谊剧院、白天鹅宾馆、中国大酒店、花园酒店、东湖新村等，在广州建筑发展史上都有一定影响，在封闭的建筑体系中，显得新鲜、活跃，有一定的突破力。

随着近几年来深圳和珠海特区的设立，出现了丰富多彩又有自己鲜明个性的建筑形式，冲破了束缚，新建筑思潮正向内地渗透，向纵深发展，震撼着高墙封闭的传统建筑体统。虽然新思潮的发展并不能说是十全十美，但由于开放引起的巨大变化，是合乎改革实际的生命机制的。它对中国未来建筑的发展之影响，不可低估。

二、更新的观念

长期以来，我国的建筑教育多因循守旧，教授方法也拘谨求稳，学生为求优良成绩，设计和论述只好克制地去迎合老师意图，在设计单位亦按资排辈，后辈通常只好作“驯服工具”，青年人难于创新。在长期“左”的影响下，往往把对形式的探求看作是形式主义，把外国现代流派硬与资本主义拉在一起。潜移默化，人们对新奇的建筑自然产生抗拒心理，产生回避，或人云亦云。致使概念固定了，观念僵化了。

古希腊哲学家赫拉克利特曾经说过：“人不能两次踏进同一条河流。”因为表面看来河还是那条河，而实际上后水已经不完全是前水。这其实是一种观念更新的比喻。

观念只有相对的稳定性。同样的说法，过去认为是对的，随着人们认识的发展，今天就不一定认为是对了，外国的观念，与中国也有区别，观念的内涵和外延是不断变化和不息流动的，这样，事物才获得不竭的生命力。

比如，我国古代在木结构时代，建筑被看作是暂时的、可变的，而在砖石结构时代，建筑观念是“百年大计”，钢筋混凝土时代，则被看作永恒的。又如，古代建筑被古人看作是使用的实体容积，现代被看作是空间，如今有认为是环境，不同流派对建筑有不同的观念。

过去我们提创造“群众喜闻乐见的建筑形式”，是从注意社会效果角度来看待的。可我们不能为迎合创作，把形式一般化，按照别人的意愿和舆论去创作是很难有成功作品的。建筑的构思，是建筑师根据建筑所处的环境和所给的物质条件，按自己独立的思维轨迹进行的，没有任何规矩和公式。真正优秀的建筑是不合常规的，建筑师应该用自己的作品去争取群众，不断开拓新的审美领域，启迪人们去思考，实现对现实生活的热爱。

建筑“民族化”的观念，过去是一种民族情感的流露，其含义也一直是模糊的，谁也没有创作过“民族化”的建筑模式和样板。我认为，这样的提法将使创作的自由多加了一副枷锁。创作还是不加口号为宜。事实上，我们民族建筑是一直在不断融合外来成分而发展起来的，只要有民族的气质和民族精神，民族特点就会自然流露，片面强调“民族化”，不加思索地感情用事，容易沿袭过去封建建筑体统，妨碍创造性的发挥，也难于开放吸收。在当今国际交流日益频繁的时代，提“民族化”势必掺有一定的“排他性”。中国现代建筑道路是很难用“民族化”的狭隘观念来概括的。

“在可能条件下注意美观”的提法现在看来亦有不妥，好像建筑美观是可有可无的。按建筑实质，建筑美是客观存在，美与经济并不完全对立。“人总是按美的法则创造世界的”。美也有功利性和商品价值。人民生产的发展，生活的提高，自然对住宅是“住人的机器”的观念产生厌弃。人们对美的追求是对生存理想的向往，对建筑美的探求是一种创造性的艰难精神劳动，是社会文明的体现。重视建筑形式的探索是人们追求文化和文明的平衡。

三、走多元化创作之路

我们正处在一个不断变革的时代，处在一个科技大发展、信息大交流的时代。社会生产愈来愈商品化，竞争性也愈来愈剧烈。人们的思维哲理，逐渐从单一因果转为多因果，从单律转向多律，从强调理性转为承认非理性。复杂的世界包罗万象、千姿百态，本来就是多元的。多元主义一直在历史上存在着，不过在封建中央集权的中国，长期被压制罢了。

中国长期处在自给自足的自然经济中，家庭意识极强，家长制扩充到整个社会体系，顽强地坚持着强调秩序而慢条斯理的稳妥系统。表现在建筑形式上是长时期的大屋顶、四合院、三部曲，世代相传，沿袭不变，缺乏时代个性。群众在高压强制下的驯服心理，导致民族审美心理的单一化。原有建筑体系没有内在的反思，也少有外来的干扰，根深蒂固。在近代，旧体系虽然在变化着，但速度甚慢。

社会所以发展，主要是对旧事物的否定，有常理的吐故纳新，现代人的正常审美心理是喜新厌旧，具有强烈的创新意识。没有创新心理，广州也不会有竹筒屋到骑楼再到现代的广东国际大厦。创新的行为应该受到赞美。中国未来的建筑出路只有不断创新。纵使保守的人，在新的与旧的事实对比面前，总会引起惊省。

每一时代有每一时代的建筑理论，新的理论是建立在广泛的新的实践经验上的。新见解、新推导形成新时代的创作途径。至于什么是新，我认为可有两个方面，一是内容和形式都是全新的，前所未有，独立开拓，完全是在反历史、反传统中建立起来的新体系，属于建筑的革命，能这样当然是好，这毕竟是极少数；另一种是把国外或过去已有先进的因素，发挥、扩展、综合、融化，创造性地运用，使其具有统一的艺术功力和思想内涵。这种创新是普遍、大量的，应该承认其有量变到质变的过程。这属发展型，易见社会成效。

我不主张为新而新，为反传统而反传统，不能把反历史看作是创新的唯一途径。继承传统中的合理因素同样可以创新。反叛逆应在深切了解和自由驾驭传统和历史的基础上展开的，这样自己的创新才不是盲目的。创新有一定的目的，才有探索的权利。

对传统的重复和模仿当然无法突围，可是把创新放在一味心术上的反传统成见上，或在“反叛就能新”的数理下下注，破之所立，也不一定能站得住脚，新与旧也有美丑之分，美的并不一定都是新的，新的不一定都是美的。每一历史时代，甚于每一建筑形式，通常都需要一种启蒙的原影，美的原影可以是西方各种建筑流派合理的内核，也可以是以往民族存在着的优化母本。可从不同角度去运用提高，结合现实去探求。形式的多源化是创新多样化的条件之一，有多样才能综理成多元化。

认可启蒙的原因，并不是安于现状和抗拒新奇，顽强的创新意志，强烈的创造欲，过人的胆识和独特的思考，终究是我们创新的战略意识。著名数学家高斯说过：“若无某种大胆放肆的猜测，一般是不可能有知识进展的。”不求有功，但求无过的精神状态，怎么会创造出多样化的建筑形式呢？

创作繁荣的标志是建筑形式的多样化、多层次。不能把对建筑形式美的追求都看作是“形式主义”，西方建筑出现的多元体系我认为是多元建筑观和社会哲理深化的结果，不管是隐喻主义、野性主义、文脉主义、冲突主义、乡土主义，还是重技派、光亮派、新方面派，他们主要还是对建筑形式的探索，我们没有必要讳忌，他们各种流派的创新手法各自有别，可各自均有新意杰作，真正玩弄形式，离奇怪诞的毕竟是少数。我们所谓开放，首先要思想上开放，先少批判，多理解，后看它能否吸收运用。

我们现代社会的矛盾性、复杂性和发展周期节奏的加快，自然而然会产生多元主义，再也不可能“同读一本经”了，单元化必然分化发展为多元化，在“百家争鸣”和“自由竞争”中，有的流派会淘汰，有的会成熟，也有不断的新生和分化，总的趋势是多元，这是健康的发展。纷呈的流派有利于创造丰富多彩的物质环境，满足群众多向心理和多种生理的需求。有助于探求和选择各种发展途径，重新认识建筑的组成要素及其价值。

世界建筑向多元化发展，中国应适随世界潮流，提倡多元化。

四、创新属于世界

我国建筑要面向现代、面向世界、面向未来，首先要认定我们是世界大家庭的一员。世界是属于我们的，我们又是世界的。开放政策的立足点是拆去我们通往世界的隔墙，使我国文化与科学的发展能与世界同步。

我同意文化要全方位开放的提法。我国建筑要进一步发展，看来还得在理论上、技术上、艺术上提倡全面开放。

在过去我国封建传统意识中有两种对世界的看法：一是以自我为中心，自认是世界的主宰，理论基本思想是“中体西用”；一是“为人之道”盲目自卑，“不敢为天下之先”。前者限制了我们创新，后者使我们不敢创新，这使我们没能以国际社会普通一员的身份走入当代的世界，在世界上失去平等竞争条件。

就科学而言，世界上的一切事物都是没有禁区，没有偶像，没有顶峰的。人类的物质文明和精神文明无须囿于国界，发展趋势是中中有西，西中有中，多元共存，“世界大同”（这当然还有相当过程）。过去我们的封闭造成与世界的时间差，迎头直追须先填平人为的深沟。

学外国目的是超过外国，既学习其理论、观念，也要学习具体技术、艺术。学习世界建筑目的是使中国建筑能早日立于世界建筑之林，在世界上有一定地位。我认为我国的建筑师有这个本事。中国人是聪明人。我们女排最初是请日本大松博文帮助训练的，把外国的经验学过来以后，自强、自信、奋斗，终不是连连战胜强敌，走向了世界吗？我认为建筑的创新也该如此，引进理论、引进技术、引进人才、引进信息、引进创作手法、引进管理方法，不断吸收创新，面向世界的竞争和挑战。敢于向世界挑战就是开放的重要方向，没有民族的拼搏精神和民族的内聚合力是难以走向世界的。

我认为建筑师要面向世界首先要使自己的思想有一个开放的结构，有一个远大的理想。唯有使我们的思想和目光宏博广大，在脑子里有丰富的现实世界图像，有整个世界建筑的时空缩影，才能对世界建筑有新的突破，在当前中国文化提倡全方位开放的时代潮流中，建筑必将成为引人注目的“弄潮儿”，青年建筑师受束缚少，对外求知欲强，要当仁不让，名副其实地担起先锋角色，为当前的变革推波助澜。今天的世界是一个相互依存的世界，经济发展要相互补充，文化进步要相互交流。当前文化界有一种“文化圈”的提法。作为建筑，在历史上也有“地方风格”的提法。通常说，人先塑造环境，然后环境又塑造人。环境从地区共同性而言，包括地理气候、山川人文、植被景观，也包括社会人文、心理感情、人情风俗、风度气质等。某一地区的环境孕育了当地的人，当地的人创造了当地的地方建筑，过去有所谓“岭南派”“江浙派”“北派”“蜀派”等说法，含义广一些，比如就岭南地区而言，除汉族外，还有壮、苗、黎、瑶、回、侗、彝、京、水、么佬、毛难、畲等民族，也同化了许多外国人，民族性就很难说清界线了。但居住的环境是共同的，人们在湿热的亚热带地理环境里生活，为了要在这环境里生存，塑造了该地区的建筑形式。显然，地区性也包含了民族性。岭南文化甚至融合着古汉文化、古楚文化、古百越文化、古百濮族文化。岭南建筑应该是在特定的地区环境，在特定的文化土壤，广泛地吸收和融合外来建筑精华以后，所创造出来的新派系。从概念上来说，提倡创造“岭南建筑风格”也比提倡“民族风格”，无论在深度、广度、时间度和空间度上都深刻得多，我认为：“民族风格”主要是从传统纵剖面划分的，“国际风格”主要是从时代横剖面划分的。而“地区风格”是多层次的兼容式风格，如果从类似“文化圈”来理解建筑地方性，建筑的矛盾性和复杂性则容易于剖析。

韩愈说过：“坐井而观天，曰天小者，非天小也。”要振兴民族就得放眼世界。争天下之先，创世界之新。鼓励建筑师创新，不仅是为了我国建筑向现代化发展，也是为了振兴中华精神。我们民族历史的光辉成就，不应模糊我们的创新意识，迟钝我们勇于进取的精神，历史遗产只能激励我们鼓足勇气去开辟新的历史。

我们正处在一个非常活跃的开放世界，世界每一个角落都在不断地建造出前所未有的新奇建筑，它不为某一个人的偏爱和厌恶而存失。历史还是留给后人去写，但我们不能对这些建筑模模糊糊，在自己的“象牙塔”里称“老子天下第一”。我国建筑师应该（也可能）拿出属于世界的杰作来。只要保持清醒的开放头脑，我们这一两代人是能够创造出激动人心、令人神魂颠倒的属于世界的建筑来的。我们向世界索取，向历史索取，为的是对世界和历史作更大的贡献。

寻求海岛的自然风韵

原载于1991年《新建筑》

横档岛在珠江口，原为广州虎门第二道防线。岛中有一座马鞍形山，山顶残存有清建炮台，现开发为旅游区。这里岛奇、景美、地险，有似乎“天公”塑造的海岛式岭南盆景，颇富诗情画意，是人们寻求神仙般的逍遥境界的好去处。

岛东西长500米，有如梭船横波。南端有沙滩绕岸，水清流缓，夏淡冬咸，沙细质软，宜于嬉泳。夏天来此泳浴者每天竟达千人以上。为充分利用这一旅游资源，使游客有一舒适的游乐环境，当地管理部门于1988年决定在此建一组服务建筑，委托笔者设计。设计与施工总共半年，主题建筑面积1500平方米。

立意是建筑设计的关键。本设计力图把建筑融合在岛山海滩的空间之中，起到托山抱海的作用，人们在这里可以尽情享受到阳光、沙滩、海风的自然恩赐。举目所及，尽是碧海蓝天，“其乐融融”地领会海地风韵。

建筑沿山脚拉展成约100米的长条状，体形依势就地形参差。把浴室、厕所、办公、煮茶、制冰等房舍纳入山脚，藏补岩缺。临海沿沙滩布设开敞的亭、廊、茶室、眺楼、息堂等建筑，以作望海、遮阳、闲坐、游乐、避雨等。期间布置有小庭三个，闹中求静，洒落开朗。纵向空间序列布局是：山岩——建筑——小院——长廊——草地——沙滩——海湾，层次分明，藏露相宜。

旅游建筑的用材取决于吸引游客的特殊情调与环境的协调。本设计在建筑功能空间确定以后，为寻求形式表达经历了艰苦的思索，最后还是以当地沙田渔村茅屋为基调，加之于创新，力图使其既有乡土文脉又具新颖清雅的姿韵。

45度的仿茅棚顶与斜落柱，本源于抗御飓风，然而，它重现了粗犷稳健的岭南水上民居风貌，与屋后的山峦和前面的海滨取得了协调。倾斜的悬山和升起的脊饰，突破了俗成茅舍的形象，给人以奇特的浪漫情调。外露的仿木穿斗式构架，隐喻着对南方传统结构美的承袭，并使得内外空间通透，上下空间畅达。

旅游建筑是观景建筑，也是景观建筑，成败在于因境制宜和浩然得体。本设计的处理手法有：

（1）建筑采用单层、散开、土著的样式，不动原有的自然地貌，把人为景观融汇于海岛景色之中。

（2）建筑外表仿茅草、松木、竹片、蚬白等素雅材料，色、质均与绿岛、碧波协调。

（3）建筑远离山顶文物古迹，相互视线为林木崖石阻隔，无有新旧景观的矛盾，可各自充分利用旅游资源。

（4）建筑造型轻盈、秀逸、活泼，与南国变幻的风云，起伏的海涛及人们嬉游的激情心理相适应，情景交相辉映。

（5）有韵律的长廊列柱、错落的山尖轮廓线和孤高的安全眺望亭，渔岛墅庄简朴宜人、亲和典雅的情调，从珠江航线远眺，点缀了风景线，美化了景观画面。

（6）吊高的地面，通透的外墙，使建筑空间与四周石草花木融合在一起，有南方干阑建筑的遗风，加上简洁的装修和石质的台凳，野趣横生，洒脱自然。

海韵阁刚建成不久，功能使用反映良好。待将来前面椰树长大，适当遮掩，观感会显得更加自然。

居住建筑亦应表现民族的文化精神

原载于 1992 年《建筑师》

自古以来，大量的居住建筑都深刻地表现着历史文化的内涵，反映了民族精神和地区特点，这是人类文明永恒的主题。可是在当今全国房地产空前热浪中，在许多投资者和设计者中，为了追求片面的利润而忽视了这一点，还是主张资本主义初级阶段那一套“住宅是住人的机器”之理论。

在中国传统概念中认为“宅，人所托也”，住宅不只是人们物质的寄托，也是人们精神的寄托。人生的一半以上的时间是在住所中度过的，故古人对住宅的设计非常重视，《黄帝内经》有云：“夫宅者，乃阴阳之枢纽，人伦之轨模，非夫博物明贤未能悟斯道也。”在我国古代民居中，我们的祖先采取了很多不同的手段、方法去处理人与自然、人与人、技术与艺术的关系，反映出各个时代、各个地区民族生活的文明程度的高低和认识的水平，形成各自的社会形态，是社会科学与自然科学的结合体。现代世界建筑师均极其重视住宅文化性的研究，许多人类学家、社会学家、地理学家、历史学家和艺术家都对中国民族居住空间哲学很感兴趣，做了很多研究，而我们本身对此认识却如此浅薄，这难道不该引起我们反思吗?

现在我国还比较穷，人均居住水平还比较低，这不是说居民就不需要居住文化。事实上我国远古时期的穴居也曾表现出一定的文化观念，历代穷人农舍设计也注意舒适感、领域感、景观感，并向往着吉祥如意、幸福荣华，不仅造型美，还具有深刻的社会内容。所谓“没有建筑师的建筑”倒留下不少人类艺术思维的种种规律性的痕迹，难道现代建筑师反倒认为住宅只是满足动物生理要求的“鸽子笼”吗？人是有意志和情感的，现代建筑师应当表现现代人的审美情感。住宅设计时要想到各地区、各民族、各阶层居民的心理要求和愿望。

20 世纪 90 年代我国人民生活将从温饱发展到小康水平，每户将有一套实惠的住宅，家的观念也会随之变化，人们期望着建立温馨、怡乐、安全、舒适、美好的家。家庭空间环境的塑造将对社会起着重要的作用。我国古代有所谓“安居乐业”和“治国需正家”之说，说明住宅与发展生产和国家安定有着密切的联系。这一传统概念在目前处理住宅问题时还是值得借鉴的。新加坡的住宅政策和相应的住宅设计正体现了这一精神，收到了良好的效果。

忽视精神功能的住宅设计是不完善的设计，就是在很差的经济条件下也不能说住宅不是文化问题。穷人有“穷人的美”，造价高不一定美，经济住宅未必丑。投资少更需要建筑师去研究用简朴的处理满足人们心理的需要。科学技术的发达，人的物质生活要求是较容易在住宅中得到满足的。可以预料，未来的住宅问题终究主要还是居住文化的精神问题。

揭示我国传统住宅的文化精神所在，研究它的特殊社会性，对于当前推动住宅设计的进一步发展看来是很有必要的。近代我们引进了西洋的一些生活方式和公寓概念，开放中带来了变革，这是好事，另一方面却把优良的民族传统的东西扬弃得过头了，社会后果已逐渐显露，如人际间的淡漠感，居住的没有安全感，情绪的单调感，自然的失落感，空间的机械感，生活的烦躁感，等等，住宅中民族固有的文化特色在消失，新的东西又建立不起来，值得我们深思。

在一些人看来，传统的住宅是落后的东西，把它与封建等同，认为没有必要去认识它，无可用之处，其实不然，古代民宅是历史文化长期积淀的产物，它凝聚了前人养生、养性、养心之道，民族的生存与发展的哲理，也可从中得“悟”。有的是有形的，有的是无形的。比如理性上的淳朴求实性、人与自然的亲和性，道德上的以礼待人、宽以待物的观念、意志上的自力更生、勤俭节约、远近结合的思维。在具体布局上，明确的内外之别，紧凑合理的格局，顺畅的组合流程，渐进的层次。在空间上，室内外的交融，交替落差的穿插，阴阳向背的哲理，“天人感应”的文化秩序，中和的温暖情调，隐喻的视角，空灵的装修，等等。

不论是城市或乡村，如果把住宅问题纳入文化范畴去认识，就要在设计中关注民族精神的表达，去探索在现代化进程中展示本民族的特色。无疑，在商品经济时代，建设住宅首先考虑到的应是技术和经济，但要知道，人们创造了居住环境，居住环境又反过来可以制约和塑造人们的生活模式和道德行为。因此我认为，追随现代派的住宅模式，是低层次的权宜之法，根本的还是应该从本国家、本民族、本地域的实际出发，走自己的路。

传统民族文化对人的理性系统的影响是潜移默化的，强行摆脱它，后果不堪设想。在具有丰富优秀民族文化传统的中国，保持居住文化的延续性，推行住宅向多元化发展，进一步把自然文化和社会结合起来，重构新的住宅理论和实践，开拓新的境界，这是一项多么伟大而诱人的工程呀！

华夏文化与中国建筑

原载于 1995 年《建筑与文化论文集》

具有五千年光辉文明历史的中华民族，应当走向世界，近 15 亿的海内外炎黄子孙应对世界进步有较大贡献。中华民族凝聚力的增强有利于祖国的繁荣富强，是中华民族走向世界的前提。

世界新技术的迅猛发展，使古老的中华民族觉醒过来，民族要生存就得改革开放；在中西文化激烈的碰撞中，难免民族虚无主义有所出现，有的人把“落后和愚昧”归罪于祖先，要求“全盘西化”，失去民族自尊心和自信心。在民族文化发展的长河中，现代人只能在前人的基础上向前迈步。所谓“无古不成今”，历史是不能以人的意志割断的。就建筑而言，中国建筑产生在中国的土地上，地理环境、民族气质、国情、民俗、习惯、意志等都影响着民族风格的形成，硬要割断它的延续性，是不理智的。

中国建筑自成一体，曾与古希腊、罗马、埃及并列为世界文明之星，然而历史最长、一脉相承的只有中国，这无不与中国民族的长期存在和发展有关；国家的统一和民族的团结保证了中国建筑特色的持续和发展。只要有民族就应该有民族建筑，只要有中国就要有中国建筑的特色。中华民族的特色影响着中国建筑之特色。炎黄子孙的流传，涉及朝鲜、越南、日本和东南亚，在古代，这些国家的建筑体系也属于中国。

中国建筑所以几千年经久不息，当然有它一定的实用性、适应性、科学性，有其精华所在。这些精华都是与中华民族的优良品格息息相关的。中国建筑的特征深深地铭刻着民族的烙印，现分论如下。

一、注重布局的整体性和协调性

建筑虽有主次，但都是以庭院来组织群体空间，建筑形式统一，相互呼应，有序列、有组织地在平面上铺开，不论是民宅、庙宇，或宫殿、祠堂。都是井井有条，整齐不紊，这和中华民族的长期统一和稳定分不开。自隋唐至明清，虽有分裂和战争，但分久必合，统一意志始终是中华民族的意志，各民族的团结始终是人民的愿望，稳定安居是大势所趋，这种民族精神在建筑思想上的反映，必然要求整齐美、统一美、协和美和安定美，故中国建筑的主流布局是规整和谐的。

二、有较强的中轴对称意识

建筑多沿着一条轴线布置，由低到高，由小到大，空间逐步展开，引人入胜。人在建筑中活动，有方向性、中心性和时空性。如当人们沿着故宫轴线前进，通过重重的门，层层的院落，感情在不断变化，形成三大高潮，给人们以强烈的感受。这种设计意识和中国长期的大统一有关，与中央集权有关，与历代的崇中、从中、尊中的民族意念有关。在封建社会里，这种平面布局从物质功能上表现了臣忠君，子孝父、妇随夫、弟从兄、朋义友的人生伦理哲学。中国向有“礼”邦之称，而建筑是社会生活的容器，中轴对称的布局最适合于“礼仪”，有利于减少争执和相互避让，达到“中和”的境界，在形式上，这不是混合，而是有秩序、有重心的“礼”之具象。

三、极为重视与自然的结合

建筑多在地面上展开，与山、水、树、木结合在一起，利用院落把人工与自然，室内与室外融为一体。特别是园林，追求的是天然山林的野趣，“虽由人作，宛自天开”，建筑常随地形地势的变化，因地制宜，因形就势。这种设计思想和传统的道家思想分不开。谓“人法地，地法天，天法道，道法自然”，中华民族向来有把天道、地道、人情、自然混为一体的民俗。孔子谓“智者乐水，仁者乐山”，是把山水移情到道德观念上。中国乡间讲究的阴阳风水，虽有迷信的糟粕，但从建筑设计方法而言，它是一种把建筑融合在大自然环境里的特殊哲理，注意到了建筑在特定环境下的背景、对景和借景。

四、在发展过程中有宽博的兼容性

从外表看来，中国建筑都是千篇一律，不论民居、宫殿、寺庙变化不多，事实上它是不断地吸收外族、外国的建筑形式和经验，逐步在变化中发展的。例如塔和石窟原是印度的，后来中国化了，推动了中国高层建筑的发展。广州光塔是阿拉伯人设计建造的，北京北海白塔是阿富汗人设计的，新疆好些伊斯兰教堂也是西非人设计的，北京圆明园也移植了好些外国建筑，近代好些建筑是西方来的，反映了中华民族对外来建筑的引入有着相当宽厚的精神，但始终“以我为主”，在大动荡、大化合中突出民族本体。不论是元或清，或北魏、辽、金，在其统治中原期间，在文化上均融汇在中华民族的大家庭之中，建筑更为明显。

五、有特殊的刚柔相济气质

如殿堂、楼阁、台观，均壮伟堂皇，列柱刚直，脊饰宏耸，特别是唐宋建筑，斗栱硕大而强有力，梁架粗拙而硬朗，表现了泱泱大国的气度和刚健奋进的民族气概。中国人把强、健、壮、瑰、伟、盛等看作是乾阳之气，主体建筑多以高、大、挺、宽、深等形象来表现其阳刚之美，如北京故宫之太和殿和乾清宫，曲阜孔庙之大成殿。然而，按中国人的哲理，阴阳是相辅相成的，有刚有柔才能构成完整的美。中国建筑为调剂雄硕宏伟的生硬感，而配以反宇的屋面，飞檐翘角，其他构造细部也多加以柔化，如斗栱有栱弯栱眼，梁有月梁，柱有收刹和梭柱，天花有藻井，门有拱门等，都是常见的直中有曲，方中有圆，硬中有软的艺术处理手法。刚柔结合处理得最成功的建筑可算是嵩岳寺大塔和北京的天坛了。

六、着重情理统一，色香味俱全

中国儒家美学主张“尽善尽美”，“善”是理性的东西，建筑主要功能内容，要为人所“善”利用。孔子谓：“文质彬彬，然居君子”，“质”是实实在在的伦理品质，“文”是外表的风采，能感动人的东西，是情怀心理的表现。在中国古代建筑创作中有谓“目寄心期，意在笔先”，有所谓“意匠”“意境”，这指的是建筑设计应先有艺术出发点，重视创作的艺术功利性。中国建筑所有成功的作品无不情理交融，内在与外表一致，感人肺腑，当我们进入一座寺观时，随着山门到佛殿，很自然会产生对“佛”的诚敬，在建筑空间的变化中，潜移默化地陶冶了性情，感化了俗心，把人诱导到佛天的境界。在中国园林中更是如此，每一景都有诗情画意，每一空间都富有浪漫的情调，使人心旷神怡，谓之“游于艺”。因此，外国有的建筑师说中国建筑好像中国菜一样，色香味俱全。我理解，中国建筑的“色”是指外表的形式和风格，有动人的美学形态；“香”是指由形式所散发出来的意境、情怀；“味”是指实质的建筑内涵，能耐人寻味的精神所在。用“神形兼备”来形容中国建筑艺术是一点也不过分的。

七、具有较浓重的人文精神

建筑被视为工艺的综合体。在先秦，建筑属百工之列，没有专门的建筑行业和建筑师，除了少数工匠外，建造者多为军工和民工，城市规划和大型建筑设计多为官家文人，形制化和定型化为主流，匠师多世代相传，因循旧法。特别是明代以后，民间营造活动更趋于大众性，互帮互助成为一种风气，因为中国民间建筑结构的构造都比较简单，就地取材，易于自己动手建造，在岭南许多村落都是宗族组织，群众自己建造的，建筑成为通俗性而又十分生活化的产物。庙宇和祠堂等公众性建筑，往往是社会集资共同兴建的，一些画家诗人、和尚道士、名流绅士都参与了设计和建造工作，可以说是社会的产品，集当时绘画、书法、雕刻、工艺之大成，装饰题材也是大众化的，内容为民间所熟知。中国古代重“道”而轻“器”，历来不重视工匠对建筑发展的贡献，没有英雄式的建筑师，把一些建筑奇巧都归功于“鲁班先师”。事实上，中国建筑很少有现代建筑的创新性，是综合社会工艺成就而成，其声誉属于社会，而不是个人。如广州陈家祠，人们只知道陈家祠，而很少追究由谁人来设计建造。

八、重视人道精神

孔子主张“礼仁为美”，“仁”被理解成“爱人”。中国佛教也有“救世济人”。“爱人群、爱生命”在人民大众中体现了中华民族的一种精神。唐代诗人杜甫云：“安得广厦千万间，大庇天下寒士俱欢颜”，这是人道主义的建筑思想。“世界大同”的理想在中国古代社会也未有停息。在历代社会出现的义仓、路桥、路亭、善堂、望火楼等均为济世建筑。中国人对住宅的建造从不看作是“住人的机器”，有谓“宅，人所寄托也”，是人生物质和精神的寄托，是人摄生、养生之场所，要求“台高爽屺，院深明快，冬有坑，夏能凉，涂沟通，溷秽除，并灶全，沐浴洁”。

九、主流是“戒奢求俭，时尊雅朴”

中国建筑多用木构，并不像西方希腊、罗马建筑那样被看作是永恒的东西。在民间利用农闲工后建造房子。对于“大兴土木”，历代儒生和群众都加以非议，认为是“亡国之兆”。对秦始皇盖阿房宫，隋炀帝造显仁宫，宋徽宗造艮岳都大加抨击。民间房屋多简朴自然，杜甫草堂和白居易草堂都“木不加色，墙仅扫白，窗挂竹帘”，以清新简朴为美。韩非子认为“物不足以饰之”，反对“华而不实，虚而无用”。这种“不见其采，下故素正”的美学思想一直影响着中国建筑的发展。中国建筑雕梁画栋的固然有，但朴素清真的民间建筑还是占大多数。体现了中华民族追求一种天真自然、节约简朴的精神。

一个民族所以能生存发展，是因为它有能维系这个民族历史进步的内在力：一个国家在社会经济、文化、政治、道德、思想上必有其共通的东西。一定的物质基础，表现在观念形态上，就是民族的精神力量——民族凝聚力所在。建筑作为社会现象，它客观表现了这一凝聚力。为什么乡间的一个古塔或一座古桥会使我们联想到爱家和爱国呢？因为它能激发人们联想到古老民族文化和乡土的感情，关切其未来的变化和发展。

弘扬优秀民族传统建筑，可以振奋民族的精神，我们的祖先在古代苛刻的条件下，创造了这些宏伟优美的建筑，难道现代中国人就不能超过古人，创造我们时代更伟大的民族建筑吗？民族的自强不息，刚健奋进的精神足可以适应世界进步的挑战。“天下兴亡，匹夫有责”，在民族精神的鼓舞下，创造属于世界的中国建筑，振兴中华将成为民族共同的追求。

在平凡中略显风姿
——阳西县大会堂设计

原载于 1995 年《南方建筑》

广东，随着改革开放带来的经济繁荣，文化生活也大大活跃起来，为满足人民精神生活的需要，每一县市多建有标准较高的大会堂。阳西县是阳江建市后分出来的约有 50 万人口的新县。1987 年规划新县城，新城中心即县政治文化中心区。大会堂建在此中心区的东南角。1989 年初该县委托设计，方案通过后，由华南理工大学设计院出施工图，约 1991 年初建成，投资约两千万。建成后即投入使用，近四年来各方面反映良好，收到一定的社会和经济效益，现简述几点设计心得。

一、作为大环境中的小环境

大会堂是全县人民政治和文化娱乐活动的重要场所，县的重要会议，重要演出和表演都在这里举行，看电影、跳舞、棋艺、阅览、展览、陈列等文化娱乐活动亦兼用之。属多功能的公共建筑，它的位置选择在两条城市主要干道的交汇处，前为县城中心广场，后侧为县级办公楼，左为商业区住宅区，既交通方便，吸引公众参与，又便于行政管理。临街留有足够空地，设有水池、草地、停车场、休息地，具有人情味，体现了开放性和民俗性，市民可以日夜在这里聚集、交流、休闲。

为使日间公众活动不至于影响行政区办公，设有绿带与之相隔，动静有别，并预作发展余地。会堂与县府有道路相通，表明其有机联系内涵。沿街的开敞处理，便于大量人流的疏散。

岭南高温多雨，室内潮闷，庭园布局是岭南建筑的主流。本设计继承了这一传统，在平面中穿插入大小五个庭院，解决了通风、采光、排水的问题，庭中有山石、水池、花木、亭廊，内外互相渗透，情景交融，上下沟通，赋予空间以自然生命力，令人感到亲切静雅。

二、唯实中求清新自然

阳西大会堂功能相当明确，要求主体会场能容纳 1500 人集会，看歌剧、看电影，视线要明、听声要清、疏散要快。本设计观众大厅采用 30m 边长的正方形平面，上用钢架结构，楼座悬挑约 9 m，楼座人数约为楼下的三分之一。大厅共有 8 个门，约两分钟可把观众疏散完。顶棚吊折板吊顶，做音质设计，后墙和侧墙做吸声处理，每座容积约 $5.5m^3$，不同频率的声音都能保持丰富的层次和清晰度，立体感较强。

门厅兼作休息厅，简明紧凑，人流走向明确，两边楼梯回折上升至走马廊，上下空间交融。地下层门厅外有外门廊，前面有宽广的月台，适于南方作室内外空间处理的过渡，并作遮阳防雨及室外休息和眺望。采用单向侧台，舞台和后台均有足够的活动空间。

文娱活动用房围绕大厅的东侧布置，用庭院隔开，各房间有廊相通，院内景色活泼清新，有岭南“诗情画意”的韵味，手法简洁，朴实无华。公众在此活动有轻松、自由的清新感觉。此庭院面积较大，层层相套，也是观众幕前、幕间，露天休息的好场所，其二楼平台和其间的亭榭顺其自然布设，庭四周门窗力求舒适有情调，在强化效能中，显示文化气质。

三、似是而非，追求认同

建筑的创作途径不宜专门追求奇特，会堂的实用性强，技术要求高，又是较普及的公共建筑，传统形象已有模式，片面求新，群众难于接受，设计试图在继承中有所创新，添一点风姿，赋一些时代气息。

会堂需容纳大量人流，大跨度、大空间是其固有形象，通常进门都有柱廊，左右对称，有明显轴线，有一种庄重的气氛。阳西会堂基本保持此形象，但作了如下几点变通：①外门廊五间，采用突出手法，列柱寓意古代冲天柱式牌楼，抬起五个玉圭印式的额楼，上书阳西大会堂五个金字，减少了压制感，增添堂皇显耀的威壮气派，柱廊后面用大片的蓝色玻璃幕墙，明亮剔透，内部门厅和二楼走马廊外露，吸引街道行人，夜晚演出时内外灯火交融，更激人心弦；②大体量方正的观众大厅，在外表上通常显示出呆板平直的形体，本设计考虑到上下层内部垂直交通和贮藏空间的需要，在门厅四角和舞台四角增加圆筒体的手法，丰富了体形，增加了挺拔向上的美感；③由于会议和演出的功能需要，后台——舞台——观众厅——门厅——月台通常形成明显的轴线，阳西大会堂兼有文化娱乐内容，设计布局打破常规，着意偏于在东侧，运用传统构图手法，考虑到从属与重点、内向与外看、虚与实、起伏与层次、仰视与俯视、藏与露等问题，力求不至凝固僵化，留给人有遐想余地，造型上灵活而不呆板。

四、沟通中糅合

建筑美是整体美、协调美、系统美。功能、结构、材料与艺术，室内与室外空间，历史与现代，群体与个体等诸因素如能沟通，格局与格体如能多元统一而糅合，创造的成功性可能大些，搬弄历史形式，或玩弄摩登手法，易于走上歧途。唯外、唯史、唯官、唯书是不可能出好作品的。

阳西大会堂在阳西行政文化中心区内，其形式和颜色本来应整体考虑。它居县政府大楼中轴线的东南角，与西南角的四层图书馆相均衡，均采用对称中的不对称体形，相互峙立，交相呼应，庄重中带有一些文化浪漫情调。整个中心区均以白色为主调，借用一些红黄暖色，本会堂所有墙面均贴白色釉砖，有清廉素洁感，正门柱廊额楼用红色，代表热情向上，与内廊蓝色玻璃幕墙形成鲜明对比。檐口和一些饰线贴金黄色釉砖，显得高雅尊贵。

在会堂内外整体空间塑造方面，舞台、门厅、休息廊是围绕着中心观众厅展开的，它们之间的空间大小、高低本身就保持着一定的流动性和连续性，本设计的特点是把这些空间引申至富有岭南味的庭园，注入亲切、自然、灵活的艺术趣味，水池如方似圆，敞廊似曲如直，户外楼梯临水升登，富于动态感，空间明秀典雅，力求把现代与传统、人工与自然糅合在一起，取得和谐浑然的格调。

中国古建筑中的民族精神

原载于1995年《古建园林技术》

振兴中华需要有自强、自信的民族精神。中国如果没有民族凝聚力就难于走向世界，国家也难以富强和稳定。华夏现代文明的建设，离不开古代历史文明丰厚的土壤，在民族文化发展的长河中，每前进一步也割不断历史。就建筑文化而言，在中国的土地上，若离开环境地理、国情国体、人文风俗、民族气质来谈创作，是不可理解的。

世界新技术的迅猛发展，使古老的中华民族觉醒过来，民族要生存就得改革开放，但学习西方不应该是“崇洋西化”，把愚昧与落后归罪于祖先，放弃我们优秀的传统，我们是无法立足于世界之林的。

中国建筑自成一体，曾与古希腊、罗马、埃及并列为世界文明之星。然而历史最长，一脉相承的只有中国，这是民族团结、国家长期统一的象征。我们这一代要万分珍惜。中华民族的长期存在和发展，才有中国建筑特色的保持和发展，只要我们民族还存在，就应该有我们民族建筑，华夏文化的内涵决定着华夏建筑的特色。

中国建筑所以几千年来经久不息，无疑有它的实用性、科学性、适应性，有其精华所在。这些精华是与中华民族的优良品格息息相关的，中国传统建筑深深地铭刻着民族精神的烙印，究竟哪些可借鉴和继承？现浅析如下：

一、自然观与朴素美

中华民族向来热爱自然，谓：“人法地、地法天、天法道、道法自然”，把天、地、人、道合而为一。孔子谓“智者乐水，仁者乐山”，把山水移情为道德观念，人和自然的亲和关系一直是文化艺术的创作主要原则。城市和村落按宇宙图布局，与山、水、树木结合在一起，考虑到时令、星宿、阴阳向背，融人工于环境之中，“风水”的特殊哲理把城市和村庄园林化了，建筑特定环境注意到景观的借景、对景、顺景和背景。

中国园林设计原则是“虽由人作，宛自天开”，是山水诗和山水画的立体化和具象化，自然的浪漫性和随机性始终是设计的主旋律，建筑的院落组织使室内外空间相互渗透，体现了中国人热爱自然、不能离开自然的习性。建筑因地制宜、因形就势，体现出中国人尊重环境、顺应自然的哲学思想。

中国建筑的主流是“戒奢求俭，时尊雅朴”，中国建筑用木构，并不是中国古代不富裕，而是一种特定环境下的民族精神，即崇尚节约俭朴和追求天然自然。中国古代并不像西方希腊罗马那样，把建筑看成是永恒的神权象征，而是人世浮生的临时栖息所，以简朴为宗。

二、重情理与人道精神

中国人重情理，极富感情而明理性，表现在建筑上是追求社会功能的合理性，结构构造的顺理成章，艺术境界的意料之外。按建筑史学前辈刘敦桢先生的话来说是“建筑功能、结构和艺术的统一”。

“尽善尽美”是中华民族的心理追求。中国人利善和完美通常是放在一起的，要求建筑为人所“喜闻乐见”。

中国园林有谓“目寄心期，意在笔先”之说，意境和意匠是创作园林的出发点，品评园林的艺术成就，主要是在诗情画意，使人“游于艺”，心旷神怡。

成功的中国古代建筑无不情理交融，感人心肺，合院住宅给人以安静、安全的家庭亲切感，寺庙道观能陶冶人们的俗心，引人进入神的境界，故宫表达了中国封建帝王至高无上和“人权神授”的思想。

人道精神是我们民族精神的重要方面。敬老护幼、互助互让、天下为公、世界大同、普度众生等的理想追求，在中国历史上从未停息过。唐代诗人杜甫所写的“安得广厦千万间，大庇天下寒士俱欢颜”，正是中国人忧国忧民传统品德的表达。历代社会建造了不少义仓、义冢、义桥、义路、善堂、善亭等济世建筑，恰恰说明大多数中国人是心地善良、尊重人格的。民间建筑的大众性、通俗性也正说明了这一点。

三、整体美与空间秩序

中国古建筑布局很注意整体美和协调性，从建筑的细部——外形——院落群体——街里直到城市（或村落），都是整体考虑的，个体建筑有序列，有组织地在地面上铺开，井井有条，各类建筑主次分明、相互因势拥抱，环顾呼应。这种现象，绝不是一时一地的，而是全国长期以来的历史事实。这无疑与中华民族几千年来的统一意志和礼教精神分不开。自夏商至明清，分裂与战争是暂时的，民族的团结统一，带来了国家的繁荣和富强，这影响着中国人的审美价值观，协和相安的整体美、统筹美就成了中华民族美学主流。

聚族而居的宗法思想也深刻地影响着中国建筑的发展，祖祠成为乡村或城镇的主体公共建筑，祠堂物业维系着姓族群众的公用事业和福利设施。浓浓乡情，悠悠千载，血缘宗族的乡镇结构布局，作为一个整体，在维护着封建社会的延续。

中国建筑有较强的中轴对称意念。成团组织的建筑用轴线串联起来，有方向感、中心感和时空感。当人们沿着故宫的中轴线由南朝北前行时，通过重重的门，层层的院落，由低到高，由小到大，心潮不断起伏，感情不断变化。表现出封建君权至上和封建统治秩序不可动摇的思想。这种思想出自于中国长期统治体制的中央集权。三纲五常的伦理道德，在古代中国被认为是社会稳定的规范。不论是建筑布局、形式、家具陈设，或是朝向、空间、气韵，均有主次、内外、大小之分。崇中、从中、尊中与中和的民族精神一直是主导中国建筑设计的理念。规矩、方正、井然、铺衬等传统表现手法同样由引起观念而产生。

中国向来有“礼仪之邦”称谓，中国建筑可说是“礼仪”生活之容器和具象。中国人顺应了礼制，长期繁衍生存下来了。中国古代建筑也可以看作是历史的篇章，打上了世俗的、礼制的烙印。

四、博大精深与兼容并蓄

中国建筑的产生和发展过程均深受中国社会、人文素质的影响。中国土地之广大、物产之渊博、民族之众多、历史之长久、人们之勤劳，民性之坚毅等均是产生华夏民族博大精深工艺精神的客观条件。世世代代的文化积累形成了中华民族奥妙的哲理思维和辩证的美感传统。这些因素都促成了中国建筑博大精深的品性。中国建筑的特点从这一角度而言，可以说是：“远观有势，近看有形，线条优雅，装饰精巧，寓意深微，色彩秀美。”

中国古建筑多为木构，难以长期保存，但它的法则法式都有系统的规律可循。建筑描述散见于中国丰富的史学、文学、哲学、美术，等等。儒家的礼乐、老庄的哲学、唐诗宋词、画理画论、各类藏书和地方志等均为中国建筑的传续提供了进一步深入和充实的可能。

从外表看，中国古建筑是千篇一律，不论宫殿、民居、寺庙均无多变化，但事实上它是在不断吸收外族、外国建筑的形式下逐步发展的。比如佛塔和石窟原是印度的东西，后来中国化了，推动了中国高层建筑的发展。历代好些工匠曾把外国建筑直接移植过来，有些建筑本身就是外国人设计的。特别是近代沿海各地更是如此。反映了中国历来对外来文化有相当兼容和宽厚的精神，但始终是“以我为主”，突出本族本体的文化。

在中国古代，无论是北魏、辽、金或元、清，少数民族对中原汉族的统治，在文化上都是以汉文化为主，建筑同样融汇在华夏的民族建筑系列中。在大动荡，大分化中，中华民族的文化根基并没有动摇，古建筑传统主流总是一脉相承，在兼容中发展，在并蓄中变化。

先秦时，建筑属百工之列，向来被视为工艺综合体，专业性亦不太强，城市规划和大型建筑多是官场文人主导，除少数世代相传的工匠外，大量的是军工、民工，建造的速度是相当快的。建筑的方法不得不采用定型化、标准化、形制化。特别是在明代以后，民间营建十分活跃，趋于大众化，民间建筑多由宗族组成，自己动手建造，互帮互助。结构和构造更趋定型化、大众化，工艺手法一致，时代性强。岭南明清的祠堂庙宇往往是社会集资或宗族筹款建造，有一定的公众性，能工巧匠、画家诗人、和尚道士、名流绅士常参与设计和建造，集中了当时绘画、书法、雕刻、工艺之大成，建筑成为社会化、生活化的东西。装饰内容更为通俗化，题材更为大众化，常用寓意比兴的手法来表达生活的理想和审美情趣，内含着民间对传统优秀文化的追求。

五、刚柔相济与形神兼备

先秦《周易》所确定的阴阳五行一直是我国古代建筑指导的哲学思想，谓“一阴一阳，之谓道”“五行顺天行气也”。中国建筑刚柔相济的气质和常态之变多出于此。

现存的北京故宫、曲阜孔庙、应县木塔、嵩山嵩岳寺塔、北京天坛等古建筑，都是古代匠师运用阴阳五行哲理设计建筑的优秀典型。

形神兼备，出于中国诗画，形是指有形状的外表物质，神是指内在的精神实质，中国人认为，两者缺一，艺术就不可能完整，中国古建筑亦然。任何成功的建筑都能以情感人，中国人深厚的文化素养赋予中国建筑这一特性。

六、启迪

中国古建筑铭刻着中华民族历史的进程，它的形象代表了民族的智慧和力量，价值在于它能引起后人的回顾和反省。北京天安门仍在充当着民族文化的旗帜，当今仍有一定奇特的号召力。

中华民族是最富有坚韧性的民族，长期以来，经过了很多苦难，受过了很多屈辱。但它仍巍然屹立在世界的东方。不断奋斗、探索、前进的精神推动着我们民族建筑的发展，只要有民族存在，就应该有民族建筑。悠久的华夏文化不可能是现代建筑发展的阻力，而应该是一种动力。

作为完整体系的中国木构建筑无疑应该变革，但其内涵的优秀民族文化精神是可发扬光大的，它的内在美学气质仍然是走我们民族建筑自己道路的根基。中国古代建筑中的民族文化精神对当代创造的启示，将大大超越表面建筑物质的影响。

中西建筑观与空间意识的比较

原载于2001年《国际中国建筑史研讨会》

建筑艺术作为文化，有时间差，也有地域差和民族差。中国古代建筑文化是以一个完整体系立足于世界建筑之林的。它的发展行径和创作的经验与西方建筑进行比较研究，将有助于克服过去单方建筑知识结构的偏见，在比较中开阔视野，可促进古今、中西建筑艺术的渗透与整合，达到世界建筑文化互促共存的宗旨。

我们将以“全球意识”来创造有中国特色的现代建筑艺术。“传统”与“现代”、“中国”与“西方”的关系问题直至今天仍是我们研究和考虑的焦点。我基本同意“中国建筑文化不会亡”的观点，中国建筑终将走上世界，世界建筑也自然会引入中国，大千世界的建筑应是多层次、多样式、多维度、多方位的，万物总是在比较、竞争、互补中发展的。

一、营造与建筑学

“建筑”二字联为一词是属近代，含义是利用各种材料来建造房屋、道路、桥梁、塔堡等。在我国古代，建筑是象形着一个人拿着笔立在阶梯上，是置立的意思。“筑”是古“築”的简字，古代是指以版为模、夯土为墙的意思。

我国自春秋至清代，“建筑”均称之为“营造”，“营”有测谋、规划的意思，“造”本身就相当于“建筑”和“结构”。春秋时著《考工记》有“匠人营国”句，匠人是指建造主持人，有匠心、匠艺、匠意的，“营国”是指全面规划一个城市。宋代李诫著有《营造法式》，是专门讲述建筑形制、建造法规、料例、工限的书，而明清时代的《营造则例》是绘述当时宫廷建筑实例的一本书。可见“营造”是我们传统的正本叫法。带有设计的思维和施工的管理意思，当然是有技术与艺术，有理论与实践。

“建筑学”是从英文“architecture”翻译过来的，原出于希腊文，后来美、法、英、意、俄、德等国都沿用，成为一种世界性的术语。在原希腊诗人荷马之《伊利亚特》诗中，“建筑学”的含义则相当于“大的工艺品”。恩格斯在《家庭、私有和国家的起源》中引用说：“作为艺术的建筑术的萌芽……这是希腊人由野蛮时代带入文明时代的主要遗产。”

罗马时期维特鲁威曾写有《建筑十书》，明确地提出“建筑学”的广泛方面，总体上有城市规划、建筑工程、市政工程、建筑构图理论、建筑教育、建筑环境控制、建筑材料与施工、建筑经济与管理。领域非常宽泛，它是自然科学、技术功能与社会人文学的交汇，建筑师实际上是学问渊博的“杂家”。

随着建筑功能和技术的发展，建筑设计越来越复杂，而人的智能是有限的，所以自文艺复兴以后，出现了工程学和建筑学的分工，建筑学被看作为仅是设计实用和美观房子的科学，即重艺术形式，重空间构图。建工学（土木学）则专从工程结构力学、施工材料上去研究和实践。

现代科学技术的飞跃，特别是电脑在建筑设计上的应用和信息学的发展，“建筑学”的含义也逐步外延和拓展。人们已有可能，亦有必要从世界社会角度、人类生态环境、构成美学法则和系统工程原理去研究建筑了。现代建筑创作已是现代多维物质文明和精神文明的反馈了。诚然，出色的建筑师通常是从“否定的否定”的历史逻辑中开拓着建筑的未来。

二、木构与石作

人类建筑的起源，不论是中国还是西方，都经过“构木为巢”的阶段。在历史发展中各自亦有过木、石（砖）共存的现象，但作为建筑传统体系，中国几千年来都发展着以木框架结构为主的木构系统，而西方从奴隶社会起则一直发展着以简支梁或拱构作的砖石结构体系。它们之间的美学观念、空间意识和风格采韵的差异，往往由此衍引而来。

中国建筑作为木构体系，约在春秋战国时代已经形成，在汉代，抬梁、穿斗、井干三种木构类型已较普遍应用。然而，就在汉代，我国砖石建筑也相当发达，如山东沂南汉墓和汉洛阳一带的空心砖墓（空心砖大型板材竟达2.6m×0.6m×0.12m）。砖石块材料发展基本是由大变小。但是这些砖石建筑都没有进一步发展下来，而且多是作为地下建筑而存在的。究其原因，除了当时地震频繁外，还与中国人的传统建筑观念密切相关。

中国人在传统观念上只把建筑看作为百工之一的“工”，没有像是西方文艺复兴时，承认其为一种艺术。封建小农经济的支柱思想是求温饱自给，宁俭、节约、克己、稳守被看作是美德。在历史上，人们对秦始皇、杨广等皇帝“大兴土木”的奢行向来都给予非议和抨击。建筑被看作是人生的栖息场所，正如明末清初李笠翁《一家言》云：“土木之事最忌奢靡，贵精不贵丽”，求得省时、省人、省物。建筑存在的年限，中国一般不求其长，足一代则考虑重建扩建，新陈代谢，代代交替。人们认为世间生活是短暂的，地下“阴间”才是永存的，在建筑上，我们的祖先认为投入过多力量是不值得的。建筑工程一般都是快而短，且常用农闲季节，如汉代的长乐宫两年就完工了，明代故宫也只建了 14 年，普通建筑三五月即可完成，因木构易加工，可标准化、装配化。

在西方古代，人们把建筑看作为千秋万代的业绩，永久的纪念物，不论是神庙、教堂或住所，都不惜累年去经营，如雅典奥林匹克宙斯神庙建造了三百多年，罗马圣彼得教堂建造了 120 年。希腊、罗马人往往把建筑看作是国家和民族的象征，神灵不朽的寓所，一代接一代地去完成这庞大而艰巨的工程。

中国在春秋战国时期出现了孔子和老子，儒学和道学就在中国扎了根、定了型，其基本哲理核心是“人性学说”，以封建“人道主义”来企图控制贪欲，以“知足常乐”来促励平和宽恕。重自然、重威性、隐居和萍踪的思想在木结构的建筑形式中易于得到寄托，木质的亲切感，框架空间的灵活空间组织体现了中国人与自然界交往的亲密情感。

古希腊罗马的哲学体系是建立在高度发展的奴隶制基础上。毕达哥拉斯、柏拉图、亚里士多德、卢克莱修、朗吉弩斯等哲人的美学思想——和谐、理性、崇高，一直是西欧文化发展的根基。他们淡漠伦理与道德，人生的现实与宗教的虔诚都是为求索一个永恒的世界。西方人用石头来显示自己的理想和向往，用石头谱写自己的建筑文化。坚实、厚重、力度和耐性恰恰是石构建筑的特有性格。

中国和西方建筑文化思想的分野很显然地反映在对建筑材料和结构的选择上。

三、结构美与雕塑美

中国古代木构建筑所选用的木料的天然形状基本是线式的。柱、梁、桁、枋、椽、栱……都是线状，由它们组成的建筑实际上是立体空间网线结构，木条的交织榫合，有秩序的协调，有起伏，有行顿，有力度，有向背，有交叉，有疏密，有如中国的书法和绘画，结构本身就有线的装饰感。线条结合的力学逻辑充分表现了结构美。木材为防潮防腐，须得充分暴露在流通的空气之中，为人们视线所及，结构的空灵俊秀，坦然为人们所感受。

中国传统的美学意趣颇注意“神和气韵”，诗、文、书、画如此，建筑亦如此。从结构力学上和构造上来考虑，木构体完全可以是直线几何体形，但它过于刚劲，理性有余而缺乏人情味，我们的先辈匠师却按照自己的美学意识，结合功利，对一些结构线条和外轮廓线条加之于柔化，用曲线、随意线来丰富线的表情，使线形刚中带柔，柔中有刚，把技术美和艺术美融为一体。如梭柱做成中间大而两端小，月梁的拱起，屋角的起翘、屋脊的生起，斗栱和角柱等构件的卷杀，均经匠意营造，以使中和曲直，兼济刚柔。屋顶轮廓线的飞腾崛顿，张敛聚散，增添了不少线艺术的灵动生气感，殊怡人之眼目。中国古代匠师就是这样用线杰构了建筑奇致。

从宏观而言，中国传统建筑的平面组合，也可看作是线的构成，门、堂、厢、阁是规矩的直线；围廊、道路、水泥、河溪、围墙是曲线的，长短曲直、粗细浓淡、构合有致，妙趣天然，同样体现出书画般的线络“置陈布势”的构图美。

西方石构建筑由实体的石料构成，建筑体积立象于石，艺术的表现手段是利用各个石面方向的光影效果，利用质色粗细深浅的层次，来表现一种雕塑美。正如法国雕刻家罗丹所说的那样：“没有线，只有体积，当你们勾描的时候，千万不要只着眼于轮廓，而要注意形体的起伏，是起伏在支配着轮廓。”

在西方传统美学看来，美是整体，是趋向，是序列，是直观感性存在，这正是西方建筑雕塑美的艺术趣味。古希腊建筑以平台为基准，上立人化了的列柱，再上为雕刻化了的山墙，把人体美赋予整所建筑，给人以明快、素朴和稳定之感。古罗马建筑沿用希腊柱式，顶加穹隆空间结构，喜用联拱，雕像在建筑上也非常发达，有一种崇高轻巧的风格。小品也以雕塑为主。

古希腊古罗马公共社会交往比较多，公开的辩论、演说和宗教活动都要求较大容积的建筑空间，表现在外观形式上是几何形的单体或团块的组合体，具有强烈的雕塑味和体积感。观赏西方建筑就好像观赏雕刻品那样，从各个角度望及都有良好的视线和视野，建筑物的艺术处理要求连续的每一个面都是优美的、协调的。建筑周围的墙面、门窗、柱梁等构件都注重其雕塑效果，建筑师往往就是雕刻家，建筑是作为一个巨大的雕刻物来吸引人们去观赏。

西方建筑的体积美常常以人体为一种艺术语言来表达人们的各种思想和感悟，形体造型多式多样，每一时代也有自己的风格，如希腊式、罗马式、早期基督教式、哥特式、文艺复兴式、巴洛克式、古典主义式、折衷主义式、浪漫主义和古典主义式……然而它们都离不开以人体的数学图解加入人的心理反应（移情说）作为塑造建筑形体的原“模”，人们也的的确确能从它们的形象里感知到这些建筑思想内容和雕塑美的价值。早在1840年，恩格斯在《齐格弗里特的故乡》一文中就提到：“希腊建筑表现了明朗和愉快的情绪；摩尔建筑——忧郁；哥特建筑——神圣的忘我。希腊建筑如灿烂的、阳光照耀的白昼，摩尔建筑如星光闪烁的黄昏，哥特建筑像是朝霞。”

四、含蓄与暴露

中国历史上曾经长期存在着以“礼、乐”为本体的宗法封建制度，在同一阶级的人际关系上提倡温情脉脉的血缘伦理，正如《礼记·经解》中引申那样：“温柔敦厚，诗教也。”在社会间儒家为了维护封建统治的长治久安，提出“仁”“慈”，主张“节制惠民”“克己爱人”。因此“中庸之道”一直是我国哲学思想的主流。孔子在《论语》中提到“乐而不淫，哀而不伤”就是反对过分和不及。从此，“中和之美”“谐润之美”一直是我国传统美学思想的主流。在道家《周易》中也认为阴阳相辅才能“得气”。“太极——八卦图”中所示阴中有阳，阳中有阴的图像充分揭示了中和统一的哲理概念。墨家思想也强调：“兼相爱，交相利。”

“中庸”思想主导下的中国人的传统心理气质通常趋向于温厚平和、内向宁静。反映在艺术表现手法上是“含蓄”“隐秀”“内蕴”，忌直，忌浅，忌露。中国古代传统建筑艺术同样也表现出这种心理气质。

中国古代建筑平面布局，自周秦以来就普遍地采用院落组合，不论是南方北方，皇帝百姓，庭院均为建筑组织的核心。庭院是外封闭内开放的含蓄空间，是内向的观享空间，是室内与室外（人工与自然）的中和空间，是温暖平静的人际交往空间。“中和之美”民族审美情趣在这里得到了充分体现。

在中国人的生活风俗中，厅堂是建筑的活动中心，通常前有门，后有寝，侧有厢房，“定位分疆”，把厅堂隐在其中。这种形制在功能上大概出乎于“礼”制内外有别，尊卑有秩的要求。在审美心理上，中国人通常先把精华的东西（谓之“秀”）遮掩起来，为的是追求含蓄美、对比美和动向美，讲究的是气、韵、意、味。人们站在建筑前面时，所见到的形式简朴低矮的门和围墙，通过门起引人入胜作用，进门后，一般见到的是屏风或照壁，避免视线直通，造成曲折迂回，使透视点随着人的之字形移动产生变化。门是视角程序中的一个开头，犹如一首乐章的前奏、序曲，一幕京戏的开场白、序幕。人们进入院落后才在树木花卉廊柱的陪衬中看到高敞的厅堂。如果是多进建筑，每一进院落前面都有一个门或川堂，门是景场的转折点，是转换建筑内容的过渡空间，通过一道道门层层渐进，引向高潮。门是控制人们前进的轴线，引导人们有节奏的运行，人的视觉和感情随着一个个院落场景变化，形成一个连续画面，有如一幅中国长卷画轴，达到一幕幕"戏剧性"的艺术空间效果。又如一首流动的乐曲，一个院落就是一个乐章（一座建筑相当于一个音调），高低起伏，曲尽其变，协和不乱，气势自然蜿蜒，韵味灵空怡静。

中国古典园林更注意内在美的表达，采用藏而不露的手法，把好景潜伏起来，使人有百看不厌，回味无穷，谓"景愈藏，意境愈深" 。一个景先不给人看，或半掩半露，但引导人去看，利用假山、漏窗、围墙、廊道来阻隔视线。有意识地设迷宫，打伏笔，通过空间虚实透塞的变化，达到"山重水复疑无路，柳暗花明又一村"的境界，谓"景有限而意无穷" 。可见，我国传统建筑运用隐喻、迂回、含蓄的手法，目的在于艺术的夸张，在有限的尺度空间内，扩大内在建筑精神的意蕴，表现出节奏和肌理。

古代希腊人有一种寻根探究的好奇心理和善于思索的习惯，故哲学普及，辩论盛行，图像几何科学发达，雕塑艺术是当时希腊的艺术中心。民族的审美观念是坦露、率直、炫耀，表现在建筑上是重外表、重质体，建筑艺术处理是突出单体，借助单体建筑的体形高大，形象鲜明来标榜自我存在，从宏伟的空间，壮观的外形取胜。这种审美观念一直在西欧继承和发展，并在现代建筑中仍然顽强地表现出来。西欧历史上有名的建筑如古罗马的万神庙（120—124年）、拜占庭的圣索菲亚大教堂（532—537年）、意大利比萨教堂（1063—1092年）、法国哥特式巴黎圣母院（1163—1320年）、文艺复兴时期佛罗伦萨教堂等，均以庞大的体积、高耸的塔楼屹立于空地广场，放射性的暴露于人们的现实视线之中，生怕遮挡，其孤高的形象大有傲视一切的威严，令人望而生畏。

五、意气与形态

我国古代艺术家进行创作最重"立意"。明代计成的《园冶》明确提到"日寄心期，意在笔先"。北宋欧阳修在《盘车图》诗中亦云："古画画意不画形。" "意"即意境、意象，是由作者艺术构思（古称神思）而来的思想设计主题。正如《文心雕龙 · 神思》中谓之"独造之匠，窥意象而运斤，此盖驭文之首术，谋篇之大端。"

古代空间意识的构想就是和宇宙概念联系在一起的。宇和宙的部首都是"宀"，在殷商甲骨文中是"介""∧"，是房顶穴居的象形，《易》云"上栋下宇"，宇指的是房顶的四周檐边，而宙字古指栋梁，后来转义把一栋房子也象征为独立的一个小天地，自秦始皇至唐宋之地下宫室，多以墓顶绘星空斗云形象天，墓壁四周象地。与之相反，古人也有把整个天地都视作为房子的，如《世说新语 · 宠礼》所载，刘伶"脱衣裸形在屋中，人见讥之，伶曰：我以天地为栋宇，屋室为裈衣"。把建筑扩大为宇宙环境，建筑的空间概念何等浩然气派。

我国古典建筑的方位性是很强的，从原始社会后期半坡遗址可知，我们的祖先已采用太阳子午线来定建筑的朝向，《诗经》有写："定之方中又揆之以日。"说的是建造房室和城市均需观日景定出东南西北，在岭南我们称之"北户""日南"，其实是道出建筑与太阳方位的关系。四合院的四个方向可以说是自然宇宙图案化的象征，即古文献所记载的"四向制"。每一方向都象征着一个星象，一个时令，一种物质，一样颜色，把建筑内容附意于天地万物。宫殿的平面布局尤为注重按天象摆布。帝王以天子自居，天帝居中号称紫微宫。汉代《三辅黄图》有云："苍龙、白虎、朱雀、玄武，天之四灵，以正四方，王者制宫阙殿阁取法焉。"这种仿照大宇宙建立起来的小宇宙模式，直到明清故宫更得到充分体现。有时间意念也有空间意念，有周而复始的节奏感，也有流畅灵通的音乐感。整体建筑构思体现了"天人合一"的思想。

中国古代的礼制建筑，如明堂、辟雍、天坛均是象天相而设计的。《大戴礼》："明堂者，上圆下方。"《三辅黄图》："明堂，方象地，圆象天。"明清北京天坛更集中表现了敬天法天的中心主题思想。明显表现在如下几处：

①总平面两层坛墙及圜丘平面都取天圆地方义为其形，主要建筑都用圆攒尖顶，象征着天宇重重；②从祈年殿到圜丘之海墁大道象征着天桥云路，七星石象征着北斗七星；③运用建筑尺度与构件较量的阳数来象征天数，祈年殿的结构内外槽柱子之根数来象征四季、十二个月、十二个时辰、二十四个节气。反映天地运动之变化，“天地革而四时成”的构思；④建筑的群体点缀于大片苍翠的林海中，很自然就使人感受到空中楼阁静穆庄严的天宫气概，构成皇天至上的空间意向，把天文星象拟于设计之中，显示天的意志。

中国古典建筑用浪漫的空间意识追求象征含义的例子还很多。如秦阿房宫以渭水象征银河，以终南山象征着天阙，以堆池山象征着蓬莱仙境；汉武帝在上林苑昆明池两端置牛郎织女石像象征着天上星空；又如圆明园设池中九岛象征禹贡九洲，名为“九洲清晏”等。

我国自周秦以来人们就有热爱自然的气质，孔子本身就喜欢花鸟自然虫鱼，他在《礼》中提到“仁者乐山，智者乐水”，我们民族向来对自然美特别敏感，山水诗、山水画自南北朝以来，一直是我国民族文化的主流。在我国建筑空间概念中自然向来被认为是最重要的内容。在我国很少有纯实体的建筑，不是园中屋就是屋中园。室内摆设盆景、种花养鱼鸟、挂山水诗画，都说明中国人对自然情感之深切。唐诗人杜甫的名句“窗含西岭千秋雪，门泊东吴万里船”，正是我国传统建筑人工与自然空间融合的写照。

西方人来中国后，对中西古代建筑加以比较得出的结论认为：“西方占领着空间，中国占据着地面”。的确，在中国人的心理中，地面是结实的、便利的生活基底。为了人们接近自然，取得使用面积，主要致力于平面上的伸展，其间庭院就是建筑怀抱自然的产物（当然也有结构原因）。

西方人从其雕塑艺术的审美习惯出发，追求的是建筑本身的直观形态美，以形体来取得视线优美的信赖。他们往往通过建筑体量的扩大来表现权威。中国以化整为多的建筑组合群体取胜，西方则以拼多为整的单体建筑形象取胜，是不固定空间意识经营的反映。一是重数量，一是重体量。数的重复要求标准化、模数化，体量的增加则要求结构空间的发展。所以中西建筑各自有自己建筑技术发展的道路。

西方建筑着重于形体角度来感受建筑美，在形体美中又着重于体积感（巴洛克、洛可可艺术除外），其体形创作逻辑往往离不开人体美的逻辑，如柱的划分按男性美（多立安）女性美（爱奥尼）来表现建筑刚强与柔和的性格。希腊哲学家毕达哥拉斯认为“数为万物的本质，一般来说，宇宙的组织在其规定中是数及其关系的和谐体系”，他还按人体美的“典范”比例：$\sqrt{2}$（黄金分割）理论来确定建筑局部的比例关系，罗马建筑理论家也说过：“建筑物……必须按照人体各部分的式样制定严格的比例。”

因西方古代建筑追求形体感，一座建筑要求有鲜明的形象，能在大庭广众下吸引视线，给人留下鲜明的印象，所以在建筑艺术处理上很注意“体积感”的外轮廓（即影像），不管是奥林比克宙斯庙、帕迦玛宙斯祭坛，还是拜占庭巴西利卡教堂或圣索菲亚教堂都有丰富鲜明的“影像”魅力。特别是后来中世纪哥特建筑更为突出，它往往安置在城市中心的最高处，以其尖尖腾飞向上的塔群特有的轮廓，高耸于整个城市的上空，具有“强迫”人们观看的威力，控制了全城视线，以此来表现神学力量和基督耶稣的统治。

上面说过，中国建筑较着重于整体的神韵气度，而西方建筑则对局部的雕琢趣味较为关注，石构件易于加工成型，且耐久，工艺感强，用在砖石的实体而中开门洞或窗洞来加强形体的通透感。对门窗的比例组合、方向、形状、点缀非常注意，如罗马的联拱门窗的组织节奏，令人过目难忘。

中华民族有完整的一套伦理道德观念，注意社会的整体性，文化的继承性和传统性很强，表现在建筑营造上就是尊古、厚古、仿古，思想上倾于保守、自足，历史上很少有变革的思想，另外因中国文化在春秋战国时就有其坚强的体统根基，在秦以后就有广大的文化圈域地。本身的交流混合调动了发展的肌理，所以对外来的文化或是平稳的吸收，或是排斥，没有被外来文化所冲击和征服，建筑的发展虽没有停滞，但很慢，技术上早热，但又不很成熟。但在西欧，社会的分裂、割据，思想哲理经常变更、变更频率也很快。西方人的心理状态经常处于刺激、竞争、冒险、奋斗之中，技术也在竞争中不断进步，西方建筑就比我国建筑大大进步了。

西方建筑有摆脱传统去追求创新的过程，也有外族侵入或宗教更替冲击建筑运动的过程。而中国建筑则从定型以后就很少改变，这恐怕是我国现代建筑落后的重要原因之一。

中西古代建筑观和空间意识的差异确实是存在着的，当今世界建筑的发展，这些差异大多已逐步随着各民族各自的社会历史条件的变化而变化，有的在发展，有的融合统一，但有的还是作为民族特质继续独立保存下来。问题是我们如何去正确理解和对待。要振兴中国建筑文化，当然首先要有革新的精神，探索我国建筑发展的推动力，不光是物质、技术，而更重要的是社会、哲理、思维结构。要使革新能按正确的方向顺利进行，就必须要了解世界建筑的历史和现状，对古今中外的东西进行比较、分析，借鉴吸收适合当代中国国情有用的经验。这样也许会使我们中国的建筑较快趋于成熟而走向世界。

第二章　匠人营国与城镇规划

广州城市建设要重视文物古迹的保护

原载于 1981 年《南方建筑》，与林克明合著

广州是中国南方著名古城，自秦汉以来一直是岭南政治、经济和文化中心。二千多年来从未中断过发展，这是世界所罕见的。它还是一个国际港口，自汉晋以来，珠江水上船舶如织。海外的贸易与文化的交流，促进了中华民族经济和文化的发展。

广州又是一座英雄的城市；三元里反帝运动揭开了我国近代史的序幕；辛亥革命策源地是广州；毛泽东同志主办的农讲所为大革命培养了许多优秀的骨干；“省港大罢工”和“广州公社起义”也是以广州作为舞台背景的。

历史的悠久和革命的传统给广州留下了不少文物古迹，据统计，全国重点保护文物古迹有五处，省重点保护文物古迹十七处，市级二十五处，另还有待鉴定保护的不少。但令人痛心的是，这些宝贵的遗产，过去并没有得到足够的重视。有些单位竟违反国家法令，任意占用和破坏。有的则没有充分认识其价值，被看作为可有可无的“古董”，得不到及时的修理。特别是在“文化大革命”时期，更有被视为“封、资、修”而肆意毁除了的。近几年来，情况虽有好转，由于流毒尚未肃清，保护文物法制也尚未健全，以致仍有轻视和破坏的现象。为此，我们呼吁，要求有关部门切实做好保护工作，希望城建部门在规划和建设中切实注意到文物古迹的保护和利用，对历史负责，对下一代负责。再也不可把国宝当包袱，把劳动人民用智慧和血汗创造的东西当为垃圾来处理了。本文特提出几个有关问题，供共同探讨。

一、广州的历史概况与古迹简介

广州是一座美丽的文化古城。白云山下，珠江岸畔，四季常花，自然环境非常幽美。市内原有三山三湖，六脉六塘。从黄婆洞和飞鹅岭发掘的新石器文化遗址证实，它是越族文化的发祥地。秦始皇时（公元前 214 年）秦将任嚣麾军南下，统一了南越，开始在今仓边路附近筑城，驻军十万，谓“任嚣城”（图 1）。任嚣死后，赵佗在岭南建立南越国，亦定都广州，改称南越武王城。从前几年中山五路发掘的汉代瓦当，铺地方花砖等证实，这一带就是越王宫殿遗址。遗址展示了当时建筑之巍峨华丽，台苑之宽阔奇特，其水平可与中原相比论。从东郊汉墓发掘资料也说明了这一点。

三国时，广州为吴属地，黄武五年（公元 226 年），正名为广州，管辖今广东及广西大部地区。东晋时（公元 397—401 年），罽宾国（今克什米尔）著名和尚昙摩耶舍来广州，在当时城西北郊原“诃林”（吴官僚虞翻之别墅）旧址上建造了南方第一佛寺——王园寺，当时大殿为五开间，这就是光孝寺的前身，后经历代扩建修理，成为岭南名刹，现存正殿、六祖殿、伽蓝殿均雄伟古朴，为广州木构建筑之最。梁武帝时（公元 502 年）印度僧智药三藏曾携来菩提树种植于寺，唐六祖慧能又在此树下剃发出家，更名扬于世。“光孝菩提”历属羊城八景（图 2 ～图 5）。

南北朝时，广州每年接纳从印度、锡兰、南洋和西亚等地来的贸易海船约二十批次。南朝萧梁普通七年（公元 526 年），天竺佛教徒达摩航达广州，在今下九路“西来初地”建立了西来庵（后改名华林寺），原寺内林木茂盛，建筑富丽堂皇，有仿杭州西湖净慈寺五百“罗汉堂”之意，为广州五大丛林之一。

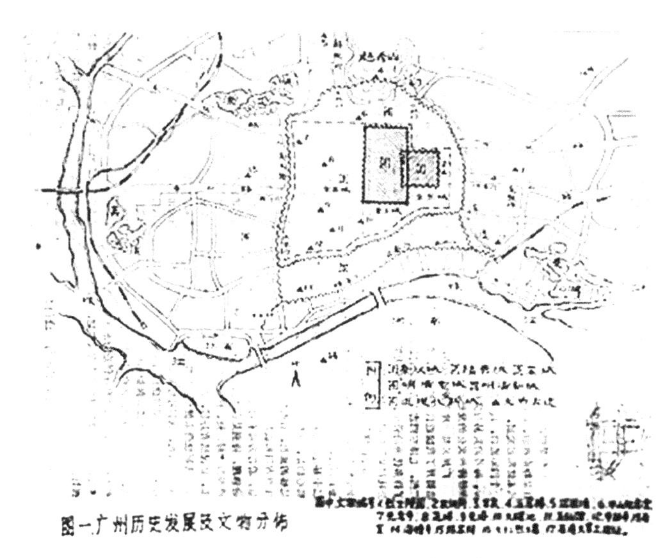

图 1　广州历史发展及文物分布

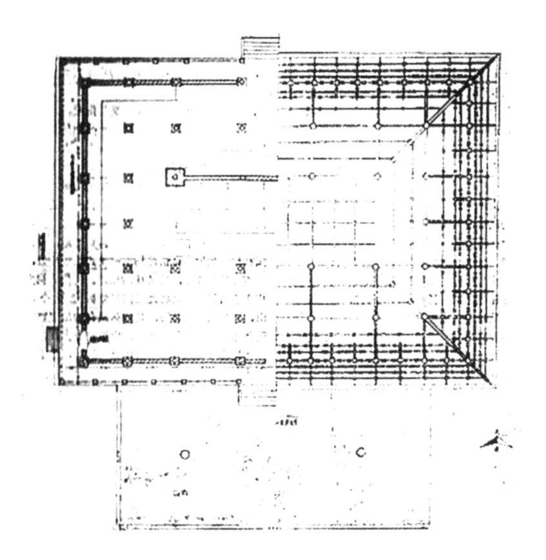

图 2　广州市光孝寺平面图

图 3　广州市光孝寺景观图

隋唐时，广州随工商业的大发展，城区扩大了 4 ～ 5 倍，市中心向西移动，主要官衙迁至今北京路北端，在今青年文化宫附近建有靖海楼，形成了庄严宏伟的中轴线布局。当时广州已成为世界著名港口，航线经过东南亚诸国直通印度、阿拉伯和波斯。朝廷为管理繁忙的外贸事务，特勒设市舶司，在今光塔街附近（原为海岸）设有“蕃坊”专供外商居住。现存怀圣寺和光塔就是在唐贞观年间，阿拉伯国王穆罕默德遣其母舅苏哈白赛来华贸易传教时，始建起来供传教活动和航海点光指航的寺塔。苏哈白赛死后葬以市北郊桂花岗，谓清真先贤之墓，至今犹存，均是我国最早的伊斯兰教建筑，是中国人民和阿拉伯人民友好往来的史证。

黄埔港有称“岭南海水之会”，港岸扶胥镇向来是广州外港码头兼海员停宿处。隋开皇中朝廷为祭祀南海之神，在这里建造了南海神庙，唐天宝十年（751 年）大为扩建，又称波罗庙。以后虽经宋元明清多次修建，但其平面型制仍保存唐风，全国少见。这里风景优美，附近浴日亭可观波澜壮阔的日出奇景，谓“扶胥浴日”为羊城八景之一。

唐末刘龚割据岭南，于 917 年定都广州建南汉国，自称大越帝。为求京都气派，凿平了番山禺山，垒石建起双阙，并把城垣向南扩展。还占据广州风景名胜滥建宫殿苑囿。如在西湖（今西湖路一带）筑澧台建南宫，今南方戏院内侧九曜石即为当时园林石景；在唐代荔园（今荔湾公园）扩建占地数十里的昌华苑；在文溪（今小北花园附近，原为东吴时开凿的民用汲泉）建甘泉苑（有避暑亭、濯足渠、泛杯池等）。又在兰湖（今流花湖）等地建秀华、玩华、大明、太清、太微等宫苑几十处。更穷奢极欲的是昭阳殿，据古籍记载，它用金作屋顶，银砖铺地，以玉为柱，嵌饰大量水晶、琥珀等。南汉最末统治者刘鋹还在今海珠北路建有巨大佛寺——开元寺，令工匠铸有两座涂金千佛铁塔（七层、四方，总高 7.69m）此塔在南宋时因寺毁，已搬迁今光孝寺内。

宋代广州更为繁荣，城市建设相当频繁，三百年间共扩充和修整城垣达十多次之多。北宋期间广州的基本轮廓已逐步形成，称之宋三城，中部子城是南汉旧城的南北方向扩展；东城基本是赵佗故城；西城是新发展的工商业区，最为繁华的是在濠畔街水陆码头一带，有诗云："千门日照珍珠市，万瓦烟生碧玉城。"

宋代很重视市郊风景游览区的开发。新开景区有大通烟雨（往佛山的珠江景色）、珠江秋色和海山晓霁（当时珠江水面宽，江中有海珠石、海印石、浮邱石等小岛，岛上有楼阁寺院）、石门返照（西、北江会合水路处，历为兵家必争之地）、蒲涧帘泉和菊湖云影（在白云山麓，结合市民供水，修整起来的水利风景区）。

六榕寺创建于南朝梁武帝时，原名宝庄严寺，后毁于火灾。宋重建，现存花塔建于宋元祐元年（公元 1086 年），八角十七层，塔尖高 57.55m，现倾斜偏心 1.124m。宋大文学家苏东坡曾游此寺，见寺内六棵榕树婆娑可爱，挥笔"六榕"两字，故改今名。寺内有皇觉殿、六祖堂、补榕亭、观音殿，为广州五大丛林之一。（图 6，图 7）

图 4　广州光孝寺外观

图 5　广州光孝寺内削发塔

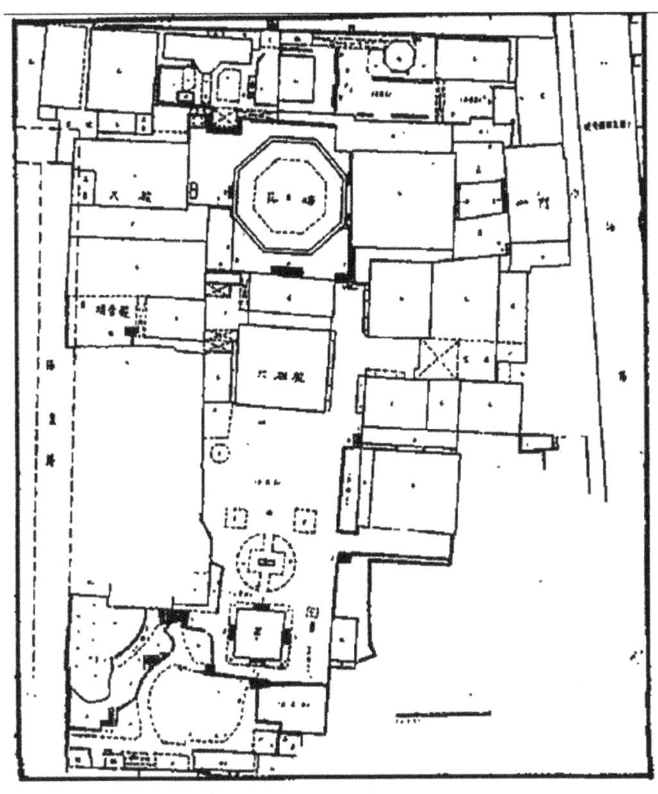

图 6　广州市六榕寺（花塔）总平面图

图 7　广州六榕寺花塔

图 8　广州五仙观牌楼（原件已拆，系为复建）

五仙观原在今吉祥路十贤坊附近，是宋人依据远古五位仙人骑羊携穗来广州的传说，为酬答仙人赐福而建造的坛祠。据宋诗人古成之的描绘，当时该祠的景象是："拔破红尘入紫烟，五仙坛上访神仙，人间自觉无闭地，城市谁知有洞天。竹叶影繁笼药圃，桃花春暖映芝田。吟余池畔聊欹枕，风雨萧萧吹白莲。"可见当时五仙祠是广州市中心的游览胜地，也是园林绿化地带。可惜此祠于明洪武元年烧毁，一度迁址九曜池，后又迁回原址。清代此祠为广丰仓占用，于是将此三间殿堂拆迁至今坡山，此建筑壮观奇特，是广州现存的最完整的明代木构杰作（图 8）。坡山晋时为古渡，山顶"岭南第一楼"原为全城极时钟楼，建于明洪武七年（公元1374年），台基高丈许，方台下砌券拱使中空，以利声响，上建重檐方阁，结构硬朗雄健，富于力学性能，中梁悬有明铸一万五千多斤的铜钟。登阁可纵览全城，是全城艺术空间构图中心。原坡山还有老君堂、三元殿、金花殿、穗石亭、玉阁等寺院建筑群。

明代把宋三城合而为一，并向东和北面扩展，把越秀山南坡也包入城内，山顶镇海楼建于公元1380年，五层，高28米左右，为砖石混木结构。明嘉靖年间，城垣再次向珠江岸扩充，这一带有谓“十里朱楼，商贾云集，饮食之盛，歌舞之多，过于秦淮数倍。”明代广州工业以铸造、造船、制糖、丝纺为最著，作坊多设在今河南沿江一带。珠江畔上的琶洲塔（又名海鳌塔）是广州现存唯一大型风水砖塔，建于明万历二十六年（1598年），平面为八角，直径约12米，高十五层，点缀了郊野风光。

明末，广州曾是抗清据点，在清兵攻城时遭到空前的浩劫，市中心破坏尤甚，官衙只好暂设在西城。当清朝权力巩固后，市容又很快地整兴了起来，城垣基本沿袭明制。清代修建的著名古建筑有：

（1）寺庙建筑：海幢寺原是南汉千秋寺，已废，明代先后建有佛殿、经阁、方丈，亦毁，清康熙年间重建了大雄宝殿、天王殿、韦驮殿、斋堂、大悲阁、塔殿等，是清代广州规模最大的佛寺。大佛寺（在今惠福东路）建于康熙二年（公元1663年），是“平南王”为迎奉顺治公主建造的，正殿面积达一千平方米，宏敞壮丽的殿中摆设有三座高达六米的“三宝”铜佛，重近二万斤，为华南铜佛之最（今迁至六榕寺）。清代其他著名寺庙还有城隍庙（文德路北）、天后宫（流花湖畔）、纯阳宫（漱珠岗）、西禅寺、北帝庙（在容光街）等。

（2）风景园林建筑：古有“羊城花木四时春”之称，市民历来习惯于栽花种树。街街列树，家家有花，故羊城又称花城。林则徐有“十里红棉绕画楼”之联，如今数百年的木棉和古榕尚遍及全城。清时，私家园林就有几十处，我国园林艺术首先是通过广州影响到西方的。茶楼酒馆园林化是广州城市风格的特征之一。清代广州四大名园酒家是：东园（现今越秀南，1926年毁于战火）、西园（中山六路附近）、北园（今登封北路）和南园（河南新港路）。清代新辟的游览风景区有：白云晚望、景泰僧归、镇海层楼、花田夜月、罗岗积雪等。

（3）宗祠与会馆：最著名的宗祠是今中山七路的陈家祠，建于光绪十六年，共三进五间、九堂六院带后花园，面积达八千平方米，布局严整，气势雄伟，装饰精巧，集广东木雕、石雕、砖雕、泥雕、陶贴、铸雕之民间工艺之大成，母题广博，琳琅满目。主堂建筑高广宽大，气宇轩昂，整组建筑群有机结合贯为一体，是南方祠堂建筑的代表杰作。会馆建筑原有十几处，著名的有惠州会馆（越秀南省港大罢工旧址）和潮州会馆（长堤已毁）。

（4）封建文化教育建筑：市内学宫有三处，位于城中心的是广府学宫（今文德路工人文化宫）、城东的番禺学宫（今农讲所）、城西的南海学宫（今五仙观东侧）。书院有越秀书院、越华书院、番山书院、贡院等。清代广州市中心还有四座石牌坊，石工高超，朴实壮观，它们是熙朝人瑞坊，总揆百僚坊、戊辰进士坊、乙丑进士坊，1947年曾迁今儿童公园、越秀山百步梯下和中山大学，现已毁。戏院有河南的大观园和普庆等。另郊外还仿京都建有礼先农坛、山川坛、社稷坛等，亦有练武的东教场和西教场。

（5）对外商行和教堂：明代已有36行专门作官方对外买办。清沿明制，设十三行夷馆（在今十三行街，当时是江滨）招待外商，建筑形式最早受西洋影响。后续在长堤一带建有海关、银行、邮局和洋行等。1857年英法联军进犯广州，击毁了两广总督衙署（在今白米巷，西至玉子巷，南至大新街、东至一德路、占地六十多亩），于同治二年（1863年）强占为租界，在内建造了一座远东最大的天主教堂（称石室），为哥特式，东西宽30.5米，南北长78.69米，高57.95米。由我国工匠蔡孝监工建造，石料全用人工打磨，用铅和其他物质代替石灰灌缝黏结，表现了中国工匠的智慧与才能。

辛亥革命后，广州城墙几乎全被拆改为马路，现仅存五层楼下一段可供凭吊。近代新增商业区主要在长堤和西关一带，工业区主要在河南，行政文教区主要在城东。近代著名的建筑有中山纪念堂（建于1928—1931年）、中山纪念碑（1929年）、黄花岗七十二烈士墓（1923年）、中山大学、岭南大学和市府大厦等。高层建筑还有爱群大厦（1936年）、南方大厦（1937年）等。这些建筑都是广州历史发展的见证。

二、广州文物古迹的保存与破坏情况

英雄的广州人民向有爱国心和民族自豪感，对外族、外国的侵略都曾经有过顽强的抗争。抗元、抗清和三元里抗英运动都举世闻名。鸦片战争后，广州的城市性质逐步产生了变化，市内人口激增，用地拥挤，道路变窄，绿化减少，主要街道两旁建起了多层洋房。结合南方气候遮阳防雨的要求，出现了骑楼式店铺。在旧社会根本谈不上文物保护，历史上遗留下来的文物古迹有的被蚕食，有的被破坏，有的任其自生自灭。反映高度民族文化的古城已改变成半殖民地半封建的城貌，文物古迹已寥寥无几。

保护文物古迹本来是党的优良传统。自大革命时期以来，广东地方党组织就注意了对文物的保护和利用。如广州利用番禺学宫作农讲所，海丰利用孔庙作“红宫”，梅县利用学宫作东征指挥部，广州利用陈家祠作北伐驻军，肇庆利用阅江楼作叶挺独立团驻地，博罗利用冲虚观作东纵司令部，等等。这些古建筑在利用中得到很好的保护。作为历史唯物主义者，绝不该把摧毁封建时代的文物古迹看作是反封建。

保护文物古迹本来是社会主义制度的政策，国务院早在1961年三月就颁发了《文物保护管理暂行条例》，在中央有关部门的领导和关怀下，省、市文管机构对文物保护工作做出了不少的成绩，调查实测了许多文物古迹，定出了第一、二批重点保护文物，各自成立了文物管理单位。对五层楼、光孝寺、五仙观、花塔、纪念堂等进行了修理。对好些文物古迹进行了有效的利用和保护，为社会主义事业发挥了应有的作用。

但也必须指出，由于管理制度的不严格，城市规划建设部门不把文物保护当作一回事，没有把文物古迹组织安排到城市人民文化休息生活中来。有些单位只顾眼前、局部的利益，强行占用，故造成了好些文物古迹破坏严重的现象。下面列举一些例子加以说明：

（1）光孝寺—— 1961年三月由国务院公布为第一批全国重点文物保护单位，面积约三万平方米，1954年曾修理开放。可不久，先后有七个单位在未经文管部门准许下擅自瓜分占用。在原定保护范围内乱拆乱建房子，弄得面目全非。寺内有120多家住户“安营扎寨”，到处晾物堆物，鸡飞狗走。昔日荷香十里，清泉如注的白莲池和洗砚池等胜迹，已是污水加垃圾。新建饭堂、车间、办公楼、托儿所、图书室，甚至易燃油库林立其中。正殿一对宋雕石狮子不知去向。月台和檐廊珍贵的宋代石栏板花饰曾被当作射击的靶子。政府最近已接受广大群众的建议，责令占用的单位先后迁出，并拆除一批新建的住宅和办公用房，逐步恢复原貌。广州被占用的历史文物古迹不少，希望大家都来协助文管单位把重点文物管好。（图9～图12）

图9　光孝寺迦南殿（明代）

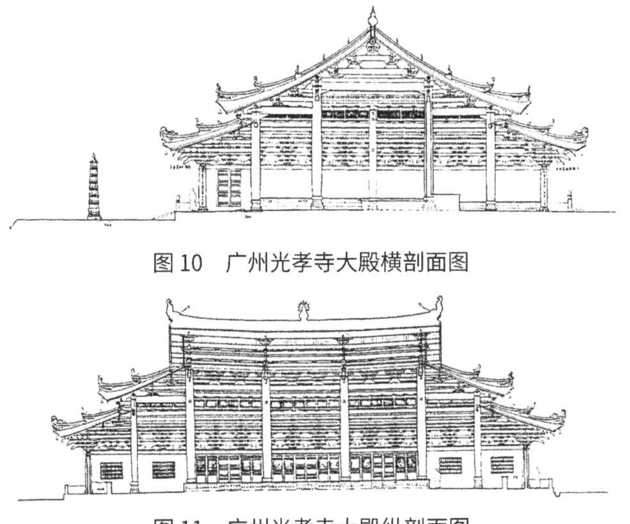

图10　广州光孝寺大殿横剖面图

图11　广州光孝寺大殿纵剖面图

图 12　广州光孝寺六祖殿（宋代）

图 13　广州南海神庙（菠萝庙）残迹

图 14　广州陈家祠外观

图 15　广州陈家祠内木架构

（2）南海神庙——曾经是美丽海湾山丘上一组浮现在波光云影中的完整建筑群，隐藏于绿林深处的红墙绿瓦依山势错落参差，确是岭南少见奇景。可惜现在已是满目疮痍，谢绝游客。主要殿堂因年久失修而毁坏，幸存建筑亦已墙垣风化，屋面残漏，面目全非。此庙先为某学校所占用，后改为工厂和仓库，新建了不少楼房宅舍。昔日殿内所藏玉简、玉箫、玉砚、铜鼓、刻金书表、龙芽火浣布、南海神像和波斯佛像等贵重文物，早已不知去向。庙内保存的唐至清代的数十块反映历代中外经济文化交流的碑刻和苏东坡等名人的书法题刻已惨遭破坏，有的成了铺路石，有的被移去做房基，有的当作洗衣板。（图 13）

（3）陈家祠——中华人民共和国成立初曾被利用作民间工艺美术展览馆。陈家祠的主体建筑自 1966 年起被新华印刷厂擅自占用改为印刷生产车间，最近才决定迁出，十四年间，受到严重破坏。为了安装机械，多数精美的磨砖对缝方砖被毁坏，墙壁任意开窗，好些名贵木雕、石雕、砖雕和套色刻花玻璃等工艺珍品遭到严重破坏。前后左右都被高楼所包围，失去了原有的整体美感，破坏了历史环境，周围景物支离破碎，格格不入，造成了不可挽救的恶果（图 14，图 15）。

（4）海幢寺——是清康熙年间广州丛林之最大规模者。面向珠江，背依万松岭，布局严整，景色极其幽美。中华人民共和国成立前，无视文物保护，已相当破旧荒凉，只剩下中轴线上的天王殿、大雄宝殿，左右伽蓝韦驮殿、塔殿、观音殿和左右廊庑等建筑。中华人民共和国成立初国家作过初步维修，并辟为海幢公园。可后来却使用不合理，忽视保修，任凭破坏。伽蓝殿、韦驮殿和两边庑廊均先后被拆除，1965 年天王殿也因年久失修而拆毁了，殿内“四大金刚”泥塑杰作也被全部毁除。大雄宝殿被改作为舞厅，东北角的持福堂、墓塔和司库等亦为其他单位所占据、拆除。当日这座岭南最典型的伽蓝建筑，现已完全改变。

广州其他文物建筑的破坏情况虽不那么严重，但也颇令人痛心。如升平学社旧址被当作仓库、厨房、猪舍；中华全国总工会旧址被瓜分占用；廖仲恺先生纪念碑被砸烂；黄花岗七十二烈士墓自由神被拆毁；中山纪念堂西侧新建接待室与原有建筑环境不协调；石室室内装修遭到破坏，后室石壁亦被烧裂；六榕寺保护范围内乱建了新楼；农讲所近旁建起了喧宾夺主的高楼。这些都引起国内外人士的关注。

三、希望与意见

要把广州文物古迹保护好，首先必须端正我们的态度，在思想上认识到保护文物古迹的重大意义。

我们祖国灿烂的历史文化能够被人民所看得见摸得着的，莫不过是现存的文物古迹。若有人要问，你广州历史有多长？文化有多高？是怎么发展而来的？现存的文物古迹可给人以确切的回答。它们是广州发展的历史年鉴，无时无刻在对人说话。飞鹅岭原始社会文化遗址可看出史前岭南文化的渊源；中山五路秦汉建筑遗址反映了当时文化的成就及其与中原文化的交流；华林寺是佛教从海路传入我国最早的见证；南海神庙说明我国在隋代就重视对南海的开发与对外的贸易；光塔凝结了广州人民与阿拉伯人民的伟大友谊；九曜石遗址展示了岭南园林发展的光辉一页；陈家祠等宗祠建筑和书院、学宫建筑，可供人们了解到封建宗法制度、族权思想和封建文教制度；三元里、农讲所、黄花岗、中山纪念堂等建筑都是中国革命过程的历史见证。

光孝寺、五仙观、镇海楼、海幢寺、花塔、琶洲塔、朝斗台和石室等古建筑，除了它们的历史价值外，还有一定的艺术价值和科学价值。可作为创造具有民族传统和地方风采的现代建筑的借鉴，忽视它就不可能认识和研究它。对这些遗产进行总结、提高和继承，本是历史赋予我们的任务。另外，这些文物古迹，还是旅游资源，当前广州可给外宾游览的名胜实在太少了，不得不要到佛山祖庙和西樵等地去参观。

国内外的城建经验告诉我们，离开了城市全面规划来孤立谈文物保护是不现实的。因为文物环境是在城市环境之中，它和附近的建筑有比例和风格的协调关系。如果在文物古迹保护范围内乱摆乱建房子，既破坏了城市和谐的面貌，也大失文物的价值。从广州的好些文物古迹环境的破坏情况来看，有的是由于城建部门违反国务院《文物保护管理暂行条例》关于“应划出必要的保护范围……在保护范围内不得进行其他的建设工程”等内容造成的。有的甚至公然蔑视，在有关部门多次提出不同意兴建的情况下强行建造的。他们忽视了广大群众的要求，硬要在文物保护范围内挤地，因而破坏了文物，也破坏了城市本身的平衡要素。

文物古迹是特定历史条件下的历史产物，它的主要意义全在于其历史性质。如果用现代眼光来对它进行改造，其实就等于是破坏。1979 年 6 月国家城建总局发出的《关于加强城市园林绿化工作的意见》中指出：“特别是著名风景点、文物古迹、古树名木以及有保存价值的古建筑更要精心地维护，不得随意拆迁、侵占破坏。”这条文说明城市规划应积极维护风景区和文物古迹的保护。可是过去城建部门为了追求城市的气派认为古老单层古建筑有碍观瞻，非拆不可。例如文德路工人文化宫是彻底拆掉广府学宫建造起来的，长堤某中学是无保留的拆掉潮州会馆建起来的。我们认为，现在广州保留下来的古建筑不是太多了，而是太少了，几千年的历史就是这么一点，实在不相称。对古建筑来说，拆一座就少一座，任意拆毁重点保护文物是破坏民族文化的罪人。

任何城市的发展总有新陈代谢的过程。不可能也不允许把旧建筑完全拆毁才建新城。古城平面布局的沿袭和古建筑的沿递使用是城市发展的正常现象。任何一个城市的建筑都必然会有新有旧。世界上所有称得上美好的城市，都是古今建筑结合得比较好的典型。现代城市建设理论认为，在总体和分区规划中只注意“三度空间”是不够的，还必须有时间的尺度，构成“四度空间”，这才算得上完善的规划。如果一座城市看不出它的历史发展过程，没有历史的对比，就会使人感到单调乏味。城市的历史风光常常表现出祖国的文明风度和丰富多彩的时代美，并蕴蓄着耐人寻味的哲理。如果说城市的形式美是一部音乐交响曲的话，文物古迹的点缀就是为了打破千篇一律时代曲的特殊音符，它的美学价值是新建筑无法代替的。另外，历史建筑还可以给人以历史唯物主义教育和爱国主义教育，增长历史知识和自然科学知识。

据上理由，我们对广州文物古迹的保护特提出以下意见，仅供参考：

（1）在今后广州规划建设中，应把文物古迹保护作为一项重要内容，按“古为今用”的原则把它组织到市民的生活中来，并以此来发展旅游事业，增进各国人民的历史了解，反映祖国南方的历史文明和优良传统。

（2）以城市建设部门为主，与文管部门、旅游事业等部门合作，组成联合调查组，对现有广州文物古迹作进一步详细普查和分析，对它们的价值大小、作用轻重、利用可能和发展需要作出恰如其分的估计和鉴定。由于种种原因，我们不可能凡古必保，应权衡利害，区别对待，给予全面安排，妥善处理，分级分批的定出保护计划。对幸存下来的古建筑均应慎重考虑，留有余地，暂时刀下留情为好。在外国有些几十年内的建筑都列为保护对象，我们希望每一历史阶段的文物古迹都保存一些，在日本东京列为保护的文物有几百处，而我们广州应保多少？希望通过调查研究加以确定。

（3）国内外一些城市，为确保城市整体空间比例和风格的协调，给人对城市艺术有一个完整的美感，通常在规划中划出多级保护区。即绝对保护区（文物古迹原有范围）、一般保护区（与绝对保护区有历史关系和发展联系的范围）和影响范围（即保护文物不受污染，使新建房子与建筑风格相和谐），通过几层保护圈的控制，保证文物价值的充分发挥和增加保护的安全性。我们建议现有广州几处全国重点保护文物，先考虑划出保护范围，具体执行国家公布的文物古迹保护法令，切切实实为后一代做点好事。

（4）解决广州居民的居住问题无疑是城建部门的工作重点。如按当前做法，把住宅建设重点放在旧城区，必然与文物古迹的保护产生尖锐的矛盾。对此我们建议，以后新建住宅区应重点放在市郊为宜，不要在旧城区挤了，白纸上好写文章。对旧城区的改造，重点应放在组织市民的生活和改善市民的环境卫生条件。为了保存原有城市的历史风貌，有代表性的街区可考虑成街成坊地保存下来，对其中旧建筑的处理可分类处理：①有保护价值的旧建筑可保留不动，加以修复；②对破旧无保留意义的可拆迁，或留空作绿化地段，或新建与原建筑协调的公共福利房子；③逐步向郊区拆迁有污染性质的工厂。

（5）古广州城貌有三大特色：一是二千多年来不间断的发展，并有文物古迹为证；二是祖国的南大门，历来是我国海外文化交流和贸易的中心；三是优良的革命传统和岭南风貌。广州将成为现代化城市，这是无可置疑的，但要使广州能体现出高度的文明，在世界城市史中有地位，那就非保持以上三大特色不可。至于在规划建设中如何体现？这是长远的战略研究课题。我们仅从文物保护方面谈几点零星设想：①光孝寺是东南亚很有影响的历史建筑，建筑形度古朴，又处于市中心，建议按三级保护区进行详细规划，坚决拆迁违反保护条例的建建筑，逐步恢复历史原貌，扩大绿化面积，多种柯树和菩提树，建成为一个“王园寺”林园。六榕寺与五仙观也应扩大保护范围，广植岭南风景花木规划成“花塔公园”和“坡山公园”，辟为游览胜地；②南海神庙在世界航海史上有特殊地位，又是羊城八景之一，建议进行风景区规划，拨款修复原有古迹，将其建成国际海员公园。原有建筑修整后可利用为海洋开发史展览馆、历史地理展览馆和中外文化交流史展览馆等，环境规划上应尽量表达宋代“扶胥浴日”的意境；③三元里不仅是反帝的革命圣地，也是广州市郊农村风貌的缩影；建议对其周围环境进行规划加以保护，作为游览地；④河南漱珠岗在广州历史地理上有独特意义（同类海珠、郛郎和海邱已不存在），这里风景优美，岭南古代好些文化、科学名人都与此地发生过关系，结合旅游，建议规划成岭南古代文化公园，展览岭南文化科技发展史料；⑤荔湾、流花、越秀、东湖等公园，都是具有历史性的公园，希望结合古诗文史料，恢复一些有历史意境的景观，以锦上添花；⑥陈家祠、华林寺、大佛寺、海幢寺和九曜池等文物古迹，基本的东西还在，也应逐步拨款加以保护修理，控制保护范围；⑦规划破建房子时，希望考虑到将来地下考古发掘的可能。

鉴于广州文物古迹遭受了严重破坏，有的已拆毁无存，有的被长期占用，这种违法行为是国家不允许的。我们呼吁有关方面共同来抢救它们。为配合搞好广州古城规划还介绍了广州的简史和文物简概，并顺便提出几点浅见。供同志们讨论，望指正。

（注：本文的图片和插图得到刘平平、杨爱平同志协助完成，以表感谢！）

城镇园林化刍议

——兼对潮州市园林绿化提建议

原载于1982年《广东园林》

城镇是人类文明的产物，可是城镇的出现却把人和自然逐步分割开来了。特别是随着近代工业的发展，城镇日益扩大，人口日益增多，空间拥塞，污染严重，生态失去了平衡，人的生存也成了问题，这就迫使人们对过去的城建行为进行反省，提出城镇园林化的问题。随着我国城市居民生活水平的提高，希望把城镇逐步建设成具有中国特色的园林化城市，创造优美舒适的文明环境，是众人所祈，对城镇规划者来说，也是难以推卸的责任。

我国古代园林多荟萃于城镇，它本是按“身居闹市而求山林幽趣”的宗旨营构的。人为的亭台楼榭堂室和自然式的山水花木相结合就构成中国式园林。借仿传统的造园原则和手法，也许对目前我国城镇园林化规划有所启发。本文基本是以我国传统园林为议论依据的。

一、因地制宜的布局原则

我国传统城镇，南方与北方风格异殊，析其原因，是因地制宜建城的结果。北方地形较平坦，平面多为规则的长方形或方形，道路作十字或丁字相交，平直宽敞；南方地形复杂多变，城镇多就江河山丘，因势利导作不规则状布局。如广东揭阳、新会、东莞等古城，街道多沿溪河弯曲布设，就船只水运之便，形成“家家门前流水，河岸处处垂杨”的水乡城市风光；又如广东南雄、德庆和广西梧州等古城，城市依山傍江，街道沿山坡等高线或垂直等高线展开，建筑层叠自如，有山外青山楼外楼的独特风貌；再如汕头、湛江、海口等城市，街道抱海湾摆布，构成动人的海滨景色。这些城市均注意了与自然的融合，适应了自然的地形地貌，故有强烈的地方色彩。人类所赖以生存的自然，本来是美的，因借自然之美来构筑园林，这不但是我国传统造园法则，也是我国古代的构城法则，这就是我国某些古城具有诗情画意的原因所在。

近代资本主义城市因对利润的追求，不仅住宅被当作住人的机器，整个城市也机器化了，由于物质文明的发达，好似人们已无所于求自然，规划中厌山恶水的观念产生了，惯于用平山填水的手法，把街道规划成笔直又笔直，把街坊连成一片又一片。烟囱林立，高楼插缝，人摩肩，车毂击，古迹被毁，这是近代城市的普遍特征、历史走向了它的反面，由是，人所必需的阳光、空气、水和土地都受到了污染。沉痛的教训使人们逐步意识到人和自然的血肉关系，人绝不能隔离自然。因此人们正在摸索着用宏观环境科学原理与古代城建遗产来改造和规划我们的现代城市，其中“返求自然”和“振兴古代文化遗产”就是一种代表思潮。

潮州是岭南历史文化名城，始建于晋，成形于唐，盛兴于宋，明清亦有相当发展。城址选择和布局体现了我国传统城市相地合宜、因形取势的法则，兼得自然之美，满足了当时政治、经济、文化生活的需要（此城建思想最初出于《管子》）。城选择在韩江之滨弧岸内侧，沿岸随势构筑城墙，形势险要，利于防卫、防洪、运输和借景。城北倚金山，东西有葫芦山和笔架山拱卫，四周有绿水环城，山川奇观美不胜收。天然之美和当地人民的勤劳相结合，孕育了潮州灿烂的古代文化。古城街巷基本是东西向，采用里巷式布局，修长的石铺街巷仅6～10市尺，随势而弯，不求平直。除城门附近、十字街口、庙前广场和江边码头有人流较嘈杂的商店外，街巷内区颇清幽安静，市民住宅沿巷拼列，朝外不开窗，内用院落天井通风采光，院中植树栽花，或摆设盆景，自成幽雅的家庭小天地。

自1861年“天津条约”把汕头列为英帝商埠以来，潮州开始向半殖民地半封建的性质转化，买办商业和手工业的繁荣，出现了太平路、西马路等沿街设店的商业街，封建古城风貌受到了冲击，这是历史的必然。但由于当地陆运不发达，且传统文化植根甚深，宝藏颇多，虽古迹和街道破坏了一些，但古城格局还是保存下来了，实为全国少有。

无疑，随着社会经济的发展，潮州要发展、要现代化，但如何对它进行规划？这是关系到造福后代的决策性问题。鉴于近百年来中外城市发展的经验和教训，结合潮州的实际，我认为应考虑到如下两个方面：一是尽量保持古城历史的延续性；二是把它规划成富民族特色、地方风采的现代园林化城市。具体意见：

（1）潮州作为历史古城，保留它的历史价值和用其来发展旅游事业，应当作是规划中的一项特殊内容。可是在过去，由于发展的盲目性，新建筑和工厂都往旧城里挤，原有绿地、水面、空地和古迹遭到蚕食，拆旧房建新楼蔚然成风，旧城环境质量下降，原来协调的建筑艺术秩序变得混乱了。这种现象希望再也不要继续下去。建议把整个古城作为历史遗产加以保护，修复一些有价值的园林绿地水面和古建筑，调整一些后建建筑，保持旧城古香古色的历史气氛，新城规划重在城郊。

（2）潮州古城边缘原为良田村野、山林溪河，一出城门即可享受自然风光之美。新城建设如果沿旧城边蔓延成片扩张，势必蚕食良田和破坏原有风景资源。故建议新建居民区和工业区稍离开古城，向郊外分区发展，不作成片伸展，避开低洼良田菜圃，自由布设在丘陵岗地、山地河谷之间，使街坊和工厂交错参差于自然环境之中，使人民靠近或直接进入自然，主要靠自然净化来提高环境质量。旧城与新区之间，或新区与新区之间采用干道或水运相连，新区可以作带状（或品字状）拼联，也可为田野绿带所包围，这种布局更富有发展的灵活性和伸缩性，也有不断更新的可能性。

（3）如新区采用顺应地形布设，则规模可不求其统一，平面亦不需求方整，建筑可因势利导自由组合，使其疏密有致，高低起伏，并绕区中心（往往是成套的生活福利服务中心）构成核心建筑群。例如设想规划一个以抽纱、潮绣或其他手工艺为主的新区，生产厂房、居住建筑和生活福利设施可以集中综合建设在一个地段之中，区中心可以构成一个内向式园林空间，建筑群体可通过庭园绿化景观和园林小品等组成有机的统一体，建筑与内庭绿化可互相穿插和渗透，形成园林气氛，给人亲切、安静感。建筑形式要求既要现代新颖，又要有民族和地方风格，整个新区亦可组织成旅游参观点。

二、园林绿化与文物保护

我国古代城市中的寺庙、府第、衙署多占据城中环境最优美的地段，为满足统治者的享乐和休闲，通常采用园林式布局，有台榭楼亭和假山水池之属。据《洛阳伽蓝记》记述，北魏洛阳永宁寺本是“栝柏松椿扶疏檐溜，四门外树以青槐，亘以绿水”的大型园林式建筑，又如南朝建康同泰寺、唐长安兴善寺、明上海城隍庙、唐、宋广州光孝寺、六榕寺等均是园林寺院，寺中有宽阔的绿地水面，这在建筑密集的城市中，客观上起有调节小气候和提供市民游览休息的作用。

在我国古代，名胜、风景、古迹本来是难解难分的，建筑和园林亦结下了不解之缘，保护文物古迹实质上是保护了古树、古园和古城的绿化系统，从而控制了城市的建筑密度。更重要的是，这些文物古迹是古代民族文明的象征，它的历史、艺术、科学价值是难以估量的，把其保存下来，实是历史赋予我们的职责，如在规划中只追求眼前的利益和方便，任之拆毁破坏，实为有罪于历史和后代。

悠久的历史给潮州留下了丰富的文物古迹，据初步确定，属省重点保护的文物有开元寺、葫芦山石刻、凤凰塔、笔架山古窑；属市重点保护的文物有广济桥、东城门、韩公祠、叩齿庵、学宫、涵碧楼、黄埔军校潮州分校旧址、凤凰台、马发墓、梨园公所、金山石刻、许驸马府、黄尚书府、卓府、革命烈士碑、南北关窑址等。这些文物继承和保存了远古的华夏文化，某些北方失传的东西，在这里还依稀可寻，它结合了古代岭南文化，又吸收了外来文化，多元共存，形成了强烈的地方特色，真可谓源远流长。

潮州的文物古迹星罗棋布在古城内外，历史上就曾吸引过不少国内外游客和学者，对台湾和岭南各地，甚至对东南亚、西亚、西欧和日本也有过一定影响，保存它的意义是非常重大的，在规划中如何充分利用它，有效保护它，我提出如下建议：

（1）据国务院规定，按文物不同性质、意义、现状划出相应的三道保护范围，目的是保持它的历史环境，有利于修复、管理和资源开发。在保护范围内严格控制建房，逐步修复原有建筑和庭园，对后建建筑适当拆除，保持足够的空地作园林绿化之用，可作小游园供市民休息之用。四周尽可能有绿带包围，以防文物污染，创造内部清静环境。

（2）须把文物古迹的小环境规划纳入城市大环境规划内容之中。如参观交通路线、人流集散、车辆转运和停放、旅游附属设施等都得统筹安排。相近的文物点可适当组织成游览线，如东城门、湘子桥和韩文公祠相距不远，彼此可通过绿带和附属设施联系起来，它们虽各有独立的内容和特色，但相互间可用园林景观和建筑小品等点缀串联，在游览情绪上使之有协调、呼应的观感，并在其间提供观赏文物古迹的良好视线，增加古迹外围环境空间变化，丰富外围景物画面内容。

（3）我们修复和保护文物主要在于古为今用，但利用须得合理恰当，不得有损原貌。规划中要有远见，适其所用，有利保护。对此我建议把开元寺开辟为宗教旅游中心，除接待中外一般旅游者外，主在对象是佛家和佛教研究者，内部服务设施要有针对性，以佛教特色为主，建筑和陈设尽可能合乎佛教礼仪，庭园绿化可多种佛教象征的菩提树等，整个环境可复原佛家超俗、雅静、肃穆、神秘的历史气氛，不作主观强加“世俗”之物。对于卓府、黄府、驸马府等古迹，可分别考虑用作文物展览馆、古文化馆、民间工艺美术馆、文史研究机构和颐老院等，总之利用内容要和历史环境相协调。其他古建筑和古园林也可从旅游和市民生活需要出发加以利用和保护。

三、风景名胜和旅游

我国古代城镇外围多有自然优美的风景点，这些风景点或是山清水秀，或是自然景物稀奇古怪，或是自然植被胜景入画，加于历代人为的美化（包括建亭、台、楼、阁、塔、寺、摹刻、楹联等），故形成了景观。这些景观在古代诗人画家的笔下给予韵色，就成了有鲜明思想意境的所谓“八景”了。

潮州风景名胜的建设由来已久，在唐初（公元638年），李宿就在城西辟西湖风景区，在葫芦山上建“观稼亭”，巧借潮汕田野风光；继而常衮又开发了金山风景点，韩愈也经营了东湖风景区。到了明代，潮州八景（龙潭落照、凤山秋菊、笔架晚凉、金山朝旭、凤栖木棉、韩亭秋月、西湖梅风、文峰飞翠）已闻名岭南。随着风景资源的进一步被认识，清代又开发了潮州新八景，意境更为深远，画面更为绚丽多彩。古代人民为我们留下的这些风景名胜财富，我们应珍惜、保护它，使其能更好地为社会主义服务。

对于潮州原有八景的恢复和修整，我个人的浅见是：

（1）着重修整清代八景，并参考明代景观意境。因清八景距今时间较近，主要风景构成要素还在，又有不少古人留下的八景诗画，要恢复它有较可靠的依据。风景名胜是以自然景色为主的，首先应对景栽进行恢复，按古诗描述，“西湖渔筏”种有梅、橙、竹、菊；“金山古松”广植有松和柏；“湘桥春涨”多种有桃、柳、古榕；“韩祠橡木”却以橡林和木棉为绿化主调，都应加于恢复。至于被破坏了的重要山水奇观要素，有条件的亦可恢复，不然就采用植被遮掩。

（2）人文胜迹是自然风景的灵魂，再好的风景如没有人为的缀饰也不能成为名胜，但建筑不宜过多，否则就是喧宾夺主了。在过去，由于有些人不认识风景资源的可贵，忽视了衡量自然风景欣赏价值的标准，建筑都往景区里挤，势必破坏原有“湖山图画”美景，景也就不能成景了。这方面的教训实在太多了，潮州八景的修复规划要引以为戒。在景区内每增减一幢建筑都要慎重又慎重，再不要为了发展旅游而破坏旅游资源了。当前主要措施是停止在景区中心建房子，逐步迁出一些煞风景建筑，划出风景区保护范围，然后进行风景区的景区修整建设规划。风景名胜区规划属社会科学，应广集诗人、画家、建筑师、园艺师、地理学者、系统工程学专家和广大群众的意见，综合考虑，全面安排，远近结合。规划重点应先放在景区中心。

（3）对于风景区有代表性的古迹要抓紧修复或考证重建，如葫芦山南岩“观稼亭”是“西湖渔筏”的组景和借景中心，又是潮州历史的见证，“北阁佛灯”的北阁对于潮州古城空间秩序的维持起重大作用，“金山古松”的抗元英雄马发墓和古城堞是潮州历史行程的痕迹，这些都要先考虑恢复，其形式大小和位置得需考究确切，详细设计，如条件尚未成熟，可先作临时性仿古建筑，给将来修正留有余地，对于现存的古迹和古建筑应严加保护，如“龙湫宝塔”的凤凰塔，“凤凰时雨”的凤凰台，以及韩文公祠和湘子桥等，都应逐步按原貌复原，今后不得加任何主观改动。在风景区中心以不建新房为妙，旅游服务性建筑可在景区外围安插，结合开辟新的景点，采用新的布局形式，建筑应以藏和散为主，体量要小，样式、比例、色泽要与山水环境和原有建筑相协调，以朴素、淡雅、自然、清新为主调，平面宜用传统园林式，使虚中有实，分中有合，使曲直得体，高低有致，藏露阻隔有分度，把人工融化在自然之中，以使相得益彰，互利互存。

（4）随着现代旅游审美心理的发展和风景资源的进一步发掘，开辟新的旅游区也颇有必要，可增搞潮州新八景，待文物和风景资源普查后再规划。据初步了解，有几处是可考虑的。如凤凰洲为韩江冲积成的沙洲，四面环水，江面奇景变化万千，有“三山半落青天外，二水中分白鹭洲”的迷人景色，洲北端还有明建凤凰台遗址，建议先把沙洲绿化成绿洲，并建桥与旧城相连，在绿丛中可利用作水上公园、水生动物园、植物园，体育训练中心、沙洲别庄休闲区等，笔架山海拔121米，是韩江中下流较高的山峰，山上视野开阔，气候宜人，开辟为山顶旅游公园则别有风韵，利用山中丛林可以山居，也可登高放目，从韩文公祠处辟山路攀登而上，其间设亭、台、爬山廊等点缀山林佳景，必野趣横生；又如韩愈唐时开辟的东湖，湖光山色秀丽，四周又有僻静山沟腹地，沿湖四周可建台榭美化，湖面也可修堤种柳、造岛营亭，山间谷地可广植潮州柑橘林木和种菠萝、香蕉之属，在林间可设度假村舍，建“四点金”“下山虎”“爬狮”等潮汕民居，也可营建竹篱茅舍，以独特的乡土风味来招揽游客，也可成套出卖给华侨落居。再如相传韩愈作“祭鳄鱼文”的古渡头（清代是“鳄渡秋风”），亦可按传说，新立意境，找出古渡码头遗址，设亭立碑刻文，建简易凉台水榭点景，临水滩头可立鳄鱼残走之雕像，立意传神，岸边种竹植枫，筑渚观帆，使游人置身于“一溪爽籁韩潮阔，两岸凉飙鳄渡空”的境界之中。

四、绿化系统的形成与特色

城镇绿化，在功能上有如人体的呼吸系统，在容貌上有如人体的眉须和服饰，它对于城市的生存和环境美化都有重大意义。我国古代城镇对园林绿化从不敷衍，古都长安、洛阳、建康、汴京、北京等，大街都有浓荫大道，城中均有河道湖泊，城内有树迎花送，绿叶藏楼，构成“中空外实”的结构特色。

潮州古城的绿化主要有私家园林、市民庭院花木、沿江绿带、寺院树木和八景周围等。城中街巷密而窄，没有什么林荫道，建筑密度高达45%以上。但因为古城平房占80%以上，且城域比较小（南北长约2.2公里、东西长约1.1公里），四周为江湖、田野和山丘所包围，虽城中人为因素占主要地位，然而从扩大的环境生物圈而言，它的存在只不过是潮汕绿色田野中的沧海一粟，对生态平衡无足轻重。可是近几十年来，楼层增高了，人口密集了，城郊盖起了一幢幢工厂和楼房，按其自然发展，不在园林绿化上给予控制，市郊土地终被城市化，其后果必然是城市居民与自然逐步疏远，市区气氛日趋呆板。对此应该有远见，在发展规划上注意到园林化布局是刻不容缓的，无论在整体和局部建设中都绝不能忽视绿化布置，最好能做到没有绿化规划就不许建筑，使建筑与绿化同时进行。

城市的园林绿化规划，从系统工程学理论角度来看，它不仅对控制整个城市环境空间具有一定的决策性和对策性作用，而且还包含了反映地方文化传统风采。要做好一个城市的园林绿化规划是很不容易的。我们对潮州情况了解无几，本着探索的精神，特提出下列几点浅见：

（1）水面规划：在我国传统园林绿化中，水面是最活跃、最重要的因素，如果潮州规划能把水面经营好，城市园林化就有三分姿色。现潮州西侧还存有北河（即原西湖）和南濠池（原古城菠萝房排水系统的注存水池）两个较大水面，但此两池因多年淤积，湖面缩小，水不成局，污染严重，已少有园林作用，建议作下述处理：一是结合城市污水排除和自然净化处理，引韩江水相济两湖，恢复原古城水面环城的风貌，在湖溪两岸可植榕、柳和草皮，形成幽静静谧的护林带，把古城和新城区隔离开来，原有两湖，可利用其较阔的水面修整成园林水局，导流河溪可随低洼地势弯曲自如，水面可大可小，不一定沿原有护城河走向，目的是使环境更委婉多姿。结合污水灌溉农田，另开挖支流南流入江；二是利用原有水关脚排污水系统挖水溪注入古城内区（以不破坏原城布局为原则，不可多拆旧房），把自然绿化引入古城，沟通内外，有似“绿色楔子”。

（2）江岸绿化处理：潮州古城沿韩江一带原为城堤，有“云锁湘桥疑海市”“一幅江城入画收”的意境，然而现在江边一带却是垃圾堆岸，杂乱无章。江堤是市民与自然水面接触的过渡地段，也是人们水运进城的第一景观印象。在规划时除了注意到制止水患和发扬水利的原则外，还可利用它来表现江城艺术风格和陶冶人们热爱大自然的天性。我建议沿江尽可能沟通为滨江路，有规则的构成江面—驳岸（栏杆或石级）—古榕（或木棉）—花坛式人行道（或草地）—林荫车道—城堤—建筑—层次分明的景色。为了能提供市民憩息游览场地和活跃生活气氛，城北金山、城南南濠池一带和湘子桥头南边均可把绿带扩大，构成三个江滨公园。作为近江城镇，水运码头是不可少的，作为客运码头，可以把它分散隐藏在江滨绿丛之中，货运码头和仓库可结合将来的铁路运输和公路转运考虑安排。其他新区的东西两岸作江滨路设置也是不可少的，均要有相应的景观设想。

（3）道路绿化处理：我国自春秋战国以来就出现了路旁植树，其主要功能是“列树表道”、防灾对策（防火、防风、防尘、防噪、避地震难场）等。现代路树有人称为城市的外衣，也有称为绿色的画廊，对建立良好的城市环境起有重大作用。潮州的道路绿化规划应吸收古今中外的经验，先确定规划的基本方针、线性轮廓、规模等级，然后按标准、城市性格、自然条件等配置绿化形式和品种，并要有保证实现规划的具体措施。随着现代交通的发达，主要干道（如环城路、过境公路、旧城与新居区的联系大道、新江滨路、火车站与码头和汽车站的联系道路等）均应有 40 米左右的路宽，据中外经验，还是采用三道板四排树的断面为宜，把机动车道、自行车道和人行道用绿带分开。机动车道两旁的树种可选择粗生浓荫，叶冠覆面大，抗风力强，整齐划一的大叶榕、法国梧桐、石粟、芒果、扁桃等为宜，人行道旁的树种更应考虑到美化、色化、香化、荫凉化等效益，通常是种洋紫荆、白兰、樟、桂等，一树下可间种大红花、白婵和其他灌木丛。在接近居民住宅区的干道可以搞些园林路（又称带状公园），人行道旁可植草种花，设栏杆石凳等，给予人花影缤纷，优美整洁的步行环境，兼有游息的实效。其他次要干道和一般街道尽可能都设行道树和灌木丛带。道路功能要十分明确，每条道路的绿化形式和树种最好各具特色，以资鉴别和增加城市多姿多态的街景效果。古城原有街口牌坊，有分隔空间、点缀街景和对景等作用，也可重点恢复少许。

（4）绿化体系的形成：城镇园林化的重要标志，是看分散的园林绿化有无组织成整体系统。目前潮州绿化面小，分布不均，根本谈不上体系。但从长远规划来说，不成体系的绿化则难以共同起着改善城市环境和保持自然生态平衡的作用，故在今后规划的道路绿化、街坊绿化、公园绿化、江边河岸绿化、生产性绿化、工厂绿化、风景名胜绿化和古迹绿化等，都要按点线面结合的原则统筹考虑。要使市民每天能享受到户外活动，能在公共绿地中做体操、跑步、散步、坐憩、游戏，就要求规划公共绿地时考虑到一个服务半径问题，从这点出发，我建议潮州的园林绿地布局还是应以小公园、小游园为主，这样可适应居民日常到绿地中活动的方便，如果园林绿地仅离居民住户约三百米左右的话，每天早晚便可利用休息时间去游息锻炼了。旧城绿化可以采用见缝插针的办法，充分利用街头、巷尾、破房空地等零星隙地布置装饰性绿地。街巷墙头、屋面、窗口、内庭也可因地制宜采用盆花、攀援植物（紫藤、爆竹花、角花、金银花）、阴生植物（绿萝、鸭跖、万年青、龟背竹、水横枝）等进行绿化，集腋成裘，积点成面。

（5）绿化的地方风采：山水贵在有我。树木花草有地方性，南方与北方不同，广州与潮州亦有差异。土生土长不至于“水土不服”，易于种养，且形成独特的景观，给游人以新鲜的感觉。目前广东好些城镇都已形成了自己的绿化特色，如新会为葵乡，海口为椰乡，揭阳为榕乡，佛山拟玫瑰为市花，潮州拟什么为乡土花木呢？需好生研究培植，如潮州柑、潮州橡木、潮州兰花、菊等都是有名花木，当地园艺家们可出谋献策选定推广。布置一个旅游点也有如写文章，如果老调重弹，千篇一律，谁不为之意兴索然，败趣而返。“芳草有情皆碍马，好云无处不遮楼”，潮州作为带有旅游性质的城市，不仅要求城池建筑有自己的地方风格，就是一山一水、一草一木也应有自己的特色，没有异地、异国的风光，那能招来游客？

今年三月，广东省城市建设局在广东潮州市召开了该市城建总体规划评议会。这篇文章是作者在会议上的发言稿。——编者

议广州旧城改建纲要与文物保护内容

原载于1985年《南方建筑》

毫无疑问，广州要建设成为社会主义现代化城市。但广州又是全国二十四个历史名城之一，现代化的含义应与一般城市有所区别。特别是在旧城区，用什么方式、方法来表现现代化的内容？这是很值得探讨的现实问题。

首先我认为，历史文化名城的规划，应不完全限于对现有文物的消极保护。仅划出保护范围，派人看管维修是不够的。更重要的是在城市总体规划中，提出纲领性的保护、利用和规划，并在具体改建和建设中坚决加以贯彻。只有保与用密切配合，使“古董”为四个现代化服务，才是积极保护长宜之计，文物才能焕发出青春的活力。

历史文化名城应该是民族文明的橱窗。整个城市都具有相当的历史价值和独特的文化内涵。因此在总体规划中，一切经济、文化的发展都要考虑到名城性质，并与之相配。无论城市结构、市政公共设施、生产建设布局、土地利用分配、园林绿化规划等，均不能离开历史名城性质所提出的要求。

近些年来，广州建设蓬勃发展，在旧城区到处高楼冲天，文物环境的破坏和拆除事例经常发生，有人还认为这是“现代化改造的宏伟事业”，长此以往，势必导致现代混凝土柱林充满全城，把文物古迹淹没了。我们认为，这是自毁历史名城声誉。希望在今后规划总纲中有一个全面的旧城改建设想，对此，我提出一些不成熟的意见，共同商讨。目的是希望广州历史文化传统得到继承和发扬。

一、控制城市规模，调整功能结构

广州人口市区为310.83万，郊区249.74万，市区人口密集，建筑拥挤，如不控制，仍让其自流“见缝插针”建造高楼，造成恶性膨胀，必将破坏生态平衡，失去环境合理容量，文物古迹亦名存实亡，作为历史名城，首先必须控制旧城区社会结构的平衡，使人与人同自然间的比例得到调剂。旧城人口不能再盲目增加了，旧城中带有污染性的工厂需得逐步外迁郊区。历史文化名城应该首先是空气清新，环境幽雅，突出悠久的历史，反映高度文化的城市。

在总体规划中，广州旧城区应该是政治中心、对外商业服务中心、博物展览中心，综合文艺中心，传统工艺中心，着重于精神文明建设。近郊地带应该是园林化的高层住宅区。绿带保护区、文教体育区。远郊地带可规划成卫星城，是今后新经济开发区，为现代工业发展地段。边缘地区照理是军事屏障。广州的基本结构功能应该是多层次，多中心，综合平衡、协调发展的，旧城以旧为主，新城以新为主，新旧并存，各显“神通”。如果旧城大拆大改为新城，名城何为有之。

广州旧城的现代化，我认为主要是在设备管理、信息交通、文化措施和生活机能等方面。高楼大厦不宜过多，人口不宜过密，绿化不宜过少。郊区和新区完全可按现代的模式规划建设，在白纸上描绘出社会主义时代的蓝图。

二、继承传统风貌，做出整体改建规划

广州旧城是历史上形成的，本是一个有机的整体，改建也要有一个整体的规划，有一张更新改造后的远景蓝图，然后分片分期付诸实现，逐步完成。

悠久的历史为广州留下了丰富的文物古迹，计全国重点文物 5 处，省级文物 17 处，市级 25 处。实际上尚未列入重点保护的文物还有很多，它们都具有一定的历史、科学、艺术价值，均可成为广州历史发展的见证，建议经调查研究后给予择优保护，并把它们充分利用，组织到市民现实生活中来，在规划中尽可能把保护点串联起来，有的可适当搬迁，以增加历史名城的气氛。清代以前的文物建筑，能保存到现在已很不简单了，改建时希望“刀下留情”。

保护点多了，历史风貌自然浓些。未来的广州旧城还是以历史文化取胜为宜，远景蓝图应该是古朴、典雅、优美、舒适与亲切的。在改建具体专项规划中，应该把隐没的历史文物和传统文化特点表现出来，用各种规划手段去组织、去展示。

广州旧城由于过去没有考虑到历史名城的保护问题，存在杂、乱、散等现象，且土地使用率低，破烂不卫生，需得逐步更新改造，现有建筑必将拆一些，留一些，改一些。同时还要新建一批建筑。或拆或改，应慎重对待。新建建筑的形式、体量、色彩、装饰应与原有建筑和旧城环境相协调，避免夸张和争妍斗丽，以秉承传统风貌为原则，尤其是在文物建筑保护范围内，更要体现以人的尺度为模数的古城特点。街景要保持历史的延续性。

鉴于过去在陈家祠、光孝寺、农讲所、光塔等文物建筑附近乱建洋楼的破坏性景观的严重教训，希望今后在所有文物建筑四周视线影响范围内所建景物，都要作景观设计，新旧建筑间要有视角空间的过渡，建筑样式需有相应的民族特点和地方格调，以显示由旧更新在时空概念上的延伸性。

三、创造高质量的环境、优美的景观

历史名城的环境质量指的是人们工作、居住的舒适性，旅游观光画面的完美性，精神文化享受的高尚性等。我对提高广州旧城的环境质量，提出如下几点措施：

（1）恢复历史环境面貌，重现一些历史画面：如光孝寺。应尽可能延长它的原有中轴线，恢复钟鼓楼和白莲池等历史画面，多种柯林和名花等。南海神庙和五仙观亦复之有据。

（2）加强绿化，使古城增加生机：广州旧城原有绿地在近代已几乎被蚕食干净，除中央公园、儿童公园尽可能充实扩大外，一些破旧房子拆除后，力争规划设置成小游园、小公园，以改善环境卫生和增加休息场所，古建筑周围尽可能规划有绿化保护圈，利用绿化来协调和组织古城景观。

（3）全城文物整体规划，有机联系成文物景点：广州目前主要沿街建筑多为近代所建，好些古代文物都隐藏在街后小巷，在整体规划时可采用藏中求露和引人入胜等手法加之于表现，在相近的一些文物中，可以组织成游览线。如农讲所、旧中大遗址，城隍庙、五仙观、可组织成一体，整体规划。又如光孝寺、光塔、花塔，亦可通过绿带联串起来。

（4）恰当利用文物，更新设备：目前广州文物建筑利用率低，许多文物还为工厂所占，而全市的博物馆、展览馆甚少。从将来历史名城要求而论，把全部文物建筑当作博物馆还是不够的，在西欧一般中小城市的博物馆多为百处以上。建议广州旧城改建规划中要有古建筑的利用专题规划，有一个博物馆、展览馆的分布图，把文物建筑更新设备，科学综合管理，规划成教育场所、公共文化活动场所、旅游休闲场所。

（5）清除一些破坏性景物，使景观富有诗情画意：由于过去不重视文物建筑规划，古建筑没有历史地位，其四周多建有低能建筑，对这些建筑建议能拆就拆，能遮就遮，以突出主题，表现传统景观质量为准，亦可改建一些建筑，使之与古建筑相互应，外围采用庭园建筑配合，略可增添诗情画意，从整体显示出古城的精神风貌。

（6）通过空间视线走廊，以勾勒古城轮廓：广州城中有花塔、光塔、五仙观后钟楼、五层楼、石室等制高点建筑，这些建筑形成了广州古城传统的轮廓线，在规划旧城的建筑高度和街道开合时，希望照顾到空间视线的畅通无阻，以增古城韵味。例如从光孝寺望花塔，从钟楼望光塔、石室，原本有借景之意图，理应保持。

（7）维持旧城一些传统活动职能，合理组织市民生活：旧城市民的工作生活和对外的职能，原已形成有机的整体，但新的交通工具，新的社会生活和人口结构变化，冲击了旧城的机体，出现了不平衡的现象，需得经科学分析后适当调整。对一些商业供应网、文化教育网和各项服务设施，在规划中不能忽视市民的方便性，对内对外职能应安排得井井有条。

四、扩展文物保护内容

广州现有属国、省，市重点文物古迹仅有六十二处，种类不全，内容少，与历史名城是不相称的，建议需作进一步扩充，扩充的范围和内容可考虑如下几方面：

（1）旧城格局和城址保护——自唐宋以来，广州就形成了背山面江坐北朝南的中轴线格局，城内寺院星罗，六脉南流，城郭周固。现在地面建筑已所存无几，城墙亦已无留，但街道格体和走向尚未大变，还有一定的古城气氛，建议改建规划时给予基本保留，环城路原为城墙，可规划成环城绿带，以求神似，显出古城平面轮廓。为减少车辆过多穿越古城，可强化东风路和沿江路的交通职能，外围亦可再加环城路，以求古城内少受交通压力。现越秀山上明建镇海楼基本还存，可在其左右恢复一段城墙，以表古城情趣。

（2）传统商业区与有特色的小街巷的保护，修复与发扬——广州在历史上就形成了中山五路和北京路、长堤及人民南路，第十甫至下九路等繁华商业区，至今尚起作用，可加以修整、发扬、增加一些历史和地方情调，其四周尚有一些文物古迹，可串通规划，提高环境素质。这些商业区最好通过调整，规划成步行街，还其安全古雅风味。另外状元坊、高第街、大塘街、芳草街、龙虎坊、珠玑街、文德路、打银街等小街小巷，历史上就是有名的文化街、工艺街，颇有地方特色，反映有一定民俗民情和流传着一些掌故逸事，尽可能给予保留修复。

（3）保护一些旧住宅区和有特色的民房——广州“古老屋”有明显的地方特点，现西关逢源街、保华路一带，河南同福西龙溪街一带，还有比较多的清末住宅，尽可能成片保存，留给后代鉴识。在仓边路，大南路，解放北、小北一带也有些零星古屋，经历一二百年留下已经不易，可择成典型者保护之。

从可持续发展谈历史文化名城整体环境保护

原载于 2003 年《南方建筑》

历史名城之所以被认可，是因为它是可持续发展的。我国许多有名的古都因被历史湮灭了，再也不复存在，是因为它存在的条件被人为和自然破坏了。当今我们要保护历史文化名城，首先要考虑的是整体环境的保护，并要提高和宣传整体保护的意义，在措施上宜定条例、立章法、切实把整体环境保护提到日程上来。

一、历史文化名城整体环境的主要保护内容

人是生存在一个环境空间里的，其包括自然环境、人工环境和半自然半人工环境。人们不论生活生产在室内或室外，都是在整体环境中进行的。

历史文化名城的整体环境内容主要有：

（1）历史上存在的城市结构格体和历史风貌——如广州，背靠白云山、前抱珠江以越秀山为准的南北中轴线、东西走向为主的街道网络、环珠江滨路、两山二湖六渠七脉等，都属于城市结构格体；有岭南特色的骑楼、西关大屋、东山别墅等，都属于历史风貌。它们重在与风格互成整体，配合形式协调，有井然的秩序，形成一定时代情调。

（2）典型历史建筑及史迹——一般受保护的历史建筑有：在城市史和建筑史中有重要意义的和较高技术艺术成就的、有强烈个性和标志性的、著名建筑师的优秀建筑及建筑艺术形象有代表性的、典型的各类别建筑（如店铺、会馆、祠堂、各类宗教建筑、民居、碉堡、当铺、茶楼、戏楼……）和发生过重大历史事件的建筑、历史名人故居，等等；史迹是包括自然科学史与社会科学史有关的遗迹旧址，如广州七星岗坡古海岸遗址和南越王宫、苑、墓、殿、署遗址等。

（3）风景名胜——主要指城市外围名山名水历经人文开发的风景区和历史上的各朝代外八景。如广州白云晚望、镇海层楼、花田夜月、罗岗积雪、景泰僧归等，它们都是以自然景观为主，人文景观为辅的。

（4）有传统特色的区域、街道、小镇、村落、寨堡——历史文化名城保护与一般文物建筑保护最大不同之处是它的整体保护观念。由个体建筑组成建筑群、由建筑群组成街巷里坊，包括其中历史环境的古树、古井、古桥、古路、古墙院等，在国内外有所谓分区保护的观念，如手工业区、商业区、居住区的保护，还有唐宋区、明清区、近代区、革命纪念区等重点历史文化保护区。在一个区内有独特的环境风貌，没有严重不协调的建筑视线干扰。名城四周的一些小镇、村落、塞堡也是名城的组成部分，通常能体现一种传统风貌和地方特色，有一定规模的应尽可能完善保护。

（5）有特色的传统文化、民俗风情和工商业老字号——传统文化，包括诗画、戏剧、书艺、音曲；传统工艺，包括陶瓷、雕作、绣织、器具、服饰等；民族风情包括秋游、节庆、庙会、花市、竞舟、杂耍、饮食……均应发掘、扶持、继承、发扬，以增加历史文化名城活力和群众可参与的内容。

从发展的观念来看，以上内容是在随历史的变更、社会的发展而不断变化的，旧的东西在不断消失，新的在不断增加，历史文化精华沉积得愈多愈丰富，特色愈明显，名城的价值会愈大。过去历史的无情带给后代许多历史的遗憾，但发展的规律是谁也阻止不了的。

二、历史文化名城的整体保护、改造与发展的关系

城市是活的史书，每个时代都会淘汰一些不合时代的东西。要求一个城市一成不变地保留是不可能的，整座城市原汁原味的像博物馆那样让旅游者参观是不现实的。但提出“破旧立新”、大拆大改，也是不符合名城保护原则的。这种做法有下列后患：①形成“旧貌变新颜”，原名城形象尽失；②旧城有机体大受破坏，形成较长时间的交通混乱、服务系统失调、生态恶化、治安不便等现象，要用较大的经费，较长的时间才能取得新的平衡；③人力财力和资源浪费较大，许多有质量的建筑均被拆除，新建的建筑因受资金和时间的限制，素质难成上品，难于形成统一风格；④旧城的古遗址、古建筑、历史环境难免受到破坏，整体的历史地区保护变成零星文物建筑的保护，失去了城市的历史真实性。

按国内外先进的名城保护经验，通常把旧城保护与新城建设分别进行，以新城建设来减轻旧城负荷。旧城以保护为主，通过改造来开发，旧城按文物分布及建筑质量分为：绝对保护城区和以保护为主城区、以改造为主城区和可拆除新建城区等分类做出规划。旧城改造的主要目的是，保护名城的主要形制和历史风貌特色；其次是，增加旧城的机能活力和提高市民的生活素质。方法是政府主持，由考古学家、历史学、社会经济学家、建筑与工程学家等组成规划改造委员会，群众代表参与，以“新陈代谢”的方式逐步进行，不能只顾眼前利益。

从可持续发展的观念来看，历史名城的保护应该是动态的，规划时可分近、远期，甚至有多次改造的可能。改造中要考虑到物质的和精神文化的、有形的和无形的，甚至考虑到地上地下、室内室外、人工自然等因素。

历史文化名城的发展与一般新城市不同，它要更尊重历史传统和文化脉络。就是新城区以现代化为主，也要注意到地方民族文化的延续性，保持自己的个性和特征，重视名城格体风貌的转换、演变与延续。

三、历史文化名城生态系统与自然形象的保护

历史名城的整体形象特色大致包括两大方面：第一是，体现城市社会、经济、科技、文化和历史背景的人工系统方向；第二是，反映城市地理环境气候和生态动植物条件的自然系统方面。两者总是相互交织、共同作用形成独特的风景线。一般来说，历史越长的城市，气候、地形、植被、物产等对名城特色的形成作用会更大。

广东的历史文化名城均为适应山形地势、依循自然生态规律，并在有利于市民生产和生活的自然环境中发展起来的。它们都几乎是山水式和园林化的城市，城市内外有山有水穿插，还有绿化庭院和广场里巷，背阴向阳，讲求风水和对景借景，人、建筑与自然和谐共存，规划的基本思想是“天人合一”，凡事“顺应自然”“调适自我”，讲求“天时地利人和”，有节制的利用自然资源，审慎地表现自然。但自近现代以来，人们依靠科技力量，提出“改造自然”“征服自然”的口号，在城市改造和规划中，随意把山铲平、把湖填平、毁林修路、改江断泉、占田建屋。致使人与自然逐渐分离、对立，人工的历史毁灭了自然的历史。背弃了恩格斯所说的“自然的历史和人工的历史要相互制约”的论述。作为一个名城，因此就难以可持续发展了。

从广东一些历史文化名城的改造情况来看，普遍存在着如下问题：①在旧城内拆低层建高层建筑，大幅度增加人口；②为增加建筑容积率，绿化大减、水面缩小、排水不畅；③为解决交通问题，立交桥把旧城分割得支离破碎，砍树拆屋扩路；④旧城如大饼无边际发展，空气恶化、噪声大增、人群拥挤、交通混乱、城温升高、阳光减少、灾患激增。对此现象，从积极的态度而言，我们有如下建议以供参考：

（1）尽可能恢复原有古城的绿化体系和水面体系，利用原来的文物古迹景点扩大绿化面积，按国家绿化标准把拆去的违章建筑场地改为植树绿化，绿化要点线面结合，顺着旅游路线，尽可能植造林荫道，在旧城

内不宜搞现代化式广场，草地不宜多，鼓励庭院绿化、屋顶绿化、墙面绿化。

（2）古城交通应自成体系，要有环旧城路，限制过境车穿城，应按原有的路网结构考虑到中轴、主干、次干、支干、内路，有动静区之分。在旧城尽可能用电车、人力车和其他环保交通工具，必要时可拆除一些立交桥。

（3）旧城中的自来水、生活污水、地面水、地下水要统一规划，分别成系统，考虑不致为患，净化环境，沿水面要有绿化，沿环城路也有绿带隔离，把所有有污染的工厂外迁，多开辟步行街，要有防火、防震、防台风设施。

（4）旧城的建筑风貌要从旅游美学的高度做文化形象设计，可以慎重地局部修复和重建一些古街、古巷和已毁历史名城建筑（一定要有依据，重现名城历史精华特色），在每一区内，新添加恢复的建筑，规模大小高低要控制协调，风格、形式、材料、装饰要统一；屋前屋后、室内室外要有机结合，要考虑视线、空间、走廊。

人们对于历史名城的生态属性和文化内涵的认识正逐步加深。人和自然共荣的原则、节约有限自然资源的原则、因地制宜的原则和尊重先人劳动创造的原则将成为保护名城的主流。

四、“以人为本”是历史文化名城保护的主旋律

我们的祖先为了生存和理想创造了城市。经过了一代又一代，不断地改造和发展，现在我们这一代是历史的主人。无论如何，尽量关心人，以人的安全、健康、生活方便为出发点，应该是名城规划改造和管理的核心。经济效益、社会效益和环境效益应是一致的，近期利益与远期利益、政府利益与市民利益是不可分的。

市民生活走现代化的道路是必然的，在名城改造中要使市民享受到现代化生活的实惠，旧城大量的旧民居由于现代化设施差，居民诸多不便，改造时应更新改进，外部形式可以保存，内容可以变化。

当今是信息时代，旧城改造同样可以增加信息网络和管理智能化的设施。在改造中要有弹性，可考虑到多方案多元化的改造，也可以是按需要为以后改造提供方便，在组合上要强调有机性、可变性、减少捆绑和束缚。必须依赖多方信息，“摸石头过河”，走一步总结一步，切勿心浮气躁、盲目大规模推进，以免带来过多的遗憾和国家巨大的损失。旧城改造要有专门的干部和技工。

市民的主人翁意识是改造好名城的关键，要尊重市民的权益，要依法进行改造，对现代人的生活行为和心理感情要作详细分析研究。在现代生活中更切实解决上学难、交通难、运动难、娱乐难、购物难、休闲难等一系列问题。

在城市物质丰富以后，向往良好的精神生活将成为主要矛盾，应该在城市中强调历史文化艺术气氛，增加和恢复有品位的景点，名城的旅游价值将大增，名城的民俗民习的气息会更浓，名城美的画面会更多更丰富，无论是旅游者或市民，面对名城，都可以说是一种享受文物古迹、自然绿化、街道家园、社会秩序、艺术文化以感情交织在一起，和谐共鸣。我们做好历史文化名城的改造，将为保护人类世界遗产作出巨大的贡献；我们着力对现代科技负面影响的克服，亦是人的本性对“盲目追求利润”的社会扭曲价值观的拯救。

各地的历史文化名城是各地历史文化的集合结晶体，从整体观念和可持续发展思想去保护好、规划改造好它，必造福于后代。让历史文化名城世代相传，这将是我们神圣而艰巨的历史职责。

参考文献

[1] 郑孝燮 . 论文物建筑的文态环境保护 [M]// 中国历史文化名城研究文集，北京：中国建筑工业出版社，1955.

[2] 王景慧 . 历史地段保护的概念和做法 [J]. 城市规划，1998，3.

[3] 王骏、王林 . 历史街区的持续整治 [J]. 城市规划，1997，3.

[4] 张松 . 城市特色维持与历史保护 [J]. 城市规划汇刊，1992，5.

[5] 阮仪三 . 历史名城特色要素的分析 [J]. 城市规划汇刊，1992，6.

[6] 齐康 . 文脉与特色——城市形态的文化特色 [J]. 城市发展研究，1997，1.

探索古城保护中开发和开发中保护的模式

——广东佗城保护与规划提要

原载于2004年《中国名城》

佗城位于广东东北部龙川县，北枕嶅山，南濒东江，始建于秦。秦始皇二十八年（前219年），秦始皇为统一南疆，特派年仅18岁的赵佗（河北人）为副帅，统50万大军征服岭南。秦始皇三十三年，赵佗封为龙川县令，后亲自领导规划营建佗城，其比同期番禺城（广州）建城还早。赵佗在龙川佗城驻军施政，实行与当地越人“杂处”的政策。任嚣逝世后（约前205年），赵佗接任南海尉，转治番禺，于公元前209年立国，自称南越王，才开始经营广州“赵佗城”。

秦代佗城为土筑、方形，周长约800米。宋代是佗城发展的重要时期，面积扩大约3倍。由土城改为砖城，向东、南、北三面扩展，周长增至2400米。明代又在宋城的基础上，向四周扩大；清至民国仍在发展中；至中华人民共和国成立初，龙川县治迁往老隆镇，佗城古城基本保存下来，城的肌理结构没有变，保存了大量文物古迹，1991年批准为省级历史文化名城。根据上述历史地理条件，我们提出规划要领如下:

一、特色与评价

佗城是南越王赵佗的兴王发祥之地，是秦中原文化南下与百越文化交流结合地，其建造推动了岭南历史文化的飞跃。

佗城是东江上游最古老的江滨军事、政治、文化重镇，是宋代岭南名城；是明清东江上游经济发展的重心。

佗城的城体和街道布局基本未变，秦、宋、明之城体基仍清晰可辨，为岭南仅存。

佗城自秦汉以来一直在发展，人文荟萃，教育兴盛．唐宋以来有进士28人，举人112人，现还保存有岭南清代考棚。

佗城现存文物众多，仅明清嗣堂就有40多处（原有姓氏138姓）；其他越王井、越王庙、城隍庙、学宫、嶅湖庵、东河茔、三台书院等均名扬岭南。

佗城是结合地形、因地制宜规划建造的一个不规则古邑，城市形态岭南仅有，是研究岭南城市发展的重要个例，有现实的借鉴作用。

佗城保存下来的风俗民情古朴，文化内涵深厚，可发掘包装的旅游资源丰富。

二、定性与定位

佗城作为历史文化名城，首先要保护和展现其古邑风貌特色。以秦汉为基调，突出赵佗的历史品牌，考虑唐宋的发展，发掘中原文化与当地文化交往而形成的文明进步；其后来明清的风貌，以及近代城市建筑形态的包容，都是岭南古镇发展的一种典型模式。

佗城是岭南历史最悠久的典型古镇，其独特性是古、小、全，历史环境优美，一直长盛不衰。我们规划中特别重视佗城自秦至近代的发展线索和历史信息的保护，以保护为前提，开发旅游观光事业。佗城是岭南历史上民俗风情的万花筒，是城镇文化进程的活化石，对它的保护和展现也是我们规划的重要目标。佗城是中国百家姓寻宗认祖和研究之地，是爱国爱乡的教育基地，也是加强地区文化交流的节点和城乡转换的结合地。佗城的规划保护应综合考虑环境素质的提高，发展。居民生活的改善和龙川经济的发展。佗城待开发的旅游资源相当丰富，可谓物华天宝，人杰地灵，将其升华推出，对实现“广东文化和旅游大省”的目标具有重要意义。

三、精神与原则

佗城的保护精神应突出整体保护，既保护现有文物古迹，又保护其文化内涵；既保护早期建筑，也保护其优秀的近现代建筑和革命纪念建筑；既保护宗教建筑也保护其商业、手工业和民居建筑。

佗城的保护规划重点在发掘和整合历史文化资源，有系列地分区成片保护；有计划地分期保护和改造、恢复；以突出特色，强调文化为主线，体现文物恢复、环境改善和经济发展的统一。

“古为今用”是规划的前提，但应以保护为主，开发为辅，开发应为保护服务，在保护的基础上利用，不能“杀鸡取卵”，要有可持续发展的意识。在规划中以史为本，以人为本，考虑近期效益与长远效益相结合，推动古城文明的进步。

佗城的保护原则应以国际高标准、高水平为准则，有效保护和积极发扬历史传统，合理利用，科学管理，促进其继续繁荣，正确处理好文脉与保护，利用与改造的关系。

为使历史文化名城不变味，我们在规划中提出如下几点要求：①绝对保护原古城的秦、宋、明城基界范围，逐步恢复城墙和还原城门楼；②绝对保护和恢复原街道的肌理结构；③绝对遵守不改变文物的原则，按原样修复有价值的古建筑、古桥、古井、古墙、古路等。

四、观点与设想

按佗城的实际情况，特提出以下几个观点：

（1）适当重建一些仿古建筑的观点。无论从文献和考古都证明，佗城是秦代古邑，但由于历史变迁，秦代故城地面痕迹已无存。为显示秦城遗貌，建议在考古的基础上，有根据地重建一些秦代建筑精品，充分发挥其艺术和技术价值，但不能破坏地下遗址和已有文物建筑。

（2）适当建一些仿古街的观点。为形成风貌，勉强建造仿古街，把现代艺术观点挂号于历史名城是不好的；但在既有的街道上，因历史的变迁，破坏了原有的风貌，原有历史街区变成了乱、杂、丑，建议适当改造，留一些、改一些、重建一些，形成较统一风貌的街区，但绝不能拆真造假。

（3）适当运用现代建筑材料修复古建筑的观点。文物建筑的价值有历史、科学、艺术等方面，依据价值的不同分为国家级、省级、市县级等。重点保护单位当然要以原材料、工艺、形式修理，而一般历史建筑，为经济、耐久起见，适当采用一些现代材料是难免的。岭南气候潮湿，易腐烂，为安全需要，内部件可适当采用些现代材料。

（4）对古城内容和局部设施可适当调整以适应旅游发展需要的观点。如为适应人流活动的需要，在古城路网节点和主要建筑前面增设一些各类型大小广场；在街头巷尾增设一些表现历史文化内涵的雕塑小品；增加游客参与活动的休闲空间，为能留住客人增加吃、玩、乐、购的场所；把一些文物建筑改成博物馆、文化馆、民俗馆，把老民居适当现代化，改成家庭旅舍等。为改善古城居住和观光环境，拆去过密过高（三层以上）、风格不协调的房屋，控制城内建筑密度、人口和容积率，采用“新陈代谢”的方法，调动各方面对保护的积极性。

五、宗旨和建议

随着经济的发展，交通的改善，顺应广东提出“建设文化大省”之形势，龙川县政府提出“发展旅游，保护开发佗城”的号召，故此拟定佗城的保护规划，时机已经成熟。面对佗城秀丽的古城风貌、有形和无形的灿烂悠久的历史文化，如何珍惜、呵护、弘扬，并将其包装成为国内外的旅游卖点，值得深思；探索“有效保护，合理开发”的模式是关键。为此提出如下几点建议：

（1）要有效保护佗城，首先要从全局出发，调整佗城附近城镇乡村的产业机构，可在佗城与县城中间选山丘地另建新佗镇，把旧城的行政管理机构、工商业机构迁往新镇，疏散老镇人口，新镇以现代化功能形象为主。如条件成熟，还可另择一地建新的旅游镇，把温泉开发和主题公园集中为一体，形成一城两镇的格局，新旧互补，各具特点，形成规模。城镇间用田野绿带隔开，用快捷干道相连。

（2）佗城的保护应从环境的整治开始。封尘的佗城现还存在些破、乱、糟、脏、丑的方面，整治工作首先可从清、拆、绿开始，清理脏丑之物，拆去丑、高和违章之建筑，按“修旧如旧，保持原状”的精神修好文物，把古迹文物亮出来，彰显佗城历史文化魅力；路要通，线要畅，城要环，水要清，山要绿，天要蓝，创造良好的旅游、居住和工作环境。掸去污尘，还佗城山水城市风貌，梳理并整合故有文物资源，让佗城溢历史文化之“香”。

（3）为了实施佗城保护规划，需有一个坚强有力的组织，一般称为名城保护开发委员会，下设名城办，负责下列工作：①编制和审核保护开发规划和组织实施日常工作；②领导和督促名城保护、开发和管理各项重大工作；③组织划定保护单位、历史街区和保护范围；④协助和统一名城各部门的职责和利益；⑤招商引资，集资开发，统筹保护与开发，制定保护发展计划，理顺体制，调整产业；⑥贯彻国家名城保护法律、法规；制定与督促佗城管理政策法规；制止文物破坏；审定文物的修理，宣传文物的意识，培养保护与管理人才。

（4）关于引资集资的建议：①积极争取国家、省、市名城专项保护资金，宣扬佗城独一无二的保护价值，强调贫困山区对开发名城经济发展的作用；②考虑新镇、新景建设出让土地和发展房地产收入，补助佗城保护资金；③订立保护和开发专项规划，引进外商、民营、私店投资，利用双赢优惠政策，多渠道广集资金；④银行低息和无息贷款，鼓励私营投资；⑤在体现按国家保护要求的前提下，灵活资金运作，走市场化的道路；⑥向海内外知名商界名流募集款项，表彰其爱国行为；⑦在资金汇集中，要注意变宝为钱的新观念，对景点的所有权、经营权和管理权可实行各模式试验。不妨让市场参与保护，以保护来促进开发。

六、历史环境重构与历史街区重塑

名城保护有四个层次，一是区域大环境的保护与发展规划；二是旧城区布局结构的保护与还原规划；三是历史街区的保护与重塑；四是遗址及古建筑的保护及其保护范围的划定。其中最重要的是历史环境和历史街区的保护规划。国际保护名城曾提出五线的要求：红线是绝对文物保护范围，有国家文物法可管治；紫线就是历史街区，是形成名城历史风貌形象的最重要因素；蓝线是指名城的水系；绿线是指绿化，这是形成历史环境的主要方面，直接影响到名城的景观和素质；而黑线是指地下不可见的各种管线，是开发的先决保证。

佗城的历史个性是水城。将历史上存在的江、湖、沟、池等尽可能给予恢复；外八景也尽可能恢复，给人以亲水、见水的机会；还原一些堤坝、码头、亭、榭、桥等构筑物。

佗城的原有布局是有中心、有轴线、有序列的。我们按其精神，保护还原其为一个中心区和五个街区，即以赵佗故宅与越王井等古迹保护和整合为赵佗故城核心区（赵佗广场）；以南门和南门街为主体，保护规划为百家姓展示街区；以学宫为主体，保护规划为文化教育历史街区；以西门和西门街为主体，规划为工艺、商业文化街；以大东门和百岁坊为主体，规划开发为风情风俗文化街区。把整个佗城规划为一个历史文化博物馆，以其特有的形象展现在人们眼前。

历史环境的保护与重构，除布局与风貌恢复外，还有一个空间轮廓和保护地段的界面划分与相互统一协和的问题。佗城内原有建筑一般是合院式的一二层建筑，除保护和恢复外，为突出原有城市轮廓，重点要逐步把城门楼恢复，把原有居民四角楼恢复和显露；恢复一些店铺、阁楼、行会、客栈等；把后建的三四层难看新楼改低或拆去，保持视线走廊的通畅；同时创造条件，多设平台和观光点，把城外的田园风光和山峦塔影借过来。

佗城历史文化街区的规划除考虑内容归纳梳理形成特有形象外，更要重视深层次的无形文化内涵的发掘和包装。如龙川固有的灯市、茶风、山歌、杂玩、龙舟、狮舞、兰韵、庙会等，在旧佗城应有其展现的场地和广场。在每一个历史化街区之间，宜设置一些过渡空间，作为景观衔接的节点，并为发展留有余地。另外，为旅游服务的家庭客店、工艺操作场、休闲娱乐处、风味吃喝排档、停车场等，都在规划中应有其相关的布设，古城人气旺才有活力。

总之，佗城的保护规划是功在当代，福荫后代的事，规划应有科学前瞻性、实用功能性、踏实可行性。

（附图）龙川佗城演变示意图

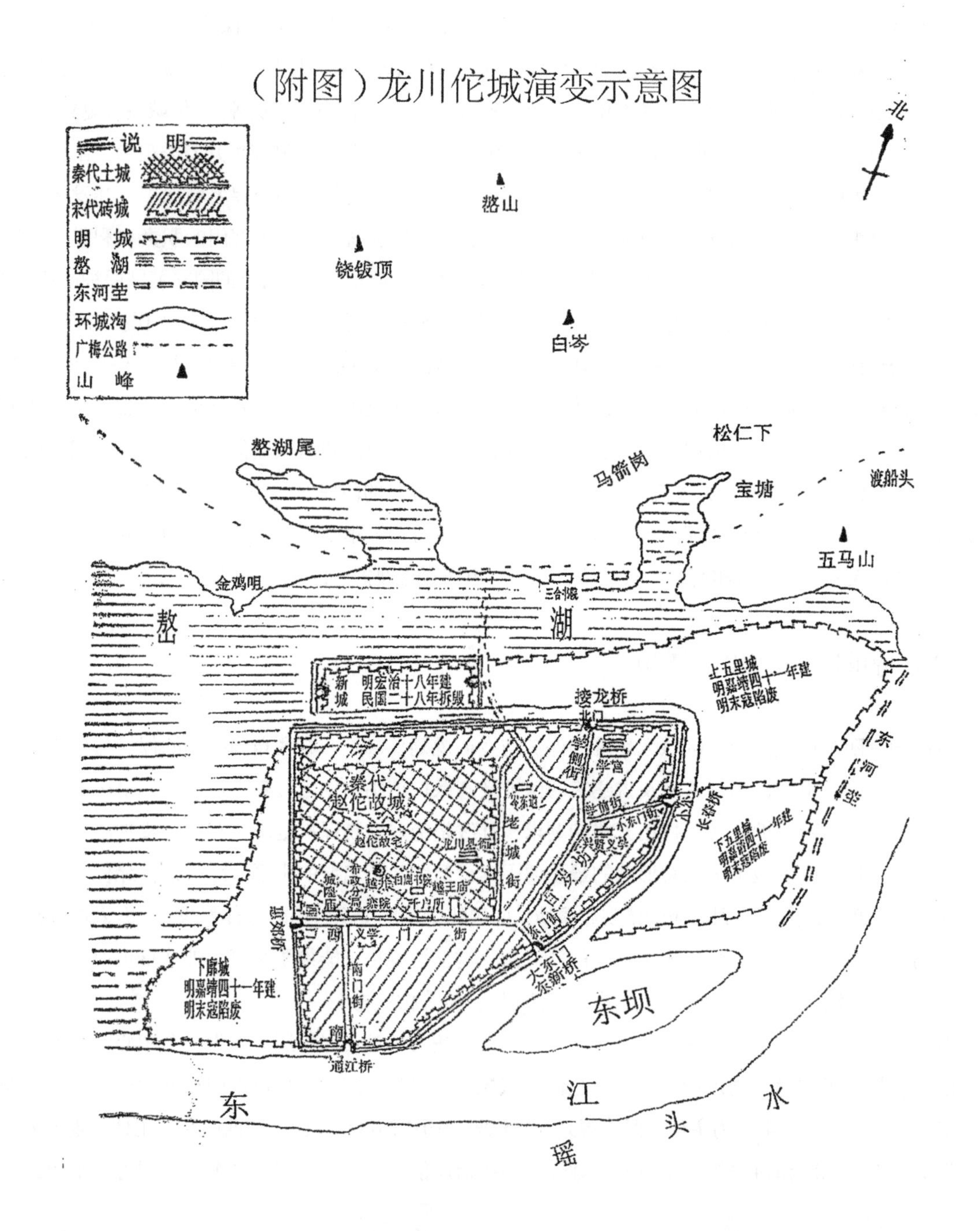

旧城改造中房地产开发的可持续发展和生态优化

原载于2004年《南方房地产》

一、市民参与，以人为本，提高人居环境素质

我国的旧城改造从1992年开始普遍采用大迁大拆大改的模式，把一片片旧区“瓜分”给开发商开发。这种模式对城市历史文化的破坏，以至对社会生活和经济结构的负面影响都是不小的，有的甚至是难于弥补的。

从中外旧城改造实践中可以证实，居民参与是旧城改造可持续发展的基础。城市的主人是市民，要改造好城市没有他们的参与是不可能的。在西方经济发达国家，由于旧房多是私人的，产权明晰，私有财产得到保护，市民参与保护自己的权益是很自然的。因此，旧城改造规划必须反映广大市民的利益，使改造中遗留的社会问题尽量少。我国由于经济、体制和政策等的原因，市民参与改造的机会甚少，对于那些住公房的市民，说迁就迁，市民对旧城改造更谈不上什么积极性。

旧城原是一个有机体，存在诸多矛盾，用大改大拆或见缝插针式开发，必然打乱秩序，招来交通、就业和污染等问题，要花很多资金和很长的时间才能解决。西方国家普遍采用先建新城，疏散旧城人口，调整旧城产业结构，分流经济职能，然后再回来改造旧城。旧城改造成本比较高，西方房地产公司很少能在旧城改造中赚钱的，政府还要给予经济补助。

旧城改造要制定高水平的规划。规划与开发都必须“以人为本”，全面地提高人居环境素质，为市民提供安全、方便、舒适、优美的生活和生活环境。要满足市民的衣、食、住、行、学、休闲等要求，切实维护人民群众的权益。

旧城的改造开发不宜把重点放在原旧城的中心区和旺区上，否则，可能会给旧城带来肌理和景观的破坏，而且会增加整座城市的灾害隐患。人口过于集中对城市的可持续发展是不利的。通常的开发点宜在旧城的边缘旧区，或搬迁的工业用地和办公用地，或者在旧城中心旺区间的节点地区。旧城房地产的开发，应该给旧城带来新的活力和新的增长点，不宜作掠夺性取而代之的开发。

旧城改造的主要层面应该是综合的，包括社会、经济、文化诸方面。推进旧城改造的动力通常有：①原有旧城资源的整合利用；②现代化的先进科学技术，促使旧城的更新；③综合的经济效益，市场的持续繁荣，各方各阶层利益的平衡；④市民居住与工作条件的提高，包括对未来生活理想的追求。

旧城房地产的开发要在科学规划前提下，在政府的领导下进行，但还得有各行业各部门和市民的参与；有各专业各门类的专家论证，作出高层次的决策。一经定案就不宜轻易变更。同时要有一个强有力的监测机构，保证按规划进行改造，绝不能随便变更。

二、旧城开发应向生态型转变

（一）生态环境方面

近代，现代有的城市在发展中把人居和自然山水隔绝，这是十分错误的。旧城规划宜保持和恢复原山形、地势，合理地保留或开辟一定的水面可以控制人口的密度，增加市民亲水活动和营造小气候，调节温湿度的

自然体系。

增加绿化面积构成绿化系统，是旧城开发向生态型转变最重要的原则，把见缝建房变成见缝插绿，进行屋顶和墙面绿化，多建小公园和小游园，设置绿化广场和林荫路，沿堤植林，建设园林住区……保证绿地达标。旧区应控制好容积率和建筑密度，留出足够的绿化场地。

旧城生态环境建设还包括实现优化生态工业、生态商业、交通生态化、郊区农业生态化污染处理生态化，旧城的生态优化使整座城市成为高效的节约环保的产业园。

无论是新区开发或旧城改造，均应在优化生态大环境总体要求下进行，不宜把土地划成一小片出让，由房地产商各自开发。必须在保证优化生态大环境的框架下，才出让土地给开发商。

（二）生态经济方面

重点构建以循环经济为核心的生态经济体系是旧城更新的重点。生态经济是指各行业的经济按协调平衡的方向发展，这是城市可持续发展的灵魂。在城市功能布局上，商业、工业、教育、农业、文化、交通等用地有一个相对平衡的比值，相互间又有互补互助的安排，在资源利用上又有循环节约的问题，生态经济可高效推动城市的生机和活力。

城市的管理和调控是生态经济的重要组成部分，也是政府的重要职能，旧城生态经济的发展，要实现管理的信息化、自动化。房地产业的经营管理要纳入政府的各种管理和调控体系中。

现代化的市场经济应是生态的有序经济，物流网、供应网、商业网、交通网、设施网、生活居住网、知识人才网……均会趋向规划建设的数码化。克服因管理混乱而造成的恶性竞争，促使整个城市实现高效能发展。

旧城房地产开发应不断注入新的开发内容，应与旅游产业的发展相结合，包括观光古迹旅游、购物旅游，饮食旅游、休闲享受旅游等，这将为房地产开发带来新天地。

（三）生态文化方面

生态文化是物质文明与精神文明在自然与社会关系上的具体反映，是城市生命的原动力，也是城市竞争力的主要方面之一。

人文环境是决定人居环境好坏的重要因素。文化素质高的城市才真正称得上文明城市。城市的文明印象表现在这个城市的生态文化上，它体现在人与环境的和谐统一，共荣生存，人与人之间团结互助，社会稳定，长治久安与持续发展上。

旧城的规划理念一般是建立在“天人合一”的自然观上，简朴的生活，安居的追求，和谐的消费，宗教的信仰等是历史古城的原体文化，新时代要在旧传统基础上改革、整合，创造新的文化生态。

打造丰富多彩、多元共存的城市文化生活是旧城改造的重要任务，高雅文化与通俗文化、有形文化与无形文化、传统文化与现代文化、中国文化与西方文化、企业文化与街道文化、动文化与静文化……都应在开发中受到关注，协调发展，给予它展现和发展的空间。

一个城市的光彩不仅在于表面的形象，而且在于它的文化内涵，开发的每一幢建筑都应呈现其文化品位，同时也是群众所喜闻乐见的。

当前有一个潮流，把旧城的开发改造完全引向商业化的道路，所谓“用文化来搭台”“以商业来唱戏”，造成过度的开发，这不利于可持续发展，值得三思。城市的功能是多方面的，城里面有居住区、行政区、文化区、工业区、商贸区、休闲区……各区不应生硬的分割，而是要保持浓厚而丰富的有机联系。

三、旧城改造要发扬地方特色突出城市形象

把原来有特色的旧城改变成形象千城一面，是令人遗憾的事。有的城市到处是欧陆风情建筑，到处是明清一条街，到处是假山瀑布……千篇一律，一窝蜂地低级抄袭，这类“形象工程”其实是降低城市品位的。历史上不少城市因地制宜，充分体现地方特色。南方北方不同，山区平原不同，江边海岸不同，自然而然地就有各种不同的形态和风格。

强调城市和建筑的地域性是当前世界城市发展的一个潮流，建筑依环境而生，不同的气候地理环境和人文环境产生不同的建筑个性，这是为大多数人所认可的。当前提倡的生态建筑更要突出环境对建筑设计的影响，“扎根本土，继承与开发结合，以诠释现代”的创作理念，对于今天还具有很大的借鉴意义。聚岭南文化之精华，弘岭南建筑传统之精髓，探索岭南城市房地产开发的特色和新路是很有必要的。以下几个问题是值得重视的：

（1）在文物古迹保护范围内是不允许随意开发的，要经过有关部门的批准，在建筑容积、高度，形式、材料、颜色等都有协调的限制，不能喧宾夺主。

（2）文物建筑本身不能开发，应实行绝对保护，修旧如旧，按原状修复，保存其历史价值。

（3）历史名城的街道框架结构和空间尺度是不宜随意改变的，文物古迹一般不能迁移，但解决交通、防火等问题，要靠现代的科学技术。

（4）名城要保护的内容除文物古迹和近代现代史迹外，还要保护有特色的街区、村落、名人遗迹、风景名胜等，改造都要经过审批。

（5）名城的保护原则是坚持有效保护、合理利用、加强管理、房地产开发要正确处理好历史文化遗产的继承、保护、利用与经济效益、社会发展的关系。

历史文化名城的保护，有必要划定一定数量的“历史文化保护区”，在这类保护区内，要求居住在这里的居民要维持、发扬它的使用功能，保持活力，促进繁荣，同时要积极改善基础设施，但不要将仿古、造假当成保护的手段。

在历史文化保护街区内，保存的东西越完整、越朴实，其价值就越高，原生性的东西越多，就更有吸引力。通常在开发以前先采用“保护为主，抢救第一”的方针，其风貌和格局不宜随便改变。

广州现代建筑发展的轨迹与未来的展望

原载于 2004 年《南方建筑》

中华人民共和国的成立，标志着现代建筑的开始。广州 1949 年 10 月 14 日解放，百废待兴；生产关系的变化，战争的影响，广州城建在落后和贫困的基础上开始了慢慢地复兴，几经曲折，经过了一条艰巨的发展道路，在摸索中前进，在特殊岭南地域环境和社会人文背景下，广州现代建筑有着它独特的发展过程，在全国现代建筑发展中产生过深刻的影响。

一、 广州现代建筑发展的历史进程

（一）国民经济转型与城建复苏时期（1949—1957 年）

广州解放之初，政府主要任务是恢复生产，安定人心，巩固政权。1950 年首先是恢复被炸的海珠桥，修建黄沙码头、黄沙大道和铁路南站，以及重建黄埔港。广州历来是华南贸易中心，恢复经济首要任务是加强货物的流通。为此，人民政府于 1951 年 6 月着手在西堤西端废墟上（现广州文化公园内）建造“华南土特产展览馆”，包括工矿馆、农业馆、林产馆、水产馆、手工业馆、日用工业馆、食品馆、果蔬馆等。总场面积 11.76 万平方米（包括室外、展场和文化娱乐、服务办公建筑），十多座建筑是围绕着一个绿化广场布置的，广场临街是一个牌楼式南大门，北端轴线上是露天演出台，东西两旁有序地布列着各式展览馆。广场是人流交汇处，除道路、花坛、草地、树木、山石、水池外，其余均是群众活动、休闲的场所，设有亭子、太阳伞、帐篷、阴棚、平台、石椅、灯饰小品等，一派岭南园林韵味，体现了对人的关怀。

华南土特产展览会规划与设计是由林克明主持的，主力建筑师有夏昌世、陈伯齐、谭天宋、杜汝俭、黄适、邹爱瑜（均为当时华南工学院教授），还有余清江、金泽光、黄远强、郭尚德等建筑师，他们长期在广州生活，熟悉岭南的环境气候和风土人情，而且多数曾留学法、日、美，学术素质比较高，因而在一个多月内发挥群体合作优势，在四个月内建好了这一群众喜闻乐见的建筑物，社会效益和经济效益都比较高，被认为是现代开创岭南建筑发展的前卫，当时公认为是具有岭南特色又有现代化气息的里程碑式建筑。

夏昌世首先设计的水产馆，是以现代主义格貌出现的，简朴素雅，比例亲切，线条流畅轻巧，体型通透，细柱薄檐，显岭南明快活泼风采。平面采用圆形与半圆相套构成中庭水院，外围又有水池包环，由桥廊直入门厅，似船飘水面，给人丰富的海洋文化联想，新颖而有地方风采。

中华人民共和国成立初期，国家对教育特别重视，1952 年，华南工学院、中山大学、华南农学院、华南师范学院等相继在调整中成立，校园建设兴盛，建成了一批带有华南特色的教学楼、研究楼、宿舍等。其中有代表性的是：

（1）华南工学院图书馆——此楼原是中大拟建的图书馆；1936 年已设计有仿宫殿式蓝图，基础已建成，抗日战争时期被迫停建。1950 年由夏昌世教授主持复建，考虑到原设计造价高，功能不合现代使用和管理要求，作了重新设计。新设计基本采用原有基础，功能按欧美现代图书馆要求作了重大调整，采用岭南多天井式传统布局，合理组织解决通风、遮阳、降湿等问题。立面采用现代简明有韵律的垂直线条划分，显得挺拔醒目。这是中国现代主义建筑结合地方特色的尝试。

（2）华南工学院办公楼——此楼建于校园中轴线上，前有大广场，广场前面围绕三座教学楼，组成宏伟宁静的建筑群，表现了高等学府严肃庄重的文明气息。广场保留了原有成荫大榕树。图案式的花坛、水池、草地……组合明朗而有秩序，充满着中西结合的南国校园情调。正座办公楼由陈伯齐教授主持设计，运用传统的简化斗栱上托灰黑歇山屋顶，洗石米原实墙台基、带图案的列柱式窗间墙和仿古带琉璃瓦饰柱式外门廊，具民族特色而不复古，有现代气息而不洋化，平面紧凑，经济实惠，实而不华；是当时“社会主义内容、民族形式”创造思想指导下的一种创作尝试。

（3）中山医学院附属医院——为适应医疗卫生事业的发展，1955—1957年间，中山医学院作了大规模的扩建，其中门诊部和附属医院群楼是由夏昌世主持设计的，主导思想是对病人的关怀和对功能分区的重视；在探索如何更好地适应岭南热、潮湿、多雨的气候上作了许多努力，如水平和垂直遮阳设施；平台屋顶的大阶砖与砖拱顶隔热；采用雨篷、飘棚、雨廊防雨，以及凸窗、防潮砖、空心墙等构造等。用经济的手段，达到降温、防晒、防潮等效益。反映在建筑造型上，形成轻巧、明快、通透、新颖、清新的风格。

中华人民共和国成立后，广州传承了“吃在广州”的风俗，饮食事业同样兴旺，饮食文化举世闻名，很快恢复了成珠茶楼、太平馆餐厅、惠如楼、三元酒家、莲香楼、蛇王满、陶陶居等茶楼酒家。在建筑上最有地方特色的是广州酒家和北园。北园在小北登峰路，是在甘泉山馆旧址上于1958年由莫伯治和莫俊英先生主持改建和重建的，其主要设计成功之处是充分利用旧园基地的优美环境，因地制宜结合现实发展需要，满足新时尚饮食要求，巧妙运用岭南园林手法，采用岭南民间工艺（木雕、砖雕、石雕、陈设等），经再组合重构创新，具有浓厚的岭南文化内涵。北园以水庭为中心，厅、堂、轩、馆、桥、廊绕庭开敞，内外空间交织渗透；布局活泼自然，景观小中见大，装饰精美古雅，佳木嘉石布列适体，是岭南园林酒家的一朵奇葩。1960年兴建的荔湾泮溪酒家，是在北园造园经验上的又一发展。

中华人民共和国成立初期，中央提出恢复生产，提出“将消费城市变为生产性城市”的城建路线。在1954—1957年第一个国民经济建设计划期间，在旧城郊建起了冶炼厂（庙头）、造船厂（白鹤洞）、渔轮厂（新洲）、华侨糖厂（松洲岗）、罐头厂（员村）、麻袋厂（赤岗）、玻璃厂（员村）、棉纺厂（员村），相应地在工厂附近规划建设了一批工人住宅区；如小港新村、员村新村、南石头新村、和平新村、民主新村、邮电新村等。这些厂房和工人住宅区是按照“实用、经济、在可能条件下注意美观”的建筑方法下建筑的，比较厚实、简朴、俭约，建筑质量的标准较低，很少考虑建筑文化艺术方面。

在这段时期内，广州旧城变化较小，重点规划建设了海珠广场和流花湖城区。华侨大厦、出口商品展览馆、广州体育馆、中苏友好大厦是当时最大型的建筑了。这些建筑外墙多采用洗石米，除中苏友好大厦（已拆）是仿苏联古典式外，其他均对“民族形式”作了探索，运用台基、墙身和屋顶三部曲，形式对称、端庄、厚屋顶，重点贴图案装饰，讲求比例构图。

（二）大规模经济建设调整与波动发展时期（1958—1964年）

1958年起进入了第二个国民经济发展五年计划时期，当时提出了“鼓足干劲、力争上游，多快好省地建设社会主义”的总路线。“人民公社”和“大炼钢铁”是全国建设的主旋律。期间广州建设了夏茅钢铁厂、广州钢铁厂、石井钢铁厂、南岗钢铁厂等大型工厂，还发展了吉山、南岗、江村、车陂等相应工业区。在“人民公社”浪潮中广州市郊公社（如棠下、三元里、罗岗、石牌、石井等）建设了一批食堂、试验住宅、敬老院、食堂等。这些建筑要求“少花钱多办事”“多快好省”“群众性”，是在“大跃进”头脑发热中建起来的，受意识形态影响下建起来的，基本没有留下来。

在1960—1964年，广州政府为改善水上居民（原称艇民）的居住条件，拨巨款在滨江路、如意坊、二沙头、东塱、小港、石涌口、科甲涌等地建起了十多处水上居民新住宅区，这些住宅多为五六层，多户共厨厕，外廊梯间式，经济简约实惠，就近还建筑医院、学校、商店等。从此，大多数艇民就脱离了水上漂泊的生活。

1958—1964 年间，广州为改善市政排污水流，曾发动群众挖涌疏渠，同时动员中小学生和市民开挖东山湖、荔湾湖、流水湖，并进行园林美化规划，这些大型公共园林，因池就岸建造一些休闲娱乐建筑，广植浓荫乡土树木，道路随地势曲折自如，布局活泼畅朗，景观开合得体，山石小品点缀有致，大大改善了广州全市的市政环境。这些公园为未来广州园林的发展培养了许多专业人才。此后，还新建了广州动物园、植物园、晓港公园、麓湖公园、越秀公园等十多个公园，形成了广州园林绿化体系的新格局。这些公园当时在全国是一流水平的，无论在塑山造石、铺草种树、造桥修路、营室筑庭等方面，均有创新，岭南园林的发展又进入了一个高峰时期。

白云山自秦汉起就是广州名胜风景区，在 1961 年国家“调整、充实、巩固、提高”的方针影响下，重新进入了一个大规模扩建发展时期，开发了黄婆洞景区，开通了上下山公路，建设了白云山庄、双溪别墅、松涛别墅等旅游建筑。

双溪别墅建于 1963 年，原址是座已毁的古寺院。当时是作为市委接待工程，由林西副市长主持组织一群设计人员完成的。别墅顺山势依坡而建，层层叠叠，道路沿地势蜿蜒曲折而上。建筑用现代式钢筋混凝土结构，简洁清新，穿插布列于山泉台地之上，运用悬挑、错落、延伸、渗透、因借等传统手法，把建筑融合在大自然之中，充满着寻幽探雅、返璞归真的情趣。它采用了传统岭南园林的理念，参照了日本现代园林的手法，讲求功能合理，注重环境的协调，是广州建筑发展的新里程。

白云山庄是继双溪别墅建起来的又一园林建筑优秀作品，建于 1965 年，主要设计者是莫伯治与吴威亮，原址也是一处已毁寺庙，在山溪谷石之间，四周是苍翠的松林，建筑依就层台分级布列，不规则而有序错落，按功能分组，用长廊联系，水池、泉瀑、山石、花木与建筑融合在一起，处处是“诗情画意”的景色。建筑采用钢筋混凝土平屋顶、毛石墙、小园柱、白粉墙、敞厅、亮窗、通花隔断，简朴无华、空灵新颖，外有便门与上山路相通，围合得体，不失为带有岭南风格的现代建筑。

友谊剧院建于 1964 年，由佘畯南和麦禹喜主持设计。当时的创作思想是“实用、节约、简朴、庭园化”。在当时经济紧缺的条件下，设计者采用新结构、新材料、新设备、新构思，运用岭南庭园布局，匠心独特，别开生面，创造出时代鲜明的建筑形象，归纳有如下几点：

（1）充分体现出对人的关怀。在设计中以人的心理和生理需要为出发点，采用近乎人性的比例，亲切的空间，适宜的声光热环境，朴素的装修，交通的安全，休闲的庭院，娱乐的气氛……处处为观众着想。

（2）重效益的求实原则。设计本着实事求是的精神，观众大厅极为紧凑，满足了放电影、演歌剧、开大会、听音乐等多功能要求，一改过去剧院“大气魄、大尺度、大空间”的做法，有效地压缩了空间和面积。提出“高材精用、中材高用，低材广用和废材有用”的经济原则。精打细算地在保质前提下，大大降低了造价，继承了岭南工匠实用精明的好传统。

（3）建筑现代化与岭南庭园相结合的精神。风格处理简朴、明快光洁照人，门厅选用大片玻璃幕墙，晚上灯饰华美，东西墙为实墙，遮阳防晒，虚实比例适度。南侧庭园布列水池花木、廊树、腊石、灯饰小品，创造了剧前幕后观众休息游乐的场地。大厅旋楼而下，别出心裁地设计了华灯流瀑水景，体现了现代时尚设计理念。

（4）整体设计的构思。平面每一部分都有机联系在一起，主次分明，完整构思。绕群众厅摆布各功能用房，交通畅捷，上下空间流动，整体透视效果大方、简明、淡雅，装饰重点在门厅和观众厅，细部与整体和谐得体。

（三）三线建设与“文化大革命”时期（1965—1977 年）

1965 年起，国家建设重点开始转向内地“三线建设”，广州重点转向粤北山区和偏远地区。但广州作为省治中心和涉外政策的需要，民用建筑从未停止过。这一时期广州新建有影响的建筑有：

（1）广州宾馆——建于1968年，在海珠广场，是作为中国出口商品展览馆接待外宾设计的。采用现代外国常见的裙楼板式建筑。高27层（当时全国最高），造型运用水平窗带，简洁大方。有节地、经济、实用等优点，是现代主义高层建筑在中国流行的新开端，对推动我国建筑现代化起有一定的作用。从此，现代主义建筑被广泛接受，作为现代主义高层建筑标志物，迅速影响到全国，逐渐成为主流。进入了一个新时代，海珠广场作为一个现代化的交通广场，在这段时间也做了进一步的充实和发展规划，增加了集会、休闲、运动、娱乐功能。宽广的草地，浓荫的树丛、弯曲的道路、精巧的花坛雕像，处处散发出岭南的气息。

（2）火车站广场的建筑群——由1960—1974年建成，包括广州火车站、电报电话大厦、邮政大楼、民航大楼、流花宾馆、省汽车客运站等建筑群。建筑以火车站为中轴线，中心宽广广场布置，是作为对外的窗口而规划建设的。这些建筑以现代面貌出现，轻薄屋顶、活泼造型，简洁线条，清淡色调，富于时代科技气息，与北方风格成强烈对比，创现代主义建筑群的先河。个体建筑多采用岭南庭园布局，注意朝向、通风、采光、遮阳、隔热，新颖利落。

（3）东方宾馆西楼——在旧楼西边临湖增建，与旧楼用庭院分隔，隔而不断，分合得体，建成于1973年（比旧楼晚建13年）。其设计特点是注意到街景和临湖景观，客房采用东西朝向，运用遮阳板来防热降湿。设计有新意地运用了天台花园和架空首层，内外上下园林穿插自如。不照搬洋气，不因循守旧，形成环境优美、空间灵秀、新旧协调、宜人休闲观光的好宾馆。

（4）白云宾馆与友谊商店——建于1976年，总高114.05米，33层，是当时全国最高建筑，造型与广州宾馆相似，外墙运用层层水平遮阳板，现代韵味进一步得到强调。宾馆面临繁华干道，楼前原有一小山，设计时刻意保留作为前庭，山正对门厅，架桥与二楼相连。山上古木参天，塑石筑路，植果种花，引泉凿池，不仅可供宾馆俯视观赏，而且具有防尘隔声的作用。宾馆裙楼餐厅中庭亦保留原有古榕，榕下叠石引流，充满林泉石趣。白云宾馆东侧的友谊商品是宾馆的商场补充，建筑地形伸展自如，运用当时最先进的自动电梯迎送顾客，便捷而开敞，增加了一个新旅游购物中心的热闹气息。

从整体来说，这段时间，城建投资压缩，忽视了公共建筑与居住区整体的规划。设施停滞，城乡名胜与文物建筑遭到破坏，城市建设混乱，“见缝插针”和缺少绿化，带来了城乡环境的恶化。在“先生产后生活”的思想影响下，城市面貌在旧城格局基础上慢步发展，变化不大。

（四）改革开放后，城建迅速发展时期（1978—2000年）

1978年以来，中央提出了“把工作中心转移到经济建设中来”，国家给了广州“特殊政策，灵活措施”。1981年广州市政府提出“把广州建设成为全省与华南地区的经济中心，成为一个繁荣、文明、安定、优美的社会主义现代化城市”的城建方针，广州由此进入了一个迅速发展的时期。在此方针的指引下，广州逐步有了如下几个转变：

（1）城建发展开始重视市场经济规划。在政府为主导下，发挥多部门、各阶层的积极性。在规划、设计、资金和人才等方面引进国内外力量。考虑到商品经济杠杆作为发展城市的一种手段，充分利用土地资源和环境优势，建筑向多元化、多样化方向发展，建筑的创作思想束缚减少。

（2）高层建筑和超高层建筑像雨后春笋般出现。因广州用地紧张，高层建筑空前增加，为全国数量之冠，由高层建筑组成的广场（如天河中心广场、珠江新城广场、世贸广场、车站广场、流花建筑群、东山建筑群……），建筑速度之快，科技含量之高，前所未有，并有集约化建筑的趋势。

（3）城市建设向东转移，以燕岭为背景的天河新城中轴线已初步形成。城市向四周扩展，旧城郊农村向城市化发展，大规模开发房地产，建筑容量激增，人口膨胀，住宅和零星开发突破了寻常的指标。

（4）旧城工厂逐步向外迁移，旧城进行了大规模的改造，在西关和中山路一带因地铁建设进行了大规模地拆建，增添了许多高层建筑，为解决交通问题在旧城建了许多立体高架天桥，城市缺乏长远的整体规划，设施跟不上形象，规划跟不上发展，建筑质量、造型和环境存在着不少问题。

（5）城市的金融、商业、饮食、文化娱乐、旅游交通在这段时间均蓬勃发展，城建中引进了好些资金、技术和人才，涌现出许多国外新思想、新手法，而民族和地方的特色逐渐被忽视了。

广州在1978—1999年间，新建的有代表性的建筑按不完全记述，大体有如下：文化公园“园中院”（1980年）、流花音乐茶座与百花园音乐茶座（1982年）、白天鹅宾馆（1983年）、广州国际科贸中心（1986年）、广州矿泉园林别墅（1987年）、天河体育中心（1987年）、草暖公园（1987年）、西汉南越王陵博物馆（1990年）、华厦大酒店（1991年）、广州世贸中心（1992年）、岭南画派纪念馆（1992年）、广州购书中心（1994年）、中国市长大厦与大都会广场（1995年）、东峻广场（1995年）、广州国际科贸中心（1995年）、中信广场（1996年）、广州铁路车站（1996年）、广州农行大厦（1996年）、星海音乐厅（1997年）、广州国际电子大厦（1997年）、云台花园（1997年）、广州建行大厦（1998年）、广州地铁控制中心（1998年）、新中国大厦（1998年）、红线女艺术中心（1999年）、南方电脑城（1999年）等。

自改革开放以来，广州住宅建筑随经济和科技的发展，不但数量大增，而且向高品位、合理化的方向提高。住宅设计以市场为导向，显示出人为中心的地位，平面类型和风格向多元化方向发展，人居环境逐步被重视，向产业化、社会化、高尚化住宅发展的小区有二沙岛居住区、丽江花园、祈福新村、名雅苑、山水庭苑、保利花园、锦城花园、翠逸名庭、翠湖山庄、奥林匹克花园、颐和山庄、江南世家、海珠半岛花园、芳华花园、骏景花园等。

二、广州建筑文化发展的疑惑与困境

广州有源远流长的光辉历史，1982年国务院评价为国家级历史文化名城，旧广州基本保持着整体街道等格局，有众多很有岭南特色的文物建筑，城市自然与人文的格貌给人以独特的印象。

改革开放以来，从20世纪80年代上半年到90年代以来，广州经济得到了异乎寻常的发展，经济实力居国家前茅，人口激增，旧城从“见缝插针”建高层建筑到住宅拆除，旧区建高层建筑群，交通问题、公共设施问题接踵而来，城市形态产生了急促的转变，旧城已失去了原有的特色。人口的密集和环境质量日趋恶化，灰尘多、噪声大、空气二氧化碳含量高、水污染严重、光热效应强。如何整治，已成为今后广州发展的很大困惑。

广州土地资源有限，高速的房地产大开发带来了“大圈地”运地，旧城的用地开发完后，“向东北翼发展”，又提出“北扩南拓、东进西联”的口号，这无疑是现实的需要，但过几年这些地都用光了，又如何发展？又是一个困惑。

现代高层建筑技术的发展有利于节约用地和增加城市现代化的气派，但高层建筑远离自然，拥挤笼式的生活空间对人的生理和心理均会产生不良的影响，在追求人性化的时代，能否长期被接受？又是一个困惑。

在广州近现代的建筑大多属现代功能主义建筑，曾经有过它们辉煌，在当今人们审美意识活跃和民族自强观念加深的时代，这些建筑已暂为市民所淡忘，广州如何迈向新建筑时代？这是创作前进中的疑惑。

广州本来就是一个擅于仿效西欧建筑风格的城市，中西结合是广州建筑风格的一个特色。当今的结合条件已产生了巨大的变化，要求不同了，建筑师难以中西融合起来，或是全盘西化，或是国际流行，“克隆”成了不犯法的时尚，“抄”也难怪，形式跟不上内容的发展，建筑理论贫乏而薄弱，使人无所适从，“业主”追求利润，建筑多了一层“铜钱味”，风格模糊，自以为是，洋洋自得。要不要提“岭南建筑”？疑惑重重。

过去广州建筑文化又称为“市民文化”“通俗文化”“说不清的文化”“寄生文化”。在当时社会环境和技术条件下，产生了当时的建筑，其代表建筑已被定为文物建筑，现在时代变了，生活变了，从今天的眼光来看，无疑是有“缺陷”的，如何保护它们？利用它们、继承发展它们？又是一个困惑。

21 世纪对广州来说是一个挑战与竞争的世纪，地区的差距将逐步缩小。加入世贸后，建筑技术必然走上规范化、一体化的道路。“世界大同”将使广州建筑与世界接轨，岭南建筑作为地方区域特色还将存在吗？

当今信息社会，排他不成，统治不成，放任也不成。岭南建筑文化究竟路在何方？现实正充满着层层迷雾。岭南地区不一定全是岭南派建筑，岭南人也不一定创造出岭南派建筑。岭南建筑的建筑精神是什么？岭南建筑文化内涵又包括哪些内容？出路又何在？令人深思。

三、开创岭南建筑新风的展望

广州建筑文化在历史上以奇特瑰丽闻名于世，是岭南建筑的杰出代表，弘扬岭南文化的精神是必需的。然而在岭南建筑的发展走上困境的今天，面对现实，如何开创岭南建筑文化的新风，创造现代化的新岭南地方特色建筑，都是难上难的历史职责。

在当前建筑理论中，被世人所认同的一种观点是：“越是地区的，越是民族的，就越有世界性”。问题是所谓“地区性、民族性”的内涵是什么？如果从保守的心态去理解，会怀旧复旧，这无疑会阻碍建筑的发展。我们不能停留在清末民国时岭南建筑的水平上，也不能重复 20 世纪 50 ～ 60 年代那时的岭南建筑风格。人的本性是善变的，变固然为必要，可是瞎变、乱变，却又是一种可怕的现象。今后的广州建筑希望是一种新的“岭南派”“地方主义”建筑，在全球竞争的意识上，自豪地创造高品位、新层次的岭南建筑。研究如何开创岭南建筑的新风，以下是几点思考：

（1）岭南建筑文化将在聚合、调整、复兴中重构。

改革开放以来，广州经济的增长和投入城建的资金前所未有，大投入、大变化、高速度、大转型，使岭南建筑处在多形式、多争议、多方位、多门路的混乱状况之中，对广州过去的传统建筑研究和认识甚少，对近代和中华人民共和国成立初期的建筑成就加之以漠视。各部门和各开发商以自己的财力和审美，学港澳、学欧美，孤芳自赏，快速忙乱中建造了许多各类型的建筑，实干得多，评论总结得少，带有几分盲目性。当前，广州建筑创作要求走上一个新台阶，须得回头看看过去走过的路，给予分析、评论、研究、整合、总结提高。

在建筑市场化，设计电脑化的时代，由于人们对建筑风格创作的观点不一致，各求所好，各行其是，这是很正常的。但作为同一地区的创作行为，希望争鸣公开化，在自圆其说中，总结各自理论，归纳一些文集，进一步在多元丰富的前提下，多一些理性的追求和矛盾的聚合统一，流派将自然而出，创作的思想各自将在调整中类聚；从建筑表现风格和艺术手法上上升为有观点有理论的派系。可以预见，未来的岭南建筑将在新的台基上复兴重构，将成为在世界上有特殊地位的建筑新秀。

（2）国际现代化是总趋势，地方特色将为广州建筑在世界“建筑之林”争取一席之位。

21 世纪是科学技术迅速发展的世纪，作为构成建筑的材料、设备、结构、施工工艺等物质也在日新月异的进步，技术观念在不断更新。信息时代技术的交流是没有国界的。用新建筑技术来创造新的建筑形式，全世界的建筑师都是这样做的，而且国外建筑技术比我们先进，我们一时很难赶上。要想广州建筑在世界有一席之位，须得从国际出发，在地区优势特色上着想，因地制宜，在原有岭南传统文化的根基砧木上嫁接高科技之芽，让新芽生长开花。

在新的建筑科技基础上，学习外国各类各式的先进建筑文化，汇集各家之长，把它们融铸于原来岭南地方建筑的新体系中，新风格逐步形成，也许新的奇迹会出现。

20 世纪 50 ～ 60 年代，岭南建筑有比较强的个性，在全国有较高的地位，后来个性淡薄了，究其原因，是致力于创造地方特色的建筑师骨干少了，理论的推动力少了，创作的理念思考少了，关心这方面的决策人少了，在市场经济的条件下，重技轻文，重俗轻雅，重工轻艺，重利益轻精神。建筑师依附“业主”，高尚的美术追求少了。职业道德规范在市场经济的冲击下，在走下坡路，在设计过程中对地方环境、市民的生活习惯无从考虑，这样的作品，国内外当然无有地位。

（3）未来的岭南建筑将是人性化的、有生命的建筑。

随着物质生活的丰富，建筑的精神要求将会越来越高，岭南人未来的文明进步，必将体现在建筑形象和城市空间上。在经济发展了以后，建筑的精神功能和文化内涵将会逐步被重视，岭南建筑师将运用建筑艺术语言来表达岭南人的性格、情绪、心态、爱好、意志和审美情操。

随着当今建筑电机与微电子学控制方面的进步，建筑的“智能化”已逐步普及；建筑仿生科学也在发展和运用。过去僵化的建筑已可以活起来了，可以善解人意了。新世纪的广州人希望新世纪建筑能给予人安全的呵护，使人舒适、健康，与人对话，谋合于人。把原来冷冰冰的房屋转变为有生命、有意志、有谋划的物质机体。

广州是岭南的地域中心；它应给整个岭南地区带来活力和机遇，其建筑文化应是岭南的典型代表。其气质应有岭南味，其机能应带动岭南经济文化的腾飞。有非凡的地位和有非凡的形象，有非凡的中心广场，有非凡的建筑物空间，有强烈的激动人心的标致性建筑。这些均体现岭南的风土人情化，有明显的感观刺激，使人激动、奋进、精神飞扬。

（4）未来的广州建筑应是重生态、重环境、以人为本的。

广州城建实践中，经过一段时间严酷的教训，人们已初步认识到环境对人类生存的重大意义。过去所谓“先污染后治理”的做法，把广州的水污染了，空气污染了，生物物种减少了，农田没有了，客观现实给广州的未来发展蒙上了阴影，在城市规划与建筑中是以人为本还是以财为本？自然与人工环境是有机共存还是人工威迫自然？是建山水城还是建钢铁森林城？广州的市民和决策者是觉醒过来的了。

广州房地产发展的和交通问题的解决，以往是无所顾忌地建立在破坏生态和社会旅游资源的基础上，“人、建筑、城市、自然、文明”被分离了，当广州人接受了“环境科学”以后，对保护生态和维护生态平衡逐步关注与重视了起来，提出了“碧水蓝天、绿树寂静”的祈望，力求把广州建成“亲水、近山、滨海、临田”的生态名城，市民呼唤绿化建筑、绿色技术、绿色文化、绿色城市发展观。展望今后的广州将是自然、社会和人本身的真善美的和谐发展城市，人与自然互补共存。

可持续发展是我们国家的国策。在广州发展计划中多次为之重视。可持续发展的核心思想是节能、节地、节物和减少对环境的负荷。从广州情况来看，提倡生态建筑无疑是实行可持续发展的主要措施。充分利用太阳能、地热、风能、潮汐能、水能、生物能等正是广州的优势；利用仿生手段，师法自然，模仿自然生态系统，直接通风采光，这些都是广州原来的优良传统；讲效益、求节约、主张良性循环是广州市民原有的风尚。强调岭南地方特色，正好合乎生态原则。

（5）尊重自然，尊重历史是广州未来建筑设计和城市规划的前提。

岭南建筑特色的形成，其中重要因素是建筑与自然的结合。“人杰地灵”，广州特殊的自然环境造就了广州的各代人杰，各代人杰又创造了各代的建筑空间，岭南建筑特色从此而来，岭南庭园实质上是创造人与自然相和谐亲切的休闲空间，广州北靠白云山，南面珠江的风水格局，本身就是依附顺服自然的选择。未来广州建筑布局同样将会走向庭园化、园林化的道路。

尊重自然首先要肯定大自然对人类的恩赐。其次是认为大自然的美才是人类追求的“大美”“浩然之美”。广州历来的山水诗、山水画均尽情赞美了云山珠水和奇观八景。未来的广州创作应运用广州独特的山水格局，利用岭南非寻常的自然景观，运用“天人合一”的创作观念，大气派、大手笔、大体格地构思成像。

广州人以居住在历史文化名城为荣，名城虽旧，可不是落后，名城破乱可以修整。如把其当作包袱扬弃是对历史的否定，对其大拆大改，未来无形资源的损失将不可估量。无疑，现代人的“聪明才智”和大胆妄为，紧迫于“破旧立新”和“取而代之”，将为广州历史留下许多遗憾。所有世界名城的保护原则都是“新是新，在旧城外另建新城，旧是旧，保持原来的旧城格局和风貌，在新旧对照中显出时空特色，旧城是旅游休闲城，是博物购物城”。岭南建筑的发展过程本来是“新陈代谢”和“推陈出新”的过程，充分保存和发扬广州原有的历史文化特色，将是广州未来建筑发展的明智选择。

建筑文化是一种综合性的文化，各种艺术品类都可以在建筑上加以表达，世界学术公认，绘画、雕刻、文学、书法、音乐、戏剧……都体现着地方色彩。把文物建筑保存下来后，其他艺术文化也相应得到保留。广州的文物资源是无量的，也是无价的，它们的保护将留给世世代代市民无期的欣赏和可持续的利用。

（6）以动态的观念，阶段渐进概念来对待未来岭南建筑风格的形成。

有人说“建筑是建筑师思维活动和意志的表达”，也有人说建筑是时代的“镜子”，宇宙是运动的，时代是变化的，人的思维是动态的，所以建筑风格应从动态的观念来看待。

岭南过去的地方特色，有西关大屋、骑楼、满洲窗、鳌脊、博古花饰、镬耳山墙等，现在复古，必为世人所唾弃。然而现代在继承什么？看来不单纯是以往的外在表现形式，而是其内在精神意念；工艺技巧构成手法、符号概念和空间形态等亦可继承借鉴。

研究现代广州人的生活习惯、兴趣爱好、心理祈求，将有助于设计适合于广州人生活与审美要求的作品。岭南人传统的商品意识、竞争精神、民主思想、时效观念等均可考虑在新时代中“重构”。随之而来的将是将岭南建筑旧形式加之于碎解，在新的时代要求下重构，在重构中提到一个新的层次。实际的整合升华比空谈的解构更为重要，传统的内在文化真实比外在形式追求更为重要。

历史上的建筑风格不是在短时间一蹴而成的，要许多人、许多辈建筑师不懈累积创造，要有群众参与和认可，建筑师要尊重市民的权益，受得起社会的考验。为官的与为民的，专业的与非专业的，高雅的与通俗的，理论的与实践的，要有一个基本的共识，代表地方的作品才能为历史所肯定。

健康的地方建筑特色的形成与当时的教育、体制和理论研究都有很大关系，“百花齐放”是方针，民主决策非常重要，理论上的沟通，实事求是的分析，在矛盾对立中寻求统一，满足大多数市民的审美意愿等诸多创作环节都不能忽视。整个过程是艰巨漫长的，开创岭南建筑新风，还必须有众多建筑师共同取长补短不懈的努力。回首往昔的历史会增加我们历史的责任感；面对生活现实，坚信广州建筑未来将立于世界之林，将会引发我们创作新风的激情。

古代广州山水城市与羊城八景

原载于2012年《华中建筑》，与吴隽宇合著

广州城市历史悠久，源远流长。它自秦汉以来2000多年，就长盛不衰，是区域性的政治文化中心，其独特的岭南文化风采和环境风貌形成了广州特有的历史文明特色。随着广州城市化进程的迅速推进，许多颇具自然景观的地段在大开发、大建设中遭到破坏和摧残，山地被推平，河流被污染，历史文化肌理正在不断地受到破坏。广州正面临着“千城一面、万镇一统”的失去特色的危机。面对广州城市化带来的弊端，人们很自然对古代山水城市的美景产生一种特殊的怀念和眷恋。因此，对于研究广州古代城市的山水景观特性，把握古代广州山水城市的创造的哲理，成为今天我们创造具有岭南特色的广州城市生态环境及景观的关键。

一、先秦时期的广州

传统中国是把自然山水神圣化了的。孔子有 “仁者乐山，智者乐水”的说法。城市的选址和构成，把山和水都考虑进去了，按照“风水”的哲理，城市包含自然和人为两因素，广州本是一座具有岭南文化特色的“天人合一”的原始生态城。

广州地处珠江三角洲的北端。在远古时代，珠江三角洲是一个由地层下陷而成的浅海湾。由于广州北部有海拔382米的白云山，城内有海拔78米的越秀山和海拔20～30米的番山、坡山，地势较高，海水深入到广州南缘内陆，沿岸鱼虾丰富，湿地草木繁盛。随着年代更替，西江、北江和广州北部的流溪河、沙河、甘溪等河流冲带下来的大量泥沙受到海潮顶托，逐渐淤积，将水域填成陆地，珠江水面逐渐缩小，这样给城市的开发提供了场所。白云山源源不断的淡水甘泉，给广州初民提供了在此繁衍生息的场所。而广州依山傍水，据海口，扼三江，从战略地位方面亦是营城建邑的好地方。可见在古代广州，这种靠山吃山，靠水吃水的生存方式，成就了先民崇尚山水自然的传统生态意识。

二、秦汉时期的广州古城

公元前214年（秦始皇三十三年），秦始皇统一岭南后，任命任嚣为南海郡尉。在南海郡建置番禺城（亦称任嚣城）作为郡治。任嚣为军事、经济的需要出发选中了白云山和珠江之间背山面海的南越人聚居之地作为南海郡治。这里条件优美、向阳引风、地势干爽、景观秀丽、易守难攻，为后代广州城市的发展提供了依托。

秦末战乱中，赵佗接替病危的任嚣代行郡尉职务，于公元前206年（汉高祖元年），建立南越国，定都番禺。赵佗将任嚣城扩大到“周长十里”，俗称越城或赵佗城，为南越国国都。据史书记载，任嚣在南越国建立前病危之际对赵佗说：“……且番禺负山险，阻南海，东西数千里，颇有中国人相辅，此亦一州之主也，可以立国。”可见“负山面海”的生态环境，无论从生存及战略地位的角度来看，都是古代城市选址中一个最重要的原则。

近年来在中山四路挖掘出的南越王宫殿苑囿遗址，足以证明秦汉时期广州就是一个古代的“山水城市”。从发掘的遗址情况及其出土的大量精美的文物中，我们可以想象当时宫殿建筑的壮观。从发掘出来的地段来看，

遗迹的主体部分为一条石渠，石渠由北向南呈“之”形走向，向东连接一座弯月形的大石池，再由石池西出，贯穿整个遗址。渠两壁用石块垒砌，渠底铺砌冰裂纹状的石板，其上密排灰黑色的河卵石，其间还用黄白色的大型卵石疏落点布。渠中有三处石块砌成的“斜口”以造成水落差，其中一处以两块弧形大石板筑成阻水的“渠坡”，使流水通过时与渠底铺设的灰黑色鹅卵石映衬形成碧波粼粼的人工水景，这表明早在秦汉时期，广州已是初具岭南特色的风景园林城市。南越王的苑囿是山水城中的山水园林，方池明朗可亲，曲溪迂回穿插，沙洲与林木相映，小桥与点步石断续相连，珍畜奇石委积于亭台楼殿之间，园林艺术景象应该是高雅动人、丰富多彩、自然优美。

公元前 111 年（汉元鼎六年），西汉军队南下灭南越国，赵佗城被焚毁。公元 210 年（汉建安十五年），孙权任命步骘为交州刺史，略定岭南。第二年，他到南海郡，“观尉佗旧治处，负山面海，博敞渺目，高则桑土，下则沃野，林麓鸟兽，于何不有，海怪鱼鳖，鼋鼍鲜鳄，珍怪异物，千种万类。”又“登高远望，睹巨海之浩茫，观原数之殷阜。乃曰：‘斯诚海岛膏腴之地。直为郡邑。’”可见，古代广州山水城和谐地融为一体，虚实相生，气势宏大，充分地体现了“天人合一”的生态哲理观。

三、南汉时期的广州古城

南汉是广州一个经济与文化兴旺的时期。南汉王朝历世五十四年，都城广州，名兴王府。广州作为南汉国都城，得到了大规模的兴建。除了扩大城区之外，还修筑了大批园林宫苑，所留遗迹几乎遍及大半个广州。已知苑囿八处，宫殿二十六个。据《南汉书》载，高祖刘邦“暴政之外，惟治土木，皆极华丽，作昭阳、秀华诸宫殿，以金为仰阳，银为地面，榱桷皆饰以银，下设水渠，浸以真珠，琢水晶琥珀为日月，分列东西楼上，造玉堂珠殿，饰以金碧翠羽。晚年出新意，作南薰殿，柱皆通透，刻镂础石，各置炉燃香。”至刘洪晟则“作离宫千余间，以便游猎，如南宫、大明、昌华、甘泉、玩华东、秀华、玉清、太微诸宫，不可胜记。”可知当时城内玉堂珠殿，城外离宫别苑，王室奢华至极，园林之胜亦可见一斑。除了从记载中得知南汉宫苑当年的盛况，历经沧桑而能留存至今的遗址尚有流花古桥、药洲遗址、光孝寺铁塔等。

南汉时，有芳春园，园内流花桥“飞楼跨沼，林木拥之如画。”据说刘王时宫女们每天把梳妆卸下来的残化丢在溪中，桥下碎红漂浮，风流盈溢，故名流花桥。

另外南汉宫苑中最著名的西湖“药洲”，此园是在花、石、湖、洲布局为主，主景为湖面及沙洲的布局，而小景点以花、石，对后世的影响颇大。宋许彦有“花药氲氲海上洲”之句。石以药洲九曜石为主，取以象天上星宿，立药洲水旁。《南海百咏》称：“药洲在子城之西址，漕台（即南宫地）之北界，旧居水中，积石如林，今西偏壅塞，今尚潴其东，几百余丈。”可见到南宋仍仿佛其旧。石景不止九曜石者，因整个药洲均以石胜，又称“石洲”。

南汉宫苑园林虽因社会动荡而终至没落，但它继承了中原园林艺术，更结合本地自然条件和人情风俗，形成岭南地方特色，其构园及建筑经验，对后世具有承前启后的意义。

四、自宋以来的“羊城八景”

在广州古代城市建设史上，宋代是一个辉煌的时期。城垣的扩建和修缮达十多次，主要有子城（中城）、东城、西城、雁翅城的修筑。另外，自宋代起，由于城市的发展，市民接触自然的机会已减少，闲时则出现有郊游的习惯。“景以文传”，因而广州文人墨客开始精选出“羊城八景”，作为自然秀丽风光和人文相结合的景观中最杰出的代表。它不仅反映了当日广州主要旅游地点所在，亦反映了城市建设和发展情况。宋代“羊城八景”据《羊城古钞》卷首（又见乾隆《广州府志》）称是：

扶胥浴日　石门返照　海山晓霁　珠江秋色
菊湖云影　蒲涧濂泉　光孝菩提　大通烟雨

扶胥浴日：位于今黄埔南海神庙（又称波罗庙）附近的浴如亭上，那是海上丝绸之路的起点。当旭日东升，登亭览胜，景色蔚为壮观。

石门返照：位于小北江与流溪河的汇合处，石门两山对峙。在宋代，此处江面开阔，海天一色。

海山晓霁：位于宋代南门外江边的海山楼，即今大南路与北京路交界处。那时江面开阔，来自波斯各国的番舶云集，别具风情。

珠江秋色：是指珠江秋日，碧波江水的迷人景色。

菊湖云影：位于当年在小北花圈一带的人工湖，每当天清气朗，朵朵秋菊倒映在如镜的水面上。

蒲涧濂泉：位于今天的白云山，山上有条南流入海的山涧，因生长九节菖蒲而得名。涧水从悬崖落下，犹如水濂。

光孝菩提：位于光孝寺内，相传印度名僧智药把菩提树种带到中国，并种在光孝寺内。六祖慧能曾在菩提树下削发为僧。

大通烟雨：大通是宋代广州八大镇之一，位于芳村花地。镇中有一寺，名大通寺，寺内有一古井，下雨前有烟雾从井中喷出，因而得名大通烟雨。

宋代“羊城八景”，只有光孝菩提一景在城内，是属寺院园林，其他分布在石门、大通、黄埔、河南等地，反映了当时市区的广阔。

元代疆土辽阔，为了军事统治，每攻一城，常用毁城手段，广州城也不例外。元占广州后，下令夷平城池。在此期间，广州城受到很大的破坏。但是由于外贸的发展，广州很快就恢复成为主要海港，广州城逐渐繁荣起来。另一方面，广州的游览地区也逐渐扩大。如以“羊城八景”作为代表来看，元代广州由于海外、国内交通的发展，故对于“羊城八景”的选择亦有所不同。元代“羊城八景”如下：

扶胥浴日　石门返照　粤台秋色　白云晚望
大通烟雨　蒲涧廉泉　景泰憎归　灵洲鳌负

从上述八景来看，观音山（越秀山）在元代已成为广州主要游览地点。此外白云山上的白云、景泰两景的兴起，说明当日城市已不断扩大，北至白云山，南至珠江水，已包括在广州市民活动范围之内。广州人口增多了，接近自然的机会也增多了。

到了明代，宋代大发展时期兴建的三城到这时已不够使用，故进行了三次城市的改造和扩建。①把宋代三城联合为；②把广州城北郊发展为城内一部分（即今老城北部）；③在城南宋南城地建立新城。而明代“羊城八景”也发生了很大的改变。明代“羊城八景”如下：

粤秀松涛　穗石洞天　番山云气　药洲春晓
琪林苏井　珠江晴澜　象山樵歌　荔湾渔唱

明代“羊城八景”以广州附近的景致为选择地点，除了以山水为主体外，更注意了人文的景观，更重视诗情画意。

清代以后，“羊城八景”亦不断易景，形象地反映了城市物质景观的历史变化脉络，同时也反映了广州日趋美丽，建设日趋繁荣。

五、结语

纵观历史，广州古代城市的发展作为岭南建筑文化的组成部分，自始至终融合于自然环境中。广州在历史上一直保持着三山、二湖、六脉、八濠、十闸，街道与建筑随地形而建，城中的楼、塔、台城门高耸入云，与蓝天、青山、绿水相映，形成了岭南城市风貌的独特意境。古代有“人杰地灵”和“山育人才，水育财”的俗语，说明我们先人已意识到山水风景秀丽有利于居民身心健康，好环境可以孕育好人才，易于荟萃人文，好的山水格局可促使城市交通方便，经济兴旺，文化繁荣。可见，研究古代广州山水城市的发展，对于今天创造城市特色，丰富城市景观，维系城市生态环境具有深远的意义。

第三章　园林文化与环境保护

绿林史掇

原载于1981年《广东园林》

园林由“园”和“林”所组成，“林”主要是指种植树木花草，现代谓之绿化。绿化对环境保护与环境美化的作用已愈来愈被人们所重视。人们离开了绿化是不可思议的。现代城市环境质量的好坏标准，公认主要是以每人绿化面积平均值而衡量的。全世界所有苦于城市污染的人们都憧憬着“森林住宅区”“城市园林化”和“花园新村”。

“生活接近自然”，这是资本主义国家城市建设中，经过无数沉痛教训后所提出来的城市布局设想，当前摆在城市建设者面前的重大任务是有效地建立适应性强的绿色保护系统，使房子内外有更多的绿色植物。

“菲薄人为，返求自然”是2400多年前庄子提出过的哲学思想，它一直影响着我国古代园林的发展。我国传统城市和建筑一直讲求着“秀”和“幽”的自然景观。秀丽的环境主要靠栽植花草树木和利用水面而取得，色彩葱翠，自然柔美，植被繁茂，生机勃勃，均给予人“秀”感。宅第寺观的庭院深深，花木繁盛，空气洁净，景致层叠，自然生幽奥之意境。

我国有“园林之母”的盛誉。殷商时代的甲骨文中有[illegible]、[illegible]两字，是建筑四周种植花草树木的图像。《诗经》有“焉得谖草，言树之背”记载，说明当时已重视庭中种植花草。《礼记》中描述在庭院中栽种槐、榆的史实屡见不鲜。“列树以表道”先出于周制（其事载于《国语》）。到了秦汉时，从京都通全国各地的驰道两旁都夹种有青松，正如贾山《至言》一书所记述那样：“秦为驰道于天下，道广五十步，树以青松”。唐宋时，驰道型制还继续保存，驿站与驿站之间还规定按地方所在州府包种包养路树，而且伸展到边远疆地。唐代张九龄令修的从梅关至广州的驰道至今犹存部分遗迹，有些路旁青松，仍在遮阴行人。宋代由福建经粤东通南海的驿道，亦松桧成行，杂种些荔枝，浓荫交加，连绵不断，有如苍龙越野。

我国古代绿化专门管理制度由来甚久。据先秦古籍记载，帝尧时的“司空”、春秋时的“虞人”都是管理山林和主持种植树木花草的官职。《周礼》有春夏不许伐林木和山林火禁的制度。唐代的“四面监”和“苑总监都统”等是专门主管京城绿化和园林花木的管理官吏，并在宫廷中设有虞部作为园林主事机构。地方官吏主持绿化的史例也有，如《魏志》记载有郑浑为郡太守时“乃课种榆为篱”；隋炀帝虽穷奢残暴，据《开河记》记载，他却亲植柳树，赐柳姓杨，运河两岸美化成“桃李夹岸，杨柳成荫”。清道光年间，两广总督林则徐，对广州绿化亦颇为关注，为友人新构小楼题有“十里红棉绕画楼”的横幅。

我国古代庭园绿化往往是作为一种专门技艺相袭相承的。《孟子》一书所提到的“场师”便是专业的造园师。戴凯之是公元5世纪的种竹专家，他所著的《竹谱》至今仍传留于世。唐代的宋单人因专艺种花木而闻名于世，他培植的牡丹种数繁多，并有催花之术，人称之为花师。唐代文人王维和白居易对园林种植虽是业余，可对花木引种和栽培颇为精通。宋代文人欧阳修曾著《洛阳牡丹图》和《洛阳牡丹记》，介绍了牡丹的来源、品种和栽培技术等，为世界古代有名的花卉专著之一。明清以来，造园的技艺更为专业化了，出现了专门的苗圃、花圃，卖花也成了一种职业，称之为花农，如在广州近郊河南庄头村的花田是专种素馨花的地方，中山县（今为中山市）小榄村是专门种菊之乡，称为“菊乡”，顺德县（今为顺德区）陈村称为花村，是商品百花生产的基地，各地著名的花匠、花王不胜枚举。

花市在五代时的成都已经出现，当时诗人韦庄有诗云：“锦江风散霏霏雨，花市香飘漠漠风。”南宋临安（杭州）在元宵节亦有花市，朱淑真有诗“去年元夜时，花市灯如昼”就是佐证。明清以来广州的花市由于天时地利的原因，就成了全国之最了。

绿化对环境保护的功能作用，古人是明白的。魏文帝在《槐赋》中曾谈道：“绿叶萋而重阴，上幽蔼而云覆，天清和而温润，气恬淡而安治，违隆而适体，谁谓之此而不怡。”文中把种槐的遮阳、调节温湿度、澄清净化空气和安怡身心的作用都谈及了。至于绿化的防止噪音，唐《韩诗》有云：“东门之栗有静家室”。至于防尘，晋庚熏《大槐赋》提到：“垂高畅之清尘”。对于防风雨方面，《汉官仪》记述：有“秦始皇上封泰山，蓬疾风暴雨，赖得松树”。

绿化用作改造居住环境的古例亦不少。《资治通鉴》提到有北宋汴京（开封）因街巷隘狭潮湿，故冬天易生火灾，夏天蒸湿而易生疫疾，后来采用街道种树和掘井等措施，而问题得到解决。清李斗《画舫录》也记载了明代利用绿化改造扬州的事例，一是“开浚城濠，积土为岭，树以梅”，二是沿街沿岸更植原有老柳，恢复唐时“街垂千步柳，霞映两重城”的绿化面貌，续有“春风十里扬州路”的美称。

爱美是人的本性，爱花通常是热爱生活和对美好生活的向往，选择花的色和香，各民族各时代往往各有不同的标准。《左传》有云：“以兰有国香，人服媚之如是”。后来兰花就有国香之称了。唐刘禹锡有“惟有牡丹真国色，花开时节动京城。”牡丹就有国色之称了。辛亥革命后，人们认为梅花“凌寒独自开”，象征着中华民族刻苦耐劳、坚强刚毅的性格，花枚五瓣象征着民族的团结，称选梅花为国花，也是一种美好愿望的表达。

我国传统上是重视植树造林的。《管子》有云：“十年之计，莫如树木，终身之计，莫如树人。”把树木与树人同认为是人生的大事。《神仙传》记载唐代有个医生叫董奉的，“为治病，重者种杏五株，轻者一株。”把植树和解除人们的病痛并列为美德。“前人种树后人凉”，是民间的俗语。在近代，极力倡导植树造林的杰出人物是孙中山先生，1883 年他曾亲自从檀香山引大酸豆树回国，植其翠亨村故居。他提出“讲求树艺”，以济民生。他还在 1918 年倡议辟建了广州中央公园。他逝世后，人们为纪念他，曾定每年三月十二日为植树节。

保护林木和爱护风景树也是我们民族的良好公德，早在春秋战国时，我国已有封山育林的法令，路树也有法律的保护。《韩非子 · 外储说》有云：“桃枣荫于街者，莫有援者。”在古代，寺庙院中的古树、乡村市镇的风景树通常是严禁砍伐的。至今曲阜孔庙和泰山岳庙还保存有千年古柏。被赞美为“家家泉水，户户垂杨”的济南，至今仍古柳缪绸映泉溪。广州六榕寺的古榕，光孝寺和海幢寺的古菩提，越秀山下和珠江畔岸的古木棉（汉称烽火树），均经历了数百年的春秋。在全国各地的唐松、宋槐亦不难找到。河南省登封嵩阳书院相传还保存有二千七百多年的周柏，苏州结草庵的白皮松据说也有一千四百多年的历史了。湘西龙山县洛塔的三棵水杉已证实有千年以上的树龄。

古树难得，移植亦难，当古树与新构房子产生矛盾时，明《园冶》主张“让一步而可立基”，以退让房基求保留古树。对于残古树木的复苏与补残，古代园艺师亦有相当丰富的经验，可见古人对古树的珍惜。

利用自然地理和气候条件来进行绿化是我国传统园林绿化的准则，所谓“园林贵在有我”，城市或园林的植被是最易以反映地方特色的。如古代福建福州和广东揭阳，当地采用乡土榕树为主要品种进行绿化，形成繁郁葱幽的市容，古称之为“榕城”；如广西桂林，是桂树成林之顾名思义，唐太宗称之为“碧桂之林”，有一番桂枝拂墙，桂香满城的意境。其他如安徽的桐城，江苏的扬州，陕西的榆林等，均是循其绿化特色而命名的。广州因“羊地花木四时春”而称之为花城；昆明因“天气常如二三月，花枝不断四时开”而名为春城。“四面荷花三面柳，一城山色半城湖”，这是古代济南景观特色。“上阳花木不曾秋，洛水穿宫处处流”，这是古洛阳的写照。“人烟树色无隙罅，十里一片青茫茫”，这是古苏州的概貌。“海树一边出，山云四面通”，这是南朝诗人江总对当时广州绿化情况的描写。“十里青山半入城”，这是古常熟的特色。这些都说明古代城市规划注意到自然花木景观，利用各自得天独厚的地貌植被来表现自己的特色。

长安是我国历代的文化中心之一，历来栽种花木的风气极盛。晋时《孙楚·登城赋》就提到："卉木郁而成林，绿竹之茂阴……杞柳绸缪，芙蓉吐芳。"到了唐代，更是"红绿荫中十万家，人将锦绣学群花"，街道两旁槐树成行，城池两岸绿柳拂堤，芳草斐齐，宅第庭中牡丹、海棠、萱草满园，寺院庙场桃梅争艳，全城都绿化、香化、美化了，反映了唐代的高度文明。

我国绝大多数地区地处温带，花木容易生长，仅木本植物就有七千多种，为古代城市绿化和园林的发展创造了良好的条件，但古代园林绿化并不限于传统花木，历史上还不断从外国引进了不少异木良花，以丰富园林景栽。胡桃是在汉代从小亚细亚传入西北的；南北朝时，天竺僧人智药三藏带来了菩提树种，栽植于广州光孝寺；广州南海神庙的波罗树，相传是在隋唐时从东印度引种而来。明清以后，我国从东南亚引种来的花木有石栗、阿珍榄仁、扁桃、蕃栀子、蒲桃、凤眼果、睡莲等；从澳洲引种的有木麻黄、蓝桉、银桦、大王椰子等；从美洲引种的有广玉兰、人心果、加杨、番石榴、糖槭树、一品红、簕杜鹃、大丽花等；从欧洲引种有法国梧桐、洋槐、珊瑚树、红叶桂、玫瑰等；从地中海和伊朗引种了无花果、夹竹桃等；从日本引种了大叶黄杨、樱花、海棠等。这些外来花木已在我国各地安家落户，为祖国山河增色，为人民造福。同样，我国所特有的金钱松、水松、珙桐、银杏、柠檬、山茶、牡丹、萱草、铁线莲等，亦在近百年来，通过商人、传教士，随着世界文化的交流，播种到世界各地。

因为树木花草给人们无限好处，人们珍爱它、怀念它和研究它是很自然的。我国研究草木的缘起应在于原始社会后期的种植与医病，相传神农尝百草，是防于医药。历代对本草之纂述极多，这是我国农书特点。如晋嵇含《南方草木状》、李德裕《平泉山居草木疏》、李格非《洛阳名园记》、王象晋《群芳谱》、明李时珍《本草纲目》等都是享誉于世的植物名著。这些论著都推动了我国园林绿化的发展。

山水园林、花鸟草木是我国古代诗歌绘画的重要题材。从春秋战国时的《诗经》《离骚》到南北朝以来的许多山水诗画，都是情景交融的文艺精粹，诗人画家把松、柏、梅、杏、兰、菊、竹等都人格化了，感情化了，可见人们与这些绿色生命的伙伴关系是何等密切呀！我们的祖先向来憧憬着祖国大地能树常绿、草常青、花常红，中华民族的文化就是在绿色的环境中孕育成长的。

祖国的医学、农学、林学、环境学、建筑园林学和文艺的发展，无不与我们的祖先热爱树木花草和种植树木花草的习性有关。但愿我们的子孙万代永远继承这一传统。祝我们的民族永远是人健康、园兴旺、民富强。

让祖国大地天涯绿海，万古芳菲吧！

庭园与环境保护

原载于 1981 年《环境》

庭园是我国传统建筑特点之一。在古代建筑平面组合中，不论南方或北方，不论城市或农村，多设有庭园。庭园顾名思义为庭中之园，即在建筑前后左右，或建筑之间的空地上，种植花木果蔬，摆设盆景、景物，亦有叠山堆石挖池开渠者，既是美化又是室内生活的扩大和补充。

我国庭园的发展有着悠久的历史，原始社会里人们在房前屋后种植和饲养禽畜（古谓之圃和囿）可说是庭园的雏形，殷商甲骨文中的圃和囿是庭园中种植草木的象形，秦汉时已有模仿自然山水的庭园了（如汉代洛阳邙山袁广汉园），从考古发掘的汉画像砖和明器可知，当时民间已流行着三合院、四合院、多院落等庭园布置。岭南地处亚热带，高温潮湿，人们习惯户外生活，庭园发展更为普遍，不论是民居店铺、寺院、府第多采用庭园式布局，现存的广州教育路南方戏院旁的"九曜园"遗址，就是南汉时代岭南庭园高度造园艺术的见证。我国明代出现了《园冶》这本造园专著，被世界造园界尊为最古名著，其园论和园法对日本和欧美各国影响甚深。现代世界上新兴的《环境与建筑学》的主要论述，莫不与我国庭园建筑息息相关，特别是建筑空间与自然空间有机融合论，更显然出自于我国传统庭园学。

可是，过去由于受极"左"思潮的影响，有些人并没有真正去认识我国庭园的实质是什么，把古代庭园的精华和糟粕混为一谈，作为封建的东西来否定，实际上是非历史主义的，非科学的。只要我们客观的深入分析一下其存在的意义和作用，就可以发现我们庭园建筑不但不应该被取消，而且应该提倡和发展。

一、庭园起有创造良好建筑环境作用

人们要求有一个安静、避尘、良好的通风采光、防寒风、防台风和防潮的居住和工作建筑环境，在我国古代，通常是通过庭园的布局手法来取得的，这种措施在现代建筑中仍被广泛应用。

城市街道嘈杂，尘土飞扬，古代建筑多设有前庭后院把主要建筑放置在离街道较远的地方，庭院与街道常垒高高围墙与外界相隔，形成外封闭内开放的庭园布局，且庭园中植树叠山，这均对降低噪音、吸收空气中的灰尘和遮挡视线干扰起很大作用。如苏州怡园的前庭进入内院的门廊谓之"隔尘"，据实测内院的含尘量比街道的含尘量减少 2 倍以上，在内院基本上听不到街道的车辆噪声。又如北京的四合院，尽管街道嘈杂异常，但内院宁静得很，叫门声需要用强烈敲击门上铺首（门环圈），通过金属直接撞击传声才能听到。

在现代建筑中利用前院的绿化和景物来滤尘和隔声的成功例子很多，例如广州白云宾馆就是其中成功一例，其主楼建筑与交通干线采用自然山岗林地和景物布设分隔，达到了安静与避尘的效果。同时院落、树木、水面还有隔火和防火作用。

据科学研究，树木和围墙等障碍物具有强大的降低风速的作用，随着风速的降低，空气中携带的大粒灰尘便下降地面，顺风带来的声波就受到阻挡。另外由于植物叶子表面不平，多茸毛，有的还有分泌黏液，能起黏附尘灰的作用，有如天然的滤尘器。据西德研究，每公顷的林木每年可阻挡和吸收空气中的灰尘达 32 ～ 68 吨。至于树木对声波的吸收能力，据日本调查，40 米宽的林带可减低噪音 10~15 分贝。据南京市测定报道，建筑前有绿化带（悬铃木林）的三层楼房间内的噪声，比同距离无绿化带的噪声，约减少 3~5 分贝。

庭园中的草地和水面亦有吸滞灰尘和减弱外界噪声反射的作用。

城市用地拥挤，建筑朝向亦受街道方向的限制，不能尽朝南北，选用庭园式建筑布局，房间开门窗朝向内院，室内通风采光问题可以得到解决。通常院落朝南向的建筑较低，夏天可迎风入室。当无风时，屋面热空气上升，形成热压，庭院冷空气补充，自然构成空气对流，改善了通风条件。

西北地区（如青海），采用“庄窠”式院落布局，后院围墙高垒，院内植果林，可起挡风固沙的作用。东南沿海地区采用庭园式建筑，沿台风方向种植防风树木，可防台风袭击，北院围墙和林木可防御寒风侵室。另外，庭园中的绿化和水池可以起到涵养水分和保持水土的作用，当雨量多时可吸收和积贮水分；当干燥季节，则能析出水分，调节了地面表面的湿度和地下水位，有利于防潮。

二、庭园可改善建筑小气候环境

庭园的布局形式多种多样，不论水庭（庭面积以水面为主）、山石庭（庭地面略有起伏或在崖际山坡，内以叠山或布置散石为主）、平庭（地势平坦，景物多人工布置）、均离不开绿化植物。有水源条件的地方，设置水池水渠是我国造园艺术的主要手法。然而绿化和水面却对改善建筑气候起着很大的作用。

影响建筑气候好坏的主要因素是气温，湿度和太阳辐射热。庭园中种植的树木花草和水面所以能起有调节气候效能，首先是因为它们具有吸热和放热、吸湿和蒸发水汽的作用，在天气炎热时，通过植物叶子的吸热和水分的蒸发而降低了气温，一般绿丛中的气温都比外界空气温度低 2 ～ 3 度；在天气冷时，常绿树丛中的温度又比空地中的气温要高一些。在干燥季节，林荫下的空气相对湿度可提高 10% ～ 15%。

庭园中的树木和围墙可以遮挡太阳直射地面，院子处于阴影之中，实际庭园上成为冷空气的藏贮箱库，预先冷却后的空气，随风徐徐入室，使人顿感清凉。窗前树阴竹影可缓和太阳辐射热直入室内；西墙花架和攀墙垂直绿藤具有遮阳防晒作用，是经济的降温防暑措施。北方地区的庭院，庭中所植果木，夏日绿叶生凉，冬日叶落枝疏，暖阳满院。

在城市中，当难于开辟大面积的公园绿地水面时，个体建筑中所设置的零星庭园绿化和水面，集腋成裘，实际上调节了整个城市的气候。

庭园中的水局，有池、泉、瀑布、喷池、曲溪、水缸等式，水景除了艺术观赏、扩大建筑空间和生产作用外，降温调湿亦起明显效果，因水有储热性能，当气温高时能吸热，当气温低时能放热；当水面受阳光照射时水汽蒸发也能吸热，且水面有引风作用，所以临水筑榭和引水入室均是夏天避暑的庭园处理手法。我国古代园林以取得活水为贵，水的流动可把庭园中受热的水分导流出去；另外瀑布和喷泉亦可“激水生凉”。从心理学角度上来说，古人谓“水令人静”，心气平静时，在精神上亦较能适应炎热的天气。其次是水池贮水，古代有用来洒水降温和备作消防用水。

在现代建筑中，有的建筑流派强调室内空间和室外空间的渗透，把自然绿化和水面引伸到室内，把室内活动空间扩展到室外，力求取得自然环境与建筑环境的交融，这样的话，庭园改善建筑环境气候的作用就更加显著了。

三、庭园在净化空气的意义

随着人口的增多和工业的发展，大气污染日益严重。污染大气的物质有几十种，其中二氧化碳、二氧化硫、氟化氢、氯气、有害细菌、放射性烟尘及辐射线等影响最大。人类为了防止大气污染，除了减少矿物燃料的使用和控制有害气体、有害菌类、有害放射性物质产生外，还有就是种植和利用防污染绿化植物来净化空气和防止有害物质的扩散。

庭园绿化（包括树木景栽、花草盆景、水生植物和其他植被），虽然面积有限，但积少成多，而且直接处在人们生活工作的周围，其净化空气的作用对人的健康影响最为密切，所以其对环境保护的重大意义绝不容许忽视。

据统计，每人每天呼吸需消耗氧气约 0.75 公斤，排出二氧化碳约 0.9 公斤。城市中煤和石油的燃烧亦大量增大了二氧化碳的比重。在现代世界好些大城市中，因高楼大厦的密集和车辆的激增，二氧化碳浓度的增加已经造成人类的灾害。如果在城市中采用庭园式建筑布局，一方面可以控制城市人口的膨胀，更重要的是庭园绿化有利于维持城市中氧和二氧化碳含量的生态平衡。

庭园绿化是二氧化碳的消耗者，也是氧气的天然加工厂。据研究，每公顷的林木可每天消耗二氧化碳一吨；每平方米的草坪在白天每小时可吸收二氧化碳 1.5 克。由此可见庭园绿化对建筑环境空气调节的重要意义，这就是人们在庭园绿丛草地上休息能感到空气格外新鲜的原因。

有些工厂在生产过程中难免产生二氧化硫、氟化氢、氯气等有害气体，如果这些工厂在总体布局中采用庭园式布置，有针对性地选用能吸收这些气体的树木和花草，就可大大减少这些气体的扩散。据有关研究部门实验统计，在南方吸收有害气体较强的庭园树种主要有：夹竹桃、棕榈、构树、各种榕树、银桦、杧果、人心果、番石榴、树菠萝、楝树、黄杨、木麻黄、樟树、广玉兰、罗汉松、桐、无花果、桉树、盆架子等。

自古以来，人们喜欢花卉的香、色、形。从环境保护角度来看，许多花草却有很强的吸收有害气体的能力，因此庭园栽花并不完全是有闲的精神观赏。据研究，常见的抗有害气体较强的庭园花卉有：各种菊花、美人蕉、蜀葵、凤仙草、茉莉花、兰花、一串红、金银花、松叶牡丹、仙人掌类、鸡冠花、桂花、玉兰、紫薇、红果仔、山茶花等。

南方气候湿热，细菌容易繁殖，有害病菌往往依附灰尘散布到空气中致害人体，特别是在人多车多的城市中尤甚。在城市中提倡园林绿化，实践证明对于减少空气中的含菌量具有一定积极作用。据广州实测中山五路每立方米空气中的含菌数约四万个，而在附近的农民讲习所旧址的内庭园中、含菌量却降低到每立方米约四千个，相差十倍之多。之所以会产生如此现象，一方面是因为建筑前院的围墙、门廊和绿化阻挡了街道带菌灰尘飞入内院，侧院的草地有减菌的作用；另一方面庭园本身的树木和覆盖土面的草皮有杀菌作用。据研究，庭园绿化树种中，杀菌力最强的有：松、柏、樟、桉、楝、臭椿、悬铃木等。紫薇、茉莉、马尾松、紫杉、山胡椒、山鸡椒、枫香等也有一定杀菌力。

在外国有人试验，用 1500 拉德剂量以下的中子——伽马混合辐射照射栎树林，发现树木可以吸收而不影响枝叶生长。说明在有放射性污染的厂矿周围种植栎树之类的阔叶林，在一定程度内可以防御和减少放射性污染的危害。

另外，人类在生活和生产的过程中，必然会排除出一定的污水和垢物，因而污染着建筑周围的土壤和水源，影响人体健康。庭园水池可作暂时积贮污水，免于直接流入河中污染水源。在水池中养鱼和栽植莲藕、金鱼藻、芦苇、水葱等水生植物，可以提高水的自净能力和控制水中菌虫繁生。池边植柳和水杉之属的树木亦可防止水池产生热污染。甚至庭园其他植被景栽的根部，均可以吸收渗入地下的污水和散播在地面上的垢物，起有净化土壤的作用。

四、庭园作为生活休闲的环境

以上几节阐述了庭园对环境保护的客观意义，问题的认识是由于现代人口的增多、工业的发达和自然森林草地的受到严重破坏而提出来的。在古代，由于地球的自然生态系统还保持着相对平衡，人类的生活环境尚未遭到污染，人们还不注意去研究庭园在这方面的科学价值，经营庭园的意匠主要是在于生活上的休闲和艺术上的观赏。当然，这些作用现在还是存在着的，不过是各阶级各时代的休闲情趣和观赏观点不同而已。

古代庭园多数与住宅紧密联系在一起，在城市中达到所谓“虽居闹市，又有山林之趣”的目的。过去，官僚地主是为了生活的享受和空虚的精神寄托；劳动人民则是在劳动之余在户外休息闲谈，以便恢复体力，并心旷神怡。特别是在南方，如住宅内设有庭园，每当炎热季节，居民许多休息时间都是在庭中度过的，庭中树下花间的空气特别清新，温湿度更为宜人，清风习习徐来，安静而又有良好的视野，不仅是安逸的生活休闲环境，而且是优美的观赏环境，提高了休息功效。

在现代建筑设计中，不论是戏院（如广州南方戏院、友谊戏院）、茶室（如广州泮溪酒家、南园、北园）、车站（如广州火车站）、医院（如广州中山医附属医院）、旅馆（如广州白云宾馆、东方宾馆）、学校（如广州市一中、二中），还是工厂住宅，只要采用庭园式布局，都为群众所喜爱，主要是因为庭园式建筑能够创造一种良好的户外休息场所，使建筑浸润在自然的气氛中，而且还经济地扩大了使用空间、缓冲了人流的过分集中和增加了建筑的艺术表现力。

原始庭园发源于生产的需要，庭园的生产作用一直也是存在的。这里就不多谈了。

总而言之，我国庭园建筑经过了几千年来的发展，直到现在还具有很强的生命力，为国内外建筑界所推崇和群众所喜欢，主要是在于它的巨大功能作用，特别是在于它能创造良好的建筑环境和改善建筑小气候环境。在当前环境污染日益严重的情况下，我们充分去认识庭园建筑对保护环境的重大意义，从而提倡发展庭园式建筑，也许对保障人民的健康和子孙后代的幸福有帮助。

园林革新散论

原载于1982年《广东园林》

面对着我国古典园林的丰富遗产，作为园林工作者在创作过程中，如何探索未来园林发展的前景，这是历史赋予我们巨大的课题。

马克思在《政治经济学批判》导言中提到："随着经济基础的变更，于是全部庞大的上层建筑也就会或迟或速地发生变革。"（人民出版社1957年版，第111页）。我国古典园林艺术是封建社会时代的产物，有它产生、繁荣的过程，但终究会随着封建经济基础的消灭而消失。作为古典园林的典范——"苏州园林"（拙政园、留园等）再也不可能，也无必要在今天重建了。当然，过去时代所积淀下来的造园经验、理论，以及现存的古典园林珍品，仍有必要留给后代。

新时代、新任务对新园林提出了新的要求。中华人民共和国成立后，从北京、上海、广州、桂林、苏州、南京等地的许多园林创作来看，它对保护和美化环境，对于丰富和活跃城市居民生活，对于表现建筑的民族特点和发展旅游事业都有极其重大的意义。可以预见，祖国的园林化，城镇的园艺化，建筑的庭园化，将是发展的一种趋势。

园林的发展前途是非常广阔的。园林的类型将日新月异，技艺也将不断翻新出奇。决不会像古典园林那样单纯几种类型几种技法了。飞跃的现代科学和丰富多彩的现代生活，需要我们去突破过去的框框和格局，放开手脚地大胆创作，才能创造前人未有的形式，否则园林怎么发展呢？几千年永远如此，不是保守、停滞、干枯了吗？还有什么源流之分呢？

衡量现代园林的成功失败标准不能仅囿于传统理论，创作不能"泥于古人"，或按"古之有之"亦步亦趋。也不能崇拜西方现代园林，致使光怪陆离的东西搞得我们眼花目眩。但我们离开了前人的经验和洋人的借鉴，任凭主观的虚构，也会使我们的作品感到贫乏、幼稚。看来抄洋搬古都是行不通的。问题是，我们如何在民族传统的基础上学习外来的长处，加之以革新，对此，我提出几点浅见。

一、社会需要和功能要求是革新的出发点

我国古典园林形式多样，手法高明，能以古为今用的精华颇多。但用得不当，盲目仿搬旧形式，或教条滥用旧手法，则可能造成复古和浪费。时代不同了，生活变化了，对传统园林艺术的继承，贵在于考虑到当前社会的实际需要，推陈出新。"因地制宜""因时制宜""因人制宜"本来是我国传统园林的创作精神所在，只有把这些精神落实到新园林设计中，才能达到革新的目的。

我国古典园林类型有私家园林、皇家苑囿、村镇庭园和带有公共性质的自然风景式园林（如唐代长安曲江芙蓉池、宋代临安西子湖、各地寺院园林和名山风景区）等。这些园林，风格各自不同，手法各有差异，均可总结其经验，相应地运用到现代不同对象、不同类型的园林创作中去。在这方面的实践，已有初步积累，如：

（1）广州越秀公园、上海南丹公园、武汉东湖水云乡、长沙橘子洲头、南宁南湖公园等，属群众游览性公园，设计上并没有搬用古典私家园林小桥流水、晦涩曲折、唯我独赏的意境。而是仿效颐和园、承德避暑山庄、杭州西子湖等大型自然山水园林的布局手法，强调湖光山色真意，用建筑来点缀自然之美，使游客能

感染到祖国壮丽山河的可爱。在观赏路线和景区布置上，尽量考虑到群众性、明朗性和轻松感，力图反映现代社会欣欣向荣的时代感。

（2）桂林七星岩、广东肇庆鼎湖、云南石林和峨眉山等名胜风景区规划，则多借鉴于古代名山古寺院的布局手法，在风景区景观精华所在地，尽量不建或少建筑，“留得青山人共赏”。风景区内任何建筑的选点、造型、尺度和设色，考虑与四周环境的山形地势、林木山石统一协调，起美化自然的作用。个体建筑力求开敞、粗犷，能获得最佳的景观画面，并把每一个观赏点有节奏地连串成良好的观赏路线、对原有的文物古迹加以完整的保存和修复，并把它们有效地组织到游览的内容中来。

（3）传统私家园林曲折变化、小中见大的布局手法和叠山理水的技法，则较适宜运用在旅馆、客舍、接待室、住宅等人流较少，要求幽雅恬静的小庭院中。如广州矿泉客舍和白云山庄，为了减少城市尘嚣的干扰，增加旅客生活的情趣，使之有客至如归的亲切感，采用了庭园式布局，其性能有似古代私家园林，把室内生活延伸到室外，作消闲、游息之用，在“半亩方塘”内凿池堆石，莳花栽木，架桥设廊，有利于美化环境，有助于身心健康。又如广州白云宾馆和东方宾馆等高层建筑，为增加室外活动场所，在天台上构筑了天台花园。

运用传统园林山石小品点缀建筑空地、院落、场角、天井等手法，在今天也日趋普遍。比较成功的例子有广州友谊剧院贵宾接待室、广州西苑小院、晓港公园若干内院等，它们用写意山水的手法，在院内置散石数块或石笋数根，配以绿竹芭蕉，衬托草地鲜花，光影扶疏，极有“因简易从，尤特致意”的国画特点，使零碎、压抑、局促的空间活泼起来了，化呆板为多姿，使死角生趣，创造出一派富有声色香光，令人乐不思归的空间环境。

上述园林均是根据社会的需要和新功能的要求进行创新的。大胆的尝试，扬弃旧形式的束缚，就会逐步走出一条新路子来。

二、革新要注意运用新材料、新结构、新设备、新技艺

古典园林是封建时代物质条件的产物，其结构基本是梁架格式，材料通常是土、木、砖、石，操作基本是手工业，由于时代的局限性，落后和不科学的方面是难免的。淘汰一些旧技术增进一些新技术这是历史的必然。如果我们只是向后看，拒绝使用新材料、新技术，就会缠住我们的创新，失去时代感。当然，有时为配合原有的历史环境，用新材料、新结构仿造一些亭台楼榭等古式建筑也有必要，但这终究不是我们发展的方向。

用新材料新技术来表现新的园林风格，同样可说是一种革新途径，这方面已有不少尝试，如广州白云山双溪别墅、广西桂林伏波山和芦笛岩接待室等，建筑依山崖构筑，用钢筋混凝土悬挑结构，取得造型简洁，视线开阔，给人一种古寺凌空的意境。又如广州白云山爬山廊、广州泮溪酒家水廊、上海动物公园平地金鱼廊等，采用了钢筋混凝土平顶屋面，因其“神”和“势”均不失传统游廊的本色，有观景、组景和划分空间的作用，看起来还是民族的东西，而且还给人以一种轻快、明朗、清新的感觉。广州矿泉旅舍、越秀山鲤鱼头接待室和南京玄武湖饭店等室外悬臂楼梯，造型与庭园山池配合协调，仍保留了传统云梯轻盈的风采。

现代框架结构的力学原则与传统木构体系原理基本是一致的。古典园林的空间渗透、空间流动和空间过渡等艺术处理效果，运用现代建筑结构手段也基本是能够达到的。新材料的色感和质感，如果运用恰当，与周围环境协调，反而更丰富了园林艺术的表现。另一方面我们也要注意到发挥传统地方材料的作用，如桂林月牙楼、碑林，苏州东园茶室，上海虹口公园艺苑等，还是运用了传统小青瓦顶、虎皮石墙、木质装修、粉墙和砖瓦通花漏窗、脊饰等，保留了传统的素雅色彩，有浓厚的乡土味和地方风度。此类形式园林，如建在文物古迹比较多的大环境内，风格则易于统一，颇“得体合宜”。在当前，考虑发挥原有传统材料技术的作

用前提下，逐步探索新材料在园林艺术中的运用和表现，看来还是比较现实的。

山石小品往往是表现我国传统园林特征的不可缺少素材，但天然景石已日趋减少，且运输不经济，如何广开材源，革新工艺，补其不足，还是值得探讨的问题。假山本来是假，假得有趣反可增加情趣。广州园林部门近几年来对这方面已作了尝试，其法是先用砖砌成型，后用钢筋和钢丝水泥砂浆塑造细部，别有一番风度。以广州白云宾馆石景为例，前庭土山挡墙塑造成悬崖峭壁岩根，增加了庭院野趣；餐厅中庭古榕下，就地势落差塑造流泉巉石，使榕附石扎根，石把建筑墙基、水池、古树根结合为一整体，构成山林意境，这种艺术效果是真石难以代替的。这种造石工艺所塑成的石景有雄劲、豪放、刚毅、简练的造型特色，更适应于现代人的美学心理，有时代感，也易于和现代建筑取得调和。

三、运用多种艺术的综合开阔新园林境界

园林艺术属一种综合艺术，它有把园艺、建筑、雕塑、绘画、诗文、书法、篆刻和其他工艺融为一体的特点。可以用多种艺术形式，采取多样的艺术处理手段，表达多姿多彩的题材和内容。如果在新园林创作中，抓住特点进行深化，在综合上多下功夫，对园林的革新是很有帮助的。

广州流花湖公园，以南汉宫室遗址的历史题材为意境，塑造了流花女像，使历史空间、园艺和雕塑密切配合，增加了园林新意。南京莫愁湖的一幢建筑内庭中，雕塑了一座受封建压迫，而勤劳智慧的莫愁少女塑像，增添了庭园的诗意，形成内庭含蓄自然、清雅娴静的气氛。类似在街心花园、名胜古迹园林和花径路旁等处点缀塑像的例子亦不少。既有教育功能，又有认识功能，亦有给人们获得美的欣赏功能。

广州文化公园内营造的“园中院”，是颇有时代感的新款式庭园。它的主要突破是在于对多种艺术的统一综合和对各园林要素的巧妙配合。壁画和雕塑本来是我国民族建筑风格的一种表现手法，在“园中院”中被重点夸大了，装饰化了，现代化了。它们与周围建筑环境和绿化环境密切结合，构成了新意，增添了园林艺术魅力。高层或多层建筑内院的园林化，这是难于处理和待需解决的新课题，“园中院”的尝试，给了我们很重要的启示；现实的需要、传统的启发、各边缘学科的综合、逻辑的联想、感性与理性的统一……均促使我们去创新。所以说，园林艺术的每一成就均是人类历史文明的重要成果。

四、洋为中用，加强民族、地区的交流

每一个国家，每一个民族都有其造园历史和特殊的风格，有其所长，也有其所短，互相学习与交流在历史上是屡见不鲜的。自汉末以来，通过佛教的传入，“浅水方池”“须弥山”“浮屠院”等印度和西亚等国的园林布局手法就已传入了我国。隋唐时期，我国山水式园林已影响到日本，所谓“神仙岛”意境和“禅宗趣味”的造园手法亦先后传入日本。在元代，我国园林艺术已通过马可波罗介绍到西欧。18 世纪初，英国已出现了中国山水式园林。18 世纪中叶，中国式园林曾在欧洲风行一时。清乾隆年间，意大利人郎世宁和法国人蒋友仁把西洋园林建筑移植到圆明园，把中、西式园林和谐地混合在一起，创造了外国园林中国化的奇迹。以上说明，洋为中用已有相当的历史基础，在世界文化科学日益频繁交流的现代，更应该学习别人的长处，吸收外来的经验。过去日本学习了中国园林，发展了日本自己的园林风格，今天我们学习日本园林经验来丰富自己，提高自己的创作水平，是合乎情理的。

西方园林发展历史亦甚为长久，从古希腊罗马开始就有较高的成就。意大利的别墅园林，沿山坡台地筑园，引山泉蓄池，作瀑布，顺石平濑或梯流注下，点缀些石雕像或兽水头之属；在平台地上植草皮设花坛，别有一番风味。这手法，在广东南海西樵山新建茶室一组建筑中得到了运用。

杭州花港公园的规划，基本是应用传统园林山回路转、开合收放、层叠变化的手法布局的，但在景观构图上，却又采用了好些西洋手法，例如，以雪松为基调的大草坪景色，树木的修剪成型，道路和花坛的几何形布局等，使园林兼有幽雅含蕴和明朗清新的气息。

近代西方，由于城市的污染和生活的多向性，出现了好些前所未有的游乐公园和专业性园林。如利用森林或草原风景资源建成的野外休假园林、各种专业花卉公园、各种博物公园、文化公园、动物公园、植物公园、艺术游览公园等。这些公园具有群众性的特点，有一套经营方法和技术管理措施，这里面的经验均值得我们借鉴。学习外国园林的长处，研究他们的发展趋势，对开阔我们创作的眼界是很有帮助的。近些年来，广州新建的一些园林，在岭南园林传统的基础上，不论在内容和形式上都运用了日本和西方园林建设的一些新成就，吸收了一些先进的经营管理方法，也引进来了一些新设备、新技艺和新景观原理等，为我国园林的发展，增加了新的因素，同时在融合中革新了一些旧形式旧观念。

我国幅员广阔，民族众多，由于各地区的环境气候不同，各民族的审美心理和生活习惯不同，因此造成了各地园林风格的多样性。如北方园林的稳重大方，江南园林的秀丽精雅，岭南园林的畅朗轻盈，这些是在历史上就形成了的。各地造园艺术经验的交流，也是在历史上就存在着的。如承德避暑山庄烟雨楼仿照了嘉兴烟雨楼，颐和园谐趣园仿照了无锡寄畅园，圆明园中的狮子林仿造于苏州狮子林，等等。这些园林既保持了原有地方风格，又巧借外地造园技艺来丰富了园景。表现了古代造园师具有集全国园林艺术之大成的才能。中华民族文明是一个统一的多民族文明体系。几千年来，统一祖国各地的政治、经济、文化交流，形成了我国传统园林的共性。中华人民共和国成立以后，全国各地的造园经验，进一步通过参观学习和各类书刊会议，交流更广泛了，只要善于吸取外地造园精髓，取长补短，革新的路子就会更宽。

五、面向生活，法师自然

我国古典园林的产生与发展莫不直接关系到古人的生活与生产，它的主要艺术成就均扎根于丰厚的生活土壤，人们常以园林的美好意境来表达对未来生活的向往，一般劳动人民的庭园多有这种特色。统治阶级的园林，有的是为了寻求精神上空虚生活的寄托，趋于形式上的追求，园林艺术体现出某些颓废繁俗的情调。也有的园林是作为对黑暗现实的反抗，或追求精神的解脱、思辨和安慰而出现的。

现代园林，性质已有所变化，内容更广泛了。从意义上来说，主要是一种环境保护科学和环境美化学。新园林只有对广大人民有切身效益，才能为人民所喜闻乐见，才具有生命力。园林艺术最普遍的评价者和鉴赏者是群众，任何脱离群众现实生活需要，强而猎奇制胜，孤芳自赏的创作，终究经不住时间的考验。

中华人民共和国成立以后，结合群众生活需要而创作的园林，受到群众好评的例子并不少。如广州南方戏院和桂林漓江歌剧院，为结合南方湿热天气剧前剧间休息的需要，设置了庭园，活跃了娱乐气氛，提高了休息效能；又如杭州玉泉茶室、苏州东湖茶室和广州泮溪酒家的庭园布局，露天茶座浸润在幽美的自然环境之中，提高了经营和服务质量；如广州中山医学院附属医院和成都中医院门诊部庭园，设计者根据病人需要新鲜空气和安静的休息环境，布置了满目葱茏、生机勃勃的山林景色，使病人产生“枯木逢春”的情感，自然之美增加了病人对生命的热爱，增加了病人战胜病魔的决心和信心，在病理和心理上都有好处；再如广州兰圃、桂林盆景园和上海虹口公园艺苑等，采用了庭园式空间布局，一方面创造了完美的展销环境，一方面节约了室内空间和疏散了参观人流。

上述说明，我们在进行园林创作时，只要处处从功能内容考虑，面向生活，研究现代生活提出的题材和要求，并使之相互适应，就能设计出群众所喜爱的园林来。现代丰富多彩的生活内容和千姿万态的生活题材，为我们今后的园林革新提供了良好的形势。是“时势造英雄”的时候了，愿所有园林工作者的才华都能得到充分的发挥。

我国古代山水式园林的意境常常是从真山真水的自然美中概括提炼出来的，现代造园如果刻板地仿造现成的传统假山形式，最多只能附其流，将失去山水园林的真情实趣。古代“瘦、漏、透”的造山手法是很高明的，但仅停留在这水平上，群众会产生反感，谓之“不合潮流”，期待创新。创新要有依据，古代山水园林的重要创作原则是“法师自然”，把自然山水美集中、归纳、升华，使之表现得更典型、更强烈。现代山水式园林的创作，更应该到大自然景观中去琢磨合乎现代人心理的审美兴趣，并寻求新的表现方法。如果在创作时，踏览一些名山秀水，以今天中国人的自豪心理去体验祖国河山之美，然后再现自然山水的形式美，就会从感性到理性中去理解现时代园林美的魂灵。广州动物公园的狮山与虎山创作，如果没有对真山真水壮观的深刻体会，没有胸有成竹的非凡立意，没有“十日画一水，五日画一石”的熟虑构思，要创造出比较成功的作品是不可能的。

我国古典园林常常以古诗古画为题材造景，寓情于景，寓意于物。现代园林能否以新画为题材，创作具有新气质的园林来表达新思想感情呢？看来是有可能的。如上海龙华公园以“红岩”小说为题材，在公园入口处塑造“红岩”石景，表示烈士的坚贞气概。又如广州有以“华山”“威虎山”“泰山”为题材塑造山景的，也有以“苏东坡游赤壁”等历史题材塑景的，诸如此类的大胆尝试，亦颇有新意，无妨实践。

园林的创新道路是曲折的，意见也不可能统一。只要我们坚持“百家争鸣、百花齐放”的创作原则，在不断实践中总结提高，坚信我国现代园林的发展前景是光辉灿烂的。

我国寺庙园林与风景园林的发展

原载于 1983 年《广东园林》

我国古典园林种类繁多，按活动对象而言，基本可分两类。一类是带公共性质的寺庙园林和风景名胜园林；另一类是属少数私人活动的庭园、私家园林和苑囿。本文仅将对寺庙园林和风景园林的发展进行概述。

原始人采集、狩猎离不开山林，对自然山林的崇拜是原始宗教萌芽的一种表现。从殷商甲骨文中所反映的“岳祭”便是山林崇拜的孑遗。如今在我国西南傣、景颇、彝、哈尼等少数民族还有祭祀“神林”的风俗。《周礼 · 大宗伯》有“以血祭社稷，五祀五岳”的记载。历代土地神、山神、林神的祇祠都多藏隐于密林深处，使人通过一种沉静和纯净的意境来渲染祭祀的气氛，这可说是崇教园林。这种祭祀活动其实是与神化了的自然的接触。战国时郑国的子产曾提出，为祭山神需要，应保护和增加山林。

春秋战国时的庄、老哲学的主要思想是“天道、自然、无为”，为脱离现实，采取极端虚无主义的态度，主张把社会人还原为自然人，追求无条件的精神自由。李耳和庄周亦曾厌世不仕，结庐山居，以求得自我陶醉的精神境界，战国时燕齐等国已有寻求长生不老的方士，秦始皇所以在咸阳长池中堆土造蓬莱山，本是方士的建议。作为道教派系是在东汉时仿佛教方式创始出来的。道人崇拜李耳为宗，多居深山野林，避外世喧嚣，建寺修仙炼道，寻幽探胜。对不规则、非对称、起伏多变的自然的追求，是道家的审美观，其思想一直支配着我国园林的发展。

四川青城山风景优美，相传是东汉张陵讲经传道之所，为道教的发祥地之一。自然风貌与宫观建筑相合，构成 108 幅“天然图画”，轩、阁、堂、庵、亭、台与峰、谷、坡、溪、涧、泉、汀相之因借，浑然一体。处处表现出超尘、清高、虚灵的意境。

东晋时的神仙家葛洪也在广东罗浮山隐居修道，所建炼丹炉遗址至今犹存。随后道家还在峨眉山、黄山、齐云山、华山、泰山、武夷山、九疑山等名山胜景处都建有道观，精美隽秀的建筑融化在壮丽恢宏的大自然中，是那么淡素、静雅、神妙，正如梁元帝在《和鲍常侍龙川馆诗》中描写的那样：“珍台接闲馆，迢递山之旁，多解三真术，俱善四明方，玉题书仙篆，金牖烛神光，桂影侵檐阶，藤枝绕槛长，苔文随溜转，梅气入风香。”

道观多处在偏地险地，追求神仙幻境，有所谓洞天福地之称。洞天即为寺院建筑与山岩洞窟相结合，有山居野住的意思。福地即为道人处于山清水秀之间，乐于求精神之恬静，生活之清幽。东晋时已有十大洞天、三十六小洞天、七十二福地，均为道观之雅称。道教与佛教虽信条不同，历史上经常有斗争，但唯心方面是一致的，目的都是维护封建统治、起“精神鸦片”的作用。故宋以后，佛、道、儒三教有融合的趋势，到了明代更加互相渗透了，在各地名山中，道观与寺院常为共存。其园林布局也大致相同。

现存的道观园林有：湖北武当山的玉虚宫、复真观、紫霄宫，山西永济县永乐宫，吉林玉皇阁，苏州玄妙观，江西贵溪大上清宫，四川成都青羊宫，甘肃五泉山文昌宫等，这些道观的四周，林木葱郁，清泉吐泄，山环水绕，十分清静优雅。

佛教自汉明帝时由印度传入中原后，历代为封建统治者所器重提倡，发展很快。据《魏书》记载，现今洛阳白马寺即为“僧寺之始”的鸿胪寺（东汉时接待四裔宾客的官署），建在一片松柏林中，后院清凉台、毗卢阁、甘露井等，均为汉时寺院园林遗意。

西晋南北朝时，北方战乱，部分僧侣南逃。其中有慧远为首的一派僧侣，于东晋太元十一年（公元 386 年）

卜居江西庐山结社传佛，建东林寺。据《僧传》记载：“远创造精舍，洞尽山美，却负香炉之峰，傍带瀑布之壑。仍石叠基，即松栽构，清泉环阶，白云满室。复于寺内别置禅林，森树烟凝，石逕苔生，凡在瞻履，皆神清而气肃焉。”这种因山就势，尽招自然美韵，以求超尘脱俗的意念，实为我国古典园林构园精髓。这种寺院布局习尚和建寺宗旨一直影响着以后寺院园林的发展。唐代的佛圣四大名山（峨眉山、五台山、普陀山和九华山）和佛门四绝（国清寺、灵岩寺、栖霞寺和玉泉寺）的建造都受这一法则的支配。

东晋时，罽宾国（今克什米尔）和尚昙摩耶舍来广州传教，利用吴官僚虞翻之园林别墅（柯林）改建为王园寺（即今光孝寺）。现存的放生池、白莲池、菩提树等均带有园林的意趣。

据北魏杨炫之《洛阳伽蓝记》所载，从汉末至北魏间，洛阳城内外就有佛寺一千多所，其中永宁寺为最大，寺内之园林布局据记载是：“栝柏松椿，扶疏檐溜，聚竹香草，布护阶墀……其四门外树以青槐，亘以绿水”，可见寺院是被园林化了的。故我国又有把佛寺称之为丛林者，群众去丛林进香，往往附有逛庙游息的活动。

江西庐山东林寺是佛教净土宗的发源地。净土思想是追求死后进入来生乐土，寺中园林设计的主导思想是创造一种理想的极乐净土世界。东林寺虽有明显的中轴线，以表示佛家庄严的气氛，但其中虎溪桥、白莲池、出木池、聪明泉、古龙泉以及堂、幢、亭等池泉庭园处理，都体现出追求净土思想与再现自然之美趣。类似的净土庭园还有山西交城玄中寺，云南昆明园通寺，广东曲江南华寺等。其中园通寺为唐朝南诏遗址，园林处理手法尤为巧妙，寺址选在林幽石胜的园通山南坡地带，利用前面坡洼挖地为池，正殿台基凸出池中，构成水榭式神殿。作为统一构图要素，从园林各个角度可以观赏到正殿的各面，池两侧有曲廊相绕，池中有岛式八角亭，用桥把山门和正殿联系起来，起有调和神殿的严肃和水庭的轻快气氛的作用。在“池塘院落”中可泛舟游赏，在殿后峭嶙石处有“咒蛟台”和“接引殿”，依栏可纵观昆明全市。

佛教禅宗最基本的思想是澄心净虑，以坐禅忘念来求得自我解脱，通过面壁凝观，参禅悟道，以破除尘念的目的。禅宗寺院往往采用小庭院空间组织来体现幽玄深邃，具有逶迤抽象的风格，如河南少林寺、江苏扬州大明寺、九华山化城寺、广东梅庵和庆云寺、湖南衡山福严寺和南台寺、山西平顺龙门寺和大云寺、峨眉山报国寺、浙江天台山国清寺等庭园布局都有浓厚的禅味，幽静的小庭摆设些山石、花木、水盆等使人在静观中获得沉思默想的魅力，给人以和、寂、清、净的气氛。这些庭园是禅僧精神活动的产物，也是禅宗主观唯心艺术的体现。

西藏自唐以来就盛行喇嘛教（西藏地方化了的佛教）。政教合一，布达拉宫就是以佛圣普陀山为意境建造起来的宫寺，其中龙王潭园林布局最浓，龙王宫、大象房和一些亭台隐现于繁荫之中，布列于池泉之间。罗布林卡是历代达赖夏季进行宗教、政务活动的行宫，园内浓绿丛荫、清溪交织、泉池明澈如镜，其中湖心宫、讲经院、龙王庙、水上宫殿依水而筑，山石、树木、水面、建筑组成各种景象，创造出幽邃秀美的池山意境。承德普陀宗乘和须弥福寿等喇嘛庙，利用优美的自然地势自由布置建筑，点缀山石树木和花草，把庄严神秘的庙宇和活泼轻快的园林布局结合起来，形成园林布局的另一格调。

据《史记》记载，秦始皇骊山陵寝原是“植草树以象山”的。汉代帝王陵墓称为园邑（又称陵园），谓“筑邑以居守护园寝”，陵内设有苑囿，迁富豪居园邑之内。唐代帝王陵墓多选在山势起伏优美之山林地带，因山为坟，周围种植松柏，宋以后的陵墓多依据“风水”观念选择地形，讲求山势龙脉和水流迂回，注意动态和对景、借景等，亦属传统造园手法的运用。陵墓的植物配置，据《西征道里记》，北宋诸陵神道两侧和陵台均密植整齐的柏林，气氛宁静肃穆。明代北京十三陵和清代河北东西陵，均选择在山林胜地结合地形布设建筑，仍保持传统陵园风格。

我国古代宗法思想占统治地位，礼制建筑往往是城市的中心建筑之一，春秋战国时《考工记》所载“左祖右社”就是礼制建筑型制。从汉长安南郊发掘的明堂、辟雍等礼制建筑证实，这些建筑为密林所包围，四周有水沟洹绕，与城市的喧尘隔绝。明清北京天坛基本还保留着礼制建筑的园林绿化格体，建筑为苍翠浓郁的柏林所包围，建筑的形式、色彩和空间组合均处理成带有园林意味，优美的建筑体型起伏在绿海之中。绿林占地约 270 公顷，可谓森林式园林。

据《三辅黄图》记载，在西汉明堂附近的槐林中还设有会市，专供书生买卖经书字画。古代的学宫、书院亦多采用园林布局，如现存的江西吉安白鹭洲书院，湖南岳麓书院等。

现存绍兴兰亭相传是晋代大书法家王羲之和谢安等文人祓契会诗之处，其布局按江南园林手法，以曲水平冈亭阁为主调，流觞亭面临曲水，取山形借远景，摄树影透石径，深得自然山川灵秀之美。

浙江宁波天一阁为我国最古老的图书馆建筑。庭前凿池蓄水本为消防，然置石林，构成山重水复园林情趣，园地约半亩，以池为景心，池边依墙立半亭，池中架曲桥，池上立象征狮、象、羊、虎山石，叠福、禄、寿三字态的山形，气势自然，奇特而雅洁。为阅读图书创造了静谧的环境。

风景名胜园林是我国古典园林的大宗遗产，来由甚古，发展亦甚盛。

秦汉以来，城市的发展，市民与自然山水逐渐有隔离趋势，然而，久居闹市的人们还是向往自然风光的。《续汉书 · 礼仪志》云："三月上巳，官民皆洁于东流水上，曰洗濯祓除，去宿垢疢为大洁。"说明我国在汉以前就有逢春郊游的风俗了。据其他三国、两晋、南北朝文献记载，春游之风更为普遍，每逢三月三，京都市民几乎倾城出游，或嬉游河曲，或临涯咏吟，或花林结帐，或坐滩交酬，或列筵于草丛，或闲步山林，或垂钓于山涧，或泛觞流杯畅饮，或乘舟车游九野，谓"游目骋怀，足以极视听之娱。"其景象正如南朝诗人谢惠连在《三月三日曲水集诗》描写的那样："四时著平分，三春禀融烁，迟迟和景婉，夭夭园桃灼，携明适郊野，昧爽辞鄽郭，蜚云兴翠岭，芳飙起华薄，解轡偃崇丘，藉草绕回壑，际渚罗时嫩，托波泛轻爵。"

自汉以来，市民秋游之风俗亦颇兴盛，每逢九月九日重阳日，人们云集郊外高旷风景区，登高抒怀，观菊，放风筝。

春秋游所在地，一般是山清水秀，风景宜人，加之人工巧缀景观，即成为风景游览区。文以景胜，景以文传，风景区经过历代逐步经营扩充，构筑房宇亭台楼榭等人文名胜和文人的诗吟韵色，就成了著名风景名胜园林。祖国到处江山如画，我国古代风景名胜园林普及每一省、县、市。名山有泰山、华山、衡山、九华山、黄山、武夷山、武当山、峨眉山、恒山等，南京的采石矶和青溪九曲，西安的杜曲，北京的香山和西山，洛阳的龙门和邙山的，广州的珠江畔与白云山等。自宋以来，一般城市都有所谓八大景，即在城郊形成八处集中风景区，各有特色，且不断发展更新，每一时代又有新八景。

唐代长安最著名风景名胜区曲江，原为低洼地段，唐开元中疏凿成以水景为主的风景区。这里烟水明媚，花卉周环，青草齐岸，柳树行堤，荷花缀池，以终南山和大雁塔为借景，湖光山色异常动人。每年春开居民来此踏青，秋日重阳到此赏菊，人来车往，热闹异常。诗人韩愈有诗云："曲江千顷秋波净，平铺红云盖明镜。"曲江边还建各式亭榭楼台供休息观赏，原唐南苑芙蓉园还有紫云楼和宫室等，故杜甫《哀江头》中有"江头宫殿锁千门"诗句。

北宋京都开封为平原地带，少有山湖之美，市民春游踏青多在沿河村郊林园处，如杏花园、柏榆林、快活林，秋游多在坡池景区，如勃脐坡、摸天坡等，曲池画舫和酒楼亭榭均带有营业性质。据《东京梦华录》记载，每年三月三和四月八，一般苑囿和园林多向市民开放。

"西湖"是湖光山色优美的风景名胜园林统称。据《永乐大典》记载，天下西湖有三十六处，其中浙江九处；广东、湖南、四川各四处；福建、江西各三处；河北二处；广西、云南、湖北、河南、安徽、山东、陕西各一处。除杭州西湖最著外，还有安徽阜阳、福建闽侯、湖北天门、广东惠州、浙江严州等西湖。

杭州西湖是我国最美丽的风景名胜园林之一。它三面环山一面临城，湖光明静开朗，临水之水阁湖楼差参，深涧遁径依山曲折，园地制宜构成"平湖秋月""苏堤春晓""曲院风荷""双峰插云""雷峰夕照""柳浪闻莺"等十大奇妙景观，真所谓"面面有情，环水抱山山抱水""六桥锁烟水"。据《梦粱录》和《武林旧事》

记载，宋时每当春日和中秋，湖上游艇栉比，堤岸游人如潮，城中居民几乎半空。扬州瘦西湖是唐宋以来形成的风景名胜园林，清代最为盛著。唐代诗人杜牧秋日登平山有诗云："青山隐隐水迢迢，秋尽江南草未凋。"其构园特点是利用几条河流组成狭长水面，其中点些岛屿，设些桥堤，缀些亭塔，因借环水的一些私家园林之楼榭曲房，构成有分有合的各色景区。如"四桥烟雨""白塔晴云""春台明月""长堤春柳""蜀冈晚照"等二十四景均佳话广传，历来招引无数游客。

安徽马鞍山市翠螺山采石矶亦是江南著名风景名胜园林。相传三国孙权赤乌年间，在山上一井中得彩石而易名，翠螺山依江耸立，古木参天，山上幽径危楼相续，山下惊涛泊岸，山川之信美名扬中外。唐代诗人李白曾在此对月举樽，泛舟咏唱，留下了太白楼、衣冠冢、行吟桥、燃犀亭、蛾眉亭等历史陈迹，足资吊古怀情。太白楼（清代重建）作为风景公共建筑，处理得最为成功。作为雅集吟咏之所，需高旷而近水，故楼为三层歇山顶，翚飞于翠螺峰下，廊楯周接，上下左右处处灵通，与山形岩势浑然一体，是景观控制中心，也是观景中心。楼四面邻虚，视野宽朗，远眺大江东去，远山隐现，朝晖暮雨，云烟变幻，极尽飘然空渺之意；近俯林石苍劲，群芳点缀，院洁墙雅，耐人寻味。其他三元洞与广济寺等建筑均为人巧缀天工之物，散落矶上，起点景、补景、衬景、聚景、幻景等作用。

山西太原悬瓮山风景区是以晋祠等古建筑为主体的风景名胜园林。北魏《水经注》称"际山枕水，有唐叔虞祠，水侧有凉堂，结飞梁于水上"。经过1400多年的发展，已有殿堂楼阁亭台达百余座。建筑分组依一定轴线随山麓洼谷泉林布列，构成一个个景区。其中理水手法尤为成功，无名构园匠师最善依泉设景。鱼沼、难老泉、善利泉、八角莲池等水景均在泉上做文章，然后把源泉和山涧水汇集成迂回曲折的清溪，其间设亭、台、桥、榭点缀和以草木相配色，把各景区串通融合。对其泉林美色，李白有诗云："晋祠流水如碧玉……微波龙鳞莎草绿"；欧阳修诗赞"地灵草木得余润，郁郁古柏含苍烟。"

苏州虎丘是"吴中第一名胜"。相传春秋吴王阖闾死葬于此。山似蹲虎，风景殊佳，晋时司徒王殉曾建宅山际，其作《虎丘行》云："岭南则是山径，两面壁立，交林上合，蹊径下通。"可见环境之幽雅。唐时改宅为"极恩寺"，游客已很频盛。白居易为苏州郡守时，曾在山前开渠筑堤，以通水路交通之便，并重开山路，广植桃李，更增风景秀色。虎丘寺宇均沿山而筑，山内景区中心仅建些小品建筑点缀，保存原自然素质之美，故有"山藏寺内"之说。山内留出大片平旷空地以集座屏息潮涌而来的游客，以使游人尝受到"剑泉深不可测，飞岩如削。千顷云得天池诸山作案，峦壑竞秀，最可觞客"的意境。虎丘塔（建于五代）是整个风景区的构图中心，游客从上山之始就可望见，缓步登山，山路曲折高低，空间开合幽旷，然塔影始终忽隐忽现于眼前，引人入胜；路尽，空间豁然开朗，坦畅的"千人石"即为全山景观的精华所在，石坪的纹理、起伏和色泽均觉可亲可爱，四周有剑池、白莲池、别有洞天和其他井、泉、桥、亭、寺、店等景物连缀，可谓面面有景，景景入画，且互相资借，然所有景观都统一在虎丘塔中，把多元景象控制为和谐风趣。

广西桂林可以说是我国古代最大面积的风景名胜园林，上自兴安，下迄阳朔，连绵二百余里，处处是奇山丽水异洞。自汉以来经过二千多年来的人文点装缀饰，不愧为"桂林山水甲天下，绝妙漓江秋泛图"的美名。古人对大地园林化的经营手法仅引以下诗文，略见一斑：

"江城宛宛倚晴空，水色山光杳霭中；
记取劝农归路好，花桥西去小江东。"

——清·李绂。

"上到青林杪，凭栏尽桂洲；
千峰环野立，一水抱城流。"

——宋·刘克庄。

“宿雨前村又后村，辋川诗境小蓬门。
此间开垦多沙碛，不作秧田作果园。”

——清·张祥和。

“奇石嵯峨古渡头，訾洲红叶桂林秋。
洞中穿过高楼望，人在荆关画里游。”

——清·罗辰。

“结箇茅亭傍水隈，芙蓉百木亲手栽，
野人久矣忘机事、祇许闲鸥日日来。”

——清·李秉礼。

“削云千丈倚苍岩，箭括通天一窍开；
草树阴森藏洞府，烟霞缥渺护楼台。”

——明·孔镛。

“直路幽阴侧路明，玉为墙壁雪为城。”

——宋·刘克庄。

“卧石绣苔衣，飞泉溜云缝；
红阑空际折，远目宴鸿送。”

——清·罗辰。

自唐宋以来，我国各地风景名胜园林都在发展。除上述外，著名风景名胜还有：山东济南大明湖和千佛山，湖南岳麓山和君山，湖北九曲岭和赤壁，浙江的雁荡山、剡溪和雪窦山，江苏的砚石山和镇江三山五泉，四川的浣花溪和窦圌山，江西的石钟山和通天岩，福建的百丈山和清源山，广西的柳江山水，安徽的小孤山和琅琊山，昆明的西山和滇池，广东的七星岩、峡山、丹霞山、避风岩、西樵，等等。这些带公共性质的园林表现了我们民族热爱自然的心理素质和对“风景设计”的极大才华。继承和发扬其中精华，将关系到今后人民物质和精神文明的提高。实现祖国大地园林化是广大人民的夙愿。

论传统园林的因借手法

原载于1983年《广东园林》

明计成《园冶》在“兴造论”中一开头就谈及“园林巧于因借”，说明因借法则在我国古典造园艺术中的重要性。我国园林素有“立体的画，无声的诗”之称，从意境上来说，它“因境而成”“借景抒情”，确也是再恰当不过的了。

一、因——表景之法

佛家《楞伽经》有一名语谓：“一切法因缘而生”。佛经中有因地、因人、因力、因位、因依、因果、因时等词，均是因缘的意思。按现在理解是：因具体情况缘变地处理事物。

对因的解释，《园冶》有云：“因者随基势高下，体形之端正，碍木删桠，泉流石注，互相借资。宜亭斯亭，宜榭斯榭，不妨偏径，顿置婉转，斯谓精而合宜也。”意思是说，造园要随地势，察地形，修剪保留古木和引泉流注石，要互相资借，该建亭的地方建亭，应建榭之处才建榭，置道路不必求直，随宜合适为优。文中主要精神是“因地制宜”，要求造园者应按自然规律办事，顺理成章，与自然环境相机结合，顺“自然”之理，成园林艺术优美之章曲。

在园林史上，因缘关系处理得比较成功的例子有：

（1）秦汉咸阳上林苑，址在南山渭水之间，据《三辅黄图》载，自然山水景色非常优美，造园匠师因山种植果木花卉，在山顶和山间点缀“远望观”“白鹿观”“临洛观”“观象观”“平乐观”等，配合自然，因水构“昆明池”，筑榭观龙舟棹歌，池水有鲸鱼石雕，池岸有牛郎织女石像。利用旷野设猎场和采集场，追求自然野趣。一些宫室楼台散落在广袤的山原谷野之间，融人工美于天然。开我国造园史因借手法运用之先例。

（2）成都唐代杜甫草堂属因郊野地构成雅朴园林的典型。草堂位于偏远的西郊，四周是青绿阡陌的农田，浣花溪蜿蜒东去，建筑临溪限背平岗布设，谓“清江一曲抱村流”“门泊东吴万里船”，建筑因地形顺势布局，“两三间曲尽春藏，一二处堪为暑避。”为挹取江帆、云流景物，而“柴门不正逐江开”。茅舍、疏庐、药栏、曲廊、书屋、草亭、敞轩、竹篱、花墙与自然融为一体。有谓“一轩檐冷松阴合”“沙崩水槛鸥飞尽”“冉冉花扶屋，萧萧竹映门。”木斫不加丹，墙污不加白，碱阶用石，幂窗用纸，竹帘纻纬，淡素天然。

（3）苏州明建拙政园属市井园林，此园据《园冶》“相地”章城市地“必向幽偏可筑，邻虽近俗，门掩无哗”的原则，选址在苏州娄、齐门之间的低洼不规则空隙地段，造园师因地形顺自然，“高方欲就亭台，低凹可开池沼”，“稍加浚治，环以林木”（见《王氏拙政园记》），结合地貌，取广阔的水面（3/5），主要建筑临水而筑，构成行云槛外，流水当牖的平淡疏朗的水乡意境，并结合不规则的地形，划分为若干各自有特点的景区，互相贯通，连为整体的直然式流通空间。建筑形式、平面、构造和山石树木也顺应自然作自由布置。对于原有古榆树、古枫树和海棠等，亦按“摘景全留杂树”的见解，加于保存，构成佳景（图1）。扇面亭顺水湾地势设计成扇面形平面，得体合宜，小体量建筑配置小巧栏杆、小型门洞窗户和摆置精小陈设，在后面绿树山石的衬托下，显得格外清新自然（图2）。

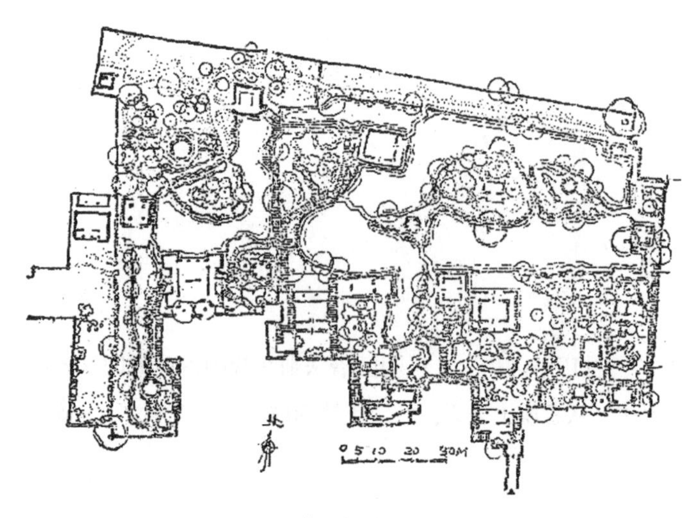

图 1　苏州拙政园平面图

图 2　苏州拙政园扇面亭图

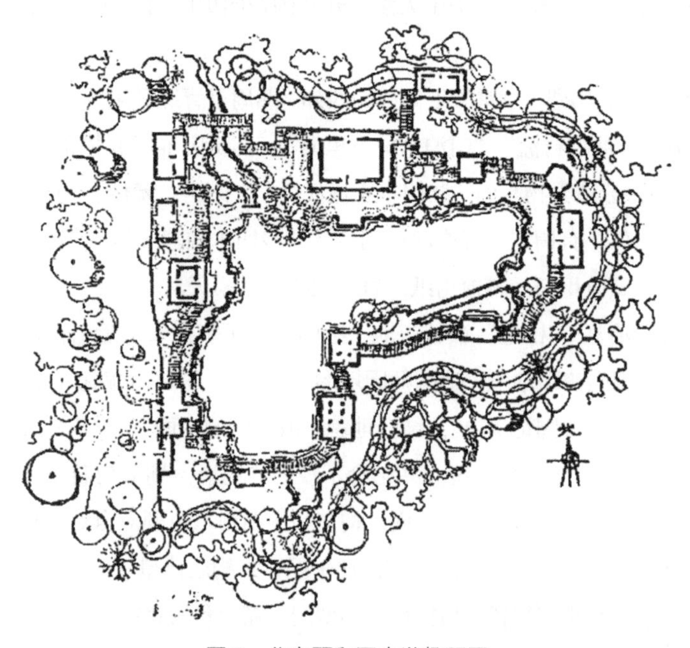

图 3　北京颐和园中谐趣园图

（4）谐趣园是北京清代颐和园中之“园中之园”，它是因地制宜，就山林泉沼胜景构筑起来的园林精品。园在苏州河的源头，处三面山坡中间低洼的偏幽谷地，自有天然素美。其按《园冶》“入奥疏源，就低凿水，搜土开其穴麓，培山接以房廊”的手法，随应洼地顺凿为池，形成以水面为中心的水景园，各种形式的楼阁亭榭临水随地势之高低环绕布列，互相间用游廊、小桥相连，隔水相望，互为资借，面面佳景远近切宜。在泉流出口处，利用水位高差，理石散流，构成瀑布，野趣横生。整个园林隐藏在枝柯扶密的林木之中，只有一山间小径与外界相通，自成宁静的小天地。其平面构图是把莲—水—建筑—林木—山坡层层相套扩展糅合，形成景深大、层次多、色彩丰富的景观（图 3）。

表达园林景观风格的因素很多，除上述外，还有地方风格，民族风格和时代风格等。这其实也是因地理环境和社会人文因素缘生出来的。

一般说来，北方园林建筑比较庄重浑厚，江南园林比较轻巧淡雅，岭南园林比较畅朗轻盈。这主要是由气候环境造成的。北方寒冷、风沙大、少雨，建筑需封闭些，厚重些，朴质些；江南雨多、温和、山水风景秀丽，建筑飘檐要深远些，门窗要开畅些，起翘要大些，摆布和造型可自由些；岭南气温高，湿度大，雨水多，辐射强，建筑要求通风、防晒、防潮，需得通透、流连、开朗、豪放些。在花木配置上，北方多松柏、牡丹、海棠等华浓植被，江南多柳、竹、兰、菊等袅娜多姿的花木；岭南多葵、椰、榕和其他奇花异木，这些都增加了地方园林的风姿。在建筑用材上，北方重砖瓦作、大木作、彩画作；江南重细木作、飞檐作、铺地作、墙饰，并善于掇太湖石假山；岭南善于砖雕、木雕、泥塑、竹作、家具作、盆景和掇英石假山等，各自形成了地方园林的个性。

每一个民族都有自己的习惯爱好和艺术传统，这就构成了各民族园林的特殊风采。如云南大理白族人民习惯于露天品茶，形成了他们特有的露天茶座园林；西藏藏族人民曾有草牧风俗，对草地极为珍惜，园林中常以宽平的草地和林木荷池配置为胜境；新疆维吾尔族园林常在葡萄架下设石台、石凳为妙景，也往往植草坪象征地毯。四川和两广的茶室园林和盆景园林，回教、喇嘛教、道教的寺庙园林和各地的风景园林等，都很有特色，在大风格中又有小风格，每一民族都在祖国园林发展史上作出过出色的贡献。

园林艺术是一种融建筑、园艺、工艺、诗画、书法于一体的综合艺术，社会性、时代性都很强，表现了一定的时代风格。在奴隶社会，奴隶主为满足其穷奢极欲的享乐生活，据《史记·殷本记》载："益广沙丘苑台，多取野兽蜚鸟置其中"，"纣时稍大其邑，南距朝歌，北距邯郸及沙丘，皆为离宫别馆"。这表明奴隶社会时代苑囿的骄横风格。在汉以后，佛教的传入，道教的兴起，园林增加了灵空淡泊、萧寂、避世的气氛。唐宋时封建庄园经济发展，山水诗画盛行，庄园式园林倾于纯自然，布局迁就环境，依景而设，散漫自由，风格较朴实纯真。宋以后，手工业和商品经济发展，园林风格趋向精巧细腻，注意小空间的组合和曲折迂回机变，着重于模拟自然的情趣，园林渐转为一种自我情趣表达的"小天地"。在掇山艺术风格上，在秦汉和隋唐多重于写实和缩景，南北朝和宋则重于写意和神游，明清以后则着重于写景和局部再现真山了。这些都是时代风格演变的特征。

二、借——摘景之法

《园冶》对"借"的解释是："借者，园虽别内外，得景则无拘远近，晴峦耸秀，绀宇凌空；极目所至，俗则屏之，嘉则收之，不分町畽，尽为烟景。"

"借"是一种观望。《尔雅》云："观四方而高曰台，台有木曰榭。"这是园林中台榭谓之"观"的原因。《左传》有"筑高台以望国风"之述。宫苑中的台所以高，是为了供奴隶主能眺望城外风光。这实为园林借景之始。秦汉古籍中所描写的"观"，多是苑囿中作为借观远山、近水、飞禽、走兽、云月等自然景色的特殊建筑。

晋代陶潜有"采菊东篱下，悠然见南山"的诗句，反映了当时诗人运用庭园巧借自然美色的手法来抒发潇洒雅逸的情趣。唐代长安的苑囿、园林多资借终南山色为补景，祖咏有诗云："终南阴岭秀，积雪泛云端，林表明霁色，城中增暮寒。"北宋李格非《洛阳名园记》描写"上环溪"具体景色为："以南望，则嵩高、少室、龙门、大谷，层峰翠巇，毕效奇于前……以北望，则隋唐宫阙楼殿，千门万户，岧峣璀璨，延亘十余里，凡左太冲十余年极力而赋者，可瞥目而尽也。"可见唐宋借景气势之宏阔。

道观佛寺园林均多以借景构成胜迹，如安徽白岳太素宫、静乐宫，福建的涌泉寺、广胜寺，广东的灵光寺、南华寺等都在借景上下功夫，建筑依山面水，群岚环顾，烟霞叠彩，借层林翠色于门迳，移塔宇美景于窗前，纳泉韵鸟鸣，收四时烂漫，有"万象函归方丈室，四围环列自家山"之气概。

明清以后，借景的手法更为丰富了。《园冶》有"借景"专则，其中提到："夫借景，林园之最要者也。如远借，邻借，仰借，俯借，应时而借。"

（一）远借

远借属外借，把远处奇观佳景摘引园内，以增加景物内容和丰富空间构图，加深意境。《园冶》所提"高原极望，远岫环屏""眺远高台，搔首青天那可问"，皆是。唐王维《汉江临眺》"江流天地外，山色有无中"正是远借之朦胧意境的描述。唐刘禹锡《望洞庭》"遥望洞庭山水翠，白银盘里一青螺"是远借明媚风光的奇特写照。

远借成功的实例不少，如：

（1）以山丘塔影为借景的有：北京颐和园把 20 里外的西山和玉泉塔组织到万寿山许多观赏点上，无锡寄畅园以锡山和龙光塔为借景（图 4）。

（2）以山峦古寺为借景的有：承德避暑山庄把周围外八庙借入苑中，增加了层次，表现了环境特色。

（3）南京玄武湖把石头城轮廓和钟山云雨摄取到湖面上来，以美景来围合外围空间。

（4）苏州拙政园在城市中，无远山可借，巧妙地把数里外的高耸北寺塔借过来了，有限空间中取得意境深远的效果。

（5）苏州市郊沧浪亭建有见山楼，可远借数十里外的平川、田野、远山，无限扩展了空间艺术范围。

图 4　无锡惠山寄畅园远借图

（二）邻借

邻借属外借中之近借，即把园外邻近的美景组织到园林构图中来。宋叶适“春色满园关不住，一枝红杏出墙来”绝律，说的是隔墙他园红杏出墙，带来比邻春意，妙借意境颇深湛。

苏州拙政园原来中、西两园属两家邻园，西园为借邻园之绚丽景色，在近围墙边掇山建“两宜亭”，取唐诗人白居易“绿杨宜作两家春”诗意，造成相互景观的交流。园内两独立景区空间的渗透，使邻景相得益彰，亦可属邻借。

借邻近环境之美，把好景吸收过来，亦属邻借。如苏州沧浪亭，园内以丘岗为主景，缺乏水面，无沧浪境界，然园外东南有曲溪清池，造园匠师为充分争取水景补其不足，在溪池沿驳岸线建面水轩、观鱼处，置曲于回廊，外向依水，内向傍山，尽将园外水面美景组织到园内，融内外景色为一体，统合了内外景观。

图 5　江苏镇江金山寺仰借

（三）仰借

当园林观赏点地居低处，上有山色瀑布或耸楼高阁之类供可仰望摄借，谓之仰借。据《僧传》载，东晋慧远隐庐山建东林寺院，洞尽山美，寺中前可仰借香炉峰美景，傍可仰望崖谷泉瀑。在古诗中描写仰借的诗句很多，如“重重叠叠上瑶台”“一行白鹭上青天”“舞阁金铺借日悬”“上有黄鹂深树鸣”“白云一片去悠悠”“皎皎空中孤月轮”等。

仰借使景物在高度方面增加了艺术感染力。仰视角的加大，园景构成了国画式的竖画轴构图，因视线向天空消失，错觉上造成景象的崇高感，故扩大了空间尺度。在古典园林中运用仰借手法的实例颇常见，如北京北海公园仰借景山和白塔；颐和园仰望佛香阁；广州越秀山下诸园仰借五层楼等。

山地园林和寺院园林多巧用仰借手法取胜，获得神奇、幽深、变幻的景效。如江苏镇江金山寺，从山腰江天寺庭中仰望山顶楼塔亭台，只见高塔凌空，楼阁齐云，石级徐升，宛如神仙宫阙（图 5）。其他如杭州虎跑定慧寺从山路望钟楼；杭州韬光寺由山门蹬道仰望寺宇；太原晋祠由善利泉仰望朝阳宫；宁波保国寺由放生池仰望殿阁；福建厦门南普陀由山门仰望依山殿阁；天台山国清寺由鱼乐园上望亭台等。

仰借构图成败的关键在于层次的组合和景物的轮廓变化。在古典园林中常见的处理手法有：①以蹬道石阶为引导，渐入佳境。或天梯直上，或盘旋而登，或循崖折爬，或沿林道缓升；②以平台重叠和垣墙层叠等水平线处理来构成垂直视线对比，丰富画面；③用爬山斜廊和曲栏来增加画面的动势；④楼阁的参差错落，屋顶的形式变化，树木花草的涵露遮掩，建筑小品和山石的补白、烘衬等，均有助于构成仰借的雄奇险峻、绚丽明净的画面特色。

图6　苏州狮子林俯视水池廊桥

（四）俯借

俯借的观赏点设于高处，由上望下，景物愈低则景象愈小。杜甫登泰山作《望岳》诗云“会当凌绝顶，一览众山小”就是这种意思。

俯借的景观特点是视域开阔，气势浩宏。《园冶》云：“山楼凭远，纵目皆然。”唐王之涣诗云：“欲穷千里目，更上一层楼。”宋王安石《晚楼闲坐》云：“四顾山光接水光，凭栏十里芰荷香。”唐崔颢《黄鹤楼》诗亦云：“晴川历历汉阳树，芳草萋萋鹦鹉洲。”又唐诗《登总持阁》：“晴开万井树，愁看五陵烟，槛外低秦岭，窗中小渭川”，等等，均反映了俯借景观的特征。

城市园林依附范围较小，俯借景象没有那么丰富，但仍有鸟瞰全局的特色。如苏州狮子林西端土山上建有“问梅阁”，居高凭栏俯视，山下曲桥浮跨水面，亭舫倒映水中，彩云飘漾，荷花倒开，景致明朗开畅（图6）。苏州拙政园于西部假山最高处建一“浮翠阁”，阁浮在翠葱的林丛之中，为两层，登阁四望，全园美景统收眼底，回顾所游路线，索然生趣，余味无穷。

古典园林常见的俯借点除上述楼阁外，还有：

（1）山——如杭州西湖孤山俯借西湖水面、岛、堤等景色。

（2）台——如广东东莞可园“看月台”俯瞰庭中石景、水池、花木。

（3）悬岩——如云南昆明西山龙门俯视滇池万顷烟波。

（4）塔——如杭州六和塔俯观钱塘江潮涌涛。

（5）城——如广州五层楼眺全城景色。

（6）榭——如苏州留园“绿荫”观池中莲花和游鱼。

（7）假山——如苏州环秀山庄，在假山顶可望及山下泉瀑、溪流、桥亭诸景。

（8）山亭——如苏州拙政园绣绮亭，向南可瞰视枇杷园庭院小景，向北可俯眺山池景色。

（9）船厅——如广东佛山梁园和顺德清晖园船厅，均以楼下水庭景物为主要俯借景观。

俯视观赏点多选择在四周无遮挡的危地险方，需得有保护安全的措施。古典园林常用栏杆、女墙、障石、矮槛、景洞、栅栏、花台等，这些保安设施形式需求简雅协调，它们是俯借中的近景。俯视建筑是观景之物，因其地高触目，往往是园中的构图中心，仰借的兴趣景观。园林中的景观和观景总是不可分割的，观景建筑本身的艺术处理是不可忽略的。

清沈复著《浮生六记》谈述园林因借事例颇多，其中“浪游记快”中描述苏州寒山明末徐侯故园，依山腰而筑，“此处仰观峰岭，俯视园亭，既旷且幽，可以开樽矣”。说明园林如能仰借俯借兼有，则可大畅胸怀。

（五）应时而借

时节有春、夏、秋、冬，时辰有早、午、夕、夜，时天有晴、阴、雨、雾。大自然应时而变，为园林增添了变化无穷的景观。古代造园匠师就是善于运用自然景变来强化园林艺术的感染魔力。《园冶》中对“应时而借”的论例有：“收四时之烂漫”“溶溶月色，瑟瑟风声”“日竟花朝，宵分月夕”“梧叶忽惊秋落，虫草鸣幽”“风鸦几树夕阳，寒雁数声残月”“但觉篱残菊晚，应探岭暖梅先”等。这些时景虽渗透着当时士大夫的伤感情怀，然其园林艺术的“时空”概念是清楚的。

古诗中描述园林应时而借的诗句很多，均有意境或主题：

春——借花、借柳

“等闲识得东风面，万紫千红总是春。”

“诗家清景在新春，绿柳才黄半未匀。”

“十里莺啼绿映红，水村山郭酒旗风。”

夏——借芭蕉、借荷

“四月清和两乍晴，南山当户转分明。”

“绿树阴浓夏日长”“芭蕉分绿上窗纱”

“接天莲叶无穷碧，映日荷花别样红。”

秋——借雁、借枫

“残星几点雁横塞，红衣落尽渚莲愁。”

“千家山郭静朝晖，清秋燕子故飞飞。”

“停车坐爱枫林晚，霜叶红于二月花。”

冬——借雪、借梅

“众芳摇落独鲜妍，占断风情向小园。”

“窗含西岭千秋雪”“愁云惨淡万里凝”

“疏影横斜水清浅，暗香浮动月黄昏。”

早——借露、借朝霞

“天上碧桃和露种，日边红杏倚云栽。”

“朝霞与孤鹜齐飞，秋水共长天一色。”

午——借日、借光

“妆楼翠幌教春住，舞阁金铺借日悬。”

“云淡风轻近午天，傍花随柳过前川。”

夕——借落日

“草满池塘水满陂，山衔落日浸寒漪。”

“竹摇清影罩幽窗，两两时禽噪夕阳。”

夜——借月

“榆柳萧疏楼阁闲，月明直见嵩山雪。”

“烟笼寒水月笼沙”“云楼半开壁斜白”

“月落乌啼霜满天，江枫渔火对愁眠。”

雨——借水光，借山色

“黄梅时节家家雨，青草池塘处处蛙。”

"水光潋滟晴方好，山色空蒙雨亦奇。"

晴——借天、借阴影

"日出江花红胜火，春来江水绿如蓝。"

"院僻帘深画景虚，轻风时见动竿鸟。"

"池中绿满鱼留子，庭下阴多燕引雏。"

季节随时变，春光虽好无法留。然而造园匠师却有在意境处理上把春夏秋冬铸入一园之法。实例为扬州明建"个园"。园中叠四山寓四季，春山在入口处，借以粉墙为纸，前列若干石笋竿竹作绘，象征春笋破土；夏山在西北角，以湖石塑成白云飞卷，泉洞霏霏，配以荫林、凉亭、折桥、荷池，形成夏的意境；秋山在东方，以黄石砌成起伏的山峦岩谷，有石级可拾步登高，上有望秋亭，秋意颇浓；冬山在东南角，用宣石砌成，石质洁白如雪，形状如狮似虎，后墙凿洞引风，颇有啸寒意境。

三、因借——兴景之法

《园冶》云："构园无格，借景有因。"就是说借景要有依据，因与借的关系往往是不可分割的辩证关系。"景"依"因"而兴，"因"以"景"为据。因地借景，因时置景，古来均认真推敲，目的是对意境的追求，把人们对美的观念和幻想凝固在特定的环境之中。园林因借得宜，则能方方景胜，景景生情，情趣无穷，把人带入飘逸、风致、超凡的境界中，艺术上谓之"兴"。

我国古典园林属无定式自然性质的园林，探求表现的是自然化了的人格思想，从这一点来说，《园冶》有"因借无由，触情俱是"的主张。事实也是如此，因和借是没有什么特别由来的，景与情都是可任意选取的。《庄子》有云："天地有大美，而不言"。美不美因人而异。既情由景生，又触景生情。然而情景交融又是由因借处理恰应而产生的。因借的关系可归纳为：

（一）境与景的关系

《园冶》云："栏杆信画，因境而成"，说的是栏杆的式样，要以环境而定。该书对此具体论述还有：①"如端方中须寻曲折，曲折处还定端方，相间得宜，错综为妙"；②"假如基地偏缺，邻嵌何必欲求其齐，其屋架何必拘三、五间，为进多少？半间一广，自然雅称"；③"临溪越地，虚阁堪支，夹巷借天，浮廊可度。倘嵌他人之胜，有一线相通，非为间绝，借景偏宜"。

（二）体与景的关系

《园冶》有"精在体宜"和"巧而得体"的论述。体宜和得体均可给人以精巧之美。北京颐和园山上佛香阁、北海白塔山顶白塔、景山山上五亭、杭州西湖保俶塔、惠州西湖孤山塔、苏州拙政园浮翠阁与倒影楼、承德避暑山庄水心榭与金山阁、扬州瘦西湖五亭桥等均为得体、体宜之建筑（图 7、图 8）。其所以体宜，是因为它们的体型、体量、比例、色彩都能与环境协调，增加景观之美，自然美与建筑美相映成趣。

（三）形与景的关系

《园冶》有云："涉门成趣，得景随形"。地貌、建筑、树木的形状无不对景观的价值产生深刻的影响。"摘景全留杂树"，取古树形态之美。"盖借岩成势"，取岩崖峻峭之美。"门湾一带溪流……开径逶迤"，取幽曲之美。"院广堪梧，堤湾宜柳""虚阁荫桐，窗虚蕉影玲珑"，取景栽与环境的协调。苏州拙政园香

图 7　北京颐和园佛香阁与山形结合

图 8　北京北海白塔山与白塔配合

洲选用舫式建筑外形与平静的水面颇调和，上海豫园“仰山堂”北之大假山置二亭，山上亭小简朴，作为假山与天际轮廓线的饰物，依山作势，显示出山的魁伟，山下水际间一亭的体量稍大，形态跃动，与周围的黄石山壁、廊墙、水面配合颇和谐。因形取胜，形景统兼，借物立意也。

为求景的动势，建筑的形状和环境的处理亦有很大关系。《园冶》谓“房廊蜒蜿，楼阁崔巍”就给人以动感（图 9）。其他园内景物的光影变化，池溪的清波荡漾，烟雨的变幻，月移云动，以及“江流宛转绕芳甸，月照花林皆似霰”等均属有动势之景，借而妙哉！

（四）声与景的关系

音乐本源于自然。园林艺术也包括了声的艺术。晋左思《招隐》诗：“非必丝与竹，山水有清音。”泉声、松涛、风啸、花韵、雨曲、虫噪、蛙鸣、蝉律、莺歌、瀑响、雷隆、燕语、鸡啼、鹊喳、鸭呷等都会激发人们的感情，产生不同的意境。古代园艺师就善于应天时季节的变化，借自然之乐，构成诸多绝妙之声景。如承德避暑山庄的“风泉清听”“松鹤清越”“月色江声”，又如杭州西湖的“柳浪闻莺”等，都会使游者情景交融，假如有景无声，则情趣大减矣。

清陈淏子著有《花镜》一书，其云：“枝头好鸟，林下文禽，皆足以鼓吹名园。”自然的乐章是生命的赞歌。鸟类保护了环境，也保护了文明。

（五）人文与景的关系

园林题咏、碑刻摩崖、古迹器物等文景观在古园林中是不可少的，它们起有概括景物、画龙点睛、深化意境、导游引景、咏物述志等作用。

亭榭对联可给人以比兴联想，增加画意，丰富景象。如苏州沧浪亭有“清风明月本无价，近水远山皆有情”对联，景题确切，耐人寻味。又如苏州拙政园雪香云蔚亭有“蝉噪林愈静，鸟鸣山更幽”对联，点出了景色之幽静，反映了造园的哲理。

（六）景框与景的关系

明末李渔《笠翁偶集》在“取景在借”一节中提到取景之法有“无心画”“尺幅窗”（图 10），是利用窗框、门框对景物的剪裁，使视线集中，景色更加清晰显目，即与《园冶》中所说的：“收之园窗，宛然镜游”异曲同工。北京北海的“看画廊”，颐和园的“杂锦窗”亦属此类。最富有艺术感染力的是扬州瘦西湖上钓鱼台的亭中两个园景门，一框取五亭桥，另一框取白塔，构图完美，手法新奇，为立体画之妙作，在时机上捕捉了游客期待探胜寻奇的心情。其他各种框景见图 11。

图 9　苏州拙政园之动景（据齐康）

图 10　李渔《一家言》“于心画”——山水画窗

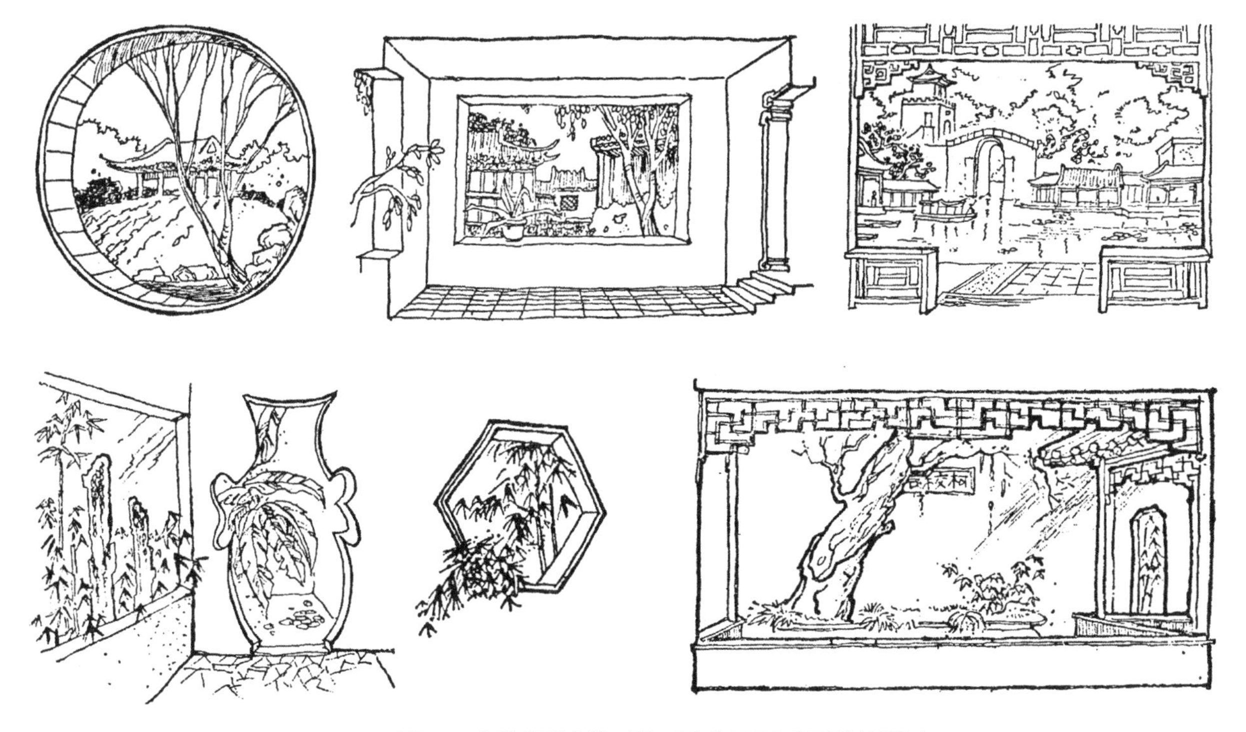

图 11　各种框景之法（彭一刚《中国古典园林分析》）

图 12　苏州留园曲溪楼景窗外望

图 13　苏州留园曲溪楼景门外望

图 14　苏州留园从涵碧山房望可亭

图 15　无锡惠山寄畅园叠景

景门、景窗、景洞的设置，通常的针对特定的景物，相应地选用不同的样式、轮廓、尺度、方位、框饰，使之在观赏点的位置上获得最适当的视距、最佳的视角和最理想的画面。如留园曲溪楼简朴的八角形景门和横长方形景窗，各自有严密的空间构图，借来的是诗情画意，引来的是新清妙景（如图 12、图 13）。多层景框更增深幽意境。

因境得景的方法还有：罩景、夹景、对景（图 14）、叠景（图 15），分景、影景、错景、聚景、隐景等。

我国古典园林艺术的美学实质是空间的流通美，景观的变化、和谐、对比、统一，浑然一体的旋律，令人陶然忘乎所以，能给游者一种音乐感。要取得这种气韵生动和迁想妙得的美学特征，主要是在于对因借手法的巧妙运用。意境高的古典园林必然把运动中的人和变化的景完全依附和协调在特定的自然环境之中，务使游览者无论在大环境或小环境中的每一处，眼前总是一幅完美的画。

承德避暑山庄是具有山岭、平原、湖泊、泉溪、林木、丘谷等诸多造景素材精心经营出来的苑囿，其成功之处是因地势就地貌营构了七十二处美妙的景观。在山峦峻壁悬岩点缀一些小巧多变的休息观赏建筑，在山腰台地云雾深处建一些庙宇廊房，顺应山脉气势高低错落纵横伸展自如。溪涧山谷中的建筑，采用“山重水复疑无路”的手法，先隐后露，构成“又一村”的境界。平地杂树参天处，楼阁寺塔碍云霞出没，突出了天际线，组成了壮丽景观。在东南泉溪聚集的湖泊，列岛修堤架桥其间，矶头建亭阁，水上筑楼台，衬出“悠悠烟水，澹澹云山”，气势更显得平远。其中“烟雨楼”处理更是“因形得景”之妙作。此楼选在东南湖沼如意洲北端一小岛上，与如意洲一沟相隔，架接曲桥，自成独立建筑群组，由高低起伏的楼阁、游廊、门庑、亭台和挺拔的苍松，形成烟雨琼楼的变幻意境，正是“漏层阴而藏阁”“亭台突池沼而参差”（见《园冶》）。不论阴晴风雨早晚的景观均变化无穷。（图 16）。主楼周围有小亭三座，也是巧妙运用因借手法之典型。东北角临水八角亭，以水面和远山为借景，视野平远宽广，泛泛渔舟，间间鸥鸟，全收眼底，东南六角亭建于假山之巅，登亭极目远可借四周山峦耸秀和外八庙“萧寺凌空”，美不胜收，邻可借如意洲柳岸溪桥和隐藏在密林深处的飞阁斜廊，东南四面亭卜邻于院庑、檐屋、草地之间，临亭左顾右盼，只见繁花覆地，散石嶙奇，隔廊幽院深深，可谓“安亭得景”“寂寂掠春”。

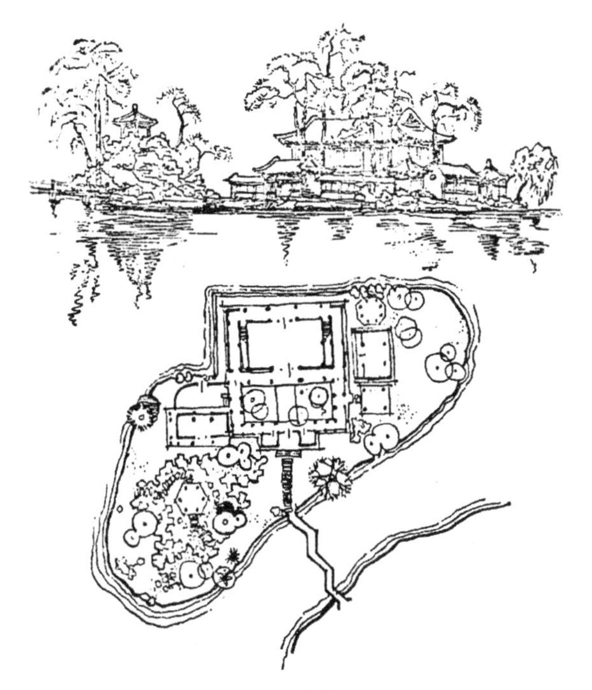

图 16　承德避暑山庄烟雨楼

类似避暑山庄那样成功地运用因借手法的园林还很多。它们都是我国古典园林精辟因借理论上的实践，可待进一步研究总结。当然古典园林是封建时代的产物，反映一些封建意识是必然的，这里仅就手法而言。

从现代城市规划和建筑设计角度来看，园林的因借处理可以看作是环境保护学和环境美学。在讲求继承和发扬古代文明的今天，如何使我国古典园林的因借手法为发展社会主义现代化园林所用，还有许多课题值得探索。此文仅是引玉之作。

庭园史程

原载于1984年《广东园林》

“庭园”一词出于近代，我国古代查无此词，是从日本和西方翻译过来的世界用语。据造园学先辈陈植教授著《造园学概论》中论述为：“盖庭园云者，乃于建筑周围之土地上，为多量观赏植物之栽植，及户外休养娱乐设备者之总称也。”它有别于通常园林，其范围小些，景观以建筑为主，以近观为主。

庭园由庭和园两字组成，是“庭”与“园”的有机统一体。我国古代所称的“园庭”，实际上也是指庭园。南北朝时，庾信写有《园庭诗》，王方庆著有《园庭草木疏》，按其园庭的描述内涵，即是今日所称“庭园”。

我国是具有五千年历史的文明古国，庭园的发展凝结了建筑、园艺、诗画、工艺、书法等艺术的结晶，它与人们的生活最为密切，作为一种综合艺术，它是中华民族艺术实践活动中最古老、最广泛、最活跃、最长寿、最有生命力的因素，它不仅是我们的祖先为适应环境，与自然斗争的产物，同时还渗透着民族的哲理、性格和精神。

一

庭，《说文》释为“宫中也”。最初指的是开敞的厅堂空间。《礼记 · 檀弓》谓“孔子哭子路于中庭”便是言中堂也。因我国古代建筑属框架体系，外墙无定式，室内外难以区分，往往堂阶前空地亦统称为庭，《周礼》云：天官阍人“掌扫门庭”。《玉海》变义为“堂下至门谓之庭。”从此，庭又有称为庭除、庭际者。如《长物志》有载：“庭际沃以饭审，雨渍苔生”。又李咸用有诗云：“不独春花堪醉客，庭除长见好花开。”

我国古代，封建礼制被统治者利用作为主要精神支柱，为满足封建宗法规定的君臣、臣民、父子、男女等礼仪之别，强调封建秩序，建筑布局多采用中轴、对称、端庄的手法，在中轴线上均摆布大门、厅、堂等主要建筑，通常在中轴线上（称中路）的空地才称之为“庭”。由于总体组合的“进”数不同，庭按位置则有前庭、中庭、后庭之分。

院，按《广雅 · 释室》认为：“院，垣也”。垣是指比较卑矮的围墙。后来转义，由外围墙和建筑组成的空地称之为院，《增韵》有云：“有墙垣曰院”，院也有称为“院落”者。隋唐以后，我国建筑平面组合日益复杂，院落数量多，且内容入富，院落的使用和观赏功能也趋于专门化了，如韦应物《燕居即事诗》云：“萧条竹林院，风雨丛兰折”。又晏殊有诗句：“梨花院落溶溶月，柳絮池塘淡淡风”。唐代政论文人张九龄还在广东梅关建有梅花院，以培植管理名贵梅花。其他描写院落内容的著名诗句还有：

（1）苏轼《春宵》：“歌管楼台声细细，秋千院落夜沉沉。”

（2）李涉《题鹤林寺僧舍》：“因遇竹院逢僧话，又得浮生半日闲。”

（3）高骈《山居夏日》：“水晶帘动微风起，满架蔷薇一院香。”

（4）刘禹锡《和乐天春词》：“新妆宜面下朱楼，深锁春光一院愁。”

院一般位于较偏幽的侧地，故又有别院、侧院之称，在屋后的叫后院。这些院与外界通常仅有一墙之隔，构成向内围合空间。以观赏为主，供闲居养心的才可属庭园范畴（也有仅做家务生产杂用者）。在两组或两座建筑之间形成的空地，起空间转折作用的一般叫跨院。

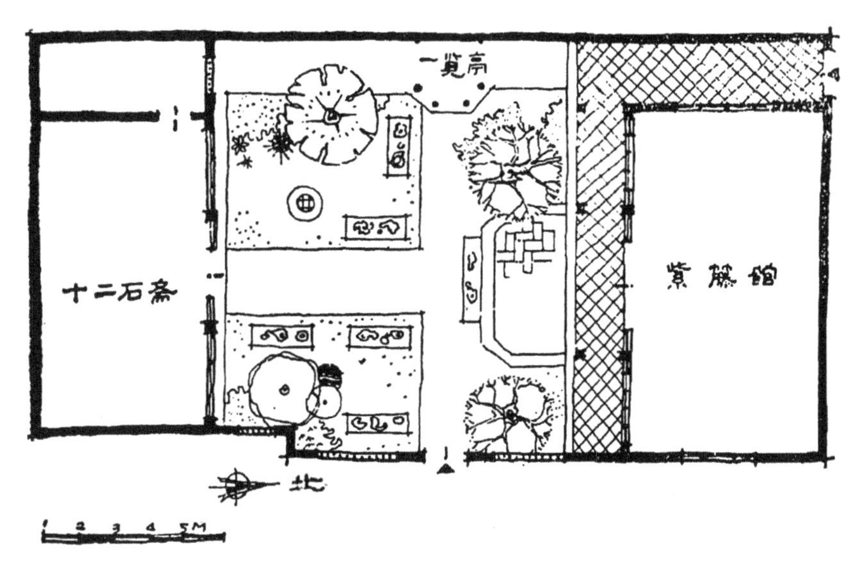

图1　广东南海十二石斋

汉以后，我国出现了一种称为斋的建筑类型。在一些官署、宅第、祠庙、寺观、学舍、会馆中建有所谓静心斋、养性斋、读书斋、山斋、茅斋、善斋、衙斋、石斋、东斋、西斋等。斋要求洁净、清静、淡雅、通常设在别院之内，由斋舍（或斋堂等）与院落组成闲居养心、理事读书的小天地。如《王安成记》载："太和中陈郡殷府君引水入城穿池，殷仲堪又于池北立小屋读书，百姓呼曰读书斋。"此外，北京故宫有养性斋、养心斋、颐和园有眺远斋、园朗斋，广东南海梁园有十二石斋（图1）等。

庭和院在普通人心目中并无多大区分，故史籍中也常见有把两字组合统称为庭院者。《南史 · 陶弘景传》有云："特爱松风，庭院皆植，每闻其响，欣然为乐。"苏轼《雪后书北台壁二首》诗："但觉衾裯如泼水，不知庭院已堆盐。"

庭院又有称天井者，《新方言 · 释宫》录："庭者廷之借字，今人谓廷为天井，即廷之切音。"自宋以来，城市人口增多，用地挤，庭院面积缩小，庭院方整著井通天，俗称天井是常理，这在宋画《清明上河图》可略领其义。在南方为防太阳辐射，天井尤为流行。天井内多仅置盆花，自然缀点物少，庭园味不可能很浓。

二

园，按《说文》定义为"所以树果也。"这是较原始的概念。《骈字分笺》认为"有藩曰园"。最初的园可以理解为有竹篱绕围的种植场地。《说文》中还有一个与园相近义的"圃"字，指的是种菜蔬的场地，最初都是为了生产，在古籍中，有时就把两字合用，谓之"园圃"。《周礼 · 天官冢宰》载谓："二曰园圃，毓草木"。后来园圃虽转变为以观赏功能为主，但有人仍沿用"园圃"词义者。如《唐书 · 曹王皋传》载："皋迁荆南节度使。张柬之有园圃在襄阳，皋常宴集，将市取之。"又《洛阳名园记》云："园圃之兴废，洛阳盛衰之候也。"说明古代园圃与今日所谓之"园林"是意思相近的。

凡园中水面较大，以水景为主者，史籍有称之为"园池"。《史记 · 王翦传》载："王翦将兵六十万人，始皇送至灞上，王翦行，请美田宅园池甚众。"《晋书 · 纪瞻传》："瞻立宅于乌衣巷，馆宇崇丽，园池竹木，足尝玩也。"又《画墁录》载："唐京省入伏假，三日一开印，公卿近郭皆有园池，以至樊杜数十里间泉石占胜，布满川陆，至今基地尚在。"

春秋战国时所著《易》中载有"贲于丘园"句，丘园是指圈山丘为园，作隐居之地。宋有"至今耕种地，一半作花园"诗句，指的是种花之园。据《元史》载，宫中"花园"有官专管。《扬州画舫录》有谓"湖上园亭，皆有花园，为莳花之地"，这明显指的是花圃。但明清北京故宫的御花园又属园林花园了。除此以外古书上还有陵园、养园、田园、草园、桃园等，词汇繁多。

从上述可知，园是一种含义颇广的总统词汇，不完全从属于"园林"，反可以说"园林"是园的一种类型。

它的范围可大至广袤几百里的甘泉园、华林园、圆明园，小至几丈尺的勺园、半亩园。园本源的性质是种植，是自然环境。

所谓“庭园”，是在人工围合的建筑空间内，引进自然之物，把人为空间自然化，可称屋中之园，使人工美与自然美结合，解决人与自然的矛盾。

在庭中所引进的自然之物，计有花、木、藤、草、山、石、水、泉、鸟、虫、鱼等，目的是追求山林野趣。按其中主要景物又有山庭、水庭、山水庭、花庭、平庭、荫庭之分。

庭园“相地”，按《园冶》云：“园基不拘方向，地势自有高低，涉门成趣，得景随形，或傍山林，欲通河沼。”有所谓山林地、城市地、村庄地、郊野地、傍宅地、江湖地等。

庭园在城外者又有所谓山庄、山居、别业、别墅、草堂、山房等，都是选择在风景优美的地方，作为隐居、暂居、卜居、旅居之地，目的是为了寻找更多的机会接近大自然。据史料记载情况如下：

山庄——唐代李德裕有“平泉山庄”。《宋史 · 赵师罼传》载：“韩侂胄常饮南园，过庄，顾竹篱茅舍谓帅罼曰：此真田舍景象也”。

山居——南朝谢灵运、宋唐庚有、元刘因名、明何乔新的山居赋（记）均描写了山野幽庭的情景。“卜居千仞，左右穷悬，幽庭虚绝，荒帐成烟，水纵横以触石，日参差于云中，气英明于对溜，积氤氲而为峰，推天地于一物，横四海于寸心，超埃尘以贞观，何落落此胸襟”。《岩居幽事》还总结出山居四法：“树无行次，石无位置，屋无宏肆，心无机事”。

别业——最早文献见于晋石崇《思归引序》：“更乐放逸，笃好林薮……遂肥遁于河阳别业（金谷）。”别业即离城别居之所。李白亦有诗云：“我家有别业，寄在嵩之阳。”唐代文人王维的辋川别业（在陕西蓝田）范围极广，带有风景庄园性质，然其中景观建筑多为各类组合庭园布局，如文杏馆便是山野合院茅舍；竹里馆是以竹景为主题的庭园建筑。唐诗人祖咏有著名的《苏氏别业》诗：“别业居幽处，到来生隐心，南山当户牖，沣水映园林，屋覆经冬雪，庭昏未夕阳，寥寥人境外，闲坐听春禽”。

草堂——是封建文人退隐雅居自乐之庭园。唐白居易在庐山筑有草堂，依境而成，引泉悬瀑，辟石为台，就山竹野卉润饰庭景，任其自然。杜甫在成都郊浣花溪傍的草堂则是廊合翠，粉墙茅舍，小桥流水，石竹相依，可谓清幽明朗，淡朴粗犷，雅秀大方。

在大型帝王苑囿和官僚富商大园林之中的庭园，古有谓为园中园，或园中院。秦汉上林苑内有小苑二十六、宫十二，隋唐西苑有景色各殊的十六院。

园中之园是大园林中的小园林，是组景和景组建筑，起区分景区、过渡景区的作用。当人们在享受大景区的自然之美后，转入较为封闭、狭小的内向庭园时，会感到特别恬静、安宁。庭园的细腻、精巧、玲珑景致，在静观中更显得亲切、留恋，是怡神休息的胜地。

封建帝王一统天下，有无止境的权物占有欲，为图穷极奢享受，恨不得把天下名园收归一园，故有所谓“移天缩地于君怀”之论。园中园往往是为了满足这一欲望而兴建的。如清乾隆见苏州狮子林、无锡秦园、江宁瞻园、海宁安澜园之美，而罗收其格局仿建于圆明园之中，丰富了大园景观。且这些庭园在局部上起小中见大的作用，在整体上又有大中见小的景效。

三

远古人穴居野住，纯就范自然，无谓庭舍。新石器时期，人们从采集狩猎逐步过渡到农业定居，出现了房屋，并利用房屋周围或房间空地进行养畜和种植，这可谓庭园之雏形。这现象在我国大汉口和齐家文化等原始社会后期遗址发掘已得到证实。

到了奴隶社会，据《尚书·禹贡》载，夏禹时战胜洪水，平地耕作面积扩大，“降丘宅土”。奴隶主贵族的宅院已有相当规模，河南堰师二里沟宫室遗址，前有门，后有堂，侧有回廊，已形成中心庭院。河南安阳殷商宫室与甘肃周原西周宫室已发展为有规律的多院落平面组织形式，房屋与庭院相互穿插、串通、渗透。

春秋时代制定有“礼”“乐”，规定了城市、住宅、明堂、田园的形制，有所谓“城郭等级制”“井田制”“门堂制”“四向制”等，建筑平面布局复杂而有秩序。《礼记》有“儒有一亩之宫，环堵之室”的记载。

按《周礼》，宫室皋门与应门之间，种有三棵槐树，寓意怀念来人，以庭中树木行“托物言志”，可算是园林运用“比兴”手法之始。在《左传》《诗经》《楚辞》中还记载在庭内载松、栗、枣、榆、桐、葵、桂樑、竹、兰、菊、萱草、靡芜等事例。这些花木不仅是为了视觉上的观赏，同样还把它们人格化了。

在封建社会里，自供自给的小农经济占主导地位，社会主要由占90%的小农家庭所组成，为适应小农的经济生产形式，并结合木构单体建筑形式的特点，每家必有庭，院落式住宅就成了我国建筑发展的主流。不论南方或北方，城镇或农村，都惯于建造以庭院为核心的合院式住宅（三合院、四合院、组合院）。庭在心理上给人以温暖感、安全感、自然感，且适合封建宗法伦理和民族内向性格的要求。小庭可几平方米，大庭几十平方米，贫富皆宜。我国庭园艺术的发展就是建立在世世代代、千家万户家庭环境美化的基础上的，在民间有丰厚的土壤（图2）。

在汉代，庭园布局已逐步完善，其实例见于郑州南关汉墓空心砖画像，图中庭院内树木修芪，院外则树成行，建筑错落有致。广州、四川、广西、河南等地发掘的汉墓明器所反映出来的院落，形式变化自如，庭院中有植树养花者、有养畜杂用者，有挖井建阁楼者，雅兴实惠。

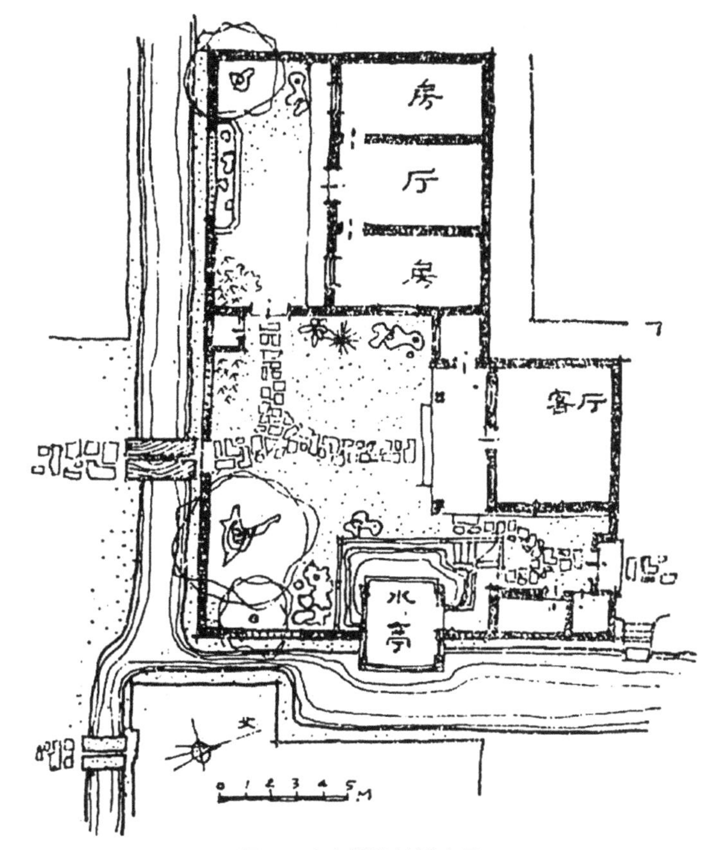

图2　广东揭阳榕城宅园

三国、两晋、南北朝时，天下战乱，老庄思想流行。一般中等阶层和文人，在痛苦呻吟中梦幻着安逸的生活，他们或厌世荒唐，或遁世隐居。醉心于自然和及时享乐的思想致使他们热心于经营庭园和山水诗画的创作。陶渊明、谢灵运、谢惠连、庾信、谢朓、顾恺之、宗炳、王微等都属于这类人物，他们有自己的资财，能按照志趣建造他们的庭园和绘写自享的诗画。然而，这些庭园早已无存烟迹，史籍上仅留下有“芥子园”“小园”“一亩园”“后园”“怀园”“家园”等名词。

南北朝时，文人以建造小园而表清高，小庭园风盛一时。他们追求的是情景交融的意境，谓“一丘一壑自谓过之”“会心处，不必太远”（见《世说新语》巧艺与言语）。用一种“艺增”的夸张手法，在小庭园中以求精神的安慰，表现自我的性格，以标神游和销魂。正如北周庾信《小园赋》所载那样，庭中养“一寸二寸之鱼”载“三竿两竿之竹”，以寄衷情，谓“若夫一枝之上，巢父得安巢之所；一壶之中，壶公有容身

图 3　敦煌壁画中的庭园（唐）

图 4　五代《高士图》中的庭院

之地”，以言其志。显然这些庭园受庄老《逍遥游》和《齐物论》的哲学思想影响是很深的。

魏晋以来，直至明清，这种写意山水庭园是作为一种社会艺术思潮一直在流传着。“移天缩地于君怀”“百里江山纳一园”，逐步成为我国庭园创作的理论基础。这正是使我国园林富有浪漫、夸张、象征色彩的主要原因。

隋、唐、五代时，庭园布局更为安雅浑然，从隋《展子虔游春图》和敦煌壁画中的庭园风度可见一斑，宅院畅朗，回廊周抱，花木疏密有致，山池安插得体，建筑明净淡洁，反映了当时人们的哲理、思辨和对自然美的追求（图 3、图 4）。隋唐长安和洛阳的“坊”内多设有“山水院”，著名诗人、画家多以庭园陶性养心，会诗对画。据白居易《白氏长庆集》记述，他暮年所居宅园，其宅广十七亩，内有屋三分之一，水三分之一，竹九分之一，亭台楼阁齐备，并引水至小院卧室阶下。

宋代，我国封建社会已由鼎盛时期转向下坡。手工业和商业发达，自然科学和工艺技术有较大长进。当时所著《大学》已提出了“致知在格物”的自然辩证哲学思想，园艺科学进一步发展，花木栽培成了构成园林的主要内容，观赏植物在园林艺术中占据有重要地位。出现了以观赏花木为主的庭园、如史籍上记载的洛阳天王院花园子、归仁园、仁丰园，建筑绕花庭布列，廊亭台树主要是为了观木赏花。

北宋李格非写有《洛阳名园记》一书，记述唐代洛阳有中小园一千多个，虽五代战乱已为灰烬，至宋又重建名园二十多个，这些园亦早已无迹可寻，然李氏所留记载，还可推测其布局梗概。如书中记载的司马光“独乐园”，园以小巧取胜，谓“读书堂者数十椽屋，‘浇花亭’者益小；‘弄水’‘种竹’轩者，尤小……‘见山台者’高不逾寻丈。”又如水北胡氏园，是依崖临水建成的窑洞宅园，谓“因岸穿两土室，深百余尺，坚完如埏埴，开轩窗其前以临水上，水清浅则鸣漱，湍瀑则奔驶，皆可喜也”。亭台结合山崖台地设置，徜徉山花斜树之间，任凭借远近，俯仰芙景，称“天授地设，不待人力而巧”也。

南宋偏安临安，《都城纪胜》与《梦粱录》中提到西湖四周和园有几十处，这些园依山面湖，可收万顷湖光，可借群山叠翠之景。《吴兴园林记》记录吴兴名园有 34 处，园景配合水乡环境，广栽柳、竹、梅、桃。并就地运取太湖石之便，庭中石景玲珑。从宋画《楼台夜月图》和《四景山水图》可知园中建筑轻巧婀娜，开敞活泼，精雅绚丽，与山石花木水面结合自如，内外空间浑然一体。

明代城市商品经济进一步发展，农村土地兼并激增，中小地主和资产者数量增多，民间构园风盛一时，在较广泛的构园实践中出现了好些专业造园师，如明万历年间的张南垣，崇祯年间的计成。在造园手法上也

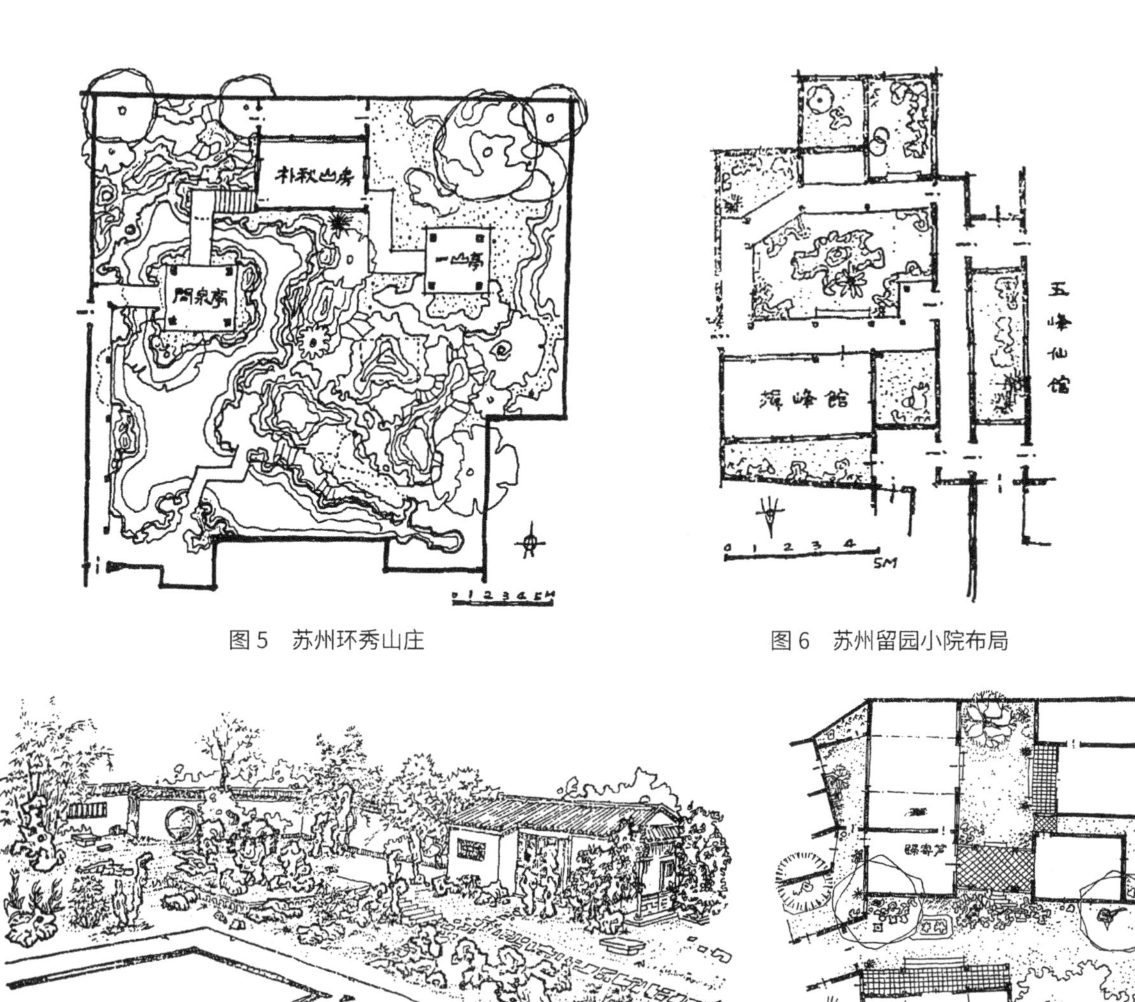

图 5　苏州环秀山庄

图 6　苏州留园小院布局

图 7　佛山梁园群星草堂石庭

图 8　顺德清晖园小院组合

有新的变化，着重于局部景物的真实，以真实来唤起人的美感联想，以想象来延展空间，正如计成在《园冶》一书中点出的那样：“山林意味深求，花木情缘易逗。有真为假，做假成真。”这些造园匠师多是画家诗人，他们有较多接触大山名川的机会，又易于接近民间下层群众，他们通常直接从大自然中吸取营养，从下层民间庭园中提炼精华，把我国庭园艺术推向了又一高潮。

清初，江南庭园在时局安定、经济发展的情况下，又进一步兴旺起来。扬州是盐商集中之地，据李斗《扬州画舫录》载，瘦西湖至平山堂一带的名园群集，有谓“楼台画舫，十里不断”。苏州有丰富的水源，逗漏的湖石，茂盛的苏木，造园之风更盛，名园数以百计，如复园、藕园、怡园、将桪园、环秀山庄（图 5）等。这些庭园以乖巧精致取胜，富江南淡秀水乡风貌，山石花木与水面相相掩托，充溢着诗情画意，特别是小庭布景尤为别巧（图 6）。

岭南四季如春，长年繁花似锦，又盛产英石、蜡石、乳钟石，有良好的造园条件，又因气候湿热，人们惯于室外活动，需要庭园调节生活，故不论城镇村里，宅外总有庭，庭中或设花台摆盆景，或挖花池、花坛栽花，或种蔬植果，或点石凿池（图 7）。广东现存著名的中等庭园有东莞可园、道生园，番禺余荫山房，佛山有梁园，顺德有清晖园（图 8），珠海有唐家园；广西有雁山园、西园、柳园、武鸣园、唐园等。岭南庭园布局疏密得体，小庭以明雅畅朗见长，大院则高树深池藏荫。

四

祖国处处江山如画，是世界山水诗画派的主要发祥地。有人说我国山水庭院是“凝固了的立体山水诗画”，实际上山水的诗、画、庭都同源于自然山水之美灵。山水诗画可容纳于纸帛之中，易于流传；而古老庭园则是实体空间艺术，易“桑田沧海”。宋以前庭园艺术的成就、布局特色和造园手法，在实物中已无法得到史例。现只能从留存下来的古诗词中，稍可领略其发展的程迹。

晋陶渊明《归园田居》：“方宅十余亩，草屋八九间，榆柳荫后檐，桃李罗堂前。户庭无尘杂，虚室有余闲。久在樊笼里，复得返自然。”

看！建筑多么疏虚简朴，草房与绿化融合起来了，旨意是为了“返求自然”。

南朝陈沈炯《幽庭赋》：“矧幽庭之闲趣，具春物之芳华。转洞房而引景，偃飞阁而藏霞。筑山川于户牖，带林苑于东家，草纤纤而垂绿，树搔搔而落花。”

看！小庭多有幽趣呀！引景、对景、障景、借景手法都形成了，还注意到庭园植物的景观配置。

北周庾信《小园赋》：“拨蒙密兮见窗，行攲斜兮得路，蝉有翳兮不惊，雉无罗兮何惧！草树混淆，枝格相交，山为篑覆，地有堂坳……崎岖兮狭室，穿漏兮茅茨。檐直倚而妨帽，户平行而碍眉。坐帐无鹤，支床有龟。鸟多闲暇，花随四时……枣酸梨酢，桃榹李薁，落叶半床，狂花满屋。名为野人之家，是谓愚公之谷。”

上是隐士闲居小园情景的写照。追求的是野趣。蝉、鸟、花、木任其自然；一筐土堆成的山，小坑似的水池，可小中见大，足以自乐，建筑简易低矮，衬托出小园的真朴。园中的动静、香色、光暗、曲直等造景手法都活现出来了。

唐白居易《伤宅》：“洞房温且清，寒暑不能干，高堂虚且回，坐卧见南山，绕廊紫藤架，夹砌红药栏。攀枝摘樱桃，带花移牡丹。”又《题山石榴花》：“一丛千朵压阑干，翦碎红绡却作团。”《山石榴花十二韵》：“艳夭宜小院，条短称低廊。”

白居易诗情的秀逸、超脱、冷洁，同样在他所居的庭园中表现了出来，景栽成了庭中的主题，白居易曾亲自把山野“芳无主”的山石榴、紫藤、木连树、芍药等，培植在庭园之中，谓“本是山头物，今为砌下芳”（见《全唐诗》卷448）。花木的形态，色泽、对韵、位置、比例与建筑配合等关系，在当时，诗人从观赏美学出发，已有所探索。

唐温庭筠《菩萨蛮》：“闲梦忆金堂，满庭宣草长。绣帘垂箓簌，眉黛远山绿。竹风轻动庭除冷，珠帘月上玲珑影。”又张泌《寄人》：“别梦依依到谢家，小廊回合曲阑斜。多情只有春庭月，犹为离人照落花。”

此两诗词描绘的是庭园中朦胧的意境，情景交融。庭中空间的围合、渗透具有动感。

唐薛能《杨柳枝》：“西园高树后庭根，处处寻芳有折痕。”可见树木与建筑的穿插关系，敞厅把春光吸引过来了，人工美与自然美相得益彰。

五代·冯延巳《浣溪沙》：“春到青门柳色黄，一梢红杏出低墙。”“待月池台空游水，荫光楼阁漫斜晖。”词中描写的是小庭空间的展伸，小池把天上的月色借来了，楼阁把天际的夕阳借过来了，庭门引进了青柳，红杏突破了小庭空间，借给邻人春意。

宋欧阳修《蝶恋花》：“庭院深深深几许？杨柳堆烟，帘幕无重数。”说明宋代庭园群组组合之复杂性和多样性，庭院之间的有机统一性和融洽性。宋代山水画家荆浩在其著《山水诀》中，在过去“得其形，造其气”的画论基点上，进一步提出重“气质”的神似论，主张气、韵、思、景的交融，谓“删拨大要，凝想形物”，要求“制度时因”表现思想内容，按精神实质去创真。米芾父子癖爱山石喜画山水，有称“米家山水”，庭园摆石栽竹重在写意，以孤石几块翠竹几竿来抒发个人逸雅的情趣。

后语

我国古代庭园是园林中的小类，也是园林最原始、最基本的元素，它的发展推动着苑囿、寺院园林、风景园林和府第园林的不断发展。

庭园产生于民间，流传于民间，许多创作手法都出自于劳动人民之手，更具有人民性，它对人民的实用价值往往大过于观赏价值，可以说是环境学。从今后人类生存的角度来看，发展庭园式建筑（包括室内园），将有助于人类物质文明与精神文明的健康发展。近些年来的建筑与城市建设实践证明，庭园的“古为今用”的路子越来越广了。

我国是庭园之园，几千年来形成了自己特有的建筑体系，由间——单座建筑——庭园——建筑群体（包括坊、街、巷、里）——城镇（或村落），其中庭院是核心。从建筑艺术特点而言，我国建筑可以说是庭院艺术，是传统的精华所在，如果我们在今后创作中，能理解其精神实质，推陈出新，无疑对今后创造我国建筑的民族形式是大有裨益的。

我国庭园在南北朝时就影响到日本和东南亚，18 世纪又传到西方，艺术造诣之高已为世界所公认，要使中国建筑世界化，或是世界建筑中国化，看来都不能离开建筑的庭园化。高层建筑的围合也有一个庭园化的问题。

庭园的艺术概念和构园手法一直是随时代不同而变化发展的，古代庭园也有保守性和封建性的方面，我们要在研究中分析其精华糟粕，探索的道路还很长。我对古典庭园总的意见是善于继承，勇于革新。

中国古典园林的自然观

原载于 1993 年《北京园林》，与吕建平合著

在夏商之时，人们对山川自然还是抱着神秘恐惧心理的，大体到了周代，随着农业的发展，当人与自然在抗争中而获得美感后，与自然山川的亲和心理就逐步形成，稍后在《诗经》《礼记》《离骚》等著作中，大自然已成为我们民族的重要审美对象。

《诗经》中有“昔我往矣，杨柳依依；今我来思，雨雪菲菲”的诗句，说明当时人们已经过着与风景自然相当融合的生活，当人们受到自然景物的触发， 已会在比拟中引兴出自己内蕴的感情。

孔子的“仁者乐山，智者乐水”句，进一步说明春秋时代人们已主动地去追求自然，把山水人格化，以模山范水手法来表达自己的仁智德行。也说明自然对象之所以引起人们的喜爱是因为它具有某种和人的精神结构相似的形式。《离骚》中，屈原明显地以兰、蕙、石、树来表露自己的志洁行芳。

老庄更加崇尚自然。庄子在《天下篇》中“以天下为沉浊，不可与庄语”的心情，宁优游于“广漠之野”，超避尘世之恶。他为了寻求精神的自我解放，住在“藐姑射之山” “游于濠梁之上”（《秋火》）， “钓于濮水之上”；以返回自然，寄托虚静之情；以山水自娱来安息精神之负担。

魏晋以后玄学兴起，人们已开始主动去追求自然，把山水作为诗画的主要审美对象，文人也往往把人格自然化了，以山水来安顿自己的生命寄托。正如刘勰《文心雕龙》云：“自近代以来，文贵形似。窥情风景之上，钻貌草木之中。”追寻山水之美已为当时文艺之主流，谢灵运的“寻山陟岭，必造幽峻。岩障数十重，莫不备尽登蹑”，正是说明这种风气之形成。

晚唐佛教禅宗是把人性的挥洒当作自然之情属来看待的。《坛经》有载：“青青翠竹尽是法身；郁郁黄花无非般若；烦恼即菩提”。在这里，禅宗把佛性、人性与自然结合起来了，鼓励人们面对困难现实，投身自然，以达到佛家终报的精神境界。

从以上论述可认为，中华民族是热爱自然的民族；自然始终是我们民族文化的审美对象和艺术表现对象；在近三千年的中华艺术发展过程中，自然观一直是艺术精神主流遵从的要素。作为在世界独树一帜的中国园林，更强烈地表现了我们民族的自然观。我们的祖先在对自然的深刻理解上创造了中国古典造园哲理，构筑了灿烂辉煌的古典园林。下面浅析表现自然观方法的两个方面：

一、人格化的自然及对自然美的摄取

园林史载有秦始皇作“长池”，池中以“仙岛”为主景，筑蓬莱、方丈、瀛洲三山，把人仙化，仙景山水化，是儒家“比德”和道家“同德”观念的反映，园林美的“以天合人”和“法天贵真”哲理初步表现了出来，山水的内在生命力和永恒的生机感自然地显露了出来。

以山水为主题来塑造园林空间是中国古典园林典型性格的普遍表现。古代文人避世清高是与崇尚自然的恬静淡泊联系在一起的，人与自然的融合，往往是通过儒、道、佛的哲学思想为媒介的。超越于世俗之上的虚冷信仰乃能纯净天然之姿，相化相忘，使山水（第一自然）与人格（第二自然）融为一体，共同成为美的对象。

南朝《世说新语》，可以说是当时哲学思潮的总录，书中充分表露了当时人们对自然风物之美的领会，而且在诸多篇章中将自然加以人格化或将人加以“拟自然化”。如“王公目太尉，岩岩清峙，壁立千仞”“世目周侯，嶷如断山”“庚子嵩目和峤，森森如千丈松”等均把岩石、山、松拟化为人格，把人的品操美转化为自然美。同书又载：“王子猷尝暂寄人空宅住，便令种竹。或问：‘暂住何烦尔？’王啸咏良久，直指竹曰：‘何可一日无此君？’”当时人们心中早已把竹子比拟为高节、虚心的君子了。

中国山水所以成为园林发展的主流，和山水诗、画一样，是因为中国人对自然山水有特殊的灵趣，有特殊民族涵养。古代隐逸之士以为山水园林可以“会心”“濠濮间想”“神”“辄思玄度”“清心避尘”“以敷文析理自娱”“辄觉神超形越”。

魏晋时代的最早山水画家宗炳有“以玄对山水”语，其实际表现是旷达、任性、率直地投身自然，领受“神飞扬”“思浩荡”的山水之美，达到“太虚幽远默然”的高超精神境界，使人的生命更加圆满明彻。

在中国古典山水园林中，人格化的自然表达方法与山水画的表达方式基本相似，可以借用“常理”和“象外”两词来概括。

苏东坡在《净因院画记》中有一段话云：“余尝论画，以为人禽宫室器用，皆有常形。至于山石竹木，水波烟云，虽无常形，而有常理。”其意是说人禽器室有一定形象标准，难以似真，而自然风景虽变无定形，可随意安排创造，然仍有一定构造情态，合“天造之理”。中国古典园林的山水景观创构，同样虽无定形、定法，然要依乎自然情理和天然气质，正如《园冶》中所说的那样：“虽由人作，宛自天开。”

苏轼在《题文与可墨竹》诗云：“诗鸣草圣余，兼入竹三昧，时时出木石，荒怪轶象外。”此中所谓“象外”，意即突破形似，深入于自然的理性，“取其质”“穷其妙”“夺其造化”“传其神”，把物形象化。《园冶》有云：“夜雨芭蕉，似杂鲛人之泣泪；晓风杨柳，若翻蛮女之纤腰。”此中把雨蕉和风柳“象外”为渔人洒泪和舞女之腰，将自己的情思融入自然的对象中去了。

“常理”和“象外”在古典山水园创作中，就是要捕捉和创造各种自然神韵的特殊景物，并使之再现，再现的手法通常有：

（一）对特殊环境美的捕捉

大自然由于地质条件，气候因素和地域所处的环境差异而具有典型性，形成个性美。按《园冶》相地法则应“相地合宜”地利用特殊场景去增强园林艺术表现力，其不同园址处理手法为：

山林地——景象为“有高有凹，有曲有深，有峻而悬，有平而坦”；处理手法是“入奥疏源，就低凿水，搜土开其穴麓，培山接以房廊”。

村庄地——景象是“团团篱落，处处桑麻”；处理手法是：“凿水为濠，挑堤种柳，门楼知稼，廊庑连芸”“围墙编棘”“曲径绕篱”。

郊野地——景象是“平冈曲坞，叠陇乔林，水浚通源，桥横跨水”；处理手法是：“围知版筑，构拟习池，开荒欲引长流，摘景全留杂树”。

江湖地——景象是“悠悠烟水，澹澹云山，泛泛渔舟，闲闲鸥鸟”；处理手法是：“漏层阴而藏阁，迎先月以登台”。

上述因景构园表现特殊艺术意象的手法，可以再现大自然的雄壮美、淡泊美、奇特美、秀丽美、深奥美、含蓄美。满足各种人生理、心理机制的各种特殊审美爱好。

（二）对自然气韵美的捕捉

《世说新语》有“风气韵度”词，南宋齐谢赫《古画品录》把“气韵生动”列为绘画六法之首。山水中常说有“骨气”“势气”“壮气”“色气”“和韵”“玄韵”“神韵”“风韵”“雅韵”“清韵”等，中国古典园林极重自然气韵之创造和捕捉，手法和内容亦千变万化。后面列几点试说明之。

庞大磅礴之气韵——北京颐和园为表达皇家园林之壮丽，而选址在气势伟丽的万寿山与昆明湖间，浩瀚水面环绕衬托 60 米高浑朴之山，山顶建 38 米高的佛香阁，控制了全园景观，排云殿、画中游沿轴线依台而下几“面视昆明万景收”，突出了庄严宏伟的建筑群体气势，山下长廊达 728 米，把前湖后山融为一体，捕捉了起伏的远山塔影，山水之气与势相生，宏大磅礴的气韵自然显露了出来。

畅朗秀丽之气韵——无锡寄畅园平面布置简单，假山与建筑抱湖而筑，空间通畅开朗，廊亭临水，明澈清晶。建筑绚秀，尺度恰宜，趣味盎然生动。园址背靠惠山，远借锡山，空间气势流敞，远近内外渗透，畅朗秀丽之气韵自露。

雅静清幽的气韵——苏州网师园借“渔隐”之意为名，以小、巧、幽表露与世无争的雅趣。建筑沿水面错落参差，相为对景，有儒雅感；空间幽曲多变，深藏寂静，小中见大，有宁隐感；亭榭轩廊精巧秀雅，尺度宜人，玲珑明快，有清新感；室内布设淡泊典雅，门窗开启得体，竹石斜影，别有洞天，雅静清幽之情愫自生。

山林野趣之气韵——苏州拙政园是失意官人，在闹市中寻求山林野趣逍遥而构筑之园。园中水面弥漫，山岛起伏属连，古木参天，绿荫宜人，灌木丛生，奇花缀石，很有水乡山林之气势。园内楼榭临波，平桥跨水，粉墙蜿蜒，小院幽谧，回廊折绕，洞门如月，亭台翼然，环列的建筑人为空间意境与池岛的山林意境相互交融，怡目畅神，令人流连忘返。

（三）对自然片断美的捕捉

这种捕捉实际上是有意识地截取自然景物某一美貌特征的片断，通过取舍，引起人们的联想，从而更集中、更典型地表现自然的整体美。常见有：

山水片断美的捕捉——如苏州留园假山主景立意乃取东坡“横看成岭侧成峰”的诗意。东西向的主山用湖石叠成，从远处观赏其起伏轮廓，为“成岭”之势。而从近测观看，则峰高矗立，势气峥嵘。南北向黄石砌假山，被围墙截断，仅露其山坡山脚。岩石节理刚劲明晰，临水岸回水转。有“山塞疑无路，湾回别有天”的意境。山谷间设飞梁。溪润幽荫，石迷伏虎，泉声萧瑟，幽峻之余，寻山意趣倍增。

对季节性特景的捕捉——扬州个园为表现四季气节景色的更迭，特以石笋绿竹为春山，湖石水池为夏山，黄石假山为秋山，宣石假山为冬山。在山的神态、色泽、环境感觉上使人联想到四季的变化，领受春夏秋冬各自气候景观效果。气候景观的最大特点是动态的变幻。风雨、晴阴、朝晖晚霞、浓雾薄云、日光月色均可造成虚玄的绝妙景色，中国古典园林的“应时而借”，以时变之物情来逗发人们之好奇感情，是世上仅有的。造景中有谓“南山积雪”“西岭悬露”“海市蜃楼”“烟波致爽”“芝径云堤”“万壑松风”“佛光回照”“槌峰落照”者，均是也。

动物与民俗景观的捕捉——《诗经》所载之周王灵囿，是繁养禽兽以供观赏狩猎的园林。《世说新语》载：“张湛好于斋前种松养鸲鹆。”园中养鱼虫鸟畜，鸣唱飞游，山水自然野趣大增，构成生命美的蓬勃景象，动静交融，形色增辉。此间诗意，古有咏：“白鸥傍桨自双浴，黄蝶逆风还倒风”“落霞与孤鹜齐飞”“落叶散鱼影”。我国古代旅游有“聊向村斋问风俗”句。从春秋战国时“高台榭以望国风”一词说明当时台榭是用以观光风土乡俗的。我国古园林中的楼船石舫，神社表灯，陈设装修均反映了当时当地的风尚人俗。

二、人与自然的亲和意念在构园中的表达

在中国人眼里，自然和人是密不可分的，谓之“天人合一”。所以中国人认为建筑空间是自然空间的组

成部分。自然化了的中国传统园林空间是人们起居生活和寄托情趣所在，其设计当然表达了人与自然交流的愿望，也流露出中国人对自然的特殊理解。

郑板桥在《十笏茅斋竹石图》中曾这样写道：

“十笏茅斋，一方天井，修竹数竿，石笋数尺，其他无多，其费亦无多。而风中雨中有声，日中月中有影，诗中酒中有情，闲中闷中有伴。非唯我爱竹石，而竹石亦爱我也。”

这段文字淋漓尽致地表达了天籁与人情共鸣的感受。带着自然节奏及韵味的天井成了生命交辉的乐章。

南朝宗炳对自己的山水画说：“抚琴动操，欲令众山皆响”；又“山水以形媚道，而仁者乐。不亦几乎”。这充分体现了人与自然山水之应情相洽，亲和关系之密切。

在中国古典园林中，建筑空间的构思，基本上可以说是使人们投情自然的构思，使人与自然紧密结合的经营。《园冶》所述：“野筑惟因”“按时景为精”“花间隐榭，水际安亭”，均指建筑与自然环境应相互融为一体。在我国园林中，人为建筑的结构和形态与大自然山水是难以分割的。造园的主要旨意是空间自然化，诗画自然化，自然人为空间化。常见的手法有：

（1）运用景门景窗框取自然景物。

在门、窗、洞、孔布设时，有选择地摄取某一自然佳景，恰似一幅活的山水画。即李渔在《一家言》中所说的“无心窗”“尺幅窗”。《园冶》中云：“借以粉壁为纸，以石为绘也。理者相石皴纹，仿古人笔意，植黄山松柏、古梅、美竹，收之园窗，宛然镜游也。”

中国古典园林利用门窗景框与自然融和的例子很多，形式和手法也变化无穷，比较成功的例子有扬州瘦西湖钓鱼台小亭园景门；苏州沧浪亭中汉瓶门，苏州拙政园套园门，顺德清晖园月门。它们的共同手法是以简洁幽暗的门窗边为画框，使观者视线集中，自然美景跃然眼内，给人以强烈的与自然的亲和感，给室内带来自然的生机。

（2）设置亭台楼阁制高点，使人浸润在大自然环境之中。

《园冶》云：“层阁重楼，迥出云霄之上”又“山楼凭远，纵目皆然。纳千顷之汪洋，收四时之烂漫”。园内有限空间扩充到园外无限的大自然空间中去了，把自然诗画化了。

在苏州沧浪亭中登见山楼时，宛如人处在广漠的江浙农村天地之中，登苏州寒山寺枫江楼可望天平山、狮子山及灵岩峰，空间容量就不尽尽了，合“山色有无中”之诗意。

登昆明大观楼，则“五百里滇池，奔来眼底，披襟岸帻，喜茫茫空阔无边。莫辜负：四周香稻，万顷晴沙，九夏芙蓉，三春杨柳”。园林空间何其壮观。

（3）通过廊、亭、轩、堂等开敞或半开敞建筑空间，使人为空间和自然空间融为一体。

《园冶》有载：“堂虚绿野犹开，花隐重门若掩”；“虚阁荫桐，清池涵月”；均指的堂阁虚敞，使室内空间向自然空间渗透、展延、扩散，获得扩大视野、亲和自然的效果。

在中国古典园林中，廊是把建筑空间伸展到自然景物中去的重要建筑，它串通了景，使景物与景物间，景物与建筑间，彼此衬托，相互因借。如北京北海的“看画廊”，苏州拙政园的“小飞虹”，番禺余荫山房的“浣红跨绿”廊等。

中国古典园林布局的重要手法是宁空勿实，使内外灵气流通，不可窒塞。如苏州拙政园远香堂，四面玲珑，空多实少，坐堂环顾视线畅通无阻，水池、假山、树木、花丛、云彩历历在目，自然景致层层错落，迤逦相续，有如一轴长卷山水画。

（4）在建筑中嵌入小庭或抽出局部建筑空间来引进自然。

屋中院本是建筑通风、采光、排水之所，然中国庭园却把其自然化，诗意化了。美其名者有“青枫绿屿”“海棠春坞”“古不交柯”“殿春簃”“枇杷院”……

在许多古代寺院中，寺庙位于山间野地，运常采用若干小建筑空间单位来适应有限地形的条件，故在寺界实位中嵌入天井，天井中列顽石一、二，种奇竹数竿，含蓄幽深，静谧亲切，如肇庆鼎湖白云观，韶关南华寺等。

杭州虎跑寺院群体空间布局则巧妙地引入泉水进各个小院，院子泉池清澈素雅，把泉水和天井景观巧妙地结合起来，加上古木奇花的配置，充满了诗情画意。

（5）园中屋，屋山园，相互穿插，使人工美与自然美统为一体。

中国古建筑布局受礼制影响比较大，不论宫室、庙宇和住宅均求严整，但作为有生活向往的人，总需要有精神上的潇洒和娱乐享受，屋内设园是起居的扩展，室内生活的补充。在屋前屋后，或屋间，布置花草树木以至山石鱼池，多半是深藏更丰富的生活目的。园与屋在分中求合，是寻求道与儒哲学思想的统一，园林的主要作用是精神环境的创造，把自然景物作为建筑空间对象来处理。

北京颐和园内之“谐趣园”，园址选在山窝内，四周密林相抱，以围墙及建筑与外界山林景观相隔，园中为泉池水院，沿池环布亭、廊、轩、榭，自然景色与人工屋舍玲珑穿插，相间环套。

我国许多寺院园林也同样是上述布局（如昆明西山太华寺及园通寺、广东南华寺与庆云寺，四川峨眉山报国寺与武侯祠等），通常是大园中用建筑围合一些小园，小园再叠石挖池，用廊亭墙树分割为小院，院中点缀自然景物。

（6）庭屋相间，相互串联，使自然空间与人工空间有韵律的展现。

这手法是吸收民居布局特点，以“进”和“路”展开的建筑群体处理，通过一层层的庭院天井，使空间层次富于变化，大有“庭院深深深几许”的含蓄幽深意境。屋舍围绕着天井布列，一组组、一团团，景观典雅、静谧亲切。如广州光孝寺与南海神庙，镇江焦山寺，四川青城山天师洞等，组群空间均以天井庭院为核心，一个个天井通过门、廊串通成一气，疏密有致。院落根据各自功能要求作不同的形式和景观处理，景色各异，情趣不同，充满诗意。

（7）用人工点染自然景物，使山水意境更为浓郁。

自然山水，如果离开了人工的加工和人文的装点，很难说得上是园林艺术。古代向往的“仙山琼阁”，其实是对自然山水的建筑趣味化。对自然的艺术加工和提炼改造，进一步加之构景、衬景，使自然美更完善、更典型。

传统园林对山水美的点景强化和构图补白，通常还用摩崖石刻和碑篆匾联。例如在山石的适当位置刻“冠云”“玉玲珑”“小罗浮”“云岗”“印月”等，用含蓄之手段，点出景之意趣，让人去思忖、寻味。有时也用人文手段把景物加以宗教化、精神化；塑造奇幻景象，把现实美、历史虚构美，民俗美寄寓于山水，使游人产生迷离的浮想，进入更高层次的审美境界。

中国石窟和山崖寺庙是用人工点染自然景物的典型，人工的洞、穴、路、字、建筑等与山水景色揉成一体，丰富了天然情趣。如四川乐山大佛寺长达近里的山崖景观，通过进香道路和石蹬把佛洞、崖刻、岩堂、泉潭等景点有节奏地串联起来，经人工的剪裁，把散乱的山水，美化为让人沉醉的园林环境空间，使天然景色更具有强大的生命力。

总之，中国古典园林，是古人对自然特殊情感的表达，它使人和自然水乳交融，并使人从中表现了自我性格，满足了个人意趣和得到了某种寄托。

中国传统建筑生态优化的理念与实践

原载于2005年《南方建筑》，与胡冬香合著

生态观念是古代中国传统文化的一个重要组成部分，中华民族之所以能持续发展与生存，无不与其对自然的理解以及处理人与自然的关系密切相关。总结并整合古代生态理念，提炼和分析生态实践经验，并以科学的态度予以继承，必将对今后中国建筑走生态优化的道路有所启迪。

一、趋势与由来

中华民族所以生存与持续发展，重要原因之一就在于其突出的生存观及发展观。北京保利博物馆藏有三千年前的遂公盨铜器铭刻有90多字的金文，开头即说“天命禹敷土堕山浚川”，续后出现了六个“德”字。“德”不仅是处理人与人之间的准则，而且还指处理人与自然关系的标准，“天人合一”也有此含义。《周易·文言》有谓“夫大人者，与天地合其德，与日月合其明，与四时合其序”，要求人们的行为要顺从自然的规律。我国古代长期处于自给自足的农耕社会，人们为了种族的繁衍，自然形成了朴素的生态智能，创立了自己传统的生态思想体系，渗透以儒、道、释之哲学于风俗民情之中。尽管古人对宇宙本体的体悟是直接、简单的，却与现代的科学生态观不谋而合。

西方文化原为神本文化，以“利”治国，强调竞争，经过了资本主义的充分孕育。工业革命后，生产力急剧提高，对自然资源进行掠夺性开采，导致森林减少，水土流失，土地沙漠化，酸雨污染，空气恶化，垃圾成灾，地球热效应加重，原有的生态平衡被破坏。深刻的教训，惨痛的代价，引起了西方建筑界对生态规划与设计问题的关注，并进一步对建筑生态化的理论进行研究与实践，初步形成了现代西方的生态优化理念。

我国自改革开放以来，生产的发展速度超过了西方资本主义发展初期，生态平衡的破坏程度更为严重，空气、水体、土地受到普遍污染，资源消耗率前所未有，国家的生态安全受到严重的威胁。由此，国家提出了未来科学发展观，探求经济的可持续发展。在吸收西方现代先进理论与经验的前提下，研究和发展我国传统建筑生态优化的理念与实践，也许可以找到一条符合我国国情的、有中国特色的建筑发展新路。

二、生态优化的思想与理念

道家思想是我国土生土长的正统思想，主张“自然无为、顺应天道”；道家的精神是“以虚为本，以因循为用”。《老子》曾说：“人法地，地法天，天法道，道法自然”，认为道是本性，是天然，是自然而然；认为天、地、人是不可分的，人来源于自然，依赖自然而生存，必须遵循自然规律才能发展。道家反对以人类为中心，其言曰：“道大、天大、地大、人亦大，而人居其一焉”，意即人与自然是平等的、相依而存的。《庄子》提倡“少私寡欲”，由此演化出中华民族“节俭”的美德。减少资源的浪费，限制过度的贪欲，这正是生态优化的基本思想。现代生态概念中能量流、物质流、信息流的循环运动理论告诉人们，自然物质循环规律是不可抗拒的，人类只能适应顺从，采取自我调节、平衡和缓的态度，也就是采取生态优化的策略。

《周易》是儒家关于自然、社会和历史变化规律论述的思想体系，它把阴阳演变为八卦，并转化为

六十四卦整体循环理念。认为人的生命机体、天的气节气象运行、宇宙自然的发展过程、生物的兴衰存废都是循环转化的。儒家把宇宙归纳为天、地、人三才，主张“天人合一”“天人感应”，同时尊重天地，“赞天地之化育”，认为人不能大于天，人是自然界中的一员，人与其他生物是平等的。孔子谓“仁者乐山”“智者乐水”，他还把天地视作父母，人和自然是亲和的关系，从来没有把自然当作征服的对象。《中庸》中提到的“万物并育而不相害，道并行而不相悖”，这可以说是我们祖先提出的大系统的生态观。《孟子·梁惠王上》云：“斧斤以时入山林，材木不可胜用也”，反对过分开发木材；同书又曰：“数罟不入洿池，鱼鳖不可胜食也”，意即林木及其林中野兽，池水及其池中鱼鳖都不能伐尽杀绝，留有养生待后繁殖的余地。对于森林的生态效益，《荀子·致士》中早有认识：“山林茂而禽兽归之……山林险而鸟兽去之”。认识到养林是关系到物种生态平衡的事。在与自然相处中，人们逐渐体会到山林防止水土流失、净化空气、避风遮阳和调节气候的综合作用。

佛教虽是从印度传入，但与中国儒道结合后，成为中国信徒多、地域广的宗教。佛教“普度众生”“众生平等”和“大慈大悲”的理念深入人心，主张消灭一切欲望，认为贪欲是人类一切恶果的根源，以克己、自苦和忍欲的利他主义的精神，指引人们去珍惜他人生命，关爱各种生物，保护生态环境。佛教之“因果报应”和“因缘关系”，认为“善恶总有由缘”“善有善报，恶有恶报”，认为人们不尊重自然必会遭到自然的报复，要求教徒不杀生，以“放生得福”的观念及“救死救生”的信仰，阻止人们过度捕杀生物，有效地减缓了生物灭种，这对中国现代生态平衡的维护具有重大意义。

综上所述，在我国古代，国家政令、宗教信仰、民情风俗和道德标准上都倡导人与大自然的协调发展，生态优化思想贯穿于各行各业的方方面面。

三、整体优化的环境观

当代整体生态观认为，地球的生物圈是一开放的大系统，内部各要素之间相互关联并且相互依赖；生态系统中的土地，空气、水及其他生态因子是相互作用和不断循环的。在古代，由于生产力水平较低，人们懂得利用自然，但还不能主宰自然，整体环境的优化主要是通过选址来达到的。

《管子》一书中对城市的选址有如下论述：“非于大山之下，必于广川之上，高毋近旱而水用足，下毋近水而沟防省”，主张建筑物要选择依山傍水的地形，以免受旱涝之害。所以，中国传统建筑往往都建立在山脚高地或山腰，很少有建在峰顶或沟谷的。另外，对于村落的整体环境要求也有如下论述：“故圣人之处居者，必于不倾之地，而择地形之肥饶者……左右经水若泽，内为落渠之泻，因大川而注焉，乃以其天材、地之所生利养其人，以育六畜”。可见古人选择居住环境，首先考虑的是生存条件。从西安半坡原始社会聚落选址事实来看，早在五千多年前，我们的祖先聚居地，就是在靠依山原，近水湾，据沃地，在优化的环境里，以种养生息。

岭南少数民族山区村寨亦选择优良的山腰而居，山顶有茂密的森林蓄水，且可采柴为燃料。山水由竹筒引之入屋，经使用后灌入梯田，两侧山坡肥土育草，六畜繁生，梯田四时有水自流而下，注入山下江河，少有天然灾害，安居乐业。

岭南古代无论是山区客家土楼、广府碉楼、潮汕围寨，几乎都是按综合整体的生态系统考虑，进行环境优化择居的。如客家土楼，多选在前田后山的负阴抱阳坡地上，建筑依坡而建，前低后高，引风向阳，污水排入村前的半圆形池塘，蓄水净化、养鱼养鸭及防火，池边种植果蔬，池内所积泥塘，每年清理用作肥料或作土坯建房。村外常有小河环抱，河堤绿竹绕村，路沿堤出村，村头有榕树乘凉，村口有风水林养，建筑有机地融进了山、水、林、田、园的大自然环境中，人与自然和谐共处，是典型的综合生态优化模式。

《园冶》相地篇把园地分为山林、村庄、城市、郊野、江湖等地，要求园林“因境而成”“相地合宜”“构园得体”“格式随宜”“得景随形”，强调造园与环境的结合。岭南园林，如余荫山房或可园，把人工空间和自然空间整体优化为生态空间。

四、节约用地与保持水土的理念

中国是世界上土地资源最缺乏的国家之一，人多地少，制约了经济的可持续发展。近十多年来，用地开发的失控，使土地资源的使用与浪费几近极限。节约用地，提高土地利用效益，已成为国家最关注的策略问题。我国古代把土地、山林、水源看作为生存环境的主要物质因子，特别是把土地比作黄金和生命根基。“民以食为天”，食物几乎全由土地耕作所供，衣、住、行也都离不开土地。《荀子·天论》有云：“得地则生，失地则死”。由于土地对国家民族的重要性，早在夏代就有保护和利用土地资源的机构和官员，周代以来的“司徒”“土方氏”“司空”“原师”“掌固”等便是管理土地使用的机构。在岭南古代血统姓氏村落，通常都由族长管理土地，除了私家的“私田”外，还有公益的义田、学田、祭田、军田等公田。村与村之间常出现的争地现象，乡间一般有习成的公约和乡规加以议和解决。

在岭南乡村，对土地的利用还普遍有一种“因时制宜”的乡俗。如春天制定本年土地利用计划，祭土地神；夏天禁止动土建房；秋天宜修仓、建房、装修；冬天宜利用农闲备木土料和土砖等。对土地的养生，岭南黎、苗、瑶等少数民族有轮耕和换耕的风俗，即把山地按 2 ～ 3 年耕与牧轮换，以保护地肥；换耕是指同一块地，一年种水稻，隔年种旱作的方法。

由于耕地的可贵，如何提高土地利用率就成了先人争取生存的焦点。经世世代代的经验积累，手法通常有如下几种：

（1）岭南客家山区和苗瑶少数民族，以及四川云贵山区，建筑多利用山地，采用吊、坡、台、挑、披、梭等手法，建筑与山形、地势结合在一起，而非大动土方，乱建滥挖，既节约了用地，又优化了生态。

（2）岭南珠三角地区村落，采用低层高密度的布局，把天井和巷里缩小，有规律地整齐排列，满足小家庭的生活、生产功能要求的同时，又形成冬暖夏凉的小气候。

（3）客家土楼、开平碉楼、粤北石楼、壮族木楼……都是向空中发展，多建五六层，向高空要地，虽主要是出于防潮防卫的要求，客观上却节省了土地。

（4）在个体建筑处理上，采用前厅后寝和光厅暗房的格局，加大了房间的进深，排列紧凑；其他采用阁楼贮物，利用骑楼、竹筒屋、挑搭、晒台、天窗、隔断、花窗等细部处理，亦可相应地节省用地。

（5）西北和中原黄土高原的窑洞住宅之存在已有几千年历史，这种住宅具有节土地、抵风寒、御酷热、省材料、少耗能的优点。窑顶常种果蔬、庄稼，利于保护环境，净化空气，改善小气候。

（6）对土地的价值评定。《孔子家语·相鲁》说：“乃别五土之性，而物各得其所生之宜，咸得厥所。”意即土地的利用应按土地的性状，因地制宜地开发，顺差异而进行调整。《礼记·王制》又云：“凡居民，量地以制宜，度地以民居，地邑民居必参相得也。”意即根据土地资源的状况来合理安排土地，土地与人居有一种生态相宜的联系。

五、理水与水环境的优化

战国时，伍子胥选苏州城址有“相土尝水”之说，土和水之不可分离，而且是人类生存发展的主要自然资源。水质之好坏，水量之多少，水之流向，旱涝之灾，水渔之利，水路运输与生活所需……都直接影响着人类的兴衰。

我国在夏禹时就有化水害为水利的理念和实践。春秋时，安徽寿县楚庄王兴建的安丰塘（芍坡），秦昭王时李冰修筑的四川都江堰，秦始皇时的郑国渠都是当时世界有名的水利工程。这些工程实践科学地把水系生态优化了，人工环境与自然环境顺天理，按人们的需要融合在一起。秦代的广西灵渠，汉代的龙首渠，历代的黄河大堤……均是利用水势，通过生态优化为人类造福的典例。

《管子 · 水地》："水者，地之血气，如筋脉之通流者也，故曰：水，具材也"的记载，表明了水是地球躯体的生命脉带，循环流动于生态系统内。在过去的农耕社会里，水象征着财富吉祥，农民引水灌溉、楫舟、防火，凿井、饮用、洗盥，没有水就没有生命。碧水常年奔流不息，阴柔可亲，美化着周围环境。山水结合，刚柔相济，虚实相生，阴阳互补，这正是中国古人的理想生态自然观，中国山水园林的理念也出于此。

中国古代流行的"风水说"中，"水"是地理格局中的主要因素。郭璞《葬书》有云："气乘风则散，界水则止；古人聚之使不散，行之使有止，故谓之风水。"可见"聚气"是风水之根本，水生气，无水则无聚，谓："气者，水之母，有气斯有水"，所以，风水之法得水为上。

各派风水师都看重水口的选择，有"入山寻水口"之说。水口乃小盆地山形把门之地，是交通出口、风与水之出入处，肥沃冲积地，景观锁处，防卫要地。《青鸟经》说："水口宜山川融结，峙流不绝"。《博山篇 · 论文》也说到"水口重重，将相之关，山欲水口，倍加结……左右交牙，气聚其间"。陶渊明《桃花源记》所谈的村落入口处，在岭南山区很为常见，村口即水口，出水处山峦环抱，水曲依依，山回水转，其间常见有桥、塔、亭、庙之属。这种风水观念，其实是对自然生态的优化，也是人居要求安全、舒适、宁静、美观的需要；是对理想世外桃源生活的追求。

《水法方位辨》中对水法、水形都有一定的论述。如"水之妙，不外乎形势、性情而已。今以水之情势宜忌，具详于左。凡水来之要玄，去要屈曲，横要弯抱，逆要遮阔…… 合此者吉，反此者凶。明乎此，则水之利害昭昭矣"。文中把水的形势与性情特征看作对人吉凶的预告。的确，直冲的水易成水灾，冲积地弯曲缓和的水环境，更适合人居住。民间常说的"人杰地灵"，也就是这个意思，优化的生态环境适宜于人才的成长。

在我国古代以农为本的社会里，对水的崇拜是很自然的。无论是在南方、北方，还是在河滩、湖边、海岸、江畔，普遍有河伯庙、龙王庙、海神殿、司水观等。民间的亲水活动风俗有泼水节、沐浴节、龙王旦、龙舟节等；在这些节日里，人们追求的是健康、丰收、爱情、风调雨顺、安定祥和等。中国的政治、经济、宗教、哲理、艺术都与水文化有关，水崇拜构成了中国生态文化的最大特色之一。

我国在夏商时期为农耕和饮用，就有水系综合利用的观念。井田制就是一种合理有序的水系生态安排。周王城之水系是规整、科学的组织。无论是城市或乡村选址、规划，都把水系的安排放在首位。唐长安、宋汴京、元大都……规划时都考虑到引水贯都，适水而居，活水穿城，聚水构园等规划手法。广州自秦汉以来的规划就采用依水构城、六脉注城、蓄水为湖、串水成网的手法，处理人与水的生态关系，综合地解决了供水、排水、运输、亲水等问题。珠三角的水乡村镇建造更显示出岭南人的生态智能，把水、人、建筑安置得相融相依：村前榕树映塘，村间小桥流水，堤边绿树成荫，屋旁水抱渠环，廊临水，水上亭，人在水中，花在岸上，有如天上人间；是实用美、诗意美、乡土美，也是生态美。

六、木构建筑体系的生态理念

我国古代劳动人民创造了独特的木构架体系，在世界建筑史上独树一帜。这种建筑体系的最大特点是承重与围护构件分离，适宜于建筑使用功能的多样化，充分优化自然条件，使人们生活适应自然，自然环境为生活服务。我国北方地区气候寒冷，冬季北风大，因而北方房屋墙壁较厚，北面窗户小，南面窗户大而且通透；南方由于温度偏高、潮湿，因而房屋多朝南或东南，墙壁薄，窗户多，有利于夏季通风、降温。

我们的祖先早就意识到，以正确的生态观为指导，从大系统的角度来看待和处理问题，有计划地采伐利用，就能够实现植物再生的良性循环，达到生态系统的优化。早在商周之时，我国就有封山育林的山林保护法，《逸周书·大禹篇》云："春三月，山林不登斧斤以成草木之长"。岭南古代文明村落通常立禁伐风景树和风水树（称神林）的规约，也有"草木凋零时，方可入山"的村规，按二十四个节气生物生长的兴败规律以时入林采集果蔬、薪柴、鸟兽，充分考虑到生态资源的有节制开发。

有人说，不但中国，甚至全球木材都处于紧缺状态，绝对不能拿木材当建材。其实这种观点过于偏激，只要以上述传统的、正确的生态观念为指导，就能达到树木伐植的动态平衡，事实就大为改观了。在生物圈这个大的生态系统中，树木是作为初级生产者出现的，是人类物质生产资料的最根本来源，因此，植物在生态系统中所占据的地位是不言而喻的。但是，生命有机体都有其产生、发展与更新的过程，而且只有更新才能使生态系统更具活力，更好地实现系统的物质、能量良性循环。从现存中国最早的木构实物来看，唐代的佛光寺大殿的木构原件至今依然牢固，几千年未毁，如此长的时间早已超过了树木本身的生命周期。即使是一般木构建筑，其使用时间也有 20 ～ 40 年，与一般木材的轮伐期大致相符。在木材自然老化、消亡之前，经过一个为人类服务的阶段，既不破坏自然之物，又满足了人类的生活需求，这正是人类可持续发展的要求。另外，木构件一旦废弃，又能很好地融入生态系统的自然循环之中，被大自然完全吸收，不留下垃圾。这恐怕是五十年或一百年保质期的钢筋混凝土房屋所不能比拟的。据此而言，木构建筑既有利于生物圈大生态系统的良性循环，又为人们提供了自然、舒适的生活环境，人工环境融于自然系统之中，人造之物使生态环境更加优化，而这种优化理念也正是当今生态建筑、可持续性建筑的追求目标。

七、结语

建筑设计是为将来服务的，传统建筑理论需要继承和研究，更需要发挥与创新。在天、地、人三者的关系中，人是天地的产物，不论人类文明如何发展，其生存都离不开自然的抚育。我们祖先朴素的生态优化理念认为，人与自然是共生共存的，人类活动既是对自然环境的改造，也是对生态系统环境的优化，有利于人类的可持续发展。借鉴我国传统建筑中的生态优化理念，用最少的材料与人工，以最快的营造速度建造符合当地气候特点、节约能源、减少用地、与水体等自然环境相融合并参与生态系统循环等的建筑，在仿自然生态系统所创造的人工生态系统中，实现能量流与物质流的平衡，对于我们今天的城市建设与建筑学发展具有十分重要的意义。

参考文献

[1] 清华大学建筑学院，清华大学建筑设计研究院．建筑设计的生态策略 [M]. 北京：中国计划出版社，2001.

[2] 向柏松．中国水崇拜 [M]. 上海：三联书店上海分店，1999.

[3]（英）帕瑞克·纽金斯．世界建筑艺术史 [M]. 安徽：安徽科学技术出版社，1990.

[4] 张应斌，谢癸卯．客家"围龙屋"的宗教与哲学 [J]. 嘉应大学学报，1994（04）：114-120.

[5][春秋时期] 老子·道德经 [M]. 饶尚宽译注．北京：中华书局，2006：13.

[6] 过元炯．园林艺术 [M]. 北京：中国农业出版社，1996.

[7] 高珍明，王乃香，陈瑜．福建民居 [M]. 北京：中国建筑工业出版社，1987.

第四章 居住文化与房地产研究

论城市住宅问题

原载于 1981 年《南方建筑》

建筑是社会现象。衣、食、住、行是人类生存的要素。住宅问题是既关系到生产力也关系到生产关系的问题。古代中国，长期处在自给自足的自然经济状态，居住问题尚不那么突出。随着近代帝国主义的侵入，工商业的发展，城市人口膨胀，出现了城市住宅奇缺的现象。以上海为例，1880 年人口仅一百万，1930 年增至三百万，1945 年剧增为六百万，其中约 50% 聚集在城市中心区，人均面积在 1.5 平方米以下。广州、天津、武汉、南京等城市也大体相似，数以万计的贫民流浪街头，或住在阴暗潮湿的贫民窟内。

中华人民共和国成立后，国家为解决住宅问题作出了很大的努力，每年的投资额都在增长，如 1950 年全国人均住宅建筑面积为 1 平方米，则 1953 年为 5.3 平方米，1958 年为 10.5 平方米。至 1960 年止，由国家投资的住宅面积共达 2 亿平方米。1979 年国家建成有 6200 万平方米的住宅。但随着我国人口的增多，生活水平的提高，加上在“文化大革命”期间“欠账”太多，住宅问题近年明显地尖锐起来。据有关统计，全国各大中城市市民普遍的居住面积平均都在 3 平方米以下，局部拥挤地段还处在 1.5 平方米以下。因此，解决住宅问题就成了当前全国人民最关心的问题之一。可以预见到，要实现“四个现代化”，许多农业人口会转到工业方面来，同时城市人口还在不断增加，人民对住宅的要求亦将越来越高。依照当前建筑状况，住宅紧张的现象在短时期内是难以根本改善的。这就需要我们多方去研究住宅问题，从我国的历史和现况出发，从适应现代化的要求出发，去探索解决我国住宅问题的方法和道路。本文提出下列几点粗浅的看法，目的在于抛砖引玉。

一、出路在于走自己的建筑工业化道路

早在 1956 年，我国有关建筑主管部门就提出过“要逐步完成建筑工业的技术改造，逐步完成向建筑工业化过渡”的方针。24 年来，有关部门确对建筑设计标准化，施工机械化和构件生产工厂化做了不少工作，在工业建筑方面，收到了较大的效果。但在住宅建设中则进展缓慢，收效较差。当前我国住宅建筑事业的状况基本上还处在先进国家 20 世纪 30 年代的水平，手工业式的建筑方法仍占主要地位。有些住宅用先进方法只几小时就能建得起来，而我们还需要几个月，甚至有的要 2 ～ 3 年才能交付使用。原因何在？这首先应从建筑部门找出内在原因。

长期以来，我国一直把住宅标准设计作为工业化的主要内容，这是从苏联学过来的。实践证明，它有很大的局限性，并没有对我国住宅建筑工业化起重大作用，特别是当前，如果还停留在这一口号水平上，是很难改变落后面貌的。因为它的目的不明确，在效果上主要是起将设计部门作为节约设计力量的作用。构件的标准化也只局限于“见树不见林”的技术经济意义。由于住宅平面使用的复杂性和多样性，各地施工技术条件的千变万化，设计的标准经常不可能成为“标准”。标准设计往往就成了仅供参考的“纸上谈兵”。

近些年来，在北京、上海、南宁、常州、西安、广州等城市的一些建筑部门，借鉴国外先进经验，突破了过去只谈设计标准化的做法，以施工机械化为中心，立足于利用当地的建筑资源和技术力量，选用相应的建筑结构、构件和材料，配合适当的施工工艺和劳动组织，各自探索着向住宅建设体系化的方向发展。这是一种可喜的进展。不论是南宁和广州的钢筋混凝土空心大板住宅体系，常州和苏州的装配钢筋混凝土框架轻

质隔断体系，或是西安和兰州的预应力振动砖墙板体系、北京的大模板混凝土剪力墙高层住宅体系，还是上海的活动模板浇注钢筋混凝土高层住宅体系，在实际上都收到了缩短工期、提高成批建造住宅效率的技术经济效果，看来是解决我国住宅问题的主要途径。可是有些人，却因为它目前还存在着一些问题，以我国劳动力价廉为理由，加以非议，这是没有从发展的眼光看问题。

根据马列主义的原理，我们认为，要解决住宅问题，首先要提高住宅的劳动生产率。提高住宅劳动生产率的途径虽然很多，但其根本途径则是技术革新与技术革命。自"第二次世界大战"以来，国外就进行了住宅建筑工业化体系的探索，扩大了过去仅从构件标准化生产着想的做法，把整座住宅作为一个产品，成套成批的生产，像销售其他商品一样来销售体系建筑。当前世界先进国家都主要采用这种方式来建造住宅，日本近年来用此法建造的住宅每年达 1 亿～ 2 亿平方米，收到了速度快、成本低、质量高的效果。我们对此法不应产生怀疑，应坚定地把这种先进的建房方法学到手，结合我国的实际情况，发展我国的工业化建筑体系。

在我国，发展工业化建筑体系，实际上是一场技术革命，阻力是很大的，必须首先改变几千年来传统的建筑概念，从现代社会生活的变化，生产力的发展去理解建筑。对于建筑的社会性质不仅建筑部门要研究清楚，作为建筑技术革命的出发点，还要取得广大群众的支持和关注。

按照社会生产发展规律，现代工业必然趋于向大工业生产方式发展。其基本内容和主要特征可概括为：①用机器操作代替手工操作，由分散的劳动个体转变为集团的大生产机构；②严密的科学管理体系，综合应用社会其他工业的成就，组织连续化的生产流程；③不断革新技术基础，不断创造更先进的生产工艺；④建立大规模协作的生产关系，使其与先进的生产技术相适应。

上述四点能否适用于发展我国住宅建筑呢？看来大量的住宅需要只有用大工业生产方式才能解决。至于采用什么方法来实现住宅大工业生产呢？各地情况不同，可有不同的做法，但中心课题应该是，为实现机械化，采取合理的技术、组织和管理措施，把设计、材料来源、构件生产、现场施工安装，科研等密切结合，保证住宅能高速稳定地持续性建造，并取得综合性的技术经济效果。

当然实现全面机械化要有一定的过程，形成一种工业化的建筑体系不是几年内能办得到的。在当前条件下，手工业和半手工业的建筑方式的存在还是必要和必然的，但是如果我们忘记了大工业生产方式建设住宅的总目标，对已经取得初步成效的工业化住宅体系不给予坚定的支持，使其日趋完备，且逐步推广，就会贻误我们解决住宅问题的时间。

二、关键在于建筑体制的改革

革命导师马克思指出："同已经发生的、表现为工艺革命的生产力革命一起，还会实现生产关系的革命。"就是说生产力的革命和生产关系的变革是发展生产的两端，两者要相互适应。要采用现代化建造住宅的技术，务必对旧有的不适应于大生产的建筑体制进行改革。具体而言，当前究竟有那些人为的因素妨碍建筑工业化的进程，影响住宅问题的解决呢？我认为有如下几点：

（1）住宅建筑业在国民经济结构中的地位低浅。长期以来，住宅被片面地认为是无积累的纯消费品，忽视了它能促进社会生产和组织社会生活的重大意义，以"因陋就简"的方法来处理住宅建设，没有考虑一个稳定的长期计划去解决人民不断增加的居住需要，故国家在住宅建设中的投资比例难以合理，投入住宅建设中的人、财、物和产、供、销难以在国民经济计划中得到综合平衡，就是有了短期的计划也难以实现。在政策上，住宅价格并没有合理反映它的价值，企业得不到合法的利润，甚至于亏本，当然无法积累扩大再生产的资金和改进现有的技术装备；生产基地无力建设，职工生活福利得不到保证，其他待遇也比其他行业低一等，影响职工的积极性，以致出现招收建筑工人的困难。

（2）缺乏经营管理的自主权。建筑企业单位不仅未能按照自己的条件，扬长避短地选择承担项目，而且未能独立生产、独立经营和独立核算，这就否定了企业是独立的物质生产部门，不承认建筑产品是商品，企业只不过是“来料加工”机构，经常是“千家备料，一家施工”，造成有时等料停工，有时料不合用或备料过多造成浪费。有时因被迫承担力不能及的工程，而迟迟不能上马，或遇到技术难题而停下来，成为“胡子尾巴工程”，使建筑周期越来越长，工程造价越来越高，对工程质量也难以保证，当发生工程事故时，责任也不知该由哪方来负。

（3）协作与配合关系的不协调。住宅建设是程序繁多，技术工艺复杂，带有高度综合性的产业部门。任何一方面协作不好或配合不周都无法进行生产。目前在城市中要建一幢住宅，仅呈报项目到确定兴建，一般都要经过十几个单位批准，在广州有的还需经过近 40 次批示盖章。因为材料、机械设备先分配到承建单位等部门然后分散向施工单位提供，经常出现不是你等我，就是我等你的现象。目前的施工单位普遍还处在小而分散的状态，通常一幢住宅还不能由一个单位完成，打桩、搭脚手架、构件预制、运输、水电设备还得由其他专业单位完成，不可能统一协调，达到环环紧扣，如一旦工种脱节，即出现三天打鱼两天晒网的现象。又如在广州这个城市，建筑构件预制厂和建筑金属加工厂就有几十个，技术力量和设备都相当分散，彼此安于现状，井水不犯河水；当材料暂缺时，宁可大家都吃不饱，各自力量都无法充分发挥。

（4）劳动组织与新的生产技术不适应。目前好些施工组织基本上还是按传统木工、砖工、抹灰工、架子工分工的，很不适应于新材料、新结构和新施工工具的改革，旧的劳动手段常常变成实现新施工工艺的包袱。例如，采用大板材新工艺，提升模板新工艺，或轻质挂墙新工艺，没有及时建立熟练技术的安装机械工、钢筋工、混凝土工和新板材制作工等专业施工队，就不能充分发挥新技术新工艺的高效能。

（5）组织管理的混乱和掌握新建筑科学技术人员的缺乏。有些企业领导至今还习惯于手工业式的“大兵团作战”的领导方法，因不尊重科学而“瞎指挥”所造成停工、浪费和事故的现象还到处可见。在新形势新技术面前，有的领导还因循守旧，不学习新技术，不接受新事物，忽视施工的组织和管理的科学方法，没有管理的制度和职责范围，技术关无人把，施工组织设计也不搞了。在建筑行业中，至今还是“重设计轻施工”。因对施工技术的研究和人才的培养长期被忽视了，故造成施工理论水平低和技术干部奇缺的现象。过去熟练的老工人一方面由于自然的减员，另一方面由于旧技艺不适应于新技术，逐渐失去了技术骨干的作用， 新的技术工人又一时培养不出来，故以时工、临工代替技术工的情况相当普遍，常因基本技术工人不足而严重影响工程的质量和进度。至于应用统筹法、自动控制、电子计算技术等现代科学方法组织施工，就更为困难了。

针对上述存在的问题，我们提出如下改革的建议：

（1）中央和地方应适当增加发展住宅建筑工业化的基本投资，特别是增加建筑材料、建筑机械、建筑设备等薄弱环节的投资，把住宅投资数量纳入国民经济计划的综合平衡内容之中，并订出中、长期发展计划，拟定具体措施，确保计划执行。稳定住宅建设的人、财、物，再不可随心所欲地乱调住宅施工力量去建“楼、堂、馆、所”了。在政策上，应充分肯定住宅建设部门为社会主义所创造的重大价值，允许企业提取合法利润以扩大再生产和改善职工生活。再不能把住宅建设部门看成搞“福利主义”的部门了。

（2）各城市成立专门领导住宅建设的核心机构（住宅建设委员会或住宅联合公司），接受中央和地方的投资委托和商洽集体单位和个人投资，统筹整个城市的住宅规划、设计、施工、分配工作；协调征用住宅用地，解决材料来源和机械设备生产问题，确定标准设计和建筑体系，保证每年住宅建设计划的平衡和实现。在住宅建设委员会下设若干“住宅公司”，分别承包各城区的住宅工程任务，各公司有充分的独立自主权，能完全掌握自己的劳动对象和主要劳动手段，实行“包工包料”制。把勘测与设计、材料加工与构体生产、运输与施工、水电设备的安装等统筹成“一贯生产制”。在体制上保证公司能按合同对工程的质量和工期完全负责。

（3）中央和地方均设立住宅研究院，对住宅的定型与标准、施工管理与技术、工业化的道路、新材料与新结构、当前的需要与发展的趋势、合理与节约的原则、地方与民族的特点等进行综合研究，加强情报工作和调查群众意见，提出理论性、指导性的课题进行研究，并附有试验基地和出版专门刊物，不断总结交流经验和培训人才，解决住宅建设存在的问题，推动我国住宅建设的发展与技术水平的提高。

三、旧城市的改造与居住环境问题

现代城市是社会的组织形式，体现着社会的共同生活。住宅是城市有机体的主要组成细胞，占整个城市建筑面积的 70% 以上，但它的存在需要有正常的食物、用品和水电的供应，交通运输的正常运转，卫生、教育体系的健全，精神文化生活的满足等，正如细胞的生存，有赖于机体呼吸系统、血液循环系统、消化排泄系统的正常运行一样。因此要解决住宅问题，非要有合理的城市规划不可。这方面的教训在国内是屡见不鲜的。如广州东郊新大板住宅区因没有考虑到中小学和商店的配套，而出现读书难、买东西难的现象。如北京和郑州有的新建住宅区，因居住对象离工作地点过远，而造成了交通的紧张；又如苏州和桂林等城市，因把有污染的工业建在住宅区内，造成了住宅环境严重的污染。据外国经验，随着现代化交通、服务设施的发展和生活的社会化、多样化，仅从街坊小区、居住区规划来解决住宅问题已经不够，还要从整个城市规划和区域性规划着想。

缺乏住宅最严重的是在大、中旧城市，其主要原因是由于人口的增加、旧住宅的拆毁和自然耗损，以及少数人占房过多所造成的。要有效地解决问题，除控制城市人口外，主要是要多建新房和修改旧房，这就提出了一个对旧城市的扩展、改造和更新的问题。

中华人民共和国成立以来，我国对旧城的改造取得了许多经验，但也存在不少问题。普遍是没有拟定近远期兼顾的改建和发展规划，常见的现象或有规划也无法执行。是各单位独占地段各行其是，盲目乱拆乱建，有的拆了住房改建工厂或其他公共建筑，有的是追求市容气派铲平了一些不该拆的住宅，虽建起了一些房子，多数市民的居住条件并未能得到改善，有的房子只盖了十几年又拆掉了，有的拆了又长期建不起来。事实证明，在旧城市中，不论新建、改建、拆毁都直接关系到市民的居住问题，需要纳入规划，拟订章程。

对旧城市的改建，有一个破与立、拆与搭的问题，须慎重对待。必须看到，旧城结构组织中，相互间存在有一种微妙的搭配关系，犹如一部旧机器，轻率的大拆大改，往往造成破坏，这方面国内外的教训不少，由于在旧市区盲目建高楼加工厂，结果造成交通、水电的紧张，绿化减少了，原有好的居住环境被污染了、破坏了，失去了平衡，“机器”再不能运转了。

搞旧城改建，需先进行详细的社会调查，广泛征求群众意见，然后才研究确定哪些旧建筑应拆建，哪些建筑可更新、扩建、修复利用，哪些得需保留不动。但总的原则应该是保证市民居住环境的改善、居住水平的提高和体现旧城市历史空间的延续性。

对旧城市的改造与规划，外国有不少的经验，现举如下几个典型，供参考、借鉴。

（1）英国伦敦，一方面在旧城区内开扩地下道路与地下建筑，使之与原有地面建筑重新组织成合乎现代生活的居住“综合体”；另一方面在外郊新建八个卫星城，以疏散旧城人口。

（2）朝鲜平壤，实行“六统”（统一规划、统一设计、统一施工、统一投资、统一分配、统一管理），在旧城区内主要对战争破坏严重的地段和卫生环境差的地段进行改建、重建，在新区基本上分区规划，成街成片地建造居住水平较高的大板住宅。

（3）日本东京，积极鼓励从旧城区迁出工厂，用法律来保护旧城不受环境污染，把旧城改造成多中心型结构，并在离东京 30 ～ 40 公里处另新建以居住为主要功能的多摩新城，分担旧城人口过密的压力、新旧城之间用高速公路和地下铁道相连接，采用现代交通设备调整了作为距离因素的时间系数，新城居民只花半个小时就可达旧城上班。

(4) 美国纽约，对旧城制定了改建法律，旧有建筑尽可能保护利用，或将其内部更新，安装现代化设备，改作为高级住宅，或作游览区。新建工业区和住宅区则向波士顿和华盛顿两个方向伸展，有如人的脊柱，把"点"连成"线"，道路则像肋骨一样，从脊柱两侧伸向农村包围的居住新区或工业区。

(5) 希腊的雅典与意大利的罗马，旧城区中心完全按照历史原貌保存和复原，划作历史文物博览区加以保护，专供世界人士游览，新住宅主要向郊外发展，按现代生活要求另辟地规划建设，由于不受旧区约束，故保证了建设的速度。

当然，资本主义国家的城市建设是经过一段长期无计划混乱发展阶段的，沉痛的教训迫使人们去总结经验。我们绝不能再走它们已经走过的弯路了。当前我们借鉴它们的好经验，正是为了使我们能更快、更好建设新住宅，有助于解决我国的住宅问题。

四、住宅的实用性与住宅法

解决住宅问题的内容是多方面的，其中谋求实用，为不同居住对象，尽可能创造舒适而健康的居住条件，是我们要解决住宅问题的主要方面。如果新建住宅不适用，群众意见很多，不能满足生活的基本要求，实际上问题尚未解决。

住宅的实用性首先取决于每人的平均面积定额，即面积大一点，住得宽敞一点，无疑体现了居住水平的提高。可是这一点过去是不敢被正视的。我们在实际调查中发现，多数住户是对新建住房"窄、小、挤"提出意见的，所以感到不实用，主要原因是住不下，分不开，没有应有的生活空间。

我国长期以来基本上实行住宅供给制，即把职工居住问题包下来，采用低房租政策。国家为控制积累与消费的比例关系，基本上靠控制每人建筑面积定额来控制国家在住宅建设的投资，实行平均低定额制，总的说来，当时是有助于广大劳动人民居住水平提高的。但随着生产的提高，形势的发展，这种平均低定额制却约束了城市住宅问题的合理解决。原因是：

(1) 住宅的使用年限一般都是几十年，上百年，而每人分配的面积定额是暂时的，因家庭结构是变化的，生活是要不断提高的，这种矛盾很不容易解决。通常有这种情况，一家三口在十多年前分有一间 12 平方米的住房，当时生活较简单，还是觉得满意的，后来生活提高了，家具增多了，小孩长大了，需要加强学习了，就感到很不方便，意见颇大。又如面积定额因没有考虑到家庭的辈分、性别、年龄等问题，故常造成分配的不合理，例如四口之家分配二间共 20 平方米的房子，按设计还是住得下的，但一男一女长大了，就给住户带来很大的不便。其他亲友探访和婴儿出生等因素都会与固定不变的住房面积产生矛盾。

(2) 在社会主义按劳分配时期，生活标准的差异是客观存在的，按当前规定面积定额设计出来的住宅，普遍不能满足较高工资收入职工的要求。特别是在南方，居民有厅房分开的习惯，向来居住水平都较高，按定额分配事实上是行不通的。据广州黄埔几个单位职工住宅调查，老厂约有 85% 是不按原有定额居住的，新厂约有 60% 是不按定额分配的。有的原来定额住四人的户型，现在却住上了八个人；有的原设计住 100 户的新房却分配给 80 户人家，有的一户却占了二三套住房。说明在目前，国家的定额标准对控制国家投资已没有多大现实意义。

(3) 设计人员由于受定额的局限，往往不得不牺牲住宅的合理性和实用性。中华人民共和国成立以来，设计人员在有限的面积定额内，千方百计地挖掘潜力，充分发挥每一分面积的作用，取得了不少的经验。但还很难得到满意的效果，从存在问题来看，多数是由于定额低所造成的，如采用公用厨房厕所、过多套间、出现通风不好，采光不良的死角、视线与噪声干扰、没有足够的贮藏空间等。设计人员普遍认为，如果不死扣定额，问题就好解决多了。

根据上述三点，我们建议：从实际情况出发，按不同地区、不同对象、不同的工作性质和职业、不同原有的居住水平，拟订和设计多样的户型标准（即每户有多少个房间及每户的总建筑面积），各类户型的面积大小和平面组成应以能满足住户基本生活要求为下限，并考虑到远期提高生活水平的可能性。在居住空间安排中，确保住户有舒适而经济的活动空间，节约手段不局限于压缩面积，而是从整套住宅空间的合理安排和充分利用着想，如把楼层降低一点而面积扩大一点，利用空间来贮藏东西而减少地面堆放物品，采用固定家具和设备内藏来增加使用面积，减少墙体所占面积来扩大使用面积，等等。

至于国家对住宅建设的投资应该重点放在加速建筑工业化的发展上，想法从技术革命和科学管理来综合降低造价、提高速度。建设住宅的资金来源也应广开通道，中央可按现况需要和现实可能，有重点、有计划地下达给各城市若干资金指标，其他可由地方、集体、个人和房租收入等广泛积金建造，各部门各单位应把住宅建设工作当作群众福利工作来抓，调动各方面的积极性，改变过去由于国家包起来而形成的等待、依赖思想。另外应按商品价值规律原则调整房租，按地区、按房质量论租价，把住宅商品化。对平均收入低的家庭应订出条例给予部分或全部补助，改变那种多占房、占好房即多占国家便宜的极不合理的现象。同时允许互相自行调换房子。

在社会主义条件下，建筑师的职责全在于不断改善人民的生活条件。在住宅设计方面，首先要深入群众生活，全面了解群众的现实需要和要求，反复征求群众意见来提高我们的设计质量。当前，解决我国的住宅问题，是历史赋予我们建筑工作者刻不容缓的光荣而艰巨的使命。据调查，迫切需要我们去解决的问题有如下几方面：

（1）合理分居问题：现存的职工住宅，多数是只有 1 ～ 2 个房间的户型，因面积定额低和平面组织没有考虑到家庭人口的变化和发展，出现了好些三代同室或子大女大了，还居住在一起的现象，严重地影响了家庭正常生活。新建住宅起码要创造条件，使 13 岁以上的子女与父母分居，使 13 岁以上的男女分房，每房居住人数不超过四人，不出现三代居住在一起的现象，有利于维护良好的家庭结构。

（2）多户共居问题：有些住宅片面追求经济系数，采用两三家合用厨房厕所，经常产生纠纷；有的一梯间用户过多，彼此严重干扰；有的分户不明确，家庭生活无法独立。新建住宅群要求独门独户，每家有厨房厕所。

（3）生活与供应问题：城市住宅多为多层或高层，燃料的运输和贮存，垃圾的处理除和清扫，衣物的洗涤与晾晒，老人小孩的安全与照顾，单车的存放等，都要作特殊的处理。这些虽属生活小节，却是每天影响居民切身利益的社会问题，务必足够重视。

（4）居住卫生问题：过去有些住宅因片面强调节约，或因设计不周和施工质量问题，居民的基本居住卫生条件得不到保障，如室内的通风采光，墙体的保温隔热防潮问题，屋顶的防漏防热问题，厕所与厨房的渗漏，噪声与视线的干扰等均普遍存在，群众吃了不少苦头，且长期消耗能源维修费及管理费。

归纳上述四点，群众当前所要求的居住水平只不过是住得下，分得开，方便，卫生。对建筑部门的要求也并不算高。

然而，按当前我国住宅建筑业的混乱状况来看，亦不能太过于乐观。因此要加紧调整、改革。此外，国家还需要有一个带有指导性、政策性、约束性的住宅法，使住宅的建设、分配、管理法制化，保证我国住宅建设少受阻力，高速度地发展，保障城市居民的居住条件得到不断地改善。对那些只顾眼前利益或本身利益而妨碍他人居住卫生条件、安全，或影响市民正常休息、工作的做法，在法律给予制约。

一个国家的物质文明通常是通过住宅问题的解决表现出来的。现代社会的生产水平和生活面貌，往往从城市新住宅区的规划与建设中得到体现。我们完全相信，在建筑现代化中国的过程中，一定能够实现唐代诗人杜甫所期冀的“安得广厦千万间，大庇天下寒士俱欢颜”的景象。

发展卫星城是解决广州住宅问题的重要途径

原载于 1984 年《广州研究》

广州的住宅建设长期处于较落后的状态。住宅问题已成为广州城市发展中极为突出的问题。这问题不逐步加以研究、解决，将会影响广州“四化”建设的速度，也会妨碍广州中心城市作用的发挥。

住宅是建造在特定的时间和空间里的。在现阶段，广州的主要住宅建设应安排在何处？如何建法？是集中还是分散？是综合还是独立？采用什么途径、手段、方式来建造？这些都关系到兴建住宅的速度、效率等问题。除了要有计划地慎重改造旧城区以增加居住面积和改善城市环境质量外，充实、扩展、完善原有卫星城，发展新的卫星城，以减轻市区人口的压力，也是解决城市住宅问题的一个重要途径。本文仅就此问题略谈意见。

早在 19 世纪末叶，英国社会活动家霍华德就提出发展卫星城的初步理论，到现在，已将近一个世纪。由于卫星城理论符合工业革命不断深入和城市经济迅速发展的客观需要，所以世界各国都重视研究这个理论，并把它付诸实践。后来，帕垂克 · 盖迪斯和格拉姆 · 罗梅 · 蒂拉等人又把这理论进一步提高和完善了。目前，发展卫星城已成为国内外大城市从城市结构上解决住宅问题和改善居住环境的一项重要战略措施。特别是当今世界面临从工业社会向信息社会的巨大转变时期，发展卫星城的事业就更具有强大的生命力。

目前，国外大城市不乏发展卫星城的成功经验。英国伦敦在 1946 年制定了《新城法》，规定在郊外兴建八座卫星城。其中哈罗新城规划居住 8 万人，用地 2560 公顷，内分 4 个居民区，由 13 个邻里单位组成，每个邻里单位均有小学和商业网。朝鲜平壤利用山河地形绿化作隔离带，在距市中心 20 ～ 30 公里处建设了若干卫星城，分散了工业区，防止了污染，疏散了人口。新加坡为了解决住宅不足的问题，政府设立了“建房发展局”。新住宅几乎都在离旧城不远的新城镇成批建造，设施完备。市区划分为若干约由 6000 户组合而成的邻里住宅小区，每个邻里单位都有综合的公共服务机构，以解决居民生活问题。

上述国外经验说明，完备的卫星城对于加快住宅建设，改善居住环境，控制母城规模，改变单一的城市结构都是十分有利的。自 1958 年以来，我国上海、北京、天津、沈阳等城市也开始注意卫星城的建设问题。我国自己的实践同样证明，建设和开发卫星城，不但有必要性，而且有优越性。更为重要的是，世界目前面临着的新的技术革命，无疑将会对城乡结构、社会生活、经济组织、生产体系等产生深刻的影响，将会带来工作方法、生活方式、消费结构和教育手段的变革；新工业层出不穷，企业日益专业化、分散化、多样化、小型化；人们职业的更换、工作的流动将增多。这些都与城市整体规划和局部住宅建设息息相关。在国外，由于科学技术的发展而影响城市结构变化和住宅变化的事例颇多。例如 20 世纪 70 年代，美国因新技术的应用，企业向小型横向网状结构发展，交通运输空前发达，农业也向着工业化、信息化方向发展。这就使城市和农村的概念产生了变化，城市开始向巨型散网综合体过渡。从波士顿经纽约、费城、巴尔的摩到华盛顿这一条线上，就发展了包括 200 多个中小城市的庞大城市群体。在这一庞大城市群体里，先进的高速公路把居住区、商业区、农业区、工业区相互交错地连为一体，城市绿化形成了保护自然生态的森林，农村景致与城市风光融为一体。美国如此，日本、新加坡、罗马尼亚等国亦有这种发展趋势。

由此我们可以得到启示，解决住宅问题，也要看科学发展的形势。要从宏观角度考虑对策，要远近结合。避免“头痛医头、脚痛医脚”的做法。

从珠江三角洲农村近几年发展的速度来看，先进科学技术（特别是电脑）的推广应用将是近十年的事情，有些尖端工业也将会在农村城镇出现，农村从事工业生产的人口将激增，以广州为中心的城市群体结构将在珠江三角洲出现。农业劳动力的解放，将使“离土不离乡”和“亦工亦农”的“双栖人”“候鸟人”激增，推动成片地区城乡经济的繁荣。农村经济收入的增加，生活的安定，将出现新的居住文明。当村镇的服务设施日益城市化后，流入大城市居住的人口将减少。只要政策不变，估计不会出现像资本主义国家发展初期那样大量人口流向大城市的现象。这在广州未来居住人口预测中是要考虑的因素。

另外，现代科学的发展将会淘汰一批传统工业。新兴的电子信息、生物工程、能源、空间、海洋、环保等工业企业和研究机构将加速发展。这些新单位今后可能会更多地设置在市郊，开发成专业新镇，建成广州的电子城、生物工程城、文化教育城、海洋工程城、能源城。这些专业卫星城将与中心城市组成多元城市网，这样旧城的人口也就会逐步疏散，从而减轻旧城住宅建设的压力。

广州市四周在历史上就形成了许多集镇，如沙河、赤岗、槎头、大石、鹤洞、新市、新造、佛山、江村、新华、黄埔等。这些集镇最初是因交通转运、手工业聚集和农副产品集散贸易的需要自发发展而成的。真正意识到卫星城的作用，并从卫星城理论的高度去发展它，还是1958年以后的事。在“控制大城市规模，合理发展中等城市，积极发展小城市”的城建方针指引下，广州还初步建设了员村、赤泥、文冲、沙涌等新卫星城，取得了一定的实效。新建的工厂多安排在这些新镇里，并积极组织了一些工厂外迁到这些新卫星城镇。目前，郊外工厂的年产值已占全市工业总产值的50%左右。但是，这些卫星城，过去由于很少有长远的发展规划，在“先生产后生活”的思想影响下，大多存在着住宅简陋拥挤、市政配套服务设施差、生活消费资料供应不足等缺陷。故许多在卫星城工作的职工，往往宁愿挤在旧市区居住也不愿迁往单位所在地的郊外城镇。这是造成广州市区居住困难户有增无减的重要原因之一。要完善和发展广州的卫星城，逐步解决城市住宅问题，当前有几项工作是必须着手抓紧抓好的：

（1）对现有卫星城进行调查研究。从广州城市的结构合理性和综合整体性出发，确定郊外重点卫星城的数量、性质和发展规模、方向，制定卫星城的具体发展规划。用科学分析方法，按需要和可能，拟定每一发展阶段应建的住宅套数和容纳人数，按生产和生活同步进行的原则，把重点住宅区建好，初步做到职工就地工作，就地居住，以减低市区人口的密度。

（2）改善卫星城的商品供应、市政公共生活服务设施及医疗条件；充实卫星城的科技设备与文化生活；提高居住环境质量、居住面积标准和子女就业率；并对郊区职工在工资、交通、房租、生活费用上给予优惠或补贴，以吸引市区居民迁往卫星城安家落户，达到自然疏散市区人口的目的。

（3）重要卫星城要独立设置开发公司，在全市总的规划思想指导下，应有自己的详细规划和分期建设措施，要有自己的副中心和生产、生活管理体系，把投资、征地、设计、施工、分配等统一起来。在投资上可采用多渠道的办法，国家也应给予优待，在征地价格上使郊区便宜于市区，增加郊区商品住宅的竞争能力。

广州的卫星城建设已有一个好的开端，如员村、文冲、黄埔、赤坭的建设已初见成效。但发展还是缓慢的，有待总结经验，并加以充实、改进与完善。从现在情况看来，主要问题是管理体制较乱，开发工作没有统一机构牵头，各单位各行其是，市政、公用设施没有投资渠道，办事严重拖拉，政策不稳定等。另外，更主要的是还没有一个较完善的科学规划。目前广州的卫星城定居人口只有1万～2万。按国内外经验，一般卫星城，从生态平衡角度考虑，以10万～20万人为宜；从经济原则考虑，宜40万～50万人。广州的卫星城发展到怎样的规模，人口以多少为宜？需要结合实际调查研究，统一规划，才能合理确定。现在广州市区人口为310.83万人，假设每人平均居住面积只有4.5平方米，如果通过发展卫星城，在5年之内有50万人迁往郊区，那么市区每人平均面积就可以增加到5平方米。这样，就能使市区住宅紧张的情况得到缓和。

浅谈广州旧城改造规划中的旧住宅改建

原载于 1986 年《南方建筑》

广州是一个古老而年轻的城市，它既是全国性的历史文化名城，又是岭南现代工业生产基地，这为旧城改造与解决住宅问题带来了特殊性和复杂性。在当前广州住宅紧张的情况下，出现了一些在旧市区盲目乱拆乱建的现象，如果没有一个长远的旧城改建规划和布置来控制乱建局面，就将面临虽建起了一些住宅，解决了眼前一些人的居住问题，但效率和效益甚低的问题；另一方面将造成市民生活的混乱，环境将恶化，同时历史名城的声誉也确难保存。

解决城市住宅问题离不开整体旧城的改造总纲，要考虑到城市科学健全发展的众多因素，并充分意识到其关系到城市社会学、城市生态学、城市历史地理学、城市经济管理学、城市环境美学、城市系统工程学等学科，应该从不同角度去观察，分析和研究探索一些问题；广泛结合有关国内外专家和实际工作者的意见，多层次地做出切实可行的旧城改造规划方案，远近结合分期分批付诸实施，这才是对人民负责，对历史负责的工作方法。如果“头痛医头，脚痛医脚”，被动地跟着“潮流”来搞规划，是难以把广州旧城改造好的，同样，住宅问题也难以解决得好。为此，我建议有关方面多发表意见，供有关规划部门参考，共同把广州规划好，建设好！

本着上述精神，结合近年本人了解的一些广州历史与现况，面对现实生活的需要，浅谈一些不成熟的意见，以期能抛砖引玉。

一、提高土地利用率是改建的原则

广州住房虽然密集，但平均层数不高，据前几年有关统计，全市平均房屋层数还不到二层，建筑稍高的越秀区平均为 2.55 层，海珠区仅 1.86 层，估计破旧平房约占全市的 1/3，说明旧城土地利用存在着严重浪费。另外，过去划拨给各单位的土地面积量没有严格标准依据，又是无偿的，没有发展的预期，“贫富不均”，少地单位一经发展，则拔地建高楼，其他因素全然不理，多地单位则大量滥用土地，搞“独立王国”，有的建筑和土地都闲置着，使用率极低。城市土地本是国家所有，但管理权不明确，有些单位甚至搞非法转让和非法买卖；有的还私自圈占土地，乱建违章建筑也无法控制；有些单位只顾自己乱建房、建高房，整体城市的水电供应负荷和交通配置则全然不理，这些现象都是不利于广州住宅问题合理解决的，将带来隐患，必须重视。针对上述情况，提出下列建议。

1. 对目前全市土地利用情况进行深入调查，研究充分发挥土地利用的对策，制订切实可行的土地利用挖潜方案，科学预计旧城最高居住人数。建立地籍管理机构，立法施行，保证旧城住宅新建和改建的顺利进行。

2. 房地产管理机构要在人民政府的授权明确的前提下，大胆管理起来，实行宏观的土地利用控制，并以旧城改建纲要为依据，以国家的政策法令为指导，切实做好检查、监督工作。针对发展方向、开发布局、配套建设、行业预测、征地拆迁等都要通过规章制度管理起来，树立“管必果，禁必止”的权威。随着城市改革的深入，开展经营公司必日益增多，住宅建设综合开发将更为活跃，这里有一个相互协调，统一思想的问题，也要有一个联合协会，经常进行交流，商议，咨询等工作。无论是管理机构或协调机构都应以合理提高旧城土地利用率为重任。

3. 调整不合理的用地结构。广州旧城建筑过去基本是自发发展起来的，中华人民共和国成立后又曾强调“先生产后生活”，在土地使用结构中，工业用地占比 30.08%，民用住宅用地只占 8.78%，这是造成旧城住宅紧张的原因之一。按照今后广州的发展趋势和当代科学技术在工业上的应用，可大量减少工业用地。建议有关部门对广州的工业布局来一个合理的调整，根据当前技术改造和经济改革的要求，对一些工厂施行并联、转产，把具有污染性的工厂逐步外迁。通过研究城市间或城乡间专业化分工与联合，寻求既发展工业生产又节约城市用地的途径。在城市总体规划中应有详细的用地平衡比例数来控制用地。

4. 合理拟定旧城区改建和新建住宅的层数。提高住宅层数是增强土地利用率的有效措施，如果把原有住宅由二层增建至四层，住宅即可增加一倍，当然不是说平均增加。至于哪些该加、加高几层，需得综合研究确定。从广州是历史名城和现存交通供应容量而言，旧城区是不适宜多建高层建筑的，大多数应以五层为宜。

5. 住宅的规划与建设要逐步走社会化的道路。以往广州兴建住宅多由各单位自办，“各人自扫门前雪”，有的有钱无地，有的有地无钱。用地标准悬殊，且福利设施各自一套。如果住宅建造突破单位界限，由社会统一酬金、设计、配套、分配，则可提高土地利用效率和经济效益。房地产开发经营公司的出现开辟了住宅建设社会化的途径。建议今后探索之路还可放宽些，形式可多样些。

6. 进行成片成坊的改建规划。目前广州所存在的“乱、散、挤”建房现象，可谓是“目无全牛”。分区改建规划不可不抓，且规划务必具体全面，不但要有建筑改建规划，还要有道路、上下水、绿化、电讯、服务供应等专题改造规划。慎重确立拆、改、建对象；力争把每一幢旧房的改建，每平方土地的利用都规划好，达到综合解决问题的效果。

二、充分利用和改造旧住宅是保持名城风貌和取得经济效益的手段

广州为历史名城，不同时代，不同标准，不同类型和风格的住宅都有一些，这是历史的见证，从经济效益而言，旧住宅能继续利用，国家也可少投资金，故建议旧城住宅，能够不拆的就尽量不拆，可分别按如下具体处理：

1. 对于近代所建大量三四层结构完好，平面功能合理的住宅（如连新路，惠福东，东山，梅花村等），尽可能完善设备，调走不合理住户和迁走公用干扰房，继续长期留作住宅。其中独立式公寓住宅可在规划布局允许下，在旁侧扩建或插建一些房子。有些地基潜力好的并联式竹筒屋，可向上加高 1~2 层。

2. 对年代较久，平面使用不合理，但还不失安全的三四层住宅，可以进行维修和内部更新处理，采用拆、隔、通、联、加、抬等改建手段，使分户合理，使用方便，改善其居住条件。

3. 对有历史价值，能代表民族、地方风格的旧住宅，尽可能按原样修理，加以保护，将来改为公共文化活动场所，或博物馆、展览馆之类。如西关、芳草街、大塘街、大北路等地的一些清代古老大屋，已不多见，可组织到规划中来，供市民娱乐、休息、教育、旅游等用，达到“保”与“用”的结合。

4. 对于无保留价值的简易平房、破旧危楼、由工场改成的临时住房和其他违章建筑等需一律拆除，统一规划，重新建设。有些大面积环境恶劣的旧烂屋区或棚户区，可成片拆去，重建高层的住宅区，一次建设，不留尾巴。

5. 对需就地加高和改建的私人住宅，也要统一规划，吸收各方面意见，使各方受益。东拆西建，各行其是，必将相互影响，破坏市容。建议各区能成立“旧住宅改建”研究、咨询、服务、管理组织，把旧住宅改造作为长期任务来抓，不应操之过急，我们已经吃过不少“一阵风”的亏了。对于目前自愿合作组织修房和自愿合理换房的市民，也要给予支持和引导。

对旧住宅的加建、扩建和改造，可使旧城富有生机；对旧住宅之设备充实完善，也是旧城现代化的内容之一。

广州有些旧住宅由于长期无计划修理，破、漏、热现象严重，影响了住宅本来寿命，加上分户使用不合理，

相互干扰，卫生条件差，居住质量日益下降。如能经常维修保养，可适当延长使用年限，降低淘汰率；如能合理调整户型，则可保证房屋正常使用，均可减轻重建住宅的压力。

广州现存旧住宅，据有关统计，基本完好，质量较高的占30%，需拆危房约占10%，要修改的破旧房约占40%（每年需淘汰1%～2%），居住潜力虽大，但改造和维修任务也很艰巨，发展规划中应给予足够重视，要专门建立一批改建和维修的设计、施工队伍。

三、改善旧住宅环境质量是改建的宗旨

解决住宅问题不只是解决有无住房问题，从长远来看，环境质量的好坏才是住宅问题的主要矛盾。居住环境质量包含着防卫安全、安静卫生、舒适方便、优美亲切和其他精神文化享受的崇高性等。环境质量直接关系到住户的切身利益，也跟社会精神文明建设息息相关。“环境心理学”日益受到人们的重视。广州旧住宅的改造以往多只追求增建面积的多少，考虑环境质量不多，待将来人民生活提高后，人民不愿住，反而造成巨大的浪费。望改建中切实注意，对此特提出具体问题讨论如下：

1. 关于间距和密度问题：广州市区新建和改建房子常因片面强调节约用地，房屋间距有的小到几乎触手可及的地步，严重的噪声、视线干扰使人无法安居，光线暗，通风差，危及人们的健康，希望今后改建规划中不再出现。建议还是按通常0.6的传统间距控制为宜。当然，如果采用高低层结合对角错间等设计手法来压缩间距也未尝不可，但要确保日照、通风、卫生等起码要求。旧城区平房比例大，建筑密度虽高，人口密度却低，增加层数可成倍增加建筑面积，但要注意人口容量不宜过大，按现广州情况，控制在每公顷700人左右为宜。

2. 关于增加绿化面积和道路面积问题：广州旧城原有绿地经近代百多年的蚕食，已所存无多，旧街坊内已难见绿荫。今后改建规划中希望尽可能扩大绿地。一些旧房拆除后，希望力争规划成小庭院、小游园、小公园，以改善环境卫生和增加休息场所。增加绿带亦可使新旧景观协调，为古城增加色彩。广州交通拥挤，其原因之一是道路面积太少，改建规划要十分注意内外道路的畅通，使之明确清晰，并争取在地下、地上和空间扩展道路实用面积。

3. 有关增加安全感问题：住宅安全包括防卫安全、结构安全和防火安全。旧住宅多有私家庭院和层层防门，故能增加防范。近年来北京、上海一些住宅区，结合完整统一的居住环境设计，采用组团型内向院落式布局，把空间划分为私用空间、半私用空间、公共空间等，各家各户能相互照顾和监视外来人，有利治安和形成集体生活环境，减少了犯罪和破坏行为发生，这对广州也有启示作用，广州冬燥失火常见，住宅改建与新建设计要严循有关防火规范。

4. 关于逐步完善设备和合理分户问题：目前广州旧居民住户的基本设备尚次完备，据不完全统计，无独立厕所户占40%~50%，无厨房或合用厨房占30%，还有10%无自来水到家户。在规划改建时，首先应给予重视解决。在改建中应有独门独户的概念，采取加、调、拼、隔等手法，使各成套间，每户起码要有厅、厨、浴厕。考虑南方特点，最好有阳台、阴廊。改建亦是百年大计，不能只看眼前，草率应付。改建规划与设计可根据对象财力和需要多征求群众意见，了解他们的各种要求，采用座谈或填书表方式征询每家每户意愿。集思广益，使群众基本满意，才易实现，改造路子也将会越走越宽。

5. 寻求多方面的投资来源——旧城改建耗资巨大，仅靠国家是不行的，需采取多渠道集资，想办法把个人、集体、部门和地方资金积聚起来。近来各地试行的住宅商品化措施，亦是流通资金的有效办法。私有住宅亦应许可买卖，法律应跟上去。

6. 加强集中统一领导——改建旧城涉及面广，内容复杂，组织上要有强有力的改建委员会，当统得统，使之有领导有计划地按步实行。只有统一和协调，才能不断清除阻力，实现原定改建目的。

居住建筑宜表现民族的文化精神

原载于1992年《建筑师》

自古以来，大量的居住建筑都深刻地体现着历史文化的内涵，反映了民族精神和地区特点。可是目前有不少投资者和设计者，为追求片面的利润而忽视这一点，还是主张资本主义初级阶段那一套“住宅是住人的机器”之理论。

在中国传统概念中，认为“宅，人所托也”，住宅不只是人们物质的寄托，也有精神的寄托。人生一半以上的时间是在住所中度过的，故古人对住宅设计非常重视。《黄帝内经》有云：“夫宅者，乃阴阳之枢纽，人伦之轨模，非夫博物明贤未能悟斯道也。”在我国古代民居中，我们的祖先采取了不同的手段、方式去处理人与自然、人与人、技术与艺术的关系，反映出各个时代、各个地区，民族生活的文明程度和认识水平，形成各自的社会形态，是社会科学与自然科学的结合体。现代世界建筑师均极其重视住宅文化性的研究，好些人类学家、社会学家、地理学家、历史学家和艺术家都对中国民族居住空间哲学很感兴趣，做了很多研究。

现在我国城镇居住水平还比较低，但这并不是说居民不需要居住文化。事实上我国历代农舍设计也注意舒适感、领域感、景观感，向往着吉祥如意、幸福荣华，不仅造型美，还具有深刻的社会内容。那些所谓“没有建筑师的建筑”留下了不少人类艺术思维的种种规律性的痕迹，难道现代建筑师能够认为住宅只是满足动物生理要求的“鸽子笼”吗？人是有意志和感情的，现代建筑师应当表现现代人的审美情感。设计住宅时要想到各地区、各民族、各阶层居民的心理要求和愿望。

20世纪90年代我国人民生活将从温饱发展到小康水平，每户将有一套实惠的住宅，家的观念也会随之变化，人们期望着建立温馨、怡乐、安全、舒适、美好的家。家庭空间环境的塑造将对社会起着重要的作用。我国古代有谓“安居乐业”和“治国需正家”之说，说明住宅与发展生产和国家安定有着密切的联系。这一传统的概念对于目前处理住宅问题还是值得借鉴的。

忽视精神功能的住宅设计是不完善的设计，贫人有“贫人的美”，造价高不一定美，经济住宅未必丑。投资少更需要建筑师去研究用简朴的处理满足人们心理的需要。随着科学技术的发展，人的物质生活要求是较容易在住宅中得到满足的。可以预料，未来的住宅问题终究主要还是居住文化的精神问题。

揭示我国传统住宅的文化精神所在，研究它的特殊社会性，对于当前推动住宅设计的进一步发展是很有必要的。近代我们引进了西方的一些生活方式和公寓概念，开放中带来了变革，这是好事。另一方面却把优良的民族传统的东西扬弃得过头了，一些不良的后果已逐渐显露，如人际间的淡漠感、居住区的不安全感、情绪的单调感、自然的失落感、空间的机械感、生活烦躁感，等等，住宅中民族固有的文化特色正在消失，新的东西又建立不起来，值得我们深思。

在一些人看来，传统的住宅是落后的东西，把它与封建等同，认为没有必要去认识它，也无可用之处。其实这不尽然。古代民宅是历史文化长期积淀的产物，它凝聚了前人“养生、养性、养心”之道，民族的生存与发展的哲理也可从中得“悟”。例如，理性上的淳朴求实性、人与自然的亲和性，道德上的以礼待人、宽以待物的观念，意志上的自力更生、勤俭节约、远近结合的思维。在具体布局上，有明确的内外之别，紧凑合理的格局，顺当的组合流程，渐进的层次。在空间上，室内外的交融，交替落差的穿插，阴阳向背的哲理，“天人感应”的文化序列，中和的温暖情调，隐喻的视角，灵透的装修，等等。

不论是城市或乡村，如果把住宅问题纳入文化范畴去认识，就要在设计中关注民族精神的表达，探索在现代化进程中展现本民族的特色。无疑，在商品经济时代，建设住宅首先考虑到的应是技术和经济，但要知道，人们创造了居住环境，居住环境又反过来可制约和塑造人们的生活模式和德性行为。因此我认为，追随现代派的住宅模式，是低层次的权宜之法，根本的还是应该从本国家、本民族、本地域的实际出发，走自己的路。

传统民族文化对人的理性系统的影响是潜移默化的，强行摆脱它，貌似革命，实质"左"倾。在具有丰富优秀民族文化传统的中国，保持居住文化的延续性，推行住宅向多元化发展，进一步从全球生态学和大同学的策略出发，把自然、文化和社会结合起来，重构新的住宅理论和实践，开拓新的境界，这是一项多么伟大的工程呀!

以中国山水文化精神营造广州宜居环境

原载于2001年《南方房地产》

我国杰出科学家钱学森提出了“山水城市”的概念。他说：“能不能把中国山水诗词、中国古典园林建筑和中国的山水画融合在一起，创立‘山水城市’……社会主义的中国，能建造山水式的居民区。”可见钱老倡导建造山水城市的宗旨归根到底是创造优越的居住环境，让老百姓住进诗情画意般的境域，借鉴中国园林艺术手法构筑有中国特色的住宅区。

“山水城市”是山水文化精神的体现，文化是指民族的哲学、美学、信仰的取向，精神是指人的理念、意识形态、思想倾向。“山水城市”的精神就是山水文化的精神，山水文化精神的实质是继承和发扬中国传统山水诗画和中国园林的美学理念，尊重自然、接近自然。中国山水文化除有精神文明外，还包含有物质文明，追求的是空气清新、空间畅朗、天籁宁静、碧空白云、河川洁净、绿野田园，人间天堂式的生活；追求自然，建造地球与人类协调发展的“生态文明”。

住宅区的园林化是“山水城市”的一种重要体现，运用中国传统园林的规划设计原则来探索新住宅区的建设，是建造有中国品位住宅区的途径。我认为，可以借鉴的中国传统园林原则有如下几点：

（1）因地制宜的原则——中国传统园林有“相地合宜”“构园得体”之说，布局顺其自然，“非其山不能强其山，非其水不能强其水”，把建筑融合到大自然中去，使人能亲山近水，自由穿插布列，构物顺天然就地势，依庭施园，忌摆款矫作，当今住宅区宜继承此布局手法，少动土填池，屈曲生灵，利用地貌的起伏，营构人与自然融合的人类聚居环境。

（2）绿化的原则——中国传统园林，“林”是指种树、栽花、植藤、被草，山要青，水要蓝；中国山水画也以青绿为主调。绿可以使气清尘滤，平和宁静，纯洁舒适。新住宅宜楼抱绿，绿拥楼，见缝插绿，墙间披绿，天台添绿，阳台垂绿，庭中摆绿，路边荫绿，水中映绿，场地围绿。中国传统绿化叫景栽，富有美学形态，有梅、兰、菊、竹等文化内涵，注意季节性、地方性、色香性和立体空间造型等。

（3）借景与对景的原则——中国园林有“构园无格，借景有因”之说。借景又分近借、远借、仰借、俯借、四时面借，主张“俗者屏之，嘉则收之，体宜因借”。新住宅区规划宜多运用传统园林的原则借景，可以把封闭空间变为开放空间，可以把有限空间变为无限空间，可以“畅神”“怡性”，因借的手法是在不影响住宅功能安全的前提下，通过建筑布局、厅窗取向、高楼台眺，遮掩伸缩来取得景观效果的，通常是不费资财而得到美好的视角适度和视线走廊。

（4）创造意境的原则——中国园林把美学功能放在极其重要的位置，有“立体的山水画，无声的山水歌”之称，诗情画意能激动人心，造园前有“目寄心期，立意在先”的说法。意是指意匠、意艺、意象。造园构思必须有目的，在保证可居、可游、可望、可参与的前提下，运用造园手法和技艺增添特有的文化内涵。要想新住宅区有文化品位，得借鉴传统的创意原则，构思时得“胸有丘壑”。在规划新住宅区时，当然不能照搬古典园林的旧意陈境，宜按当代人的生活方式、审美观念、人生情趣，重在立新意、创新风，主动表现时代文化信息和山水人文精神，不落俗套，形神兼备。住宅空间塑造，要按人的行为学和心理学，力求空间环境有家庭的亲切感、归宿感、安宁感、私密感、安全感、满意感；产生情致雅韵、快适怡然、清幽萧疏、恬淡温馨等情调，创造住宅的旋律意境。

（5）整体空间协调原则——中国园林的规划理念是“天然图画”。完美的构图，整体的协调，画面的统一是衡量园林设计成败的关键。建筑、树木、山水、路石、小品是有机的统一体；比例、色泽、空实、内外、上下要求得体而配合；空间的藏露，高低的错落，布设的参差呼应，室内外空间的渗透等要统筹安排。新住宅区的规划能运用以上思想原则，结合自然环境，完善人为空间结构，成群成组，成团成院，品位自然形成。

（6）个性与独特的原则——中国林的个性是非常强的，因气候和地理环境不同而分岭南园林、江南林、北方园林、西南园林等；因阶层分苑囿、文人园、富商园、平民园等；因地形分城市园、山林园、郊野园、傍宅园、江湖园等。中国园林有谓“构园无式，格调随宜”和“机变由因”的说法，每个时代造园的观念也不同，因而形成了中国传统园林的多样性、奇特性，绝无千园一面的现象。有比较才有鉴赏，有个性才有水平，中国园林的个性原则正是对我们当前住宅形式单调、抄仿的鞭策。当前住宅区的规划与设计，应从人文历史、自然地域背景、时代风俗、经济形态、技术基础、个人爱好出发，因时、因地、因人、因条件，创造属于民族的、地区的、现代的、千变万化的格体与模式。

（7）师法自然与天人合一的原则——中国园林的哲学理念是“天人合一”，人工与自然化合为一体，谓“人在山水间，山水在人间”，又谓“屋中园，园中屋”，人、建筑、环境有机融合在一起。历代的造园师都认为大自然才是大美。中国园林是以山水环境为基础的，以山水诗画为本，以园主爱好和素质定情调，人在园林中既能得到自在、自由、自放、浪漫，又能感到自我价值的存在和自我性格的流露。这是中国人作为一种东方式人居环境模式的表现。新住宅的规划如何继承中国园林这个传统法则和按现代生活要求革新这种人居环境，是今后我们研究的重要课题。住宅要自然化和人性化，“取其自然”又要“适应自然”，在保护自然中来保护人类本身。少做一些“征服自然”和“傲视自然”的事。

广东近十多年来房地产的发展已走向了一个新台阶，提出了文化品位、高情调、园林化和韵味化等口号，在住宅区的命名上也常出现“花园”“山庄”“舍”“苑”等。广州的住宅发展正倾向于自然化、民族化、人文化。只有这一愿望还是不够的，关键是要扎扎实实地开辟中国式人居环境的道路，并坚定不移地走下去。对此我提一点建议：

（1）要使更多人去研究住宅的人文、哲学、美学含义，在理论上应重视，特别是对东方人居环境和西方人居环境在哲理上要进行分析比较。东方的人居环境研究要注重历史的传统，找出其产生的理由，适应的原因，同时要考察现代人的生活变迁和思维形态的流变，研究世界人居环境的新动向。从理论深层来思考探求当代中国人的人居环境观，然后再贯彻到住宅区的规划设计中去。

（2）在建筑教育上宜加强学生的社会人文教育，重视综合素质教育，注意社会科学对建筑学的渗透，把建筑技术与艺术、精神与物质、人工与自然统一起来，建筑学要开设中国诗、中国画、中国书法、美学、心理学、环境学等选修课。要鼓励社会各界（艺术界、园艺界、文学界）多参与住宅区的规划与设计。对建筑住宅设计，在保证功能和采用新技术的前提下，强制性增加文化含量和艺术因素。提倡电脑设计要服从人脑的哲理概念。

（3）对现代建筑在中国的流行和发展应进行反思。国外现代建筑传入中国，其正面的推动作用是主要的，但在负面却否定了居住建筑的地方特色、文化脉络、民族心理和风土人情，这是不妥的。近几年来全国掀起来住宅的“风情”风，说明我们过去设计思想的空虚、贫乏，然而路子走得对不对，则要我们深思，我们从来不反对对外国建筑形式的模仿与移植。为什么不刮中国风而刮欧陆风？不刮岭南风而刮美式风？最近去欧美考察了一些时间，西欧人热爱他们的民族，但他们却没有刮像我们这样的欧陆风。我认为还是要走我们自己的创作道路。在“百花齐放，百家争鸣”的创作原则下，搞出我们自己的特色来。

（4）当前住宅设计和居住区规划还是应该坚持“可持续发展”的国策。“可持续发展”的核心是生态平衡，其含义是生态系统的相对稳定，通过人类自我调控，力求地球物种平衡、贫富平衡、现代与未来平衡、城乡平衡。这是人类“全环境”的概念，要求住宅便于人类进行生态活动。对于人居环境的生态本质，在中国传统哲理中有太极、两仪、三元、四方、五行、六合、八卦等理念。又有“道生一”“合二为一”“风水秩序”“天人合一”等观念，可看作为是原始生态文明的表象。岭南民居中传统住宅与环境协调、尊重人性行为、传神相生相克和讲人情风俗、乡土气质的设计思维，也属于原型生态建筑。当今住宅规划与设计，在意念上是可以“古为今用”的，创造自己的东方特色，离不开这些无形遗产。现在世界上流行“人居环境”和“地球家园”的说法，从哲学高度上来认识，实质是通过调节自然环境、经济环境及社会环境的关系，实现长久的综合效益，资源共享，高效利用，使技术与自然充分融合，人的个性与能力得到充分发挥，以达到生态良性循环，提供市民适宜居住、生活、休闲、健乐的场所。山水庭苑应该是生态住宅，营造一种生态环境。复合的生态系统，在传统上认为是天理、地道和人情，寻求的是“美的秩序”和保持良好的历史文化传统。

（5）宜居环境的塑造是系统的生态工程，体现了现代的科学观、发展观、自然观、经济观，推动它发展的首先是思想精神力量，其次是权力体制，然后才是策划、规划、设计、建设和管理。要创造优良的宜居环境，关键在于“总设计师”，总建筑师应该是一个站得高、望得远、品行高、知识面广、综合协调能力强的能人。建议房地产企业家们多培养、发掘这方面的人才，这是“百年大计”中最重要的。

现代居住观漫谈

原载于 2001 年《英华风采》

衣食住行是人类永恒不变的生存条件，而住，作为社会现象，包括了物质文化和精神文化，是随着社会价值观念（时代风尚）变化而变化的。当今房地产业竞争非常激烈，“识时务者为俊杰”，了解现代人的居住时尚，针对居住追求趋势，有的放矢的“投其所好”，是取胜的主要手段。现代人对下一代居住的期望如何？居住模式应具备哪些条件？朝哪些方向发展呢？

一、按生态伦理，坚持“可持续发展”之路，住宅是人类大家园中的有限单元家室

“可持续发展”将成为人类发展的总体战略。人类觉悟到再也不能“以人类为中心”，狂妄地叫喊“征服自然”了。因为“只有一个地球”，所以人与自然必须协调共处。

生态的原则，一是节约的原则，要节地、节能、节水、节时；二是平衡的原则，物种的平衡、城乡的平衡、地区的平衡、先后的平衡、技术与艺术的平衡；三是资源合理利用的原则，要无污染，化害为利，高效利用；四是绿色的原则，人宜在绿色的环境下生活，碧水蓝天，少尘防噪，通过规划设计求得净、秀、静、洁、美的环境效果。

生态文明体现在城市规划的生态化和住宅设计的生态哲理上，其基本原则是热爱和尊重生命，与自然界共生共荣。山水城市与住宅的园林化是体现生态文明的主要方向。

有生命的环境因子和无生命的环境因素都是相互依存和制约的，因地制宜、因时制宜、因人制宜也是生态住宅设计的重要原则。

二、在知识经济时代，提高科技含量，是住宅健康发展的根本出路

社会在日新月异的发展，现代化的进程不可阻挡。人们的生活现代化，需要用现代科技手段来实现。住宅现代科技手段内容包括规划设计、施工构筑、管理经营等方面。

有好的规划设计才有好的人居环境。信息科技可以集中古今中外的住宅信息，规划设计出最佳的规划小区和住宅设计方案。通过信息的发送、传输和重组，正视了来自世界各地的挑战，增进了自我竞争能量。

经济原则是房地产业必须遵循的主要原则，“少花钱多办事”，依靠科学的方法，多方采用新材料、新结构、新工艺、新施工流程，以降低造价。价廉物美，竞争力自然强。

住宅的产业现代化包括住宅建筑的体系化和集成化、工业化、标准化、有序化、实效化，也是住宅产业技术发展的必由之路。

住宅产业信息化的发展有三个层次。一是国家住宅产业的数据库，是全国住宅产业的信息网络体系，谓之信息系统平台；二是管理信息系统，是住宅产业信息系统的核心，实现生产与管理的集成，使企业间的资源共享，高效营运，增强企业综合效益；三是企业信息化管理，是住宅产业信息化的基本单元。

实施住宅区的智能化管理，住户可以通过网络实施医疗、文娱、商业等公共服务和费用自动结算；通过家用电脑阅读电子书籍和出版刊物；住宅的安全监控、自动化声光热调控和设施巡更等问题得到解决。

三、凸显住宅文化内涵，营造人居宁静幽美情调

住宅的价值不仅在物质的功能性和科技性，未来住宅将更重视其文化艺术的精神享受。创造高品位的室内外人文环境是住宅规划与设计的宗旨之一。

住宅的人性化，一般有三方面内容，一是人的尺度，即住宅空间的大小、部件和家具的设计要考虑为人所用，生理上适合于人体；二是心理的尺度，即住宅的布局要由人的心理需要来决定，对人的尊重，有安全归宿感，符合爱和隐私要求，有自我实现和自信自强的气息；三是德行尺度，即住宅是人性化的场所，社会和国家要靠家庭细胞来稳定，创造人群和谐活动的环境，让自由与约束、民主与规范，在住宅中能取得统一。

人与自然环境的对话是靠住宅规划与设计来实现的。讲求诗情画意，借景抒情，人作宛若天开，均是创造文化生态环境的主要手法。

住宅的美学原则是将楼盘造型有平和、宁静、安全和回归的家庭温暖感觉。在空间组合、体型比例、颜色配置、装饰装潢、家具陈设中恰当运用相应造型手法，是可达到以上艺术目的的，从而给住户以美的享受。

四、多元共存，丰富多彩而有特色主题，将是住宅风格发展的趋势

世界是多姿多彩的，人的生活是丰富多样的，这决定了住宅风格发展的多元共存。人的性格、职业、年龄、修养、素质不同也影响各自审美特征。现代人对艺术的追求是多方、多元、多品、多型的。时尚对新、奇、变的艺术愿望将越来越多，适应这种居住艺术观，营造适宜各种对象的各种住宅造型是开拓房地产业市场所必需的。

自然环境的定位也影响着住宅艺术风格定位。市中心、郊区、山地、滨海、河畔、坡上的建筑风格应有所分别：旧城、新城、历史名城的城内外的住宅样式也应该不同。环境气氛往往决定住宅气氛，规划设计原则是新生历史文化，尊重天然风貌，顺应自然，善于发挥地形地段优势。

住宅的个性特色非常重要。地区的特色是由地区的气候、地形、植被等因素形成的；当地居民的生活习惯、风尚习俗、传统风情也影响着地方住宅风格的形成。在历史上有北京四合院、上海里弄屋、 云南一颗印、东北大合院、陕北窑洞，在岭南有客家围龙屋，潮汕四点金，广府三间两廊……这些个性鲜明的住宅的格貌是人类文化的遗产。有特色才有水平，无条件的照搬、“克隆”是我们艺术的无能，文化的贫乏，创造不同特色的高品位住居是反映我们时代的需要，以文化艺术作为卖点，价值是显然的。个性也反映在住宅小区的艺术主题上。我国传统文艺创作有“意匠”“意境”之论；园林创作有“笔寄心期，意在笔先”之法，运用新精神法则可能以赋住宅群以浓郁的文化主题。可以以山水为主题，可以以历史人文纪念为主题，可以以生态为主题，可以以花木为主题。雕刻、诗画、标志小品、亭廊台……均可表达文化信息，不同特色，五彩缤纷，情景交融，含义清晰，个性鲜明。

协调的原则是取得住宅居住气氛的重要原则。颜色、体型、比例、轮廓、上下的协调统一，给人于秩序美、节奏美、中和美；各部分造型的有机结合，给人以安全感、平稳感、舒畅感。人们梦想的家园是和谐的乐章和纯美安神的画面。

繁华中求简约，闹中求静，变化中求道统，差异中求和应，这些对立统一的艺术手法对提高住宅设计的文化内涵颇有效益，住宅是综合艺术的体现，是人伦的楷模。

应该看到，现代人的居住观是由社会价值观决定的；要实用又要超前，要人为又要自然，要经济又要审美，要传统又要创新，要多元又要个性，要科学又要信仰，要理性又要浪漫……哪一个房地产商能从中悟出结合点，在规划、设计、建造和管理上闯出新路子，谁就能在市场竞争中脱颖而出。

人居与生态

原载于 2001 年《南方房地产》

社会的发展，人类的进步，人们物质文明所消耗的自然资源的规模与速度已达到了极限，地球的常规运动受到了威胁，一系列的灾变在不断地发生，这活生生的现实终将促使人类的觉醒，引发新文明的诞生。近十年来国际学术界乃至联合国文献中频频提到可持续发展的问题，其实质就是人居与生态平衡的问题。所谓生态城市、生态建筑、绿色人居、绿色住宅、山水城市、山水住宅……基本是同一概念。

生态一般是指人生活的外界环境的状态（包括生物环境和非生物环境）。外界环境是人类生存的条件，人的存亡与健康取决于生态的优劣。国际惯例是把生态学（Ecology）看作是研究有机体与生活园地相互关系的科学，有称为环境生物学。它是一个有关水、热、光、空气、生物等因素组成的整体，是发展和不断运动的系统；包括自然生态系统（水流、山脉、林草、沙漠等）和人工生态系统（农田、水库、运河、城市、乡村等）；包含地球上所有生物（包括人本身）和其生存环境的总体，组成生物圈（Biosphere）。

生态学与人类的经济开发关系密切，涉及许多人文科学，如地理学、社会学、经济学、哲史学、美学、心理学……属边缘综合学科，深刻地影响着人类科学的进步，与人类的切身利益直接相联。

人居是由人类住区（Human Settlements）简化而来，它包含有人情化、人性化的定居安位的意思。“人居”是联合国的特定用词，它不单指“聚居地”，确切地说，它指的是各种人类活动过程的总环境，诸如居住、工作、教育空间，以及文娱、健身、休闲的场地；是社会文明的象征，代表着一个国家，或一地区生活条件和住区条件的总评价层次。对一个国家地区体制之好坏、经济之发展评定，它是毋庸争辩的硬件标准。

希腊建筑师道西安迪斯（Constantenos Doxiades）在他的《城市与区域规划》中指出，人类住区是由人、社会、自然、建筑物和基础设施所组成的，在规划中应该把这五种要素有机地组织成整体，它们之间要相互作用，相互结合。我国是一个发展中国家，经过 20 多年来的开放改革，城市化进程的加快，难免出现环境污染、自然资源匮乏、用地减少、能源浪费、林木减少、挖山填海、文物破坏等现象，人类的生存空间日益恶化，昔日由人、动物、植物、微生物所组成的平衡生态系统遭到了破坏，地球的大气圈、水圈、地圈均逐渐变得不合适人类的居住了。严峻的现实使我们不得不去研究人居与生态的问题。人居不只是住房的问题。要解决好，必然涉及社会、经济、自然等方面；运用生态学的方法和观点去观察分析，才能开阔思路，全面审视人居存在的种种挑战。

早在 1992 年，国际许多有名望的学者就意识到地球严峻的生态破坏将带来人类生存的危机。在巴西里约热内卢组织召开的“世界首脑会议”，通过了《21 世纪议程》，确定把可持续发展理论作为人类发展的新战略。专家们的生态意识与环保观念得到了世界首脑们的认可。我国首脑也在“议程”文件上签了名。在这次会议上，要求各国政府建造住宅区时需合乎如下要求：

（1）向所有人提供适当的住房，促进居住环境的改善，规划好未来村镇，改造发展好现有村镇；

（2）促进可持续发展的土地利用规划与管理，注意建筑的节能；

（3）提供基础设施，加强对排水、供水、卫生、垃圾的管理；

（4）促进符合可持续发展原理的能源系统和运输系统的建设，加强防灾规划；

（5）注意人力资源的开发和能力建设。

我国政府当时公开接受了这一“议程”。接着，国务院组织了52个部门，300余名专家，结合国情编制了《中国21世纪议程——中国21世纪人口、环境与发展白皮书》。时间已经过去了近十年，广州在贯彻《议程》的实践中有成功的方面，也有遗憾的方面。但当前存在的严酷问题，使得我们必须面对，并要想方设法去解决。为此，笔者近来在国内外的有关资料启发下，作了如下概念性的思考：

一、人居与绿色

绿化本身就是生态的内容，在生态系统中，绿色植物可改善气候、净化空气、减轻污染、除尘杀菌、降低噪声，有益于身心。

中国台湾1999年桑思报告在与我们“下世纪居住规格”交流中曾提出住居有五个绿色效应：①绿色是和平、安全、家的象征；②绿色可提供和贮积食品粮食，生物工程将产生绿色革命；③绿色是人类保护的重要手段；④绿色讲求永续的发展，使自身子子孙孙可以传承生存下去；⑤绿色是人类希望，使人与自然结合，返璞归真。

一个城市的生态规划首先就是绿色规划。有研究表明，其生态城市公共绿化面积要占15%以上，绿化覆盖率要在30%以上，人均公共绿地不低于10平方米。从制氧、吸二氧化碳的效率而言，每人要有30平方米绿地。森林效率为普通绿化的2倍，而草地效率只为普通绿化的1/2。可见，广州应发展森林，少种草地。

绿化的效率，与绿化的组织规划好坏很有关系。据国内外先进经验，绿化体系的框架规划颇为重要，要分区，要点线面结合，城区（或住宅区）要由外向内插入楔形绿地，组成纵横网状格局。大型公共绿地宜模拟自然植物生态群落，辐射向人口密集的住宅区。绿色框架的通道主要是林荫道和河道，将绿化制造的新鲜空气传送给市民。绿色框架内，除了大型公共林地外，还有住宅庭园绿地、公共专用绿地、苗圃绿地、池滨绿地、旅游绿地、文化广场绿地等，遍及城市各个角落。绿化隔离带通常是城市功能分区带，常与道路走向结合，沿各环道、干道布设，宽度通常在30～200米，由绿道分隔成住宅区、工业区、商业区、港区、文教区等。

不断扩大的国家，若解决生态问题，都采用把中心城市用绿地与四周新城隔开，控制中心城市人口，另建新城，新城除有分区公园和居住区公园外，在其边缘还规划有森林公园、海滨公园、体育公园、文化博览公园、山区水乡游憩公园、花卉公园、影城公园等。

在国际上，为强调绿地的生态效益，有建议建生态公园和生态园林的主张。生态园林特别强调植物对人居环境的改善作用，规划中运用生态法则，动植物合理配置，互利共生，供物种种群多样化协调发展，力争形成稳定的生态结构，顺其自然，减少养护和管理费用，把绿化和生产结合起来。另外，人们已开始认识到，野生动物是人类健康环境的指示信号，它们能在城市绿地中栖息、繁殖和隐蔽，成为人类的朋友，标志人居环境质量的提高。

“城乡结合”和“城市农业的概念”在经济发达国家内又时髦地提了出来，生产粮食、水果、花卉、水产，不只有经济效益，更重要的还有生态效益。城郊农业更具旅游休闲健身的价值；城郊农场使市民食品的供应更为价廉、新鲜、直接。

住宅小区和住宅团组的绿化更为接近人群，植物栽种要符合通风、采光、遮阳、无害、无毒、景观等要求。规划时，植被的地方特色、品种配置、群落立体搭叠、丰实疏朗、色彩变化都是与生态效益相关密切的。

二、人居与水

水是生命之源，也是生态的根本要素。有了水才有绿色，才有人居。建设生态城市，改善人居环境，国际上所确立的用水原则有：①尽量减少对水源污染，减少水对人体和环境不利的影响；②提倡节约用水，控制、保持水源，计划用水；③把水分为白水、灰水和黑水，分流处理，尽量重复用水，处理循环使用。

1972年在联合国“人类环境会议”上学者们就指出：“遍及世界的许多地区，由于工业的膨胀和每人消费量的提高，水的需要量已增加到超过天然水源，地下水几乎被取竭，而且受到污染。为不断增长的人口和膨胀的工业提供适当的清洁水，已是许多国家的一个技术、经济和政治问题，而且是日益严峻的问题。”这个问题在我国北方尤为严重。广东虽然雨多，但江河污染，有水不能用，问题同样严重，如现在不重视，后果难以设想。为此，借鉴国内外经验，提出如下建议：

（1）据有关了解，目前广州每日有百万吨以上的污水流入珠江。这有政府责任，也有企业与市民责任，关键在于政府的重视和组织资金投入，并选用合理可行解决污染处理的技术路线和方法。在先进国家采用立法保护水源，由国家在税收中拨出大量资金，因地制宜地对水作分区、分类、分级整体处理。而且是防治结合，以防为主。污水处理的科学技术日趋进步，各级政府是要费大量资金进行研究和培养人才的。污水处理是作为环境战略最重要的问题来考虑的。

（2）一个城市的用水宜订出合理科学的长远规划。重点是开源节流，保护水体，尽可能降低用水量也是规划主要内容。按城市现人口计算出将来发展各个阶段最大用水量，提出各阶段寻找新水源和转换水源的地方，节约用水要有教育宣传措施，有经济干预的制约，同时落实到每户住宅设计和设备设计，住宅的品牌标准应与节水挂钩，奖罚要分明。

（3）在西欧国家，均把饮用水和使用水分开，这被视作减少水处理的有效办法。直接饮水要求高标准，自成供应体系，一般使用水则广泛用于冲、洗、浇、淋等。庭园设计要考虑到多种耐旱植物。所有家庭设施不许漏水、渗水。住宅小区规划设计时，要把浇水、污水、饮水、雨水、防洪水和景观水分开，各成网系，用生态学分别处理水的使用。

（4）在太阳能的推动下，大自然界的水是不断循环变化着的，水——云——雨——地下水——动植物吸收水——江湖海——蒸发为云，周而复始。从生态观来说，人类要尽可能保持这种自然的循环。为此好些学者主张：①建筑不宜过分集中，不透水的广场路面尽可能小而少；②屋顶宜作花园绿化，屋面水考虑收集重用，地面宜存蓄水设施；③地下水要有节制地开发，地下水位和流向要控制，严禁污染地下水；④绿化与水流、水面处理相结合，减少地面水的过分蒸发，园林植被的立体分层配置，要有利于水的生态平衡，草种要优选搭配，规划用地不宜危害水与植被的生态系统的协调。并将自然水系、绿系、路系组成城市生态走廊。

（5）运用高科技手段建立水的净化系统、水质监测系统、水量调节系统。目前广州的城市管理正向智能化方向发展，水的智能化管理更有助于人居与水的密切结合，促使用水的合理化、科学化、节约化。

三、人居与生态建筑

生态建筑古来有之。由于20世纪末地球环境的恶化，专家们提出了新生态建筑概念：凡是能尽量减少对自然界不良影响的建筑就叫生态建筑。并进一步从扩大生态效益出发，发展到生态住区和生态城市。

生态建筑是实现生态文明和生态化人类住区的重要组成要素，也是建筑产生地区特点和个性的依据。适应环境的建筑才称得上生态建筑。

我国古代有“天人合一”“顺其自然”“风生水运”的哲理，由此引建起来的园林建筑和民居建筑，通常也可说是生态建筑。《后汉书·仲长统传》：“使居有良田广宅，背山临流，沟池环匝，场圃筑前，果园树后。”这应可属生态化村居。北方的四合院、西北的窑洞、西南的干栏建筑、广东的客家围屋……均是我国古代生态建筑的典型，值得借鉴。

生态建筑当前之所以为世人所重视，是因为我们觉悟到“只有一个地球”，为了人类的未来，为对子孙后代负责，我们必须走生态模式的建筑道路——可持续发展道路。生态建筑的设计原则，我曾在与台湾“下世代居住规格”的交流会议上谈过，简述如下：

（1）因地制宜的原则：即各地气候条件不同，地理环境不同，建筑的平面类型、结构材料和外部造型也应该有所不同。风向与阳光不同，建筑与朝向宜选择有利冬暖夏凉的方位。我国有寒冷区、亚寒区、干湿区、热湿区、热带区、亚热带区、海洋区、内陆区等气候分区，建筑设计的标准应有所区别，目的是使民居取得比较理想的栖息境所。我国古代的风水理论虽是迷信占主导，但其负阴抱阳、背山面水、水环山拱等择基法则，目的是创造合天时、顺地利、求人和的宜居环境。凡不尊重自然、砍林毁草、挖山填水，破坏生态循环链的，按我国古代“天人合一”哲理，都认为是叛逆天意的恶行，是要受到报应的。

（2）节约的原则：地球资源有限、好些资源是不会再生的，有些资源经人使用后变为损害人类的祸根。尽量节省资源的耗损，已成为人类建筑活动的重要原则。节约用地、节约建筑设施能源的消耗、使用再生能源，采用再生材料，增加建筑的耐久性，降低材料耗损率、减少运输和生态过程资源的浪费……都是生态建筑的思维准则。有些自然能源是用之不尽的，如风、太阳、海、雷、云……用现代高科技手段为人所用，是可持续发展的。事物皆有害有利，化害为利（风灾、水灾、地震、海灾、雷灾……）可造福于人、造福后代。在外国，有专家提倡，由于生产钢、铝、混凝土等建筑材料，需耗用大量能源，且消费过多的人力、地力，建议今后少用或不用。主张以生态概念来促进建筑革命。

（3）平衡的原则：生态本身是一种自然的平衡。人类是在矛盾统一中生存的。平衡包括人与自然的平衡、先进与后进的平衡、现代人与后代人的平衡、沿海与内陆的平衡、艺术与技术的平衡等。有平衡才有发展，在建筑设计中是不可能随心所欲的，要考虑到平衡的原则，例如各地、各人、各方的住宅标准不宜拉得太远，消费要有制约，设计处理要有过渡、转换、衔接，人与自然要协调、和谐发展，自然物种要相依相存，发展速度要适度，生态伦理上的“天下为公”“善度众生”“和平共处”“利益均衡”等研究、宣传。

（4）以人为本的原则：人是地球的主宰，生态的目的是为了改善人居。无论是城市规划或建筑设计，考虑一切为人所用是最重要的。这原则应包括人的生理、心理两方面；工作、学习、休闲、娱乐、睡眠、团聚、会友等要称意。生态的居住模式必须使人类安全的生存，健康的生活、愉快的享受、创造性地工作、舒适地活动、顺畅地进行人际沟通、便利地起居等等。国际上流行着“健康住宅”的说法，虽各国的标准不同，总的定义是所建的住宅要使人在身体上、精神上和社会上完全处于良好的状态；内容包括：所用建筑材料不含有害物质、室内保持良好的通风采光、温湿度适宜、安静少尘、能防灾、少干扰、日照足、交通便利等。

四、人居与生态美

万物在地球上和谐共荣共存，给人以郁郁葱葱的自然美态，生态美的观点从此而来。的确，在生态体系中，生物的形态、结构、色彩、行为、习性都蕴含美的真谛。各种无生命的山河川谷、落日升日、云海飞瀑、沙滩怪石、冰雪雨露等环境因子都各显美的风采。《尚书大传》中孔子有道：“夫山，草木生焉，鸟兽蕃焉，财用殖焉，出云雨以通乎天地之间，阴阳和合，雨露之泽，万物以成，百姓以飨，此仁者乐山者也。”这说明，孔子在二千多年前就发现了深层次的生态美境。

人们享受生态美是一种人性的表现，热爱江山、崇尚自然、尊重生命、珍惜和谐，其实是人高尚的德行。“真善美”可以陶冶灵魂，激发思维，丰富感情，坚强意志，发挥创造力。我国的山水诗画、山水园林、山水盆景都是生态美的具体表现。

建筑美学是在生态美学的基础上发展起来的。当今建筑有逐步走向人性化、感情化的趋势。认为建筑是会说话的，建筑空间是有情调的。体现建筑情调的内涵有自然的和人工的，有室内的和室外的，有精神的和物质的，这些都组合在生态体系之中，美就建立在生态的和谐协调之中，人情味体现了人性化。美的视角须得自然顺眼。

欧洲国家是环保做得最好的，“人情化”建筑是由他们首先提出来的，芬兰建筑师奥尔托提出：“现代建筑的最新课题要使用合理的方法突破技术范畴而进入人情和心理的领域。”他的主导设计思想是反对只看物质不顾及精神的“技术功能主义”；反对只追求经济不讲人本的“市侩主义”；反对只讲当前享受忽视未来生态的“享乐主义”。各种“主义”的美学观点都是不同的，有一种“利益就是美”的说法。但我们要知道，利益是动态的，有个人和集体，有国家与家庭，有短期与长远，是相互转化的。有人认为独门独户是美，也有人认为和谐的人与人关系的社区生活是美；有人以唯利是图、侵犯他人利益为乐，也有人以杀生斗人为乐，道德问题也涉及生态美的准则。

各地的生态形态不同，环境优选对创造良好人居往往起决定性作用。住区在海边、在山间、在林中、在田野、在湖畔、在江湾……建筑的造型和尺度处理是不同的，特色也由此而生，环境与建筑相配成趣，内外空间渗透穿插，建筑设计得好就像是在地上长出来的，有所谓“地脉尊作”，生态美跃现眼前，这才可解读为建筑的“大美”。

生态美也包括文脉的历史美。我们民族传统的年画木雕、砖雕、壁画、书法、民俗用具、图腾工艺……多为自发的、朴素的、简约的、接近自然和自由自在的，民间生活味浓，这正是我们现代生态美所追求的，对它们的借鉴、继承、再现都将有助于我们实现人居与生态美的统一。

建设小康社会住区的思考

原载于 2003 年《南方房地产》

人类发展的最后理想，应该是在地球有限的资源条件下，运用人的共同智慧，建立一个更美好、更公平的人居环境。党的十六大提出“全面建设小康社会”，这是实现人类理想的一个步骤，也是一个过程。衡量“全面小康社会”有 16 项指标，均与“建设小康社会住区”有关。如何建设好小康社会住区，谨提出以下一些意见。

一、小康社会住区的实质在于住房整体素质的提高

自开放改革以来，广东经济发展了，住宅建设的速度加快了，住宅小区如雨后春笋般涌现，当前要建设小康社会住区的首要任务是在原有基础上的全面提高。

提高是整体的，对于多数群众，居住面积的提高还是很重要的。就广东而言，居住面积尚未达到小康居住水平的还大有人在，有人估计占城镇居民 30% 以上。这批人群首先要求的是数量的增加。全面的小康生活，绝不能忘记这批人，平民住宅、廉价住宅的研究和建造任务还很艰巨。

在经济发达地区，大多数人的居住面积已经达到宽裕水平，主要是居住质量的提高，是对居住文化品位提高的需要。在激烈的市场竞争下，不少开发商打着“环境品牌”“文化品牌”。在住区建设、管理中融入人文思想，给人精神上的慰藉，以满足居民心理要求和提高生活素质的需要。

在当今社会体制下，生活水平虽有差距，但最终目的是共同富裕。国家要给政策，使落后赶超先进，缩小居住水平的差距，这该是全面实现社会主义小康住宅建设的宗旨。

二、重视整体生态系统的平衡和协调性是小康社会住宅区规划的关键

在住区规划中，考虑到顺应自然，“天人合一”，从对抗自然到亲近自然，重视生态效率，将是小康社会住区规划的趋势。重视环保，节约资源，这是可持续发展的需要，是人类资源共享的要求，同样是小康住宅设计的重要内涵。绿色、环保住宅才是小康住宅。

整体的生态最忌对自然环境的破坏，过去提出的“三通一平”“七通一平”，往往把原地推平，以方便建设。这种无视自然地形、地貌、水流、植被的做法，是对生态环境的破坏，是对资源的消耗，自然肌理由此消失了。

在住宅设计中全面贯彻生态思想的住宅，谓之为生态住宅。生态建筑的主要特点是：在经济效益上节约，在社会效益上为后一代着想，在环境效益上注重自然。高效益的精神正是小康的精神。

重视整体生态系统平衡的住宅，得充分考虑到人、自然与建筑的平衡，与周边景物的和谐融合，重实用性之余同时重视观赏性。

家庭内部环境的优化，包括营造亲切宜人的家庭气氛和光、湿、温、声、风等物理环境。不同房间的个性化，还要不断探索发展。

全面建设小康社会，得给人们全面的关心，满足其多向、多样、多元的要求。健康住宅要保障人的健康，先进国家对健康住宅有量化的指标、监督和评审的程序，按地域的技术标准，比如厅不能小于 20 平方米，主

卧室不小于 15 平方米，厨房不少于 7 平方米，贮藏室不少于 5 平方米……室内的道风量、污染度、采光量、湿度、温度、静度……都有一定的保障系统，不能把健康住宅理解为“贵族化”住宅。

小康住宅区的品位高低还体现在完善的公共设施上。住区是一个和谐的大家庭，要组织社区居民相亲共荣，互爱团结，就要使公共设施配套齐全，会所、学校、市场、银行等不可或缺。

小康社会住区是城市的组成部分，其内部景观、周边景观和城市景观，都是有机联系在一起的。

三、先进文化是小康社会住区的规划设计灵魂

《北京宪章》提到：“文化是历史的积淀，它存留于建筑间，融汇在生活里，对城市和市民行为具有潜移默化的影响，是城市和建筑的灵魂。”十六大提到“先进文化”的概念，小康社会住区的规划和设计应适应时代的潮流，文化品格是不可缺少的，其体现有如下几点：

（1）住区环境的园林化——运用先进中外园林的精神和手法营构住区。

（2）空间的明朗化，情调化——环境宜亮丽开敞，有意境主题，激发人生积极向上，充满家的情调。

（3）建筑的艺术化——造型优美动人，可亲可近，简朴清新，富有个性而有地方特色，为居民喜闻乐见。

（4）装饰装修的人性化和多样化——要尊重人的感受，每一处的视角和触角都要得到美的享受；比例适宜、色泽柔和、丰富协调、从内到外都散发出人文主义精神；标准化与创新、历史与现实得到统一融合。

四、现代化生活模式是小康住宅规划设计的基点

21 世纪是中国实现工业、科技、教育现代化的决定时刻。现代化的生活模式将是中国的主流，小康住区的现代化是必然的。现代化生活的内容包括：社会的文明，工作的高效，生活的殷实，人际的宽容，艺术的繁荣，科教的进步，管理的民主，爱好的多元，信念的开放……

对未来现代化生活的研究，将带动小康住宅户型和布局的变化。住宅是不同家庭反映时尚生活的舞台，有着时代的烙印。

随着住宅功能进一步细化，模糊空间的出现，精密的布设，邻里的交往频多，文脉的连续，服务的社会化等对现代生活的多种追求，将在住区规划设计中反映出来。

现代建筑的工业化、标准化、专业化、系统化与整体开发模式将不断提高。科技含量将进一步增加，经济合理也将进一步加强。

现代生活带给规划师和建筑师的创作将有更大的自由空间。新材料、新技术、新结构推动着建筑形式的不断出现。

五、研究制定建设小康社会住区的政策措施

（1）政府宜组织一个以实现建设小康社会住宅为目的研究机构，坚定地为解决广大人民群众的居住问题而努力。这个机构通过研究政策，拟定进程，解决协调，制定标准和守则等，就小康社会住区的发展提出政策措施。

（2）大力扶持和培育一批真正着力于建设全面小康社会住宅，不以赢利为主要目的龙头骨干企业，对其给予优惠的政策，使其应用现代化产业新知识，努力提高小康住区的规划设计和开发建设水平，从民族复兴的高度来推动全面小康目标的实现。民营企业同样可加入这一行列。

（3）在产业策略上，要打破垄断与分割，在竞争中联合，在联合中发展，在发展中提高。促进同行业的双赢合作，多行业的共同参与配合。进一步考虑国际保险业和信息产业的介入，促使与国外设计规划力量的联合，以及引进新概念、新技术、新设备。

（4）小康社会住区的规划和建设要特别强调科学的行为，理性的思考，不为市场和商业热所迷惑。要坚持可持续发展原则，住区定位的主流是中低收入群体。设计观念是精品意识，规划思想是通过环境的营造体现对人文的关怀。倡导实惠、方便、公正、高效精神。对盲目扩大面积，追求豪华形式，夸大构图作用，忽视节约和安全等异化倾向，应有所觉悟。经济，技术，自然与人的和谐始终不能忘记。

增加科技含量　提高住宅品质

原载于 2005 年《南方房地产》

近十多年来，房地产界提到的小康住宅、后小康住宅、高品位住宅、健康住宅、绿色住宅等，均是针对住宅质量标准提出来的。在“以人为本”的住宅设计理念下，如何鉴定住宅质量？如何促进提高住宅质量？未来的住宅质量的模式是什么？都将有一个新的认识与研究。

一、关于住宅的质量

住宅的质量是相对而言的，因时因地因人而言，不同时间、不同地点有不同的标准要求，是发展变化的。质量是针对数量而言，通常人均的住房面积提高到 20 平方米以上就会特别注意质量的要求。这标志着人们居住水平的转型，即由温饱型转向享受型。取消福利分房后，住宅建筑的最大特色就是住宅不但要建设得多，还要建设得好，要好用、好看、好生活。

住宅质量的定性指标是住宅品质的鉴定。对优良品质的认可，每段时期每个地区都有不同的标准与指标体系。据国内外的经验，其主要内容有如下几方面：

（1）住宅功能的完整性和适用性，包括平面布局、空间处理、设施配套、交通方便、冬暖夏凉、智能化、自动化等，全面实现“以人为本”的居住理念。

（2）住宅的安全性，包括建筑防火和抵御自然灾害，如抗台风、抗地震、防海啸、抗病毒、无有害物质等。

（3）住宅的耐久性，首先是消除建筑的“跑、冒、滴、漏”，其次是结构、装修、设备的耐用和合理配置等。

（4）住宅的环境性，包括容积率、绿地、景观、防噪声、防污染、环境协调、生态平衡、室内外调和等。

（5）住宅的经济性，包括住宅的建造与管理成本、用地指标、日常运作损耗、住宅市场交易、改建与更新的可能性等。

（6）住宅的文化性，包括住宅群体与个体的艺术造型、室内外空间的文化内涵与表现力、文化活动设施，建筑与环境的协调性，建筑风格的地方性、文脉性和时尚性，建筑空间的人性化与多元化等。

二、关于住宅区的规划与节约用地

城市中的建筑约 60% ～ 70% 是提供给人居住的。一个城市规划的好坏，首先是要看其对住宅区的安排是否合理和科学。这就是国际上评定城市文明是否“宜居”的首要理由。一个城市不能“宜居”，还有什么存在价值呢？

国内外的城市规划经验指导我们，住宅区的规划定位、定向、规模、组织对城市是最重要的。反思广州规划，有以下几点遗憾：

（1）城市的分区少有整体居住区的概念。把城市规划看成是划地、卖地、瓜分圈地给公司、单位和房地产商，城市的发展按目前的市场利益，像“煎大饼”式无序混杂发展，在市场经济带动下盲目开发，或者有规划却不按规划执行。

（2）卫星城作为产业结构调整和疏散中心城市人口的观念不明，没有规划一个像样的、完善的卫星城。所谓住宅板块，是开发商各自的推销市场策划。住宅区人数过少，而且分散，各自为政，配套难齐，或重复浪费。

（3）规划、环境意识淡薄。把有污染的工厂放在城市上风和上水，经济效益和环境效益大大受损。虽有山水城市的理念，但少有观山近水的规划措施，如珠江的风景线，强调了人工的高楼大厦，成为建筑的走廊，少有珠江原有的自然风光。

（4）规划短视，长远的超前思考不够。每届政府变化太多，未见有经充分讨论的超前规划；观念滞后，只顾眼前利益和政绩外表，致使城市临时行为过多，负荷不断集中、加重，产生了难以解决的交通、环保、资源消耗严重的问题。全局性大环境的规划欠妥，影响了人居环境的质量。

（5）旧城的改造与新城发展开发未能协调同步，破坏了历史文化名城的脉络，大量增加旧城的人口，高楼拥挤，交通和供应压力难以解决。

（6）各体系、系统规划未能统一、协调、同步。

有效保护和合理利用土地资源，应该是城市和住宅区规划的头等要事。按国内外规划经验，有以下几点启示：

①合理提高建筑的层数，控制土地利用的容积率。在不影响环境质量的前提下，提高土地的使用率。另外，在市中心区建高层，在郊区建低层也是一种手法，要控制别墅用地。

②规划的模式选择与布局的方式变化也是节约用地的途径，如选用进深大的户型、布局有规律组合、压边向心的处理、户型的合理配置等。

③合理利用地下、水面、悬浮空间。运用巧妙地构思配搭空间等。住宅与道路、绿化、公共活动场所有机结合，腾出用地。

④科学利用山地、坡地、荒地、林地。

⑤利用各种轻型结构、材料，考虑生态建筑优越性，减少占据面积。运用建筑的空间与体型组合手法和各种架空，少占用地。

⑥应用新技术新思路节约用地，科学研究户型标准和公共设施建筑面积，可减少建筑面积的浪费与公共项目的重复等。

三、关于资源节约型住宅

我国是资源耗费的大国，作为房地产开发商应有社会的责任感，在住宅规划设计、建设和管理方面采用科学文明的办法，确保住宅优良的品质，减少资源的高消耗，必须选择资源节约型的住宅发展模式，用高科技的手段，把握好消费的适度性、合理性，走适合我国国情的发展道路。

（1）节约用能

①规划上要有节能理念：从选址到组团布局，从单体到群体，从间距到界面，从朝向到风向，从平面到空间，从层高到进深，从虚实到造型等都可减少能耗，用科学的方法，创造节能的条件。

②在结构墙体上利用高效隔热保温的材料，减少墙体的热桥和冷桥，减少耗能。墙体减少开门窗，采用节能的外门窗，采用中空玻璃、反辐射玻璃，采用保护幕帘和卷帘，运用遮阳、防辐射和隔热设施等。

③应用和研究新型节能供热和制冷空调技术，完善住宅的热性能评定。

④开发生态住宅，充分科学地利用太阳能、风能、地热能等。

⑤开发节能厨房、厕所技术，应用无污染化学建材与少电耗材与设备，开发综合利用能源的新技术。

（2）节约用水

①减少住宅管线水网的水损失。首先管网体系要设计合理，主支管科学配置，推广不锈钢管、铝塑复合管、高联聚乙烯管、三型无规共聚丙烯管、铜管等材料，采用新的接管方式，同时在住宅平面与结构构造上减少用管长度。

②开发和推广使用新的节水器具。美国、日本、加拿大都有立法和奖励节水技术的发明和应用。

③提倡循环用水，推广中水回收再用技术，把污水处理后再用，建立中水系统。对于雨水可考虑再用。

④在物业管理上，加强用水的检查和督促，减少水的浪费，制定定额标准和鼓励节约措施。

（3）材料的再生和循环利用

从节约和环保角度而言，改善建筑结构和材料的再生以及重新利用是非常必要的，如欧洲和美国等国家提倡用钢结构来代替混凝土结构，其实就是钢材的再铸造利用，我国有些多层住在运用钢结构也逐步增多。

广东提倡建设绿色住区，强调自然生态环境，要求对自然环境资源有效地保护和合理利用，有效利用原生树丛、植被、水资源，在规划设计上尽量采用自然光、自然通风、自然防污、自然隔声等，这些都是有效的节能措施。

发展“环保小康居住工程”的思路

原载于2010年《南方房地产》

在国家2010年远景目标计划中提到“使人民的小康生活更加宽裕”“基本改善生态环境恶化的状况”，房地产建筑界要实现这一目标，任务还很艰巨，要有民主的决策，科学的方法，依靠技术进步才能达到。

改革开放以来，广东省住宅建设以惊人的速度发展，但也存在着如下几个问题：

（1）住宅售价过高，社会上有钱人已买了住宅，无钱的人买不起，各行业、各阶层的居住水平相差较大，困难户不少。

（2）新建住宅相当部分还是粗放型，质量较差，设计不合理，浪费大，干扰大，生活诸多不便。

（3）配套欠全，物业管理不善，导致居民出行难、上学难、就诊难、保安忧、文娱生活缺等。

（4）绿化面积、道路面积、公共场所不合国家规划标准，停车难、游憩难、运动难。

（5）规划密度过高，八、九层没有电梯，居住空间欠组织，建筑形式单调，少有安静、幽雅、亲切的居住气氛和人情味，缺少岭南地方文化的建筑内涵。

（6）规划地点选定不妥，缺少全面的小区规划，未能成团成组。环境质量普遍较差，空气污染指数偏大，噪音超标，尘量大，垃圾处理欠周全。

产生上述现象的原因是多方面的，主要是：

（1）全省缺少发展住宅、解决全民居住问题的战略布局，未能从社会可持续发展的高度重视住宅建设，未能协调人与自然的关系、人口增长与资源开发的关系、地区发展的关系、技术与文化的关系。

（2）现今广东省房地产开发公司达5000家，有的公司出于经济效益目的，盲目向国家借钱，没有把提高和改善人民居住水平作为根本的纲领，缺少必要的法制监督和验收评估，住宅市场的混乱，也促使了上述不良现象的产生。

（3）广东省未能集中组织力量，以现代化的意识去研究住宅问题，不论是从教育上、科学技术力量上，广东省的小区规划和住宅设计水平还是比较低的。北京、上海、南京、宁波、无锡等地的水平比我们高。据不完全统计，仅广州十几年来建成的和在建的300多个小区中取得成功的、能起示范带动的不甚多。

（4）普遍对住宅建设的环境意识认识不足，对住宅的社会性、文化性认识不深。中国传统文化向来主张“天人合一”，把住宅建设看作是治国平天下的一种措施。“居者有其屋”被看作为一种国策。住宅的社会作用是最持久、最现实、最综合的，是社会物质文化最集中的表现。

（5）规划和设计中法制管理不严。我们国家制定有城市规划法、各类建设设计规范、环境保护法、大气污染法、文物保护法等。只要依法行事，上述问题大多可避免，遗憾的是有些开发公司执法不严，城乡管治单位未能认真监督。

（6）住宅设计与小区规划未能把焦点对准广大市民和低层收入的居民，经营上未能走集约化、物业化的道路，未能制定相应的配套政策。

（7）住宅问题是社会复杂的系统工程，不是单靠市场经济能解决好的。大起大落的利润会造成社会人力物力的浪费，增长的无限度，将会使我们尝到种种危机的“苦果”。

21世纪即将来临，按中央制定的国民经济和发展的要求，到2010年，人民对住宅的数量和质量要求均会有大大的提高。据有关资料和信息推测，我国住宅的发展大体有如下几方面的倾向：

（1）人均居住面积要求大于 12 平方米，住宅成套率将达到 80%，厅房分开，家庭操作向电气化、自动化过渡，住宅生产将系列化、灵活化。

（2）居住平面设计将趋合理适用，空间舒适、视野开阔、装饰有家的气氛，适合人际交往，满足居民精神文化生活和心理享受的要求。

（3）住宅的管理将向社会化发展，市政设施向城市化发展，公共服务配套周全、方便、安全、卫生。

（4）居住环境将是居民选居的第一要素。人们要求接近自然，小区绿化面积将大于 30%，按先进国家基本环境质量指标，环境噪声要低于 50 分贝，降尘量要小于每月每平方公里 7 吨，二氧化硫浓度要低于每立方米 0.05 毫克。

（5）节能、省地、节材将是住宅设计的重要内容。太阳能、风能将得到较广泛的应用，节能的采光、通风、空调、交通等科技发明将普及到住宅建设中。

（6）少花钱多办事始终是社会主义经济发展的重要原则。21 世纪住宅售价将会是广大居民中等收入能接受，住宅售价与家庭所收入之比不宜超过 5 倍，住宅面积的增长将适应人口的增长。

（7）发展住宅将采用科学技术进步来降低楼价。新材料、新设备、新结构、新施工方法将大量应用，技术与艺术工艺将进一步结合。

如何实现上述追求，当前最重要的是探讨一种适合于广东省住宅发展的最佳可行途径，找寻一条多快好省的开发模式。突破口在何处？我认为当前重点搞好环保小康安居工程最为重要，贯彻“科教兴省”应体现在住宅建设中。召集有关建筑学、工程结构材料学、环保生态学、城市经济与规划学、岭南文化艺术等综合型人才研究对策，看来是解决广东居住问题的主要手段。建设几个环保小康住宅小区作为试点示范工程，是非常必要的。

要实现这一目标，我认为首先要成立一个“环保小康工程研究中心”，作为建设“环保小康住宅小区”决策机构的规划设计基地。它可先附属于某一有技术基础条件的机构，以技术进步为出发点。它既搞研究，又搞生产，也搞教学，把研究成果转化为住宅商品，以竞争形式把产品投入市场，推动广东住宅建设的发展。

“环保小康工程研究中心”宜纳入广东省的“九五”发展计划，由某一单位主持成立董事会，经费可由国家贷款，股份集资，国家给予优惠政策；起动后，靠其本身经营生命力滚动式发展。

环保小康安居工程的主要使命是：

（1）以“居者有其屋”作为奋斗的行动纲领，面对世纪经济发展的严重挑战，靠自己的经济技术力量，提前迈入小康生活，逐步缩小居住水平的过分差别，使广大老百姓能安居乐业。

（2）从生态平衡的角度来解决岭南地区人民的居住环境问题，建设一批有超前性、导向性的环保小区示范工程，使广东住宅建设能健康、持续地发展。

（3）摸索运用多学科协作、系统集成的方法，用高科技的手段来开发住宅市场的模式。

（4）坚持建筑行业发展走社会化的道路，靠社会力量来发展房地产，规划和设计走法制化、规范化的道路。

第五章　中国古建筑技术研究

我国古代建筑的木材防腐技术

原载于 1979 年《建筑技术》

我国古代各地均有丰富的森林资源。我们的祖先从新石器时代起，就用天然木材构造房子了。由于木材便于加工，构架简便，轻质坚韧，且易适应于我国社会传统需要和各地气候环境，所以木构建筑就成了我国古代建筑发展的主流，在世界上独树一帜。它作为一种建筑体系，形成于秦汉，成熟于唐宋，明清时亦有局部的发展和改进，经历了几千年的发展过程，反映了我国古代建筑的主要技术成就。

我国古代把建筑工程称为“土木之功”。木材历来是建筑的主要材料，然而木材的最大天然缺陷是易腐、易燃。人们为了延长建筑的寿命，防腐技术就成了我国建筑技术的重要方面之一。我国古代劳动人民通过长期的建筑实践，逐步形成了自己的一套防腐技术，达到了很高的水平。我国迄今保存下来的唐宋木构建筑（距今 1197 年至 800 年），竟有近 30 处之多。事实证明，我国木材防腐科学曾经一度居世界领先地位。本文通过对有关古代文献整理、实物调查和民间访问，综合阐述我国古人对木材腐蚀现象的认识和在建筑中所采取的防腐措施。

一、采伐木材时的防腐考虑

选伐木材是我国古代建造房子的重要程序。春秋《左传》中说：“山有木，工则度之。”我国先民很早就认识到树木的防腐生态规律，并用来度择木材。《礼记 · 月令》提到：“仲冬之月，日短至，则伐木取竹。”汉代《崔寔》亦指出：“自正月以终季夏，不可伐木，必生蠹。”说明在汉以前人们已认识到冬季采伐的木材较为干燥坚实，不易腐蠹。明代《鲁班经》有“死木不作柱梁”的记载。死木在林中常感染有菌虫，经验证明是易于腐朽的。

木材品种繁多，我国古代工匠最迟在晋以前就认识到各种木材具有不同的自然抗腐力。晋郭璞《葬经》已记载有：“储木作屋柱棺材，难腐也。”明《图绘》亦指出：“杉理起罗纹者入土不坏，可远虫甲；柏老者入水，年久难朽。”说明当时人们已进一步认识到同一木材在不同环境中具有不同的耐久性。南方民间也有“水浸千年松，搁起万年杉”的俗语。

《营造法原》记录江南民间工匠选木歌云：“楠木山桃并木荷，严柏榉木香樟栗，性硬直秀用放心。惟有杉木并松树，血柏乌绒及梓树，树性松嫩照加用。”上述木材品种，实践证明具有良好的抗腐性，现存的古建筑亦多是采用这类木料建起来的。同文又说：“还有留心节斑痈，节烂斑雀痈入心，疤空头破糟是烂。”说明古人已认识到木材节、痈、空、裂等疵病，是易于导致菌虫侵入而加速木料腐烂的。至于易腐木材，《木经》亦指出：“忌杨、杞、松（估计指红松）、柳为栋柱，久久生蛀。”

因材致用是我国工匠惯用的传统选材法。以建造明清北京故宫为例，工匠在选择木材上是经过周密考虑的，如柱子多选用楠木、铜钞、东北松、柚木，梁架多用楠木、紫杉、梓木、黄松，椽檩和望板多用杉木，角梁和窗台多用樟木，脊吻下的木桩和潮湿处的构件多选用柏木。这种选材法，从防腐角度来看，是合理的。云南少数民族建筑亦一直按传统习惯选用耐腐的禾毛树、麦千令树（德宏傣语）、黑心树、毛栗树（西双版纳）作为主要建筑材料。

四川民间有谚语云："柏木从内腐到外，杉木由外腐到内。"可见古人已认识到木材有两种腐蚀现象。从现代科学分析，木材的腐朽原因一种是由于木材表面的腐败菌的侵蚀，杉木的腐蚀是属于这种现象；另一种是由于致腐真菌先开始繁殖于原木的心材，或钻孔蛀虫由内及外的蛀蚀，柏木的腐蚀是属于此种现象。就属同一树种，古人也认识到心材与边材具有不同的抗腐能力。在广东海南和云南西双版纳少数民族地区，通常在选用"黑心木"时，只选取其难腐的心材，刨弃其易腐的边材。广州有些古建筑中的楠木柱或楸木柱，通常是边材完好，实为中空。据分析，建造时所用原木料已是腐空，工匠仍大胆选用，足说明古人是认识到有些木材的边材是较为耐腐的。

二、木料防腐措施

木料本身的防腐技术，我国更是历史悠久，方法繁多。现概括其主要方法分述于下：

（1）表面涂髹和油漆法。此法是我国发展最早的一种木材防腐法。矿物颜料有一定的覆盖力和杀菌性，生漆氧化结膜后有很强的隔绝空气和水分的性能。用其涂饰木材表面后具有防腐作用，这是我国古代工匠经过长期摸索实践所取得的成就。矿物颜料和生漆虽始用于原始社会，运用其涂饰木料则在奴隶社会，到了战国时期进一步普及和发展。在楚墓中发现的漆器、漆家具和漆棺的数量不少，质量也很高，至于应用在建筑上，《楚辞》中有"砂板"的记载，即以丹砂来涂饰轩版。《左传》中有"丹桓宫之楹"的记载，即以丹砂涂油柱子。《考工记》中有设色之工（即漆饰之工），文中说道："胶也者以为和也，丝也者以为固也，漆也者以为受霜露也"，并要求"漆欲测（清）"。

丹和漆同时使用的防腐方法，最早的文献见于汉《淮南子》中引用的两个哲理比喻：一是"工人不漆而上丹则可，不丹而上漆则不可，劳事由此也"；二是"高阳魋将为室，问匠人，匠人对日：'未可也，木尚生，加涂其必将挠，以生材重，涂会宙，善后必败。'高阳应日：'不然夫，木材则益重，涂干则益轻，今虽恶，御必善。'匠人穷于辞以对，卒为室，其始成均善也，而后果败，以封辞而不可用也。"上述两例说明，当时油漆技术已成常谈，而且认识到木材表面只涂丹（辰砂，即含毒的硫化汞）则可以，而油漆前不涂丹则不能保证质量；还未干透的木材如加油漆和表涂会变形和腐蛀。可见汉以前油漆与表涂的技术水平。

据现存唐宋建筑调查，外露木构部分多用赭石（氧化铁）、土红、土黄、白垩等无机颜料加动物胶或植物胶分层表涂，少量还采用朱砂、铅丹、石青、石绿、雄黄等颜料。这些颜料在《本草纲目》一类医书中都说明有毒性。宋代《营造法式》已有彩画制作一章，其中规定衬地之法（即先用胶水遍刷木表面一次）和胶矾技术（即在调色之时加明矾和胶水），这对木材防腐来说是大有好处的。明清的油漆彩画技术进一步发展，油漆的调配和施工质量都有所提高。值得注意的是出现了地杖和披麻捉灰一类的措施，木构表面的覆盖层加厚了，防水抗湿性增强了，此法用于明清时常见的小木拼帮柱材的防腐，是颇为适宜的。

（2）药剂法。此法最早记载于公元四世纪（晋）葛洪所著的《抱朴子》，文中有云："铜青涂木，入水不腐。"铜青即醋酸铜，是一种含毒杀菌剂，渗入木材组织，确具防腐作用。公元六世纪（北魏）所著《齐民要术》记述有另一妙法："将青松斫倒去枝，于根上凿取大孔，灌入生桐油数斤，得其渗入，则坚久不蛀，他木亦同。"桐油是一种有毒性的植物高分子，经渗入木质内部后，能阻滞菌虫生长繁殖，故起防腐作用。据古文献记载和调查得知，明清时期亦流行有用绿矾（$FeSO4 \cdot 7H_2O$）、青矾、硼酸（H_3BO_3）、硼砂、食盐等溶液浸渍和涂刷木材的，如明《物理小识》就有"青矾煮柱木"的论述。

（3）泡浸法。《齐民要术》提到："凡非时之木，水沤一月，或火煸取乾，虫则不生。"水沤木材是我国民间常见的一种简易防腐法，流传甚广。在我国南方，民间通常都把备好的建房木料去皮后放在池塘、泥田或河沟中浸泡一至三个月。在沿海地区也有用海水渍泡的，在两广山区也有用石灰水浸泡的，少量木材还有用开水泡煮的。此法民间谓之“去性”，意即把木质中易腐蛀的养分去掉。

（4）熏烟法。此法早见于汉《淮南万毕术》的记载：“夜烧雄黄，黄水虫成列。”元《农书》亦提到：“用鳗鱼为鱼干，于室内烧之，熏宅室，免竹木生蛀，及杀白蚁之类。”明《玄扈》除提硫黄烟熏外，还说“或用桐油之火燃熏之。”据云南傣族和广东瑶、苗族民居调查，由于室内经常有炊烟，实际上起控制木材表面菌虫繁殖作用，建筑寿命亦长些。在西南和华南民间还有一种原木烟熏法，即把木材架置在地坑中，然后用锯末、谷糠或树叶起火生烟熏烤，亦具有防腐效果。

三、建筑设计的防腐处理

影响木结构耐久性的因素，除了木材本身防腐效能大小外，建筑设计是否合理也是非常重要的因素，因为木材处在不同环境中的腐蚀情况和腐蚀速度是不同的。从现存的古建筑可以发现，凡直接与湿地面接触和放在阴暗潮湿不通风地方的木材构件，或搁置在墙上的檩和埋设在墙内的柱，常先发生腐蚀；凡易受风吹雨打太阳晒的木材则易于腐朽。根据这些现象，总结失败的教训，古代工匠在建筑设计中曾采取了如下处理：

（1）在原始社会里，人们已觉察到栽入地下的柱子的根部易腐。河南郑州大河村居住遗址已见有用具有一定防腐作用的料羌石、红烧土来夯实柱洞，而且埋设深度越来越浅。河南安阳发现的殷商遗址，木柱下已使用石柱础了，有的木柱下还加垫铜櫍。随后，木柱落地的现象就少见了，南方潮湿地区的石础且愈来愈高。现存的古建筑中，几乎没有见过直接与地面接触的木料，木门槛、木地板均离开地面，以防受地潮而腐朽。

（2）从先秦咸阳宫殿发掘和广州出土的汉明器可知，当时的柱梁都有意识地处理成有部分表皮外露于墙体，说明当时人们已认识到木材完全包裹在墙内是易腐的。唐五台山佛光寺大殿的墙柱则采取八字门露柱法，使木柱有一部分表面能保持与外空气接触，且墙与柱之间留有空隙，填有木炭，以利防腐。明清北京故宫所有埋在墙内的木柱，均裹有瓦片，留有空隙，填有干石灰，并在柱的上下端部的外墙皮，设有砖雕通风口，保持墙内木柱能通风除湿。在云南和江南地区的有些民居，索性把木柱与围护墙体分开，使木柱完全外露，以利通风减轻潮腐。

（3）搁在外墙上的檩、梁端部，梁与柱的交接处，以及楼梯的最下级，均是木构建筑腐蚀的发生点。据广西侗族民居和北京故宫调查，工匠通常是在这些部位浇涂熟桐油或水柏油。木构件的裂缝和疖疤也是易腐之点，最迟在明代，工匠就发明用桐油灰或水丹来填补了。关于桐油灰的制作，明《天工开物》云：“筛过细石灰和桐油舂杵成团调舱，温台闽广即用砺灰。”水丹的制法，明《事类赋》云：“石灰一斗，桐油三升，加青丹或红丹。”

（4）不通风的屋顶、卷棚、阁楼中的木构件，常因潮闷而腐烂。古代工匠所采取的相应措施是加强室内通风防潮。从汉明器和汉画像砖所反映出来的建筑形象证实，当时工匠已采用了檐下拱眼通风、山墙山尖通风、墙面漏窗通风、屋面气楼通风等措施。屋面瓦下望板常因上皮不能通风而腐烂，北京故宫的防腐措施是：望板下皮刷桐油，上皮铺一层护板灰（即麻刀青灰或桐油灰），在上下瓦间空隙不填灰浆，让其通风，以利瓦下垫层湿气蒸发。处在阴暗潮湿中的脊吻下之木料（如扶脊木、脊木桩和脊檩等），古代工匠通常是采用裹放木炭和生石灰来防腐的。

（5）凡暴露在室外的木栏杆、木柱、飞椽头、昂嘴、封檐板、木门窗等，是最易风化解体和变质腐败的，我国工匠历来颇重视其防护处理。其方法除采用石料代木或表涂油漆和桐油外，主要是采取遮阳和防雨的方法，如屋顶采用深檐法和举折法，把雨水抛得远些，并有遮挡阳光紫外线直射作用，民间则采用窗楣和障水板来代替；又如采用瓦当滴水来防止飞椽头和昂嘴少受雨水淋湿，或采用悬鱼、惹草、封檐板和排山沟滴等来防止山墙外露檩头受雨水侵腐。

四、地下木构防腐

我国古代有厚葬的风俗，对地下棺木的防腐积累了不少的经验。《左传》有云：“宋文公卒始厚葬，用蜃灰。”蜃灰即蚌蛤灰，有杀菌消毒作用。《吕氏春秋 · 节丧篇》云：“题凑之室，棺椁数袭，积石积灰，以环其外。”炭古亦称灰。从考古发掘的春秋战国墓葬来看，炭与蜃灰确是当时常用的护棺防腐材料，由于采用此措施，许多棺木还保存完好。

长沙马王堆一号汉墓棺椁用木炭维护（共约一万斤），用白膏泥（由氧化矽、一氧化铝和少量氧化铁、氧化碱组成的黏土）封固，棺木葬具等均保存了二千多年而不腐，足见当时防腐技术的成就。明《三农纪》还提到：“棺以漆泥合缝，以布漆封缝，用松脂白蜡熔遍，外用生漆原涂，可耐水土。”在广东民间古墓中亦常见有用松香、桐油加章丹涂护棺木的。埋入地下的木柱、木桩是最易腐烂的。一方面是因为木桩在地下水位交替干湿处，会不断析出酸或碱的结晶体，造成木纤维组织的物理性破坏和化学性腐蚀，另一方面是因为地面表层土壤易于繁殖菌虫。古代工匠为此而采取了如下防腐措施：

（1）选用在水中较耐腐的柏木、柳木、红松、椤木等木桩打人黄泉（即地下水）之下，使木桩全部浸入常年地下水平线之下。此法最早的文献记载见于《法苑珠林》，文中提到隋代郑州超化寺桩基是“泉下安柏柱……在泥水上，以炭、沙、石灰次而重填。”现存宋建太原晋祠圣母殿木桩基就是全打入地下水位之下的。《营造法式》筑临水基规定：“每岸五尺，钉桩一条，梢上用胶土打筑令实。”目的是使桩与地面空气隔绝，以使木桩难腐。据考古发掘发现，保存在沉积泥炭中或海底、池沼底的木材是不易腐朽的。广东民间传统保存木船的有效方法是，把船埋在河泥和塘泥之中。

（2）有些木构件（如挟门柱、牌坊木柱等）是难于避免和地面接触的。古代工匠则另作防腐处理。《营造法式》中有“山棚鋜脚石”制度，类似的做法见于北京后房元代居住遗址挟门柱的构造。其法是把木柱插入砖砌的灌满石灰浆的柱洞中，木柱与石灰浆凝固后，既牢靠又耐腐。南方民间露天埋柱，通常将柱头加以烧烤，使其表皮炭化，有的还加刷石灰水或青油。

（3）尽量使木材少与水面或雨水直接接触。实例有：北宋《清明上河图》中的虹桥，采用编木为拱，取消落水桥墩，桥面还铺有防水的覆盖层；陕西西安灞河桥采用石轴柱代替木柱，桥面有很厚的灰土层护面，宋太原晋祠鱼沼飞梁用石柱代木柱架木梁，广西侗族程阳大木桥的桥上盖有桥廊防雨。

中国古代建筑基础技术

原载于1980年《建筑技术》

我国古建筑在世界上独树一帜，成就辉煌。本文仅就中国古建筑基础技术的发展和主要成就作一概略介绍。

一、天然地基与夯土地基

人类自诞生以来，从营造穴居到农业生产，一直在跟土打交道，对通常作为天然地基的土的认识也是逐步加深的。我国殷周交替时所著的《周易》，已把土作为五种物质元素之一来研究了。汉《释名》一书将土壤按五种色泽分类。元代《河防通议》有辨土脉专节，细致地把土按性质分胶土、花淤、捏塑胶、碱土、沙土、流沙、细沙等二十种，并提出工程前“必知地理形势之便，土壤疏厚之性，然后可以言事。”

我国古代把工程准备中的地形地质考察称为“相土”。据《史记》记载，在战国时（约公元前508年）伍子胥在规划吴都（即今苏州）时就进行了“相土尝水”，即对城市基地作了水文和地质的调查。从汉都长安建未央等主要宫殿“据岗丘之势，削山为基”的事实来看，当时对地基选择是非常重视的。随后发展形成的“堪舆学”，虽然充满迷信色彩，但其要求建筑场地地基要丰要敞，前要有拱卫，后要有靠山的条件来分析，它的产生是与古人对建筑地基的选择联系在一起的。

我们的祖先在原始社会就懂得夯实土层可以增加土的承载力。据考古发掘，西安半坡居住遗址的柱底垫土和柱洞填土是经过夯实的；洛阳王家湾原始社会建筑遗址夯土墙下的地基是加有红烧土夯实加固的。

到了奴隶社会，大面积的夯土地基开始发展起来。河南偃师二里头所发掘的早商宫殿遗址的夯土地基面积竟达一万平方米，深入地层约二米。其做法是采用纯黄土整片分层夯实，至今仍坚实异常。说明它具有相当的抗湿陷性和抗水土流失性。

商末的河南安阳小屯宫殿遗址同样采用板块的夯土地基，施工质量更为高超（每层夯厚5～7厘米，用直径4～5厘米的木夯头分层密集夯成）；另外，随着上部木构架体系的形成和为避免木柱埋地而易腐，在柱下已设置有独立石礅础，柱与础间还加有櫍（即铜或横纹木做的垫板）。这样就使木柱的集中荷载通过石础能较均匀地扩散到夯土的地基上去。说明当时人们对地基和基础已有明确的概念了。

春秋战国时，夯土高台建筑兴盛一时。如邯郸赵故都的龙台，高达19米夯土层还历历可数，厚度约6～8厘米，由圆夯锤密夯而成，坚硬结实。

秦汉时夯土技术进一步普及和发展。先秦咸阳宫殿是以夯土台为中心，四周配置建筑群的。汉代的主要建筑也多修建在高起的夯土台上。为了加强夯土的强度，《晋书》中还有蒸土夯筑的记述。

夯土地基在唐代还大量应用。长安大明宫的主要建筑台基均由夯土筑成。如麟德殿的台基夯土厚度为5.7米，深入地下约3.2米。值得注意的是，台基的地下部分断面夯成锅底形状，深度自台中心逐渐向外减薄，边缘厚度约深入地下一米。在整个130.41米×77.55米的夯土台上摆设了164个石柱础，最大的柱网间距为8.5米×5米，石础为覆盆式，础底方边为1.2米×1.2米，石础与夯土基紧紧地结合成一为个整体，担负着屋架传下来的巨大荷重。

由于夯土地基花工多，工期长，随着建筑构架系统的变化，中唐以后已较少用了。

二、瓦碴地基与灰土基础

在唐代夯土地基逐步减少的同时，出现了一种瓦碴地基。最早的实例见于山西五台山南禅寺大殿（建于公元782年，是我国现存最早木构建筑），其做法是在黄土中渗入约三分之一的瓦碴和碎砖，然后分层夯实。基深按地脉虚实约为90～180厘米。

宋代的瓦碴地基更是形式多样，质量也不断提高。河北正定隆兴寺基础的具体做法是："挖地创基至黄泉（即地下水），用一重砾石，一重土，一重石炭，一重土，至于地平"（该寺宋碑所载）。

瓦碴地基比夯土地基的强度大为提高。古代工匠为节省人力和材料，也有不用满堂夯筑的，仅在柱下和墙下挖坑夯筑，典型实例见于元山西苗城永乐宫。

瓦碴地基后来在南方一直被广泛采用。上海元真如寺大殿还出现过用废碎铁渣来代替瓦碴的尝试，铁渣氧化后与黏土紧密结合在一起，可想而知是相当牢靠的。

石灰是我国相当古老的建筑材料。石灰拌土称为灰土，土中含砂多的又称三合土。陕西周原宫室地面已采用了三合土。南北朝时（公元五世纪），南京西善桥的南朝墓封门前的地面是采用灰土夯实的。

明朝以前因石灰生产量少，故建筑上还未能大量使用灰土。较早的文献记载是《天工开物》的"防水灰土"，其制作方法是："用以襄墓及贮水池，则灰一分，入河砂黄土二分，用糯米粳（粥浆）、羊桃藤（一种藤木植物）汁和匀，经筑坚固，永不隳坏。"灰土作为基础材料而大量应用是在北京明代故宫，三大殿的台基就是用灰土夯筑成的，高度达十五层之多，经历近四百年来仍坚实无动。据现代科学分析，碱性生石灰颗粒与酸性黄土结合后，使之胶结凝聚，且生石灰吸收土中的水分后，在放热过程中体积膨胀，因而压缩了土中孔隙，使之更为密实，据试验，其强度可达5～15kg/cm^2，且强度还会随时间而增加。

灰土基础大体有以下两种：

小夯灰土：用在要求较高的基础中，白灰与黄土的比例为3∶7至4∶6，夯筑的每层厚度（古称步）是由7.5寸夯实至5寸。夯筑前需将础槽底锅拍三次后才铺灰土，每步分二次铺成，铺灰平整后先采用旱夯（称旱活），共夯四遍（称分活、加活、冲活、踩活），然后铺席洒水湿灰，再经"三回九转"夯打（称湿活），以次交替夯筑。要求质量更高的，还每夯一层加泼一次糯米汁。

大夯灰土：用于一般工程，白灰与黄土的比例一般为3∶7至1∶9。每步虚铺7寸夯为5寸。拌好的灰土含水量要求"握紧成团，落地散开"为宜。通常每步（即夯层）规定打夯三遍，打锅两遍。

三、木桩基础

我国古代称木桩为地丁。在原始社会里人们已用木桩来支承建筑构架荷重了。浙江河姆渡原始社会居住遗址的临水柱子就是把柱端栽入淤泥中去的。

我国现存的最早木桩基础实例是山西太原晋祠圣母殿。此殿为大型木框架建筑，建于北宋天圣年间（公元1023—1031年），因基地泉水涌流，而采用了地下打桩铺石筑础的方法，使木桩透过淤泥层把上部建筑荷载传递到较坚实的地层中去。此殿经历了九百多年，尚未发现有不均匀沉陷现象。

古代临水建筑基础通常都采用桩基。宋《营造法式》总结了前人的经验，写出了"临水筑基"专节。可见宋代桩基做法，已与木构做法一样，趋向于标准化了，这只有基础技术经验比较成熟时才会出现的现象。

到了明清，木桩基础已广泛地应用在河堤闸坝工程、桥梁工程、海塘工程和软弱性地基建筑工程。现根据清《工部工程做法》等古文献和现存的古建调查情况，将其选料、类型和施工方法简述于下：

（1）木桩选料。古人早就认识到木桩在土中的耐腐程度与选用哪类木材很有关系。在南方多选用红松为桩。俗语说："水浸万年松"，故把松桩称为万年桩。杭州钱塘江的海塘工程则选用日本运来的椤木为桩（称涚柱）。在北方亦有用柳木为桩的。北京颐和园的堤岸就是用湿柳木作桩的，经几百年仍未朽。

（2）桩的类型。清《工部工程做法》提到：

梅花桩："钉五桩日梅花桩，以其式如梅花之五瓣，或日聚五。"此类桩多用在柱础之下。

马牙桩："钉三桩曰马牙桩，其式如马齿之相错也，或曰三星桩。"常用在墙基之下。

（3）打桩方法。古代打桩方法，因地、因时和条件而异。常见的施工方法在下述文献中可见一斑。《灞桥图说》云："打梅花桩以先打中桩一根为准，再以木板开眼，作梅花桩式，套于中桩上，按眼插桩。打桩时，以三脚架四具围摆，上搭枋板，立十六人，摔铁硪打之。"

四、民间建筑基础

我国幅员广大，各地地质条件不同，基础材料亦有差异，各族工匠在长期建筑实践中，因地制宜，就地取材，创造了各式各样的基础做法，现将常见的几种类型分述如下。

（1）石基础。石材的抗压强度高，是民间常用的基础材料。至今还流行着柱下整石基础、条石基础以及卵石或乱石基础等做法。

（2）砖基础。是民间常见的一种基础，用陶砖以灰砂砌结，其剖面如阶形，俗称放大脚，一般一层一收或二层一收，每层收入尺寸大于砖厚。北方埋深在冰冻线以下，南方即埋至实土以下少许。在碱土地区，为防碱水沿基础上升而风化墙体，通常在基础出地面约 1 ～ 2 尺处垫有 5 ～ 7 厘米的苇草（或柳条、高粱杆）。也有用青灰防碱的，俗称酥碱。

（3）撼砂地基。一般挖基槽深约一米，宽约 60 ～ 70 厘米，然后分 20 ～ 30 厘米为一层，将中砂填入槽内，随后在槽内灌水振撼，至砂层密实为止。当撼至离地面约 20 ～ 30 厘米处，则砌砖或块石墙脚。

（4）换土地基。当建筑不得已建在淤泥或杂填土上时，民间有采用换土地基的。即把软性地层挖去，换上砂土或河砂。

（5）浅理基础。有些地区的土层往往表面层的负载能力反比下层土壤强（如沙滩土质或有些冲积土层），基础埋设愈深则反不牢固，民间工匠则因地制宜地采用浅埋处理，即仅挖去表土层少许（1 ～ 2 尺），就砌筑墙基，充分利用表层土的支承能力。

（6）井墩式基础。当房基局部遇到墓穴、回填渠道或塘坑时，民间有用井墩基础处理的。即挖井坑至实土层，然后在基础范围内用砖或石砌成井框壁，其中填以砂土，也有用陶井圈或水缸填粗砂层叠作基墩的。

五、高层建筑基础

我国是世界历史上高层建筑发展得最早的国家之一。据《史记》记载，汉代长安井干楼高为五十丈。我国现存的最高砖塔是河北定县料敌塔，建于北宋真宗年间（1001—1055 年），高度达 84 米。分布在全国各地的现存古塔还数以百计。这些古塔经历了无数次强风地震的考验，负载着巨大的荷载（估计多在 6 ～ 15kg/cm^2），但仍安然无恙，充分说明我国高层建筑地基基础技术的伟大成就。

据古文献记载，南北朝以前的高塔多为楼阁式，塔中多有塔心柱，它支承着上方塔刹的巨大荷重。塔心柱的基础构造，据《梁书》追述晋代建康阿育王塔云："初穿土四尺，得龙窟，及昔人所舍金银环钏钗镊等诸什宝物，可深九尺许，方至石磉，磉下有石函。""龙窟"的做法现今日本五重塔犹存旧制。

现存古塔平面多为等边对称的八角形或方形，结构形式多是外实中空的多节空腹结构或套筒式结构等。

塔基通常选在岗丘的岩基上。有些则深挖表土层，把塔基直接建在整体磐石上，如广州六榕寺塔（始建于梁），塔基就坐落在地表层以下近 6 米的红璞石上，四周还有 9 口井降低地下水位。

另宋《归日录》载：“开宝寺塔在京师（开封）诸塔中最高，而制度甚精，都料匠预浩所造也。塔初成，望之不正，而势倾西北，人怪而问之，浩曰：京师平地无山，而多西北风，吹之不百年当正也。”又《皇朝类苑》亦称：“人或问其北面稍高，浩日：京城多北风，而此数十步，乃五丈河，润气津浃，经一百年则北隅微垫，而塔正矣。”以上文献说明，我国在宋以前，对于高层建筑地基处理，已考虑到风力对基础的影响以及水文地质对地基不均匀沉陷的影响。

山西应县木塔建于辽清宁二年（1056 年）是世界上现存的最高木构建筑，高达 60 米，为八角九层，据了解，地层 7 米以下全为素土，估计有桩基的可能。

用夯土地基来作塔基的例子较为少见。现今所知最早的实例是唐建西安小雁塔。该塔高 43 米，平面为方形，用砖砌，底层边长 11.25 米，立在近 6 米高的台座上。台座以下是整片的夯土层。夯土中埋置有纵横相错的木梁，有如现代钢筋混凝土中的钢筋，故加强了地基的刚度。

西藏拉萨布达拉宫也属于一种高层建筑，外观为 13 层，高出地面二百余米，始建于唐，清初又经重建。该建筑选择在离地近百米高的坚实岩石山上，整座建筑盘错在山腰的岩层之中。基础深入岩石，灌以铜液加固。在北面的峭壁与外墙中间亦灌注铜液，使石墙与岩壁锚结成一坚固的整体，大大加强了基础的抗震能力，足见藏族人民的巨大毅力与高度智慧。

我国古代建筑屋面防水措施

原载于1981年《科技史文集》

屋面是建筑的重要维护结构，由于经常受大气雨水侵蚀而影响室内干燥和建筑的耐久性。我国春秋战国时代的墨子在论述建筑的本质时提及：“其旁可以圉风寒，上可以圉雪霜雨露。”说明古人对屋顶功能已有较深的认识。我国古代工匠历来对屋顶的防水处理颇为重视，在不断的实践中总结经验，因地制宜地采取了一系列有效措施，改进了屋面的结构。

在原始社会里，据西安半坡、郑州大河和云南元谋新石器时代居住遗址发掘可知，当时的屋顶是在密排的树枝或木椽上涂抹草拌泥（古称为谨），有的还加以烤烧，这是我们所知最原始的屋面防水法。

随着我国木构架技术的发展，屋顶逐渐形成，构造也得到不断的改进。殷墟出土的甲骨文中有“亰”（京）、“髙”（高）、“畗”诸文字，从形象分析，早在公元前17～11世纪前的屋顶就采用了两坡排水法，而且还有重檐屋顶用来解决斜风雨对墙柱的侵涮。河南二里头商代建筑遗址的发掘也证实了《礼记》中描述的重檐屋顶的存在。

我们的祖先在原始社会已知道陶化可以防水。到了奴隶社会，屋面已采用陶瓦防水，迄今考古发掘最早的陶瓦是陕西扶风和客省庄的西周板瓦，陶瓦的发明和应用大大提高了屋面的防水性能。《诗经 · 小雅》有“宣王作室，如鸟斯革，如翚斯飞”和“作庙翼翼”的记载，大概是后来屋面反曲、檐角翘起的雏形，而实物则见于广州东郊发掘的汉明器陶楼形象。这种上急下缓的屋坡，在实际上能使屋面的雨水较快排除，且能把雨水抛得远些，起保护墙柱和台基少受雨水涮湿的作用，后来成为我国古建筑艺术形式的重要特征之一。据汉画、汉明器及汉文献可知，在汉以前的屋顶形式已有庑殿、悬山、攒尖等式，并有腰檐、回廊和气楼；垂脊、脊吻和阴沟亦已出现。说明了当时屋面防水技术的进步。

屋面排水坡度，在《考工记》中有“葺屋三分，瓦屋四分”的记载。意思是说，茅草屋顶的屋面排水坡度应该是1∶3（高跨比），瓦屋顶的坡度应为1∶4。说明春秋时代的工匠已注意到，不同屋面材料而应采用不同的屋面坡度，以适应屋面排水的要求。现存的山西五台山佛光寺大殿的屋面坡度是比较平缓的，高跨比为1∶4∶8.《营造法式》的举折法规定，一般厅堂的总举高为前后檐檩中心距的1/4（楼阁为1/3），自上而下，第一折举高为总举高的1/10，第二折下落总举高的1/20，第三折下落1/40，按等比依次递减，从而形成一条越下越缓的房坡曲线，但如果折架多，就难以避免檐口因过于平缓而造成渗漏。清《工部工程做法》则采用了一种新的举架方法：从檐檩到脊檩之间的水平距离有若干檩分为相等的若干步架，最上一步架的坡度规定采用九举（即90%坡度），最下一步架采用五举（50%），中间各举的举高看情况均匀安排，一般是自下而上选用六举、七举、八举，这就是保证了房顶最大坡度不大于90%，最小坡度不小于50%。江南一带民间建筑的举架称提栈，《营造法原》记述：“提栈自三算半〔即界深（步架距离）×0.35作举高〕、四算、四算半、五算……以至九算、十算”。（图1）。

在北方寒冷地区，屋面防水往往是与屋顶保温和防止产生凝结水结合起来考虑的。《营造法式》对一般屋顶的做法规定：“用苇箔三重或两重，其柴栈（即苇箔或竹笆之属）之上先以胶泥偏泥，次以纯石灰施瓦，所用之瓦须水浸过，然后用之。”其构造如图2所示。所用柴栈（或用版栈）主要起保温、防凝结水和垫平作用。所用胶泥，据现存宋、辽建筑调查，多加有麦絹或麦秇拌和，一方面起防龟裂作用，同时稍增加胶泥的保温效能。明、清时代的屋面防水更有所改进，如图3为明、清宫式建筑屋面的做法，其中青灰背是主要的防水层，

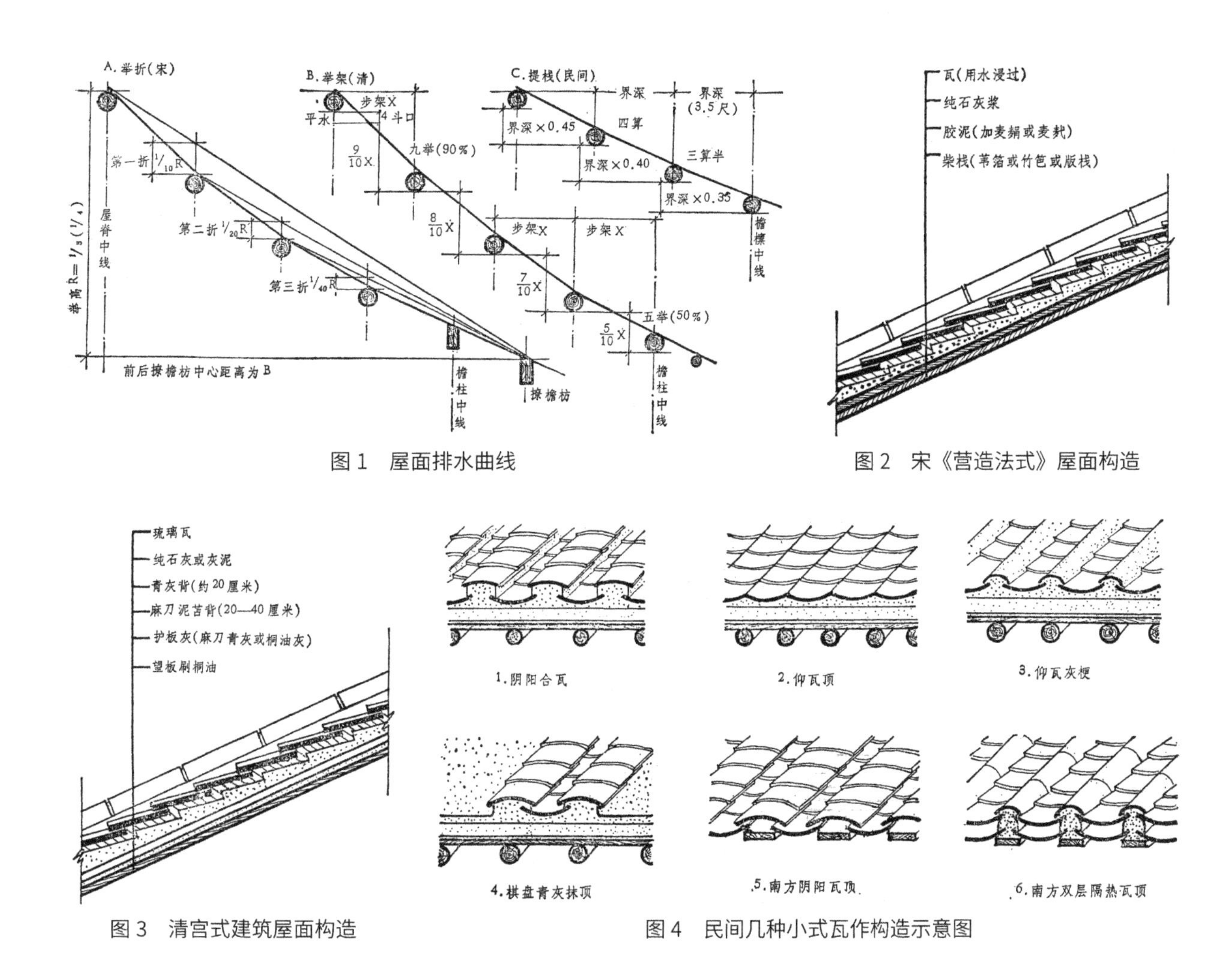

图1　屋面排水曲线

图2　宋《营造法式》屋面构造

图3　清宫式建筑屋面构造

图4　民间几种小式瓦作构造示意图

在青灰背上通常还铺麻布或长麻刀，施工时经拍打出浆后才铺灰泥或纯石灰宨瓦，这样较具有足够的抗裂性。青灰背下的麻刀泥苫背，除起保温作用外，还具有调整屋面排水曲线的作用，一般厚度是20～40厘米。

在北方民间建筑中，常见的小式瓦作有阴阳合宨、仰瓦、仰瓦灰梗、棋盘心和青灰抹顶数种。常见的施工方法是：先在房笆（或望板）上抹一层麻刀白灰（称护板灰，有防腐作用），然后分两次找白灰黏土混合灰浆两层（待下层较干后才找上层），防水要求高的屋顶，则在混合灰上加1～2厘米厚的青灰，再在其上用灰泥按搭七留三或搭六四坐宨仰瓦，宨瓦的灰泥要干些，黏着力要大，施工时要用力挤压，确保窝牢，以免被风揭去，在仰瓦对缝的地方皆构抿青灰，以防渗漏。在南方地区，屋顶保温要求不高，但要求通风隔热，通常的做法是在桶条上搁宨陶瓦（图4）。

青灰是我国古代常用的一种防水材料，在宋以前已有使用。据《营造法式》记载："青灰用石灰及软石灰各一半，如无软石灰，每石灰一十斤用粗墨煤一十一两，胶七钱。"明清时期北京地区所用的青灰基本上按此法制作。软石炭是一种类似沥青的矿物质（又称泥炭），拌和石灰掺加麻刀后，分两至三层施工，经拍打出浆，实践证明有良好的防水作用，至今北方民间建筑中还广泛使用。

瓦的种类繁多，有小青瓦、琉璃瓦、金属瓦（铜或铁）、竹瓦、石片瓦和木瓦（平瓦），等等。小青瓦又称布瓦，其中又分板瓦、筒瓦、滴水瓦当和各式脊瓦等。陶瓦如果制作质量较差，亦有渗漏现象，古代工匠对此曾采取了一些措施：一是涂的方法，《邺中记》云："北齐起邺，南城屋瓦皆以胡桃油油之……筒瓦覆，故油其背，版瓦仰，故油其面"《营造法式》中亦有用墨煤刷瓦的记载，江浙一带民间建造仓库用瓦，往往也有瓦底加刷水柏油者；另一种是浸的方法，《吕坤积贮条件》中有“仰覆瓦，须用白矾水浸，虽连阴尔日，亦不渗漏”的记载。为暴走陶瓦的制造质量，《营造法式》记述有一种“青掍瓦”的制法：“以干坯用石磨擦，次用湿布揩拭候干，次以洛河石掍研，次掺滑石末（或茶土末）令匀。”滑石粉或茶土未能填补瓦的毛细空隙，对防止雨水的渗漏显然是有效的。

琉璃瓦是一种很好的屋面防水材料，我国最迟在南北朝已用在屋面防水了。明《天工开物》记载了它的详细制法，制坯的泥指定要用安徽太平府的善泥，故质体密实；由于瓦面涂油釉料（铝和钠的硅酸盐），所以表面光滑得雨水不沾。但因造价昂贵，过去只为少数封建统治者所专用。

屋脊和阴沟是屋面两坡的转折部位，也是最易漏水的地方，古代工匠历来颇重视它的防水处理。我国用特制脊瓦来防水的历史甚早，《释名》有云：“屋脊曰甍，甍，蒙也，在上蒙瓦也。”迄今发现最早的脊瓦是西安秦始皇陵装配式甍脊，其断面为⌒状。广州出土的汉明器所反映的房屋亦多采用瓦覆栋。《营造法式》有“垒屋脊”之制，其中还阐明了脊饰（鸱尾和兽头等）对保护固瓦钉钩和防水的实用意义。明、清时代的宫式屋脊做法如图 5 所示。

脊的做法如图 6 所示。歇山垂脊与搏脊的防水（泛）构造如图 7。

阴沟与水槽是屋面雨水集中排流的沟道，更易于渗漏。从汉明器和汉画可知，最迟在汉代已出现阴沟从秦到咸阳宫殿遗址分析，当时屋面已出现有阴沟和水槽，其构造现今无法可考。左思《魏都赋》中有“齐龙首以涌霤”的记载，估计是阴沟或水槽有龙头挑出的装饰构件，可把雨水吐得更远些。《营造法式》有水槽制度一节，规定“造水槽之制，直高一尺，广一尺四寸。”并按建筑的类型和水槽的排水量指定厢壁版、底版、龟头版、跳椽等构件的尺寸，还规定“令中间者最高，两次间以外，逐间各底一版（底版厚一寸二分），两头出水。”即规定水槽要有一定比例的排水坡度，并要求槽缝构造严密，须用“阴牙缝造”。明、清北京

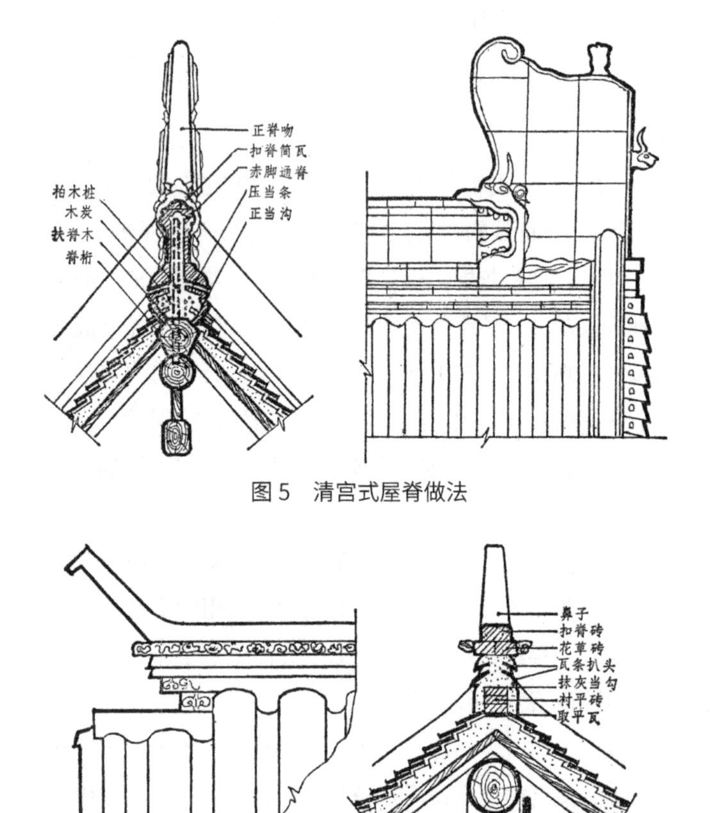

图 5　清宫式屋脊做法

图 6　清代民间清水脊做法

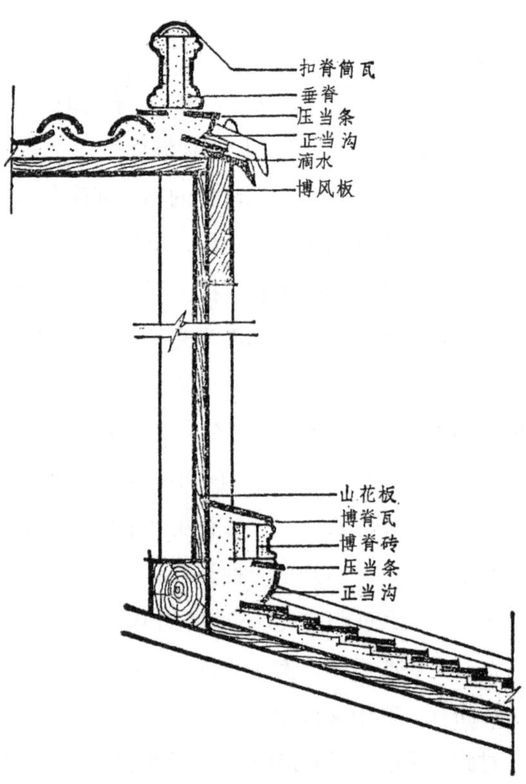

图 7　清宫式歇山垂脊与搏脊防水（泛）构造

故宫养心殿的水槽构造与上述方法基本相似，水槽内外表面还有“水丹”抹缝，外涂油漆。明、清宫式建筑通常的阴沟构造是：在沟底版上铺护版灰一层，后用青灰找平，其上加铺锡背一至二层（也有用油衫纸代），然后用灰浆坐宽特制沟瓦。一般瓦片上下搭缝不施灰浆，以利雨后屋面垫层水分的蒸发。

《诗 · 秦风》中有“在其板屋”的诗句，估计是一种木板盖的房子。现今云南西双版纳傣族还流传有一种木板瓦房，木板是由直纹大树干劈析而成，长为 100 厘米左右，厚约 2 ～ 3 厘米，分层接搭，挂在檩条上，每年还将木板瓦翻面一次，据调查并无渗漏现象。《王商 · 丝竹楼》有云：“黄图之地多竹，竹工破之，剜其节，用代陶瓦；”又《南征八郡志》云：“岭南有大竹数围，实中任屋梁柱，更用之当瓦。”铜瓦在古文献中查有二例，一是《汉武故事》：“起神屋，以铜为瓦，漆其外”；另一例是《旧唐书》曰：“五台山有金阁寺，镂铜为瓦，涂金于上，光耀山谷。”实例则见于明、清时代的喇嘛教建筑（如西藏布达拉宫等）和云南昆明护国寺。四川峨眉山亦有一寺院还采用了铁瓦屋面。

除了坡顶屋面外，我国西北、华北和东北等少雨地区还有一种平屋顶（其高跨比大约为 1/20 至 1/80，随气候条件和用材料而异），此式屋顶来源甚早，据云南元谋大墩子新石器时代建筑遗址发掘可知，当时已出现了平屋顶，其构造是在木椽（紧密铺排）上铺垫草拌泥厚 15 ～ 20 厘米，表面并加以烘烤。魏《广雅》一书中有云：“屠苏，平屋也。”《梁书 · 西北诸戌传》记述西域高昌地区的房子是“架木为屋，覆土其上”。现今羌族支系的少数民族地区还普遍采用平顶（俗称“土掌房”或“土固房”），估计这种屋顶可能是古代羌人的一种创造。

平屋顶的构造，因地而异，通常是在柱上或墙上搁檀钉椽，然后在椽上布板或铺芨芨草、秫稽之属，也有用芦苇编织房笆（东北地区也有用柳条、桑枝、高粱秆等作房笆的），再在上面做屋面防水处理（图 8）。

华北和东北地区民间建筑平顶的防水层，通常在房笆上分两次抹一层 15 ～ 20 厘米厚的秫稽黄泥，有的还渗加石灰，待干后批一层约 2 ～ 3 厘米的青灰，也有采用灰土压实，其上墁一层加有盐水的石灰浆，经压平抹光后则不易有裂缝渗漏。在华南地区，常见的平顶是在垫层上用 1 ∶ 3 的灰砂浆（约 2 ～ 3 厘米）坐砌大方阶砖，亦具有良好的防水性能。

在西南藏族地区平屋顶的防水措施常见的有如下几种：①在小树枝麦草上铺黏土约 20 厘米黏土（有的在黏土中拌有 1/3 的牛粪）；②在垫层上先铺黏土一层，然后盖青杠树叶一层，经一年下雨浸渍后再用黏土拍实；③在“白马麻”枝条上铺亚戗土（一种火山灰黏土）约 30 厘米，然后拍实，再加酥油磨光（图 9）。

元代王祯《农书》中叙述有一种屋面的做法：“先宜选用壮大材木缔构既成，椽上铺板，板上傅泥，泥上用法制油灰涂饰，待日曝干，坚如瓷石，可以代瓦。”同书还介绍了这种防水油灰的制作：用砖屑为末，

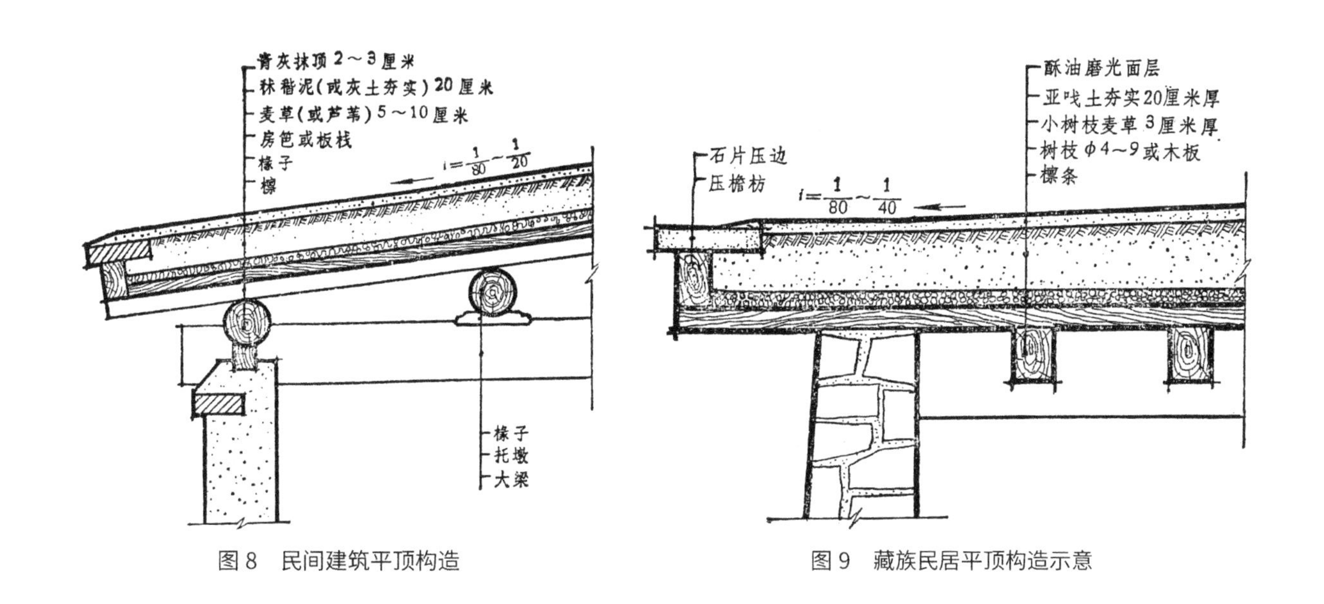

图 8　民间建筑平顶构造　　　　图 9　藏族民居平顶构造示意

白善泥、桐油枯（如无桐油枯，以油代之）、石灰、烰炭、糯米胶，以前五件等分为末，将糯米胶调和所得。明《群物奇制》亦有“马粪与石灰拌泥，池水不漏”的记载。“水丹”是我国古代填补水槽裂缝和屋面局部渗漏的防水涂料，《事类赋》一书中记载了它的制作配合比：“石灰一斗，桐油三斤，加青丹或红丹适量。”

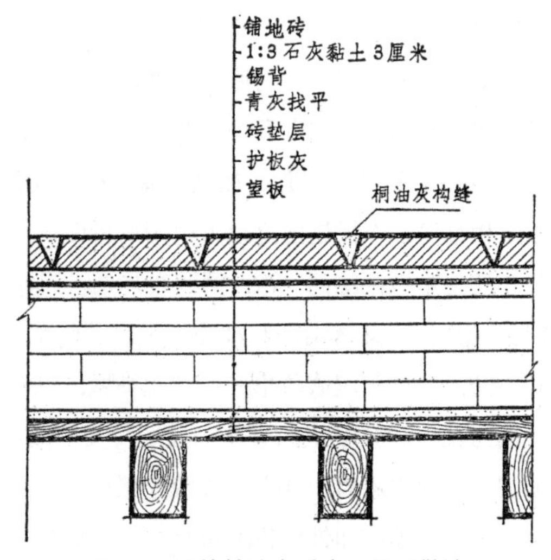

图 10　承德普陀宗乘庙平屋顶做法

古代喇嘛教建筑由于地区、气候、功能和艺术形式上的要求，多采用平顶结构，或采用平顶与坡顶结合形式，防水要求高，故采取了特殊的防水处理。图 10 为清代承德普陀宗乘庙的一种平顶做法：先在密肋两上铺设望板，并施加护板灰一层，再垫青砖数层，然后用青灰找平，其上铺一层整体锡（铅）背（版），再上用 1∶3 石灰、黏土灰浆坐砌面砖，面砖之间隙用 4∶1 的白灰桐油胶构缝，有的还在面砖上抹生桐油一次，防水效果更为良好。

防水卷材是现代建筑中常见的一种屋面材料。我国劳动人民早在二千多年以前就懂得利用天然高分子化合物涂抹织物了。陕西市长安县普渡村西周古墓发现的用棕黑色油漆所涂的织物残片就是一个例证。这种突起织物，除了用作坐垫以隔地下潮湿外，还用作车杆盖篷，以“御雨而蔽日”。在建筑上利用漆布来作防水屋面则见于《汉武故事》：“武帝起神明殿，砌以文石，用布为瓦，而淳漆其外。”

防水油布也是我国古代劳动人民的一种重要创造，早在春秋战国时期，人们已认识到用桐漆或荏油（又称苏麻油）涂织物结膜后具有防水性能了。东汉时人们已懂得在荏（桐）油中加入黄丹（即氧化铝，干燥剂）制作油缇帐，用“以覆坑方石”。北魏《齐民要术》中亦有“荏油性淳，涂帛胜麻油”的记载。到了隋代，油帛、油布、油幢的制作更为多样且具有多种颜色。《隋书 · 炀帝记》有一段描述：“帝观猎遇雨，左右进油衣”，这种防水油衣，估计是由油布做成的。

唐代文献提到防水油幕的事例很多。如《天宝遗事》云：“长安贵家子弟，每至春时游宴，供帐于园中，随行以油幕，或遇阴雨，以幉复之。”又如《唐书》有云：“同昌公主出降，有琵琶幕，雨不能湿”。明代用干性油制作油布、油纸、油绢的技术进一步发展，产量也增多，不仅畅销祖国各地，而且运销国外。至于油布在建筑上的应用，《云仙什记》有云：“钱子乡隐庐山康王谷，无瓦屋，以代茅茨，或时雨湿致漏，则以油幄承梁，坐于其下，初不愁叹”。明、清宫庭建筑（如故宫和颐和园）为了加强屋面防水，亦有在望板以上加贴防水油纸（用高丽纸浸桐油制成）。

以上所述是我国古代屋面防水技术的成就。这些成就足以说明我国古代工匠曾为世界建筑技术的发展作出了巨大的贡献，是值得我们引以为豪的。

南方建筑传统防潮措施

原载于1983年《南方建筑》

潮湿是一种自然现象，它与人们的生产生活和建筑保护都有密切关系。人们在潮湿的环境里生活会感到烦闷不安，常住潮湿的房间会引起关节炎、肾炎和风湿病等。因霉菌易繁殖于潮湿的空间而污染环境，粮食、衣物、家畜和作物也因受其害。潮湿的建筑会影响耐久性和保温性，也易于生白蚁和蛀虫。

在我国华南、西南和东南沿海，由于受海洋气团的影响和梅雨季节的控制，潮湿现象最为严重，潮霉季节竟达数月至半年，相对湿度常达90%以上，人们的受害程度可想而知。据气象史料记载，在宋以前，我国的受潮区域更为广阔，现今中原一带仍属梅雨地区。

沉痛的教训引起人们对潮湿现象的研究。早在春秋战国时的《易经》就记载有“水流湿，火就燥”的认识。西汉《淮南子》所载的“悬羽与炭，而知燥湿”，可以说是世界上最古的测量湿度的方法，同文记述的“山云蒸，柱础润”，也说明当时人们已观察到气候与室内湿度的关系，并知道柱础受潮而润的客观现象。

建筑防潮是一门综合性科学。我国古代劳动人民在长期的实践中，逐步积累了一些防潮经验，虽然办法简单，但在古代历史条件下，还算是行之有效的，是古代科技文明的反映，有此措施直至今天还可有借鉴之处。

现就其有关古籍所载资料和实物调查所见，综合简述以后，以供参考。

一、防潮与建筑环境处理

据考古发掘，我们的祖先在原始社会时多数是居住在地下或半地下建筑中的，正如春秋末《墨子》一书中所载：“穴而处下，润湿伤民”，直到原始社会后期，才发展成地面建筑，按《墨子》云，是为“高足以避润湿”。河南偃师二里头殷商建筑遗迹发现，当时的夯土台基已离地面有一米左右了，与《史记》所描述的尧舜时建筑“堂高三尺”相符。从自以后，高台基就成了我国古代建筑的重要特征之一。显然这是一种防潮措施，它可使地面较远离地下水位，且利于纳阳和通风，使地面保持干燥。

晋代嵇康《摄生论》曾论述：“居必爽垲，所以避湿毒之害。”我国古代城镇和村落多选择在地势高爽燥垲的地段上，地面并有一定的自然排水坡度。在古代城市有“相地”（即考察地形）的理论，早在战国时《管子》一书中就提过，“山乡左右，经水若泽，内为渠若之泻，因大川而注焉”。意思是说城市选址，要考虑到背山面水，地面要开挖泄水渠道，使雨水和生活污水能迅速排入大河之中，这无疑可保持建筑地段表面的干爽。

北宋因政治、经济和军事等原因，不得不建都于地势低洼的汴京（今开封），据《宋史》记载，出现“街衢湫溢，入夏有暑湿之苦……雨雪有泥泞之患，每遇炎热相蒸，易生病诊”。同文记载了当时对汴京的改造经验，归纳有：①疏通河道，有利排水；②拓宽与修整街道，以利地面排水；③植构掘井，以降低地下水位和调节地面土壤湿度。

《周礼·天官》有云：“官人为其井匽，除其不蠲。”说明在春秋时代，人们已开始运用渗井和阴沟来排除地面污水了。实例见于燕下都（今北京）东周（公元前475年左右）陶井遗址（用沉井法施工），陶井分布密集，有些地方在20平方米地段中就有四口渗井。至今有些四合院民居还是采用渗井，把院内污水通过渗井流入地下砂质土中。广西西林壮族民居有的还在房内挖数口小井（直径约20厘米），把潮湿地面的多余水份通过井孔流入地下。此常见于地下墓室防潮，如四川成都后蜀孟知祥墓，在墓室一角挖有渗井，井下有一阴沟直通墓外，在井和阳沟中填满木炭和砂，当墓室内出现有积水时，即可流入井内导流墓外，保持墓内的干燥。

为了减少雨水对台基或墙根的浸渍而影响地面潮湿，我国在战国时就有散水的做法，实例见于齐国临淄和赵国邯郸等宫殿台榭建筑，台基四周铺有砖或卵石的排水散水，以保护台基。

我国传统建筑多属院落式，庭院或天井往往是屋面雨水的集中处，其地坪排水的快慢直接影响着建筑地面的潮湿程度。古代工匠对院落的排水处理是经过深思熟虑的，力求做到所谓“雨过天晴”，即大雨过后，所有院内地坪都毫无积水，通常的做法是院落用砖和石铺砌，向东南角铺成 3% 左右的坡度，保证雨水迅速流入地下持水管道，地下管道是预先埋入地下的。地下管道自商代开始就已采用陶制（见于河南二里头和湖北盘龙商代建筑遗址）。在春秋战国以后，排水管还有用砖砌和石砌等。

在民间建房亦极注意基地选择，排水系统，往往是整体村落来考虑的。在建房前首先规划排水的走向（通常与南北巷道结合），采用明暗沟配合的方式，力求地面雨水排泄通畅。有所谓“风水”阴阳之说，其谓“地盘阴”，即地市低洼，树木多，山影大，则要求建筑要建高些，台基要高些，门窗要大些，谓之“抢阳”力争多晒阳光，使阴阳调和，此论无疑有利于防潮。又谓防“阴刹”，即要求建筑不要建在山沟阴处和河冲地段。

二、防地面泛潮措施

地面泛潮的原因有两种情况，一温度较高的潮湿空气（相对湿度在 90% 以上），遇到较低温度不吸水的地面（一般两者温度相差 2°C左右），当接触空气达到露点时，产生凝结水；二是地下水位较高的地基，地面材料易于促成水分的毛细管上升，而使地面产生潮湿。

我国地面防潮的概念，在原始社会半穴居时就已形成。据西安半坡遗址发掘，当时地面已有所谓“墐涂”，即地面上批抹有一层细草筋泥面层，也有用茅草、皮毛作垫层的。郑州大河村仰韶文化建筑地面是经过烧烤的，使地面形成褐色的低度陶质隔水层。豫西和其他龙山文化建筑遗址的地面多有一层由姜石粉浆抹压成的“白灰面”层（古称垩）。质体光滑坚硬，有些居住面（如安阳鲍家堂遗址）。在“白灰面”层之下还垫有黑色木质。云南元谋大墩子居住遗址地面是先铺灰烬烧碴，后加细腻黄土拍打平整，再加烘烤陶化的；显然起隔水作用。

我国古代有“席地而坐”的风俗，地面防潮要求更加严格。据先秦古籍记载，有在地面上铺竹席者（古称簟）；有在地面铺莞席者（蒲草或荏草编织而成）；也有铺文绮（纺织品）和后树枝叶者。另外，《吕氏春秋》记载有“坐熊席”者，利用兽皮铺置地面，可说是防潮技术的进一步发展。陕西市长安县普渡村西周墓还发现有在织物上涂漆料作垫层的，隔潮效果当然更好些。

《西京杂记》记载汉末未央宫“温室规地，以罽宾氍毹”，氍毹按《风俗通》释为“织毛褥”，即今地毯。唐宋间铺地织物形式更为多样，谓之地衣，质地有毛、棉、锦等，纹饰多样。在民间常见有用蓑草、苇草等编织地衣作敷地防潮者。《老残游记》还记述了山东平阴山区一种民间的特殊防潮方法，其云：“因潮湿，所以先用云母铺地，再加上蓑毯，人不受病。”

我国虽然在原始社会已懂得地面陶化可以防潮，然而用陶砖铺地还是在战国以后的事，实例见于先秦咸阳宫殿遗址，铺地砖下还垫有红烧土瓦砾垫层。广州越王宫（汉初，在现中山四路附近）遗址发掘有印花大方砖铺地，为 70 厘米见方，厚约 14 厘米，由米黄色黏土烧成，砖下铺砂，估计有良好的防潮性能。唐宋时宫殿庙宇地面已普遍应用方陶砖磨边对缝铺地，尺寸有 $35\times35\times7cm^3$ 和 $50\times50\times9cm^3$ 等类。江南一带出产橙泥砖、金方砖等，华南地出现大阶砖等，这些陶砖都有吸湿作用，据现代科学实测，当相对湿度达 90% ~95%

时，气温为 26° C 左右，表面温度气温必低于 1° C~1.5° C 时，砖表面才产生暂时的潮润，但很快地被吸收了，不会出现泛潮现象，砖下有的还垫砂或渣灰滤水。明《长物志》记载有一种“空铺”地砖法，即在地砖与地层之间架空形成空气层，故又有称“响地”，隔潮效果就更好了。在闽南一带还有一种防潮地面，其做法是在素地面上密摆一层口朝下的陶瓮，瓮间空隙填布河沙，在上面再铺方砖地面，或夯实灰土，地面更难于结聚潮水。有的方砖表面还加刷墨煤或生桐油的。

清初《李笠瓮偶集 · 甃地》中论述：“且土不覆砖，常苦于湿……以三合土甃地，筑之极坚，使完好如石，最为丰俭得宜，而又有不便于人者，若和灰和土不用盐卤，则燥而易裂，用之发潮又不利于天阴。”这里李笠翁发现，三合土中加有盐分是不利于防潮的。

三合土地面，在南方广为选用，实践证明它有良好的防潮性，就是在空气的相对湿度达到饱和状态时也不泛潮。灰土也同样属于干地面，传统民居中亦广为采用。在粤东地区，常采用一种灰砂地面，如在其中渗有红糖或米浆，据说可防裂，也可少受泛潮。

木地板也是干地面。西南和两广少数民族山区有一种“干栏”建筑，地板全用木地板，下面架空，据宋《太平寰宇记》载，其作用是“以避瘴气”。瘴气是湿热之气，是一种避潮措施。在南方一些寺庙的拜堂、佛家的禅坐房间和藏经书的房间亦多用木地板，板离地约 50 厘米，以利通风，有的木地板下还放置有木炭，也有在板下敷一层灯芯草等干燥物的。

南方盛产花岗石（又称麻石）此石质体密实，易泛潮，不吸水，蓄热性强，属湿地面，室内均不使用，通常只作檐板石或天阶地面，然而有些水成岩（如华南的红砂石、白云石，西南的碱硖石、灰板石、青石等），石质体较柔松，具有微孔，当表面有短暂凝结水时，也较快被吸收和蒸发，故民间也同样使用作室内地面。

仓库地面的要求防潮更高，据古文献所载，有如下特殊处理。

（1）元王祯《农书》对谷仓的地面所提出的要求是：“基址必择高阜之处，避水湿浸……内用厚砖砌底，仍用条石垫搁楞木，从宜钉松木、杉木厚板，方纬草席。”

（2）清《吕坤 · 积贮条件》载：“大凡建仓，择于城中最高之处所，院中地基，务须锹背，院墙水道务须多留，凡隣厦居民不许挑坑聚水……基地先铺煤灰五寸，加铺麦根五寸，上墁大砖一重，糯米汁信浸和石灰稠粘，对合砖缝。”

三、围护结构防潮措施

建筑围护结构，上受雨、雪、风的侵袭，下受地潮沿墙根和地面上升渗进，产生湿源，而影响房间湿度。故我国古代工匠对围护结构的防湿处理是充分注意了的。我国古代建筑属木框架建筑，墙体不承重，故常用土坯或夯土，这种墙体虽不泛潮，但墙身的下部（墙基和勒脚）往往因地下水毛细管上升而使墙面潮湿，在盐碱地区还加速了墙体的风化，古代工匠发现其危害后，即采取了措施，宋《营造法式》总结了过去的经验，记载有“端下隔碱”的方法，采取用条石来砌结墙基，以防止地下污水的上升。

在南方民同常见的防潮隔碱法主要有如下两种，

（1）“隔潮”法——在华南常用，即在 1 米高室内地面 30 ～ 60 厘米高处用陶砖、卵石、三合土、贝灰土或石块等砌筑。

（2）“酥碱”法——常见于江南和西南，即在离地面约 40 ～ 50 厘米高处的墙内，夹加一层 2 ～ 3 厘米厚的青灰水平层（青灰是用石灰加粗墨烟粉，或用软石炭）作防潮碱层，也有铺一层 5 ～ 7 厘米厚苇秆（或秫秸、柳条、草秆的）作隔碱层的。

墙身的外围防水对室内的潮湿度影响也极大，在古建筑中，除了采用挑远檐和回廊、腰檐作为防雨水淋墙外，在闽南地区还有在外城面加水平瓦（或砖）滴水线，在西南地区也有在外墙体披草衣的，亦有用水柏油涂外墙防雨水浸墙的，明清以后，华南地区已广泛采用陶砖墙、灰砂墙和三合土墙了，潮湿现象已大大改善。

内墙批荡材料的选用对室内的防潮影响亦很大，据云南元谋原始社会建筑遗址发掘可知，当时墙面已有墐涂（即用黄泥渗茅草抹面）。陕西岐山凤雏西周建筑遗址的土坯墙面是用三合土抹面的（白灰+砂+黄泥）。《周礼》记有“以共闉圹之蜃”，蜃即贝壳灰，有御湿作用。春秋战国时用蜃调水涂墙称之为垩。《考工记》中记载的“白盛”，在先秦咸阳一号宫殿发掘中已得到考证，其做法是在土坯墙面涂一层约3厘米的黍茎泥浆，再用麦糠拌细泥抹平，表面用蜃灰调水涂抹。这种墙面，在宋《营造法式》中得到进一步的发展，该书采用泥条中载有“用石灰等泥涂之制，先用麤泥搭络不平处，候稍干，次用中泥趁平，又候稍干，次用细泥为衬，上施石灰泥，候水脉定，收压五遍，令泥面光泽。”这种墙面在宋以后，南方广为采用，实践证明，其有相当的防潮防霉性能。在闽南和粤东地区，民间有用石英砂和贝灰（或石灰）批墙面的；在赣南和粤北地区，有用云母粉（或谷壳）和泥（或灰）挡墙面的，均起有一定防潮作用。广东南雄民间在宋代已有纯木棉灰浆批荡。

糊墙纸在我国南北朝时已出现，古称之为“贴落”或“贴黄”，用其代替湿粉刷，显得更干爽利落，且不生凝结水。最初纸面仅涂白垩细粉或绘壁画图案，明清以后，创造了“朱砂云母笺”和“豆绿云母笺”，纸面花纹图案，压印成凹凸面，防潮霉效果更好。

我国古代屋面呈反宇曲线，出檐深远（唐五代山佛光寺飞檐挑深4米多），起“吐水疾而溜远”的护墙作用。南方屋面是直接在桷板上布瓦的，对潮湿房间来说，日西瓦面通风，有利于排除湿气。

四、其他防潮措施

南方湿季时间长，梅雨天经常湿漉漉的，使人感到极不舒服，衣物、粮食、食品等常因受潮而发霉，损失颇大，如此的教训促使人们多方面去寻找防潮的方法。

（1）通风排湿法

明《太平府架阁库记》有云：“旁启多牖，旦暮通畅，使之常燥，而无润也。”当室内湿度大于室外时，加强通风是能起排除湿气作用的。南方的寺庙藏经阁，通常采用阁楼式四面开窗。在民间常见的通风法还有：①在山墙上开漏窗通风；②在前后挑檐下置通风口；③在门头设通风横披窗；④利用屋面老虎窗通风；⑤采用局部通花墙通风。

当阴雨天或夜晚，室外温度大于室内时，通风倒会引起室内温度的提高。传统建筑常采用间歇性通风装置来解决这问题。如设置活动窗扇或推拉支摘门窗等，也有采用可调节的百叶窗扇或用竹密和布幕控制的。

南方民间建筑常采用高窗，一般都设有门槛，民居中也常见到半截的腰门，这些设计和装置可以使接近地面最下层的湿气不能直接流入室内接触地面，控制着泛潮的过早产生。

（2）升温降湿法

汉《春秋繁露》有“均薪施火，去湿就燥”的记载，说明古人是知道升温可以降低湿度的。南方民间，每遇黄梅潮湿季节，有在室内用薪火，烧烘泥地面和用艾火薰烧墙面和衣物的习惯，据说是为了“避疫邪”，实际有降湿和控制室内霉菌繁殖作用。湿天时，亦有把墙角或挡风的大家具搬移换位的做法，以利湿气的蒸发和空气的流畅。

民间还有一种烤砖降湿法，即将一些青砖（或石）放在灶上烤热，轮流均铺在湿处地面上，以吸收和蒸发室中水分。

据《水经注》记载，北魏时我国已有火坑、火塘、火墙等防寒设备。西南一带的少数民族堂内现今还设有火塘，在室内设灶这对防湿霉确起有一定作用。

（3）地藏法

元王祯《农书》云有：“夫穴地为窖，小可数斛，大可数百斛，先令柴烧其焦燥，然后用以糠，稳贮粟于内。”这是我国地下藏粮法的较具体记述。追溯到春秋时代，《礼记》有“孟冬令有司窦窖修囷仓”的论述。实例见洛阳隋唐含嘉仓的考古发掘，其地下防潮措施大概是：先深挖型如缸形的地窖，窖底与壁体经夯实拍紧后，用柴棘烧成焦硬，形成隔水层，然后在焦面涂一层类似沥青质的黏液，再铺上一层2~3厘米厚的木板，在存储谷子前，周围还裹数层草席和谷糠，窖顶用夯土密封和盖顶，使地面湿气和雨水无法浸入窖内，故谷子存放地下近千年，颗粒尚仍完整。类似此法，在江西和福建亦有发掘。

在湖南长沙地区的战国至汉代的墓葬防潮亦考虑周密。常见措施是墓室先用白胶泥（约50厘米）护周，后用木炭围椁，上用五花土夯实，防潮效果亦颇良好。

（4）密封与壁藏法

密封法是把少量贵重物品或食物，密封在不透气的容器内，通常南方民间是用密实的箱橱柜等家具，或陶制的瓶、瓮、缸等，湿时封存其中，干时启开露晒。

古籍中有“伏生藏书于壁”的记载，《李笠翁偶集》对此作评论说：“因砖土性湿，容易发潮，潮则生蠹，此法止宜于西北，不宜于东西。”意即壁藏应选在西北向较干爽的墙壁为宜。在民间建筑中为充分利用空间，常在靠近厨房的墙内设置壁橱，或在墙内架设隔板，保持开敞，以利通风。

（5）吸潮法

清《掌固零拾》提及宁波天一阁藏书防潮法是在“橱下置英石一块，以吸潮湿。”在南方民间常见的吸潮材料是生石灰和木炭，把其放在墙角、床下、柜旁，可使室内空气干燥，其他吸潮材料还有硅胶、谷糠、干木屑、干海草、干艾草、炒米等。

（6）搁置和吊挂法

房间的上部空间受潮程度较轻，南方民间建筑常利用阁楼作居住空间或贮藏物品和谷物等，也有设置半阁楼或搁板等。宋以后的古籍中常见有岭南人“好楼居”的习惯，这可能与防潮有关。

从广东、广西汉明器可知，当时住宅多有阴廊、敞廊、凹门廊等处理，阴雨天可以利用来晾晒湿物，不至于把湿源带入室内，现今西南少数民族“干栏”建筑还在堂前设计有“展”（即半挑半凹的门廊），供作存放雨具、湿物等用，在房门口还有草垫或木屑谷壳等吸水物，防止人们直接把湿物、水分带至房中。在南方广大农村的传统住宅的向阳檐下和厨房上空，通常都设置有吊挂设备，以供凉放或贮存东西，亦可说是一种防潮措施。

总之，南方传统建筑作为人们适应湿热气候环境的产物，是有不少处理手法可供继承的，问题是在于我们如何去发掘、革新，适应现代化的要求。

中国有关竹材应用与处理的发展

原载于 1983 年《农史研究》

世界竹类有 7000 多种。我国是世界竹类最多的国家之一，据不完全统计约近三百种，仅广州小港公园就栽植有一百多种，成都望江公园亦有近百种。竹子生长快，成材早，产量高，加工便利，价格廉，自古以来，我国劳动人民就很重视竹材的应用，古人为了充分利用好这种取之不尽的自然资源，曾作过不少研究。我们的祖先对竹材的应用和处理的发展历史，充分反映了中华民族科学文化的悠久和辉煌。在实现祖国四个现代化过程中，进一步继承和发展这门古老而年轻的竹材应用学科，是具有重要现实意义的。

一、古人对竹的研究

竹子是很古老的植物。从古生物学家发现的竹鼠化石可知，在还没有人类以前，竹类植物已在我国黄河流域、长江流域存在了。据考古发掘，浙江余姚河姆渡新石器时代遗址中（公元前 6700 年）已发现有竹竿的使用，说明竹与人们生活已发生了关系。在商周金文中，“竹”字是以竹的叶子形象来表达的，说明当时人们对竹类已有一定的认识。

在先秦古籍中，有关竹的描述为数不少。《诗经 · 卫风》（公元前 812-758 年）云：“瞻彼淇澳，绿竹猗猗”，意即在太行山东南的淇河流域是一片茫茫无际的竹林。《楚辞 · 九歌》有云：“余处幽篁兮，终日不见天。”“篁”即竹之通称，意即屈原曾生活在深幽的竹丛之中，可想而知当时人们与竹关系之密切。《礼记》中有“如竹箭之有筠”词句，“筠”即竹皮，对竹皮的坚韧特性，当时是充分认识的。《家语》谓山南之竹“不搏自直，斩而为箭，射达革”，也是对竹的特性的描述。

人类从利用天然野生竹材到人工栽培竹子，是由于竹材在社会上的广泛应用，而野生竹材供不应求的结果。我国最迟在汉代就开始大面积栽植竹林了。《史记 · 货殖列传》有“渭川千亩竹……其人皆与千户侯等”的记载。说明汉代已有广植竹林的经验，并说明了当时竹材的经济价值之大。

对竹进行分类是古人研究竹材进一步深入的表现。《尔雅》提到“桃枝四寸有节”，《山海经》提到“云山有桂竹甚毒”，《博物志》提到“洞庭之山……有斑皮竹”，《异苑》提到“东阳……筋竹林”等，都是对某地某类竹的特性的叙述。然而把竹分成类别综合归纳，可算晋代嵇含为最早，他经过长期的实际调查所写成的《南方草木状》（成书于公元 304 年），把岭南的竹类共综合为：云丘竹、石林竹、箪竹、越王竹等六大类，为我国竹类分类学奠定了基层。此后，西南和华南各地的府、县地方志，对竹子的名称和特点也有所记述。

我国现存最早研究竹子的专著是《竹谱》，此书编成于公元 402 年前后，作者戴凯之是南朝刘宋杰出的科学家，他著书前曾对我国南方各省的竹子进行过细致的观察、考查、研究和分析，所书内容相当丰富，对竹的分布于类别，形态与特性，栽植与应用，都作了较全面系统的论述，其成就为当时世界任何国家所不能企及的。

戴凯之对竹子的分类比嵇含更为细致，他把五岭的竹类共分为七十多种，既考虑到它们的生理生态，也考虑了竹材的各种性能，更为科学了。对于竹的基本特征，他更确切地说：“不刚不柔，非草非木……小异空实，大同节目”，大意是说，竹与一般草木不同，其结构特点是刚性和柔性之间，并指出竹多中空，但也有些是实心的，而相同的形态特点是所有竹都有如缠的束结。

对于各类竹的特性和用途，戴凯之《竹谱》也有详细的描述。如“苏竹特奇，修干节平”，即说麻竹的杆通直，节箨较平。又如“篁竹坚而促节，体圆而质坚”，说明篁竹节较密且强度好。其他还有“亦曰笆竹，城固是任”“弓竹如藤”“赤白二竹，还取其色”等，都是当时人们对各类竹质有深入研究的佐证。这些论述，至今还有一定的科学价值。

继《竹谱》以后，我国古代有关竹类研究的文献和专著，据部完全统计，还有七十多种，如北魏贾思勰的《齐民要术》、北宋僧赞宁的《笋谱》、元代刘美之的《续竹谱》和李衎的《竹谱祥录》、明代徐光启的《农政全书》，清代陈鼎的《竹谱》和陈仅的《竹荟》，等等，均是我国古代研究竹类的珍贵资料。

另外，值得一提的是明末清初李笠翁所著的《一家言》，他对竹的种植和利用都有独特的见解。书中对竹子的应用概括地论及：“宁可食无肉，不可居无竹。竹可须臾离乎？竹之可为器也，自楼阁几榻之大，以至笥奁杯箸之微，无一不经采取。”这就是历代人们对竹材如此重视研究的原因所在。

二、古人对竹材的应用

我国对竹材的应用是在新石器时代开始的。据考古发掘，山东历城两城镇龙山文化遗址发现有竹节形黑陶容器，推测当时是已经有了竹容器了。近年来浙江吴兴钱山漾新石器时代遗址（公元前 4000 多年）发现的竹编篮遗迹，证实了当时竹具的存在。

到了奴隶社会，竹材应用已逐渐扩大。虽然实物无可考，但从当时遗留下来的文字，足可以说明当时竹与人们日常生活的密切。河南安阳殷墟出土的甲骨文中的“龠”字，是竹子做成排箫的象形，用不同长短的竹管组成管乐器，是需要相当加工技术的。其他地方出土的殷商甲骨文和铜铭文，亦有十多个以竹为部首的字样，如“箕”“箙”“筥”“筥”“筛”等，表示这些器物都是用竹材做成的。周朝的建立（公元前 1066-249 年），随着“礼”“乐”和“文字”的发展，竹材应用也更为多样了。

春秋与战国交替时，官方文件逐渐由金文、骨刻转向竹刻和竹写（谓之简）。在好些战国墓里都发掘有连编的竹简（称为策）。我国战国以前的历史资料（如四书五经等）主要是通过这些书保存下来的。长沙战国楚墓中还发掘有竹制笔筒。《礼 · 内则》有“右佩玦捍管遰”之句，《诗经》也有“贻我彤管”的句子，“管”为竹制，是书写的用具，有说是毛笔的前身。可知竹的应用对中华民族初期文化发展的巨大作用。我国古代管乐多数是竹制的，据文字记载，流传至今的笙、箫、篢、籥、笛、筝、竽等民族乐器，在春秋战国时就已初具雏形。周代重“礼”，据先秦古籍记载，礼祭的用具“簋”“簠”“笾”“笠”等都是精致竹具。

先秦古籍《考工记》中有筐人一节，说明春秋战国时竹器手工业已专门化了。从考古发掘和文献记载，盛物的筐、筥、筲、篅、箄、簝等，藏物的箱、笥、簏、箧等，农业用的筢、箕、筛、笄、簸等，日常生活用的笓、帚、篦、笠、箬，等等，在战国以前都已存在。到了汉代，《说文解字》一书所著录的从竹之字，共有一百多个，可见当时竹在更多方面的应用更为广泛了。

我国古代建筑虽然是以木结构为主体，但其用材、装修、构造、施工工具和运输都是和竹材息息相关的，几乎任何建筑的建造都离不开竹材。《竹谱》有云：“厥体俱洪，南越之居，梁柱是供”，意即在 5 世纪以前，华南人民的建筑主要还是以竹作构架。现在云南、两广、湘南、贵州等省的山区，苗、黎、傣、瑶、壮等族的“干栏”式建筑，许多还是用竹构。

建筑编织在战国已相当发达。当时的生活习惯是席地而坐，为防潮防尘和整洁，地面都铺设有筵（即竹席），筵的多少还是衡量建筑尺度的主要标准。《诗 · 小雅》有“上莞下簟”句，“簟”亦是细编的竹席。

此实物见于广西贵县罗泊湾汉代木构墓室中，其木地板均铺有竹席。从广州出土的汉墓建筑模型（明器）可知，二千多年以前已有障日竹篷、竹篾编墙和夹泥竹墙了，这种轻质隔墙和竹篷的优点很多，唐宋间还流传到日本、朝鲜等国。宋《营造法式》有“隔截编道”“造笆”等竹工艺专节，详细论述了用竹造房笆（即屋面天花隔层）、编竹墙、作竹栅、细网簟等具体制作制度。

古代文献中记载竹宫、竹殿、竹亭、竹堂、簃阁的内容不少。《三辅黄图》记述了汉代甘泉宫宫竹构筑之丰富奇巧情况。宋文人王禹偁写的《黄州竹楼记》云：“黄岗之地多竹，大者如椽，竹工破亡，刳去其节，用代陶瓦，比屋皆然。”梁元帝的《竹诗》，晋谢庄的《竹赞》，唐·李贺的《竹词》，都有描述竹构房子实用、经济和美观的诗词。

在南方农村，竹的用途更为广泛。许多农业生产、贮藏建筑和用具都是用竹做成的，汉《急就篇·颜师古注》有谓“以竹木簟席，苦泥涂之，则为笹”。笹即为贮积米谷之房屋。梁《玉篇》谓竹门为之“篻”，《说文》释竹造园仓谓之“篅”。《齐民要术》提及的竹具有几十处。明·宋应星著的《天工开物》所提到的竹具亦有几十处。在古代农村，人们衣食住行都离不开竹材。竹制家具、用具、工具、玩具举目皆是。

恩格斯曾指出：“在这里（指古代东方），农业的第一个条件是人工灌溉。”（《马克思、恩格斯全集》第 28 卷，263 页）。我国在战国时期水利工程所以能有较大的发展，是和当时竹材资源的广泛利用分不开的。《论语》中提到的“篑”（盛土竹具），《左传》中提到的“築”（筑土之杵），还有其他先秦古籍提到的“筛”（筛土工具）、篙（竹索带，又称篇）、笼（举土器）等，都是群众兴修水利工程中不可少的工具。四川都江堰排洪灌溉工程（约公元前 250 年），首次用竹篇成石笼，内装石块，用以巩固堤坝，这是世界水利史的伟大创造。用竹子来防洪堵河水决口的例子，首见于宋《河防通议》。唐诗人白居易《石函记》有云：“钱塘湖北有石函，南有笕，防水溉田”，“笕”即用大秆竹打通隔节做的农田引水灌溉管道，山村居民还用以引泉入室。明代舒亶的“竹笼行西出千山”的诗句，正是南方山区农村使用竹笕引水胜景的描绘。

我国竹索桥的起源可追溯到西汉以前。竹索古称为“笮”，《汉书》把西南少数民族呼为“笮”，估计是西南少数民族的创造。所谓“度笮临千仞，梯山蹶半空”，正是当地人们险渡竹索桥的写照。现存的四川灌县竹索桥（明代始建），长达 330 多米，单跨度达 60 多米，足见古人利用竹材的巧智。“笮”《释名》又释为“引舟者”。《玉篇》也有“桂树为君船，青丝为君笮”的记载。用竹缆索来击引舟船运行，因其柔软轻便，入水不涨且耐腐，至今仍在航运中使用。

我国古代用竹造船的史料最早见于《山海经》：“卫丘之竹林在焉，大可为舟”。这大概是利用竹的中空浮力制造的简单船舶。《晋书·陶侃传》云：“桓温伐蜀，又以侃所贮竹头作丁装船”，用竹钉来结接船板是比铁钉耐久牢靠的。《天工开物》在造船一节中提到用竹的还有风篷、缱簟火杖、船篷等。《后汉书·岑彭传》有“公孙述遣其将数万人，乘枋箄下江关”记载，“箄”即浮筏，用原大秆竹串编而成，历代水战用此运兵渡江是屡见不鲜的。

在战争史上运用竹材的史例也不少。用竹子制造的矢、箭、弓和投枪，在甲骨文中就出现了。《墨子》在守城一节中“墙外水中为竹箭”云，是指在城墙外壕沟中布竹箭以防盗涉。同书所提的攻城云梯亦有竹制的。唐《独异志》载有“（梁武帝时）候景围台城，简文飞纸鸢告急于外”，用风筝来做军事联系，可谓竹制玩具（相传汉韩信作）之妙智。《五代史·王彦章传》记述世宗攻寿州“束巨竹数十万竿，上施版屋，号为竹龙，戴甲士以攻之”，这是古代攻城史上用竹最多的实例。《马可波罗游记》记载的元人野战行宫也是用竹搭构的。竹材搬运轻便，易于装配，用作活动房子确是适宜的。

竹材用来造纸和造布是我国古代劳动人民的创造。唐李肇《国史补》有“韶之竹筏”语，说明齐代竹纸在广东韶关已出现。《天工开物》在“造竹纸”一节中详细谈到福建造竹纸的方法。《南方草木状》云：“簟竹叶疏而大，一节相去六七尺，出九真，彼人取嫩者，硾浸纺织为布。”这是造竹布的最早文献。

竹笋作食用的由来甚早。《诗经 · 大雅》“其蔌维何，维笱及蒲”的诗句，是春秋时代人们吃笋的证明。《竹谱》还具体提到“浮竹亚节，虚软厚肉，洪笋滋肥，可为旨蓄本草纲目”，谓竹笋质脆鲜肥，可口甘美，并可晒存和糟藏。

竹皮古称竹茹，可以入药。明《本草纲目》有淡竹茹清热的处方，谓“取鲜竹，磋去外青一层，刮取皮用”。古医籍谓竹油为“竹沥”，常用作化痰止烦闷之剂。《本草纲目》述其制法：“将竹截作二尺长，劈开，以砖两片对立，架竹于上，以火炙，出其沥，以盘承取。”

我国竹制工艺品的历史相当悠久。《史记》中的邛竹杖，《九华扇赋》中的尚方竹扇都是二千多年前的著名竹制工艺品。竹制艺术始于唐代，盛行于宋和明清。安徽的“皖派”竹刻（宋），江苏的“金陵派”“萧山派”“嘉定派”（明），刻法均精致异常，镌刻之山水、建筑、人物，纤毫具备，幽秀胜世。清代湖南的竹簧竹刻更是精绝妙作。

竹帘是实用价值很大的工艺品。我国古代用作遮阳、防尘、通风、遮挡视线、分隔建筑空间等，它的起源可以追溯到战国，当时车上的籓幄可说是帘的前身。《汉书 · 外戚传》有“置饰中帘南”的记述。《唐书 · 卢怀慎传》记载“门不施箔”中的“箔”，亦即帘也。帘后来还专门发展成竹帛画，别具风味。明清以来，南方各地的竹制工艺品有很大的发展，如杭州的竹雨伞、竹扇面，福建的漆竹皿器、蓝篓，四川的竹雕具、竹花瓶，两广的竹家具、竹编制品等等，都是驰名世界的工艺美术品。

竹在园林美化中的作用，亦有说不完的话题。竹篱、竹亭、竹舍、竹制漏窗等，使人感到幽雅、亲切、自然。魏晋以来，古人描写竹子对改造环境和美化环境的赞美诗文真是不胜枚举。李衎《竹谱详录》内容分为画竹谱、墨竹谱、竹志谱、竹品谱四部分，把竹的科学应用和艺术欣赏紧密地结合起来。前人所以对竹子产生如此热爱的感情，是由于它具有巨大的应用价值的缘故。

三、近现代竹材应用的发展

随着现代材料工业的发展，竹材的应用有的已被现代新材料所代替，但竹材光滑坚洁、有自然美的质素和就地取材等特点是现代材料所代替不了的，所以竹材的应用目前仍很广泛。竹材的应用工业一直在发展之中，逐步从手工业转向机械化，从利用天然原材转向科学加工处理。而且在传统的基础上吸取了外国先进经验。时至今日，越来越见竹材应用工业前途之广阔。

据科学实验，竹材的抗拉强度为 1300 ～ 1700kg/cm^2，受压强度约 560kg/cm^2。早在第一次世界大战初期，日本、德国、美国就有研究用竹筋代钢筋制作混凝土了。此法发明后不久，即传入我国，1914 年，广州东山公医院（现中山医学院）第一次应用了竹筋混凝土。随后广州河南洞天茶楼（1915 年）、东山培正中学（1918 年）、东山浸信会（1918—1920 年）等都先后采用过竹筋混凝土建造楼房，至 1922 年，广州用竹筋混凝土建的房子竟达五十多幢，可见其发展之快，有些房子至今犹在。南京于 1918 年亦曾用竹筋混凝土建造冷藏库的墙体（和记洋行）。

中华人民共和国成立后，为了节省钢材，北京、上海、广州、济南、南昌等地亦曾建造过一批竹筋混凝土房子，仅广州建造的建筑面积就有几万平方米。1955 年，上海同济大学建造了一幢试验性托儿所楼房，除砖瓦外，其他构件几乎全用竹材。这种探索为建筑用材开辟了途径。

天然竹材因中空而竹肉有限，且不易成型，用它制作构件，其尺度和强度都受限制。近现代竹材工业的研究，主要是为解决这个问题展开的，竹材工业正逐步向综合利用的道路发展。我国在 1939 年就有学者从事竹材胶合板的研究，把竹子机械加工称薄片后，用胶合剂在高温高压下制成板材和空心板材。后来还有人研究，把竹材加工成竹丝或竹屑，用以制作纤维板，也有用竹丝与菱苦土、卤水混合，制压成竹丝菱苦土构件。

现代外国正在发展一种用有机材料和无机材料相结合的复合材料。竹丝经防腐处理后，与水泥之属的无机材料结合成整体，轻质高强，隔声隔热性能均好，常用来制作天花、间墙、板材，甚至制作大型综合承重构件等。

近现代建筑工地应用竹材的方面还是很多的，如施工脚手架、建筑拱模版、临时工棚、运输桥架、土方工具、木工竹钉等。在南方农村的简易大跨度临时仓库、各种生产用寮棚、防晒防雨顶篷，目前还是多用竹构。据统计，每约 50 株毛竹可顶用一立方米木材，所以它的经济价值还是很大的。

竹材的纤维长且韧，近现代用其制浆造成描图纸、打字纸、胶版纸、包装纸等，这些纸韧性大，耐磨，平滑光洁，畅销国内外市场。另外制浆粕还可以制人造丝，经过特殊化学处理亦可制作人造羊毛、硝化纤维和醋酸纤维等。

竹材含有多种化学成分，经提炼分析可制出竹蜡、竹油和其他化学原料。竹材加工研成粉末后，还是塑料工业的原料之一，可用来作电料器材和电木等。竹纤维经精细碳化后，有用作碳丝灯泡白热丝的。竹材的应用正随着现代科学技术的进步而日益扩大。

四、竹材的寿命与防腐防蛀

竹材的主要成分是纤维素、木质素、授戊糖等，干燥时易收缩裂缝，干燥后易燃烧，并易于受自然风化解体和受酸碱而腐蚀。但在一般情况下，菌、虫的腐蛀却是影响竹材耐久性的主要因素。

通常竹材，在露天下只有2～3年的寿命，但如果适当进行防腐蛀处理和养护，却可大大延长它的使用年限。长沙战国墓发掘有三千多年前的竹筒、竹筐、竹弓、竹笔筒。广西贵县汉墓发掘有近二千年的竹笛、竹簟、竹尺。苏州五代建的虎丘塔，丘塔墙面泥塑竹钉，历时一千多年而未朽。南方古建筑的梁架和夯土墙内常发现有数百年前的竹钉或竹箸。广东民间至今还保存有为数不少的明清时代的竹对联、竹刻筒、竹香炉等工艺品，有的尚色泽金黄夺目，油润光滑。以上事实都说明我国古代，对竹材的防腐蛀处理是积累了丰富经验的。近现代防腐科学的发展更促进了竹材防腐蛀技术水平的提高。现将其发展过程和成就简述于后：

（1）采伐竹子时的防腐处理：《礼记》云：“仲冬之月，日短至，则伐木取竹箭”，说明我国在二千多年以前，人们已懂得冬天采伐竹材较干燥坚实，而不易腐蛀。现在江南还保持腊月（白露至谷雨）伐竹的传统，当地俗称“腊竹难蛀”。元代《种艺必用补遗》也谈到“三伏及腊月中砍者，不蛀”。同书对所选伐的竹龄规定“留三去四，莫留七”，意思是说生长了四年到七年的竹子才宜采伐取材，实践证明嫩竹都是易于腐蛀的。

据清《工段营造》一书记载“湖北人善制竹，弃青用黄，谓之反黄”，把采伐下来的竹子刮去竹青后干燥之，对竹材的抗裂和防腐蛀是有一定好处的，因为竹青表面易于变质而繁殖细菌。

古代常见干燥竹材的方法有两种：一是自然风干，即把砍伐的竹子架在能防雨露、挡阳光和避地潮的地方风干；二是烤干，即用火烟来熏烤，南方民间有用挖地坑架设竹子，其下烧莽草、锯末、牡蕨熏焗的，少量竹材亦有放在厨房上空烟熏的，建筑用竹钉，一般采用火锅拌砂炒制，均具有一定的防腐和硬化作用。

现代烘干法多用烘房烘干，或用热辐射线、电红外线烤干，一般温度需控制在 80°C以下，使竹材的含水率保持 12% 左右。

（2）浸渍和蒸煮法：竹纤维中的糖分是菌、虫喜爱的食物，我国古代有用水沤析去糖分作防腐蛀处理的。此法在《齐民要术》中已有提及：“凡非时之木（按下文文意是包括竹的）水沤一月，或火煏取干，虫则不生。”至今在云南和两广少数民族地区，所用竹材均先放在河溪中浸渍约一个月，然后风干或火煏后使用。但忌用海水和死水浸渍，否则会因碱化变色而降低强度。

蒸煮法民间谓之“去胶性”，即把竹中含糖胶质，经开水沸煮而溶去。《天工开物》在论述制竹缆时说：“其篾线入釜煮熟，然后纠绞”，意即竹篾先要在锅中煮一定时间才加工成缆索。至今做工艺品和编织用具的竹材亦有用水煮 1 ～ 2 小时后使用的。防腐要求高的竹料，间有加食盐，或艾蒿、烟茎、辣椒叶、百部、巴豆蒸煮的，这些物质有一定的毒性，对菌虫的入侵是有抵制作用的。

（3）药剂法：《周礼》提到“以蜃灰攻之，以灰洒毒之，凡隙屋除貍虫。”说明我国在春秋时已懂得蚌蛤灰和石灰水有杀虫作用。用石灰来作竹材的防腐防虫剂，现今还在民间流行着。广西百色苗族地区的建筑所用竹材有用石灰水浸泡或喷洒的，有的房子的编竹墙，采用石灰拌牛屎批面，虽经一百多年尚未受蛀腐。

南方民间的家具用竹和工艺竹具，有的还用明矾、绿矾、硼砂、硫黄、汞粉等药剂浸泡，这些化学药物渗入竹质内部后，可远拒虫蚁。

近现代化学防腐药剂中，通常用竹材防腐蛀处理的有：氟化钠剂、氯化锌剂、砷铜剂、克鲁苏油混合剂，等等。

（4）涂刷法：我国是防腐涂料和防腐颜料发展最早的国家之一。西安半坡原始社会遗址中发掘的赭石颜料和生漆涂料已得到证实。至于用来涂饰竹具，则见于长沙马王堆一号汉墓，墓中出土的竹笥、竹筒、竹竽、竹扇、竹熏笼、竹篓、竹筷、竹管等，多着有颜色，或表涂髹漆桐油之属。这些表涂和染色的方法，是具有一定的防水防腐作用。

我国古代用来表涂竹子的涂料除桐油和油漆外，还有荏油、麻油、水柏油等，用来着染竹织器具的植物染料，有茜草、蓝草、黄栀子、红花等。古代的竹扇、竹伞和其他竹工艺品所以能保存较长时间，与使用这些涂料很有关系。

民间为了保护、美饰竹家具和竹雕等工艺品，有用烧黄蜡表涂竹面然后用接骨草磨光，也有直接用含酸植物叶子摩擦的，实践证明可使竹材防腐可靠，且较经济的有：水罗松、沥青、煤焦油、黑凡立水、DDT 火油液、光油等。

上述资料说明，我国是世界上应用竹材较早的国家，应用之广泛是罕见的，对竹树防腐蛀处理经验之丰富也是少有的。我们可以从资料中得到不少启发和借鉴。总结和研究它，一方面是可表明我们的祖先的才能和智慧，另一方面是为了“古为今用”。

注：本文得梁家勉和徐燕千两老师的指导，特表感谢！闵崇颠同志亦提供原始社会竹史的两点资料。

中国古代建筑的防火

原载于1985年《中国建筑技术史》，与龙庆忠合著

一、防火的起源

人类社会初期发现了从机械运动到热的转化，即摩擦生火（《淮南子》：“两木相摩而然。”）。在中国，据说是在燧人氏时代（《韩非子·礼含文嘉》《尸子河图》《古史考》《尚书大传》《拾遗记》）。但也有说是黄帝造火食（见《世本》），也有说炎帝（神农氏）（见《左传》）。在我国云南元谋县元谋盆地发现的“元谋人”，据说较“北京人”“蓝田人”更早，约在百余万年前生活，据勘察分析，他们可能是世界上最早使用火的人。现在元谋地区的少数民族每年旧历六月二十八日有火节（据《雪涛谈丛》，“滇省风俗，每年六月二十八日，各家具束苇为薧，高七八尺，凡两束置门前，遇夜炳燎，火光烛天，是日各家俱用生肉切为脍，调以醯蒜，不加烹饪，名曰吃生，总称曰火节”）。据1977年6月《人民中国》（日语版）载《云南元谋县元谋盆地出土元谋人》史岩著说，所有发现出来的北京人、郧县人、桐梓人、丁村人、乌审旗人、山顶洞人和元谋人的上门齿都具有杯型的特征。“元谋人”应是孕育着中华民族最古的祖先。“元谋人”在元谋盆地点燃着祖国最初的光辉火种，元谋应是开始历史悠久而又光辉的中国文化第一页之地方。

在人类有了人工火之前，有天火，即雷火及野火等，有焚烧山林泽草之灾，当时人们可能避居岩洞或土穴以避火，但实际上有文献记载之例，据陈晋编著《龟甲文字概论》中列举“藏龟”八十七页左行有“佥焚”二字，即“舍焚”。他（陈晋）据左氏襄九年（公元前564年）传：“昔陶唐氏火正阏伯居商丘祀大火，相土因之故商主大火……”，说是襄九年宋国将有火灾，有乐喜主持管火之事即“火政”做了防火的准备，那时晋国候君问士弱，士弱即以上面的话告诉晋国候君，大意说殷人对于防火是严密的，所以他的后代宋人早有防火的准备，这就证明了殷代有防火之政，同时又可从士弱的话中得知殷代相土是继承古陶唐氏即后世所说的尧帝的火政来居商丘的阏伯搞“火政”的。那就是说，不仅殷代有火政，还可以从士弱的话中得知，尧帝时（大概是中国原始社会新石器时代末期）就有了管火的官，从这里也可推知陕西西安半坡遗址的穴居中的大量红烧土，可能就是左氏襄九年那条文献中的土涂。

二、引火的原因

据宋代《事林广记》卷之八子类治家法度居家常防火烛记载，“火之所起多从厨灶，厨灶多时不扫则埃尘易得引火，或灶中有留火，而灶前有积薪连接，皆引火之由，兼之烘焙物色过夜，多致遗火，复盖宿火，而以衣笼罩之，皆能引之。蚕家屋低隘，炙簇不可不防。农家储积粪壤或投死灰余烬，皆能致火。茅屋积油及石灰皆须慎之”。这是宋代前后一般引火的原因。不过这里没有包括古代的焚烧草木（《周礼》柞氏掌攻草木及林麓）、放火打猎（《礼记》王制）、烧治泽（《韩子》晋人烧积泽恐烧国）、烧山林（《列子》赵襄子狩于山中），以及中古时期烧门（《吴志》孙权烧张昭的宅门）、试烧宫室（《韩子》大夫种劝越王试烧宫室）、历代战争时的火攻（据记载是始于黄帝擒炎帝以定火灾，见《汉书·五行志》及《淮南子》，以后历代都有），也没包括除人火（人为的火灾包括国火及私火，见《左传》）、天火（即雷电火球，见左传

宣十六年，《汉书·五行志》《宋史·苏舜钦传》等）、火精（也称阳精，即太阳能，见《周礼·司隶/庭氏》《淮南子》《博物志》《古今注》《本草火珠》等）外的火山（见《山海经》《神异经》《正字通》）、火井（见左思《蜀都赋》《博物志》《异苑》，初见于汉代）、火穴（见《括地图》《异苑》）泥沙中起火（见《晋书》："凉州地中有火"，又见《魏书》《一统志》《后汉志》，又见《古今注》）以及焦邑灭都的炎丘火流（见《阮籍传》）等原因。也没包括因地迫屋狭邑宇逼侧（见《东观汉记》）檐庑相逼侵据官道（见《宋史·周湛传》）、邻舍失火（《后汉书》古初，《前赵录》刘殷，《晋书》何琦、蔡仲举），以及特殊建筑如武库（见《异苑》《博物志》《晋书》）、甲仗库（《宋史·李元则传》）、藏宝台（《韩诗外传》天火）、姑苏台（《吴地记》伐吴烧台）、章华台（淮南子）、梆藏（见《三辅考图》）、柏梁台（《汉书》、因台灾起建章官）、建章宫（王谭《柱础赋》）、东阙罘罳（《汉书》文帝纪）、宣榭（《春秋》宣十六年）、御廪（《穀梁传》）、司铎（《左传》）、北阁后殿（《后汉书》新平王家失火延烧）、学堂（《益州记》文翁学堂）、玉清昭应宫（《宋史·苏舜钦传》）等的火灾原因。也没包括因古西南夷的土居（见《后汉书·南蛮西南夷传论》）、襄州的竹屋（《宋史·周湛传》）、广州的蒲屋（《唐书·杨於陵传》）、巴地的重屋累居（见《华阳国志》）、吴中的土居褊狭（见苏舜钦《沧浪亭记》）等房的起火原因，更没包括因地区容易发生火灾如春秋战国时中原地区的宋国、卫国、陈国、郑国（《左传》郑裨）以及自古以来容易发生火灾的南方炎天（《吕氏春秋》《论衡》）、炎土（《淮南子》坠形）、炎徼（《淮南子》、《山海经》、白居易《和微之诗》、《炎徼纪闻》）的原因。

在上述火灾原因中，历史上最难免的是战争中的火攻，如《史记》《汉书》所记项羽西屠咸阳焚其宫室，三月不灭，以致秦皆烧残，项羽东归（《汉书》），三国时周瑜在战争中纵火焚烧水军数千（《英雄记》），其所用火具有枉矢、絜矢（见《周礼》，司丏矢是火箭的雏形）、燧象（《左传》，宣四年，即506年）、飞炬（《后汉书·彭岭传》）、炬火（《英雄记》周瑜战曹操、《晋书·王浚传》）、火车（《齐书·高帝纪》）、火牛（《史记》燕攻即墨田单用火牛，又《宋史·陈规传》《元史·按竺迩传》）、火鸡（《晋书》殷浩伐姚襄）、火筏（《魏书·李崇传》元史顺帝纪）、火燧（《南史·王琳传》）、火城（《南史·羊侃传》）、火舫（《南史·徐世谱传》）、火弩（《北史·段韶传》）、火铃（《华庭内景经》）、轻利船（《吴志·周瑜传》）、炮车火石炮（《宋史·魏胜传》）、艨艟舰（《吴志》周逆曹公）、火箭（《魏志》《明帝纪》《南史·杜慧庆传》《齐书·崔慧景传》《元史·郭宝玉传》）、火箭、火球、火蒺（北宋咸平三年，即公元1000年，《宋史》兵志）、火枪（《宋史·陈规传》）、火炮（《宋史》兵志、《元史·张荣传》）、铁珠子（《宋史·殷玉炎传》）。据《北史》段韶传："有百谷城者，敌之绝险，诸将莫可攻围，韶曰，城势虽高，其中甚狭，火弩射之，一旦可尽。"及《元史·张荣传》："至于沙洋，丞相伯颜命率炮手军攻其北面，火炮焚城中，民舍几尽，遂破之。"是火弩火炮是最厉害的时期。

其次是奴隶主、封建主打猎放火和火耕引起的火灾。"火林""火田""火耕"在历史上初见于殷代（陈晋《龟甲文字概论》）；到周代有《礼记·王制》："昆虫未蛰不以火田"；到汉代"楚越之地、地广人稀，饭稻羹鱼，或火耕水耨，果隋嬴蛤，不待贾而足，地势饶食，无饥馑之患"（《史记·货殖到传》）；到晋代前，"东南草创人稀，故得火田之利（《晋书·货食志》）；到唐代，白居易诗中有"吏徵鱼户税，人纳火田租"。

关于奴隶主、封建主打猎放火的罪恶，据唐代《初学记》："或曰囿有林池所以御灾也，其余莫非穀土（见《国语》）及其衰也驰骋游猎，以夺人之时劳人之力（见《淮南子》），故《汉书》东方朔曰务苑囿之大不恤农时非所以强国富人者盖此之谓也。"

再次是因"地迫屋狭""邑宇逼侧""土居褊狭""檐庑相逼""侵据官道""邻舍失火"，以及竹屋、蒲屋、茨屋、"重屋累居"而引起火灾的事例，见《史记·汲黯传》，河内失火，延烧千余家，据汲黯报告是家人失火，屋比延烧。

最后是雷火（天火）、风火的事例，有唐钟付传的抚州，天火其城。唐代鄂州大风，焚江中舟三千艘（《唐书 · 五行志》）。

三、火的管理（古代叫火政，见《汉书 · 五行志》《素问》）

自燧人氏钻木取火以来，先人已结束了以前不火化不火食的不卫生状态，同时又有了自御能力，火促进了工农业的发展（西晋潘尼《火赋》），但同时也带来了对人类的不利之处。故中国“火”字有“喜”“毁”二音（《唐韵正》火古音毁，转声则为喜）。

原始社会末期，唐尧时由“火正”这个官职来实行“火政”（《汉书 · 五行志》及《左传》衮九年），一说炎帝氏以火纪故为火师而名，炎帝神农氏姜姓之祖也，亦有火瑞，以火纪事，名百官（《左传 · 昭公十七年》）。

到周代，“春秋以木铎修火禁，火星以春出，以秋入，因天时而火戒”（《周礼》宫正），“宫正于宫中特宜慎故修火禁”，又“仲春以木铎修火禁于国中为季春将出火也，火禁谓用火之处及备风燥（《周礼》司烜氏），又《尚书》：“每岁孟春遒人以木铎徇于路遒人宣令之官，木铎金铃木舌，所以振文教也”，又“司爟掌行火之政令四时变国火以救时疾，春取榆柳之火，夏取枣杏之火，季夏取桑柘之火，秋取柞楢之火，冬取槐檀之火（《周礼》）”，又“司烜氏掌以燧取火，以供祭祀之明烛（注）”，“日，火阳之絜气，明烛以俗馔”，凡邦之大事供蕡烛，“蕡烛、麻烛、蕡、大也”（《周官》司烜氏），又“时则施火令”，“焚莱之时也”（《周礼》司爟）。由此可见，到了周代，“火禁”的文明已经发展到了较高水平，如宋“乐喜为备火之政令”（《左传》），又“修火宪养山林，薮泽草木鱼鳖，百索以时禁发，使国家足用，而财力不屈，虞师之事也”（《荀子》），又“诸灶必为屏，心尖高出屋四尺，慎无失火，失火者斩”（《墨子》），等等。

这种制度后来还见于汉魏晋六朝，如《郑康成别传》：“元年十七见大风起，诣县曰某时当有火灾，宜广设禁备，至时火果起而不为害”，宋代还实行火禁：“镇砦官，诸镇置于管下，人烟繁盛处设监官，管火禁或兼酒税之事”（《宋史 · 职官志》），又宋王溥的父亲王祚在宋初“升宿州，为防卫，以祚为使，课民凿井，修火备，筑城北堤以御水灾”（《宋史 · 王溥传》）。

不过周制火禁，传至后代，也有一些不利之处，如在一些地方如古太原、上党、西河、雁门，在冬至后百五日绝火寒食，说是为纪念晋国介子推，被晋文公放火烧山时烧死的（《周斐先贤传》、《邺中记》《琴操》）；到汉代，周举以寒食，老小不堪，岁岁多死者，叫老百姓火食（《后汉书》）；到魏武帝时也“令人不得寒食，倘有犯此令，家长办半岁刑，主官办百日刑，令长夺一月俸”（魏武帝明罚令）。

不过《唐初学记》编者以为：“按周书司烜氏仲春以木铎修火禁于国中，为季春将出火也，今寒食准节令是仲春之末，清明，是三月之初，然则禁火盖周之制也”，这意见是正确的，根据《荆楚岁时记》：“去冬节百零五天即有疾风甚雨”，或者这就是设寒食节的重要原因。又据《后汉书》说，“有妇人早来厨房，因起暴风，想起传说疾风起，先吹灶突及井，祸及妇女，故要求离开避祸是疾风甚雨会导致火灾了。”

到晋义熙十一年（415年），“京都所在，大行火灾，吴界尤甚，火防甚竣，犹自不绝”（《宋书 · 五行志》），那时王弘在吴县当官，亲见天火烧屋，于是不罪火主，可见那时天火烧屋是不使人入罪的。

此外，还有禁夜作一事，据《东观汉记》载：“廉范字叔度，迁蜀郡太守，成都邑宇逼侧，旧制禁民夜作，以防火灾，而更相隐蔽，烧者日日相属。范乃毁削先令，但严使储水而已，百姓为便乃歌之云：‘康叔度，来何暮，不禁火，民安作，平生无襦今五袴’”。可见禁火也有不便之处。

四、救火措施

据《左传》："襄九年春，宋灾，乐喜（子罕也）为司城，使伯氏（宋大夫）司里（里室），火所未至，彻小屋，涂大屋，陈畚（箕笼）、挶（土轝），缶（汲器）、备水器（盆罂之属）、量轻重（计人所任）蓄水潦，积土涂，巡（行也）丈（度也）城缮（治也）守备，表火道（火所起，从其所趋标表之，即行度守备之处，恐因灾作乱，火起则从其所趋所起标表之）"，推测这些记载，可能是尧帝以来救火方法之积累，是极为珍贵之救火资料，除人事安排外，其中计有几种行之有效的方法。

（1）在火将要延烧到街区里巷等处时，先拆除那里的小屋，以免延烧。对于一时不易拆除的大屋，就在其快要受到延烧的那一面或部分用草泥粉上，以免延烧或起到缓烧作用。

（2）同时要把火灾扑灭，要准备挑运工具，如提水绳索、打水罐、打水灭火的盆瓮壶榼盎等，还要看这些工具能否提运轻便。

（3）光有工具不行，还要准备充足的井水、沟水、池水、陂泽，积储充分的草泥，这就要筑陂、开挖池塘、辟广场空地。

（4）还要准备对付因火闹事者，或乘机入侵的外敌，因此，要巡查城防，修理守备的武器，指定防火的巷道。

最后一条很重要，《左传》记载："郑火作，子产使司马司寇列居火道，行火所焮"，这火道应是断绝延烧的巷道，是正在猛烧的道迹，在近代日本叫作防火带，使火灾被限制在一定区域，分甲、乙等区。此方法的好处见《国语》："单子曰：陈国火……道路若塞，野场若弃，泽不陂障，川无舟梁，是非先王之教也。"可见救火须有足够宽敞的街道及空地，还要有陂池渠井蓄水，及船只桥梁，如《左传》："衰公三年夏五月，司铎火，火踰公官，富父至……于是去表之藁道，还公官表，表火道，风所向者，去其槁积。"这应是在清理火巷。这种火巷还见于宋代如《宋史 · 赵善俊传》："知鄂州，适南市火，善俊往视事驰竹木税，发粟振民，开古沟创火巷以绝后患。"古沟可能是引水救火的火巷，是断绝火灾的燃烧。这种火巷还见于今广东潮州市宋代住宅左右。

还有一种救火法见于《韩子》："……民之涂其体，被濡衣，赴火者左二千人、右三千人。"这是说把救火者用某种物质涂抹身体，而且还披上浸湿了衣衫，这是前例记载中所未见的。

此外还有一种望火楼，用来瞭望火灾发生之处。《左传》："宋、卫、陈、郑皆火梓慎登大庭氏之库以望之"。后世扬州有望火楼，见汪元量《湖州歌》："淮南渐远波声小，犹见扬州望火楼。"这些望火楼望火库都可以瞭望很远的地方，应是盖在高地，或其本身就很高。

五、防火建筑材料

在迄今考古所见的安阳殷墟、郑州商城等遗址中还未见有砖瓦遗物存在，西安周至遗址中才见有周瓦，到东周就有砖墓存在了，瓦屋与葺屋也并见于《周礼 · 考工记》，以后两汉也有空心砖及小条砖墓，东汉又有石造墓了。这些砖石墓用于代替以前的木椁墓，应也是为耐久和防火，因秦始皇骊山陵的椁藏也曾经为放羊的失火而焚烧了（见《三辅黄图》）。

大概到唐代前后，砖瓦才普及到中南、东南、西南各地，不过中原统治阶级早在汉代就将石料作避雷防火材料。到了魏、吴、晋、北魏、开始用砖石作佛塔来代替木造佛塔，同时砖石房屋亦应早自汉代缓慢地发展起来。这些砖石造作经验一直到宋《营造法式》才把砖瓦石作列入制度中。

在统治阶级开始用砖石代替木料时，一般劳动人民还只能用土墙、土顶、土室、土窟来防火。

木料虽易生火引火，但因有防火救火的办法，还是沿用于宫殿庙宇住房等中，不过也将砖石混合着用。

到明代开始有无梁殿，完全不用木料的房屋出现了。

上述土木砖石等得以发生发展，防火虽不一定为其唯一原因，但应是其主要原因。从这方面来看，可以说中国古建筑，以及城市、园林、广场、道路、陂池、沟渠，是治火文明的产物。

从前面得知"土涂"是一种到处可见用之不尽的防火材料。从原始社会农耕以来穴居的木骨土涂，到后世的土墙泥壁、墁顶墁地，都是用草泥胶泥来防火的。土室是普通人用于居处的，但也有为统治阶级避火救死的，如《礼记 · 月令》："中央土，天子居大庙土室（疏），今中央室称大室者，以中央是土室。"这土室虽为五行之土室，但从西安唐麟德殿遗址及西安明堂遗址中央看，都是有土台土墙的。又《后汉书 · 袁闳传》："延熹中（10年是167年）党事将作，闳遂散发绝世，欲投迹深林，以母老不宜远遁，乃筑土室，四周于庭，不为户，自牖纳饮食而已"。又《宋史 · 王素传》："知渭州，其居旧穿土为室，寇（应为农民起义）至老幼多焚死，为筑八堡使居之。"可见在火攻时虽土室也不免，土窟更为一般劳动人民所居。如《盐铁论》："转仓廪之委，飞府库之财以给边民，中国困于徭役，边民苦于戍御，力耕不便种籴，无桑麻之利，仰中国丝絮而后衣之，皮裘蒙毛不足盖形，夏不失复，冬不离窟，父子失妇，内藏于专室土圜之中，中外空虚，扁鹊何力而盐铁何福也。"可见汉代边民仍居土窟或专室土圜之中，虽可防火，但不幸为统治阶级迫害。又《晋书 · 孙登传》："登字公和，汲郡其人也无家属，于郡北山为土窟，居之，夏则编草为裳，冬则被发自复"。可见土窟是概贫者之居。又《神仙传》："李意期乞食，得物即度与贫人，于成都角中，作土窟居之，冬夏单衣，饮少酒，食脯及枣粟。"这也是极贫者之居。

一般上层阶级多能建石室以避火，如《华阳国志》："文翁立讲堂，作石室一，曰玉堂，在城南，初堂遇火，太守更修立，又增二石室。"这里石室可能是藏书籍避雷火用。又杨龙骧《洛阳记》："显阳殿北有避雷室，西有御龙室。"这些室显然是统治者避雷用。又孟奥《北征记》："邺城避雷室西南石沟，北有华林，墙高九丈，方园一里。"这里除避雷室外，还有石沟引水、华林隔火。又《北征记》："凌云台南角百步，有石室，名避雷室。"这是统治者怕台高易中雷电，特作石室避雷。又《荆州记》："湖阳县樊重母畏雷为石室避雷，悉以石为阶。"由此可见避雷石室逐渐一般化。

石窟如现在的敦煌石窟、麦积山石窟、庆阳石窟、云冈石窟、龙门石窟、天龙山石窟等，多为北魏后所开凿的，其原本目的是为防火，如《法苑珠林》卷14《集神州三宝感通录》卷中专书记着："……以国城寺塔终非久图，古来帝宫，终蓬煨烬，若依立之，效力所及，又用金宝，终被毁盗，乃顾盼山宇，可以终天。"

砖石塔应创于南北朝前，但现存最早的只有嵩山北魏建的嵩岳寺塔，由此塔的保存也可见《洛阳伽蓝记》，其中的砖石塔大概也是这样的。今据嵩岳寺塔而观之，除木作扶梯楼面外，都是砖作的。就其能留传到现在而言，这塔不仅有防火价值，而且有抗震抗风价值。至于完全不用木料的有开封宋建的祐国寺琉璃砖塔，不仅有防火、防风、防洪水、防地震的价值，而且有防雨水的价值。砖石无梁殿初见于明代，但其存在应该更早，现存最有价值的要莫北京皇史宬正座，全不用木料金属，门窗用白玉石，而且窗雕成隔眼，有花纹，小到几乎不能入雷火球的程度。东西厢房虽采用砖木混合结构，但其山墙、护檐墙、小窗的构造，都用意周到。

木塔铁塔，因木料易燃、金属易融，所以自汉代以来力图用石料砖瓦代替木料金属在建筑上使用。木料易燃尽人皆知，金属易融可见于《国语》："王先亦鉴于黎苗之王及夏商之季，是以人夷其宗庙，而火焚其彝器，子孙为隶，下夷于及。"是铜器亦可烧融。又《晋书 · 王濬传》："吴人于江险碛要之处，并以铁锁横截之，濬乃作火炬长十余丈大十数围，灌以麻油，土船前遇锁然炬烧之，须臾，融液断绝。"是水中铁锁亦可以火炬烧成融液。但木塔保存得好，如山西应县辽建木塔可保存至今，况且还有粗柱梁可以起缓燃烧作用。也有些木料，如《齐地记》："东武有胜火之木，烧之不死亦无损。"又《南越志》："广州有火树，可以御火。"又金属塔，在广州光孝寺中有南汉建的铁塔，据说是乌金铸成的，而且在乌金上贴上很厚的金。

六、防火设计

在前面谈的各节中已见一些防火设计事项，这里要谈的主要是关于高层建筑和城镇规划以及其他一些有关事项。

（1）因古人知道火性炎上，故对台塔等高层建筑的防火设计特别关心。台塔既然是高层的，就有遭雷火而发生火灾的可能，所以除在建筑材料方面改用砖石来代替木料外，还在平面立体设计上打主意。首先将台塔孤立起来，使它成为一个院的中心，不为廊庑、门楼、后堂所延烧或烧及其他。其次是使梯级设在靠外沿的走道内，作螺旋状上去，如山西应县辽建的木塔及河南开封宋建的祐国寺琉璃砖塔，这种设计较走外廊并通过塔心室的塔如广州花塔等为佳。若完全由平面中央上到上层的只有北京故宫乾隆花园中的符望阁，这是难防火灾炎上的，其他还有塔刹的设计，如苏州双塔、广州花塔用塔心木及金属刹来设计的。

（2）古人在救火过程中知道火的延烧是可怕的，所以要拆除小屋、泥涂大屋，又在火所吹向之处标明火道派人防守，因此，在城镇上要求划出坊里开出大道，也就是火道、火巷。在这些大道的两边栽上树、挖上沟、筑上高墙，就能较好地救火防火。此外，还得利用附近的水道筑陂修池、修桥涵渠闸，使火灾时可有充分水潦，中国古都市不仅建在几条江河交汇之处，而且把河水引进城壕沟池，如秦咸阳、汉长安、汉魏洛阳、隋唐大兴长安、五代宋的开封、辽金元明清的北京，都是如此。其中规划得最宏伟的，莫如隋唐的大兴长安。至于要塞狭隘之处，如《北史 · 段韶传》：“有百谷城者敌之绝险，诸将莫可攻围，韶日，城势虽高，其中甚狭，火弩射之，一旦可尽。”那是容易着火延烧的。

至于街坊平直或斜曲对于防火救水上的利弊，可由下面三事来了解：

（1）街道斜曲例，《世说新语》卷上之上言语第二，宣武移镇南州，制街衢平直，人谓王东亭曰：“丞相初营建康，无所因承，而制置纡曲，方此为劣。东亭曰：此丞相乃所以为巧，江左地促，不如中国，若使阡陌条畅，则一览而尽，故行余委曲，若不可测。”这种斜曲规划，虽于防火攻上或有利，但据下一事实。

（2）《宋书 · 五行志》：“义熙十一年（公元 415 年，东晋安帝司马德宗）京都所在，大行火灾，吴界尤甚，火防甚峻，犹自不绝。王弘时为吴郡，白天在听事上见天上有一赤物下，状如信幡，径直路南人家屋上火即复大发，弘知天为之灾，不罪火主”。据此可知当时建康帝都大行火灾，吴界尤甚，这除吴中“土居褊狭”容易延烧外，可能和桓温的行余委曲的街道规划有关。

（3）反之，唐代杜佑以广州“涂巷陋陋，爄挨接连”“开辟大衢，疏析廛闬”，这是唐德宗建中初（公元 780—783 年）的事，（见《新唐书》卷 166 杜佑传及唐《权德舆文集》卷 11 杜公遗爱碑），这是在南方继东汉马援到交趾，“始调立城郭井邑，立珠崖县，属合浦”之后，中原的唐代市街规划传来广州。以其有遗爱碑之建立，应是有显著防火效果的。

其他关于炉灶烟囱之设计，见宋《营造法式》卷 13 泥作制度，其中关于灶突高视屋身出屋外三尺的规定，早见于墨子“突高出屋四尺”之规定。此外尚有曲突设计，见《桓谭新论》；灶五突设计，见《鲁连子》；涂突隙，见《韩非子》。至于对天蓬之设计，见《素问》及沈约《宋书》，对于鸱吻、塔刹等之设计，可见龙非了所著《中国古代建筑避雷措施》。

南方传统建筑的防虫蚁害措施

原载于 1985 年《南方建筑》

我国古代建筑和家具装修以木材为主，其最大天敌是白蚁和蛀虫，在南方尤甚。历代毁于虫蚁的财物难以估量。人们在跟自然的长期斗争中，时刻都在警惕这类灾害，在观察研究和防治方面积累了不少经验。在建筑逐步现代化的今天，城市的主要建筑材料虽转向采用钢筋混凝土等，但在广大农村还广泛延续采用着各种砖木混合结构和木家具，虫蚁灾害仍很严重，很多古建筑还需保护，故作者对传统防虫蚁措施作了一些调查研究和文献类聚工作。

一、古人对白蚁为害的认识

据古生物学家考证，白蚁原是滋生在森林中很古老的害虫，以蛀食死树、枯枝为生，当人类繁衍生息以后，白蚁暂而蔓延侵害农田、水利、建筑、桥梁、家具和其他纤维物品。南方气候湿热，蚁虫繁殖速度快，为害最为严重，几乎 70% 的房屋受其害。沉痛的教训迫使人们不断地对蚁害进行研究。

我国最早提到白蚁的文献是《尔雅》，文中说："蚍蜉大螘，小者螘，蚃打螘，螱飞螘，其子蚳。"《广志》也记述："有飞蚁，有木蚁，古曰玄驹者，又有黑、黄、大小数种。"这些记载说明，我国在距今两千多年以前对于白蚁已有初步的认识。然而，明确地从生态角度对白蚁进行分析研究的文献还是南宋时代罗愿所著的《尔雅翼》，该书有云："螱，飞螘，飞之有翅者，盖柱中白飞之所化也。"意思是说有翅的飞白蚁是潜伏在柱梁中的白蚁演化所成的。

对于蚁虫的生活习性，古人也有一定的认识。《韩子》有如下一段记载："齐桓公征孤竹，无水，隰朋曰：蚁冬居山阳，夏居山阴，垠守而有水，乃掘，遂得水。"说明我国早在战国时代，人们已观测到地居蚁类喜暖怕寒、喜湿怕渍和隐蔽土栖等习性。汉代王充所著《论衡》指出害虫的滋生条件是："必依温湿，温湿之气，常在春夏。……春夏非一，而虫时生者，温湿甚也。"谓季节与温度等因素对昆虫的活动与繁生有密切的影响。

明《本草纲目》有云："白蚁，一名螱，穴地而居，蠹木而食，大为害物。"谓白蚁专靠寄木为生，在木质纤维中寻求生育的食物，而地下则是其庇护栖息的场所（估计是指危害性最大的土木栖白蚁）。清代方以智《物理小识》对白蚁的伤害有更进一步的记载，文中说："白蚁必含水上柱，乃能食木，松易受水引泥作路。"意思是说，白蚁生活需要水分，且以泥作路，隐蔽于泥路中行走，含水上柱才能蛀蚀木材。可见古人对白蚁观察之深入。

古代文献对白蚁严重破坏建筑的记载颇多。如汉代刘向《说苑谈丛》有"蠹蝝仆柱梁"的记述。《晋书·五行志》也有 "房屋自倾，无故落地，城楼自塌"的记载。清《岭南杂记》亦有云："粤中温热，最多白蚁，新构房屋，不数月为其食尽，倾圮者有之。"

至于白蚁对水利的破坏，汉《淮南子》云："千里之堤，以蝼蚁之穴溃。"《三农纪 断蚁》描写白蚁损害粮仓的过程云："一人引众，结窟为巢，招湿若风，败谷腐粟，阴遭其毒。"

从上述史料可以看出，白蚁对古人所造成的损失是巨大的。古人为了战胜白蚁的灾害，经过几千年经验科学，为现代白蚁防治科学奠定了一定的基础。

二、古建筑中对蚁害的预防措施

我国古代工匠很早就发现有些木材对白蚁蛀蚀有天然的抵抗力。宋代诗人苏东坡在《西新桥诗》中就有这样的诗句："独有石盐木，白蚁不敢跻。"据了解，石盐木坚硬如铁，产于云南、广东、广西一带，是一种良好的防蚁木材。清代屈大均《广东新语》也提到白蚁"不能食铁力木与桹木"。铁力木即石盐木的别称，桹木又名东京木，木质坚实，且有特殊气味。此外在西南和两广地区，民间通常还采用臭樟、红椿、柚木、肖楠、水曲柳、酸枝等木材作为防蚁材料，或硬度大含水率小，白蚁难咬，或难析出一各抽出物，使白蚁中毒。《本草纲目》也记述苦练木有杀虫作用。

杉木自古以来被选用为建筑良材。对杉的不同品种的抗蚁性古人早有所分析，《玄扈》云："杉木斑纹有如雉尾者，谓之野鸡斑（估计是紫杉）……不生白蚁。"有些容易被蚁蛀的木材，古文献中亦有所指出，如《木经》记述："忌杨、杞杉（估计指冷杉）、柳为栋柱，久久生蚁。"

我国古代工匠很早以前就发现，不同季节采伐的木材与防蚁有一定的关系。《造斩》有云："木性坚者，秋伐不蚁，木性茱者，夏伐还蚁。凡木叶园满者冬伐还蚁。"按现代科学分析，坚实的木材，在秋天稍干燥的季节采伐是较难生白蚁的，而带有苦味的小乔木（茱），因夲身的抗蚁性，所以夏季采伐问题也不大，至于一般阔叶林木，就要求在干燥的冬季采伐才较难生蚁。这种措施追索到春秋时代的《周官》亦有"仲冬斩阳木，仲夏斩阴木"的论述。另外，南方民间还保持着不伐死木作建筑材料的传统，据分析是因为死木在深山中有可能已感染有蚁虫孽疵，如伐作建筑用材，可能会引起其他木材的蛀蚀。

对木材预先进行防蛀处理也是我国古代建筑的一种重要防蚁措施。处理的方法有：

（1）浸渍法：北魏贾思勰《齐民要术》有云："凡非时之木，水沤之一月或火煏之取干，虫皆不生。"今天的农村，此法仍被广泛采用。在广东沿海地区和海南岛等地，木材通常多在海水中浸渍 2 ～ 3 个月才加以使用。也有放在石灰水池中浸渍的。云南、四川和广西地区农村的建筑用木，一般都先放在池塘中、河渠中或水稻田中浸渍 1 ～ 2 月后才风干使用，当地谓"去胶性"，即把木质纤维中蚁虫喜欢听惯的糖胶溶析出去，并使木材内部渗入一些碱分和盐分，略起防蚁作用。熏干的方法，民间通常先将树木去皮，然后在地坑中或在砖砌的烤房里架空，以木锯末、莽草烧烟熏焗之。

（2）蒸煮法：《物理小识》有"青矾煮柱木"的防蚁蛀记载。青矾是一种有毒的化学药物，木材经过青矾蒸煮后，药剂渗入木质内部，实践证明白蚁是还敢虫蛀的。在南方民间，至今仍有用纯水蒸煮木料的，据说木材经蒸煮数小时后，不但可防蚁蛀，而且还不变形翘裂。有些少量作家具和工艺的木材，在蒸煮过程中还加入食盐、硼酸、草木灰者，也有用烟茎、茶叶、巴豆、百部、浮萍、角黄、芫花、艾蒿等植物性有毒药物泡煮者。

（3）涂刷法：我国古代木构建筑的外皮多施油漆或表涂，据文献记载和考古发掘可知，最迟在战国以前已经开始应用。油漆可以防蚁，一方面是因为木表面胶结成一层坚固紧密的薄膜，以至虫蚁无空缝可钻入木质内部；另一方面是因为油漆颜料和配料多含有毒素，如干燥剂黄丹（氧化铅）、元明异（二氧化锰）、铅粉（四氧化铅），又如颜料表砂（硫化埠和汞）、铜绿（碱式碳酸铜）、黑粉（硫酸亚铁）等，都有防虫蚁的效能。表面涂料通常由植物胶或动物胶加赭石（氧化铁）、胡粉等矿物颜料组成，对白蚁的活动亦有一定的控制作用。元代王祯《农书》亦有一项记述："内外材木露者悉宜灰泥涂饰，……木不生虫蚁。"灰泥中有石灰，对防蚁是起一定作用的。

《物理小识》有一段有趣的记载："为水湿活木，去皮顶，凿窍，注桐油，竖置一二日，水尽去，为梁柱，蚁不生。"桐油是一种有杀菌虫力的植物高分子，用它来注入木心，渗透到木质中去，据现代科学践证明，是能起防蚁腐的作用。

人们在世世代代建筑实践中发现建筑的如下几个部位是易受白蚁蛀蚀且首先破坏的：①与墙体裁交接处的梁头、托梁；②与地面交接处的柱脚、梯脚、木地板；③门槛、窗、梁柱交接的榫头；④在室外的桥头木、桩木、埋柱；⑤通风和潮湿部位的木构件；⑥室内的竹木装饰线脚，还需搬动的竹木家具等。

针对以上蚁蛀部位和破坏现象，古代工匠通常在设计和建造房子时采取如下预防蚁害措施：

（1）在木柱下垫砖石础墩，在南方白蚁猖獗的地区，一般石础更高些，据调查石础高在45厘米以上者，则稍少受蚁蛀。此法早见南宋《尔雅翼》："白蟺状如蟺卵……柱础去地不高，则物生其中。"其他木构件亦尽量少与潮湿地面接触，如非落地还可的木构件，在古代建筑中通常是采用抗蚁性较好的木材，或加砖石垫脚。

（2）在古代建筑中，为防止木材构件的腐蛀，一般都创造者较好的通风、防潮、防漏条件。如埋入墙体内的木柱均设有砖雕通风孔，墙根下有青灰等隔潮措施；屋脊有严密的防漏措施，房屋木结的节点合理设置，避免积潮和积湿污之物，以防止白蚁找到适宜繁殖的阴湿场所而结巢分窝蔓延。明《本草纲目》有"白蚁畏烰、桐油"的记载。古代工匠根据这种认识，对一些容易蚁蛀的构件，或白蚁易于滋生的构件部位（如梁头、柱头、搁在墙中的木构件、木构件之间的接榫头、瓦下桷板、地木板等），都做了一些防蚁处理。常见的是涂刷桐油，有可能的就在这些构件或部位的周围放置木炭。也有放置生石灰雄黄烟叶或涂刷除虫菊粉和鱼藤粉的。

（3）据调查，多数古建筑把接近地面易受蚁蛀的门槛、门框地栿、栏杆、木梯、托垄木墩等都作防蚁处理，或用难蛀的木材，或把这些构件作设计成离开地面，或用砖石代木，或加砖石垄脚等，一般木地板都作架空处理，地板下空间均有通风洞，减少虫蚁滋生。

（4）古建筑台基较高，且常有突出线脚（如须弥座的混枭线条），这些连续水平线条，在实际上有隔断蚁早知的作用，对防蚁是有利的。另外，古建筑在环境处理上，往往选址向阳高爽，排水良好，对基地内的枯树头、旧木桩、木废料都先行清理，甚至采用灰土夯实地基，这些对防止白蚁蔓延建筑都有好处。

《道书》有"户枢不蠹，因以门关来去，故不敢蠹"的论述，这说明古人是知道经常运转的木材是不易生蚁的。南方蚁害严重的地区，居民是经常搬动室内家具检查的。对堆放过久的木柴杂物等也经常清理，地面有的还撒生石灰做消毒处理。

三、古建筑中对虫蚁的除治方法

古人寻建筑中的虫蚁害主要是从预防着手的。在建筑中一旦发现虫蚁害，就采取除治的方法。这里摘举几种方法，如下：

（1）人工扑灭法：这是一种较原始、最简单的方法。《殷墟书契》甲文中有"寇"字，"门"象形建筑室内，"餐"象形人手持鞭子扑打，"九"估计是指虫害之属。这是人工扑灭虫害的会意。

汉《异苑》有云："（蚁）取圣人穴，蒋由道士朱应子，以沸汤浇所入处，寂不复尔，固掘之，有斛许大蚁窟中，谦后以门诛灭。"这是开水浇注蚁巢的例子。

明《三农书》有云："宜火闭金闭，满日伏断，受死日后，封其穴，即止。"这是火焗后密封蚁窝，焖杀虫蚁的例子。

清《楚北水利堤防纪要》有一种有人工挖掘白蚁的方法："土人云，蚁不过五尺，必须搜挖净尽报诸河流，或火焚。"

我国最早的辞书《尔雅》《说文》有"爔"字，此字从又从"蟲"，说明我国两千多年前，就有用火烧杀害虫的办法了。晋《抱朴子》有"明燎宵举则有聚死之虫"。这是用火扑灭虫害的另一例证。

白蚁每年清明时节生翅分飞，在阴雨天晚上见别处有灯光，即飞扑入室结巢繁殖为害。南方民间通常乘机扑灭，有在灯直设水盆诱溺飞蚁，也有用脚踩、拍打，开水浇杀。

（2）熏烟法：此法最早见于《周礼·秋官》，书中记载的方法是“以嘉草攻之”“以莽草熏之”“以其（牡菊）烟被之”。据科学分析，这些植物含有酚、甲醇、丙酮、蚁酸等有毒物质，具有一定的杀虫作用。

元王祯《农书》记载有：“用鳗鱼为鱼干，于室内烧之，熏宅室，免竹木生虫，及杀白蚁之类。”又明《玄扈》也提有三种熏剂：“可用硫黄作烟熏之，或用桐油之火燃熏之。”所云鳗鱼干、硫黄、桐油烧成烟雾后产生毒气，能弥漫建筑空间的每一个角落，故有一定杀虫蚁效果。现在湖南农村也有用辣椒叶、枫构叶、干浮萍烧焖成烟雾杀虫蚁的。

（3）药物除治法：用化学药物来杀虫蚁的方法在我国由来甚早，应用亦广。《周礼》中已提到：“以蜃灰攻之，以灰洒毒之，凡隙屋除其狸虫。”说明春秋战国时代人们已知道蜃灰（即蚌蛤灰）和石灰水来杀虫蚁了。清俞昌列《楚北水利堤防纪要》也谈道：“以石灰拌土筑塞，方净根株，缘蚁最畏灰也。”

《物理小识》记有：“青杷籽实晒黄，能消白蚁。”青杷子是一种能杀虫的植物果实，有治白蚁的作用是可信的。我国南北方农村直到现在，用于攻杀白蚁的药物还有雄黄、硼砂、石胆、汞粉、山葱、除虫艾菊、鱼藤粉等，这些药剂可以用油或水融成液体涂刷，可喷洒。

明《天工开物》有“陕洛之间，忧虫蚀者，或以砒霜拌种子”的记载。砒霜又叫信石（学名亚坤酸），古代医书中都说明它有烈毒。农谚亦有云“无骨之虫，信石根除”。说明前人已知砒霜杀虫的特殊功效。近代民间一直把砒剂当作除治白蚁的主要药剂。据调查，民间常见的配方是砒霜（约占 4/5）、柳酸（又称水杨酸，占 1/10）和升汞各少许混合而成。

（4）生物除治法：生物治虫法是人们长期观察生物之间相互约制现象所创造出来的经济治虫法。这种自然现象，我国最早的文献记载是《诗经》：“鹳鸣于垤”，谓白鹳见白蚁巢而鸣叫。《尔雅》亦有“鴷，啄木”，谓啄木鸟啄吃树木的虫蚁。《本草纲目》也提到：“白蚁性畏竹鸡”，谓竹鸡是生性吃白蚁的。古代文献中记载寺院中养一种“太和鸡”，据说是专门为了啄食寺院内的虫蚁而养的。

蜻蜓、蝙蝠、燕子等均是虫蚁的天敌。民间观察到这些动物能捕杀害虫而加以保护，传统上是禁止捕杀的。

以虫治虫的方法，我国最早见于《南方草木状》（公元 304 年稽含著），书中说：“交趾人以席囊贮蚁（黄惊蚁）鬻于市者，其窠如箔絮囊，皆连枝叶，蚁在其中，并窠而卖，蚁赤黄色，大于常蚁。南方柑树，若无此蚁，则其实皆为群蠹所伤，无复一完者矣。”作于唐末的《岭南表录异记》，也有类似记载，文中指出：“岭南蚁类极多，有席贮蚁子窝卖于城市者。……云南中柑子树无蚁，实多蛀，故人竟买之以养柑子。”上述均说明，当时人们已知道有一种蚁类是可以吃掉蛀柑的蚁虫的，所以取买这种蚁窝繁殖蚁群以防蠹蛀。其他文献，如《酉阳杂俎》《岭南杂记》等也都类似记述，但在封建社会，这种方法却未能进一步运用到建筑上来防治蚁害。

上面的资料足以体现我国古代建筑防虫蚁害的知识和经验之丰富，其时间之早、方法之多、考虑之周，在古代世界建筑防灾害史上是名列前茅的。正如鲁迅先生所说的：“有些实在是极可宝贵的，因为它曾经费去许多牺牲，而留给后人很大的益处。”我们批判地总结，对于发展现代的建筑虫蚁害防治学，应该是有所启发和借鉴的。

第六章　岭南建筑历史研究

“梅庵”初探

原载于 1979 年《广东文博》，与王维合著

梅庵在广东高要旧城（今肇庆市）西门外 2 公里处，建在梅庵岗上。相传唐代佛教禅宗六祖慧能喜爱梅花，所经之地常插梅为标识，此处亦因他插梅而得名。这里风景独秀，前可眺西江如练，后有七星岩作拱屏。庭前有进深 8.5 米的前坪，山门正额刻有“梅庵”两字，字体端方有力。门两旁有对联，云：“梅挹泉光浮白上，门排山色送青来。”山门左前方有六祖井，泉水清冽。六祖井左边有几株梅花，是 1980 年补种的，生势良好。昔日庵前曾有荷池及古榕，古人诗云：“修榕蔽烈日，荷静散幽香。”惜今荷香已闻不到了。

最早记载梅庵的文字资料是明神宗万历十二年（1582 年）的《梅庵舍田记》碑，文云：“梅庵肇建于五代，时形胜为端郡称首，且附郭西郊，人烟丛集，凡游观祈赛者，日无停息，明世宗嘉靖年间（1522 － 1566 年），有司改为夏公祠，徙佛像于堂后，渐此宫殿颓，庐舍毁，田里荒，僧徒散，是庵也几乎一废矣，万历改元有顺德宝寺林僧复梅……”

又据清乾隆四十六年（1781 年）黄培芳《重修肇庆府梅庵》碑记云：“端卅西郭外梅庵，名刹也，创建于北宋至道二年（996 年）。相传唐六祖大鉴禅师经行地常插梅为标识，庵以梅为名，示不忘也。代有废兴。明神宗朱翊钧万历年间（1573 － 1620 年），僧自聪由宝林来，复兴其地，廓而大之……经今岁久，倾圮日甚，僧旷闲住持以修复为己任，到布告十方檀越咸乐善缘，于是鸠工庀材，始事于道光十九年（1839 年）秋，落成于廿一年（1841 年）冬……”。再据《高要县志》载：“梅庵在高要城西四里（今肇庆市郊梅庵岗），旧志北宋至道二年（公元 996 年）黎民表记，僧智远建，元末废，明永乐间（1403 － 1424 年）复建……”

从以上记载可知，梅庵的创建年代最迟是在北宋至道二年，也可能始建于五代，距今最少有九百多年的历史了。从现存的大殿平面和结构推断，年代是不会下于宋代的。据记载，比较大的修理有明永乐年间、明嘉靖年间、明万历年间、清道光年间等。按现状而论，祖师殿（后座）是明建清修木构，山门题字和对联是清道光廿一年撰。

据碑记，明嘉靖年间曾一度由佛寺改为夏公祠，把大殿佛像移出，平面与两边结构随之变动。按大殿山墙和柱的遗迹推断，并对照北方宋代佛寺形制，我们认为大殿原来应该是前后三间十二柱歇山顶，后来（估计是在明代）把角柱改变为檐柱，三间改为五间，歇山改为硬山，增加了大殿规模，扩大了使用空间。两通道和山墙、脊饰都按广东地方祠堂做法，地方化了。但中间基本构架并未见变动，宋木构架形制和做法仍完整地保存了下来，有些木构件或许曾经腐损过，然大体按原状补换。在南方仍保存有如此木构，实为难得。

1962 年梅庵被列为广东省文物保护单位。是年由省文化局拨款维修，到 1979 年又做落架揭顶重修，基本保存了它原有的技术和艺术价值。现在肇庆博物馆就设于此，已成为游览的地方。

梅庵依岗顶南坡前低后高的布局，方向是偏东 28°，基本采用传统中轴对称的手法布局。便门设在东边，有石阶下达通往端州的道路。现在庵前仍有鱼塘，塘边种有影树，左右和后面绿树成荫，其中还点缀小亭，环境颇为幽雅。

建筑内容基本为三组，中轴线上的主体建筑为三进，前座为山门，中座为大殿，后座祖师殿，三座组成一体，是佛教活动场所。东西两组建筑为方丈室、戒堂、斋堂、禅堂、厨房、待客室等，采用小院落布局形式，组合灵巧紧凑。两边建筑与中座建筑便门相通。

山门为三开间，中间宽度5.5米，进深4.5米，前设凹门廊，门厅有屏风，后附设檐廊，两边门房的开间4.4米，结构是山墙承托桁条，青砖磨平对缝，是广东小庙的通常做法。前院进深6.98米，宽8.82米，中间用红条砂石铺设甬道，两边为碑廊，墙上镶有明、清碑刻13块。

大殿建在高出前院0.95米的台基上。大殿明间宽度4.75米（合宋尺15尺），次间宽度3.18米（合宋尺10尺），完全合北宋《营造法式》“当心间用一丈五尺，则次间用一丈”的规定。原大殿总进深9.20米，金柱间距5.65米。三间总面宽11.11米。

后院的进深5.1米，宽8.93米，两侧设柱廊，其处理手法与前庭相同。祖师殿台高0.55米，平面为长方形，三开间，明间宽5.68米，次间宽4.31米，前后金柱相距5.25米，只有明间用木构架，两边用山墙承重，后檐用砖墙封顶，空间较大殿高昂。

大殿结构无论从碑记文献记载，或是从结构特点现状而论，都可认为是北宋遗作。虽经历代修缮，基本格局并未有多大变动。它不仅是广东孤例，在全国也少有，对研究我国木构建筑的发展和对日本、东南亚建筑的影响，有着重要的意义。

按文献认为大殿是北宋至道二年（996年）建造，而宋《营造法式》则开编于1069年，成书于1100年，就是说梅庵大殿先于《营造法式》开编以前73年建造。大殿的结构与《营造法式》比较，确有许多共同之处。现将其中主要特点分析于后。

一、梁架

当心间左右梁架形式类似于《营造法式》厅堂式构架类型，金柱升高，乳袱后插入金柱，全用月梁制，用彻上露明造。属“十架椽前后乳栿用四柱”造。月梁下用丁头栱支托，为北方少见，托脚改为弯枋，这是南方地区做法。《营造法式》规定“凡平座铺作用普柏枋”，梅庵大殿就是用了普柏枋作为横向构架联系的，斗栱层叠的正心枋亦增加了横向联系，加上采用襻间作法，故开间虽大，整个空间构架的整体性尚好。

屋顶的举高为3.4米，前后撩檐枋的间距为11.6米，合《营造法式》举高为前后檐枋1∶3的规定。梁架没有用蜀柱，袱与袱之间和脊槫与平梁之间用斗栱连接，故梁架具有较大的柔性，提高了抗震性能。

明间宽度与柱高之比约3∶2，立面构图显得颇舒展，次间宽稍大于柱高，几乎近似方形。明间用两朵补间铺作，次间仅用一朵。斗栱高度与檐高之比约1∶2，故立面显得古朴、雄伟。

二、斗栱

斗栱的总高约1.5米，为檐柱高（3米）的一半，为六铺作，第一跳出华栱支托华头子上的假昂，假昂和二昂均出瓜子栱和慢栱支托罗汉枋，三昂上仅用令栱支承檐枋，与北方常用令栱正面伸出一跳单栱支托衬方头的做法有所区别。

补间铺作的栌斗直接放置在肩形的普柏枋上，内檐后尾出华栱三跳支承靴楔（菊花头前身），其上施散斗支托二昂尾和罗汉枋，二昂尾雕成两卷瓣头绰幕，上用斜斗与三上昂相连，三昂尾则直接挑着中平槫。这种杠杆平衡原理的运用，极富力学性，此法只有在唐宋斗栱中才能见到。柱头铺作的后尾上二、三昂则直接插入劄牵的栱间，栌斗向内跳两层华栱，以支托乳袱。斗在大殿中共有三种，栌斗高16.8厘米，其中耳高5厘米，平高3.4厘米，欹高8.4厘米，总长宽各为34.5厘米，交互斗高10.3厘米，长宽27.8厘米，散斗高与交互斗间，长宽则为19.8厘米，其尺寸比例与《营造法式》规定比较普遍较小。这些斗底都刻有皿板，在全国少见。现存最早皿板实物见四川东汉高颐石刻墓阙，北魏云冈石窟和天龙山石窟亦有所见，《营造法式》

也未见有记载。梅庵的出现，说明南方还保留着一些很古的东西，北方几乎绝迹的古制在离京边远的地区仍有存在。

梅庵斗栱之串栱木的做法，亦是全国罕见的。其构造是在外檐斗栱两边，离中线25厘米的地方，各用一条4厘米×4厘米长方木，从上下柱头枋穿过所有泥道栱，一直插入普柏枋，在内檐距柱中25厘米的三跳华栱和上昂之间亦插有同类串栱木，其主要作用是把每朵斗栱的竖直方向构体连为一整体，防止硕大斗栱左右和前后倾斜和脱榫。此法有似《营造法式》的“袱莲梢”、江南的“通天梢”。

华栱第一跳总长80厘米，第二跳伸长48厘米，泥道栱总长为95厘米和126厘米，瓜子栱总长75厘米，令栱总长70厘米。丁头栱的运用在构架中运用也颇多，在北方此构件是采用替木的。丁头栱跳长为42厘米，保持着南方穿斗构架的构造特色。

梅庵斗栱采用下三昂，昂的断面尺寸大致与栱断面相近。昂嘴似《营造法式》采用琴面昂，顱入约二分，顱顺势园和，与《营造法式》不同的是昂嘴与地面垂直，这是广东常见的做法。昂的力学杠杆作用明显，昂嘴由斗底下伸出直长约48厘米，比《营造法式》长了许多，斗栱的造型更显得稳健、雄丽。

三、材契

《营造法式》规定“凡构屋之制，皆以材为主”。以材为结构的标准尺度（古模数）本是我国传统木构为施工装配需要，自然形成的构造逻辑，梅庵大殿构架基本是按材契制度营构的。

大殿的斗栱用材为18.5厘米×9.2厘米，断面的比例为2：1，与《营造法式》规定为3：2不符。契高按《营造法式》应为六分，折现代公尺为7.38厘米，现大殿实测契高为7.2厘米，基本是与《营造法式》相同的。

四、柱

契柱高3米，其中石柱础高26厘米，檐柱直径39～39.5厘米，计高度与直径比约8：1，与唐五台山佛光寺和《营造法式》规定的高径比相近。

《营造法式》载：“凡立柱必令柱首微收向内，柱脚微出向外，谓之侧脚。”梅庵前后檐柱是按此法立柱的，向内侧脚约3～4厘米，约合柱高的1%，这对增加梁架的稳定性起一定的作用。内柱直上顶托着中平榑，柱顶刻有栌斗，斗高20厘米，柱共高5.4米，直径是49.5厘米。内外柱顶和柱脚都施卷杀，比中径小5～6厘米，当地俗称园肚，《营造法式》称梭柱，这亦是古制。

柱础为白石造，坚硬润滑，形状似花瓶，曲线优美，颇古朴，与北方唐宋覆莲、鼓形、相华等全然相异，是地方性的做法。柱础的比例比北方高，这对南方防潮和防蚁腐都是有利的。

以上简介可知梅庵是南方古建不可多得的珍宝，无论从平面、结构和造型方面，都有明显的特性。保护它、研究它是非常必要的，它是岭南古代建筑的辉煌一例。

梅关杂考

原载于 1983 年《广东文博》

古有“五岭皆越门”之称。自古以来，由北方通往岭南的道路基本有五，正如宋人周去非《岭外代答》所云：“自福建之汀，入广东循梅，一也；自江西之南安，逾大庾入南雄，二也；自湖南之郴入连，三也；自道入广西之贺，四也；自全入静江，五也。”大庾岭为五岭之首，古称“塞上”，是江西大余与广东南雄分界处。《汉书·张耳传》谓“南有五岭之城”即指此。汉武帝时，遣庾胜兄弟代南越，胜守此岭而得此名。《后汉书·郡国志》又有称为合岭和东峤者。《招地志》又有云：“梅岭在乾化县东北 28 公里。”《史记》云：“豫章三十里有梅岭，右洪崖山当古驿道，梅岭皆以鋗名。”《南雄州志》亦提到：秦并六国时，越王勾践的后裔梅鋗逾岭南迁，在岭间筑城屯兵戍守，奉王居之，古称梅岭。可见大庾岭、塞上、梅岭、东峤是同岭异名，是天然的屏障，岭以南通称岭南。

据《史记》记述，秦始皇为统一岭南，于公元前 219 年令尉屠睢通过泉州湘桂丛山进军广西，接着于公元前 213 年，由江西南安开辟“塞上”新道通南雄。《南康记》云：“南野三十里到横浦，有秦时关，其上曰塞上是也。”南野旧址在今江西南康县城（今为南康市）西南，离梅岭约 30 里，秦时建关于岭或岭间是可能的。《广舆记》记载秦关在南雄“府城东北”。《读史方舆纪要》亦认为横浦关是“秦汉间遗址”。秦关有可能为横浦关。

秦末，赵佗割据南越称王，基本循五岭为界。《史记·南越列传》讲到赵佗曾遵任嚣遗意，“移缴告横浦、阳山、湟溪关曰：盗兵且至，急绝道，聚兵自守”。亦说明横浦关为汉前所建。汉武帝为平定南越割据，曾兵分五路南下，其中一路由主爵都尉杨朴率领。据《汉书·武帝纪》记载，他是“出豫章，下浈水”征伐番禺的。也就是说当时汉兵是从江西南昌南下，逾越大庾岭，破横浦关，沿着浈江顺流北江而抵达广州的。

大庾岭自秦通路以来，据《广东通志·山川》云：“苍岩叠巘，壁立峻峭，往来艰于登徒，唐张九龄开凿成路，行者便之。”张九龄为广东始兴人，于唐开元四年冬（716 年）奉诏开凿此道，作《开大庾岭路记》云：“相其山谷之宜，革其攀险之故，令民路旁植松梅”，成为中原通往岭南的主要驿道，促使了南北文化、经济的进一步交流。

至于梅关建于何时，据《宋史》记载：“嘉祐八年（1063 年），广东转运使蔡抗，兄挺提刑江西，因同平易岭路，立关于岭上，颜曰梅关，以分江（西）广（东）之界。”《嘉庆一统志》与《南雄州志》也有同类记载，证明梅关始建于宋。

现存的梅关是否在秦汉横浦关的旧址上重建？虽《州志·关隘》有云：“秦曰横浦，宋曰梅关”，但考究之，并无其他证据，可能性甚微。原因是：①自汉至明末，未有过梅岭的诗文描写岭上有关楼建筑，其他文献也未有记载；②现观宋代普通县府城门之制，未见有秦汉痕迹。从军事上来说，横浦关设在梅鋗故城附近的山间峪地是可信的。

梅关初建实为省境分界的友谊象征，所谓“关”即指通商贸易而言，是两省人民共同建造起来的关楼建筑，经过 910 年的沧桑和修建至今犹存，实为可贵。

据《南雄州志》载，宋末元军曾在梅关败宋军，关楼必有所破坏。明正统十一年（1446 年）知府郑述曾命人作过修理，并砌路九十余里。明成化十九年（1483 年），南雄知府江璞又对梅关做过重修，易名“岭南第一关”，并在岭南下 30 里处设红梅驿城。现今楼南拱门上额匾名“岭南第一关”是明万历二十四年（1596

年）南雄知府蒋名杰所书的，北面有清刻“南粤雄关”匾额。关前立有斗大“梅岭”碑石。

梅关筑在梅岭山脊两边山崖对峙的隘口中间，在分水岭之南最窄处，隘宽只有 4.85 米，两边隘崖尚有斧凿痕迹。关城与两边陡壁缝合为一体，形势险峻，有“一夫当关，万夫莫敌”之势。关上原有木构城楼，现已无存，现只剩下关门城座。

关城墙厚共 5.6 米，除基石和城门角柱用石砌作外，其他均用 33 厘米 ×15 厘米 ×8 厘米的青砖砌筑，用黄泥沙浆（上段明清修砌侧为石灰砂浆），中间通道为圆拱门，高 3.4 米，宽 2.95 米，拱门砌法为两卷覆造，城墙收分每米高约收 5 厘米，颇牢固坚实，是宋代通常城关做法，与《南雄州志》记宋嘉祐癸卯“署其表曰梅关”大体相符。

城门的平面形制类似于现存南雄故南城门（始建于唐），靠北边设有可上落关闭的闸门，中门原应有城板门开关，城中间上方设有 1.8 米 ×3.25 米的楼井，在防卫上用来从城楼上阻击北来入侵（因闸位在北向）。

城墙现存高度为 6.06 米，从两边石墩所留瓦迹可知，原关楼为三间两坡人字顶，建筑与山形地貌配合巧妙，造型雄伟，融建筑于自然，颇有“雄关直上岭云孤”和“削岭峭峨压碧空”的气势。蹬道宽度约五市尺，两边有排水沟，用鹅卵石铺砌，光洁坚实。岭北道路蛇盘险峻，岭南则较夷渐易登。据诗文记载，在磴道两边种有松、枫、杏、红梅、青梅等。最早的咏梅诗是三国东吴陆凯的《赠范晔》诗，诗云：“折花逢驿使，寄与陇头人，江南无所有，聊赠一枝春。”唐宋以来，岭上相继有人植梅，寒冬时节，梅花伴随雪花飞舞，清香扑鼻，景色尤为风雅动人，由于岭之南北地理气候条件不同，梅花开期各有差异，故有“南枝已谢，北枝始开”的特有景观。宋苏东坡亦有诗云：“梅花开尽杂花开，过尽行人君不来，不趁青梅尝煮酒，要看红雨煮红梅。”

梅岭山色秀丽，经过近千年来的人文经营，已成为南国的名胜古迹，自唐以来在岭上建有云封寺（挂角寺）、张文献祠、北驭楼、悔花门阈、来雁亭、六祖庙等，还有放钵石、白猿润、露雳泉、福民泉等名胜。岭下钟鼓岩还有道观、桂花台、梳妆台、观梅亭等古迹。

岭上原有自三国至清代的碑刻多处，著名的有唐代的张九龄、沈佺期，宋代的张九成、苏轼、文天祥，元代的郑康斗、聂古柏，明代的汤显祖、张弼，清代的袁枚等。关楼上壁龛还有未名题咏：“急流勇进，得意不可再往”等。

历代有许多文人学者和爱国人士都经过梅关，或到此游览过，写下许多脍炙人口的诗篇，像唐代的孟浩然、刘长卿、张祜，宋代的章得象、蒋之奇、朱熹，明代的戚继光、汪广洋，清代的朱彝尊、杭世骏、屈大均、梁佩兰、钱大昕等。

抗倭名将戚继光在万历年间，受妒忌者中伤，被调广东，过梅岭时曾写有《度梅岭》：“溪流百折绕青山，短发秋风夕照间，身入玉门犹是梦，复从夭末出梅关。”诗中情景交融，对北方玉门关的外族威胁感到忧虑，鞭挞朝廷腐朽，表现了这位民族英雄一种报国无门的凄怆感慨。宋末爱国诗人文天祥，在广东海丰五坡岭被俘后，被押往燕京，途经梅关时悲愤交织，决心绝食死以报国。写下了一首充满爱国激情的诗篇：“梅花南北路，风雨湿征衣。出岭同谁出，归乡如不归。山河千古在，城郭一时非。饥死吾真志，梦中行采薇。”（《南安军》）

梅岭一带在大革命时期曾是革命根据地所在，朱德、陈毅等同志曾转战此间，开辟为红色粤赣边根据地。1935—1936 年陈毅曾多次往返于梅关，写下了《登大庾岭》和《偷渡梅关》等诗篇。1963 年冬，陈毅同志因伤病被困于梅岭，伏丛莽间坚守了 20 多天，在生死关头，写有气派豪壮的《梅岭三章》，其中最后一章是：“投身革命即为家，血雨腥风应有涯。取义成仁今日事，人间遍种自由花。”此诗至今仍感人肺腑，激励着人民为祖国美好未来而奋斗。

近代诗人田汉亦曾登游梅岭，写下过《登梅岭》诗篇，诗云：“等闲越过小梅关，南越雄城上可攀。谈罢廿年游击战，夕阳如火照南越。”

梅关，这座雄峙于梅岭绝顶的天门，是祖国统一和历史上岭南岭北人民友好交往的见证，在沟通南北政治、经济和文化上有过重大的作用。它险峻的丰姿和娇妍的梅花，以及周围的名胜古迹曾招来过许多中外游客，可惜现在因经久未作修理，关楼倒塌，城墙荒残，驿道破损，梅树全无，遗处还存有六祖庙（晚期建）外，其他封寺、张文献祠和原有碑刻亭廊已荡然无存。

当今的梅关是人民的梅关、国家的文物，保留它，修复它，让它的名字永留千古，对于继承发扬祖国的文明和发展旅游事业都是很有必要的，建议广东、江西两省文化部门共同商议，作出规划，一起把梅关修复好。

岭南古建筑文化特色

原载于 1983 年《建筑学报》

一、岭南文化风貌

岭南特殊的自然环境和社会历史背景，孕育了岭南特有的文化形态与艺术风貌，以其极大的兼容性、融合性接纳了各方、各路、各种文化，多元共存，矛盾统一，形成了多姿多彩的“岭南文化大观园”。

历史上几次民族的南迁和各朝代中央政权的官员南下，使中原汉族文化成为岭南文化的主流，同时兼纳了越、苗、瑶、黎、壮、侗族等文化。

岭南历来科举兴盛，封建教育体系健全，且深入城乡各地。张九龄、邱睿、海瑞、陈献章等儒生拔萃辈出；韩愈、柳宗元、苏东坡、寇准等名官学士的南来，使岭南文化以孔子儒家文化为正统，融合了佛、道、伊斯兰、天主等教文化，形成了岭南文化既封闭又开放，既理性又浪漫，既重利又求实的形态特征。

汉代杨孚《异物志》、唐代刘恂《岭表录异》、清代屈大均《广东新语》和《粤中见闻》《楚庭稗珠录》等岭南地方文献，记述了岭南古代的文化艺术、风俗人情、乡土物产等特色，以文相传，增加了岭南文化发展的延续性。

岭南画家自唐至清，史书所载有 602 人。近代高剑父、陈树人等，熔岭南传统画理和西洋画技于一炉，形成了雄浑明快、清逸传神、和谐灵秀的新岭南画派。

岭南盆景虽比北方起步晚，但明清以来，人们利用丰富奇特的树桩、山石、陶盆资源，创造了秀茂苍劲、扶疏纯朴、飘洒自然的艺术风格。它采取蓄枝截干的手法，因势利导，有强烈的回归天然的风韵。

岭南工艺形式众多，材美工巧，在国内外有极高的声誉。特色明显的有广州牙雕、石湾公仔、佛山铸造、潮州木雕、高州角雕、端州砚艺、海南椰雕、阳江漆艺、新会葵艺、广宁竹编、广式家具、靖西壮锦、宾阳瓷饰等。这些工艺美术品题材丰富、匠心独运，化平凡为神奇，是中华民族文化宝库的一枝奇葩。

岭南歌艺演唱亦自成一体，散发着祖国南疆豪放、畅朗、悠然的情调，如广东音乐、海南琼剧、潮州戏剧、客家山歌、粤讴南音、瑶族耍歌堂、壮族民歌等。

岭南建筑是岭南文化艺术的综合现象。这些文化艺术形式如画、盆景、工艺美术，在国内独具特色，自成体系。它们直接影响着岭南建筑的造型与装饰。岭南建筑的文化特色正是凝聚了上述多种文化艺术的内涵。

二、城乡布局特色

岭南山多、丘陵多、河流多、沿海，城镇和村落多结合地形、河流、道路、山势自由布局。通常是靠山面河江湖海，交通方便，防御设施完整，四周有肥沃的良田美林。城镇格局多不规则，街道多顺应河流和山丘道路走向，曲直相宜。城中多有十字街，县街多在高地。城中文化建筑多有学宫、书院、文昌宫等，宗教建筑有城隍庙、真武庙、关帝庙、教场等。

岭南古城规划巧妙地把建筑与自然融为一体，使天、地、人道合三为一，河、街、路、桥、店、宅、庙、山、林、湖穿插得体。如广州的三山五湖、潮州的接溪流带湖山、端州的枕七星岩面西江，其实都是把城市园林化了。城中的楼、塔、台、城门高耸，与蓝天、青山、绿水相映，这正是岭南城市风貌的一大特色。

岭南古代城镇村落选址多以“风水”为据，按“龙”“穴”“砂”“水”四大要素布局。为求“藏风得水”，山水要回旋、拱卫、开合得体，注意对景借景，这是岭南人使城镇村落适应环境的一种构思方法。考虑到通风、排水、御寒、向阳、供水、安全、运输等人们生存的物质需要，也考虑到生态美、环境美、景观美的精神需要，当然也有迷信的地方。在规划平面外形上有好些仿照生物形态的格局，常见的有龟背形、葫芦形、龙形、凤形、蛤蟆形、金船形、玉印形、钟形、八卦形、珠璧形、天螺形，等等。从高山俯视，点缀了岭南美好江山。

封建礼教始终是岭南建筑设计的中心思想。中轴对称，方整庄重，融合协调是岭南群体建筑布局的主流。村落多以祠堂为中心，按南北主轴，左右对称配置建筑。前存池塘蓄水养鱼，后有山林或丘地衬托。村民住宅多为定型化，朴素自然，绕祠堂层层拱卫，村间水系道路、村头牌楼小店、村中庙宇树木，均安排有序，有明确的规划意图。

以庭院为核心，建筑绕院环列，由院落组织成巷道，有秩序地构成村落，这是岭南村落的普遍格局。村落多选址在前低后高的朝南坡地，以利于引南风入室和防洪御潮。巷道多采用梳栅形（有谓青云巷或冷巷）。巷道有主次，纵横有序，网脉清晰。其规划几乎都是血缘宗族之家族长老根据族谱族规、乡约宗范组织完成的。

在地形较复杂的山区，建筑多就地势做垂直等高线，或平行等高线布置，建筑平面不拘一格，一间半间随宜，凹凸参差自如，构成庭院的形式，形状丰富多变。沿街、沿河、沿坡通常用吊脚楼或骑楼处理。建筑屋顶或峻下，或披坡，或挑出，或分台叠层，争取了空间，增加了使用面积。在造型上，形成“山外有山楼外楼”的村镇风貌。

三、民间风采

民间兴建住宅是最大量、最长历史、最有广泛性和代表性的建筑活动。《黄帝宅经》说：“宅者，人之本。人以宅为家，居若安，即家代昌吉，若不安，即门族衰微。”民宅较之其他礼制文教建筑简朴轻巧，形体多样活泼。总的特点是以厅为组合中心，厅大房小，光厅暗房，厅中房偏，前厅后房，厅高房低。厅是多功能空间，有敬祖、接客、吃饭、家庭团聚、小孩玩乐、工作休闲、红白礼仪等功用。厅前一般有天井，为适应岭南炎热气候，多采用敞厅，室内外相互渗透。其他房间门窗多向天井开启。厅房与其他附属建筑之间有檐廊、庑廊相连，以利南方防雨防晒。天井中通常植花木、摆盆景，或有假山水池。

岭南因地形复杂，民族多，各地风俗不同，故民宅类型繁多可分为城镇型、乡村型、少数民族型三类。

（一）城镇型民宅

岭南城镇建筑密集，街道多东西向，使店面和住宅南北朝向，建筑大门朝街巷，门面窄而向纵深发展。常见的类型有：

（1）竹筒屋——为单开间，面宽一般 3 ～ 4. 5 米，进深一般为面宽的 4 ～ 8 倍。前面有外门廊，中间有多个小天井，建筑形如竹筒直入，故称。厅高 4 ～ 4.5 米，常有夹层，谓“走马楼”。厅后是以天井隔开的一个个房，房之间有侧廊或檐廊串联。后面是厨房浴厕。这种形式的民宅在广州、佛山、南宁、江门最为常见。清末，随西方钢筋混凝土的传入，竹筒屋向多层发展，通常 2~3 层。

（2）商住性骑楼建筑——是由竹筒屋根据南方地区防雨防晒，结合商业经营需要发展而来。其特点是把门廊扩大，毗联串通成沿街廊道。廊道上空是骑楼。骑楼下一面向街敞开，一面是店面橱窗，顾客可以沿骑楼自由选购商品。店铺后面是工场、货仓、生活用房，楼上一般住人。这类建筑可能受干栏式建筑的影响，商住结合，内外有别，方便实用。

(3) 城镇大屋——此以广州“西关大屋”为代表。特点是大户豪门把乡村三间两廊的传统住宅改进成向纵深高发展，以适应城镇环境和商业化的要求，它保持着中轴、中堂、多进的格局。空间序列是门廊—门厅—

茶厅—正厅—后厅，卧房和其他生活用房布置在两侧。厅之间，或厅房之间用天井隔开。大天井常有假山水池和花木盆景，室内外相互渗透。天井给人以安静典雅的气氛，闹中求静、亲切安详。厅堂是礼仪性的公共活动场所，陈设装修比较讲究。厅口多有挂落花罩，檐廊上多做成卷棚轩。家具之神案、太师椅、茶几、八仙桌等均用红木巧作。门窗隔扇的格心花色变化多，工艺精良，有用各式图案或山水画彩色玻璃嵌饰，富岭南地方特色。

（二）乡村型民宅

这类民宅按地区气候和风俗特点可分为：

（1）粤中地区——主要是指珠江三角洲平原和西江地区（即所谓白话地区）。这里经济发达，为鱼米之乡，民宅质量较好，多为青砖墙、白瓦顶，格局规整大方。贫苦人家多住“直头屋”，即单间小屋，厅房合一，灶在厅内或厅后。中小户人家多住明字屋和三间两廊。明字屋为双开间，主间为厅，次间为房，厅前有天井，房后有厨房，平面简易紧凑，独门独户，适合人口少的小康人家。三间两廊为三开间，中间为厅，两边为房。厅前有天井，房前是门廊和厨房，组成三合院，平面方整，外部不开窗，自成安静温暖的小天地。厅的中间为神龛或祖先牌位，房多有阁楼存物。厅的宽度为15~19玩宽（玩是标准模板，每玩约25厘米），房为11~15玩宽。此民宅模式是珠江三角洲农村最普遍、最典型的标准住宅，通常由其并列组合成庞大的村庄。凡是文武官员的住宅，通常称为“府第”。它规模较宏大，房间内容较丰富，装饰较华丽，吸收了一般民宅和祠堂的优点，实保存有不少封建社会农村建筑之精华。

（2）潮汕地区——地处粤东沿海，历史上受闽南文化影响较大。该地区有韩江穿过，土地肥沃，人口密集。民宅发展较成熟定型。常见类型有竹竿厝——单间，厅房合一，后带厨房天井，门前用竹篱围成小院，多为贫苦农民住宅；单佩剑和双佩剑——双间或三间民宅，为一厅二房或一厅四房的简朴方整平面；爬狮——三开间的三合院，前为围墙，两边伸手房为廊屋；四点金——三开间方整四合院，前面一进为门厅。由上述几种平面民宅可与从厝、巷厝、后台组成大型寨屋，如三落二从厝、五落二从厝、驷马拖车、九厅十八井等。

（3）客家地区——客家是指中原一些汉族自南北朝起，经多次向南大迁移，最后定居在粤东、粤北和粤西、桂东一带山区的居民。其居住形态是聚族而居，重宗法礼仪，依山营宅，防御意识较强。常见的典型民宅有：门堂屋——一排三间或五间的二进房子，前进是单间门楼和围墙包院，后进是堂；锁头屋——门从侧面而入，平面形如古老的锁头；上下堂——两进屋，中间是天井，上三间下三间的叫上三下三，或上五下五间；三厅串——三进屋，中间隔两个天井，每进为三间或五间；合面扛——两排房屋并列布置，中间为狭长天井，在两列房之间朝东设门厅出入，如四列房叫四扛屋；四角楼——一般是五间或七间，三进厅，两边加横屋，为保卫而四角加有碉楼；围龙屋——是由上下堂或三厅串形式发展而成，通常在其边加双排或四排横屋，而在后面加半圆形的围屋，其间有一半月形的广场，前面通常有禾坪和半月形池塘。此外还有圆形围屋、方寨、船形围屋等。

（三）少数民族型民宅

岭南少数民族较多，广西有壮、彝、侗、佬等族，广东有瑶、苗等族，海南有黎、苗、回等族。民宅多为“干栏式”建筑，即其下架空，楼上住人。多为竹木结构。海南黎族的船形屋、粤北瑶族的吊脚楼等都颇有特色。历史上还有峒居、栅居、栈居、穴居等形式。

四、园林艺术特色

岭南得天独厚的地理环境和气候因素，形成了岭南园林历史长、普及广、园艺水平高的特点。总的风格是在拥挤中求畅朗，在流动中求静观，在朴实中求轻巧，在繁丽中求雅淡，空间适体宜人，景观随机应变，设施求实重效，环境浪漫自然。

岭南园林叠山和缀石艺术水平历来列全国前茅。南汉广州“药洲”九曜石是现存全国最早的观赏石之一，集九座奇特的英石、湖石点缀花园，成为湖岛上的巨大品石场地，实为少见。水石布列风韵天然，石态参差腾跃，石体玲珑秀透。石上题刻风趣，艺术上有很高的造就。宋书法家米芾刻铭云：“碧海出蜃阁，青空起夏云，魂奇九怪石，错落动乾文。”佛山清末“群星草堂”石庭，集石多达数百块，遂有“积石比书多”之称。其石“或立或卧或俯或仰，位置妥帖，极丘壑之胜”。其水石庭中的湖中石、山岩、石舫、石坞等配置聚散得体，内涵深远。“十二石斋”是专为放置由清远选购回来的观石而筑的。尤其是盆景黄蜡石，形状异殊，“有若峰峦者，有若陂塘者，有若溪涧瀑布者，有若峻坂峭壁者……”，园主与石呼兄道丈，伴共晨夕。

岭南园林主人多是癖石痴石者，不论是番禺余荫山房，或是东莞可园、顺德清晖园，奇峰异石均是组园构园的主要手段。窗前列石，房前屋后配石，岩壑蹬道，山峦石涧，是常见的造景手法。岭南塑石有师传石谱，这是依名山气势，经过神似的提炼，把自然山意表达出来的写意图象。有所谓“风云际会”“狮子上楼台”“天女散花”“童子拜观音”之属。

岭南雨足水多，造园者通常利用江湖池涧造成“水木常清”“回浦烟媚”的水乡特色园景。水局有集中和分散两种。集中式，水以聚为主，建筑多临水，隔岸相对，多有“船厅”取得“楼阁倒影”的景效。池上有画桥、画堤、琦湾、花津点缀，给人“渺渺乎、浩浩乎”的感受。分散式水局即把水分流成沟、溪，缀以井泉桥韵，有涧流潺潺的情趣。岭南园林池岸多为石、砖驳岸，也有仿自然岩石岸和土坡岸等。在池边草地上点黄蜡石也是常见的。

岭南庭园水池常为几何形（方、长方、八角）。究其原因，可能有三：一是庭园面积小，几何形水池可使拥挤的平面较明朗开阔，并充分利用了有限的园地，增加了活动面积；二是方池有利于用砖石加固池岸，可防水土流失；三是受外来几何形水池的影响，几何形水池的优点是景观明快亲和，缺点是欠迁回承合转折，欠自然含蓄。

岭南花木四季常青，秀毓飘香，色彩缤纷，有一种“茂树浓阴”“湘帘尽绿”的意境。园内花木均精心配栽，如庭院中多植色香俱绝的所谓“岭南十香”（白兰、米兰、含笑、鹰爪、玉桂等），岸边多种水松、水蓊、柳等，石旁多植鸡蛋花、七里香、棕竹等，墙边多有观音竹、榕树、葵藤等。其他乡土树如红棉、乌榄、仁面、黄兰等可随地栽植，“疏影横斜”。岭南佳木（如荔枝、龙眼、杨桃、黄皮），则可围屋补空。“竹屋蕉窗”“古木蕴秀”“小栏花韵”“浪接花津”是岭南园林常见的景物。

五、建筑造型特色与空间格调

岭南建筑的艺术造型可分为两大类别：一类是庙宇祠堂之属的公共活动的建筑，风格比较壮丽豪华；另一类是民宅店铺之类，风格比较朴素淡雅。共同特点有如下几方面。

（一）强调脊饰的艺术造型作用

脊饰比例高（广州陈家祠脊饰高出 2 米多），脊有灰塑、琉璃、瓦作、砖雕、瓷贴等。脊之花饰有鳌鱼、龙、凤、卷草、博古、通花、人物、诗文、彩画等。母题多用岭南常见的风物和与海洋有关的题材，民俗性强，其轮廓高低起伏，丰富多彩，并有一定韵律组合。

（二）强调入门的艺术气派和端庄

岭南人把门面看作是最重要的，是重点艺术处理所在。门前多有凹门廊和高台基，一来可以防雨防晒，二来可以产生虚实阴影对比，加强中轴。基本是模式化了的。一般祠堂庙宇，门廊多处理成三间或五间柱廊，柱子高昂挺拔，上多有月梁、斗栱、梁架之类，门廊内常有对联、壁画、石刻等，尽雕饰之能事。在门廊次间常有高出地面的鼓乐台（又称“包厢台”）。大门高大异常，谓“高门第”。为开启方便，板门分上下段。门上贴门神、门簪，或挂横额、楹匾，精心雕饰，蔚为壮观。前门常还有抱鼓、石狮、旗杆相衬。

（三）有象征意义的山墙艺术处理

岭南建筑为防风防火，多用硬山屋顶。硬山墙上端经艺术加工，砌成多种形状，通常按不同方位、地点和户主阴阳八字，按金、木、水、火、土五行选定。有的如流水行云，有的似弓似拱，有的层层叠叠，有的庄重朴实，有的夸张飘逸，具有强烈的吸引力，变幻了方整平面的立面空间视角。重要建筑山墙上还做成排山滴水，加泥塑彩画。在山区，为防土坯砌山墙被雨水冲洗，多内悬山屋顶。

（四）讲究柱范的建筑造型

岭南建筑为通风和美观，建筑比较高敞，柱子在艺术造型中有着重要地位。柱子断面有圆、八角、四方、花瓣等形状。柱础为防潮防雨，比例较大，一般高出 30 厘米以上，有的高出近 1 米。柱础的线脚多，样式丰富，不下百种；多用石础，上加木桶。柱头上常有插秧和如意斗棋抬起屋面。

（五）适宜的色彩处理

在较富裕的地区，建筑多以灰色为主调，如灰麻石勒脚、灰老砖墙面、灰黑色瓦、灰白色雕饰山墙。黑白相间的线脚，颇醒目清新，可减少热辐射和耀眼伤神。风格以朴雅为美，但祠堂庙宇却不惜错金镂玉，用琉璃脊饰，雕梁画栋，色彩灿烂。山区建筑多是石料勒脚，白色粉墙，黑瓦砖脊，对比明朗，淡素天然，与山水林木相映成趣。

岭南建筑在群体处理上主要着重相互配合，与自然协调统一，灵通轻架，多变的屋顶，起伏的轮廓，有层次，有节奏，在端庄中求活泼。

六、构架与匠作特色

岭南多能工巧匠，能适应气候环境，创造出特殊的建筑结构。为抗御台风和地震，加强了木构架的刚性，保持建筑硬朗而又富有生命的弹性，独树一帜。

岭南传统的木构架多用于祠堂庙宇，有抬梁式，也有穿斗式，更多的是明间抬梁，次间穿斗，或内槽抬梁，外檐廊穿斗，结构灵活多变。到清以后，除明间四柱用木梁架外，其他多用砖山墙来代替梁架。岭南多雨潮湿，木材易朽、易生白蚁，而逐步被石、砖代替，因此石柱、石梁颇为常见。

岭南早期木构受中原的建筑法式影响较大。有的还保持好些宋代建筑的遗风，如肇庆宋梅庵，斗栱硕大，屋顶平缓，柱范、梁架、举折、丁字拱、月梁、襻间等做法，基本还保存着《营造法式》的一些形制。有的则保留着中原唐代时期的遗风，如开元寺天王殿与地藏庵的叠斗和平盘斗，覆莲柱础与瓣形梭柱等。

月梁是岭南常见的一种梁式，后来逐步被装饰化了，在明清时代广泛应用。后期常用石雕做成月梁，置于祠堂庙宇的门廊檐柱上。雀替也变成雕花板了，平身斗栱变更成狮子或花板石雕。

为加强抬梁式梁架的刚度，岭南地区常见的手法有：①瓜柱承上端托桁，桁下与瓜柱间为梁穿过，梁尾成束尾，宋代的托脚演变成弯枋或搭牵，加强了上下桁条的联系；②脊瓜柱上加头巾木，使中脊栋更稳定，瓜柱下做成瓜抓状，或开鼻眼，或木瓜、趴筒等，使梁与瓜柱扣接得更可靠；③内槽用抬梁式，外槽用穿斗式，用外槽来箍住内槽，抬梁下的大通梁常与金柱榫接成整体。

明清时岭南木构已很少用栌斗，檐柱直接上承托桁条，挑檐桁的荷载直接压在挑枋或华拱上（丁头拱），拱（枋）穿过檐柱与双步梁或搭牵组成整体，起杠杆作用，以代替柱头斗栱平衡力。或者采用穿插过柱的如意斗栱来平衡上下左右的力，典型的例子是广西容县明代真武阁。

岭南古建筑的明显特点是屋顶少、有举折，多为直线人字坡，外表硬朗。究其原因可能与如下因素有关：

（1）因穿斗式与抬梁式组合，构架较难按举折法构成曲面坡顶。又因岭南为排暴雨，房坡较大，用举折法较困难。

（2）岭南多用桷板来代替圆形椽子，又无望板和苫背，屋顶转折处容易漏水。

（3）直坡顶有一种刚劲美，容易与硬山山墙在造型上和构造上相配合。

岭南早期建筑（如宋梅庵）也有举折，但折率较小。通常建筑只在檐口折起。岭南的歇山做法也简化了，一般是在梁架上直接出挑桁头。檐口为防雨内飘，多有雕花封檐板，板上飞桷做成鸡胸状，檐口用垂莲柱的在粤东较为常见。

岭南木构很少有吊天花，为防腐防蚁，木材都尽量外露。外檐斗栱也不施栱垫板（为美现有的做成八字昂）。由于梁架外露，木雕做得较精巧。南方施彩画的较少，大型中堂也有施藻井的。在前廊多做成假卷棚顶（称“轩廊”），与《园冶》中所载“蝼蝈顶”相似。

岭南人比较务实，用材特点是就地取材，因材致用。如墙体材料，在山区用土坯墙、石墙、夯土墙；潮汕地区用贝灰三合土墙、杂土开实墙；粤中用贝壳墙、砖墙。砖墙又分空斗墙、磨砖对缝墙、“金包银”墙等。地面多用三合土或大阶砖。

岭南山多石多，石材应用非常广泛，如柱础、外檐柱子、步级、勒脚、须弥座、挑檐、外地面、檐石等。基础有三合土、砖、石等。在淤泥地，多用松木桩基，如广州陈家祠，桩长达 2 丈 4 尺。

七、岭南建筑的装饰美

建筑装饰美是表现传统文化的重要内容之一。岭南建筑集岭南乡土文化于一堂，反映了浓厚的地方特色。工匠们运用三雕（砖、木、石）、三塑（灰、泥、嵌瓷）及彩画等工艺，施饰于梁架、柱、门窗、脊、楣、台等处，令人叹为观止。

（一）木雕

岭南木雕以灵秀著称。潮州木雕更是玲珑剔透，精巧细腻。木雕施于梁架上除观赏外，还把沉重的梁架升腾了，减少了屋顶空间的压制感。潮州金漆木雕桁架花样多，雕位与形式结合，按受力灵活处理。

岭南屏风主要起通风、引风、遮风和空间观线组织作用，形式多，雕与漆嵌结合，颇有特色。广州南越王墓出土的屏风，为全国文物之稀品。

岭南建筑之厅堂、书斋、轩亭等常用罩来明确和分隔空间，其形式多变。雕作有通雕、拉花、钉合等。母题有龙凤、花藤、葡萄、鸟鱼等。挂落和花牙饰体，通常是用木条斗合成各式各样的精美图案，但不华丽烦琐。

隔扇是岭南常见的划分室内或内外空间的门扇，夏可移折开启，冬可闭合。上段可斗合雕镂成各种图案，下段裙板和条环板可做通雕、浮雕，或绘成各种山水人物故事。据开间大小可分为四扇、六扇和八扇。

岭南自明以后，檐口多施封檐板，做法有浮雕和通花两种。内容是飞鸟花草之属。横批窗是门窗上头通透的横向花窗，起通风采光作用。

岭南窗有槛窗、支摘窗、满洲窗、推拉窗等。用木条斗接或木板镂空精刻而成，工艺精细，图案巧拼，线条曲直相宜，有的配嵌彩色玻璃，十分精致。

岭南神龛、大床、家具都很著名。神龛多贴金镂花，大床多灵动精美，广式家具较简明、舒适，线条流畅圆润。竹、藤家具应用非常广泛，因其富有编织的弹性，通风降温。

（二）石雕

石材耐风化，坚实耐磨，防潮防火，岭南应用最为普遍。牌坊、门框、外柱、抱鼓石、柱础、台基栏板、井圈、桥梁等多用石作。雕作有线刻、高浮雕、中浮雕、低浮雕、镂雕等。五华、揭西、雷州、云浮等地的石作最为精工。在明代常见用红砂石雕作。清代多用花岗石。石作的工序分打坯、打剥、粗凿、作细、斫口、督细、磨光等。

岭南石狮古来应用颇多，寺庙、官衙、祠堂、馆所大门位都有石狮雄踞。其形是依仿自然界中的真狮经提炼加工而成。匠人认为，雄狮（左）要英俊强倔，雌狮（右）要巧趣柔润。姿态有立、蹲、走几种。狮的造型和石料的坯状相适应，头、腿、身、尾变化万千，嘴、眉、耳、额、眼极富表情，有动人的艺术魅力，为岭南艺术的瑰宝。岭南石牌坊和石栏板也很有特色，构图生动，形态奇巧多变，雕法浑朴流畅，地方特色很强。地面用卵石砌合成各种花纹以增加建筑空间的情趣，也是岭南园林和民宅的一种特色。

（三）砖雕

近海地区，因海风含有酸性，砖质易风化，砖雕难长期保存，因此较少见。在广州附近的东莞因青砖质量较好，用得较多。门额、墙头、栏杆、墀头、漏窗多有砖雕点眼装饰。

广州陈家祠正面四幅大型墙头砖雕最为精美。其高 2 米，宽 4 米，是由一块块质地细腻的青砖，经细雕精刻打磨，用糯米灰浆接拼成幅。内容为“群英会”“聚义厅”等民间故事，场面大，层次分明，细致传神。

砖雕通花窗的形式很多，合拼成各图案后再进行细工雕刻，整体性很强。常用在要求室内通风好的房间和山墙上方，也用于园林围墙等处，以打破空间封闭感。

（四）灰塑与泥塑

灰塑是把石灰、麻刀、纸浆按比例调成浆，依一定图像塑在壁上的立体艺术品。若是突出太多，则需用铁丝固定。也可塑在屋顶，作鸱尾、鳌头、翼角、仙人、走兽等脊饰，也可用在檐下、墙头、匾额、对联等处。其特点是制作自如，可塑性大，造价低，耐风化。

灰塑的表现手法有两种：一是彩描，即在灰塑成形后，表面再描上加胶彩色；另一种是色批，即用不同颜色的灰（加矿物颜料），直接批塑在作品的表面。前者较鲜艳，后者较耐色。

岭南的神像多用泥塑。常用草筋拌泥塑造，外批灰涂颜色，用于室内则简易、经济。

（五）陶塑与嵌瓷

陶塑是用陶土塑成所需饰体后，由高温煅烧成型。嵌瓷是在灰泥的成型饰体表面上用彩色瓷碎片粘贴而成。用在屋脊上，与琉璃瓦屋顶相配合，使建筑高雅堂皇，在岭南强烈阳光下，斑斓耀目。潮州和广州均常用。

（六）壁画

岭南人在原始社会就有在崖壁上绘壁画的风气。历代出现过许多壁画家，如清代同治年间的李魁就是专门为寺院绘画的大壁画家。

壁画的位置多在建筑中受人注目的墙面上，如门廊、山墙、屏门、侧壁等。庙宇中的壁画内容多以宗教为题材，在祠壁中多为歌功颂德的民间人物故事，表现风俗民情和社会意识。在民宅园林中多为山水和梅兰菊竹之属。壁画虽制作较容易，可惜因后人修庙不断涂抹更新，因此年代久远的所见已不多。

岭南古代艺人在不同的历史年代刻苦经营，延绵不绝，高峰迭起。在特定的地域环境内，善于吸收、继承与创新，外来文化，形成了独具一格的古代岭南建筑文化艺术，在中国建筑史中占有一定的地位。

广州怀圣寺的建造年代考释

原载于1985年《广州研究》

广州怀圣寺是我国现存最古老的伊斯兰教建筑物，它在伊斯兰教史上占有重要地位。但它究竟建于何时，对此则众说不一。我根据多年所收集的文献资料，并结合建筑遗迹的实地考察，对这个问题提出一点看法。

一、怀圣寺的始建应相近于伊斯兰教传入广州的时间

据元至正十年（1350年）的《重建怀圣寺记》碑文云："其（穆罕默德）弟子撒哈八，以师命来东，教兴，岁计殆八百。"按此碑文所载，伊斯兰教传入我国应在唐武德和贞观年间（即633年前）。《西来宗谱》载述伊斯兰教传入我国的时间是："唐贞观二年。"广州清真先贤古墓的碑文则说"始于唐贞观年间"。《天方正学》《闽书》《回回家言》和《至圣实录补遗真教寺记》均说伊斯兰教传入我国的时间是贞观年间（即唐太宗时）。贞观年间正是伊斯兰教稳定和发展时期，穆罕默德命其友人或伴侣（撒哈八）来中国传教是合乎当时历史环境的。英国的《凤凰杂志》转译的阿拉伯文献，也有类似的说法。

值得一提的是，定州《重建礼拜寺记》（元至正三年立）和《咸宾录》（明万历本）均记载伊斯兰教是"隋开皇中"（581—600年）传入中国的。但一般学者认为，从伊斯兰教实际创建年代（622年）来说，隋代传入是不可能的。因此，我认为伊斯兰教传入广州的时间大体是在唐贞观初年，而怀圣寺也大体建于此时。

二、从文献中考究怀圣寺始建的大体年代

自伊斯兰教传入我国后，第一座清真寺建于何时何地？我认为只有当时聚居阿拉伯人较多的广州和长安可能性大，尤其是广州。

唐时实行对外开放政策，鼓励阿拉伯人来华贸易，"任其来往通流，自办交易"。不少阿拉伯商人循水路来中国贸易，据称，当时最大港口的广州聚居的阿拉伯侨民有数万之多。广州现在的"大纸巷"，据有关考证，可能是当时"大食巷"的讹称。广州当时的外侨聚居区——"番坊"，也是以阿拉伯人为多。穆斯林在"番坊"内建造一个朝拜真主的清真寺是很有可能的。

至于怀圣寺的建造年代，最早的记载是南宋方信孺所著的《南海百咏》（1206年），书中提及："番塔，始于唐时，曰怀圣塔，轮囷直上，凡十有六丈五尺，绝无等级，其倾标一金鸡，随风南北，每岁五、六月，夷人率以五鼓登绝顶，叫佛号，以祈风信，下有礼拜堂。"

宋以后有关记载怀圣寺建造年代的文献有：

元郭嘉《重建怀圣寺记》："……有浮图焉，其制则西域，灿然石立，中州所未睹，世传自李唐迄今。"又说"教兴，岁计殆八百。制塔三，其一尔"。

明《殊域周谘录》："今广东怀圣寺前有番塔，创自唐时，轮囷直上，凡十有六丈五尺，日于此礼拜其祖。"

清《羊城古钞》："怀圣寺在广州府城西二里，唐时番人所创，建番塔，轮囷凡十有六丈五尺，广人呼为光塔……其圆形，轮囷直上，至肩膊而小，四周无楯阑，无层级，顶上旧有金鸡，随风南北。"

以上三条史料均记怀圣寺创建于唐代，与宋《南海百咏》的说法一致。

非唐朝建立的说法记述有：

元泉州《重修清真寺碑》：“至隋开皇七年，撒哈达阿的干葛思者，自大食航海至广东，建礼拜寺于广州，赐号怀圣。”

清《清真释疑补辑》：“开皇七年（587 年），贤命其臣费一德斡歌士，赍奉天经二十册传入中国，首建怀圣寺，以示天下。”

民国《重修怀圣寺光塔碑记》：“光塔为先圣苏葛士东来传教所建，以怀圣，成于隋唐之间，距今千二百有十余年，塔有百六十尺，蔚然大观，中空外圆，取制天方。”

以上记载认为怀圣寺始建于隋或隋唐间。隋建说的理由是不充分的，当时广州“番坊”还未设置，阿拉伯商人在市内还无居住据点，要建清真寺是不可能的。我们知道，世界上最早的清真寺（麦地那先知寺）建于 622— 632 年间，故怀圣寺的兴建不可能超过 632 年（即唐贞观六年）。且开皇七年，穆罕默德才 17 岁，教权还未巩固，很难设想能派人来中国建寺。因此，在隋唐建造的说法，早被许多学者所否定。

据此，我认为，尚未在建筑物上找到建造的绝对年代以前，还是以元代《重建怀圣寺记》中始建于李唐一说为宜。

三、从实物考察怀圣寺亦是始建于唐

怀圣寺应为唐物，这还可以从怀圣寺的建筑形制来推测。

光塔为阿拉伯人所建，故称为“番塔”，谓“其制则西域”“中州所未睹”。6 世纪建造的伊拉克古马拉园旋塔和 8 世纪中叶撒马拉清真寺塔都与广州的光塔形制相接近，所不同的是广州光塔为双旋梯且塔顶立有金鸡，估计这是受我国朝汉台和铜雀台的影响。从世界伊斯兰教建筑发展史来看，光塔在 8 世纪中叶建造是合理的。

广州光塔内部估计是土坯或夯土，但“环以甓（砖）”是肯定的了，这是为了防雨水冲刷。从广东光孝寺、延祥寺的考古发掘中得知，唐时广东确实已使用砖建造房屋了，当时海康与肇庆的城墙就使用了火砖。光塔“环以甓”可以是唐物。光塔的“外圜面灰饰”。有人认为广东唐代尚无灰饰，但从现存南雄宋初三影塔的外墙灰饰的高超技术推论，唐代广州有灰饰是完全可能的。其实，我国墙面粉饰技术早在春秋战国时已存在。

现存光塔的入口距地面高差约 1.74 米，这标高与唐代城市地面的标高数接近。另外，光塔的外墙收分较大（7.4 %），这亦类似唐制，给人以稳重粗犷的唐风感受。

怀圣寺的总体平面布局特点是中庭宽广，庑廊宽畅而低矮，前有宏伟的门楼。这是地道的唐代门堂制格局，它与敦煌千佛洞壁画中的唐代寺院建筑形象很相似，反映了唐代建筑的气概。现存大殿，明间宽 6.2 米，折合唐尺 21 尺，次间宽为 4.15 米，折合唐尺 14 尺，明间和次间的比例为 3 : 2。它的平面比例尺度均合唐制。

大殿虽经多次重大修建，但院落空间仍保存唐代的建筑风格: 门楼高耸，碑亭参差，回廊围绕，月台广袤，不失唐代寺院的古朴意境。

四、怀圣寺应建于唐天宝年间

怀圣寺建于唐代应是无疑的了，但具体建于哪一年，史料有说武德年间（618—626 年），有说贞观三年（629 年），有说贞观六年（632 年）。以上均是传闻所录，难考出处。

我认为明代《成达文芸》的说法颇有道理，文中说：“唐玄宗天宝十二年（763 年），有曼苏尔者到广州建狮子寺（作者按：极有可能为怀圣寺），泉州麒麟寺，杭州凤凰寺，扬州仙鹤寺。”此说虽有讹误之处，但所说年代是比较合乎当时在广州建寺的历史环境的。理由有以下几点：

天宝二年，由于阿拉伯（大食国）在西域与唐冲突，两国贸易的陆路交通受阻，番商只能从水路来广州，故在穗的阿拉伯人数激增。天宝十一年，黑衣大食开始实行亲唐政策，多次遣使由水路向唐进贡，仅天宝十二年就有四次。故在此前后建寺的可能性最大。

唐开元三年（715 年），广州都督宋璟提倡烧砖技术，建筑水平大大提高。这为建造光塔（36.3 米高）提供了物质条件。

天宝年间，广州“番坊”已在现今怀圣寺一带形成（北起惠爱路，南濒惠福西，东至朝天路，西抵丰宁路）。聚居的穆斯林建造礼拜堂是必然的。怀圣寺也是番坊的中心所在。

综上所述，我认为广州怀圣寺始建年代不会超过唐贞观六年（632 年），即不会早建于麦地那先知寺之前，也不会迟于唐大中五年（851 年），因这年苏莱曼来广州已亲眼看过怀圣寺。比较合情理的说法是怀圣寺是建于唐天宝十二年（753 年）左右。

弄清广州怀圣寺的建造年代，对中外文化交流发展史、伊斯兰教发展史，以及中国建筑史等都有着重要意义。本文所作探讨只是抛砖引玉而已，希望更多的学者对这个问题作进一步的研讨。

论广州石室的建筑艺术形象

原载于 1988 年《新建筑》，与李佩芳合著

建筑历史遗产是属于全人类的。建筑史学界应该不分国界去研究国际历史建筑的关联性，并恰如其分地肯定历史建筑师的巨大功勋；建筑设计师也应以新的概念去认识我国历史上所存在的多元建筑现象，丰富当今创作词汇。本着上述精神，我们对广州石室艺术形象作了些探索。

广州自秦汉以来就是我国南方对外文化交流的中心，历史上存在过许多外来的宗教建筑。位于闹市区一德路的天主教石室圣心堂，就是其中最有特色、最宏伟的教堂之一。

教堂坐北朝南、面对珠江，所在原系天主教区，有教府、修院、礼堂、宿舍及教会中、小学等，组成突出石室的建筑群组。教区建筑布局除主体石室有较明确的轴线和空间序列外，其他建筑散布均较随意，房舍参差、高低错落，石室周围留有 15 米以上的间距，以保证内部的通风采光和环境美化。院落空地上，古木浓郁，花竹夹径，亭石点缀，清淡洁雅，更衬托出灰白色教堂的崇洁，不失为修身怀圣之地，足以给信教者以宗教感情的陶冶与滤炼。教会学校有足够的操场和活动空间，体现了人文精神。

石室教堂占地原是清朝两广总督府旧址，第二次鸦片战争后，法国借口禁教造成损失，胁迫清政府划租该地段建造教堂。工程于 1863 年 6 月 28 日奠基，费资 40 万金法郎，历时 25 年，于 1888 年（清光绪十四年）落成。

石室的建筑总面积为 2754 平方米，东西宽 35 米，南北长 78.69 米，塔尖高 58.5 米，是当时亚洲最大的教堂（1910 年在上海建的徐家汇天主教堂仅 31 米高），也是亚洲最精致、最完美的天主教堂。建造旨在表达此教堂是天主教的正宗，取义“此教创立于东方之耶路撒冷，而兴起于西方之罗马”，故奠基时曾分别从耶路撒冷及罗马运来泥土各 1 公斤置于基下。现教堂前东西两侧墙角下刻有“Jerusalem 1863”和“Rome 1863”的拉丁字语，正是此意。

教堂由法国工程师设计，曾做有木作模型；施工总管是揭西工匠蔡孝，石工多来自五华，石料全由九龙采凿，加工分件，帆运来广州打磨装配。

广州石室属于典型的法国式哥特建筑。在 12—15 世纪，欧洲以法国为中心流行着一种前所未有的哥特风格教堂，其技术与艺术上的成就可说是欧洲中世纪建筑的最高峰。19 世纪初，在反拿破仑的战争中，欧洲各国民族意识高涨，许多人热衷于寻求本民族文化之根，建筑界出现了所谓“浪漫主义”思潮，提倡哥特复兴。法国人惊讶地看到自己丰富的哥特建筑遗产而感到骄傲。于是，全面地对巴黎圣母院、亚眠大教堂等进行了修葺和研究，同时也力图在世界各地重现哥特风姿。

广州石室建造时正处法国路易 · 波拿巴称帝（法兰西第二帝国，1852—1870）时期，对外殖民战争在印度、越南、日本和中国不断进行，从而开拓了东西方宗教文化的传播交流。广州自明万历十年（1852 年）意大利传教士利玛窦来华传教以来，天主教信徒颇众，已成为当时亚洲天主教的传播中心，而且，当时中国正处在封建社会晚期，手工业还占统治地位，这些都为建造哥特式教堂提供了有利条件。

广州石室的格局与形制基本上是法国巴黎圣母院的移植，由于其建造年代比巴黎圣母院晚 70 年，它也综合了其他欧洲哥特教堂的成就，所以其艺术和技术造诣更显得成熟，欧洲的哥特建筑在 13 世纪末以后，已向堆砌、累赘、呆板风格发展，而石室却仍然保持着哥特建筑原有的理性和生气，不但其历史价值、艺术价值

和科学技术价值在全国天主教堂中首屈一指，而且其纯粹和纯真的程度亦居于近代世界之首。

石室的平面呈“十”字形，横翼很短，与巴黎圣母院形制基本相同。改进处有：①把后半部的半圆形通廊缩减，改为五折边的圣坛，把歌坛移至前廊二楼；②把十字交叉点向后移，使所有的教友面向圣坛；③两旁和后坛增加出入口，便利了疏散，柱列也显得疏朗。

此十字形平面不仅适用于宗教仪式实际活动的需要，而且在形式上象征着“耶稣背负十字对生命的奉献精神”，表示了天主教的正统观念。虽然在中国传统建筑平面中（除坟墓外），原来并没有十字的概念，然“十”作为满数又有吉祥的含义，故这种平面是易于被接受的。后来上海徐家汇教堂等同样采用了这一形式。

十字交叉处偏后即为祭台所在，台呈长方形，两侧间有后屏，分别设圣母玛利亚和圣约瑟小祭台相配，呈“品”字形布置，突出了主祭坛。

教堂前面开正门3个，分别位对建筑横向三开间，门平面呈后退八字状，上构饰尖拱为楣，层层凹入，故谓“透视门”。进门前一间虽未作门厅处理，然上设“经楼”，可供歌班百许人伴唱圣歌。楼与大堂空间仅以栏杆相隔，音响与视线效果均佳，神父在堂内弥撒时，和谐的音乐妙响非凡。

教堂前面两端是钟楼，在三楼的西边原安装有机械计时钟，西、南、北三方塔面各有罗马字钟面，统一机械牵引运转；东钟楼悬挂着受命玛利亚等圣名的4座铜钟组，分别可敲击以C至E、G至C的四组高低音律。或洪亮，或清脆，或高昂，或低沉，音韵悠扬，响彻云霄，震人心弦。钟楼与地层有石造旋梯相通（梯宽仅75厘米）。

教堂中间跨度为10米，两侧廊跨度为5米，而侧向两边还各有7个划分为敞间的小祭间，内设小祭台，供神职人员作圣事，及作祈祷之用。在建筑结构上亦起支撑、稳定侧向推力之用。在圣坛后面还有近半圆形的外槽通道，在此可作礼拜前的事务准备和暂储书物。在中堂弥撒时刻，堂内亦可四通八达畅然处事，整座教堂平面空间上是一个整体，一气呵成。

哥特建筑的风格特征是具象性的垂直线条与多样关联性的装饰，以其特有的建筑词汇和稀奇怪异的空间及光影艺术手法来表达宗教的感情意向。广州石室忠实、全面地再现了这种哥特精神。

石室最引人注目的是正面两座钟楼上高耸的尖塔，它们是整个教堂艺术的顶峰，是旧广州城的空间视线聚焦点之一。尖塔为八角形尖锥体、空心、用铁件接构石块而成。尖塔之下是三层的楼座，分层是用环列尖券组成的水平箍带，使立面显得完整协调。以尖拱为主旋律的线条贯注全身，形成轻灵的垂向韵味，越往上层线饰越多，越玲珑锋利，最后构成塔尖直刺苍穹的动势，不尽尽之。体现弃绝尘寰的宗教情绪，浮泛着通向天国的思衷。寓强烈的天主意志于高、直、尖的建筑艺术造型手法之中。

石室立面的基本图形除尖拱外，还有圆形、方形、长方形、三角形、花瓣形等，可谓繁杂多样，丰富多变，然而建筑匠师的高超之处是用线向、材质、平衡对称等多种手法，把局部的图像高度统一在整体的造型之中。特别是以正中一个巨大、鲜艳的圆玫瑰窗来作为全立面的统一中心，集中了视线。

石室正立面的外墙是按平面三开间框架之壁柱外露来划分三间面幅的，这四根壁柱依楼层分三大柱段，为稳定起见，层层后退：层间断面处设尖顶小亭过渡，柱顶用小八角尖锥塔结束，与大尖顶呼应，增加了冲势，显出一种蓬勃向上的景象，中间透视门尖拱上面加有三角形坡顶，顶尖穿过水平箍插入玫瑰窗，加强了轴线，活跃了构图。在玫瑰窗的上层是近等边三角形的山墙，山墙中间有一百叶圆窗，绕窗三角壁面雕刻有三叶花瓣盲窗，恰当地起着“补白”作用；山墙顶端矗立着天主教象征的十字架。其实山墙是教堂坡屋顶的忠实外露，山墙的边饰雕花强调和美化了屋顶的结构和构造。

正立面的比例是建筑功能、结构和宗教精神带来的必然性尺度，线面均分割得恰如其分，虽尖拱门窗有上拔的动感，然横向水平饰线又平衡了比例构图，似感增之将太长，减之将太短。正面二层墙面高度与宽度之比近似方形，在造型上似是两个钟楼稳固的台座。中间山墙夹在两边钟楼之间，构成高差起落很大的三山尖轮廓线，给人以很强烈的独特感与印记性。

广州石室的侧立面处理与正立面一样，同样保持着早期哥特建筑的纯粹风格。强劲的扶壁，斜撑的飞虹，连锁的尖拱，蓬勃向上的无数小尖亭和小尖塔，瑰丽通透的窗户，世俗的雕饰雕像，这些都是综合法国亚眠、理姆、夏尔特、圣母院等典型哥特式教堂的精髓。

飞虹斜撑在力学上解决了教堂拱肋穹隆的侧推力问题。它在侧面上暴露无遗，却大大增加了艺术表现力，成为表现哥特神韵的法宝。斜撑下抱脚墩子上的亭屋和尖塔本为增加被动推力而设，但在造型效果上却有一种幻术般的奇韵，袒露的壁柱明确了教堂的进深间数，柱顶同样雕有小亭和尖锥塔。柱与屋顶檐口间用水平雕花栏杆连成带状，既遮掩了排水檐沟，又统一均齐了列柱。

石室的屋面雨水是顺从壁柱流跨飞虹，穿过抱脚墩，再由雕有兽头的悬挑排水滴沟排除的。结构、构造和艺术造型配合得如此和谐，建筑的逻辑系列表现得如此坦率、明朗，雕饰如此生动而有风趣，不失为历史的杰作。

石室的屋顶依托平面构作成“十”字形。十字的前端是耸立的双塔；后端陡坡多角攒尖的两翼是硬山屋顶，山墙有精美的边饰，山头刻花瓶花束，以十字架结顶，山墙的中段同样用大玫瑰花窗，突出和装饰了横轴重心，使下面的尖拱透视窗毫无厚垂的石墙压感。

陡坡屋顶本来是北欧寒冷地区为排除积雪所形成的屋顶外貌特征，哥特建筑成功地利用了它。广州石室从形式的需要出发，依样做了移植。可是在广州湿热、多雨、台风的气候环境下，构造技术上必然存在问题，中国匠师并没有照搬欧洲的做法，而是采用了抬梁的木构架，后又改为钢筋混凝土桁架（同时把上楼的铁梯也改为钢筋混凝土梯），现存屋顶与尖券天花间还有一条贯穿东西南北的十字通道，这既可以随时检修屋面和加强桁架的横向刚度，又增加了神秘的气氛。

由于石室是框架结构系统，间墙并不承重，所以窗户的开设和中国传统建筑一样，大小、高低、形式可以随意变化。侧面高、大、长的尖拱窗子处理，显然改变了石头建筑的沉重感觉。

石室的石作技艺是高超的，不仅结构精确，石面精细，而且细部精致，线脚精巧，可谓鬼斧神工。石块用桐油糯米灰浆砌结，缝细而平直，内外的无数雕饰都是用花岗石细雕而成，形象万千，变化多端。连玫瑰窗的花窗棂都是用石块雕成，且拼合得天衣无缝，工艺实在惊人。

石室的艺术造型具有炫耀的名贵华丽感，但整体是崇高庄严的。教界人士认为上帝的天国景象就应该如此，工匠们则是把虚幻的天堂搬到可以由人们所直观知感的现实世界中来了。广州石室的建造、保留可说是中世纪审美理想的历史再现，它的保护价值之大由此可知。

石室作为天主教堂的精神功能主要是体现超脱红尘的宗教感情。这种感情的取得主要是通过建筑师对建筑空间序列的塑造和安排所形成的。

人们通过石室前广场，从视觉中已感受到对天国的向往与信仰。当登上七级台阶走入透视门时，即被引入胜地，进门后，稍低的平楼天花使人的情绪略有收敛。来到中堂，往里看，只见南北列柱林立，所形成的强烈中心透视焦聚于后堂的圣坛。

殿堂中间的空间高达 28.7 米，人在这窄高、狭长、异乎寻常的比例尺度之下，显得如此渺小，很能引起宗教的幻想。柱子不用巴黎圣母院中那种粗实圆柱，而是采用 8 根小棣柱所包围的束柱。柱径约 1.4 米，束柱在中国传统的盘石基础上拔地而起，延升向上，直托似爱奥尼式的柱头。柱头上则集结着来自各方向的拱顶骨架筋，结构空间和建筑空间相互穿插，配合得是如此默契。强烈的垂直线条如箭矢腾空，苍劲嶙峋的骨筋如飞龙横世，轻灵、跃动、空幻的天国气氛悠然而生。建筑匠师就是这样，把一个寻常的呆板有限的建筑空间变化成丰富而有生命的无限空间。

石室最大的空间是坛所在（平面十字交叉处）的空间，这里是整座教堂空间序列的最高潮，四面连绵不断的尖拱穹顶在此处上空交汇，显得轻扬、灵秀和腾升，昂然高耸的气势， 严格地维护着天主的权威。当人们来到这里，会有一种超乎一切的感觉。

和外部华丽丰富的立面相反，石室的内部装饰、装修显得较简单、朴素，有明朗的调子。仅重点装饰石室中堂透视石室内部束柱与地面。

雕作一些线饰和图案，如在巨柱之顶端刻上麦穗图案花纹，象征着天主教以耶稣圣体对人们的救赎；又如内堂每两根巨柱间所构成尖拱顶之墙两边，分别刻上两个小圆圈，圈内刻有小十字图案花（这些十字图案在很多地方重复出现），画龙点睛地显示着天主的牺牲精神。其次是尖拱和束柱的简明线脚，有助于升华境界的构成。地面也是用大方花岗石斜铺而成，除穹窿是砖红外，基本是灰的调子，与室外色调保持一致。花岗石的坚密质感、耐久的气质，隐喻着教义长存的概念。广州石室已经存在有一百年了，几经人为和自然的破坏，但基本结构还是完好的。

广州石室内外几乎没有一个完整平滑的壁面，中国传统寺庙中常见的壁画、雕塑、图案镶嵌等艺术也就无法附托。宗教信仰气氛的渲染只好套搬西欧哥特风采。

巨大的彩色玻璃窗是哥特风采最重要的艺术表现手段之一。在教堂十字尽端的正侧立面山墙上都有一个直径近 10 米的圆形玫瑰窗。窗的形式构作和彩色纹饰均可称得上“细腻传神，光彩照人”。窗花花心为一小“十”字，共有放射花瓣 24 个，花瓣之间顶尖上有 12 个小圆，圆之间又有 12 个小“十”字，组成一朵玫瑰图案，整个图案线条生动自然、疏密得体。圆窗层层后退的石雕线脚大大增加了向心构图。整个玫瑰花窗由深红、深蓝、紫、黄等彩色玻璃，用细雕石条嵌作而成，色彩鲜艳、调和，在阳光下显得五彩缤纷、绚丽无比。人从室内往外看，阳光的透映和折反射使室内无穷变幻、耀夺眼目，整座教堂都弥漫神话般的玄秘迷雾。至于玫瑰窗的寓意，有说是至洁友善，信众们在做礼拜时，默念着给圣母敬献一朵艳丽的玫瑰，以寄托崇敬深情。

据说，圣坛后墙的玫瑰窗原是嵌镶着以石室命名的耶稣圣心像的；像的两旁尖拱窗同样用彩色玻璃嵌镶成耶稣十二宗徒像；教堂东西两向的高侧尖拱窗亦全部是彩色玻璃窗，嵌镶内容是十四幅圣经故事和圣人行善图。可惜由于历次兵燹破坏，现已荡然无存。这些形象化的“不识字的人的圣经”，除起宣传作用外，在室内装饰上也补缀了豪华不足的缺陷。

彩色玻璃窗的基本色调是蓝色。虽有红黄相间，但仍保持着窗子色彩整体的协调统一感。把面积大的窗子作为装饰部位，把窗棂线条和建筑图案线条相结合，这和中国传统的漏窗、隔扇的艺术表现形式是异曲同工的，哥特建筑却在大空间运用上更进一步。被彩色玻璃光照下的宁静安谧的殿堂，使信众们的虔诚祈祷，达到了精神净化的更高境界。

广州石室建筑艺术形象塑造的成功是建立在矛盾统一的哲理基础上的——宗教神秘的空间与明确的框架结构体系的矛盾统一；苦涩沉闷的人生世俗心理与轻快活泼的天国幻想空间的矛盾统一；西方中世纪哥特建筑风格与东方近代人情心态审美的矛盾统一；室外的华丽与室内的简洁的矛盾统一；正立面的庄严肃穆与侧面轮廓的起伏多变的矛盾统一；法国的建筑艺术与中国的建筑技术的矛盾统一等。这些矛盾的合理统一，产生了这座在中国空前绝后、壮丽宏伟的哥特大厦。

我们不能忘记近代帝国主义侵略中国的耻辱，但是，外国建筑文化的输入却在中国古老沉睡的封建土地上大放异彩。最后，还是这么一句话：“世界建筑是属于世界的”。

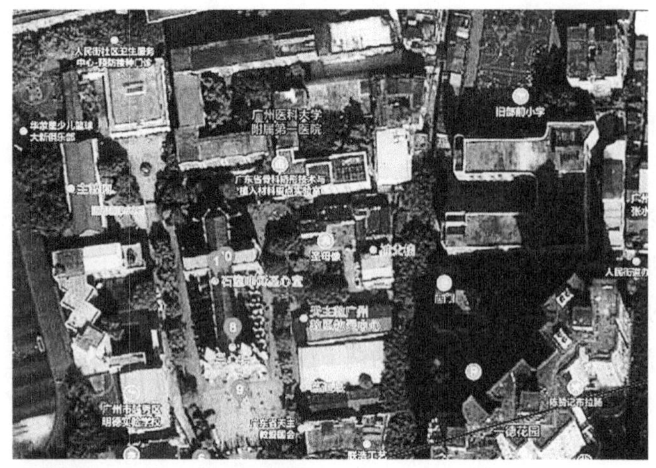

石室天主堂总平面

石室东侧面环境

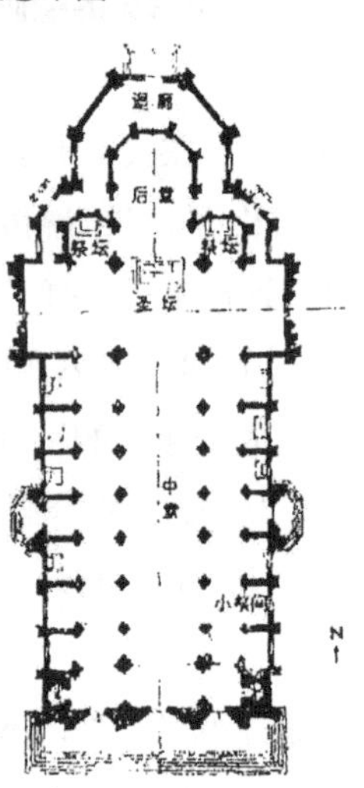

石室平面图

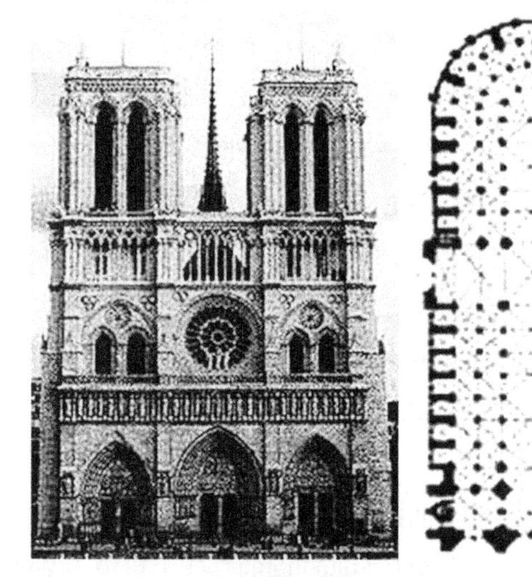

巴黎圣母院平、立面图

前脸范围

石室天主堂立面

西立面

飞扶壁

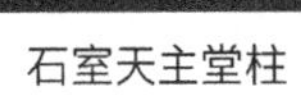

石室天主堂柱

石室内部

石室天主堂

教堂内部玫瑰窗

教堂内部玫瑰窗

岭南古建概论

原载于1991年《岭南古建筑》，与程良生合著

一、岭南古建产生之背景

岭南古属百越之地，在祖国南方五岭之南，背山面海。自秦始皇二十六年（221年）分兵过五岭，统一南疆，设置南海、桂林、象郡起，岭南地域就基本确定。

秦汉之际，赵佗割据岭南，建南越国，时历90多年，汉武帝时复归统一。三国属吴，划分为交州和广州。唐代置岭南道。五代期间，刘岩据岭南建南汉。宋代又把岭南划分为广南东路和西路，为广东、广西之始。元代改为广东与广西两道。到明代，广东、广西是全国十三个行省之最南两省。清代，岭南依明制仍称省，设两广总督统管岭南政治与军事。其间虽历经战乱分合，但岭南文化源出中原，同属炎黄，是有史可证、有据可依的，同时，岭南以其极大的兼容性，融合接纳吴楚越、汉苗瑶等文化，形成了多元共存、多姿多彩的岭南特有文化形态。岭南特殊的自然环境和历史社会背景孕育了岭南文化艺术气质，并直接影响着岭南建筑的发展。岭南建筑的特征也凝聚着岭南多样文化的内涵。

二、岭南建筑的历程与成就

（一）秦汉隋唐时期

秦对岭南的统一，使岭南的城市与建筑得到重大发展。岭南作为“海上丝绸之路”的起点，在两晋南北朝时，海外交通频繁，印度佛教随之传入，对岭南建筑的发展颇有影响。隋唐是岭南建筑发展的重要时期，城市规划，园林，楼阁、寺庙等建筑，都得到较大发展，隋文帝开皇十四年设南海郡，在广州黄埔扶胥镇立祠，祭南海神，为岭南海神庙之始。唐代，禅宗六祖慧能降生于广东新兴，岭南逐步成为禅宗佛教中心，新兴的国恩寺、广州的光孝寺、韶关的南华寺等都与禅宗有关。

（二）宋元时期

至宋代，全国经济与文化中心南移，随着岭南的经济发展，建筑空前繁荣，城防体系加强，砖石结构进步，楼阁增多。

宋代，岭南建筑布局向纵深方向发展，进数增多；建筑平面布置与自然环境配合较密切，注意到景观和观景，内部较开敞通透，内外渗透，建筑因形就势；楼阁和塔成为建筑群体的构图中心，注意群体组合的错落参差，建筑轮廓变化灵活，艺术形象丰富；建筑细部向精巧、细致的方向发展，向图案化、标准化过渡；门窗和栏杆样式多了，装饰线脚和花纹较秀丽、绚柔。学宫、祠堂和私人园林别墅也相应增多，在建筑风格上进一步吸取北方和江南的形式。南雄三影塔、河源龟峰塔、六榕寺花塔、曲江仙人塔、英德蓬莱塔，均为宋代建筑。这些宋塔多为仿木楼阁式，有平座，用砖仿造斗栱，肇庆梅庵是建于宋代、岭南现存唯一的木构建筑。广州光孝寺的布局和大殿基本上是宋绍兴二十一年留下的，六祖殿仍保留着宋代的风格。

元代较短暂，留下古建筑不多。德庆学宫就是元代古建筑保留较完好的代表作。

（三）明清时期

岭南地区政治比较安定，是封建社会发展的最后一个高潮，民间建筑在普及中有所提高，现今的古建筑，90% 是这段时间留下来的，虽然经过无数次人为破坏和自然耗损，幸留九牛一毛之古建筑而言，已足以反映岭南古建筑文化之辉煌，为中华民族文明宝库中奇艳光彩的一颗明珠。

岭南地区明清时期建筑的发展与成就有如下几个方面：

（1）出现以砖代木的趋势。常用砖砌山墙来代替木梁或半木梁半山墙（大型建筑仍用木梁架）。如：高要梅庵，宋代原是三间歇山式结构，明代改为硬山承重。民间中下层民宅，一般已不用木梁架，而多用灰土墙或石墙。瓦也在明代开始广泛使用。琉璃瓦在学宫、庙宇、塔和府治等建筑中普遍应用。

（2）建筑布局方面，明代以后，岭南建筑有向大型群组方向发展的趋势，寺院增大，村落围寨增多，多进多路的组合构成巨大的建筑群，且建筑与自然环境进一步结合。

肇庆鼎湖庆云寺、化州驷马寨、曲江灵溪翰亨围、丰顺建桥围等都是明清期间的岭南建筑代表作，可惜完好保存的已不多。

明清岭南村落多成片布置于风景优美的山间沃野，可住千人以上的大村为数不少，所谓“九厅十八井”的民宅不计其数。

信宜平塘石印庙（建于清乾隆年间）建在一个像印玺的大石上，建筑得体自然，很有诗意。五华的英烈庙，依山托体，据岩构室，就石配屋，建筑与环境配合颇为成功。

（3）在风格上进一步趋向于轻巧华丽。建筑体型比例升高，屋顶坡度变陡，斗栱变小或取消，常用梁出檐，出檐渐短，檐口简化。柱子已少有宋代“生起”“侧脚”的做法，柱子和梁架用料较小，梁架装饰线条渐趋复杂，月梁简化，“托脚”和“襻间”变成弯枋或取消，桁距变小。

清末外国商人来岭南的人增多，华侨回来建房者也不少，引进了外国建筑技术与艺术，出现了百花齐放、丰富多彩的建筑形象。

（4）随着生活的变化，建筑类型增多，如行会、商行、当铺、碉楼不断出现，建筑平面式样更为多样多变，庭园、塔、桥和戏台增多。

明清时，岭南建筑由于受手工业和商业的带动，建筑装饰、装修、陈设、家具均有长足的进步，通过挂落、花罩、屏风、家具等分隔与组合空间，达到高超的水平。

三、岭南古建的类别及其面貌

（一）寺观、坛庙

1. 佛教建筑

岭南佛寺最多，分布最广，信者最众，人们对佛的崇拜是力图祈求佛的保佑和来世超生，兴建寺院和庵场，为的是寻求一个膜拜的场所。保留至今较具代表性的有广州光孝寺，该寺面积达 3 万多平方米，历代所建殿堂台阁等多至数十座，现尚存有大雄宝殿、六祖殿、伽蓝殿、天王殿、睡佛楼，以及瘗发塔、东铁塔、西铁塔等，还可以看到它当年的雄伟规模。岭南著名的佛寺还有潮州开元寺、新兴国恩寺、曲江南华寺、清远飞来寺、肇庆庆云寺等。

2. 伊斯兰教建筑

伊斯兰教于唐代已传入岭南，当时主要在外商中流行。元代一统岭南后，伊斯兰教才在广州、肇庆、海南、桂林等地的民间传开。广州怀圣寺光塔，是广东现存最早的唐塔，相传是阿拉伯传教士阿布·宛葛素所建，作礼拜、导航和测风、观星等用，外表光洁，面批灰色蚬壳灰浆，顶部有平台，形制独特，全国罕见。广州清真先贤古墓，整座墓园有牌坊、拜亭、房舍、花木等，主墓室为方形，上隆起成穹隆顶，四周有雉堞墙垛，由于墓室内形如悬钟，传声洪亮，习称“响坟”。

3. 道教建筑

岭南道教自晋代葛洪在罗浮炼丹建观以来一直发展着，各地各山多有道观。岭南道观乃祀教神仙、修道养身、炼丹制药和闲观游览之所，其形式和布局与寺院祠庙相似，但有大小之分。小道院称“宫（庙）”，大道场称“观”。岭南著名的道观有：罗浮山冲灵古观，是东晋咸和四年葛洪所建四庵之一（南庵），唐扩建为葛仙祠，宋哲宗赐额“冲虚观”。现存建筑为清同治年间重修而成，建筑4400平方米，由山门、三清宫殿、吕祖殿、黄大仙祠、丹房、斋堂、库房等组成。建筑依山而建，前低后高，规整大方，为二进三路庙观之典型。在观附近还有丹灶、洗药池、会仙桥等遗迹。广州三元宫始建于东晋，唐为悟性寺，明改称“三元宫”，全寺依越秀山南坡山势而建，有40多级宽澜石阶登临山门。进门后是庭院，左右是钟鼓楼，三元殿居中，为五间廿一架，前后廊建筑，殿前拜廊甚宽，四架卷棚，大殿后是老君殿，西侧有钵堂、新祖堂、鲍姑殿，东侧有客堂、斋堂、旧祖堂、吕祖殿，这些殿宇结合地形布局，形制独特。尤其是三清殿，在有限的台地上把拜廊、钟鼓楼、殿堂、周廊组合在一起，利用减柱、卷棚、歇山、阁楼、勾连搭等处理，满足了功能和构造的要求。广州五仙观，始建于宋，明洪武十年在今坡山重建，现有大殿为三间重檐歇山，形制较古朴，保存有梭柱、侧脚、生起、月梁等做法。

4. 坛庙建筑

岭南坛庙建筑种类繁多。本书收集较有代表性的如下：

（1）祭祀江河海的建筑。广州南海神庙——在黄埔庙头（古码头），又称菠萝庙，始建于隋，扩建于唐、宋、明、清。基本上还保留着唐代仪门两塾、庑廊绕院、前堂后寝的遗制。庙依山面海，占地约3万平方米，中轴共五进（头门—仪门—礼亭—大殿—后殿），布局宽广纵深，庙中有许多碑刻，记录了丰富的中外海上交通史料。庙右前方章丘（土阜）上筑浴日亭，是宋元以来广州八景之一。

德庆龙母庙——在悦城西江岸，四周有五山际水（称“五龙吐珠”），景色壮丽。传说该庙始建于秦汉，事实上现建筑是清末重建。庙由石牌坊、山门、鱼亭、大殿、寝宫、东裕堂、客厅、碑亭、龙母坟组成，总面积13000千平方米。庙内建筑多以龙为母题，构作多为晚清繁杂手法，大量采用地方石料，石工颇精湛，玲珑剔透。

（2）祭祀真武帝的建筑。真武又称“上帝”或“北帝”。佛山祖庙（创建于北宋元丰年间）、三水芦苞婿江祖庙（初建于宋）、广州仁威庙都是较有代表性的，仁威庙是岭南祭祀真武帝最大的庙场之一。

（3）祭祀文昌神的建筑。岭南民间文昌庙不少，所祭之文昌神来历众说纷纭。按《史记 · 天书》云，其有六星，赐人间将、相、命、禄等，通常流传的说法是“网维天道，掌握人权，文以显道，道在斯文”。岭南现今所留存的文昌庙与塔不下百处，其中的代表有惠东平山文昌宫、惠阳淡水文昌庙、中山三乡文昌阁、五华棉洋文昌庙等。

（4）祭祀关公的建筑。岭南民间过去广传《三国演义》，对蜀国汉寿亭侯关云长之素秉忠义颇加崇拜，几乎家家奉祀，俱称关帝，迷信其能赐财保安，各地设庙行春秋两祭，庙大小不等，三间五间，与其他庙宇建筑平面大体相同，所列之神，除关帝外，还有关平、周仓等，也有把佛教的钟馗和道教的张仙放在一起的。

顺德大良西山庙是以关帝庙为主体的建筑群，始建于明嘉靖二十年，历经重修，主要建筑沿山势纵轴排列，有山门、前殿、正殿三进，建筑空间尺度得体，与环境协调。建筑物所饰的灰塑、陶塑、砖雕、木雕有浓郁的地方色彩。

（5）祭祀城隍土地的建筑。城隍庙是供奉守护城池神祇的庙宇。明洪武初，朝廷诏封天下神，规定各府、州、县建城隍庙，此后岭南各城镇多建有城隍庙。

现存广东著名城隍庙有揭阳城隍庙，建于明洪武二年，万历三十一年扩建，现保存较完整，大殿为三开间，悬山顶，梁架明代特点明显。驼峰、瓜柱、斗栱等雕作雄浑遒健。

（6）祭祀历代名人圣贤的建筑。岭南人对于开发岭南有功绩的人或名贤贵官，常立祠庙纪念。较著名的有潮州韩文公祠，始建于宋淳熙十六年，是为纪念韩愈对潮州开发有功而建。祠居东山脚之高旷台地营建，构筑自然得体，祠分前后两道，并有左右两廊，前后进高差近两米，后殿塑像高俯，中庭空间通融，给人以崇尚古雅的感受。脊饰与内檐装修工艺精湛，全然是潮州风味。

类似建筑尚有高州冼夫人庙、海康雷祖祠、五华英烈庙等。

（7）祭祀祖宗的建筑——宗祠。岭南宗祠的共同特点是规整对称的构图，层层深入和步步升高的空间层次，严肃模式化的大门和广场，华丽的装饰、装修和吉祥教化的题材。

广州陈家祠（陈氏书院），建于清光绪十六至二十年，为岭南祠堂中保留较完整的佼佼者，三进五开间，两旁廊庑纵横，九堂六院，面积为13200平方米，气势轩昂，装饰精细，富丽堂皇。

东莞河田方氏宗祠，建于明代建文年间，五进五间，气势雄伟，厅堂旷敞，布局均衡对称，虚实有度，相互连贯成完整的群落建筑。番禺沙湾留耕堂亦相类似。

潮州已略黄公祠和彩塘从照公祠等亦保存完好，各有特色。

此外，当有祭祀山岳土地及祭祀雷、雨、生灵的建筑等，篇幅所限，不一一罗列。

（二）学校、会馆

自汉尊儒以来，历代王朝都有祭孔活动，在宋代，岭南各主要城市开始兴建文庙，学宫是文庙的岭南俗谓。岭南自唐宋科举考试盛行以后，不论城市或乡村，对办学读书颇为重视，目的是培养子弟从仕当官。书院是封建社会的学校建筑，这类建筑一般都庭园化，环境优美，集宅第、园林、祠堂、学宫建筑于一体，有较高的艺术修养。

广州萝岗洞玉岩书院是南宋钟玉岩读书讲学处，后经明清历代扩建为现况。内有余庆楼、梦坑精舍、东西斋等建筑。书院在萝峰山脚，巧妙利用山坡作横向铺开，就山势高低错落。书院临大路有一“入胜”牌坊，入此后即为安静幽雅的林区，引人入胜。通过数十级台阶，登临至两层高的余庆楼。穿过门厅、水庭（观鱼池），后面是玉岩堂。前后进地面高差两米多，堂地面与余庆楼二楼地面持平，构成回廊，正如对联所云：“满壁石栏浮瑞霭，一池溪水漾澄鲜。”确为读书的好地方。其东侧还有萝峰寺，相互有门相通，院落相套，间种奇花佳木，堆石引泉，布置自然适当，整体建筑群与山林景色十分协调。

海南东坡书院是由宋代大诗人苏东坡被贬儋县所建“载酒堂”发展起来的书院，里面水木清幽，清代扩充成三进五间的书院。左右还布设有关的祠庙和书房。庭院深深，清幽满堂，室内外翠色交融，不负为“天南名胜”。

岭南书院星罗棋布，现存著名者还有广州扈江书院与广雅书院、饶平瑞光书院与琴峰书院、潮阳贵山书院与莲峰书院、番禺九成书院和召棠书院、珠海甄贤书院、汕头翁公书院、澄海冠山书院、晋宁三都书院、揭西云岭斋、丰顺蓝田书院、海康浚元书院、信宜黎照书院、肇庆三都书院、高要嵩灵书院、新兴武功书院、郁南桂和书院、乐昌商贤书院……

会馆是同乡联络的地点，其特点类似于祠堂，但更为华丽，一般有厅、堂、门、耳房、杂房等，大者还有戏台及钟鼓楼等，岭南明代会馆较少，现已无存。清代各城市都有不少会馆，如兴宁之潮州会馆、佛山之钵行会馆、海丰之潮郡会馆等。

（三）民居

岭南因地形复杂，民族众多，历史长久，城内外经济文化交往频繁，形成了千姿百态、各呈异彩的众多民居形式。从特点大体而言，岭南民居可分为城镇型、乡村型、少数民族型三类，具体简述如下。

1. 城镇型居民

岭南城镇建筑密集，街道多东西向或顺自然山势河流弯曲，因而普遍出现了朝街门面窄，而向纵深发展的竹筒屋住宅形式，其面宽一般是 3 ～ 4.5 米，进深一般是面宽的 4 ～ 8 倍，前面一般有外门廊，为满足通风、采光和排水需求，中间设有小天井，通常是前面厅、中间房、后面厨房。有小部分大户豪门改进了乡村三间两廊传统住宅，向纵深发展，保持中堂边房的中轴对称格局。空间序列是门廊—门厅—前厅—正厅—后厅，最后是厨房。有的两侧还有青云巷，左右有偏厅、书房。中轴线上的厅堂为了雨天能通行，常加屋顶，形成两侧天井。大门常用吊脚雕花门、趟栅栊、硬木板门三件头，既通风又安全美观。厅口多有挂落花罩，家具为名贵典雅的红木家具，窗扇多用装嵌着各式图案或山水花鸟的彩色玻璃，富有岭南地方特色。具体代表如广州的“西关大屋”。

2. 乡村型民宅

这一类型按地区特点可分为：

（1）粤中地区的独家小型住宅——明字屋和三间两廊。珠江三角洲农村多用这种标准住宅，纵横排列成里巷，组成庞大整齐的村庄。三水南边西村及大旗头村现存还较完整。另外在乡村，凡有封建门第的文武官员住宅，通常称为“府第”，其规模较宏大，内容较丰富，装饰较华丽，吸收了一般民居和祠堂的优点，实为封建社会农村建筑之精华。这一地区现存的府第有新会陈白沙祠和尚书府，深圳坪山大万世居和振威将军第。

（2）潮汕地区。潮汕地区在粤东沿海，历史上受闽南文化影响较大。该地区有韩江穿过，土地肥沃，人口密集。民居发展成熟定型，常见类型有竹竿厝——单间，厅房合一后带厨房天井，门前用竹篱围成小院，多为贫苦农民的住居；单佩剑和双佩剑——双间或三间的小屋，为一厅二房或一厅四房的简朴方整民居，爬狮——三开间，三合院；四点金——三开间方整的四合院。上述几种平面类型可与其他从厝、巷厝、后台组合，以祠堂为中心组成为各类变化丰富的住宅形式，如三落二从厝、五落（进）二从厝、四马拖车、九厅十八井等，甚至组成一个大围大寨。

3. 客家地区

客家是指中原一些士族自南北朝起经过多次向南大迁移，最后定居在粤东、粤北和粤西桂东山区的居民，其居住形态是聚族姓而居，重宗法礼仪，依山营宅，防御意识较强。常见的有：门堂屋——一排三间或五间的房子，房前加围墙围成院落，围墙中间为门；锁头屋——门从侧面而入，平面形如古老锁头，故称；上下堂——两进屋，中间为天井，前为门堂，后为上堂，如三开间叫上三下三，五开间叫上五下五；三厅串——三进屋，中间隔两个天井，每进通常为五间；合面杠——两排房屋并列布置，中间为狭长天井，在两列房之间朝东设门厅出入，如果是四列叫四杠屋；四角楼——一般是五间或七间，三进厅的两边加横屋，为防卫四角加碉楼；围龙屋——由上下堂或三厅串形式发展而来，通常在其边加双排式四排的横屋，在后面加半圆形的围屋，其间有一个半月形的广场，前面通常有禾坪和半月形池塘。由上述基本平面类型扩大的府第有五华锡坑李状元第（清）、客家著名围寨有紫金龙窝桂山围楼（清）、五华青龙寨（明）。

此外，少数民族地区，按居住方式有栏居、栅居、楼居。

（四）园林

得天独厚的地理环境和气候因素，形成了岭南园林历史长、普及广、园艺水平高的特点。总的风格是在拥挤中求畅朗，在流动中求静观，在朴实中求轻巧，在繁丽中求雅淡，空间适体宜人，景观随机应变，设施求实重效，环境浪漫自然。顺天理、审时道、从人情，乃岭南园林的真谛所在。

（五）塔幢建筑

岭南古塔现存有300多座，约占全国1/9，随处可见。

岭南古塔按功能分有佛塔、墓塔、风水塔、回教塔等，按材料分有砖石、金属、三合土和木塔等；按建筑类型有楼阁式、密檐式、喇嘛式、经幢式等，有园塔、方塔、六角、八角、十二角，有实心，穿心、空心、旋心等。其种类之繁多，样式之丰富，为全国罕见。

南雄三影塔——建于北宋祥符二年（1009年），六角空心，高52米多，为九层楼阁式砖塔，因相传有三个塔影，故名，现塔刹、副阶、栏杆、塔檐是1986年按宋式复原，真实地再现了岭南宋塔朴实雄伟、静穆深沉的风姿。

广州六榕寺塔——重建于北宋，八角九层，仿砖木楼阁塔，与广州市的越秀山镇海楼、光塔、岭南第一楼诸建筑遥遥相对。登临其上，羊城美景，尽收眼底。

广州沿珠江，在明代建有琶洲、赤岗、莲花三塔，宛如三支桅杆立江，相传意在“消灾除害”。

河源龟峰塔——建于宋绍兴二年，高41.2米，用黄泥砂浆砌青砖筑成，经受了850多年风雨侵蚀和几次强烈地震仍不塌，足见岭南建筑之高超技术水平。

潮州凤凰塔——建造于明万历十三年，为八角九层。空腔，仿楼阁式砖石混合塔，矗立于韩江畔，据史载有固堤防洪作用。其高为45.8米。

高州宝光塔——为八角九层，楼阁式，用砖石混合精构，以砖挑叠砌和石梁结合构成每层楼板，全国少见。塔高62.68米，为岭南最高的塔，塔基边长5.72米，古朴的须弥座石刻精美，塔首层门、楣有砖雕牌坊，乃全国仅存，此塔建于明万历四年。

岭南著名的塔还有阳江北山石塔（宋）、惠州泗州塔（明）、五华狮雄塔（明）、潮阳文光塔（明）、新会凌云塔（明）等。其他著名小塔幢有南雄珠玑巷元幢、新会龙光寺宋幢、广州光孝寺唐幢、潮州开元寺宋幢等。

（六）亭与牌坊

岭南牌坊明代最多，在潮州、海康、琼州都出现过牌坊群，可惜存下无多，寺庙山门亦多有牌坊，计有木、石、砖三种牌坊。

木牌坊——以江门陈白沙祠牌坊为代表，建于明，四柱三间三楼，明间主楼为庑顶，次间为歇山顶，用绿色琉璃瓦剪边。结构严整、周密，斗栱用四跳九踩重翘如意斗。外形庄重，古朴雄伟。佛山祖庙灵应牌坊也是木牌坊。

石牌坊——岭南多雨，为保存耐久，以石代木，出现了许多石牌坊，其特点是斗栱简化了，采用装配式构造，两边常用斜戗柱和抱鼓石加强抗震力。潮州宗山书院坊、新会文庙石牌坊、东莞余屋进士坊、佛山升平人瑞坊等都保存完好。

砖牌坊——以砖墙柱承重，出砖牙支承屋面，以砖雕作为主要装饰，门洞可以用砖起拱或用石楣门。如佛山褒宠牌坊（现在祖庙内），建于明正德十六年，三间，通面宽6.95米，潮州碧湖洞天坊等。

亭有纪念亭、路亭等，纪念亭是为纪念名人而建。路亭既是路人避风雨休憩之所，也是点缀美化道路园林的景观。著名的亭有海丰方饭亭、鹤山东坡亭、惠东得道亭等。官窑北涌亭建于明代，平面为方形，三间重檐歇山顶，两重檐下施硕大的斗栱，出檐深远，形制古朴。其在路旁涌边，为路人休息茶坐的大好场所。

（七）古桥

岭南风景秀丽，风景园林和寺庙园林十分发达，兼且水乡不少，出于交通贸易、旅游美化之需要，所建古桥不少。古来有跳墩桥、浮桥、石梁桥、石拱桥（尖拱、圆拱）、砖卷桥、木梁桥、廊桥等。

石拱桥有乐昌楚南桂阳桥（清）、潮阳贵屿桥（宋）、龙川胜阳桥（清）和周公桥（清）、连平仙女桥（明）、梅县状元桥（清）、平远女德桥（明）和高桥（明）、博罗江东桥（明）和通济桥（明）、鹤山惠济桥（清）、澄海跃龙桥（明）等。

砖券桥有惠州拱北桥（明）、化州红花桥（明）、罗定石硖桥（明）、广西兴安万里桥（唐）等。

石梁平桥有广州流花桥（明）和云桂桥（明）、河源福兴桥（清）、梅县嘉应桥（清）、丰顺华南桥（清）、博罗长庆桥（清）和五孔桥（明）、海丰安康桥（清）、东莞德生桥（宋）和青云桥（明）、中山双美桥（明）、南海探花桥（明）、顺德明远桥（明）和利济桥（明）、阳江石山桥（清）、清远官路桥（清）等。

木廊桥有封开泰新桥（明）、桂林花桥（宋—清）等。这些桥用连排杉木组合成桥梁，有的还施斗栱或替木，上面建廊和亭，廊两旁设长凳，供行人避雨休息和茶座买卖，故名风雨桥和市桥，桥墩通常建有亭阁，形式优美壮观，如广西富川青龙桥、锦桥、双溪桥等。

（八）古城、炮台

统治阶级为了巩固政权，对城墙、城堡、城楼的建设颇为重视。随着时日的迁移，某些门、楼已经成为城市的象征，成为城市的空间艺术形象，每当人们看到矗立于广州市越秀山顶上的镇海楼时，都会浮想联翩，正是“万千劫危楼尚存，问谁搁斗摩霁，目空今古？五百年故候安在，只我倚栏为剑，泪洒英雄！”。为了抗御外侮侵略，保卫祖国的南疆，岭南人民修筑了这些防御工程。雄踞于珠江口的虎门炮台主要是清末林则徐为鸦片战争防务而设，在珠口分三道防栈，有沙角、南山、威远、大角、锁远、横档、永安、巩固、蕉门、大虎、新涌、清远等炮台。在沿海岸线的深圳、饶平、南澳、惠来、惠东、汕尾、海丰、阳江、徐闻、廉江等亦有修筑。岭南的城防工程还有饶平大埕城所、揭阳禁城（元）、汕头达濠城（清）等。现存的著名城门楼尚有位于赣粤交界的南雄梅关城楼（宋明）。广州市岭南第一楼，楼内所悬禁钟，是广东现存最大的铜钟，为明洪武十一年铸。钟口正对楼基所开的井口，鸣钟时，声浪传阶通道而向外扩散，悠扬洪亮，声闻十里。这种传音的设计，体现了明初广东建筑匠师的声学水平。

四、岭南古建的技术与筑术特征

岭南人创造了无数实用而美妙的建筑。在岭南历史的长河中，无数能工巧匠默默耕耘，用血与汗浇灌了岭南建筑之花，在祖国建筑大花园里争奇斗艳。可惜的是，在封建社会“百工之人，君子不齿”和重“道”轻“器”思想的影响下，建筑匠师得不到尊重，泯没无闻，没有留下多少文字记述。且经过天灾人祸，现存实物已经不多，要全面总结其特征是很困难的，下述只不过是抓住凤毛麟角而已。

（一）礼制的群体布局与丰富多变的平面布设

封建礼制始终是岭南古建筑设计的中心思想。中轴对称、方整庄重、规则协调是岭南建筑平面布局的主流。岭南村落还是以祠堂为中心的居多，城市多以衙门府治为主轴，住宅常依祖堂而定。其他从属房屋（房间），多左右平衡配置，突出中心，在开间尺度上、间数上和进深上加以强化，前面的池塘和后面的山丘林木加以陪衬，建筑整体感强，不拘泥于单体建筑。以庭院为核心，循序渐进的院落空间序列，是岭南建筑群的组织灵魂。在庭院处理上，通常庭院的比例尺度较小，比较紧凑；庭院间多有庑廊、门、檐廊等过渡和联系空间；厅多为敞厅，门窗多向天井开敞；在普通人家庭院中也有水池、花台、盆景山石，不但美观，且利于降温。庭院形式变化多端，内中水池常为方形或几何多边形。岭南花木四季常青，秀毓飘香，彩色缤纷，有一种恬静幽雅的特殊意境。

岭南民宅平面类型极为丰富，多定型化、标准化，代代相传。岭南潮湿，为使空气流通，建筑尺度多升高，前低后高，用巷里对直来兜风入室，有所谓“露白”来加强通风采光，通过整体环境设计来达到降温效果。

岭南建筑平面尺度通常以瓦坑宽度为模数，“坑”分两等，大“坑”约30厘米，小坑约25厘米，由坑组成间必须是单数。由间组成栋，由栋组成里或巷，由巷组成村落，井然有序。

岭南古代多迷信“风水”，所谓“风水”，据说是建筑要“藏风得水”，其标准是“龙”要发脉奔腾有势，俊秀灵活……这是岭南人为使建筑适应于自然环境之一种特殊的设计构思方法，当然有其迷信的色彩，由此而使岭南建筑产生了千变万化的建筑景观。

（二）硬朗的抗风抗震结构与多样的地方材料

为抗御岭南常遇的台风和地震，木构架的刚性问题始终是岭南建筑的核心问题，因而产生了它特殊的结构形式。

虽然中原常用的传统抬梁式木构也会被应用，但岭南总的木结构还是以穿斗式为主流，如果明间因功能需要而采用抬梁，则偏间多用穿斗构架或直接用山墙承重。

宋代肇庆梅庵和德庆元代学宫大成殿受中原木构影响最深，其中还保存着唐代某些遗风，为了加强刚性，抬梁也改造了，如把斗栱后昂加长；把枋断面加高为1∶2；斗与栱间加插串梢，广泛使用丁字栱；襻间枋增加；等等。

为加强抬梁架的刚度，岭南地区常见的手法有：筒柱变为瓜柱；把瓜柱的比例加长；抬梁架的下梁与金柱用榫固接；把抬梁与外槽穿斗式框架组合成整体，共同受力。

明清时的岭南木构已很少用栌斗，檐柱直接承托桁条，挑檐桁的荷载直接压在挑枋和华栱上，挑枋和华栱穿过檐柱，与双步梁或劄牵组成整体，以达到力的平衡，实际上是穿斗式建筑构架原理的灵活应用。

岭南多斜风雨，檐柱易受雨淋而腐朽，明清时，檐柱常以石代木。岭南盛产花岗石，在明清时，好些小庙、牌坊、塔、桥等，均趋向用石仿木。

岭木木构的另一特色是不受某一形制的约束，按实际条件随宜变化，少有相同，在变化中求适应，因地因材因条件而制宜，五花八门，各显神通：柱的位置常无定位，梁的高低也无定位，常有雕花封檐板，桷出头多做成鸡胸式。

岭南木构很少有吊天花，为防白蚁和防腐，木材尽量外露，以利通风。无栱眼板。

岭南建筑的用材特点是就地取材，因材致用，如墙体材料，潮汕地区用贝灰三合土，山区用石墙、土坯和夯土墙。岭南石材应用广泛，明朝以前广州多用红砂石，明朝以后多用花岗石，通常用于柱础、压檐边、步级、通道、山墙挑檐、外柱墙基、外栏板、须弥座、勒脚等。

（三）独具的立面造型与空间格调

岭南建筑的艺术造型可分为两种类别，一是庙宇、祠堂之类，风格比较壮丽豪华；二是民宅店铺之类，风格比较朴素淡雅。它们的共同特点有如下几方面：

（1）强调脊饰的艺术造型作用：脊饰比例较高，脊饰母题多是民间爱好的岭南风物人情。

（2）强调入门的端庄与气派。岭南人把门面看作是最重要的，是重点艺术处理所在，几乎是模式化了。通常有凹凸廊和高台基，这种手法一可防风避雨，二可产生立面阴影，以虚实对比来加强中轴。门簪和横楹联精心雕琢，蔚为壮观。门上屋顶也较两边升高，前面还有石狮、抱鼓、旗杆石等。

（3）有哲理性的山墙形式处理。岭南建筑出于防风防火，相当部分是采用硬山顶，硬山屋顶的上端砌成各种形象，创造了丰富多彩的山尖形式，活跃了岭南建筑外观。这些山墙按金木水火土哲理，有的夸张飘逸，有的庄重朴实，有的层层叠叠，有的行云流水，给人以强烈的吸引力，变幻了方整平面的立面空间视觉。有些祠堂庙宇还把山墙做成排山滴水，施加彩画泥塑，更丰富了侧立面的造型。

（4）讲究柱范的艺术造型。岭南建筑比较高敞，柱子在建筑艺术造型中，地位重要。柱子的断面有圆、八角、四方花瓣等。岭南的柱础为防潮雨，比例特高，一般都在 30 厘米以上；有的竟近 1 米，它的造型样式不下百种。柱头常见有“莲花托”如意斗栱或出挑华栱。

（5）适宜的色彩处理。在建筑比较密集的珠江三角洲地区，建筑通常以灰为主调，灰麻石勒脚、灰青砖墙面、灰瓦面，只有屋脊和山墙才用较鲜艳夺目的灰塑或琉璃脊，这些颜色是材料真实质地的反映，可减少辐射热，有一种安宁感。在山墙上为加强轮廓，常施黑色边条线饰，其间画白色卷草点缀，颇醒目清新。

岭南建筑的空间格调在群体上主要注重跟自然环境的调和。建筑群的起伏，多变的屋顶形式和门窗的虚实安排，处理得有节奏、有层次。在变化中求统一，在端庄中求活泼。

（四）材美工巧的装饰装修

建筑的装饰装修是表现传统文化的重要手段之一。岭南建筑集岭南乡土文化于一体，反映了浓厚的地方特点，工匠们还用三雕（砖、木、石）、三塑（灰、泥、嵌瓷）及彩画等工艺，施饰于梁架、柱、门窗、脊、檐、台等处，令人观而叹止。

1. 木雕

岭南木雕以灵秀著称。潮州金漆木雕桁架，花样多，雕位能结合受力情况，灵活处理，颇有特色。屏风主要是用于空间的分隔和遮掩，在屏风上施以木雕可减少空间的封闭感。

岭南庭园书斋、厅堂常用罩来确定空间范围，分而不隔，其形式有落地罩，圆门罩、博古罩等，雕法常用通雕、拉花和钉合等，母题有葡萄、龙凤、藤花之属。挂落花牙子是在柱间门框的架饰件，通常是用木条斗合成各式精美图形。

封檐板钉在桷板端，起保护桷头不朽作用，雕作有浮雕和通雕两种，内容是飞鸟花草之属。

岭南的神龛、大床和家具都多施木雕。明代广式家具以曲线为美，简明、舒适而为人所赞。麻编竹编家具也广为流传。

2. 石雕

石材坚实、耐风化，岭南室外装饰常用。雕作部位有井圈、挡板、台阶、柱础、抱鼓石、门框、牌坊等。

在各种石饰中，岭南最有名的是石狮和石牌坊。石狮形态生动、线条流畅。石牌坊构图奇巧多变，刀法浑朴自然，很有风度。

3. 砖雕

近海地区，因海风含有酸性，易风化砖质，砖雕较为少用。在广州附近砖雕颇为常见，多用在门额、墙头、栏杆、墀头及通花漏窗。

陈家祠正面四幅大型墙头砖雕最为著称。其高度 2 米，宽 4 米，是由一块块质地细腻的东莞青砖细雕精刻接拼而成。内容为“群英会”“聚义厅”等民间故事，场面大、层次分明，极富表现力。

4. 灰塑与泥塑

灰塑是用石灰、麻刀、纸浆和铁丝等塑制而成的饰件。它制作自如，可塑性大，常用在脊饰和檐下，也可塑成翼角、鳌头、仙人、走兽等立体饰件。

5. 陶塑与嵌瓷

陶塑是用陶土塑成所设计的造型后，由高温煅烧成型。嵌瓷是在灰泥的饰体，上用彩色瓷片粘饰表面。

两者都有一定的光亮度和艳丽感。用在屋脊上，与琉璃瓦屋顶配合在一起，使建筑物显得高雅堂皇，在陶塑强烈的阳光下斑斓夺目。

6. 壁画

岭南从原始社会就有在崖壁上施壁画的风气。历代也出现过不少壁画家，如清代同治年间就有一个专在寺院绘壁画的李魁。

壁画的位置，多在建筑中受人注目的墙面，如门廊、山墙、屏门、侧壁等。在庙宇中的壁画内容多出于宗教题材，以作教化；在祠堂中多为歌功颂德的人物故事；在民宅园林中多为山水兰竹之属。门神是绘在门上的国画。

壁画制作简易，表现了风俗民情和社会意识，可惜的是因不断受人为涂抹更新，所存已不多。

总而言之，岭南古代艺人在不同的历史阶段内，刻苦经营，延绵不绝，高峰迭起。在特定的地域环境内，善于吸收外来文化的滋养，刻意创新，创造了特别的岭南古代建筑艺术。在世界建筑史中享有独标的声誉。

岭南早期建筑发展概观

原载于 1997 年《华南理工大学学报》

“岭南”一词始于唐，贞观年间所置十大行政区“道”，其中就有“岭南道”，位于五岭之南、北靠大庾、骑田、都庞、越城、萌渚岭，南接南海，地域包括广东、广西、海南全部，以及越南北部和滇闽少许地区。“岭南”的概念出自于中原。《史记》中泛指“扬越”“百越”，汉以后又称“岭外”“岭表”“岭南”。岭南高温、潮湿、雨多、台风多，属热带海洋季风气候区；境内山多、江湖多、林多、海岸长，属华南复杂丘陵地。在此特定的环境下孕育和塑造了岭南特殊的建筑文化是华夏建筑的一枝奇葩，在世界上占有一席之位。

岭南建筑文化由于特殊的历史机缘和特定的人文地理影响，呈现出自身的发展特色，走过了不寻常的道路。本文仅介绍其生成、演进、嬗变的过程，简述其各个时期的历史特征。

一、萌芽与开拓时期的海疆建筑文化——原始社会与奴隶社会

岭南建筑文化源远流长。由迄今广东发现的曲江马坝人证实，最迟在距今约 13 万年以前的岭南就有人类活动。马坝人是中国古人类的一支，又有东南亚海岛古人和欧洲古人的基因，旧石器制作也有别于中原。岭南早期居民的生存状态一开始就有所差异。随后，在广西发现的“柳江人”“麒麟人”“灵山人”“都安人”以及广东的“封开人”“阳春人”“乐昌人”等，均有岭南人自身发展的传承关系。他们多居住在向阳、近水、高台的自然石灰岩山洞内，洞窟多曲折隐蔽，利于防卫、寻食、御寒和阻热，与北方的黄土层穴居不同。崖洞居是岭南旧石器时期的主要居所。

岭南远古森林茂密，野兽和虫蛇多，先民为了生存，巢居当属必然，正如《韩非子·五蠹》所云：“上古之世，人民少而禽兽众，人民不胜禽兽虫蛇，故圣人构木为巢，以避群害。”这种巢居，估计是后来发展成岭南“干栏建筑”的原型，当时岭南人过得是流浪生活，巢居只可能是暂时的住所。

新石器时期是岭南多部族大繁衍时期，新石器遗址遍及岭南各地，已发现的有千处以上。

著名的有广东南海西樵山、封开黄岩洞、阳春独石仔、英德青塘、湖安陈桥、增城金兰寺、东莞万福庵、深圳小梅沙、曲江坭岭、河源上荒墟、龙川坑子里、翁源下角垄、五华长岭岗、汕尾沙坑、廉江丰常村、海康英楼岭、徐闻丰岭、三水银洲；广西有东升亚菩山、南宁的豹子头、横县西津、柳州兰家村、桂林甑皮岩；海南的海口、文昌等地均有发现。

从上述众多遗址发掘报告可知，地区文化特点尚未稳定，珠江与韩江流域以贝丘和沙丘文化为主体，出现了彩陶，已有地面建筑。据南海九江灶岗遗址发掘，当时地面建筑是在压平的地面上立稀疏的柱，上用树枝茅草搭盖。

新石器早期的粤北地区除保持天然洞居外，还出现了半地穴居，如曲江周田鲶鱼岗遗址，建筑平面近方形（3.2 米 ×3 米），有门道向南，室外地面高于室内 0.3 米，用木柱插地支架屋顶（柱洞为圆锥形），中同有支柱和火塘。与之相似的韶关走马岗遗址，除方形平面外，还有椭圆形，并有密穴和窑址，还发掘有斧、刀、凿、铲、镞等原始石制营造工具。

汉·杨孚《交趾异物志》有载：“乌浒，南蛮之别名，巢居鼻饮，射翠取毛，割蚌求珠为业。”估计“乌

浒”人是岭南远古水上居民的后代，以捕鱼采珠为业，是住在水边的赤黑色皮肤的渔民，后来有的发展成以船为家的所谓“疍民”（艇民）。

1992年香港大屿山扒头村发掘的新石器遗址，其堆石为基础，上用木支架为棚，共构筑6~10平方米的棚房20多间。高要茅岗木构遗址面积达1000平方米，其构筑类似浙江河姆渡原始社会遗址，均在河边立柱，柱间穿接横枋，绑结楼板，上架构坡顶，属“干栏”式建筑。

就上述零星考古资料可说明，岭南原始建筑的发展是经历了一段浸长而复杂的开拓历程。建筑类型概括起来有：巢居、岩居、半穴居、干栏居、水边居和船居等。

岭南古称为“百越之地”。《史记》曾记载赵佗“和集百越”“与越杂处十三岁”，说明秦以前的岭南已居住着许多不同的部族，这些部族多数是被淘汰和混合了的。当现今延续下来的还有黎、苗、瑶、壮、侗、仫佬、毛南、彝、水、仡佬、布依、土家等少数民族，这些民族的风俗和建筑文化虽然已经大多被同化和演化，但多少还有原始的岭南文化影子。

《尚书》有“宅南交”的记载，《通典》也有“夏禹声教，至南海交趾”的论述，说明新石器晚期岭南与中原的交往是确实存在的。考古发掘的石器和陶器也证实，当时不仅与中原有交往，和东夷、南洋也有交往。部族间的征战，原始人为了生存的南移北迁，都是很正常的，所以说原始社会时的岭南建筑文化就存在着交流性和兼容性。

岭南的青铜器时代遗址发现也有上千处。这些铜器多直接受中原的影响，粤北地区的铜器更具楚国的特征。有的甚至是直接从北方流传下来的，但广西、越南、海南出土的一些铜鼓却独具一格，鼓山铸饰有“蛤蛙”和“六鸟”，反映了古越骆人图腾崇拜的特色。

始兴白石坪战国建筑遗址是当今岭南发现的先秦最有价值的遗址，面积约5000平方米，地表散布大量硬陶纹绳筒瓦和板瓦（长30米、宽18米），还有角状图案的半圆形瓦当，极为罕见（《考古》1963年第4期）。

二、统一与立国时期是岭南建筑发展的第一高潮——秦汉时期

公元前221年，秦灭六国。续后，秦始皇令任嚣和赵佗南下平定岭南，置南海、桂林、象三郡，数十万南下官兵“与越杂处”，把岭南统一于强大的封建帝国之下，这是岭南建筑历史性的飞跃，秦对岭南的统一包括政治、经济、文化等方面。汉人成了统治的主体，南下汉人直接带来了中原先进的文明制度，与原土著文化相结合，对岭南的开发起了很大的作用。汉人的铁器牛耕、种桑养蚕、窑烧砖瓦、营造工艺相继传入岭南。在交通方面，秦为进军岭南，于公元前233年至公元前214年修筑了灵渠，连通了珠江和长江的水系；桂阳峤道、梅岭通道的开通，更加速了南北经济文化的交流。秦还在这些通道上修筑起阳山、湟溪、横浦、兴安等城关。

赵佗秦初曾任龙川令，在龙川“故城”用土夯筑佗城（周长800米），现存赵王井，相传是赵佗当年所用饮井。《淮南子 · 人间训》载秦始皇发兵五路征岭南，其中“一军处番禺之都”。秦时军政一体，初任嚣为南海郡尉。任嚣去世后，赵佗代之。不久中原大乱，赵佗用武力合并了桂林和象，于公元前206年建立了南越国。

1975年在广州中山四路一带因基建在地下约4米处，揭掘了三行近百米类似铁路轨道的地下构筑物，轨距1.8～2.8米，下垫枕木，上树整齐的方形木柱墩（上已朽，仅留柱脚30~50厘米）。按地层分析，此建筑估计是秦时南海郡署所在，已故龙庆忠先生认为是建筑基础（跗），麦英豪先生认为是造船遗址。这得待以后全面发掘才见分晓。

南越国是一独立的政治实体，是作为一个地区的文化政治中心存在的，统治者是中原汉人，汉文化就成

了主体，它融合了百越文化，吸收了楚、魏、赵文化，加上与印度、南洋诸国、西亚等国的文化交流，汇合、熔煅、提高，初步形成了古代岭南文化的根基。

南越国与中原刘邦汉王朝是同年建立的。赵佗对汉朝采取有战有和、称帝又称臣的策略，历经五代，统治岭南达 93 年。在这一历史阶段中，政局基本稳定，生产发展，商贸活跃，掀起了建筑发展的第一个高潮。

据近年考古发掘初步确定，南越王的宫殿在广州中山四路旧城隍庙一带，虽未全面揭示，但从零星建筑部件遗物中可看出其规模之宏大，形式之富丽堂皇，与长安、洛阳汉代宫殿不相上下，遗址中发据了大量筒瓦、板瓦和“万岁”瓦当，有的涂有朱红，屋脊塑造古朴，朱绿相杂。陶质窗棂和带斗栏杆，构图精美，遗址中有一条用大型印花图案地砖铺筑的走道，全宽 2.55 米，地砖为 70 厘米 ×70 厘米见方，厚 12 ～ 15 厘米，质地坚实，表面斜交几何花纹，走道两边还间砌有厚为 5~7 米的石板以求稳固，做工讲究。走道的东北部还发掘有用片石块砌成的冰裂纹面的大型方形仰斗式凹地坑，深约 2 米，四面坡度和缓，估计是蓄水池或戏泳池之属，池中有一块石刻有“蕃”字。这一带有可能是宫苑范围。据《南越行记》云，赵佗为接待汉史陆贾，还在城西建越华楼（馆），是为岭南最早的园林宾馆。

《广东新语》记述起佗有四台，即越王台、朝汉台、长乐台、白鹿台。台的形象据裴渊《广州记》云：“尉佗筑台以朝汉室，园基千步，直峭百丈，螺道登进，顶上三亩。期望升拜，是为朝台。”据古籍载，越王台在粤秀山上，白鹿台在新兴县南 15 里，均未发现。1982 年在五华狮雄山上发掘了长乐台，面积约 2000 平方米，有殿堂、楼亭、回廊、房室等遗址，建筑分布在一座自然山冈的两层台地上，面临东江，风景优美，遗址中有大量筒瓦、板瓦和云纹、箭纹瓦当，与中原样式相似。这些台榭，估计是赵佗用作游乐、狩猎、观光、防卫、理政、结交土族首领之建筑，属宫苑建筑。

秦汉建筑遗址除上述外，在徐闻、乐昌、澄海、始兴、南海、四会、百色、桂林、合浦、日南、九真、儋耳、珠崖等地均有发现，砖瓦的形式和尺寸与中原大体相似，这说明岭南建筑文化的主动力在中原，也说明当时岭南建筑的整体性特色已初步有之。

1983 年在广州象岗山发掘的南越王墓是岭南汉墓中最大、出土文物最丰富的一处。墓凿山为穴，用大块红砂石筑构墓室，上覆大石板，四向斗叠，上夯土压实，朝南斜坡式墓道，用多层石门防盗墓，室全长 10.85 米，最宽处 12.43 米，前后三进，分前门厅、中殿堂、后宫室，门厅左右有耳室，后进左右有东西侧室，布局基本按前殿后四房的格体布设，门厅顶部、四壁和石门上都以朱墨绘有卷云纹壁画，线条流畅奔放。中殿堂有漆木屏风，其托座和顶框等构件用铜铸鎏金制作，有蛇、凤、卷草等精美图案，尤其是托座，造型取自“越人操蛇”。越人跪坐在地，瞪目獠牙，五蛇交错缠身，中原也少见有如此完美精巧的工艺杰作。

岭南发掘的汉墓数以百计，西汉中期后的墓制，盛行明器随葬，其中各式陶屋最为普遍，这在中原虽已有之，但其数量与类型大大超过中原，从侧面可以看出当时岭南人重居所的观念是比较强的。

明器屋其实是岭南汉代的建筑模型。制作之精巧生动，形式之丰富多变，比例形象之合情理，布局之灵妙构思均超过中原，是汉代岭南建筑的如实再现，从中可以看出岭南建筑在汉代已有如下浓厚的地方特点：①建筑类型有堂、屋、畜舍、仓囷、井灶、碉楼、塔楼、坞堡等；②建筑平面有独座单栋式、曲尺式、三合院、四合院、城堡式；③结构有穿斗、抬梁、混合三种；④多为干栏式架空地层框架结构，屋顶有悬山、歇山、四阿、重檐、披檐、长短檐等；⑤建筑部件和样式丰富多彩，有斗栱、栏杆、脊吻、棂窗、台基、平坐、楼梯、铺首、通花窗、排山瓦、起翘、斜撑、门簪、替木、卷帘等。岭南地区的高超建筑技术和艺术水平在明器中充分表现了出来。

1971 年在广西合浦发掘的汉墓铜屋，系属干栏式建筑。平面三间，为长方形，前有宽阔的柱廊，可防雨防晒，平台有简朴栏杆，正间有大门，梁柱整齐，屋顶为悬山波纹瓦顶，风格轻巧，反映了岭南特色。

三、进一步交流融合的岭南建筑调整时期——三国、两晋、南北朝

魏、蜀、吴三国鼎立，岭南属吴国管据。据《水经注·浪水》载："建安中（211 年），吴置步骘为交州刺史。……骘登高远望，视巨海之浩茫，观原数之殷阜，乃日：斯诚海岛膏腴之地，宜为都邑。建安二十二年，迁州番禺，筑立城郭。"按此载，自东汉对岭南失控以后，番禺时有战乱，南越城已荒芜，岭南统治中心曾转移到广信（封开）。当孙权派步骘来交州做刺史后，于黄武五年（公元 226 年），分合浦北为广州府治，在南越佗城的废墟上重筑城郭，广州之名由此起，自吴至唐，广州城垣未有大变动。

东吴置广州后，岭南的经济重心又移到珠江三角洲，商贸繁荣，与东南亚、爪哇、印度已有定期船只来往，外国僧人亦开始从海上来广州。

现光孝寺原在南越城的西郊，初为南越王第五代赵建德的故宅。吴时，骑都尉辟为讲学场所，广植诃子树，又名"诃林"，建安五年（401 年），罽宾国（今克什米尔）僧人昙摩耶舍来此讲经，家人舍宅为寺，名为制止寺，是为中国早期寺院之一。

西晋虽结束了三国分立的局面，然而司马氏腐朽不堪，引起了外族侵入和"八王之乱"。中原长期处于十六国争夺战乱之中，东晋则在建康偏安近百年，江南经济大为发展。当时岭南与江南交往接触最为密切，南北朝时，北朝外族大举南侵江南，江南汉人又大量流入岭南、在广州晋墓中有砖铭："永嘉世，天下荒，余广州，皆平康"，因江南和岭南皆以水上交通为主，海上贸易优势进一步得到发挥，又因西北陆路交通被战争所阻，海上对外贸易更为频繁。

晋、南朝的王亲国戚多笃信佛教，岭南佛寺大兴。据《大藏经》统计，六朝时广州兴建的佛寺就有 37 座，始兴，南雄、增城、清远等地都建有大量寺院。

南朝梁大同三年（537 年），广州西北角建成有大型的宝庄严寺，其中心有一华丽的木塔，专供成昙裕法师从柬埔寨带回的舍利子。此塔后被火毁，宋时重建为六榕塔，塔四周还挖有九口井，南北朝时在广州白云山还建有双溪寺和景泰寺。在合浦、徐闻、九真、珠崖等地也建有佛寺。

梁武帝普通八年（527 年），天竺国著名僧人达摩，由海路来广州，在今下九路登岸，创建西来庵（西来初步），造就我国禅宗之祖，后来该寺又经兴毁，改名华林寺，一直保存至今。后来达摩由陆路北上，在韶关于南朝梁天监三年建宝林寺，即今南华寺，达摩于 529 年到达少林寺，推动了中国佛教的改革与发展。

秦代方士安期生曾在岭南名山罗浮山采药，东晋咸和二年（327 年），道学家葛洪来岭南，曾隐居罗浮山朱明洞，建冲虚观，在此炼丹、著书、制药。罗浮山从此成为全国道教的中心之一。广州越秀山南麓三元宫，始建于东晋年间，是南海太守鲍靓为其女修道所建，初名越岗院，据文献记载，同时还建有浮邱丹井。以上说明，道教在岭南的发展有相当的历史基础。

冼夫人是岭南地区由南朝至隋的著名地方首领，才智过人。535 年与高凉太守冯宝结婚，对促进岭南的安定繁荣和汉俚的文化交流起了很大的作用，冼夫人的活动地域主要有粤西、海南、桂东，这些地方现今还留下一些冼夫人时期的城堡、房基、仓库等遗址，在高州、海康、电白、海南等地，还保存有冼夫人庙百余座。

南朝梁天监二年（503 年），在现今化州旧城岭，建石龙郡，筑郡城墙两重，东西长 330 米，南北宽 300 米，现还残留夯土回字形墙基，其中西墙残长 72 米，宽 35 米，高 2.7 米。此外，电白的南巴郡故城、遂溪的南塘村遗址、海康的殿山坡遗址，亦留下有南朝时期的建筑墙基和砖瓦材料等。

在岭南各地区均发现有两晋南朝墓，在墓室结构上比之秦汉有如下变化和发展：①墓砖的烧制质量有所提高，多为长条薄青砖，还有楔形砖和刀形砖等，砖面上常刻有文字和各种图案花纹，如鱼、鸟、草、莲花、方格、斜回纹等；②多采用拱券墓室，墓室比较高大，常见有双重券、尖拱、穹窿等，有的墓壁有假柱和假

棂子窗等作法；③墓室平面比汉墓复杂，有“凸”形、“十”字形、“卄”字形等；④随葬生活明器有所增多，但工艺比较粗糙，建筑明器已减少，有的已不用。

四、繁荣初呈，岭南建筑在兼容中形成第二高潮——隋唐时期

隋文帝攻下建康灭陈后，岭南地方首领冼夫人依顺历史潮流，归附于隋。和平统一后，岭南局势又趋安定。隋文帝注意海疆开拓，与泰国、柬埔寨、马来半岛诸国都有使节来往。广州、海康、合浦、徐闻等海港商船云集。

开皇年间（581—600年）朝廷封南海神为“广利王”，在今广州黄埔庙头村创建南海神庙，其庙制按《粤中见闻》是：“中为神宇；东为厨库、牲房；西为斋宿所；南为仪门；少南立石华表，为望所。”庙已经修改，布局基本还保留隋唐古制。

冼夫人被隋文帝封为“谯国夫人”，死后在电白县山兜村建墓，有正方形围墙、面积约有8500平方米，中间祭堂已无存，曾发掘有隋唐式覆莲柱础和莲花瓦当。高州有隋代长坡旧城，现存冼夫人庙始建于隋。

隋末，岭南地区地方势力又起兵割据，唐统一中原后，于621年挥兵南下，经两年的征战和招抚，岭南又重新归唐。唐为加强中央集权，把岭南划分为东、西两道，东道治广州，西道治邕州，海南岛东部设万安州。

唐代国家强盛，对岭南推行开拓和宽容的政策。一方面鼓励中原人南迁和扩大对外开放；另一方面对土著越族实行减税和团结，古越族人已大多同化在汉族的大家庭中，局部山区地的百越人经自我调整后保存下来。

唐代的广州是在三国吴番禺城的基础上发展起来的，城基虽未变，人口却大增，元和年间（806－820年）已有74099户，估计有35万人以上。当时海上和陆路交通空前发达，国内外经贸繁荣，流动人口数以万计，岭南道署设在城之北端，中轴对称，有大道直通南门，南门外至珠江为商贸区，东北部是游览区，《南海百咏》云：“唐会昌间，节度卢公遂疏导其源，以济舟楫，更饰广度，为路青避暑之胜地。……其下流为甘溪，夹溪南北三四里，皆植刺桐、木棉，旁侧平坦大路。”

据文献记载，唐代的广州著名建筑有靖海楼、尉佗楼、津亭、菠萝庙等，当时的建筑风格，《全唐书》描述为：“大槛飞轩，高明式叙，崇其栋宇。”说明高、大、崇同样是岭南建筑的重要特征，韶关北江边的韶阳楼、海南崖州的望阙亭、高州的贡院楼、连州的燕喜亭、广西柳州的驿亭等都是有名的唐代建筑。

建筑与环境的关系，唐代的岭南人已有一定的认识，唐诗人柳宗元在《柳州东亭记》谓：“乃取馆之北宇，右辟之以为夕室，左辟之为朝室，又北之为阴室，作屋于北牖下以为阳屋，作斯亭于中为中室，朝室以夕居之，夕室以朝居之，中室日中居之。阴室以违温风也，阳室以违凄风焉，若无寒暑也，则朝夕复其号。”

岭南在唐代已颇注意对风景区的开发，罗浮山、西樵山、峡山、白云山、碧落河、龙龛岩、鼎湖山等已名闻全国，古籍中还留下不少名人诗词和游记，由中得知当时人们已注意到建筑的配景、对景、造景、借景的原则，现尚存（已改建）的飞来峡观瀑亭、连县的燕喜亭最为典型。在《燕喜亭记》描述燕喜亭依岩临石绕泉，“能避风雨寒暑，晨往而夕忘归”，有“淋漓指画之态”“凡天作而地藏之”“极幽遐瑰诡之观”。

唐代的广州是国际性的海港城，异国文化建筑更多地被移植而来，其中伊斯兰建筑文化最为突出，当时波斯人和阿拉伯人已有数万人定居广州，在城西南沿江一带“筑石联城以长子孙”，这就是后称的“番坊”，唐政府为管理方便，特设番长授权自治，保留其风俗和信教自由，约在唐天宝年间，坊内建起了怀圣寺和光塔。怀圣寺为门堂回廊布局，保持唐制。光塔高36.3米，为圆柱形，塔内两边有相向螺梯直上，外为砖砌，顶有平台，以观天象和召呼教友，据史载，广州北郊桂花岗“回回坟”传称为唐代清真先贤古墓，室下方上圆，砖砌似悬钟拱顶，通经有回音，俗称“响坟”，类似的“回回坟”者，在陵水、崖县、徐闻均有之。

唐代岭南佛教颇盛，禅宗六祖慧能出生于新兴县，十四岁出家拜湖北东山寺五祖弘忍为师，因悟性高，接禅宗六祖衣钵，唐高宗时在广州法性寺（即光孝寺）创立顿教，后北上曲江宝林寺（即南华寺），公开授

徒传教，称谓南宗庭祖，成为岭南佛教主流。从此岭南大量建造新寺，仅粤北就有四百余间，著名的有仁化云龙寺、清远广庆寺、乐昌临泷寺、曲江临鹫寺和韶关兴福寺等。另外，六祖的禅宗哲理从唐以后，一直影响建筑与园林的发展。

唐开元间，潮州、广州、崖县、柳州、梅州等地都建有开元寺。潮州开元寺的布局和梭柱、经幢、柱础至今还保存唐的风格。据史载，岭南唐代的大寺观还有：清远观音院、龙川青华观、罗定龙龛道场、新兴国恩寺、惠州栖禅寺、阳朔鉴山寺、肇庆龙兴寺等，唐代扬州大明寺高僧鉴真于748年东渡日本时迷航，漂泊留居岭南约半年，曾在海南三亚（振州）建大云寺，亲造佛殿；在崖县（崖）的开元寺增建“佛殿、讲堂、砖塔……又造释迦丈六佛像”，这说明，鉴真高僧在未把江浙佛寺构筑法传到日本以前，已先传入岭南，可惜的是在岭南没有能像日本那样传留下来。

岭南潮湿多蚁，木材易腐，易虫蛀，唐代木构已无存，只能从一些砖石建筑和一些残存部件中了解到片面特征，从潮州开元寺石幢和石柱中了解到当时柱有梭柱、分瓣柱和收分柱，柱础为覆莲花居多，比例茁壮。从光孝寺旁石经幢造型可知当时建筑出檐深远，用丁字拱承挑，筒瓦当饰有莲瓣。潮阳灵山寺大颠祖师墓塔，在八角基台上建圆形坟头，造型近似古印度“窣堵波”，仁化云龙寺塔为密檐方形塔（年代待证）。韶关张九龄墓，建于唐开元二十九年，平面为古字形，墓室为砖砌穹顶，基壁批石灰砂浆面，绘有彩画。

新会荷塘湾唐墓中曾发掘有一建筑塑形的陶坛盖，可从侧面了解到岭南唐代建筑的一些形象：①建筑为长方形，三间四柱，建在双层的台基上，其下有云梯直上，台左右各有五层方塔相配；②柱收分较大，正中大门似阿拉伯式马蹄形拱门，两侧有疏棂窗，屋顶属歇山顶，有起翘和脊吻；③出檐深远，用双层插栱托一斗三升承挑檐口；④造型稳健雄伟，又有飘盈通透的岭南风味。

唐代岭南儒学兴盛，许多朝廷大儒被贬或被任为岭南地方官员，如韩愈为潮州刺史，宋之问为泷州参军，刘禹锡为连州刺史，李绅为端州司马，张祐为南海县令，李德裕为崖州司户，裴夷直为驩州参军，李商隐为循州长史，柳宗元为柳州刺史……他们来岭南后身教言传，宣扬了中原儒学礼仪。许多岭南学士上京应试任官（如封开莫宣卿为唐代岭南第一状元，曲江张九龄为唐丞相），南来北往的文化交流促进了建筑的交流，在矛盾和兼容中出现了岭南建筑文化发展的第二个高潮。

柳宗元是唐朝廷的礼部外郎、著名思想家与文学家，于唐元和十年（815年）贬为柳州刺史，到任后即释奴、扶贫、讲学、造林、筑堤、挖井，四年后病死柳州。人民为纪念他，于唐长庆元年（821年）筑祠建墓表其功绩。现柳侯祠和礼冠墓估计是原位和原来布局，虽经历代变迁，唐风犹存。祠三进三间，全长75米，中堂与后厅宽畅通灵，两侧回廊环绕，院落明朗。祠后轴线上为圆形坟墓。祠侧有罗池，正对有柑子堂（柳宗元讲学、会客、赏柑处），思柳轩在池端，为后来所建。

唐代岭南有五个都督府和45个州，这些州府都有一定规模的城垣和州治，随历史的变迁，已无多存，《广东通志》有载：“唐罗州在县东北30里龙湖……”“唐武德五年（622年）始置石城县，属罗州”，据1959年濂江龙湖考古发据证实，城址面积约6×10^4平方米，主城在西北角高地，为州治所在，平面为正方形，四边有角楼，面积约1×10^4平方米，仅一南城门；向南有一干道，直通外城；外城亦有两重门，内外城门之间为市民居住区和商业区，轴线分明，有一定气势。城墙用土夯筑，外有护城河，城内尚留有唐代莲花瓦当和柱础等。

广西桂林唐代是桂州府治，李靖于武德年间（621—622年）筑城，现存南城门为石砌栱券，门洞宽2.86米，高3.45米，估计是唐建筑，门台上的城门楼为三开间，属后来重建，南雄城门亦始建于唐，城墙高8.2米，门台下宽12米，上宽10.25米，收分大，坡门用砖栱砌，高3.6米，宽3.95米。另外濂江近年来还发掘有凌禄、干水、草塘等唐代城墙遗址。

岭南自古以来商品经济比中原发达，南朝宋沈怀远《南越志》记有：“越之市为虚，多在村场。先期召集各商，或歌以来之。荆南、岭表皆然。”唐《岭表录异》和《全唐书》记述的岭南专业市场有：罗浮山药市、濂州珠市、东莞香市、广州花市等，此外还有獠市、山市、野市、驿市、鬼市、海市、蛮市，渔市、夜市等。

综上所述，对隋唐的岭南建筑文化有如下认识：

①随着岭南与中原和江浙的交往进一步加强，岭南建筑得到了进一步的发展，但与中原还有一定差距；②唐代岭南航海贸易的发达，外国人在岭南定居的人数增多，出现了外国建筑文化的直接移入，建织的海洋特色和兼容性进一步发展，对岭南建筑风格的形成影响深远；③隋唐时岭南建筑的艺术和技术水平都有较大的进步，建筑的瓦作、石作、木作均比较成熟，建筑的群体和整体观念加强，风景园林建筑水平在文人提倡和实践中有较大的提高；④商品经济进一步发展，建筑类型增多，建筑重实用功能，注意气候环境的影响，回廊布局普遍，楼阁建筑增多。城市与市场有较大发展。

从建筑考古学看广州“造船遗址”

原载于 2000 年《中国文物报》

1974 年冬在广州中山四路发掘秦汉木构遗址后，引起了全世界考古界的关注。由于考古范围是局部的，对现有资料的分析，每一个专业、每一个层次的人难免从不同立场和角度，有不同的看法，学术的争论是正常的。我向来的意见是在没有全面发掘以前，不要过早地下结论，留有余地。对于“秦代造船工场”的断定，我们是一直没有认可的。

建筑考古学是目前世界新兴的学科，它是面对考古的事实，按照建筑的历史原有平面功用、结构材料和艺术形态，逻辑分析研究历史建筑的科学。介于最近杨鸿勋先生在《中国文物报》发表的反对船台说，以及广州考古学术界掀起的正反方的争鸣，坦诚地提出以往自己看法和疑点，以作商讨，以求学术进步。并从建筑考古学观点，作了该木构遗址的建筑复原设想。

（1）造船平台支承船体的木墩通常无须如此规整，不须横竖对位排列和对轴布局；作为建筑它正好是有规律柱网布设，面开间为 14 间，进深 5 开间的殿堂式建筑，合乎礼制，合乎结构构造逻辑（图 1）。

（2）如是船台木墩，无须基本等边等高有收分（约 40 厘米 ×40 厘米 ×97 厘米），也无须与“滑板”用圆榫固定。只有干栏建筑下段架空柱子才要求等边等高有收分。所谓“船台横阵”其实是加强角柱地基承载力的地栿。

（3）船台木墩是临时支承构件，船下水后必拆除，也无须如此平整、精工、结实。作为建筑基础木构（龙庆忠老师所断言的柎、址栿），为支承上面建筑巨大的负荷，木柱和栿才需要如此平实、精致、条整、垂直。我同意杨鸿勋先生的看法，现木柱所以能残留，是因为干栏柱的下部已被填土和生活垃圾所覆盖，当后来建筑被火灾烧毁时，堆积土上暴露木构已无存，地下建筑木构因无氧燃烧，而幸保留至今。

（4）按已发掘“船台轨道”29 米，其探测断定约 80 米，轨宽实测只为 1.6 米，造如此长条的“龙船”，在秦汉时实用和技术的可能性是很少的。如果是建筑，就有可能是两栋并排的建筑。如果我们把先后发掘的“造船遗址”、石构水池遗址、南越曲流石渠道址、宫殿（署）走道遗址……联系起来看，它们的朝向是一致的，地面标高是有关联的，总平面的摆布是有机统一规划的。我估计这一片地是南越王的苑囿（御花园）。现“造

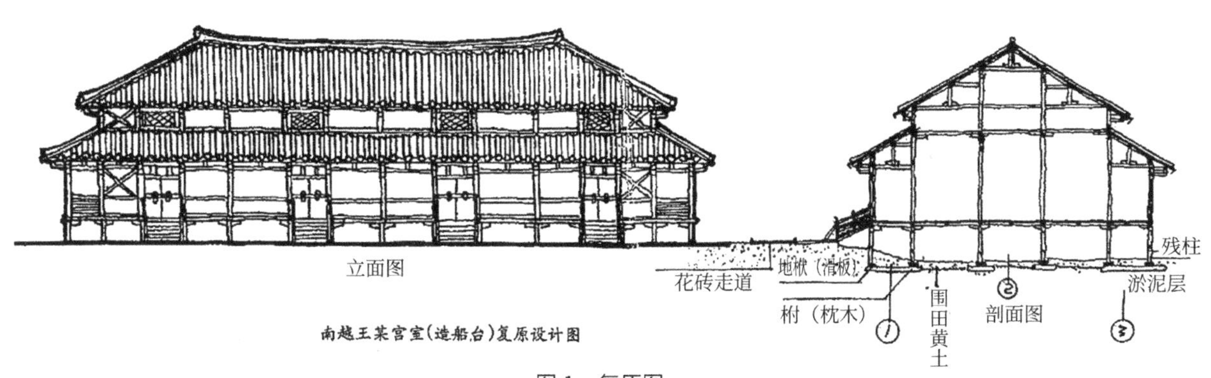

图 1　复原图

船遗址”只是苑中普通的一个休闲宫室。南越王主要大殿，按地质和秦汉东殿西苑形制，可能是在仓边路一带，在秦汉时的东半岛的轴线上。当时西半岛可能是狩猎场，越秀山下有古河道隔开，为沟通东西半岛的交通，有可能仿效秦始皇的阿房宫，有跨河的建筑和复道。估计当时广州没有城墙，把宫殿散落在山间水旁，是岭南最早的山水城市和园林化建筑群。

（5）所谓“弯木地牛”应该是用四条柱固定的两根（一受压一受拉）的木枋构架，其间距、高低、断面、位置，构造都不是那回事，估计这是建筑施工遗弃的两根木料。至于在“船台”周围留下的木片、炭屑、工具，并非仅为造船的特有之物。说它们是建筑施工遗物更为确切。造船遗址地面通常是不会有这么多箭镞、瓦当、漆器、陶片、家畜残骸的，只有供人起居的宫室会有这些遗物。所谓“木垂球”和“桨脚下斗”恰似建筑上带榫卯的木构件。

（6）造船台的选址，一般是选在坚实的有斜坡的土层上，上铺木板垫平滑道，通常是避开淤泥地。只有建筑因受整体布局的影响，不得不选在地质较差的淤泥地，靠采用木构来加强地基，以便建造上面的建筑。从南越国苑囿的地形处理来看，在同一历史年代的文化层，标高不一定在同一水平面上，干栏式构作的宫式，其下层地面标高低于其他宫殿地面约 1 米左右是合情理的。地形的高低、水渠的弯曲、布局的错落正是苑囿建筑的美学散漫的要求。最近儿童公园发掘的“宫殿”地面散水与“船台”前“宫署砖石走道”基本是在同一水平标高上，关系密切，估计“船台”下的枕木（其实是建筑基础），是在建好以后不久就回填了黏土。然后才在其一侧土上铺设大花砖走道。很难设想在“造船遗址”废弃以后在其上再建“宫署”。时间上是不可能的，当时建筑用地不像现在这么紧张，也没有必要。从考古学来说，凡同一遗址现实，只有一个结论，或是建筑，或是船台，不可能两者共存。要定论必须要进一步发掘与科学分析，不然的话，又是一个考古界的历史玩笑。在一次遗址讨论会上，我曾问过当时发掘的主持者之一黄流砂先生：“为什么在造船遗址文化层内会有云树纹和万岁字瓦当？”他回答说：“恐怕是船宫。”此话直至现在我也还无法理解。

（7）如果是造船遗址，考古学还要考证如下几个问题：①是造平底河道船还是造尖底海航船？②是造军用船还是民用船？造船的木料是什么？③造船是露天还是有工棚？造船的工艺流程和操作技术？④所造船的比例尺度、规模大小？每船台一次可造多少船？造船木料结合料是什么？是钉子？是胶？⑤造船滩头的成品船是如何下水的？下水后的船坞在哪里？⑥造船地址为什么要在曲流石渠和石水池的西北方？秦汉时当地的水局、水流是如何沟通的？地面水与地下水是怎么排的？⑦选在此地造船的意图是什么？这一带原来的地形地貌如何？适不适合造船？⑧主持造船的人是谁？确切年代是秦？是汉？是南越？是否找到有说服力的准确的文化层证据？船台使用了多少时间？废弃又在何时？因为我没有直接参加现场考古，故疑团多多。

广州古代建筑与海上“丝绸之路”

原载于 2001 年《国际中国建筑史研讨会》，与曹劲合著

海上丝绸之路兴起于两汉，吴晋南朝中国开通直航波斯湾的航道，广州成为南海交通的枢纽；唐代中后期，以唐帝国与阿拉伯商人为轴心形成世界性海洋贸易圈，促进了中国传统南、东向分途贸易的衔接。广州因此成为东方的大港。广州于元代曾一度降格，入明又恢复主港的地位，乾隆二十二年甚而独占海贸鳌头。

海上丝绸之路的中外贸易交往，不仅对各朝社会的政治经济产生巨大影响，更对位于海上丝路起点的广州城市建设有重要推动作用。作为岭南建筑发展中枢的古代广州建筑，其风格特点的形成，不仅在于汉族与原南方少数民族（包括楚、越、瓯等族）的交融渗透过程，而且凭靠海上“丝绸之路”的海洋贸易，不断地吸收了中亚、波斯、印度、南洋、阿拉伯、欧洲等建筑艺术成就，博采外域建筑经验，使自身逐步获得新的生机。以海上交通和贸易的拓展为背景，广州建筑与外国建筑较大的接触共有四次：一是汉至南北朝时期；二是唐宋时期；三是明中叶至清初；四是鸦片战争以后。每一次接触都或多或少增添了新的发展因素，创作上有较大的自由度和兼容性，主流还是中国式的，其深层次的文化基因仍出自中原文化这一个源体。在对中原传统建筑的游离中，承受并接纳着混杂和渗透，最终形成独特的岭南古代建筑文化。

一、东西方文化的初次海上沟通

据《汉书》记载，广州与海外交往是从秦汉开始的，当时主要是阿拉伯人把波斯湾一带的香料运来广州贸易，广州汉墓中普遍发现有陶熏炉，说明香料在当时的生活中已较普遍使用。象岗山南越王墓发现的银盒，是广州作为海上“丝绸之路” 最早起点的重要实物见证。苏门答腊与爪哇古墓中发拥有五铢钱和汉陶，也是互相文化交流的佐证。

西晋太康二年（281 年），大秦国派使者来广州亲善访问。同年，西竺（印度）僧人迦摩罗来广州传授佛教，建三归、王仁两寺。东晋隆安五年（401 年），罽宾国（今克什米尔）僧人昙摩耶舍来广州建王园寺（光孝寺），奉敕译经。南梁普通八年（527 年），印度僧人达摩来广州，建西来庵（华林寺），为中国禅宗之始。这些寺院原形均已毁变，无可考，但在广州后来的佛教建筑中仍留下影响，也是印度建筑在广州的影子，如在建筑装修中常用佛教八宝的母题：莲花、相轮、卷草、宝珠、孔雀等图像多来自印度；塔的形制和式样也是印度窣堵波的演变；建筑部件的须弥座、力士、壁画、佛龛、壶门、藻井等多来自佛教的影响；佛像的雕法与摆布，庭园方池，菩提树的种植，无不与印度文化传入有关。

始建于梁大同三年（537 年）的宝庄严寺塔（六榕塔之前身），即为昙裕法师埋藏其从印度带来之释迦舍利而建的，说明广州作为佛教初来地位之重要。据史载，在此期间，由于外族盘踞北方，文化经济重心南移，来华商贾僧侣或有志往印度求法之沙门多取道交广。历魏晋南北朝并隋唐两代，华梵僧侣，四方淄流常以广州为集散地，无疑对广州建筑的发展产生深刻的影响。

二、唐宋盛世大胆吸收外来建筑文化

唐代是开创中西方海上丝路新纪元的重要历史时期，中国安定的统一局面的出现，经济的发展，东西方政治经济形势的变化导致海上丝路取代陆上丝路而成为中西交通的主要通道。据《历代职官表》载，唐大历四年（769 年），一年就有 40 多艘外国大船来穗，广州市场商贾云集，熙熙攘攘。为了征收舶税和主持海外贸易，唐朝政府在广州设立了市舶使，这是我国第一个管理对外贸易的专官。来广州的外国人除商人外，还有僧侣、留学生、使节、观光者。由于政治经济的长期稳定，外国人大批长期留居广州，被称为“蕃客”。唐代政策还许可他们与唐人通婚、开店、入仕当官。为管理方便，还在现光塔路带设置“蕃坊”，内育蕃宅、蕃市、蕃仓等，这些建筑多由蕃人设计建造。繁荣的自由贸易带来开放和宽容的社会风气，建筑形式估计多为适应他们审美心理的蕃式，光塔就是一个见证。

宋时蕃坊亦有很大的发展，番坊中不仅有藩市，而且有蕃学。另据宋岳珂《桯史》卷十一记述，蕃坊中，“楼高百尺，下瞰通流”，“楼上雕楼金碧，莫可名状。有池亭；池方广凡数丈，亦以中金通甃，制为甲叶而鳞次”。这些都是阿拉伯建筑、园林形式输入广州的见证。

唐宋时为适应海外贸易的外交礼仪需要，还出现过海山楼（在今北京南路）和共乐楼（在今南濠街）等外事建筑。它们都建在外商泊船的码头处，雄踞江边，楼下是外贸市场，楼上是作为接待外宾、宴会娱乐的地方，市舶使也住楼内。共乐楼楼高五丈，气象雄伟，为南洲之冠，其建设显然是供梯航万里而来的外夷瞻仰中华文明。海山楼建于北宋嘉祐年间，纯粹是为了满足犒设海商的需要。按照宋朝的制度，每年十月，在海舶行将启碇离港的前夕，要设宴送行，以表慰劳之意，由市舶提举司主持。宋程师孟描写当时内港码头的诗云：“千门日照珍珠市，万户烟生碧玉城。山海是为中国藏，梯航尤见外夷情。”

现存光孝寺南汉铁塔，是我国现存有确切年代可考的最古的铁塔，其造型深受印度的影响。塔建于大宝十年（967 年），四角七层，遍塔布满千佛，佛形象有浓厚的犍陀罗味，檐下飞天、卷草、须弥座形式与构作等，可明显地看出它是脱胎于印度。在唐宋间，有许多外国著名高僧经海上来广州驻锡传教，译经弘法，同时亦将把印度佛教的庙制塔规、造像风格及宗教礼乐仪式带入广州。

三、扩展与海禁交替时期西洋建筑的传入

元代王朝推崇回教，阿拉伯商人来广州者甚众，其他国家商人来华后信仰回教者亦不少，回民居住区也在扩大。据元代《重建怀圣寺记》可知，元代是广州回教又一兴旺期。元人陈大震在《南海志》中指出，元代广州的驿馆有二：一是设在蕃巷的怀远馆；另一是设在冲霄门外的来归馆（现今文德路工人文化宫附近）。宋代的共乐楼亦改名为远华楼。

明洪武初，朝廷对广州的外贸亦颇重视，后因为防止外商支持沿海地方割据势力抗明而实行海禁。明永乐年间，国力强大，才取消海禁。《广东通志》云：“永乐四年（1406 年）置怀远驿于广州舰子步（在西关十八甫路），建房一百二十间以居蕃人，隶市舶提举司。”厅堂廊庑，楼阁玲珑，红墙绿瓦，雕梁画栋，花木扶疏，面临珠江，有码头交通之便。

明中叶至清初，沿海遭受到两股外国势力的侵犯（即来自日本的“倭寇”和西方的“蕃舶”），抵抗和海禁又反复了多次。嘉靖二年，朝廷罢福建、宁波两市舶司，只留广州市舶司，也就是“一口通商”。明清内相当长的一段时间，广州成为我国唯一的通商口岸。朝廷一方面希望通过广州的外贸来增加税收和满足上层消费生活需要；另一方面又害怕动乱，因此只好采用限制政策，不允许外商入广州内城。在此期间，中国封建社会已走向晚期，与之西方资本主义文明之比较已暂落后，但独尊自大的民族自尊心还很强，对西方建

筑的传入，在抵制中兼有好奇。

据《明史 · 佛朗机传》载，西欧最早直接来广州交往的是葡萄牙人，明正德年间（1596 —1521 年），葡萄牙人依仗其先进的炮舰，强行闯进了东莞和广州，“久留不去”“筑室立寨”，遭明兵击退后，则采用贿赂贪官的手法，租占了濠镜澳（澳门），于嘉靖三十二年（1553 年），在此建立了中国第一块殖民地，大兴土木，按西方建筑形式建“夷城”，雄踞海滨的城墙高耸，炮台林立，城内洋楼夷馆成片，开始了西欧建筑输入中国的先河，影响甚大。

明崇祯十年（1637 年），英国人开始依仗其“巨舟大炮”而招摇广州。此后经过多次与广州地方官员的较量，终未能实现其侵略野心，只能在朝廷控制下的十三行里进行少量的正常买卖。明末清初的十三行建在广州城南外沿珠江一带（即今十八甫之南），是政府指定的半官半商性质的受约束监视的商行机构。十三行建筑沿江岸码头展开，基本是洋式，故称十三夷馆。沈复《浮生六记》说这些建筑“结构与洋画同”，估计是商行买办请洋人设计建造起来租给外国人用的。梁嘉彬《十三行考》云：“夷馆结构备极华丽，墙垣甚为高厚。”从现存图片和外国人的描述中，可大体知道其建筑形象如下：建筑多为两三层，成排独自布局，外形多为回廊联拱式（谓殖民式）；下层多为厨房、仓库、仆人房、接客房，二楼多为账房、客厅、办公室等，三楼多为洋人卧室和金库等；夷馆前多有广场，大的商馆还有内花园、宴会厅、贵宾室等。在鸦片战争前后，十三行垄断地位已经动摇。又经过乾隆、道光几次火灾和战争洗劫，元气大伤，终于在咸丰六年（1856 年）英帝攻占广州时，“纵火焚烧夷馆，洋行亦被灾及，尽成焦土”。

四、崇洋自卑与大规模传入外国建筑形式时期

鸦片战争后，中国封建社会已腐朽没落，民族自尊心亦趋于崩溃，几千年来传统的木结构体系和古老的形式受到西方建筑文明的挑战。故此出现了较大规模的西方建筑的传入，广州的城市面貌随之改变，半殖民地建筑成了广州建筑的主流，临大街建筑大多西化，小巷居民虽仍保持着传统竹筒屋的形式，而新开发的城区开始了大片建造洋楼。

近代广州建筑形式受外国影响最大的是宗教建筑、纪念性建筑、公共建筑和沿街商位建筑（骑楼式）。广州一德路的圣心教堂（石室），建于 1863—1888 年，是第二次鸦片战争结束后，清政府作为赔偿，按法国水师总督谷芳德、法国会理华洋政务总局正使司大努安与清粤总督劳崇光签订的不平等条约在租地上（被军炮轰毁的两广总督府旧址）建造起来的，设计与最初领工均是法国人，后由揭西工匠总管建成。其建筑形式完全是法国哥特建筑的移植，是巴黎圣母院的摹本。教堂属罗马系派天主教，由礼拜堂、传教士住房、习教学校、普济医院和育婴堂等组成，建筑规划富于理性，体现了西欧文艺复兴以来的人文主义思想；结构为石砌栱肋砖穹窿，用飞虹作斜撑。拔地而上的两端尖塔，高达 58. 5 米，强劲的扶壁上之布满蓬勃向上的尖亭尖阁，轻灵的垂直线条憧憬着天国的美好，表现了法国哥特建筑艺术的壮丽辉煌。它的输入，给广州建筑增添了异彩。

1834 年以后，英国已成为世界上无与匹敌的霸主，强制对广州推行鸦片贸易，终于在 1840 年爆发了鸦片战争。据中国战败后所签订的《中英南京条约》，广州就成了任由帝国主义横行的商埠，他们在广州开商馆、设船坞、建教堂、立银行。随之发动了第二次鸦片战争，并于 1857 年占领了沙面（原为拾翠洲）。1859 年强租沙面，把东部定为法租界（53 亩），西部定为英租界（211 亩），开始在这里建造楼房商馆。据《南海县续志》云：“咸丰九年，运石中流沙填海，谓将建各国互市楼居也。”这里就成了外国人控制下的新“十三行”了。英国、法国、美国、西班牙、葡萄牙、日本、荷兰等国都先后在这里设商行。沙面租界工程于 1870 年基本竣工，其布局、绿化、道路、建筑形式均为外国的翻版。这里环境幽雅闲适，“维多利亚酒店”（现胜利宾馆）装饰堂皇，西方古典主义外表端庄凝重，古典柱式，券栱门楼，山花雕饰等均再现了西方当时建筑情调，

彰显出侵略者在被侵略国土上的自我炫耀。不过，它也无疑是丰富了中国建筑创作的思路，增添了建筑设计的词汇，特别是钢筋混凝土和玻璃的传入，以及建筑设备的科学化，对中国建筑发展的确是起了推动的作用。

广州沿街"骑楼"式店铺是在近代发展起来的一种特殊建筑形式，它的初胎可能是南方为防雨、防晒所形成的檐廊（粤北、湖南、四川均有）。西方联拱柱廊（券廊式）的传入，结合城镇交通、安全、买卖等功能的需要，而创造了这种富有岭南特色的建筑形式。骑楼建筑是商住合一的店铺，平面基本保持了传统的"竹筒屋"形式，前店后居，或下店上居；而券廊式的引入，则带来立面上的变化。沿街立面以垂直构图为主，并出现了许多中西拼合的装饰手法。古希腊古罗马柱范、阿拉伯之穹顶、哥特之塔尖、巴洛克之曲线、西班牙之窗户、意大利之钟楼，也有中式的满洲窗、宝瓶如意纹饰……充分显示出民间建筑创作的不拘一格，其意趣盎然，别有风情。沿街望去，杂列相陈的冲撞与调节，自在生动，有令人目不暇接之精彩。

广州在唐代已有人沿海上"丝绸之路"到南洋和西亚侨居，鸦片战争以后，在输入鸦片的同时，还输出了劳工，据有关《华工出国史料》统计，仅在清道光年间（1850—1875 年）就有 128 万华工被拐骗出国。另外还有不少是外出经商和留学的，华侨遍布世界各地。这些海外赤子带去了中国文化，也带回了外国文化。华侨回乡建房。也常把西方建筑技术与艺术带了回来。花县坪山勲庐（读月楼），是 1926 年美国旧金山某华侨按西式建筑建造的，高五层，用钢筋混凝土框架结构，顶层有四角炮楼，中有尖塔顶，用梯间并联式平面，全然是西欧寨堡风情。在广州东山市郊建造的华侨住宅，不论在平面空间上，或外表造型上，多数是西化了的。随着海上交通的发达，外国有什么建筑形式，广州也很快地出现了这种形式。古典复兴式、浪漫主义式、草原式、西班牙式、西亚式、现代派、中西合壁式，应有尽有。西方建筑文化直接参与到广州近代建筑的演变中。

广州是辛亥革命的策源地，在反封建过程中得到国外华侨的大力支持。西方的现代文明和民主，始终是孙中山先生革命的精神支柱。辛亥革命成功后所建的一些纪念性建筑，也多为洋式。如黄花岗七十二烈士墓、朱执信墓、邓仲元墓等，从平面布局至外观造型，均采用西式，其他装饰手法和内容亦一反传统旧式，以新的面貌展现在人们的面前，显示其与封建传统决裂之志。1932 年建的沙河十九路军抗日阵亡将士墓之凯旋门、墓碑、墓表、墓廊等全然用罗马复兴式，宏伟壮观，是借西方建筑形式表达纪念性内容的成功作品。

近代广州是东方国际金融中心之一，现存的长堤海关、银行、邮局、商行、百货楼等多为外国人设计、建造和经营，建筑形式无疑是西洋式；如沿江路广州海关，建造于 1923 年，其厚重坚实的台基，雄壮的仿古罗马式双柱廊，高耸的山花和钟楼，充分体现了金融建筑的性格。这些雄壮的西式建筑对于处于长期高度封闭的中国建筑体系来说，应该是一种冲击和突破。以坚船利炮开路而强行涌入的西方文化，给中国人民带来被侵略的耻辱，也带来别无选择的中西文化的遭遇或碰撞。在殖民的背景下，外国建筑形式的输入却给中国建筑界带来新的元素。现存人民南路的新亚酒店、新华酒店是 1919 年由留英学生杨锡宗设计的，分别为希腊复兴式和英国尖顶拱哥特复兴式，原都为七层。长堤的十三层爱群大厦，是 1932 年由留美学生陈荣枝、李炳垣设计的，采用芝加哥学派建筑手段，用混凝土钢铁框架和简明有韵律的窗户相结合的样式。这是广州近代第一座高层建筑。这些建筑的保存，正是西方近代第一代建筑文明东传的历史见证。

在漫长的广州城市历史发展过程中可以看出，海上"丝绸之路"的国际交流涉及社会政治经济生活的各个方面，作为文化的载体，广州建筑的演变与发展也呈现出独特的面貌。正如英国哲学家罗素在《中西文明比较》中所说的："不同文明之间的交流，过去已经多次证明是人类发展的里程碑。"两千年来凭借海上"丝绸之路"的繁盛而演变着的广州建筑，呈现着独特的文化共融景象，不同的文化相遇，这些文化在移植中再生，从而造就了崭新的多元并存的形态，这种共存、相互尊重及对不同文化包容的精神在岭南地区深深扎根，成为一个重要的传统，体现出和谐多于冲突，平衡多于对抗，包容多于分离，在多元中保持稳定。在当代的改革开放中，西方建筑再次涌入中国，新的政治经济背景下，中国建筑又一次面临着取向问题，这种融汇中西、相容相济的传统，无疑为今日各种特质的建筑文化交流提供了可资借鉴的经验。

弘扬岭南建筑文化

原载于 2001 年《城市文化与广州发展》

一、古代广州建筑文化发展历程与特色

广州是岭南历来的政治、文化、经济中心，其濒临南海，毗邻港澳，是中国通往世界的“海上丝绸之路”的起点，中西建筑文化的交流纽带；它处珠江三角洲江河汇合出海处，建筑文化辐射到东南亚和华南各地。广州地处亚热带，高温、雨多、潮湿，建筑为适应气候，古来就有自己的建筑特色；其背白云山面珠江。山常绿，四季鸟语花香，水面广阔，秀水山媚，城市就山依水，是闻世的山水城市。绮丽的自然环境陶冶了广州人安详奋发的性格，“人杰地灵”特殊的环境造就了广州特殊的城市建筑文化形态，是中华建筑的一枝奇葩，在世界也占有一定的知名度。其历史发展过程，大体如下：

（一）先秦时期——岭南海疆建筑文化的萌芽与开拓

岭南建筑文化源远流长，早在 13 万年以前就有马坝岭南原始人在活动，在岭南，从考古发掘的原始人类活动遗址达近千处，按史载和遗址断定，岭南人的原始居形态有巢居、穴居、崖洞半穴居、船居和干栏居等，其中干栏建筑为最普遍。广州面水靠山最宜人类居息，今天的南海西礁山、沙河飞鹅岭、增城金兰寺等都留下了广州先民的历史遗迹。

《通历》有云：“周夷王八年，楚子熊渠伐扬越，自是南海事楚，有楚亭”；《广东通志》亦载“楚庭郢在番禺”。传说中的“楚亭”不一定可靠，后来清人相载的“南武城”也不一定是事实，但从考古引证，广州在建城以前就有越人“沙贝文化”的存在。古越人在河畔地养畜种稻，在江中依船捕鱼贝食，在近水台地上建竹木“干栏”茅屋。广州古称之为“穗城”“羊城”，其实是对广州萌芽与开拓的推测定位。

（二）秦汉时期——建城立国为建筑发展的第一高潮

公元前 221 年秦灭六军，续后令任嚣和赵佗南下统一了岭南，设南海、桂林、象三郡，当时广州（番禺）为南海郡治，从此广州就成了岭南军事政治中心，郡尉任嚣筑“任嚣城”（在今旧仓巷、芳草街、豪贤路一带），为广州最早城池。

秦末，赵佗建南越国，定都番禺，把任嚣城扩大到“周长十里”，在现今中山四路大建宫殿苑囿，规模宏伟，从考古发现的水池、曲溪、步石、瓦当、路砖、石构、砖作而言，其可以与罗马古城媲美，中原建筑文化与古越干栏建筑体系结合，创造出仅有的岭南建筑新秀。象岗山的南越王陵的平面布局及其建筑细部陈设，其建筑艺术在好些方面已超越中原。汉元鼎六年西汉军南下灭南越国，城及其建筑全被焚毁。

东汉建安二十二年，交州刺史步骘在南越王宫殿旧址重建城郭，谓“负山带海……海岛膏腴之地，宜为州邑。”

秦汉时，广州东部为墓区，发掘汉明器之建筑模型，建筑形式构思灵妙，丰富多变，已有浓厚的地方特色：①建筑类型有堂、屋、畜、舍、仓库、井灶、碉楼、塔楼、坞堡等；②建筑平面有独座单栋、曲尺、三合院、四合院、城堡；③结构有穿斗、抬梁、混合；④多为干栏式架空框架结构，屋顶有悬山、歇山、四阿、重檐、

披檐、长短檐；⑤建筑部件有斗栱、栏杆、脊吻、棂窗、台基、平坐、楼梯、铺首、通花窗、排山瓦、起翘、斜撑、门簪、替木、卷帘等。岭南的高超建筑技术与艺术水平在此得到充分的表现。

（三）三国两晋南北朝——交流调整时期

三国至南北朝时期，北方战乱，中原经济文化发展南移。建安中吴遣步骘为交州刺史，扩充越佗城，新筑城郭，吴黄武五年改名广州。

晋至南朝笃推佛教，自天竺国僧人达摩由海路来广州创建西来庵后，据文献载，广州共有佛寺 37 所。东晋的王园寺、南朝的宝庄严寺闻名全国。外国僧人，从秦汉已开拓的“丝绸之路”，以广州为转折点把佛仪佛经传播到全国。东晋时，道教葛洪曾居广州，越秀山下越岗院（三元宫）和浮邱丹井是道教在广州发展的证据。

广州两晋南朝墓葬曾发掘多处。这些墓结构基本继承中原作法，拱券采用双层青砖，砖有长方、楔形、刀形，边有各种精致花纹和文字，砌法密实、严谨，墓平面比汉复杂，有凸形、十字、廿字，拱有尖拱、衬券、穹窿等。

（四）隋唐——繁荣兼容中形成第二高潮

隋文帝统一中原后，岭南地方首领冼夫人归顺于隋，和平统一带来了广州的安定繁荣。

隋大举开拓海疆，广州外贸空前，开皇年间朝廷封南海神为“广利王”，在黄埔庙头创建南海神庙。

隋唐时，广州为中国第一海港，外舶“来年至者四千余，设‘番坊’，住阿拉伯人达‘十二万’”。城区发展为官城、子城、南城三重，繁华壮丽，显大国州城气势。

据《南海百咏》载，唐会昌间，广州城东北郊甘溪已成“踏青避暑之胜地……夹溪南北三四里，皆植刺桐、木棉、旁侧平坦大路。”又云城中建筑“大槛飞轩，高明式叙，崇其栋宇。”非同凡响。现在怀圣寺光塔属唐建，通高 37.45 米，底径 8.85 米，砖作，内有对交旋梯直上，形制独特，为世界伊斯兰教早期建筑艺术珍品。怀圣寺平面布局基本保持唐代广庭周回廊制，是西亚回教建筑文化与中国寺院建筑文化结合的典型。现存北郊桂花岗“回回坟”传称为唐代清真先贤古墓，墓室下方上圆，砖砌似悬钟拱顶，通经有回响，故名。

唐代佛教颇盛，禅宗六祖慧能在法性寺（光孝寺）削发为僧，该寺现存石经幢建于唐宝历二年，通高 2.02 米，八角刻陀罗尼经文，基座刻有 8 个力士，覆莲础，比例茁壮，上宝盖顶，出檐深远，用丁字拱承挑，筒瓦当为莲花图案。唐代著名建筑据文献载还有开元寺、靖海楼、尉佗楼、津亭、菠萝庙等。

（五）南汉宋元——变革与跳跃性发展时期

唐末，安史之乱后，黄巢攻陷广州，续刘龑称帝广州，建立南汉国，稳定了岭南封建秩序，共四帝，约 50 年。南汉承唐制，兴工商，复经济，强集权，振文纲，社会积累激增，建筑飞跃发展；其宫殿之华丽、园林之气派、寺庙之众多，为岭南之造极，为岭南地区建筑的发展充实了基础。

据史载，南汉在兴王府内建造的宫殿就有数十座，在郊外所建行宫别苑亦“不可悉数”。宫苑尽极奢华之能事，“以金为仰阳，以银为地面，檐、楹、榱、桷皆饰以银，殿下设水渠，浸以珍珠，又琢以水晶，琥珀为日月，列于东西两楼上，亲书其榜。”（《五国纪事》）。又“立万政殿，一柱用银三千两，以银为殿衣，间以云母”（《南汉书》）。广州中山四路发掘的南汉宫殿石柱础见方 1 米，在覆莲础上雕有石狮 16 个，形象奇特。文献上记述还有雕空石柱内置香炉，还有雕楼铁柱。

南汉佛教鼎盛，广州城四周各建有七寺，应仿星象二十八宿。现存光孝寺仅贴金铁塔，工艺精湛，保留着中原唐代遗风。

南汉广州城进行了合理的扩充，分区明确，城北为宫府中枢，城南为工商区，城西为侨居和商贸区。城中散列着药洲（九曜池）、芳华苑、华林园、玉液池、芳春园等。景色优美，花果飘香。在城建方面，凿禺山、固城池、引泉流、疏水道，经济繁荣。

宋统一岭南后，中原居民又不断南迁，地区交流更为密切，手工业进一步发展，商品经济更为活跃。两宋间，广州作了十多次的修复与扩建，随着城中人口的增加，中城（子城）向左右扩建了东城和西城，面积扩大了数倍，四周还建有大通、瑞石、平石、猎德、大水、石门、扶胥等卫星镇。郊区自然山水也作为风景美化，开创了“羊城八景”先声。城内防御系统增强，供水、排水、通航、防火、防洪都比以前完善。

宋代广州西城区“蕃坊”主要是给来自占城的蒲姓巨商居住，其中建有“百尺高楼”，“楼上雕镂金碧，莫可名状”，层楼杰观，晃蕴绵巨，不能悉举。（《程史》）。又云：“共乐楼，高五丈余，下瞰南濠，傍多古木，如植麾纛，诸峰崎其北，巨海绕其南，气象雄伟，为南州冠。”

广州宋代有名建筑还有海山楼、六榕塔、玉岩书院、光孝寺大殿等。宋代的广州建筑布局向纵深方向发展，进数增多，多注意与自然环境的结合，较为开敞通透，内外渗透，细部向精巧发展，建筑轮廓变化多，形象丰富。

元代统治广州时间短暂，元军把城中主要建筑破毁，仅存子城和两翅城，后经修复城墙，但限财力，城墙不高，故谓“三城低矮”，后来虽对宋存光塔、光孝寺、玄妙观作了修复，但未有大作为。

（六）明清——复兴繁荣、融汇求新时期

元末明初，岭南各州府很快归属大明，和平过渡带来了经济文化的延续发展，城乡工商发达，农业富庶，文风渐盛，名儒大官辈出。建筑结构材料和艺术风格向多样化、精品化方向发展，形成了岭南建筑发展的第三个高潮。广州明清石灰与砖瓦得到广泛应用，建筑类型多样，布局灵活，与自然更为密切结合，形成了明显的地方特色。

明代广州仍是岭南区域中心，洪武十三年，广州扩大城区，把三城合为一城，北跨越秀山，在山顶建镇海楼。城中轴线西移越秀山，山下为府署布政司，延轴为拱北楼廊、正南门，城中街道因山就水布列，主要街道宽广平直，沿街建蓬植路树以遮阳避雨，间有牌坊和商业广场，城中六脉水系可通船辑舟，虹桥架河，井然有秩，有谓“六脉皆通海，青山半入城”格局。珠江出口处有“三塔三关”相锁，虎门十炮台设置“四卫”。城中坡山高处建岭南第一楼（钟楼），与四周城门楼高叠起伏，形成会城壮观轮廓线，布局严整协调，机理清晰抒灵。

西方资本主义的殖民扩张首先选择广州为桥堡，葡萄牙、西班牙、荷兰、英国等相继而来，明设市舶司，清设海关，广州对外贸易空前繁荣，珠江沿岸码头成了全国性进出口货物的转移集散地。“十三行”宝货山积，商船络绎。

明代广州宗教向多元化多类型的方向发展，明万历间意大利玛窦来华传教，随后，天主教、耶稣数、基督教等均在广州建有洋教堂，他们带来了西方宗教思想，也带来了西方的科学技术。西洋新思想与原广州本土的儒、佛、道文化思想在交汇拼撞中产生了岭南独特的新思想哲理。

广州作为半封建半殖民地城市，城市建筑内容极其丰富，孔庙、书院、祠堂、会馆、当铺、洋行、戏楼、茶楼、酒店、客栈、寺院、庙观等，处处皆是，不可胜数。商店、民宅向定型化、标准化发展，各具典型。

当今旧城的主要街巷布局多是明清留下来的。从珠江天字码头入大清门经双门底进至城市中心区，正中有布政司、巡抚部院，附近有学宫、书院、城隍庙、五仙观等。在双门底与惠爱路十字交接街是全市繁华商业区，日用杂货、成衣布匹、文房书籍、古董特产等专业店沿街纷列。城南沿南濠畔更云集富商大贾，有谓“朱帘十星映杨柳，帘拢上下开户牖”，歌舞之盛，饮食之多、会馆之昌，胜过南京秦淮。

明清时期，广州造船业、纺织业、食品加工业、陶瓷业、制药业、冶金工艺业、木作家具业都得到很大的发展，从而带动了建筑技术的进步，建筑装饰、装修、陈设精巧细致，木雕、石雕、泥雕、砖雕、陶塑等工艺特创新风，饮誉全国。

明清的广州是政治思想不断革新和经济文化崛起的广州，在社会矛盾激烈斗争中迎来了近代民主与科学革命的到来。

二、近代广州建筑的变革与岭南建筑风格的形成

1840 年鸦片战争在广州三元里拉开了中国近代历史的帷幕，这次战争使中国人民看到了西方列强的侵略性和科技的先进性，同时也使人们觉悟到落后会挨打和中国社会变革的必要性。广州的思想形态、建筑文化、生活模式在不断地变革。“得风气之先”，中西建筑观念在广州碰撞、交流，在吸收西方建筑技术与艺术的经验中，在变革着古老的传统建筑模式，经过一百多年来的曲折嬗变，形成了新的地区风格。

（一）中西建筑文化交流与岭南人的观念更新

鸦片战争以前，西方传教士已来香港、澳门、广州传教，他们译《圣经》，办洋报，宣传西方文化，《变法》《重民》《机器》《论商务》等一系列民主科学思想先后注入广州的士大夫和知识阶层，中西文化的交流，激发了新学与旧学的矛盾碰撞，以前民族的观念在不断更新变化，清末林则徐曾组织编纂《四洲志》，魏源撰写有《海国图志》，容闳（第一批留学生）曾写《西学东渐记》。他们为中国落后挨打找原因，向西方了解事实，提出“师夷长技以制夷”的主张，确认向西方先进学习，是历史的必然，然而这些先进思想被清政府压制了。清代的闭关政策制约了新思想新观念的发挥，但其启蒙作用，经过多次的反复，终于被人们所接受，洋务运动、辛亥革命是在变革新思想基础上进行的。

以往封建顽固的保守思想，不接受外洋新事物，盲目鄙视“洋鬼”所建的“洋楼”。然而在广州人的新观念影响下，“洋楼”建得最早、最多。甚至用来抗击外国侵略的虎门炮台的入口和练兵阅台也用了西洋柱范和洋饰栏杆。炮位的放置、暗道的结构、军事的防卫运作等基本是吸收西洋的科技。

较大型完整的西方建筑文化的移入可算是大德路石室（圣心堂、天主教堂），它是由法国工程师设计，最后由中国工匠完成的，从同治二年（1863 年）始建，经 25 年，于光绪十四年建成，全部由石构成，属哥特式（仿巴黎圣母院），高 58.5 米，为当时亚洲最大教堂，是近代中国“西风东渐”建筑的历史见证。

（二）“十三行”西洋建筑技术与艺术的移入

十三行明代已有，是广州垄断中外贸易的商业组织，清初在朝廷控制下成为国家对外贸管理和控制的机制，对中西文化科技交流起积极作用。后因其封建特权性质，迎合列强，肮脏交易，买卖鸦片，出卖民族利益，压榨商民，几经兴毁，最后在咸丰六年（1856 年）焚于战乱。

十三行在今西关沿珠江堤出处（今文化公园后），前有码头，后为上下九路、第十甫、第十八甫一带。行店沿堤面海毗联建造，有洋货行、外洋行、公行，也有外国人居住的夷馆和官商的豪宅。建筑为二、三层，前为接待商客行店，后为库房，楼上多居住，建筑形式多为横式门窗、列柱、坡顶洋式，也有中国岭南柱廊披顶式和混合式，沿岸有栏杆相护，外国旗杆飘摇，一片繁盛的半殖民地商业景观。

据日本人田代辉久《广州十三夷馆研究》：“与十三行街直交方向有三条中国人开设的商店，与这三条街道平行的有十三个狭长的区域，夷馆南侧隔广场，临接珠江设有码头；夷馆东侧跨过小河有十三洋行及一城楼；夷馆北侧隔十三行街的洋行中有称作公所的集会处，夷馆西侧设有围墙与外侧洋行相隔。”现世还留存一幅 1822 年后西洋画家描绘的西班牙与丹麦商馆之间的同文街，建筑形象具体清晰，街面一字行多间拼贴；建筑普遍是两层，中间用腰檐或平座分层，坡顶，局部为三层，首层未见有店面，除有进门外，其他墙面上

为木刻通风漏窗，中为梗子窗，下为槛墙，两楼采用相间百叶窗，檐口用砖牙线脚出挑，未见有柱范和拱券，构图以水平线为主，整齐协调，建筑工艺细致，有西洋瓦饰、挑梁头和雕作之属。

（三）西关——中西建筑并存，洋楼、豪宅、园林具浓厚地方特色

西关在广州城郭西郊，原是南汉西园（华林园和芳华园）故址，这里有湖濠水系通珠江，交通方便，风景优美，清中叶以后，这是筑堤防洪、填地建房，绅富豪商相续云集于此，甲第云连、商行栉比、酒店居奇，纺织工场数百家。叶廷勋《广州西关竹枝词》有云："大观桥下水潺潺，大观桥上路弯弯。映日玻璃光照水，楼头刚报自鸣钟。"

西关大屋是豪门富商所建的富有岭南民居的俗称，有单间（竹筒屋）、双间（明字屋）和三间多种，布局向纵深发展，多为二、三层，依次布置门廊、门厅、轿厅、正厅、头房、二房、三房。每进有小天井相隔（或光蓬），以通风采光、前低后高以引南风。正厅房两旁还有书房、偏房、花厅、梯间等，屋中天井小庭常栽花木，摆山石鱼池供观赏游憩，后庭为杂务院，周有厨房厕浴，前有青云巷通街。

西关大屋门面比较讲究，多有门廊与石街缓冲，大门高敞，装饰华贵，设矮脚吊门扇、趟拢、硬木板门三重，以作保安和通风，正门临街墙面用磨砖对缝，高雅大方。其室内装修陈设多用红木精雕细刻，名贵典雅，采光多用满洲窗，彩色玻璃，嵌书画图案，散发着浓郁岭南韵味，西关大屋脱胎于村镇居民，其结合省城经济活动、文化娱乐消费需要、变更设计，反映了城市新观念风俗。它接受了外洋和中原的影响，是一种新创的居住模式。

近代的政要、客商、名伶、医生、外侨、华侨、教师，因西关居住环境好、水景迷人、水陆交通方便、供应齐全，而迁居于此；自清末至民国初是广州的主要房地产开发区，成街成坊规划建造，整齐有序，巷道平直相交，街约 4~6 米，巷多 3~4 米，上下水供应排成网络，沿街巷布列，麻石条铺路，具浓厚地方街坊特色。

西关是广州近代最富裕的地区，居民多为富贵人家，文化层次较高，生活方式保持有传统礼制形态，也有西洋工商买办阶层的生活方式，如洋行豪门潘、卢、伍、叶宅第最为典型。

"海山仙馆""昌华院"等均是中西结合园林化的宅园，山石池沼、花木亭台与住宅融为一体，为后来岭南庭国的发展奠定了基础。在西关民国初还建了一批独立的花园洋房，如逢源大街的蒋光鼎宅、敬善里的黄宝坚宅等。西关的民间社会活动也颇活跃，行会、乡会、慈善会、公所等分设其间，最著名的有文澜书院（绅士会文叙集公所）。

（四）沙面——西洋近代建筑博览馆，开放特区的规划

沙面原珠江白鹤潭畔冲积起来的半岛沙洲（拾翠洲），这里风景秀丽，清中叶以后，是送迎贵宾、旅游休闲、关防炮台保卫的场所，1858 年第二次鸦片战争后，当时十三行已烧毁，英法两国为新找落脚地，强行租用此地，开沟围堤填土，形成了南北长 2850 英尺，东西宽 950 英尺的小岛，面积约 55 英亩，俗称沙面。

沙面东边 1/5 地法人租用，西边 4/5 租给英国人，虽英法各霸一方，但一开始就有协调的较完整的统一规划，其按照当时西方的规划理论，在岛的中间开辟一条主干大道（约 40 米），主干道中间为绿化带；又按南北走向规划 5 条次干道，沿岛有环岛路，近珠江又设休闲区，共分 12 个大区 106 个小区，各区由林荫路分开。岛内规划有电力厂、自来水厂、电报局、银行、邮局学校、酒廊、网球场、俱乐部、足球场、游泳池公园等服务设施，还有教堂、警察局等。

沙面最早的建筑是英国领事馆、沙逊洋行、圣公基督教堂（1861—1865 年），其余地段是作为转租给美、葡、日、德、丹麦等国。法国经营沙面是在 1888 年石室竣工后才进行的。沙面的主要建筑是从 19 世纪末至 20 世纪初逐步建起来的；自清末到民国初共 70 多年，因所建时间不同，各国的建筑形式也不同，沙面实际

上是洋式建筑博物馆。主要有新古典式、新巴洛克式、折中式、殖民券廊式、维多利亚式、混合式、哥特式、法国寨堡式、现代主义式等。

沙面完全是西方国家列强在中国的土地上用西方的各种近代建筑艺术形式建造起来的，它运用西方先进的材料设备和结构技术，用中国的钱财所规划建筑的特殊街区。在当时，成了西方列强侵略中国耀武扬威的桥头堡，也是中国人了解西方建筑的窗口，扩展了人们的建筑视野，中国建筑界也从其中学习了不少先进的规划、设计思想，建筑形式也为之所效仿，对广州的建筑变化与发展起有较大的影响。

（五）近代市政公共建筑的出现，为广州发展加入了新内容

广州虽自古以来海疆开放比较早，但在鸦片战争前基本上还是一座封建形态性质的城市，城市功能为封建军事政治服务，维护着封建经济和文化，建筑类型基本是衙府、庙观、学宫、书院、会馆、祠堂、民居，虽工商比较发达，但生活方式还是以封建为主调。建筑技术还是木结构手工业体系，建筑形式还是古旧不变，发展缓慢落后。

1840年以后，西方列强用炮舰轰开了广州的大门，西洋近代生活方式，新的科学的思想，新的建筑技术与艺术，迅速地涌向广州，因而使广州产生了深刻的变化，市政大大发展，建筑内容与类型大大增加，前所未有的新建筑如雨后春笋般不断出现：

（1）海关——在清初，清政府在外城五仙门处设有“粤海关”以约管外商，当时只是一座办公的老式瓦房。1859年后英国夺揽了广州的管理权，按西洋方法统管税务。1916年，由英国工程师卫德·迪克在沿江西路重新设计建造了新粤海关大楼；用当时西方常用的钢筋混凝土框架结构，砖石外墙，四层，下有半地下室，上有穹隆顶式钟楼，高31.85米，首层中间有条石楼梯直上二楼营业厅大厅。大门高两层，两侧用高大双柱，倚柱承托山花和拱券。正面二、三层亦用双拉通贯，其柱头用罗马爱奥尼混合式，柱身为塔司干式，四层用较矮的塔司干双柱回廊环绕，整体造型雄伟协调，仿西欧古典式。室内高大宽散，天花装饰辉煌；地面用樟木和彩色花阶砖，门窗用柚木，室内墙裙用彩瓷面砖，房间设有壁炉。楼间原装有电梯。

（2）邮局——沿江西路在光绪二十三年曾有大清邮局，建筑属衙署式，民国初烧毁。1913年就地扩大重建，由英国工程师丹备设计。1938年西堤一带失火，1939年重修，基本保持旧式，为西欧新古典主义风格，首层采用斩假石构，楼梯通向二楼，二、三层用贯通上下的爱奥尼式柱廊，柱身有回槽，柱头起涡卷，顶层飘檐上施厚重女儿墙，钢筋混凝土框架结构，东面临街有倚柱，西面用红砖墙。混凝土楼板上铺柚木地板，柚木门窗，铸铁扶手，通道用水泥花阶砖地面。

（3）财政厅——省财政厅在北京路北，大楼始建于1915年，首期建三层，1919年竣工，后加建为五层，高28.57米，由法、德工程师设计，为钢筋混凝土与砖木混合结构。首层高台基有平缓旋梯直上二楼门廊，门廊高两层，两边采用双罗马柱式，其上原有山花，后拆除。四、五层用双倚柱支承西方古典式檐口，正中为穹顶八角形厅，有半圆形旋梯直上屋顶天台。前后两期建造形式基本协调浑然一体，是民国初年仿西方古典折中建筑形式的典型。

（4）咨议局——广东咨议局大楼在大东路30号，原属都督府和非常国会所在地，建于1909年，主楼两层为混合结构，前圆后方，中间大厅通高，上原为钢架筋拱梁二根支承上面圆穹铁皮屋顶（后改为钢筋混凝土圆壳顶，保持原拱梁），四周为回廊环绕，门厅有四罗马柱大圆柱托山花顶，气势轩昂。

（5）博济医院——在沿江西路，道光十五年（1835年）建，原为美国人建造的眼科医院，其内还设南华医学堂，1835年扩大为综合医院。建筑原多为回廊式券拱式楼房。

（6）医科大学——1909年潘佩如在西关十三埔创建有私立医专，1918年移建于现中山二路，原为广东公立医科大学（1926年改为中山大学医学院）。大楼建在山冈上，高三层，为混合结构（当时大战缺钢筋，曾用竹筋代替作混凝土楼板）。中部为三间，外廊建筑，首层为石台座，二层为方柱。三、四楼用古罗马式柱直顶上挑檐山花，为仿欧古典式，在其两侧却建有圆筒形五层塔顶建筑，锥形绿琉璃瓦顶，高出山花尖顶，别具一格。

（7）公园——广州在古代有许多风景园林和私家庭园。作为近代群众公共公园是从西欧引入的。广州最早公园是府前路的中央公园（后改为人民公园）。这里原是元代广东道肃政廉访司署，明代为都指挥署，明末清初是南明绍武政权皇宫和平南王府，后为广东清巡抚衙门所在地，在第二次鸦片战争后已成废墟。辛亥革命后，于1918年由孙中山倡议辟建公园，作为市民公众休息娱乐的场所。公园由当时建筑师杨锡宗规划，仿西欧公园设计，中轴对称，道路花圃采用几何图形，其中布列喷水池、音乐亭、西方人物雕刻（康有为从外购回，后拆除），规划时还运用了原有清衙署石狮、石鼓、假山等文物点缀，保存了原有古树。此后，在广州先后建的公园还有永汉公园（儿童公园）、黄埔公园、越秀公园等。

（8）陵园——广州最早、最大的陵园是黄花岗七十二烈士陵园，始建于1912年，1935年建成，是为纪念1911年3月29日同盟会起义72烈士而建，占地面积13万平方米，由建筑师杨锡宗规划设计。陵园正门三间石牌坊宽达32.5米，门前广场阔大，两侧屹立石狮子，门正额刻孙中山"浩气长存"四大字，雄伟庄严。其后是230多米的墓道，两旁翠柏长青、黄花盛开，间有水池和石桥。基前有仿西欧古典式一碑亭，碑刻七十二烈士之墓。墓基座平面近方型用巨石砌成，在其平台上用72块长方形青石砌成阶台形墓体，其上端有两米多高的站立的高举火炬的自由神像，神像后竖立着一块记功坊。黄花岗陵园的西南面还有石刻精美的侧门，有甬道与正墓道相交，园中还有墨池、黄花亭、石雕龙柱、黄花井、八角亭、红屋等建筑。此外，近代著名的墓园还有东征阵亡烈士墓、十九路军阵亡将士墓、红花岗四烈士墓等。基中建筑形式基本是西方古典式，结合具体作了修改，属有所变革的折中式。

（9）银行——广州外国银行在沙面租界区有全仿古典欧式渣打银行、三菱银行、正金银行、汇丰银行、宝通银行等。作为近代中国政府经营设计的银行最早的是沿江中路孙中山创办的中央银行，始建于1924年。银行大楼高两层，钢筋混凝土结构，外墙台座用花岗石砌作，门两旁有西式石狮，由石阶进入营业大厅，大厅上有椭圆形藻井，四周有仿欧式古典列柱，气势堂皇。正面外墙采用洗石米，带有图案，檐口采用仿欧古典出挑，有女儿墙，门窗组合处理则带中国传统韵味，属折中式建筑。正门雨篷是后来加的。内部平面布局和设备设施，基本是仿照当时西欧先进建筑。

（10）酒店——近代酒店是从西欧学过来的吃住性、豪华营业性接待建筑。较早的酒店是华侨集资建的嘉南堂（1926年建成，七层，今人民南新亚和新华酒店）。最典型和对近代建筑影响大的是爱群大酒店。爱群大酒店在沿江西路113号，爱国华侨陈卓平集资倡建，设计者是陈荣枝和李炳垣，于1934年动工，1937年落成，是广州第一幢13层钢框架结构，仿美芝加哥派摩登建筑。此楼建在三角形地段上（800多平方米），平面巧妙结合地形，首层采用周回骑楼式，入口由两主要干道处直入门厅，极其紧凑得体。门厅有电梯和便梯直上10层楼平台，再上是观光接待、办公、电梯间和水箱等共5层塔楼，顶层是坡顶，总高15层64米。首层除西端门厅外，沿骑楼还设有餐厅、商场、办公和库房等，东端二楼以上中间留有天井，客房绕天井布设，解决了通风排水和走廊采光问题。建筑外墙用灰色洗石米饰面，墙面采用有韵律的垂直线条构图，简朴挺拔雄伟，设计效果基本达到业主当时提出的"高冠全市、建筑坚固、设备舒适"的要求。

（11）公馆——民国初年，西关的一些富商和东山的一些官僚，利用其权富，建造了一批仿西洋城市别墅式的公馆，作为接客办公、居住休闲之用。典型的有龙津陈廉伯和陈廉仲公馆。两陈兄弟是广州商团商会头面人物，为表现其权势，均采用三层欧美古典式洋房风格，建筑元素多用柱廊、券拱、山花、门楼、飘檐、瓶式栏杆、旋梯、铸铁通花等，按实际平面用图案组合，在装修上均用当时西方高档的洗石米墙、水磨石地面、花阶砖与柚木地面、红木门窗，做工细致精美。公馆前庭后院有水池、假山、桥亭、花圃、围墙、通廊等，中西结合，别具一格，类似公馆还有东山新河浦，恤孤院路一带的春园、简园、逵园、明园、隅园等。这些公馆均以仿西式为主，开大窗通风采光、红砖墙、石地脚、洋设备、百叶窗，中西合璧，典雅别致。

（12）学校——近代的广州是中国教育大变革现象的一个缩影，经过了旧封建科举书院向现代洋学制度转变过程。清末以前的书院以读四书五经为本，教学较单一，较简单，多在风景区或与祠堂兼用，建筑按旧式砖木结构，只有讲堂、斋舍和厅厨等。鸦片战争后，西学东渐，开设声、光、化、电科学，增加体育、游戏、音乐教学内容，提倡“经世致用”，书院内布局作了重大的改革。广州最早的新学书院有康有为创办的万木草堂和张之洞创建的广雅书院，还有后来的培正中学、执信中学、岭南学堂和师范学堂。培正中学在东山培正路，原名美洲华侨堂（培正学堂），始建于1889年，重建于1908年，其中白课堂由林秉伦设计，朱昌瑞施工，为二层券廊砖木结构，为长条形外廊式建筑，外廊13间，两边间为楼梯，教室并列布置，交通疏散和通风采光良好。柱为方柱，连续联拱，宝瓶式栏杆，密勒楼板，桁架瓦顶，外墙用白灰批荡，中西结合，简朴大方。另美洲楼高为三层，红砖清水墙，绿琉璃瓦顶，正门出拱券门廊，檐上出挑简化，中西合璧（建于1929年），特色鲜明。在文明路的师范学堂亦为1924年建，其中钟楼与礼堂最具特色，正门是拱券柱外门廊，其后是门厅，门厅上为钟楼，其后为大礼堂，平面组合实用紧凑，造型高低错落，挺拔轩宏，在仿效西方古典风格中增添了新意，富创造性。

（13）在近代广州，除上述新增建筑类型外还有：

大清邮局（广东邮务管理大楼，1916年新建，英国工程师丹备设计，1939年按原重建，由杨永堂工程师设计）；

永安堂（为胡虎文生产和销展“虎标”万金油的大楼，建于20世纪30年代）；

火车站（已毁，在东山白云路，1901年建）；

百货公司（1918年前有光商、真光、先施、大新四大公司，大新公司即现南方大夏）；

图书馆（越秀山仲元图书馆建于1929年，中山图书馆建于1929年）；

戏院（海珠大戏院在长堤大马路，始建于1902年）；

茶楼（陶陶居茶楼在第十甫，建于1880年，中山三路惠如楼，建于1875年）；

船坞厂（已毁，1845年苏格兰人在黄埔开设柯拜船舶修理厂）；

水泥厂（已毁，1906年在河南尾建广东士敏土厂）；

天文台（在越秀路，为原中山大学天文教学观测用，建于1928年）。

三、现代广州岭南建筑的发展轨迹

中华人民共和国的成立，标志着现代建筑的开始。广州1949年10月14日解放，百废待举，生产关系的变化，战争的影响，广州城建在落后和贫困的基础上开始慢慢地复兴，几经曲折，经过了一条艰巨的发展道路，在摸索中前进，在不同的历史环境背景下反映出广州特殊的建筑轨迹。

（一）国民经济转型和城建复苏发展时期（1949—1957年）

广州解放之初，当时政府的主要任务是恢复生产、安定人民、巩固政权。1950年首先是恢复被炸的海珠桥，建设黄沙码头、黄沙大道和铁路南站，以及重建昔日残破简陋的黄埔港。

广州历来是华南贸易中心，恢复经济首要的任务是加强货物的流通。为此，人民政府在1951年6月着手在西堤西片的废墟上（现广州文化公园内）建造“华南土特产展览馆群”，当时动员了各机关学校团体数千人，在四个月内基本建成，总场面积11.76万平方米，包括工矿馆、农业馆、林产馆、水产馆、手工业馆、日用工业馆、物资交流馆、食品馆、果蔬馆、省际馆、交易服务部、文化娱乐部等，是广州当时建造的最宏伟壮观的建筑，经两个半月的展览，有重大的社会效益和经济效益，为岭南建筑的发展，起有里程碑的作用。

华南土特产展览会的规划设计主持人是林克明，主力建筑师有夏昌世、陈伯齐、谭天宋、杜汝俭、黄适（均为当时华南理工大学教授），还有余清江、金泽光、黄远强、郭尚德等著名建筑师，这些教授和建筑师均是广州人，大多数留学法、日、美等国，他们学习世界先进建筑技术与艺术，又熟悉广州的环境气候和风土人物，有正确的指导思想，因而造就了这批群众喜闻乐见、有岭南特色和现代化气息的建筑群。

展览会的十多座建筑围绕着一个绿化广场布设。广场临街南面有牌楼式大门，后面北端是露天演出台，在中轴东西两旁布列着独立的各展览馆。广场除道路和群众活动场地外，还有花坛、草地、水池、树木、花架、山石、灯饰等，并设有休息亭，太阳伞、帐幕、石台椅等供群众休憩，体现了对人的关怀，具有浓厚的岭南园林韵味。

夏昌世先生设计的水产馆，在创作上以现代简朴素雅为主调，比例亲切，线条流畅轻巧，门窗通透，流畅，细柱薄檐，显岭南明快活泼之风采。平面采用圆形与半圆相套的构图，中庭为水院，外墙为水池所包围，由廊桥进入门厅，似船漂浮在水面，给人以海洋丰富的联想，功能合理，造价实惠，新颖而又有地方色彩，为广州建筑未来的发展开了一个好头。

新中国成立初期，国家对教育特别重视，教育投资在1952年院系调整后大大增加，华南工学院、中山大学、华南农学院、华南师范学院等相继成立，校园建设兴盛，建了一大批颇有特色的教学楼、研究楼、宿舍等，其中有代表性的是:

（1）华南工学院图书馆——此楼原拟建中山大学图书馆，在1936年已设计建造，原为仿宫殿式，后因抗日战争被迫停建。1950年开始酝酿复建。复建主持者夏昌世教授，考虑到原设计造价高、功能不合现代管理要求、通风采光较差、工期长、材料缺等因素，作了重新设计，新设计基本采用原有的基础，在功能上按现代图书馆要求作了重大的调整，在造型上，采用现代主义简洁明快的手法，运用垂直线条来划分墙面，显得挺拔醒目。为适应岭南气候，采用天井式，合理解决了遮阳、降湿、自然通风等问题。

（2）华南工学院办公楼——建于该校的中轴线上，前面有一大广场；围绕着广场还建有三座教学楼，组成宏伟宁静的建筑群，表现了最高学府的严肃庄重的文明气质，广场格树成荫，草地如茵，四季时花竞相纷芳，水池盈澈，充满着岭南园林的景象。办公楼是由陈伯齐教授主持设计的，运用传统斜坡顶，洗石米厚实台基首层，带图式列柱墙身，大门前用仿古带琉璃瓦饰柱廊，具民族特色而不古老，有现代气息而不崇洋，平面紧凑，经济实惠，实而不华，是当时“社会主义内容，民族形式”创作思想指导下设计的。在那个年代，应是一次成功的尝试。

（3）中山医学院附属医院——新中国成立初为适应卫生医疗事业的发展，在1953—1957年间，中山医学院作了大规划的扩建，其中门诊部和附属医院大楼，是由夏昌世教授主持设计的。其设计的主导思想是对病人的关怀和对功能分区的重视；其次是探索建筑如何更好适应岭南炎热、潮湿、多雨的气候，其特色是运用了各式遮阳设施、平台屋顶隔热层，采用雨篷、飘棚、雨廊、凸窗、防潮砖、空心墙等，达到降温、防雨、御潮的效益。反映在建筑的造型上自然形成轻巧、明快、通透、新颖、清新的风格。

“吃在广州”，广州饮食文化，举世闻名，新中国成立后饮食事业又兴旺起来，恢复和新建了许多茶楼酒家，在建筑上最有地方特色的是莫伯治和莫俊英先生主持设计的北园（在小北登峰路）。北园是在某泉山馆旧址上改建的，其充分利用旧园建筑基地优美环境，因地制宜结合现实需要加以改造，运用岭南园林手法，采用岭南民间工艺（木雕、砖雕、石雕、陈设等），经巧妙重组创新，具有浓厚的岭南传统建筑文化特色。北园以水庭为中心，厅堂、馆轩、廊桥向水庭散开，内外空间交织融透，布局活泼自然，景观小中见大，装饰精美古雅，是岭南园林酒家划时代的一朵奇葩。在1960年兴建的荔湾泮溪酒家基本上是在此经验基础上发展起来的。

新中国成立初期，中央提出恢复生产，“将消费城市变为生产性城市”的城建路线。广州在第一个国民经济五年计划期间（1954—1957年），在旧城郊外建造了冶炼厂（庙头）、造船厂（白鹤洞）、渔轮厂（新洲）、华侨糖厂（松洲岗）、罐头厂（员村）等。相应地，当时学习苏联，在工厂附近规划建设了一批工人住宅区。如小港新村、员村新村、南石头新村、和平新村、民主新村、邮电新村等。生产建筑和工人住宅是按照“实用、经济、在可能条件下注意美观”的方针进行建设的，多数比较简朴、厚实、俭约，少考虑地方文化特色。

在这段时期，广州旧城变化较小，重点建设仅开始在海珠广场和流花湖地区。华侨大厦、出口商品展览馆、广州体育馆、中苏友好大厦是当时最大型的建筑了。这些建筑采用洗石米灰外墙为主调，除中苏友好大厦（已拆）仿效苏联古典式外，其他均对“民族形式”作了探索。三部曲、对称端庄、厚屋顶、图案装饰是当时建筑设计的主要表现手法。

（二）大规模经济建设调整与波动发展时期（1958—1964年）

1958年起开始了第二个国民经济发展五年计划，中共中央提出了“鼓足干劲、力争上游，多快好省建设社会主义”的总路线。“人民公社”和“大炼钢铁”是全国建设的主旋律。广州在1958年就新建了广州钢铁厂、夏茅钢铁厂、石井钢铁厂、南岗钢铁厂等七间钢铁厂；其他大型的工业区（吉山、南岗、江村、车陵等）也相继开发。在“人民公社”浪潮中建设了一批食堂、试验住宅、公社礼堂、综合商店、敬老院等。这些建筑要求“少花钱多办事”“多快好省”“大跃进”，受政治思想形态影响大，基本上已没有留下来。

这些建筑在1960—1964年间，广州政府为了珠江水上居民（俗称艇民）的生活改善，动员他们上岸定居，拨巨款在滨江路、如意坊、二沙头、东望、小港、石涌口一带建设了十多处新村和住宅区，这些住宅多是五六层的外廊式，多户用厨房厕所，经济节约，简单实惠，就近还建有医院、学校、商店等。从此大多数水上居民已脱离了浪荡生活。

1958—1964年间，广州为改善市政排污水系，曾发动群众挖涌改渠，同时动员开挖东山湖、荔湾湖、流花湖，并进行了园林美化规划；这些大型公共园林，因湖就岸建造休闲娱乐建筑，广种浓荫乡土树木，道路随地势曲折自如，布局活泼畅朗，景观开合得体，山石小品点缀有致，既改善了广州市政环境，又使市民有一个休闲的地方。这些公园建设为未来广州园林建筑的发展培养了许多优秀人才。与此同时，还新建动物园、植物园、晓港公园、麓湖公园、越秀公园等十多个公园。这些公园规划水平是全国一流的，无论是塑山造石、铺草种树、造桥修路、营室筑庭……均有创新，岭南园林的发展又进入了一个高峰。

白云山历来是广州的风景名胜，在1961年国家“调整、巩固、充实、提高”的方针影响下，重新进行了较大规模的规划建设，开发了黄婆洞景区，开通了上下山公路，建造了白云山庄、双溪别墅等旅游建筑。

双溪别墅建成于1963年，原址是一座旧寺院。当时属市委接待工程，由林西副市长主持组织建成。别墅顺山势依山而建，层层叠叠，道路顺山坡曲折蜿蜒而上。建筑用现代钢筋混凝土结构，简洁清新，穿插布列在山泉台地之间，运用悬挑错落、延伸、渗透、因借等传统手法，把建筑融合在大自然之中，充满着寻幽探雅、返璞归真的生活情趣。客观地讲，双溪别墅在运用现代建筑手法，结合岭南传统园林观念，讲求功能合理，注重环境协调，是广州别墅建筑发展的里程碑。

白云山庄是继双溪别墅发展起来的又一园林建筑杰作。建成于1965年，主要由莫伯治和吴威亮先生设计。原址是一处已毁祠庙遗址，在溪谷泉石间的上下层层错落的台地上，四周为郁郁苍苍的松林所围绕，简朴的围墙和便门把山庄与外界隔绝开来。建筑沿溪谷台地分级布局，不规则而有秩序，按功能分组，用长廊相连，水池、泉瀑、山石、花木与建筑融合在一起，室内外空间相互渗透，处处是“诗情画意”的景色。建筑采用简洁的现代风格，小圆柱、白粉墙、平屋顶、毛石墙、明亮大窗、开散廊厅，朴实无华，空灵透畅，不失为当时世界级具地方风格的优秀建筑。

友谊剧院建成于1965年，由佘畯南和麦禹喜先生主持设计。当时主要创作思想是实用、节约、简朴、庭园化。它在当时经济困难条件下，匠意独运，大胆创新，运用岭南庭园优秀手法，采用新构思、新结构、新材料、新设备，体现了时代的要求，别开生面，特色鲜明，是广州公共建筑创作历史上的里程碑。其特点归纳起来有：

（1）充分体现出对人的关怀。设计以人的心理、生理需要为出发点，亲切的空间、近人情的比例尺度、舒适的声光热环境、朴素的装修、经济的管理、交通的安全、休闲的庭园、娱乐的气氛……处处为观众着想。

（2）现代化建筑与岭南庭园相结合。在建筑形式上遵循现代建筑形式与内容统一的原则，采用光亮明快、简朴的风格，体现出时代精神，南面选用大片玻璃是为了门厅的采光和晚间灯饰，东西的实墙是出自遮阳防晒，虚实对比适度，无多余的装饰，戏院观众厅的南侧采用岭南庭园布局，绿荫下的水池、花画间的点石灯饰，创造了给观众剧前幕间休息的场地，闲庭信步，乐在其中，旋梯下布设华灯水映景色亦独出心裁，是为精品之作。

（3）重效益求实际的原则。友谊剧院本着实事求是的精神在平面布置上极其紧凑地满足了放电影、演歌剧、开会、听音乐等多功能活动的要求。建筑面积和空间的数量都经过充分计算，提高利用系数，一改过去剧院“大气、大尺度、大空间”的设计倾向，有效地压缩了多余的部分。在用材料上，提出“高材精用、中材高用、低材广用、废材有用”的做法，精打细算，在保质的前提下大大降低了造价，继承了岭南民间建筑求实效讲精明的好传统。

（4）整体的观念与创新的构思。友谊剧院的设计成功是建立在深思熟虑的整体构思上的，平面的每一部分有机地联系在一起，主次分明。围绕着主体观众厅便捷摆布各部房间，内外流通，上下相连。在装修上重点突出观众和门厅；在造型上也注意整体效果，大方的体型、简练的线条、协调的比例、淡雅的色调、流动的空间等，有如一曲和谐的乐章。

（三）三线建设与“文化大革命”局部发展时期（1965—1977年）

1965年起，国家的重点开始转向内地，称之为“三线建设”，广东的重点建设也转移到粤北山区和其他偏远地区。但广州作为省政府所在地，民用建筑还是没有停止过。1966年后的很长一段时间里，城乡名胜和文物受到破坏，在“先生产，后建设”的思想影响下，市政公共设施建设几乎停顿，住房紧张。“见缝插针”带来了城镇环境的恶化。

历史总是要发展的，这一时期的广州建筑还是在形势的波动下，延续着地方建筑原来的规律程序，在缓慢地发展着。在这一时期，广州新建的有影响的建筑有：

（1）广州宾馆——建于1968年，在海珠广场的正面。是作为当时中国进出口商品展览馆的外商住宿而设计的，因要求节约用地、经济、效益，而采用欧美现代建筑常见的高层（27层，时为全国最高）、裙楼板式建筑、简洁大方的建筑形式，曾为国内现代建筑的推广产生较大的影响。海珠广场也在这段时间得到充实提高，作为交通、集会、休闲、娱乐、运动的多功能广场，规划颇有特色，浓荫的树，弯曲自如的路，宽阔的草地，精巧的花坛雕像，可步游可玩乐的坪地，以及石座几栏石柱灯，处处散发着岭南气息，为市民所赞许。

（2）火车站广场的建筑群——火车站在当时广州北郊，1960年开始设计，后因国家压缩投资，经修改于1974年建成，它的建成带动了流花湖地段建设的大规模发展。围绕着广场，在这段时间内建设了电报电话大厦、邮政大楼、民航大楼、流花宾馆、省汽车客运站等，从此，这一带成了陆路对外交通的窗口。这些建筑设计基本延续广州前段时间的建筑路线发展的，与北方厚屋顶、笨墙柱、浓色彩、重基座的建筑相比，给人以自然灵活的新意，更富有现代科技的信息。其平面大体是院落式布置，注意到朝向、通风、采光、遮阳；其造型多为活泼轻巧、利落，富时代感；其结构材料多为轻巧新颖；其色彩多为清新淡雅。

（3）东方宾馆西楼——在旧楼的西边，建成于1973年，近流花湖。西楼比旧楼晚建了13年，两者用庭院隔开，有分有合，隔而不断，协调统一。此楼在设计上比以往又有新的突破，为岭南建筑的发展增添了新的经验。首先是把首层架空，顶层做成天台花园，利用架空层和天台筑池堆石，植树栽花，供人观光休闲；其次是因地制宜，运用遮阳设施，在东西向布局房间，一来使房间看到流花湖，二来美化了城市道路景观；第三是考虑国情和地方特色，吸收外来先进经验，不走烦琐和追求宏伟对称的道路，不因循守旧，也不照搬洋气，逐步形成环境美好、空间流通、造型轻巧灵秀的自有特点。

（4）白云宾馆与友谊商店——在环市东路北面，1976 年建成，主楼高达 33 层，总高 114.05 米，在当时是全国最高建筑。与广州宾馆风格相似，是采用水平带型窗的板式建筑，外墙运用简易的层层遮阳，现代韵味特色进一步得到强调。宾馆南临繁华的干道，楼前原有一小山，设计时刻意把它保留下来作为前庭，山正对门厅，山上古木参天，塑石筑路，山下种花筑亭，引泉凿池。此山不仅可供楼上观赏，而且具有改善环境、防尘隔声的作用。宾馆裙楼餐厅中庭亦保留原有古榕，树下叠石引流，充满林泉石趣，别有自然情趣。宾馆东友谊商店，平面伸展自如，结合地形组织空间，设自动电梯上下输送顾客，便捷开敞，构成了一个新的旅游购物好场所。

从整体来说，在这段时间内，城建投资少，忽视了公共建筑和住宅区的建设，设施停滞，旧城处在破旧老化残缺的现象中，城市形态基本是新中国成立前的格局延续。

（四）改革开放以后探索与城建迅速发展时期（1978—1999 年）

1978 年以来，中央提出“把工作中心转移到经济建设中来”。国家给予广州“特殊政策，灵活措施”，1981 年市政府提出“把广州市建设成为全省和华南地区的经济中心，成为一个繁荣、文明、安定、优美的社会主义现代化城市”的建设方针，广州城建由此进入了一个迅速而较健康的发展时期。

在正确的方针指引下，广州的城建有如下转变：

一是城建发展重市场经济规律，发挥多部门各阶层的积极性，考虑到把商品经济杠杆作为推动城建发展的一个手段，建筑向多元化、多样化的方向发展，建筑创作的精神束缚少了。

二是高层建筑和超高层建筑像雨后春笋般的出现，旧城区用地紧张。以高层建筑组合的广场中心数量大增。建设迅速之快，科技之含量，广州前所未有，城建有集约化的趋势。

三是广州的城建向东转移，逐步形成天河新城的发展轴线，城市边缘向四面扩展，大规模批地建房，建筑容量大增，成片成片零星开发，突破了寻常指标。

四是旧城进行大规模的拆建改造，高密度的添建了许多高层建筑，旧城内为解决交通，建了许多立交桥和高架公路，设施发展跟不上建筑发展，污染加重。

五是城郊旧村拆毁严重，旧工业区向外迁移。缺乏城市的整体设计，规划与设计跟不上发展的迅速，建筑的质量、城市的环境、造型的素质发展不平衡，有所降低，也有所提高。

六是城市的金融、商业、饮食、文化娱乐、旅游服务和交通运动蓬勃发展，城建中引进了许多资金、技术和人才，涌现出许多外国新理论、新思想和新手法，而民族地方的东西，却逐渐被忽视了。

在这段时间内，广州新建的有代表性建筑，不完全记述有如下几栋：

（1）文化公园“园中院”——1980 年建成；

（2）流花音乐茶座与百花园音乐茶座——1982 年建成；

（3）白天宾馆——1983 年建成；

（4）中国大酒店——1984 年建成；

（5）广州矿泉园林别墅——1987 年建成；

（6）天河体育中心——1987 年建成；

（7）草暖公园——1987 年建成；

（8）广州西汉南越王陵博物馆——1990 年建成；

(9) 广州华厦大酒店——1991 年建成;

(10) 岭南画派纪念馆——1992 年建成;

(11) 广州世界贸易中心——1992 年建成;

(12) 广州购书中心——1994 年建成;

(13) 中国市长大厦与大都会广场——1995 年建成;

(14) 东峻广场——1995 年建成;

(15) 中信广场——1996 年建成;

(16) 广州铁路东站——1996 年建成;

(17) 广州农行大厦——1996 年建成;

(18) 星海音乐厅——1997 年建成;

(19) 广州国际电子大厦——1997 年建成;

(20) 云台花园——1997 年建成;

(21) 广州建行大厦——1998 年建成;

(22) 广州地铁控制中心——1998 年建成;

(23) 广州新中国大厦——1998 年建成;

(24) 广州红线女艺术中心——1999 年建成;

(25) 南方电脑城——1999 年建成。

自改革开放以来，广州住宅建筑随着经济和科技的迅速发展，不但数量大增，而且向高品位、合理化、科学化的方向发展，住宅设计以市场为导向，显现人的中心地位，平面类型多元了，风格多样了，环境优美了，人居文化重视了，营建产业化了，一批批的高品位住宅在不断出现，规划建设比较成功的居住小区有二沙岛居住区、丽江花园、祈福新村、名雅苑、山水庭苑、保利花园、锦城花园、可逸名庭、翠湖山庄、奥林匹克花园、颐和山庄、江南世家、海珠半岛花园、芳华花园……

四、广州建筑文化发展的回顾与反思

岭南建筑的发展经历了两千多年，特殊的环境、特殊的地域、特殊的社会文化背景产生了特殊的岭南建筑。一代一代的建筑匠师在岭南的这块土地上不断耕耘、继承、发展，取得令人瞩目的成就，为世界所公认，在中华建筑历史上有特殊的地位，是祖国建筑遗产的瑰宝，总结它的历史经验，回顾它所走过的历程将有助今后岭南建筑的发展。

作为岭南派系的建筑，一般认为是在清末民国，以至新中国成立初才逐步提出来的。有一定的理论依据，与中国其他地区加以比较，有所谓“京派”“海派”“广派”，风格更为明显成熟，然而，其走过的道路是曲折、艰难、困惑的，对此加以回顾，也有利于今后的创作。

社会是要进步的，建筑是要发展的，今后的建筑发展道路应该如何？这是值得我们深思的。以下只是一种思考。

（一）岭南建筑发展地域环境背景

岭南背负五岭，面向南海，珠江交汇横贯其中，滔滔的江水浇灌了珠江三角洲平原，孕育了广州隽美的建筑文化。广州历来居民得航海之便、渔盐之利、河垦之益，在不断地探索和利用江海中，拓展自己的生存空间，因而使岭南建筑文化具有江河水乡的特色，又有海洋建筑文化的品位。

广州北有帽峰山、白云山，山峦起伏、丘陵环拱，泉流不息，森林郁郁苍苍，天然建筑材料充裕，风景旅游资源丰富，为广州建筑文化的发展创造了特殊的条件。

珠江三角洲大部分地区是冲积平原，便于农耕牧野，物产繁多，广州又处于山区与沿海交汇处，自然成为物品交流的场所，商品繁荣，形成了商品意识，造就了商品文化的优势。

广州为南方良港，是海上交通枢纽，与越南、马来西亚、新加坡、印度尼西亚、菲律宾隔岸相望，沿海岛屿星罗棋布。广州是“丝绸之路”的起点，与大洋洲、中东、西欧、澳洲、日本、美洲均通过海洋联系便利，自然形成了中西文化的交汇处。自古以来就是世界经济文化交往的国际城市，称为祖国的“南大门”。

珠江三角洲地处北回归线以南，属亚热带海洋性气候，台风多，湿度大，雨多（年降雨量为 1600 毫米以上），日照长而辐射热量大，全年平均气温 22℃，最热为 7 月份，平均气温为 28.1℃；最冷为 1 月份，平均气温为 13.3℃；无霜期平均达 300 ～ 341 天。广州闷热的气候，养成了居民习惯于户外生活。建筑要考虑到通风防潮、隔热。

广州的自然条件为许多生物提供了良好的生态环境，种类繁多，生长快捷。广州四季花开，终年可绿，为园林的发展创造了良好的发展条件。

（二）广州建筑发展的人文环境

广州是作为岭南的文化中心而存在的，建城前是百越文化的发祥地，秦汉后，越汉文化逐步融合。历史上几次的建都（南越国、南汉国、南明国），几次统一分裂，几次民族南迁和无数北方官员的南下，中原汉文化成了岭南文化的主流。又经过反复的民族战争和平常的友好往来，广州又兼纳了苗、瑶、回、壮、土、侗、满等族的文化因素。形成了特殊的文化圈中心。

广州的海上对外贸易长盛不衰。秦汉时的广州是我国最早开放的外贸港，唐宋是全国最大的外贸港，明清是我国最长时间独立通商港。主要原因是有宽广的腹地，有优越的海港条件和边远地区政策的独特地位。中外经济的来往带来了建筑技术与建筑艺术的交流，历史上广州也是全国最多外来教派和最多教堂的城市。

广州在历史上出国经商、打工、留学的人众多，是著名的华侨城市，有海外关系的人占 80% 以上，邻近港澳。穗港澳在经济上、文化上本来是一体生成，同是中西方交流的门户所在，华侨与港澳同胞直接带回来的建筑文化颇多。建筑的审美思维和价值取向也深受海外的影响。

广州历来科举兴盛，封建教育体系健全，历史上出现过崔与之、李昴英、陈白沙、湛若水、陈子壮、屈大均、陈恭尹等大儒家，文化以儒家为正统。但佛家禅宗惠能，道家葛洪也在广州生活过，影响很大，后来的伊斯兰教、天主教等在广州的势力也很大，多教共存，相互矛盾又交融，兼容又统一，形成了多姿多彩的广州文化大观园。

广州是近现代革命策源地和民主革命大本营，林则徐、洪秀全、张之洞、康有为、梁启超、孙中山、朱执信、陈济棠、蒋介石、毛泽东、周恩来等政治家都在广州活动和斗争过，留下了许多遗迹，他们的哲学思想对全国影响极其深刻。

广州是中国改革开放的前沿，1984 年以后就列为对外开放的沿海城市之一，是实行“特殊政策，灵活措施”的试验区；金融体制、教育科技体制、市场经济体制等改革多是首先在广州开始的。推动第三产业的发展也是全国速度最高和起动最快的。

广州的绘画、盆景、音乐、民间工艺、观剧、园艺等都有很强的地方特色，在全国享有极高的声誉，它们对广州建筑文化的影响是非常大的。

（三）广州建筑文化发展的历史规律

广州城市形态与建筑特色是在不断变化和发展的，其变化原因有其客观因素，也有其内在发展规律。社会制度、经济体制、国际形势、社会思想意识、时代风俗、心理素质等，它的生成、演进从历史角度来看，是有一定规律的。

（1）中原汉文化是岭南建筑文化的根，与古越文化结合，经长期演化，形成独特的海疆性质的岭南建筑文化。岭南建筑有中原儒家的理性因素，也有古越建筑开放的因素。

（2）岭南建筑文化是在明清以后，由于商品经济的发展，是在务实、求效益、双赢富民、开拓冒险、重利等思想意识影响下逐步形成的。骑楼建筑是务实、求效益的典型。

（3）西方建筑技术与艺术的传入，中西方建筑文化的碰撞，广州人选择了“西学东渐”“多元并存”“西为中用”的观点，西方建筑思想的转入，触发了岭南人的探新学、倡变革、转旧制、创新风的建筑创作思想；同时产生了“兼容”和“大同”思想。另外，殖民主义的入侵，激发了广州人爱国自强的思想。中山纪念堂、中山图书馆、原中山大学等民族建筑在广州的出现，是“爱国主义”和“民族主义”建筑思潮的表现。

（4）广州建筑风格是在不断随时代的变化而变化的，每一历史阶段有其不同的建筑内容、建筑形式、建筑结构形态、建筑装饰装修。广州在建城以前的古越干栏建筑、秦汉期的台宫苑建筑、唐宋时的市肆与蕃坊，明清时的行店、会馆、西关大屋，近代的骑楼、竹筒屋、东山别墅，现代的高层建筑与园林宾馆等，都是时代性较强的岭南建筑。

（5）广州人传统的生活习惯与民风民俗。建筑文化常常反映当地人的信仰、意识向往、爱好和生活形态，是历史的活化石，是史诗。西关大屋的装饰图案多以鱼、鳌、龙、古钱、明珠、菱角、羊和岭南花果为主，以世俗的图案语言寄托自己祈望。店馆与民居平面格局多考虑到节日喜庆、礼节的来往、丧葬等活动而布置；亲水的风俗导致广州规划与平面布局与河渠交错融合，水庭众多，“尚黑”的风俗影响广州古老民居木作常用桼黑，镬耳山墙常用灰黑主调。广州城市的规划基本是以“风水”所谓“左青龙，右白虎；前朱雀，后玄武”的风俗形态选定的，水口三塔据说是为了“聚财”。非正统的世俗文化，重直观感性和多元包容的习性，对广州建筑文化的发展起有相当大的作用。

（四）广州建筑文化面临的困境

广州有源远流长的光辉历史，1982 年国务院评定为国家级历史文化名城，其价值在于广州在历史上存在着很有特色的众多的文物建筑，又有整体的风格协调的建筑群体和街道格局，自然和人文合一的格貌给人以独特的印象。

改革开放以来，从 20 世纪 80 年代上半期到 90 年代，广州经济得到了异乎寻常的发展，经济实力居全国之冠。人口的激增，工商业的发展，城建也以惊人的速度发展，从旧城的“见缝插针”到旧城的成片改造。加之于为解决旧城的交通问题和设施配套问题，广州城市形态产生了急促的变态。这种变态是否恰当？至今仍留给了我们很大的困惑。

广州城市膨胀，地少人多，建筑人口密度和容积率空前提高；环境质量必有所降低；光热效应，噪声与水的污染、尘粒空气质素等必有所劣化。这种先污染后治理的做法，我们当前已逐步认识到其危害的严重性，但以后如何整治解决，又是广州今后发展的困惑。

广州的土地资源是有限的，大开发带来了大圈地，旧城的土地分光卖光了可以向城郊发展，从“旧城积极改造”到“向东北翼发展”，后又提出“北优南拓、东进西联”的做法，这无疑是合乎情理的。但下一届市长，下一代广州城区又如何扩大？又是一个困惑？建设必同时带来对原有自然的破坏，生态必然失去原来的平衡，以后又如何建立新的生态平衡，这也是一个困惑。

现代高层建筑技术的引进是广州大好的事。广州市居民有评论说，广州现代空间是几何方程式的空间，是钢筋混凝土森林空间，是拥挤笼式空间。市民离开大自然将越来越远了，靠园林手法和旅游手段能解决吗？

又是一个困惑。

广州本来就是一个善于仿效西欧建筑风格的城市，中西结合是广州建筑风格的一个特色。当今的结合条件已经产生了巨大的变化，或是全盘西化？或是国际流行化？“抄”成了时尚，也不会有人提出过问，“克隆”不会犯法，也不为人怪，形式跟不上发展的速度，使人无所适从。理论贫乏，设计通常是顺从“业主”，风格模糊，盲目洋洋自得。要不要提“岭南建筑”风格？“岭南建筑”向何处去？疑惑重重。

过去广州建筑文化被称为“市民文化”“通俗文化”“流行文化”“寄生文化”，是用当时的材料、当时的经验，适应当时的需要而建造的。时代变了，生活变了，这种建筑虽为过去外国外地认为是有地方特色的建筑，但从现代眼光来看，被认为是有缺陷的“风土建筑”。当前要按“历史文化名城”的条例加以保护是必然的，但如何发展？要不要继承？这也是必须正视的问题。

21 世纪对广州来说是一个挑战与竞争的世纪，地区的差距将会逐步缩小，加入世贸组织以后，建筑技术的标准必然走规范化的道路，世界应走上一体化，“世界大同”已不是空话，在建筑与世界接轨的运动中，作为地区建筑文化，要不要一体化？能不能保存地域特色？我们正面临着决策性的选择。

岭南建筑文化今后怎么样？敢问路在何方？现实充满着迷雾。当今的信息社会，已不是自流式了，排他性不成，统制性也不成。岭南地区不一定全是岭南派建筑，岭南人也不一定能创造出岭南派建筑。当今岭南建筑的精神是什么？建筑内涵又包括哪些？都值得深思。

五、开创岭南建筑新风的展望

广州建筑文化在历史上的奇特瑰丽，是岭南建筑文化的杰出代表，弘扬它的伟大与精神，自然是作为当代广州人的职责，弘扬之余，面对困境现实，如何开创岭南建筑文化的新风则更是不可推卸的义务。

在当前建筑理论中，被多数人所认同的一种观点是：“越是地区的，越是民族的，就越有世界性”。问题是所谓“地区性、民族性”的内涵是什么？如果从保守的心态去理解，将会阻隔我们的视野，不利于广州建筑的进一步发展。我们不能停留在清末民国时的岭南建筑文化的高峰上，也不能重复 20 世纪五六十年代初期广州建筑作为领先流派的水平上，而是要有一个新的层次。在全球竞争意识上，创造新档次、高品位的岭南建筑。如何开创岭南建筑的新风，有以下几点思考：

（一）岭南建筑文化将在聚合、整理、复兴中重构

改革开放以来，广州经济的增长，投入城建方面的资金之数前所未有，大投入、大变化、大转型、大规模、大引进，岭南建筑处于多形式、多争议、多方位、多门路的混乱发展中，对广州古代建筑研究很少，对近代建筑认识不够，对新中国成立初期建筑风格成就的漠视，逢财力，逢感性，逢勇气，学港澳，学欧美，设计建造了无数的各类型建筑，踏实地做，少有评述。当前要想走上创作的新台阶，还需进一步总结、分析、评论、研究、整合、提高；由散乱发展转向有机的聚合，减少一些盲目性，增加一些自觉性；累积一些经验、归纳一些理论、出一些有关的论集，将进一步在多元丰富的前提下，多一些对独创性的理性追求，流派将自然出现，从建筑表现风格和艺术手法上升为有观点有理论的派系。岭南建筑将复兴重构成为在世界上有特殊地位的新葩。

（二）国际现代化是总趋势，地方特色将为广州建筑在世界“建筑之林”争取一席之位

当前的世界是信息频率更快，交通网络更密、观念更新更易的年代，是高科技时代，建筑技术的交流再没有国界，我们向我国港澳学、向外国学，差距已很短。用新技术来创造新形式，全世界的建筑师都会这么做，他们比我们做得好的条件更多，跟着走很难有新作为。我们要拟广州建筑引发世界的注意，还是要从国情出发，

从地区优势出发，在原有传统文化的根基上嫁接外国各式各类的芽，只要这些芽能生长开花，就变成岭南建筑本树的枝，新型的岭南建筑风格也由此逐步形成。集各家各国之建筑长处，把先进的建设文明熔铸在一个体系中，新的奇迹就会出现。

20世纪五六十年代，岭南建筑在创作上有强烈的个性，在全国有较高的地位，后来个性淡薄了，究其原因，是创造地区风格的推动力少了，关心这方面的决策人少了，忽视了地方观念的思考，重经济效益而轻人文精神；重建筑技术而轻建筑艺术；建筑师世俗的依附变大了，高尚的艺术追求少了，职业道德规范在市场经济的冲击下，在走滑坡路。

（三）未来的岭南建筑将是生态的、人性化的、有生命的建筑

随着物质生活的转变，建筑的精神需要将逐步提高，未来岭南建筑必将要满足岭南人未来的精神文明的要求，在未来的建筑设计中，精神功能和文化内涵会越来越被重视。人的性格、情结、心态、爱好、审美、意志是受地区环境影响而有差别的，要适应岭南人这些方面需求，建筑的地区特色自然产生。

可持续发展是我们的国策，生态建筑是我国未来建筑发展的方向。生态建筑的设计原则是因地制宜，利用地区优势来节省资源，为后代留一些生存空间。中心问题是解决人与自然的平衡协调发展，未来建筑强调地方特色，按地情、国情办事，正好合乎这一生态原则。把广州的生态文明发挥出来，才具有更高层次的特色和持久的吸引力。

广州是岭南的地方中心，它给整个岭南地区带来活力和机遇，其建筑文化就是岭南的典型代表。其气质应有岭南味，其机能将起带动岭南经济文化腾飞和繁荣的作用，应有几个非凡的中心广场建筑群。这广场应是地方人性化的，有生命机能的，应是未来地区生态平衡新景观的集中体现，同时也是人类科技进步的总画面。

（四）尊重自然，尊重历史是广州未来建筑设计和城市规划的方针

岭南建筑特色的形成，其中重要因素是建筑与自然结合，特定的环境造就了特别的人，特别的人有其特殊的建筑空间要求，从而有独特的建筑。岭南庭园的实质是创造人与自然和谐统一的休闲空间，“天人合一”观念启示岭南人不要与自然为敌，与自然适应共处才带来长久的发展，“征服自然”的后果难免招来“自然报复”。未来的岭南建筑将庭园化，街区将园林化，城市将与山水协和化。

尊重自然不是说人对自然无能为力。自然的阳光、空气、水、山石、气象、树木……为人类所用，必须采用高科技手段。大自然的美才是人类向往追求的“大美”“浩然之美”。未来的岭南建筑创作宜运用岭南独特的山水格局，利用岭南非寻常自然景观，大气派、大手笔、大格体地构思成像。

作为历史文化名城的广州市民，是应引以为荣的。把它说成是落后、包袱而扬弃，这是对历史的否定，对祖先的蔑视。无疑，现代人的聪明才智和大胆妄为，急迫要创造属于自己的新建筑文化，但对历史文化名城总不能“破而立之”“取而代之”，新是新，旧是旧，在对照中才有时空特色，岭南建筑发展的过程本来是“新陈代谢”的过程。充分保存和发扬广州固有的历史文化特色，将是广州未来发展的明智选择。

建筑文化是一种“综合性文化”，各种艺术品类都可以在建筑中或多或少表现出来，大家一致认为绘画、雕刻、文学、书法、音乐、戏剧都有地方色彩，把建筑文化遗产保留下来了，整体上这些岭南文物也易于保存。文物资源是无价的，可持续利用的。

（五）以动态的观念，阶段暂进的观念来对待未来岭南建筑风格的形成

有人说“建筑是建筑师思维活动和意志的表达”，也有人说“建筑是时代社会科学和自然科学发展的镜子”。宇宙是运动的，时代是变化的，人的思维与意志是动态的。故对建筑风格应从动态的观点去看待。岭南过去

有地方特色的西关大屋、骑楼、满洲窗、鳌脊、博古花饰、镬耳山墙等，现在再搬出来，必为人所唾笑。然而，对这特色是如何取得的？构思手法如何？这是值得去探索的，学习其意念，不是形似，而重神，创新的路子才宽广。

研究现代岭南人的生活习惯、兴趣爱好、心理祈求，将有助于设计适合岭南人生活要求和审美需要的作品。岭南人传统的商品意识、竞争意识、时效观念、民主思想、机变精神等均可考虑在新时期进一步"重构"。随之而来，将岭南建筑形式、符号有机地粉碎又重构，在重构中提高到一个新的层次，这比当前学习国际上流行的"解构主义"空谈，更为实际一些。

历史上的建筑风格不是在短时间一蹴而成的。要许多人许多辈的累积创造，受到时间的考验，为社会所公识、为官的为民的、专业的非专业的、高雅的通俗的、理论的实践的，要有一个基本统一的看法，代表性的风格才被历史所肯定。当今实践是主要方面，分析的理论研究也不能少，争论、评论将有益于"百花齐放"。未来的建筑评论对岭南建筑的健康发展是非常有意义的。事物都在矛盾斗争中、对立统一中不断发展的。理论上的沟通，实事求是反复的实践，群众的认同……整个过程是艰苦漫长的。开创岭南建筑新风，还需要岭南几代建筑师的不懈努力。

（六）调查研究、办好教育，改革体制是开创岭南建筑新风格的前提

广州改革开放以来，建筑有重经济轻文脉、重技术轻人本、重功用轻环境的趋向，这本来是很自然的事。研究其产生这些现象的根源，是需要作长期详细的调查分析的。各阶层各层次人群的意见都要得到重视，同时要把这些现象放在国际范畴加以比较。

学术风气的自由将有助于创作的提高，不同观点、不同看法必然存在，关键在于决策，在于决策者的德行和水平，广听意见，民主决策都是最重要的。我们常说"存在就是真理"，其实存在有合理的不合理的，有合法的不合法的，有高水平的和低水平的，人类追求的是经典的存在。经典工作是由高层次的人群创造出来的。培育高层次的人才，才是最关键的。人才的培养少不了专业学校，高层次的专业人才培养要有适宜的环境和土壤，加大建筑教育投资，办好教育是首要的。学校本来应该是广州建筑研究与评论的舞台。

建筑是一个城市综合实力和文明水准评定的重要标志，制定发挥各方面人才的智慧和潜力的政策颇为重要。广州建筑要上新台阶，育才求才当然重要，如果做到"人尽其才，物尽其用"，发展又将会有另一景观了。说到底，广州建筑发展主流是好的，但当前要看到全国的进步，世界的进步，要有危机感。以质胜量，出奇制胜，是岭南建筑勇夺先声的好传统。弘扬岭南建筑文化，开创岭南建筑新风，是我们的历史职责。

广州近代教会学校建筑的形态发展与演变

原载于2002年《华中建筑》，与彭长歆合著

广州近代教会学校是指19世纪中叶以来由西方教会在广州设立的教会书院、神学院、中小学堂和大学等。它们草创于西方传教士来华传教之初，随两次鸦片战争后西方列强对教育特权的获取而兴盛，在20世纪20年代中期国民政府“收回教育权”运动后有所收敛，新中国成立以后才基本停止。在这个发展过程中，教会学校一方面是西方列强对华进行文化侵略的产物，另一方面对促进中西方文化交流，推动中国教育近代化发展发挥了一定的积极作用。同时，教会学校在校园规划、校舍经营，尤其在中西建筑形式的融合等方面对广州近代建筑的发展有重大意义。

一、背景研究

近代广州教会学校的形成与发展分为三个阶段。

（一）初创期

19世纪以来，西方教会加强了在中国的活动，图谋将“基督”变成“唯一的王和崇拜对象”[①]。西方新教派英籍传教士马礼逊于1818年在马六甲创设英华书院（The Anglo Chinese College），招收欧美人和当地华侨入学，拟培养牧师到中国传教，但效果甚微。1835年西方列强在广州的商人和传教士组织成立了“马礼逊教育会”，美国传教士裨治文在成立大会发表演说，称教育可以在道德、社会、国民性方面引起中国发生更为巨大的变化，这比同一时期内任何陆海军力量，比最繁荣的商业刺激，比其他一切手段的联合行动，效果更显著。为此，教育会致信英美教育界呼吁派遣教员来华创办学校。耶鲁大学毕业生塞缪尔·布朗于1839年在澳门创设“马礼逊学堂”，1842年11月，该校搬往香港继续开办，成为中国近代第一所教会学校。

第一次鸦片战争失败后，清廷于1842年被迫签订《中英南京条约》，条约规定：“耶稣天主教原系为善之道，自后有传教者来至中国，须一律保护。”从此广州等五个开放的通商口岸，成为西方传教和兴办教会学校的基地。广州最早建立的教会学校有1850年建立的广州男塾和1853年设立的广州女子寄宿学校，其课程设置和教学方法，首先采用西洋式，是近代中国教育新学制的先声。

（二）兴盛期

第二次鸦片战争后，美国掀起了在华传教和办教育的高潮。许多大学生被招募来华，形成所谓“宗教十字军运动”。1868年，美国强迫清廷签订“中美续增条约”。规定“美国人可以在中国按约批准外国居住地方设立学堂，中国人亦可以在美国一体照办”，使美传教士在华设立学堂得到条约上的保障。从此广州教会

① 王秉照，阎国华．中国教育思想通史第五卷[M]．长沙：湖南教育出版社，1994：360．

学校数量大大增加，并呈现专业化和相对独立的发展趋势。

1866年受美国长老会派遣，美国传教医生嘉约翰曾在原美国传教士伯驾（OR Porker）创立的博济医院中附设南华医学堂，这是广州第一间西医专科学校，1904年扩建为华南医学院。

1872年，美国长老会女传教士那夏里（Henry V. Noyes）在广州沙基创办真光书院；1878年，因火灾将校址迁往仁济街；1909年，将书院改为真光中学堂，增设师范科；1912年，改名为私立真光女子中学；1917在广州芳村白鹤洞购地建成新校舍。

1879年。美国长老会传教士那夏里博士在广州城西沙基创办“安和堂”；1888年购芳村花地“听松园”故址五十余亩，改名为培英书院；1889年在“听松园”内兴建校舍并设科学部，1890年成立中学部，1912年改名为私立培英中学。

1888年，美国浸信会女传道会第一届联会，以中国妇女无入学机会为由，派容懿美女士（Miss Emmayoung）来广州，于五仙门创设培道女学，初设妇孺班；1906年，于东山牧鹅塘附近购地1460余井建筑新校含；1919年正式定名广州培道女子中学。

1889年，美浸信会教友筹设培正书院，1890年春开课，院址在德政街；1905年改由两广浸信会办理；1908年，在东山建新校舍，改校名为培正学堂；1916年改名为私立培正中学。

1884年，美国长老会牧师香便文（Beniamin Couch Hemy）提议美国宣教会，筹备建立大学于广州，以“振兴中国”。香便文与哈巴牧师（Andrew Pallon Happer）历经数载，终于1888年在广州沙基创办“格致书院”。1897年校址迁往广州四牌楼（今解放中路），次年再迁花地萃华园，1900年一度迁往澳门，更名为“岭南学堂”，1904年由澳门迁往广州河南康乐村新校址，1916年改名为岭南大学，分设文、理、农、医等科，成为华南地区最大规模的教会大学。除岭南大学外，此间广州教会大学还有协和神学院、协和女子师范学校等。

广州近代教会学校绝大多数由美国教会各派别所创办，其教育体制、院系设置、课程安排、教学方法、教学工具、参考书等大多直接从美国移植而来，有典型的美国特色，与清末官办书院、洋式学堂有所区别。

（三）流变期

辛亥革命后，广州近代教育进入新的历史时期，一方面是教会学校相对独立，持续发展；另一方面是公办学校在不断吸收西式学校先进办学理念的前提下，得到极大的发展。两者呈现平行发展的趋势。

1924年，广州作为国民革命的策源地，反帝反封建运动蓬勃开展。当年6月，广州学联成立了“收回教育权运动委员会”，发表《收回教育权运动宣言》，要求将教会学校收回自办。7月，广州学联联合各界青年组成“广州反文化侵略青年团”，掀起反文化侵略高潮。1925年“五卅”惨案的发生，直接促使国民政府作出“收回教育权”通令，规定：私立学校外国人不得担任校长一职；校董会里中国籍董事要超过半数以上；教会学校须向国民政府立案等。在数年间，广州教会学校进行了改组，改组时间见表1。广州教会学校在经历半个多世纪的教会和西人把持后，终于完全回到中国人自己手中，步入发展的新时期。

广州教会学校改组时间 **表1**

校名	改组时间	改组方法	立案时间
培英学校	1926年秋	由西差会移交中华基督教广东协会全权办理	1927年
培正中学	1927年	培正中学董事局预备向教育厅立案	1928年11月

续表

校名	改组时间	改组方法	立案时间
培道中学	1923 年	校董会改组，华籍、美籍各占三席	1932 年 3 月 15 日
真光女中	1930 年	由华人自办	1931 年 12 月
岭南大学	1927 年	校董会完全由华接受自办	1927 年 3 月
南华医学校	1931 年	由“广州医学传道会”移交岭南大学董事会，更名为“岭南大学医学院”	

二、近代广州教会学校的校园规划

近代广州教会学校草创之初，多以租赁房屋进行改造作为校舍，而新校园建设则大多由传教士亲自设计，采用西方近代学校的规划理论进行布局，如真光女中白鹤洞校舍由第二任校长祁约翰博士规划设计。大型学校则由国外建筑师规划，如广州协和神学院和岭南大学均由阿德曼兹（JAS.R.EDMUNS.JR.R.A）完成规划设计。这些学校十分接近西方近代校园，具有相当的先进性，其特点表现为以下几方面。

（一）十分注重校园择址

广州近代教会学校选址首要条件是要邻近教堂，如培正书院谓“首宜附近礼拜堂，以便学生往守安息”[②]。培正多次迁地，均依傍教会，最后定址东山，与培道共同构成宗教文化圈。而真光、培英早期设校于沙基，邻近沙面，也是因为沙面为洋人聚居地，有美国长老会第一支，便于参加宗教活动。

其二要求地势开阔，风景优美，如真光女中、协和神学院选址于白鹤洞，称“本校高踞于白鹤洞冈上，故能收江山之形。四时风景无不绝佳。诚卫生修学之善地也”[③]。而培英初设校园于芳村花地“听松园”，为晚清著名诗人张维屏故园，“园内有亭台楼榭、鱼池、松涧、竹廊等，四邻景物，亦殊佳美”[④]。因此，培英校歌赞咏道：“东临篷馆，西接烟雨迷津”（羊城八景之二），后培英设新校于白鹤洞，与真光、协和毗连，形成与东山培正、培道相对应的另一教会学校集团。

（二）规划性强

近代教会学校不仅将西方的教育制度、教学内容、教学方法和管理体制引进中国，同时还引进了西方近代学校先进的规划理论和方法，在规划学术方面表现出极强的专业性。首先是校园分区明确，功能布局合理。以真光为例，其白鹤洞校园规划以教学楼“真光堂”居中，“必德堂”“连德堂”居两翼，以四幢宿舍分设两外翼，形成半围合校园空间，呈对称分布；校长住宅位于校园中轴线一侧，食堂位于校园一隅，邻近宿舍和必德堂。整个布局扬弃了儒教礼制的封闭特征，充分体现各功能空间的易达性、便捷性、完善性，以及后

② 广州东山培正学校四十周年纪念册．广东省立中山图书馆藏，1929.10.

③ 广州基督教协和神学校章程．广州协和神学校，广东省立中山图书馆藏，1922.

④ 培英史话（1879—1999）．广州市培英中学，1999.15.

勤服务设施的便利性。

其次，在空间序列和功能组织上，对教学空间更为重视，对功能的划分也更为清晰。充分考虑采光通风的要求，表现出对地形环境的适应。

另外，教会学校十分注重校园建设的持续发展，如上述真光规划，在建设实施第一期项目的同时，结合近代教育的特点，预留运动场、花圃及待建项目用地，统一规划，分步实施。

（三）校国规划的古典主义倾向

近代广州教会学校规划有古典唯美倾向，岭南大学最为明显。1898 年伊士嘉博士购地于广州河南康乐村，由美国建筑师阿德曼兹（Ja.R. Edmunds）完成总体规。规划在注重功能与环境相结合的同时，更刻意地突出纪念性和校园景观的层次。规划将教学区集中设于校园中心，形成主轴线，并在轴线上结合绿地、花园、广场布置有纪念意义的建筑物。校园内空间开阔，用地充足，一幢幢纪念建筑掩映于绿树丛中，空间气氛庄重而静谧。

三、近代广州教会学校建筑的形式演变

从 1839 年澳门“马礼逊学堂”开始，中国近代教会学校经历了中西建筑文化碰撞、融合、发展之轨迹，由西洋式到中西结合式再到中国古典复兴式，由完全由西洋建筑师设计到西洋建筑师的文化反省再到中国建筑师的独立设计，再加之一些政治、经济因素，促成了近代教会学校建筑形态的演变。其演变大致分三个阶段。

（一）初创期的券廊式风格

近代广州教会多由美籍传教士创办，来华之初，多以洋楼形式构筑校舍，大多采用殖民地券廊式，并由外国建筑师设计，具有西洋建筑的物化象征，同时在通风采光、活动空间等方面均符合教学需求。

从依稀尚存的资料来看，1872 年那夏里女士在沙基容安街初创真光时的校舍以及 1888 年容懿美女士在五仙门初创培道时的校舍均为殖民地券廊式风格，为新文艺复兴式，属维多利亚女王时代盛期的建筑样式。券廊式风格在近代教会学校中一直延续到 1907 年左右时期，培英花地校舍，培道、培正东山校舍在建设早期，均为券廊式风格。培英花地时代“礼智楼”1906 年落成，培道东山新校区“大红楼”1907 年落成，这两幢楼在立面构成、山墙及细部做法均十分相似，应属维多列亚女王时代晚期的哥特样式，尤其是后者，特点十分明显，如裸露红砖，将红砖与白色线条组合使用，山墙的哥特式处理等，立面装饰感很强。另外，培正白课堂 1908 年落成，由林秉伦设计，朱昌瑞监工。该楼是近代广州教会学校中最接近殖民地券廊式早期风格的建筑之一。它四周设廊，两层均用简洁方柱支承连续拱券。采用砖墙承重，木制密肋楼板，内外墙全涂白垩，十分独特，故有一说该楼由国外华侨带回图样施工。同期券廊式风格还有培道小红楼，该楼与大红楼同期落成，为前廊式，两层均为连续拱券，立面色彩追求红砖与白色线条的强烈对比，与大红楼一样应同属维多利亚女王时代的晚期形式⑤。

在 1908 年后广州教会学校虽也有完全西式的建筑处理，如培正 1918 年建成的“王广昌寄宿舍”和 1919 年建成的“陈广庆纪念饭堂”（均为南洋募捐款项所建），但从形式风格来看，手法较为杂乱（疑为南洋华侨提供图样），未能形成一种统一的、明确的形式手法，因此将其视作一种零星的西洋式建筑活动。

---

⑤ 对“券廊式风格”的判定参见藤森照信（日）“外廊样式——中国近代建筑的原点”[J]. 建筑学报，1993，（5）33—38.

（二）中西合璧的折中主义

进入 20 世纪后，广州教会学校步入其发展的黄金时期，其特征表现为新校址的拟定和大规模校园建设的开始。建筑师们在运用他们熟悉的西洋形式（如券廊式）进行设计的同时开始探索新形式，试图将西洋样式与中国传统建筑文化相结合。这种思潮源于当时宗教和艺术的取向。从宗教界来看，19 世纪 70 年代起，西方教会已提出“孔子加耶稣”的教育思想，美国传教士林乐知（Young John Allen）提出“中国自有学，且自有至善之学，断不敢劝其舍中而从西也”；“耶稣心合孔孟者也，儒教之所重者五伦，而耶教亦重五伦”[⑥]。这种想法在 1877 年在华基督教传教士全国大会上被多数传教士所接受，并直接影响到后来教会的“中国化”和“本色化”运动。使“发扬东方固有文明”得到教会的认可并以具体形式加以实现，包括教会建筑形式。从艺术方面来看，18 世纪的“中国热”余绪尚存，并在一定程度上影响了欧洲 19 世纪末的“手工艺运动”（Arts and Crafts Movement）和“新艺术运动”（Art Nouveau）。20 世纪初欧美建筑界盛行的折中主义风格为中西建筑形式融合提供了操作的经验和方法。

1905 年，岭南大学第一批建筑马丁堂及一些附属宿舍落成。马丁堂由斯道顿事务所（Stoughton & Stoughton）设计，是中国最早采用硬红砖和钢筋混凝土的建筑之一。马丁堂第一次将中式大屋顶与西式墙身组合在一起，但在大屋顶的处理上，没有传统官式的曲线，而较为接近岭南民居屋顶的平直处理方法，以适合钢筋混凝土的构造方法和施工要求。另外，除大屋顶外，西式通气烟囱和中式六角攒尖顶采光亭也成为立面造型的手法。其形式结合大方、自然、合理，比例协调、易为人们所接受，在中国近代建筑发展史中有着重大的意义。

比较该时期广州教会学校中西合璧的折中主义风格可以发现：由于西方建筑师对中国传统建筑的形式审美和构成法式缺乏明确的认识，在实施设计时，处理方法也各有不同，如斯道顿事务所（Stoughton & Stoughton）设计的岭大早期建筑马丁堂、格兰堂、石屋以及附中寄宿舍等。其墙面的西式处理非常成熟，通过红砖的不同砌筑方式，并使用券拱形成建筑墙面细腻多变的装饰风格，而对中式屋顶的处理却十分单调，甚至怪异，如马丁堂屋面的烟囱、格兰堂屋面的中式采光亭等，建筑师试图尝试用一些小尺度的园林构筑物与中式大屋顶结合起来，其审美取向基本上还停留在“中国热”时期。

岭南大学大部分建筑物由美国建筑师阿德曼兹在 1913—1926 年间完成，共十余幢，包括怀士堂、马应彪夫人护养院、马应彪接待室、陈嘉庚纪念堂、爪哇堂、八角亭、十友堂、张弼士堂、理学院、荣光堂等。实际上阿德曼兹对广州近代教会学校建筑的中西合璧式折中主义风格所作的贡献以及对岭南近代建筑的影响要比墨菲（Murphy Henry Killam）更大一些。首先，他解决了不同建筑平面尤其是不规则平面在中式屋顶处理上所带来的麻烦，他采用了更为灵活的处理手法，使不同的屋顶形式适应不同的建筑体量，并将其整合成序，形成高低错落的屋面变化；其次，阿德曼兹在形式审美方面似乎更倾向于岭南地方建筑，这在怀士堂中有十分明显的踪迹可寻：人字形两坡顶、披檐、墙面的琉璃装饰构件等，当然也有突出屋面的烟囱和中式攒尖顶采光亭等；最后，阿德曼兹似乎也十分偏爱中式屋顶的重檐处理，在他的爪哇堂、十友堂、理学院、陈嘉庚纪念堂等建筑中，反复运用了重檐手法对多层建筑进行纵向分割，使西式墙身加中式屋顶的简单加法扩展至对西式墙身的中式处理。阿德曼兹在承接岭南大学项目的同时，于 1915 年设计了广州协和神学院，包括富利淳堂、安德烈宿含、梁发堂等，表现出设计手法的一致性。

与阿德曼兹具有相同审美偏好的是真光女中第二任校长祁约翰博士，在 1917 年真光女中的建设中，他一方面将大屋顶分解成多个小屋顶，以达到重檐的效果；另一方面，他采用八角形高窗解决大屋顶空间的采光、

⑥ 刘圣宜，宋德华．岭南近代对外文化交流史 [M]．广州：广东人民出版社，1996.6.

通风问题，使大屋顶下空间具有实用功能。祁约翰比阿德曼兹走得更远的是，他终于意识到，中国传统建筑的檐下处理是一种美的表现，是技术与艺术的完美结合，是中式建筑立面构成不可分割的一部分。真光堂在广州教会学校建筑中第一次采用了檐椽和简化了的斗栱作为西式墙身和中式屋顶的过渡，并且采用了局部平面覆盖中式屋顶的做法，使建筑更为轻巧，比例更为协调。

近代广州教会学校以 20 世纪 20 年代中期“收回教育权运动”为分水岭，其建筑的创作和实践也以此为分界线，1927 年之前，广州教会学校的建筑设计基本上由外籍建筑师承担，以中西合璧的折中主义风格为主流，在此之后，华人建筑师高扬民族主义旗帜而登场。

（三）民族主义的古典复兴

中国近代建筑从 20 世纪 20 年代开始进入重要的发展时期，其标志是中国近代建筑体系的建立，包括中国人自有的建筑教育、建筑设计、建材业、营造业的蓬勃发展，同时，反帝反封建运动进入新的发展阶段，民族主义思想成为文化发展的主流。从教会来看，1922 年美国基督教会在上海召开了“中国基督教大学”，决议倡导“本色教会运动”，对教会向“中国化”过渡作了明确的指示和引导，“一方面求使中国信徒担负责任，一方面发扬东方固有文明，使基督教消除洋教的丑号”⑦。以此为契机，中国教会学校开始出现明显的古典复兴倾向，其形式指向为正统的中国传统宫殿式建筑。

实际上，广州教会学校在“收回教育权”运动发生后数年，即便由中国建筑师设计，也仍然延续了教会学校在发展盛期形成的中西合璧的折中主义风格，但显而易见，中国人在处理这种建筑样式时，手法更为精练和成熟，如陈荣枝 1927 年设计的培正美洲华侨纪念堂，以帕拉第奥母题作门廊造型，屋顶更为简化，摒除了烟囱和采光亭，使建筑更加端庄大方，但此时，仍然不见有斗栱、兽吻等中国传统建筑固有的立面构成和装饰手法，屋面出檐也仍然采用岭南大学以来惯用的人字形支撑构件，只不过将木制改作钢筋混凝土，形式上略作调整而已。

广州教会学校建筑真正向传统古典式偏转发生在陈济棠主粤之后。陈济棠主导岭南政务之后，大力发展文教事业，使广州教会学校进入一个新的发展时期。同时期内，广州城内一系列大型传统古典复兴式公共建筑落成，如中山纪念堂、中山图书馆、广州市府合署等，使这种“中国固有式”风格作为一种时尚广为流行，并且这种传统古典复兴式风格历经西方建筑师的初期探索和吕彦直等一批中国建筑师的发扬光大之后，在设计手法方面已十分成熟。

不得不承认，在广州教会学校中首先运用纯正的中国传统建筑语汇进行设计的仍然是外籍建筑师。1930 年，美国建筑师墨菲（Murphy Henry Killam）为岭南大学设计了哲生堂、陆佑堂、惺亭，建筑风格一改往日岭南大学校园内中西合璧的折中主义风格，表现出墨菲对把握中国传统建筑文化所具有的高度自信：无论斗栱、檐椽、柱式，还是兽吻、栏杆、檐下彩画甚至墙面色彩都具有中国传统宫殿式建筑的神韵。墨菲将中国古典建筑元素融入西式立面构图手法，使两者由过去的相互拼凑发展为高度协调和统一。

20 世纪 30 年代以后，广州教会学校新建校舍已完全转向传统古典复兴式，即民国政府 30 年代极力倡导的“中国固有式风格”，包括培正图书馆、培道护养院等，及至培英 1934 年白鹤洞新校规划，极目所见，已全是古典复兴式大屋顶了。

---

⑦ 诚静怡．协进会对于教会之贡献 传教士与近代中国 [M]. 上海：上海人民出版社，1980：324.

四、结语

广州教会学校，在岭南近代建筑发展史中是一个很特殊的类型，它在相当长一段时间里，管辖权隶属西方教会，它的校园规划和大部分建筑最初是由西方建筑师完成的，在中西方建筑文化的交流中起有很大作用。在其发展的中后期，由于中国爱国热情的高涨、民族思想的兴发，促使教会和西方建筑师采用中西合璧的形式，以适应中西文化碰撞的矛盾心态。在这个阶段里，广州教会学校在校舍规划与建设方面作了许多有益的探索，这是最难能可贵的。

值得注意的是，近代广州教会学校建筑在融合中西建筑形式的同时，还借鉴岭南地方建筑的特色，如屋顶、构架、装饰等，对地方建筑风格进行探索。这其中尤以阿德曼兹最为突出，他在规划设计岭南大学时充分体现了这一点。其建筑风格对广州近代建筑的形态发展与演变有十分重要的影响，对未来地域性建筑的发展也有一定的启发作用。

广州沙面近代建筑群

原载于 2004 年《广州沙面建筑》，与汤国华合著

序

（一）

沙面原来是珠江冲积起来的翠绿沙洲，这里风景优美，是广州人观光亲水的好去处。鸦片战争前，这里设有炮台，是军事防御的重点。1857 年，英法联军攻陷广州，于 1861 年迫使清政府签订《天津条约》，强行把沙面租给英法帝国主义。

沙面变成租界后，英法刻意规划经营沙面，在东面和北面挖开了一条小涌，沙面从此成一个约 0.3 平方公里的小岛，四周筑起了堤围，只有东、北两面架桥与沙基相通，从此沙面就成了洋人、洋行、洋馆、洋楼集会的小天地，大约经历了 88 年，直至 1949 年，沙面才回到中国人民手中。

原沙面的 4/5 土地是租给英国人，1/5 土地是租给法国人。英法是“主人”，他们按照当时西欧规划模式规划沙面，除中心区和公共建筑外，还分割成十二块地段，分别作为房地产开发，转租给其他国家。经过长期的营建和改建，沙面先后有 18 家银行（属英、法、美、日、德、比利时、荷兰七国）；有洋行数十家（主要包括英、法、美、德、荷、葡、丹麦、瑞典、伊朗、阿富汗）。沙面是广州的使馆区，近百年来，世界各国的使馆几乎都设在这里。沙面原有各式西洋楼房 150 多幢，居住着世界各地来华的黑、白、黄、棕色人种，杂谈着各种不同语言，按不同生活方式生活着，可以说是近代广州的“世界之窗”。

沙面是广州近代政治、文化、经济变迁的万花筒，广州近代很多历史事件是在这里发生，如沙基惨案、越南范鸿泰壮烈案、“新警律”辱人案、洋务工人罢工案等。

（二）

广州是中国“海上丝绸之路”的主埠。中外经济文化交流已有两千多年的历史。中原文化潮流经越五岭向南扩展，西方文化从海洋拍击而来，交汇在广州，激起了一次又一次的高潮，推动了岭南文明的进步。沙面的规划与建筑，忽略其政治侵略因素外，它的确促进了中西建筑文化的交流，把外国建筑引进来了，使中国人大开眼界。我们不得不承认西方建筑的进步。文化的差异引起了人们的思考，在比较中激起中国建筑界创新的因素。

有人说建筑是“不会说话的历史”。它可以诠释某一地方、某一时代的社会现象、哲理思想、审美爱好和生活时尚。沙面的建筑形态，正好说明西方各国把当时的建筑思潮带来广州，与广州自然环境相结合的一种殖民现象。沙面全面展现了当时西方建筑文化与风采。

近代是广州历史上发展最快、最繁荣的时期。建筑品种类型之多样，样式风格之不同，功能内容之庞杂，前所未有。沙面作为租界，以其特有的自然环境和营构条件，出现了这一特有的建筑风貌，为全国仅有。它是一种独特的建筑博物馆，是广州近代建筑发展的扫描。在鉴赏之余会给我们很多启示。

近代广州的建筑思潮错综复杂，主流一般分为四种。一种是中国固有民族形式，二是西方古典式，三是中西折中式，四是走向现代式。沙面建筑主要属于西方古典式，其特点是集中、典型、量多、样全，相当难

得，定为全国重点文物保护单位是货真价实的。广州人传统上有开放兼容精神，有纳百川于海的气魄。沙面建筑的出现，同样是广州人接纳西方建筑的宽容。广州人善于学习，这种形式后来被建筑师和工匠借鉴吸收，广泛运用于广州的骑楼、行会、别墅、茶楼、银行上。

沙面建筑的主要设计者是外国人，施工者主要是中国工人。建筑的新材料、新设备是外国输入的，一般的材料是就地取材，在这特定条件下，产生了沙面建筑风貌。沙面建筑设计是认真的，工艺是精湛的。无论是石刻、意大利批挡、木作、线脚、山花、柱式、小品都一丝不苟，博大精深，反映出当时的物质文明和精神文明，这对岭南建筑风格的发展，起着颇大的影响。

建筑技术的进步直接影响建筑艺术的发展。沙面建筑科技成就基本代表了当时世界建筑技术的成就。沙面建筑所用的钢材、水泥、马赛克、玻璃是外来的；所用的厕浴设备、上下水设备和结构是先进的；其通风采光防潮的观念是科学的；其规划的平面构图和景观空间是合理的。对当时来说是新结构、新设备、新材料、新理论，这无疑对广州建筑技术的进步起着积极的作用。

原沙面是由许多个体建筑和自然环境组合而成的一种文化风貌街区，多种风格和谐共存，空间协调统一，丰富多彩而又相得益彰。有中心，有轴线，有秩序，有轮廓，有深刻的文化意向。

沙面建筑群的历史、艺术、科学价值是难于估量的，对它的保护是功在当代，利在千秋的事。

（三）

广州是国务院首批公布的国家级历史文化名城。名城的保护有三个层次：一是单个文物古迹，二是历史文化街区，三是整体城市肌理和历史环境。沙面是广州现留下来的最完整的、最典型的、价值最高的历史文化街区，它的保护好或坏，直接影响着广州历史文化名城的声誉和存亡。在此对沙面的保护顺便提一些看法。

（1）沙面属于历史文化保护区，其文物古迹集中，较独立完整，应该从整体上保护它的历史环境。包括所有街道、树木、桥梁、院墙和各类建筑，保护它的近代风貌特色。沙面建筑基本是西方人设计的，而环境是本土的。为适应地形和气候，西方建筑本土化。保护好街区，也保护了它的特有环境风貌。

（2）要保护好沙面，建议首先控制好岛内的建筑高度、密度和人口容量。宜适当拆去一些后建的、不雅和不协调的建筑；改建一些后加的丑、高、乱建筑；重建还原一些典型古建筑。

（3）沙面的保护原则是“修旧如旧”和“保持原状”，但原状不是现状，应该逐步把改坏了的建筑恢复原状。当然，的确好的后加的，也可留一点信息。沙面岛内的建筑都应该是精品。沙面原建筑立面材料的质地和颜色应显露出来，不宜改变。

（4）沙面的开发应是在保护的前提下进行，保护是主旋律。开发应有利于保护，不利于保护的工程和事项都应禁止。要拟订保护条例，严格管理。

（5）沙面是近代广州历史文化进程的活化石，文化内涵丰富深厚，应发掘、整理、包装、展露。应以文化为主线，气氛宜静、雅、闲、畅朗。有些旅游经营内容可以在外围发展，或开发地下空间。

（6）锁江车道宜创造条件拆去，还原绿瓦亭及码头等亲水建筑。进一步做好整体保护规划，对交通、上下水、通信、防火、防洪都要深入考虑。规划要有前瞻性、科学性、实用性和可操作性。

（四）

自秦汉以来，广州一直是岭南经济、政治、文化、交通中心，也是国际大都会。名城美誉经久不衰。云山珠水千古，人文荟萃风流，作为每个广州人，都以此感到荣耀。保护广州优良的历史文化遗产，发扬岭南光辉文化精神，是当代广州人的一种责任和义务。

汤国华同志在广州市建委、广州市文化局和广州大学的支助下，带领一些老师和数以百计的学生，经过好几年的调查和实测，接着又花好几年时间去分析研究，写出了《广州沙面近代建筑群》一书，是极不容易的，没有对广州历史文化名城的热爱和坚毅的学术精神是很难做到的。

《广州沙面近代建筑群》的出版是广州大学师生对广州建筑研究的一项重大成果，它的价值在于：

（1）全面地对沙面建筑作了较详细的实测。有银行8处，洋行11处，领事馆5处，住宅7处，教堂和娱乐建筑3处，还有海关、工厂、医院、桥梁堤围等。

（2）对沙面的发展历史研究得比较详细，发掘了一些史料，比较系列地把史料串起来。

（3）对沙面的空间和风貌作了较深入的分析研究，是广州近代建筑的一角扫描。可以作为建筑艺术风格的鉴赏，从而对广州近代城市形态的演变有一个具体形象的认识。

（4）对沙面的建筑科学技术的发展作了较深入的研究，发掘了好些结构、材料、通风、采光、隔热、隔声等鲜为人知的材料，指出近代外国建筑技术在广州的传播直接促进了广州建筑的发展。

广东古塔的地位与特色

原载于2004年《广东古塔》，与邓琮合著

广东为岭南文化之主体，而广东古塔则是岭南建筑文化艺术之精髓所在了。广东古塔历史源远流长，寓有最早西来佛教的意涵，又博采中原大地和大江南古塔之精粹，纳百越集四海之工巧，在独特的地理环境和人文风情之影响下，不断繁衍、融汇升华，在中华塔林中别树一帜，为中国古塔历史长卷增添了一篇绚丽多彩、深厚凝重的篇章。

拿广东古塔在全国范围内相比较，可以说是历史早而数量多，分布广而工艺巧，建造一般习惯于就地取材，形式上注意地方特色。它的民间乡土性、风俗文化性和景观点极性等都是很突出的。

一、历史早而发展不断

最迟在三国时期，已有僧人(如印度真喜沙门等)经海上"丝绸之路"，来到广州传教译经。东晋隆安五年(401年）罽宾国僧人昙摩耶舍在广州创建制止寺，虽然在当时史料中未见有"塔"的记述，但塔的意念应该是存在了的。到了南北朝时期，广东佛教突然兴盛，仅在广州地区就建有寺院87所。天竺禅宗僧人达摩于梁武帝普通八年建舍利塔（即现在的六榕寺花塔），建于梁大同三年（537年），据唐代诗人王勃《舍利塔记》，此塔是专门为埋放梁武帝母舅昙裕和尚从佛国扶南带回的舍利子而建的，其象"故其粉画之妙，丹青之要。璇基笈其六峙。啁关其四照"。据分析，此塔是一座方形八层庄严华丽木塔，大体与广州出土的汉明器中反映的楼阁建筑相似，完全不同于印度"浮图"。此塔与《洛阳伽蓝记》中所载的永宁寺塔（建于516年）可称得上是姊妹塔，堪称中华早期木塔之光。广东第二个有文献记载的塔是南北朝时期的连州慧光塔，它在省志和州志中都有记载，此塔建于泰始四年（468年），但其地点和形状已不得而知。另外，广东新会龙兴寺塔，相传建造于隋朝，石作八角五层，高近5米。此塔经多次迁改，现存的下部估计是原物，颇似广州光孝寺隋经幢。

唐代广东佛塔，据文献记载的有仁化云龙寺塔、英德蓬莱寺塔（宋重建）、惠州大圣塔（明重建为泗洲塔）、龙川开元塔（宋重建）、曲江南华寺灵照塔（原为木塔，宋重建）、潮州开元寺阿育王塔（后宋部分改建）等塔。他们多是砖塔，如仁化云龙寺塔，为方形实心五层楼阁式，高仅13米许，明碑有载："宝塔巍峨。上载乾宁之号，断碑始迹，中书光化之年"，虽现今尚未发现实物证明其为唐物，但从形式而言，它是现存广东砖塔最古朴者。它较为矮小、简朴，仿木结构较真切，用黄泥浆砌，砌筑水平颇高，后来的广东宋砖塔基本类似。云龙寺塔外形相似于西安唐代玄奘墓塔（高约21米，828年建），同样是五层实体方形，每边有倚柱，三间四柱，柱上有简洁斗栱、叠涩砖出檐，所不同的是龙寺塔每层加有平座。两塔相比，可以了解广东早期古塔与长安京都古塔的因缘关系。另外它与新会荷塘湾出土的陶坛所雕刻佛殿前双塔的风格也颇为相似。广东另一个著名的唐墓塔是潮阳灵山寺大颠祖师石塔，其形制似五台山，于唐代（852年前后）始建，后经多次开封和修建，但浑厚古朴的外形和唐代石刻风貌仍然保存明显。

唐宋中原大乱，刘陟乘机在广州地区建南汉国，控制岭南，出于军事和生产发展的需要，铸铁业特别发达，刘氏又笃信佛仪，故大量铸造佛像和铁塔，现存的南汉铁塔有光孝寺东、西铁塔（963—967年造）、梅州东山岭千佛塔（965年）、曲江南华寺千佛塔（现仅存塔座），这些铁塔均为方形，形制和装饰基本是唐代风格。

它比湖北省玉泉铁塔（1061 年）早、精、大，可算是中国古建第一铁塔。

宋代是广东生产和人口大增长时期，也是广东建佛塔的高峰时期，有文献可查的宋塔有 20 多座（现仅存十多座），多分布在粤北和珠江三角洲一带。如南雄三影塔、国平塔、溪头塔、许村塔、新龙塔、小竹塔、回龙塔，又如连州慧光塔、河源龟峰塔、广州花塔、英德蓬莱塔、仁化华林寺塔、曲江仙人塔、龙川正相塔、深圳龙津石塔（现存塔曾改建）等。广东宋塔的主要特点是：①多为六角；②多为砖石楼阁式；③多有平座和副阶；④多用黄泥沙浆砌，中空腔，外壁厚，楼板、楼梯、墙体统一考虑，坚固性较好；⑤外形高大雄伟（广州花塔高 17 层，57.6 米）。

广东现保存下来的元代塔仅有三座：南雄珠玑巷石塔、新会镇山宝塔（喇嘛塔）和饶平镇风塔（近海风塔），它们的特点是用石构件砌作，雕工精巧，外形秀丽。

明代广东经济繁荣，工商业发达，儒学兴盛，名人辈出，作为砖石史诗的古塔也证明这一点。广东明塔的数量和质量为全国之最，全国明塔约有 200 多座，其中广东约占 1/3，有近 70 座（江苏约 40 座，福建约 30 座）。塔式多为楼阁式。广东明塔最早的是连平忠信合水塔（1368 年建，六角七层，高 22 米，砖仿木楼阁式，有宋代风格），明代万历年间建的塔有 30 多座，最高的为高州宝光塔，高 63.19 米。汕尾赤山塔建于明末崇祯庚午年（1630 年），由灰沙砌筑而成（顶上二层用灰黑色砖），实心、八角七层，高 20.63 米，收分大，别具一格。其他著名的明塔有：广州赤岗塔、番禺莲花山塔、肇庆崇禧塔和元魁塔、德庆三元塔、徐闻登云塔、雷州三元塔、潮阳文光塔、五华狮雄山塔、英德文笔塔、罗定文塔、东莞金鳌洲塔和榴花塔、惠州泗洲塔、潮州凤凰塔等。明塔的建筑范围已向粤东粤西发展，它们的共同特点有：①多为砖仿木楼阁式风水塔；②多为八角，中空腔、壁实厚；③多用石灰砂砌筑，除楼板栏杆用木外，其他用砖石；④比较高大，比例匀称，造型比较成熟，形制化。

清初，满族王朝稍稳定以后，岭南大兴科举，文风渐盛，建塔之风随之普及广东全省，其形制基本沿袭明制。清初比较大型的塔（高于 30 米）有：惠州文笔塔（1644 年建）、南雄上塑塔（1650 年建）、翁源田心塔（1731 年建）、阳山文塔（1727 年建）、廉江文塔（1736 年建）、龙门水坑塔（1736 年建）、汕头腾辉塔（1738 年建）、普宁培风塔（1742 年建）、惠来玉华塔（1753 年建）、新兴三庙塔（1754 年建）、顺德贵州文笔塔（1792 年建）和七层塔（1764 年建）、揭西河婆塔（1796 年建）等。清末至民国广东各地还在不停地建塔，估计共建大小塔不少于百座，属全国第一。它们总的特色是多样化、民间化、乡土化、文风化、风水化。清建的塔比之宋、明塔，在艺术气派上、技术结构上是趋于退步了的。

由于塔有纪念、眺望和景观价值，广东近现代还在不断建造。1911 年，阳江（今阳西）建造文笔塔纪念孙中山先生。最近几年，在鹤山、番禺、三水、从化、梅县、潮汕等地还新建了近十座大型高塔。

二、形式多而富地方特色

（一）佛塔

塔原本是佛教的产物，广东是佛教从印度传入中国最早的地方之一。广东现存宋以前的塔基本上是佛塔，如：广州南北朝宝庄严寺舍利塔与南汉铁塔、任北唐建云龙寺塔与华林寺路、南雄宋建延祥寺三影塔等。这些塔平面各异，有方、有圆、有六角、八角、十二角。（据王维、李敬镒两同志调查，现顺德太平塔在明万历重建以前，曾有十二角形塔基。王、李两位老前辈在 20 世纪五六十年代为广东古塔的维修保护做了不少工作）塔体有空心、实心之分。空心塔多为可登，属穿心绕平座。广东早期佛塔的外观形貌除大颠祖师塔为窣堵坡式外，其他均为楼阁式塔，未见有密檐式，但到了明清时，由于佛教在广东的兴盛，各大名寺纷纷建墓塔以缅怀高僧，如肇庆庆云寺有初祖、二祖墓塔，广州六榕寺祖师墓塔群，仁北丹霞山螺顶浮屠和澹归和尚墓塔等。

广东早期楼阁式塔平面多为方形和六角两种，不论是砖、石、铁塔均是仿木结构，与全国其他仿木塔相比，较真实而富有理性；梁、柱、枋、斗栱表现较清晰；出檐与平座多如实造作，比例恰当，细部认真，施工精巧。广东早期佛塔为明、清楼阁式塔的发展打下了坚实的基础，它的形制和做法比较严谨，明显继承了中原佛塔传统，并且具有广东汉代陶屋楼阁形象的特色。

（二）清真寺塔

阿拉伯人信奉伊斯兰教，清真寺内通常建有供观天象和召唤教徒做礼拜的“邦卡”，唐宋间，大量阿拉伯人从海上来广州贸易，聚居于“蕃坊”，按阿拉伯风俗，在内建怀圣寺及光塔。南宋时岳珂《桯史》对光塔的描述：“（祀堂）后有窣堵坡，高入云表，式度不比它塔，环以甓，为大址，累而增之，外圈加灰饰，望之如银笔……绝顶有金鸡甚巨，以代相轮，今亡其一。”南宋方信孺《南海百咏》提及“番塔，始于唐时，曰怀圣塔，轮囷直上，凡十有六丈五尺，绝无等级，其项标一金鸡，随风南北，每岁五、六月，夷人以五鼓登绝顶，叫佛号，以祈风信，下有礼拜堂。”现有寺元《重建怀圣寺记》又云：“白云之麓，坡山之隈，存浮图焉，其制则西域砾然石立，中州所未睹，世传自李唐迄今。”以上三处描述与现光塔状况基本相同，所不同的是金鸡在明代为飓风毁，民国时重修火把形尖顶。由史料和现况研究，有如下看法：

（1）光塔是我国现存的最早伊斯兰教塔（本人考证为唐天宝年间建），是由阿拉伯人建造的有异国风情的独特塔例，是研究海外文化交流和城市变迁的史证。

（2）在世界建塔史上，光塔属于功能最实用的塔类，可点灯导航悬旅示舶，可测风向观星象，可呼唤召集教徒做礼拜，它高大宏伟（高 36.3 米），独一无二，古人把它与窣堵坡并论，认可它的特有宗教功能。

（3）光塔在平面、造型、构作上都富创造性。如左右九转双向蜗旋而上，外形似轮囷，朴实稳健，外圜设窗孔，面饰青灰；又台上设平台，立金鸡候风等。均为中外古塔罕见，在世界建塔技术和艺术史上占有重要地位。相似的圆形塔，在中山沙涌村虽曾出现过（称文笔塔），但它建造年代是清代，空心而不能登，高仅 13 米，只象征“彩笔生花”而已，与新疆吐鲁番苏公塔（清建），倒较相似。

（三）文塔

文塔是广东明清时出现而发展得最快的一种塔形，几乎遍布全省，它的发展估计是与宋代学宫和书院的文昌阁、奎文阁、文武祠、文聚楼、书楼、惜字亭等建筑有关，最早的功能是祭祀、藏文物书籍、惜烧文稿、登临赋诗、作画和防卫等。在清后期，层数增多，拔尖向上，精巧文秀，具佛塔形象，又称为“儒塔”。广东文塔以珠江三角洲为最多、最典型，几乎每乡镇都有。如番禺石楼大魁阁和沙头文昌阁、肇庆奎星阁、高明大奎阁、顺德近光阁、南海奎光楼、鹤山隔朗文阁、东莞并美文阁与道滘巍焕楼、中山文章阁和镇龙阁、深圳文昌阁；粤北地区文塔有乳源文塔、曲江文武阁、新丰阳福塔和白塔、翁源文塔和田心塔；粤西文塔有化州王岭文帝阁、吴川三柏文塔等；粤东文塔有大埔文武阁、五华可喜塔、惠来奎光阁和文昌塔、陆丰福星塔等。

广东文塔的主要特征有：

（1）建在村镇旁书院附近，环境较清静；

（2）为文人祭祀文昌帝、魁星君、文武帝、文官、名儒之所，是文人活动的地方；

（3）多为三层，少有二层和五层，为楼阁式，形式文秀巧作，清水砖地墙，灰瓦或琉璃瓦顶，顶如文笔，无刹，多葫芦结顶；

（4）文化内涵深，匾额对联文采生辉，代表乡镇文运昌兴；

（5）体形尺度接近人体的比例，造型较活泼，与封建社会科举教育有内在联系。

（四）风景塔

风景塔是点缀城乡景色、美化环境、游览观光的塔类。它是乡土文明的表征，也是地域的一种标志。凡从堪舆术出发来择址定型的塔叫风水塔，而从其他神话、传说、乡规、名胜和乡俗等观点出发选址兴建的塔叫风土塔，有时两者合二为一，难于分开。它体现了一种民间性、世俗性和非正统性。此类塔常按“形”周密考虑与自然环境配合，或依山、傍水，或临潮、靠岛。广东山清水秀，风景塔与城乡建筑相结合，形成岭南美妙的风景线。许多有宗教色彩的古塔，随时代不同，逐渐消失了原有的意义，随后则以观光为主，成为风景塔。

深圳沙井龙津石塔建于南宋嘉定十三年，据《新安县志》载：“当日归德场盐官承节朗周穆主持创建龙津桥，桥成立之日，波涛涌，若有蛟龙奋跃之状，故立塔于此镇之。”此塔首层尚刻有佛像和经文，说明当时风水塔还包有佛塔的含义。水平的桥与高耸的塔相配，显然是一幅很好的风景构图。

高明灵龟塔建于明万历二十九年（1601 年），建在西江边状如涉水渡江的龟山上，把山、塔、水融成美妙的画面，十分有趣。其他如河源宋建的龟峰塔、潮阳明建的涵元塔、乐昌明建的龟峰塔均有异曲同工之妙。广东民俗视龟为象征福、禄、寿吉祥物，在龟山建塔，有如在灵龟上树华表。据“天人同体”思想，可祈保乡人风调雨顺，国泰民安。在饶平清代建的蛇塔，建在有 200 多米长、蜿蜒如蛇的礁石群落在大礁石上，当海波动激时，如海蛇晃动泅行，构成神奇的风景画面。

水口塔是广东常见的一种塔类，它建在一个城市和乡村的出水口方位。如广州的赤岗塔、琶洲塔，肇庆的崇禧塔、元魁塔，又如连平的水口塔、五华岐岭合水塔、高州宝光塔、蕉岭水口塔等。从现代景观学而言，在水流低洼处，树向上拔之塔峰，起天际轮廓线的补景作用。据风水家云：“岭南地最卑下处乃山水大尽处，其东水口空虚，灵气不属，法宜以人力补之，补之莫如塔。”

在广东，古塔有时在风景构图中起对景作用。如海丰谢道山塔建在正对县衙门的山上，四周苍松翠绿，山下丽江碧水环抱，形成著名风光胜景；又如罗定文塔与神滩庙妆楼双峰相对，与青云桥互映，曲水环抱，绿竹互围，构成“东桥塔照”奇秀观景。塔在广东人心目中是文兴财运的取向，许多学宫、书院、府第、宗祠都有意识把门对塔峰。如台山凌峰塔，建在一个船形的山上，塔如文笔耸立，加强了山体向上的秀气，民间传说认为可使文龙不走，在心理上起平稳向上的信心作用。像类似的塔还有潮阳文光塔、罗定文光塔、三水魁岗塔、徐闻登云塔、中山阜峰塔、新会凌云塔、五华狮雄山塔、丰顺雁州塔、蕉岭青云塔、梅县元魁塔、东莞望牛墩塔等。这些地方本来就因山清水秀、自然条件好而人才辈出，建塔以后当作文明的标志，故有所谓“天人感应”“人杰地灵”之说。

惠来文昌阁建于清初，八角三层，高 25 米，是一座颇有特色的砖石混造塔，三层外平座用柱廊支檐，檐柱用石，分上下二托支撑檐口，构作合理，安全美妙。塔之石雕柒头石狮、梁下雀替、平座栏杆、天花图案和顶层灰塑葫芦脊龙等，都显示出工匠创造才能。

镇邪塔是广东常见的一种塔类，这可能是与广东洪水多、台风多、兽害多有关。东莞的镇象塔建于南汉大宝五年（962 年），据《东莞县志》载：“南汉时群象害稼，官杀之，大宝五年，禹赊官使邵廷琄聚其骨建石塔以镇之。”据当地民间传说：“遗骸滞魂难超”，建塔镇之。这和佛塔原意有反义，但其为佛教石经幢式，高 4.5 米，有莲瓣须弥座，幢经文柱身和阿育王式四方山花椒叶刹，形制似唐，造型完美独特，为国内罕见。该塔本身存在就是一个谜，值得进一步研究。

销邪塔著名的还有海丰赤山塔，是明崇祯时县令周一敬为镇两溪洪水作患而建。河婆横江塔据说是因为横江经常山洪暴发危害民屋良田，群众集资建塔，以镇“水妖”，其实在堤上建塔，有固堤稳岸的防冲刷作用，实际上有局部防水患作用，潮州凤凰塔和肇庆崇禧塔也有类似防洪作用。这在文献上有记载，实践上也有证明。可见迷信与科学有时是可以错位的，以迷信传说来隐饰科学。

在饶平有一座镇风塔（明建），为石作，高 20 米，建在风吹岭上，这里经常是台风袭击地，风潮危害最大，群众建塔祈求镇“风妖”，其造型稳重大方，石构砌作牢固，经 600 多年基本完整无缺，塔本身的存在就说明了它的抗风科学性。当今这里是观看“天风海涛”奇景的好去处。蕉岭高思塔传说是为镇压一匹从天上下凡危害农田的“马精”而建的，民间良好愿望，成了建塔的动力。

塔有时也被地方统治者当作加强政权的舆论工具。番禺莲花山塔，传说是莲花山有龙脉能出天子，官府建塔以镇之。中山沙涌也有镇龙塔。

南雄珠玑巷塔是广东极奇异的一种塔类，建在一口井上，传说此井是南宋贵妃自尽之井。究竟原意是墓塔还是镇压塔，为后代留下了千古之谜。塔和民间传说的结合，增加了古塔的文学内涵。此塔座有“至正庚寅孟冬”铭记，突出了它的历史价值。

广东著名的风水塔还有高州东门的艮塔建于清，八角六层，实心、砖作，高 21.37 米，在高州镇之艮方位（鬼门方、东北方，主官运），谓可壮补高州山脉之龙气。它与文光、宝光两塔形成鼎足之势，且三塔顶几乎在同一水平面上，十分奇妙。塔上刻有“群山领袖”“积基树木”“科宦惧高”“龙腾天市”等碑额，从中点出了建塔的意态。高要巽峰塔（明建）在旧衙府的东南方，按八卦方位，“巽”生木，寓有生生不息之意，平面八角十三层，高 39.2 米，塔体为砖砌，但未见青苔，被誉为一绝。此塔另一特点是八方有八门，每门楣上刻八卦符号，但只有西北门可通二楼。

在肇庆沿西江两岸，明代共建有四塔，四塔群聚，隔江相望，如四支擎天巨柱，蔚为壮观，估计是全国绝无仅有。

广东古塔的功能变化是随社会的需要而发展丰富着的，由佛塔的埋舍利，到伊斯兰教塔的观风候呼教友，由风水塔的补景对景，到镇邪塔的埋兽骨挡风口，从文塔的拜文奎神到道教塔的拜神仙，时代背景和社会要求不断赋予塔新的内容。广东江河多，海岸线长，民间曾创造全国罕有的军事防卫塔和江海收航塔。如南澳县龙门塔，是清道光十六年（1836 年）总兵倡建的，石构，高 20 米，建在军事要地的虎屿上；又如惠来玉华塔，清乾隆十八年（1753 年）知县建，贝灰夯筑，高 26.4 米，建在海港口小山上，形势险要，可防卫，又可为灯塔。主要从引航出发建造的灯塔还有汕头南澳好望角灯塔（清光绪六年）和鹿屿灯塔（清光绪六年）、湛江硇洲灯塔（建于 1899 年，法国人设计），这些灯塔建在航道附近引人注目的高地岩石上，多为石构，内设梯登顶，稳重美观，有科学的导航灯组装配。

三、结构材料特殊而具有科学性

广东历史上建塔估计有近千座，现存的据不完全统计还有 300 多座，它们的存在本身就说明其科学价值。广东古塔在 20 米高以上的估计占大半数，属古代高层建筑，它们大多经过 200 年以上的台风、地震、大雨、雷击、潮湿、高温、蚁蛀等大自然的侵袭和战争等破坏，依然耸立在广东城乡大地，究其原因，无疑是广东古代匠师在建塔中对选址、选材、选型、布局、构作、施工等方面有较为周密的专虑，在不断总结经验中所改进。从现代的科学观点来分析，大概有如下方面可供参考。

（一）选址和地基上的考虑

在选址上大多选在地势较高的山丘上，小山丘如果是岩石顶，塔通常直接建在山顶上，把岩石作为天然基础，如广州的赤岗塔、琶洲塔、莲花山塔等均是。如建在大山丘，山顶地层尚未稳定，则忌把塔建在山顶上，民间风水认为是压龙头。在选址时除用一般风水八卦来定向、定位、定点外，在客家地区还有相土、秤土和辨土等风俗，保证地基的承载力。

通常处理地基时，原有石基都不凿平，而在低洼处用卵石与黄土填平（如连州慧光塔），或用黄土夯平（如广州花塔），慧光塔与花塔，后来因不均匀沉塌，都有较大的倾斜（1/50 以上），但因塔体刚度好，均保证了其安全度。在河岸上和田野中建塔，地基处理通常是在稀泥层打松木桩，桩上近地面二三米或堆石或砌石，然后用砖砌放大脚，上面再做须弥座，保证塔体重载均匀下传。如揭西河婆塔建在河畔上，八角七层砖塔，高 28 米，采用木桩条石基础，经受 200 多年的山洪冲击，无数次风火地震，仍安然无恙。

广东佛塔据文献记载和发掘所见，多有地宫，如英德蓬莱塔、东莞象塔、仁化云龙寺塔。地宫在塔地下一二米处，体积小，不影响承载力，内未发现舍利，多存铜钱铁器、瓷器、工艺器具等文物。南雄三枫塔建于万历年间，平面六角，边长 6 米，废塌多时；1980 年清理发掘，发现其地基四向在距地面 4.3 米处有四个石洞（0.6 米 ×0.6 米 ×1.0 米），各放东、西、南、北天王铜铸像（高 0.82 ～ 0.92 米），在塔基的六角还各埋置一条铁铸蜈蚣（长 0.52 米），如此处理地基极为少见，估计是留有地宫的遗意，可能还与传说中托塔天王扶塔和毒虫可辟邪保平安有关。

风水塔和文塔一般是没有地宫的，把一些建塔铭记，银、铜、瓷、木等纪念器物存放于塔顶或夹层。

（二）塔体稳定性与牢固性的考虑

广东古塔通常有实心和空心两种。高塔多为空心，小塔多为实心。空心塔的内腔中，宋代比明代狭，清代更狭，估计是因为宋代砖有砌体用黄泥砂浆，而明清用灰浆，强度逐步提高的一种省料措施。塔的高度与塔的直径有一定的比例关系，通常为 1：4 ～ 1：6；小塔的底层周边长之和近乎等于塔的高度，大塔则是副阶周边长之和相当于塔高。塔身墙面多为侧脚（宋为 1% ～ 1.2%），每层都有收分，逐层增加，以加强稳定性。塔收分较大。

空心塔犹如竹子，每层外有檐部和平座突出，箍着塔身，内设木楼板有如竹隔，无平座的塔一般每层一隔（通常文昌塔均是）；有平座的塔则每层两隔，也有每两层设一隔（如汕头腾辉塔）。塔隔层多用木板，板下置木梁或石梁，梁隔层换方向而搁，板厚约一寸，也有板下无梁的，其板厚是采用二寸板，板下用砖牙或石挑出承板。板梁的作用加强了塔壁间的横向联系，起抗震抗风的作用，空心塔的每层（或隔层）壁均对外开门窗，一是为通风采光防湿，更重要的是减少了台风对塔体的横向风压。高州宝光塔最高的几层，因空心径小，则因地制宜采用了砖石拱和石板隔层。

广东空心塔均能登高望远，上登的方式最多是采用穿心绕平座（三影塔、花塔、龟峰塔），其他还有内腔砖石旋梯上（潮阳文光塔）、塔壁内绕空心旋梯上（番禺莲花塔和仁化文峰塔），也有首下层为内腔石旋梯上而其他层为夹壁旋梯上（潮州凤凰塔）等。通常文塔的塔腔大而塔壁较薄，多直接用木梗梯直登，南华寺灵照塔在明重建时，首层拟供地藏王菩萨，自设一门入内，塔心室内用砖砌圆穹隆顶作天花，登塔是在北面另设门，在壁内盘旋而上。广州怀圣寺光塔是圆体实心塔（估计内心是土坯或夯土）。上登采用南北绕塔心双旋蹬道，这可能是世界孤例，旋梯间还有狭长小窗通风采光，光塔底直径为 8.85 米，上平台直径为 5.59 米，平台标高为 25.8 米，收分近 6%，保证了塔体的稳定性。

广东实心塔多不能登，但有少数楼阁式实心塔可登者，如仁化渐溪寺塔，每层均有穿心直上平座的蹬梯。龙川下塔是很有创造性的广东古塔，建于北宋宣和二年（1120 年），方形，底层边长 4.4 米，高 16 米，七层楼阁式塔（无平座，檐口有明显生起），塔外壁用黄灰色砖砌（底层砖壁约 0.62 米），底层有一内腔小室（1.7 米 ×1.7 米），小室上用石柱顶起二层砖石砌密室（估计是藏经文之属），其他内腔都用土坯充填砌实。塔身收分显著（塔顶层边长只有 1.35 米），土坯是受四向挤压作用，用材独特，造型奇异。正如明代刻额联云："仙塔流芳""天地无私载，山川有独成"。

广东古塔在处理登塔方位，楼层定高，塔壁门窗位置都是周密安排、统一筹划的。登塔路线多穿心后向右转绕平座，有规律上登，每层开门窗洞的位置，考虑到壁体受力的均匀，把楼板、墙体和登梯有机构成结构空间整体来承受动力和静力。大埔凤西塔建在村与村之间的通道上（如过街楼），功能要求首层开大门洞，因其整体性好，无碍安全。

广东砖石塔砌法，宋多为一顺一丁，明多为五顺一丁。几乎所有出檐叠涩均为一牙一条，多者出至十三挑。从南雄三影塔修理的情况来看，古代匠师按宋代的出檐深度比例要求，砖砌不能出挑太多，而在叠涩出檐的上面还运用了平出木飞椽（似苏州瑞光塔和北寺塔），20世纪80年代维修时仍保留木平出飞椽，只在顶层才改成钢筋混凝土飞椽。广州花塔估计也是如此，后在民国修理时由木飞椽改成钢筋混凝土飞椽，把出檐缩短了，成了现在出头的椽头。在南雄三影塔和河源龟峰塔修理中，还发现在砌体中加有长条木板（2～3米长与砖混砌），因宋塔是用泥砂浆砌，估计当时是起拉筋作用；六角的砌向常见是放射砌法，通常每层出檐翘角都加入木挑角梁以吊钟铃。

宋塔的砖牙挑檐下面通常还有砖作柱、枋、斗栱等组成的仿木构架，用特烧异型砖叠构而成，斗栱多为一斗三升，柱头科构作较复杂，平身科为一至三攒。宋塔的首层多有副阶周绕，现修好的南雄三影塔、河源龟峰塔和英德蓬莱寺塔的副阶，均依据现存首层外壁叠加砖作斗栱，梁头留洞和柱础位，按《营造法式》恢复回去的。连州慧光塔和龙川正相塔首层壁体砖作斗栱，平身科有一斗六升和一斗九升的斗栱，还保存有皿板，还有瓣斗、卷草花弯拱等中原古制，值得探索。

（三）塔顶与塔刹构作

广东古塔的塔顶营构颇讲究，形式丰富，各地各异，很有乡土个性。塔顶除大多数是六角、八角和四方攒尖顶外，还有重檐顶（广州花塔、东莞榴花塔等）、盝顶（曲江灵照塔、东莞金鳌洲塔）、平台加小塔顶（广州光塔、梅县文魁塔、潮州凤凰塔）、圆顶（湛江硇洲塔）、圆锥顶（中山文笔塔）……空心塔顶内腔顶天花多用叠涩出挑砖收口，中挟塔刹柱，也有用条石和木板收口的。低层文塔顶多用木梁、桁、桷构成亭式攒尖顶。

塔刹是塔的最崇高的部位，是塔的艺术思想表现的顶冠，是指天结空的焦聚点，也是民间尘世的一种向往。广东古塔样式之多变，构造之奇巧，为全国罕见。

广东通常高大的佛塔上面都有高标崇丽的塔刹，最典型的是宋建广州花塔和南雄三影塔，其自下而上由塔刹座、覆盆、珠宝、仰盆、相轮（九层）、宝盖和葫芦所组成，高约9米，形制与中原有别，明显受江南宋塔的影响。明代的琶洲塔、赤岗塔等也基本因袭。它们的构造是刹中心立一条通长的柏木柱，直下顶层楼板（也有穿两层的），塔刹柱下托大梁，在顶层用二层二度木枋夹紧，以上安置塔刹构件，形成举旗杆的势态，以抗台风和地震水平力。塔刹上的构件是分块用生铁原铸，不加刨光（基本可防锈）预制而成，分块搭接周密，颇牢靠耐久，能防水入内，安装简便，在宝盖上又分扣六条（或八条）铁链联串垂脊角端，既增加了刹的稳定，又兼有防雷和美观的作用。

广东佛塔顶层除上述常见刹型外，还有塔上塔（汕头腾辉塔）、窣堵坡刹（曲江灵照塔）、蕉叶相轮刹（潮州开元寺塔）、串珠或托珠刹（南雄珠玑塔、新会龙兴寺塔）等，广东风水塔和文塔的塔顶尖主要以葫芦为主题，葫芦的样式随塔的高低比例因时因地变化万千。顶尖组合有加山花、仰莲者，有加宝珠、宝盆者，有加火把、尖锥，也有在塔顶上建亭，五花八门。广东是雷区，塔高易受雷击，多数塔都曾遭雷击，塔顶修了又修，增加了它们的混合多样性。

广东古塔多是民间集资和信众捐款群策群力建起来的，通常建期都要两三年，用料一直采用就地取材和因式施材的原则。在石料比较多，传统石艺比较好的地方多取石料建塔，如揭阳黄岐山塔、普宁汤坑石塔、阳江北山塔、南澳龙门塔、陆丰福星塔等20多座（小石塔不计）。

广东夯筑塔数量估计是全国之冠（约十多座），配合材料有石灰沙（海丰赤山塔与谢道山塔、汕头腾辉塔）、贝灰沙（揭西北坑塔、饶平镇水塔）、石灰沙泥三合土（陆丰甲秀塔、普宁乌犁塔、惠来玉华塔）等。

广东现存铁塔有南汉四座（广州光孝寺东西铁塔、曲江南华寺千佛塔、梅县修慧寺千佛塔），都建在石作须弥座上，由铸铁块装配而成（空心），其中光孝寺东铁塔表面还涂贴金箔。另佛山祖庙内存有一释迦文铁铸佛塔，清雍正十一年（1734年）造，为阿育王式，高4.6米，重4吨。

据古文献记载，广东早期有木构舍利塔，后因南方潮湿多雨，易生白蚁，易腐易烧，早已无存。现广东能见到的木塔仅有潮州开元寺一座，为明嘉靖年间造，金漆木雕，雕作细巧真实。

广东砖塔数量超半，还有不少砖混塔体，早期的有砖木混（三影塔）、砖石混（潮州凤凰塔、潮阳文光塔、揭阳黄岐山塔），后来还有石与三合土混（海门睛波塔）、贝灰砖混（惠来玉华塔）等。

广东古塔外表面为防风化和美观，通常均有灰沙抹面，迄今为止，发现最早的抹灰是南雄三影塔，用木棉花拌灰浆抹面，在灰面上用毛笔写有“绍兴四年”年号，说明该灰面最迟在此年代以前。广东古塔墙面除用纸筋灰浆抹面外，还有灰沙压面、清水青砖对缝、贝灰三合土面、灰浆面上绘清水砖缝等。宋明仿木砖塔所有的仿木柱、枋、斗栱均用铁红色涂面（有的是油漆或油胶灰水）。广东一些古塔为保持长期的清新感，工匠有谓“只许新不许旧”的说法，匠师们在颜料中掺入大量银朱（硫化汞），保持经久不褪色。现存番禺莲花山塔、广州花塔、肇庆崇禧塔和德庆三元塔均采用此工艺。

四、深厚的历史文化内涵，多种艺术紧密的结合

拔地而起的古塔雄姿，可以说是广东人“真善美”精神概念的表露，也是广东长期发展着的历史文化与科学技术结合的表现，透过广东古塔造型、结构和年代，我们可以领悟到广东建筑文化艺术的超凡所在和广东先人的哲理信仰。

（一）历史的见证，真实的史书

古塔是宗教信仰建筑，也是非正统民间建筑，它的发展和建造过程，都很自然地铭刻了广东建筑历史的真实。

南雄地处粤赣交界处，梅关是中原与岭南经济文化交往的交汇点，现尚存宋塔六座，这些塔缩影了中原人南迁的历程，见证了岭南建筑技术与艺术的发展。元代珠玑巷贵妃塔无言诉述了南宋的战乱和人们的抗争。

广州光塔是广州唐代蕃坊存在的铁证，记载了广州地貌的变迁，也见证了中国人与阿拉伯人的友好交往和建筑技艺的交流。广东清末的沿海灯塔，同样记述了广东海洋的开发，外国先进建筑材料和科技的传入。

广东众多的风水塔一方面说明了广东民间迷信的普及与流传，另一方面说明广东人对自然环境的认识和对大地园林景观的追求。广东文塔遍布全省，塔名有文笔、文昌、元魁、文明、三元、文隆、文峰、文阁、凌云、文光、奎光、青云、登云、大魁、景星、华表、奎文、甲秀、奎星、聚星、惜字、高明、大奎、焕文、兴文、鳌头、文炳等诸称，与科举的兴衰和官禄的运转联系在一起。有的是建了塔出人才（如雷州三元塔、从化文隆塔、罗定文塔等），有的是出了人才才建塔（如肇庆元魁塔、新会凌云塔、开平开元塔和梅县元魁塔等）。其实，广东在明代以来大量建文塔，不过是当时广东全境重教兴学，注意发展文化的表象。

明代是广东建风水塔最多的时期，也是建塔工艺发展至最成熟期间，特别是万历年间，几乎达到了顶峰。这是历史的一面镜子，究其原因大体是：

（1）民族复兴，政体安定，农田水利大发展；经济实力扎实，有助集中财力、人力建高塔。

（2）商品经济发展，手工业发达，烧砖、冶铁、陶瓷、竹木工艺高度发展，为建塔创造了技术物质基础。

（3）明代的科学文化也有长足的进步，海瑞的开明政治思想，陈白沙的理学观念，丘浚的经济文化哲理，均促进了广东文明的跃进，为建好文明古塔提供了综合实力。

（4）明代广东宗教风水术的活跃和名胜古迹的昌盛也直接影响着建塔风气的兴盛，形成一种史无前例的热潮。

广东建塔习惯上被认为是重要的社会活动人事，在文人笔记、地方碑记和方志散文中经常收录有建塔的人物、事件和过程，这些都是活的史料。大量砖刻铭文和塔体题记同样是建塔历史的铁证。我们所考证的建塔绝对年代和建造人物都是从砖铭中确定的。

（二）丰富的诗书文学和民间传说的文化内涵

广东古塔建造，历来被认为是积德倡善之举，地方官员、名人学者、乡贤良臣、诗人艺师都常参与，可以说是地方文化艺术水平的集中表现。塔中的诗、书、匾、联都有深层的文化意蕴，起点景立意、美事、教训、助胜、表彰等作用，有很高的文艺价值。现将部分塔的有关资料列后。

蕉岭路亭塔题壁诗云："秋老凭栏眺八方，骋怀游目送斜阳。江山淘铸英雄辈，民族增辉日月光。文信海洋经战地，若夫丹九忆勤王。缅怀历代诸英杰，青史名留姓氏香。"表现了满腔的爱国爱乡情义。

大埔奎元塔舒景联云："坐中列杆指，奇峰与银盆，排山作柱；门外有源头，活水看金船，倒海而来。"五华周江塔的写景寄情联云："丹髻列双峰蔚霞蒸怀秀彩，江潭抱一曲蛟龙变壮文澜。"

五华狮雄山塔门额匾文为"万代瞻仰"，联云："山作屏，地作毡，月作灯，烟霞作楼阁，雷鼓风箫，长庆升平世界；塔为笔，天为纸，云为墨，河瀚为砚池，日圈星点，乐观大块文章。"情景交融，气势磅礴。

中山文章阁门匾题"云汉为章"，对联为："默宰灵枢宣雅化，宏开景运翼斯文。"惠来文昌塔匾为"文烛汉"，对联云："既幸斯文未坠地，须知一画可开天。"借以表达一种人格哲理。

惠来玉华塔匾刻"玉笔高憬"，联是："泻影入沧溟，静浪恬波，早见鲸潜鲵伏；高标出云汉，扪星摘斗，仁看风起鲛腾。"是海洋文化的一种贴切表达。

潮阳文光塔对联为："千秋文笔振金石，百丈光芒贯斗牛。"潮阳涵元塔对联是："印光西度浴南离古壁曜奎躔瑞应当年舟楫，魁垒东摩仪北斗着烽销挽息醇还满地桑麻"等。这些对联把乡土文学与八股对韵结合起来了，达到了雅俗共赏。

广东古塔上的门楣石书法均出自历代当地名书法家之手，或阳或阴，或草或楷，或隶或篆，应有尽有，为广东书法艺术宝库。匾刻内容简练、切景、对塔起有画龙点睛作用，常见的有：参天、云梯、望云、天衢、绮汉、启秀、大观、挺秀、云路、得绿、玉笏朝天、捷足蟾宫、扶摇直上、天街发轫、气象万千、经纬乾坤、巢风凌云、高山仰止、擎天一柱、山明水秀、天门瑞气、世彩文凤、光昭云汉、清流砥柱、更上一层、文运天开等。

古代建塔要有高超技艺，建塔匠师往往被神化为鲁班、仙人、神灵等超人，由此给地方留下了美妙的传说，世代相因，形成广东独特的民间传说文学，也注释了一些社会现象。

仁化腾凤塔所以建在潼阳水溪中，传说是当地原村祠建在船形风水地上，文人辈出，常维持正义，左右州县官员压榨平民，官府为摆脱约束，诱导村民在溪中建塔，象征竹竿，并在塔与村之间修石路当绳系船，以破风水格局。又如广东莲花山塔，传说是莲花山顶是真龙穴所在，将出太子，朝廷建塔而镇压之。

南雄三影塔，相传是异人所建，塔前有堂，能见三影，二影倒置，一影正投，塔影变化能预测凶吉。河源龟峰塔原为佛塔（称浮图），扣刹在明代毁，未能修复，而民间传说是"河源塔无顶，龙川塔无影"，据说无顶是因仙人建塔，原定要在天亮前造成，因地方官半夜学鸡叫，仙人回天府，故未能把塔刹建好。在平仙塔，相传是一仙人见元善镇一带风水非凡，是富贵之地，美中不足的是镇前屏案地稍低，仙人为施善举，拟完补龙势，在镇前建塔。因动土时惊动了土地神，土地神认为未经批准建塔，违反天规，设“法”制止，假学鸡叫，促使仙人上天庭，因此留下半截子的塔身遗踪。由此，清初诗人留下佳句：“高岗俯视极平芜，缥缈仙踪信有无。清影何时沉碧落，神仙千载问方隅。残砂井塌宁留诀，剩碣苔封不辨符。迢递丹梯人去远，空余白鹤人云呼。”一座残缺美的塔将永留人间。

南澳龙门塔相传是原地有虎伤害人，乡民请方士用神箭射虎，箭落虎死成岛，箭则变成镇虎之塔。高明灵龟塔相传在建塔前，该地蛇蝎鬼怪猖狂，民不聊生，后从天降下一神龟，助民驱邪去魔，神龟后因疲劳过度，卧睡江畔，变居灵龟山，人们为谢神龟，建塔设灵龟神位供奉。传说不一定真实，但它反映了民间建塔本有善良的愿望。

（三）雕塑与绘画艺术的精美

古塔是建筑的综合艺术，它包括了雕刻、绘画、书法等其他艺术。广东古塔可以说是广东各项艺术的融合，广东的雕刻和绘画的地方个性也可从中得到体现。

1. 石雕工艺

广东山多石多，建筑上用石材颇多，石工艺高超。特别是五华、揭阳、肇庆、雷州、高州、饶平等地，石匠技艺犹精，广东的石塔，除小型石塔作较全面雕饰外，其他只在塔的首层和近眼能见之处（须弥座、柱础、栏杆，塔顶、对联、匾额、翘角）作重点雕作。广州光孝寺大悲心陀罗尼经幢建于唐宝历二年（826年），其下方表塔座（石灰石造）是广东现存最早的石造须弥座。它的形制与造型直接影响着宋明塔式，四面其有八个托座力士，简洁明朗，其八角山屋顶的挑华拱和角梁起翘形式也为后来石塔所仿照。广州光孝寺瘗发塔之塔上葫芦结顶座估计是唐物（红砂石造），在八角上下仰覆莲须弥座还有两层托座，稳健大方的唐风犹在。潮阳大颠祖师塔下部同样是八角仰覆莲须弥座，但造型比较肥硕，工艺比较精细，其下座圭角有八片莲瓣，刀法丰满流畅，在八角竹节柱间的束腰壁上还镌刻有龙狮麟罴花卉等图案。圆形塔身正面刻微起拱顶神龛，龛下刻凸出仰莲承托。广州光孝寺东西铁塔的下层石造须弥座，同样是仰覆莲式，但束腰浅刻花纹图案，四角有上下莲花竹节柱。曲江南华寺南汉降龙塔四角则刻成力士托塔，极为古朴。

新会龙兴寺塔相传建于隋代，现存物从整体风格来看估计是唐宋之物，八角六层实心，由分层石件卯榫装配成型，出檐深远，檐口有水波纹。各层收分明显，塔顶由莲瓣座和宝珠组成。潮州开元寺阿育王塔是一座广东仅有的印度风格的奇异石塔，塔身由整块方正花岗石构成，四面浅浮刻佛教故事，主要人物刻在马蹄形拱门中，构图简明生动而内容丰富。现塔座有三层，上须弥座束腰每面刻有佛像四尊，此法极少见。塔顶四角刻蕉叶状，在平塔顶中有覆钵，上安置石刻七重刹顶。

元代小型石塔有两座，均用石雕构件整体装配而成，是保存完好的艺术精品。南雄珠玑塔，实心八角七层，建在一口古井上，有莲花塔座两层，简明古朴，塔身下四层为八角，遍刻佛像天王之属，五层为椭圆形，以上是圆鼓形，以葫芦结顶，出层用覆莲瓣，造型美妙，比例协调。新会镇山宝塔是广东现存唯一的喇嘛塔，其造型挺秀独特，与其他各地同类塔相比有如下特点：①塔座为圆形，不作“亚”字形，在双层仰莲座置塔身；②圆肚形状比例特小、特瘦，下身收分小，四面尖拱形佛龛内佛像宽胸披裟，印度味浓；③圆肚塔身上加紧收缩成亚字形平面，其上加塔三层亚字形和八角形檐盖，檐盖间有侧脚的圆柱壁身；④上刹为七级相轮，其上为宝盖、托莲和宝珠；⑤塔整体层叠的韵律感颇强，有特殊的楼阁式风味，在塔身上分间镌刻有“阿弥陀佛”四个大字。

广州花塔之石作须弥座，八角已有托塔力士石雕和束腰壶门，明塔之须弥座几乎全袭用。肇庆崇禧塔须弥座之力士，高度达0.5米，刀法粗犷有力，风格雄浑古朴，神态各异，姿势传神，束腰间的连续图案浮雕长达1.82米，雕作圆润细腻，线条流畅。内容有二龙戏珠、鲤跃龙门、双凤朝阳、麒麟献瑞等吉祥典故，属全国罕见明代石雕佳作。其首层副阶外平座外圈有精作栏杆，栏板雕明式缠结花叶图案。

高州宝光塔须弥座束腰边长5.7米，各边有浮雕石板三幅，内容有双凤朝阳、鲤跃龙门、鹏程万里等图案。雷州三元塔的须弥座束腰高1.1米，沿八边用间柱分成23块雕版，分别刻狮子戏球、三羊（阳）开泰、宝鸭穿莲、麟趾呈祥等图组，形象栩栩如生。上两塔平座石栏杆雕作非常精致，均是广东明代石栏杆的典范。

潮州凤凰塔的塔基须弥座构作更为讲究，在束腰和上下枋石面上，均精雕着龙、凤、鹤、狮、马、羊、鱼、鹿、象、鸳鸯、瑞草、莲花、牡丹、梅、兰等，形象生动自然，构图装饰性强，是难得的石刻艺术珍品。潮安三元塔（急水塔），为七层砖塔，八边用石拱梁层层出挑支承塔檐，另成一格，最可贵的是各层塔心室用藻井式花岗石拼成楼板，藻井中司镌刻有八卦图、玉兔桂树、双鹤祥云、鹿含灵芝等花纹图案。潮阳涵元塔（明建）塔心室用石斗栱支托天花，中间浮雕龙、凤、八卦、鸿雁、花卉等，神态自然、生动活泼、工艺精湛。

广州琶洲塔和赤岗塔、德庆三元塔、顺德神步塔、增城雁塔等珠江三角洲一带的明塔，石作须弥座各角均有托塔天王力士石雕，是力与美的结合，是神话与技术的意象。这种做法在江浙、福建唐宋塔中常见，广东在南汉建造的曲江降龙塔已有出现。在粤北、粤东较少见，在这些地方，砖塔多用砖砌塔座，塔下多有副阶，如南雄三影塔和河源龟峰塔等，仅在砖砌塔平座上放压檐石，柱础则用石作。此两塔的副阶檐石柱础是在原位、用原大原形如实复原的，其中有的是宋代柱础原物。

2. 铸雕工艺

从广州象岗山南越王墓中发掘的铜铸力士和龙凤饰件中可知，广东铸雕水平并不亚于中原。广东南北朝至唐以前的最早铸雕塔刹现尚未有发现，大规模铸铁成塔的活动是从南汉开始的，其高超技艺是空前的。

广州光孝寺东西铁塔，其塔身和塔楼按层分件铸造，实地安装，故迁搬容易。塔为双层须弥座，上铁铸下石造。铸铁须弥座收束较大，四角有手托头顶的站立力士当作独立角柱，扁圆形束腰铸有行龙戏珠、升龙降龙和火焰三宝珠等图形。铸铁须弥座上有室装莲花仰托七层塔体，塔身四面均铸满印度式火焰尖佛龛，中间大佛龛为三瓣火焰龛，内分别供四方大佛，全塔共有大小佛近千个，谓千佛塔，每层塔身四角有竹节式（有侧角）的角柱托住角檐，檐口下方铸成微凸弧线，铸有飞天、飞鹤、飞凤、祥云、飘带……之属，减少了檐口的下压感。四角铸有垂脊，脊头铸有怪兽，有助角檐向上起翘。东铁塔之塔顶铸成宝莲托相轮状，全塔外面贴金，光彩夺目。塔的整体造型和装饰风格均有浓厚的唐味、佛味和广味。铁塔把铸技、雕艺、书法、建筑结合为一体，为世罕见。

广州花塔顶层的塔心柱为铜铸，分段叠合而成，全柱身铸有1023个小佛，还铸有天宫楼塔图，云飞鹤绕，铸工精巧，构图丰满。顶层塔刹上的宝珠和葫芦同样为铜铸，表面施镀真金，至今仍金光灿烂，宝珠上刻有“元至正十八年（1358年）”年号。整塔刹重达5吨。

3. 灰雕、砖雕及建筑形象

广东近海一带县、市，灰雕和砖雕工艺比较发达，塔经常应用这些工艺来增加建筑艺术表现力。

广东常用灰雕的部位有脊、檐部、门楣、翘角等，利用它的可塑性来增加美感。普宁汤坑石塔建于清初，在第三层南北正向，用石灰砂塑造有行龙过墙，龙头向北，生动飞腾，为塔增加了情趣，其塔顶也用灰砂批成圆锥状。高明文昌塔，八角七层，每层檐角都有灰塑龙头昂起，赋予塔生灵之气。陆丰甲秀塔六角檐脊用贝灰塑成卷草吻，其他正脊、筒瓦和高大葫芦同样用贝灰塑成，有特殊的地方风味。

深圳文昌塔清初建成，方形三层，石作础、砖作墙、灰作顶，灰塑运用非常恰当，叠涩出檐雕成卷草叶花饰，檐下是一条宽约0.6米的缠花卷草灰塑带，黑白相间，与磨砖对缝清水墙极相配，十分醒目，各层角脊灰塑成凤头起翘高昂，顶层双檐下灰塑有四个瑞兽相配，假平座四角塑有四个蹲狮相对，这是极为罕见的。鹤山雅瑶隔朗文阁，檐下的灰塑带更为精美，在0.7米宽的白灰底面上浮塑立体感很强的红花、绿叶、山水图案，逼真协调，保存完好，颇为难得。广东其他类似著名的文塔精品灰塑还有东莞井美文阁、怀集文昌阁、中山文章阁与镇龙阁、从化文昌塔、番禺大魁阁、南海奎光塔、龙门文笔塔、新丰阳福塔等。阳春飞来寺塔建于清末，灰塑用得更为广泛，门窗、洞亦采用灰塑花草图案边框点缀，匾额塑“财帛星”“武曲星”“文曲星”等楷字，脊头塑鳌鱼翘起角，原塔身把八面墙分别抹成各种颜色，将其彩化了。塔内灰塑有文昌、魁星、三官、财星诸神，很有特色。广东晚清建塔多趋于装饰化，塔门窗洞变化较多，有圆形、扇形、梅花形、十字形、长方形、通花（用琉璃、砖雕、瓦砌……）；室内天花和墙面常绘山水人物故事彩画，灰塑品类和图案花纹增多。塔顶和塔檐常用黄、绿琉璃和剪边瓦，塔刹的形式和用材向多样化和地方化方向发展，五花八门，各显神通。

广东风水塔大多是孤立的，而佛塔、道教塔和文塔下通常有其他建筑相配，组成建筑群。孤塔为加强正门轴线重心气派，除在门上采用匾名和对联显耀外，也有在门上方加添雨塔（翁源八角亭塔），加大石门框（顺德的桂洲塔），加大门楣灰塑彩画（顺德太平塔）等。高州宝光塔首层正门墙面高宽，为强调入口，工匠采用砖雕、彩画、挑檐构作成半立体贴墙三间四柱牌坊。其比例适当，形象真实，雕作精微，梁枋图案彩画细致，用色调和，是明代牌坊的典型妙作，有颇高建筑历史价值。这种把两座建筑巧妙合一，以增加空间距离的手法，估计是全国仅有。仁化的文明塔、白塔、文峰塔、华表峰塔（均为明建），塔正门头上方均有砖雕、灰雕、石雕、彩画、檐瓦营造成立体垂花门楼，工艺水平都很高。

由上论述，广东古塔在中华古塔中居有十分重要的地位。广东无名建塔匠师对中国古塔的发展作出了巨大的贡献，他们铸造建成南汉四大千佛塔，建造了全国闻名的南雄三影塔、连州慧光塔、广州花塔等大型砖造宋塔。广东明塔最多，结构趋于成熟，形式最为丰富，技术与艺术达到高度的统一，出现高达 63.19 米的宝光塔。在明代万历年间出现了广州珠江三座塔群、肇庆西江四座塔群、高州高凉江三座砖塔。石塔为广东古塔之一大类，像潮州开元寺阿育王塔、新会玉台寺喇嘛塔和龙兴寺塔、东莞象塔、南雄珠玑塔都是全国特有的精品。阳江北山塔和深圳龙津塔是全国著名的石塔。广东古塔的平面和结构类型之多，估计是全国之冠，而广州光塔和中山之文笔塔是全国仅有的。在清代，楼阁式风水塔和文昌塔遍布广东全省，造型文雅、清新，用材合理多样，工艺精巧细腻。

广东古塔的世俗性反映在民间百姓对古塔的热爱上。各乡间古塔往往是平民的休闲聚集之处，是登高观览与天空云彩亲近的好地方，广东人常常把生活理想寄予高塔上，在古代通常成了地区性公众活动主要场所，也许广东人对古塔有一种特殊的传统情怀，近十多年来广东兴起了修塔之风，这是很可贵的民族爱国爱乡精神的流露。广东古塔的存在是广东人的骄傲，愿我们世世代代都珍惜、保护这一凝固了我们祖辈血汗的宝贵财产。

岭南早期建筑适应环境的启示

原载于2004年《第二届国际建筑史会议》，与曹劲合著

人为建筑与自然环境结合的历史经验是建筑史学永远研究不完的课题。建筑本身就是人类适应环境的产物。大约在13万年以前，岭南人就在岭南高温潮湿、山多水多的地理环境下生存下来，不断地繁衍发展，这无不与岭南人朴素的生态智慧有关。当今世界建筑提倡地域特色，主张走可持续发展的道路。我们研究早期南越人如何营构原始建筑，又如何因地制宜地发展岭南建筑而形成自己建筑特色的，经温故而行探新，这也许对当前的规划与创作有所启示。

一、原始洞居与穴居

“岭南”位于五岭之南，地势由西南向东南倾斜，构成两广丘陵，大多为石灰岩山区。在旧石器时期，南越先人，依靠狩猎和采果为生，就自然岩洞而居。由迄今在广东考古发现的曲江马坝人证实，最迟在距今约13万年以前的岭南就有人类活动。随后，在广西发现的“柳江人”“麒麟人”“灵山人”“都安人”以及广东的“封开人”“阳春人”“乐昌人”等，均有岭南人自身发展的传承关系。崖洞居是岭南人最早的选择。

作为居所的石灰岩洞窟显然是有着环境优势的，以目前所知的情况来看，岭南地区的这类洞穴有如下几点共通之处：

（1）主要分布在孤峰和峰丛山麓，洞口的相对高程在5～20米之间。阳春独石仔洞穴遗址和曲江马坝人狮子山都是这种石灰岩孤峰，洞口高出当地河水面10～20米不等，出入方便，靠近水源。

（2）洞口的方向一般是向南，或向东。独石仔洞穴在山的东麓，洞口方向120°；封开黄岩洞在狮子岩孤峰山，洞向240°。在低纬度地区，这种朝向利于避风寒，纳日光。

（3）水源充足，有河流经过洞口前，或者洞内有地下水流动，便于取用。阳春独石仔山之东有漠阳江，其西南有西山河。封开黄岩洞洞前为一开阔谷地，渔涝河在其前约500米处自东北向西南流去。

（4）附近有一段开阔地面，可供就近采集野果、块根，狩猎飞禽走兽和进行浅水捕捞，获取食物。

正如北方的先民选择了黄土层穴居，岭南的原始居民已较普遍有意识地选择了石灰岩孤峰作为崖洞居以适应环境。在原始社会多兽的环境中，他们居住在向阳、近水、高台的自然石灰岩山洞内，洞窟多曲折隐蔽，洞口视野开阔，利于防卫、寻食、御寒和阻热，过着以狩猎、捕捞和采集为生的集体生活。

《孟子·滕文公》云：“下者为巢，上者为营窟”，说明古籍中记载中国史前原始人在低湿处以用巢居来防湿热，在地势高亢处就挖地为穴居。又《礼记·礼运》曰：“冬则居营窟，夏则居橧巢”，说明我们的祖先根据不同的季节，冬天是穴居保温取暖，夏日则巢居纳凉。上两则文献反映在我国上古原始人在生产力很低的情况下为适应环境，同时同地都采用穴居和巢居两种居住方式，这种描述也是合乎岭南情况的。

位于粤北曲江县西北鲶鱼转山上的鲶鱼转遗址，东北与浈江相接。浈江东面是一个大盆地，鲶鱼转山就在盆地的西面。其南、北、西三面都是绵延的山冈。发掘的1号房基平面呈方形，方向195°，宽3.2米、进深3米。房基挖入生土中深0.13～0.3米，房基平面由北向南倾斜5°左右。门道在南面偏西处，宽0.83米，从门外0.8米处开始向房内逐渐倾斜成形。居住面为厚0.05～0.08米的硬土层，纯红色，质硬，而以门口

和门道地面为最硬。房子里东南、西南、西北隅及中央各有一柱洞，东南面有一火膛，西北角有一圆锥形窖穴与柱洞重叠在一起。房屋结构从房基现存情况来看，是用五根立柱支撑屋顶的，平面呈方形，有斜坡门道的半地穴式的建筑。在粤北地区，这种室内有火腔的红烧土硬面的半地穴式房子以良好的保暖性适应山区气候为特点。

二、沙丘与贝丘遗址

岭南东南沿海，岛屿众多，是中国海岸线最长的地区，南越古人为生存，在新石器初期就与海打交道，开发海洋，选择在近海滩的平台地上，或在海湾的山丘上居住，形成了典型的贝丘文化和沙丘文化。

沙丘遗址主要分布在广东沿海海湾岸边的旁有小河、背后环山的第二重沙丘上，高出海面5～6米。沙丘（沙堤）聚落遗址多数抉择岛湾，即现代海湾和山湾（已成陆的海湾）沙丘上，其湾口多见向东、东南、西南方向，文化遗物常在沙堤背海一侧、潟湖或山麓附近发现，有一股山泉或溪流从远山或近处山冈流经遗址附近入海。香港下白泥吴家园沙丘遗址，位于元朗西部厦村乡下白泥村。此遗址原应是背后连山而濒临后海湾的沙丘遗址，但沧海桑田，如今西距后海湾已达1公里以上。其西是广阔的第1、第2重沙丘直抵海边；捻湾公路自北向南横穿过遗址，其南北两侧有小溪从东面山上向西流出海，从地理环境观察，是古人相当理想的居住场所。大黄沙、草堂湾珠江三角洲贝丘等亦属这一类沙丘遗址，经济生活方式应是捕捞鱼、虾、贝类以及到附近山冈采集野果、块根和捕猎野兽。

贝丘遗址主要分布在广东沿海的海河岸边的山冈坡地和台地上，其中以珠江三角洲和韩江三角洲发现最多。遗址有大量经由古人采集食用后遗弃的扇贝壳堆积成丘，故称。贝丘遗址古代居民选择大江干流或支流附近和珠江口内原岛丘海湾附近定居，首先是水源丰富，即使选择位于古海湾内岸边居住，地下水位距表层要浅，如村头遗址发掘时，西坡高处和南坡部分，下掘0.6～1米时便见清冽泉水冒出地面。遗址中发现了大量灰坑，不排除其中部分是当时居民挖掘的水井，由于水源不绝，随处可获得，所以对水井构架并不是特别讲究。鱿鱼岗、灶岗、河宕、银洲遗址选择高出四周平地7～20米低岗上，附近有小河流过，解决了居民饮水、洗涤问题，又免受洪水之患。依傍大江干流和支流，利于交通又便于各聚落之间的交往。大江小河里有捕捞不尽的鱼虾、贝类，水边灌木丛、林中草地上有鹿、牛、野猪、羊、麋等可供古代居民狩猎，解决肉食问题。选择河边、海边居住，利于防卫，广阔河面和大海起到了天然屏障作用。

另外，在广东全省海湾和河流两岸的山冈及其坡地上，还有一类山冈遗址，以河流的转弯和支流的汇合处最多，具有靠近水源、适宜于生产、交通方便、风向适宜、成群出现的特点。珠海宝镜湾属于海岛型山冈遗址，位于珠海市区西南高栏岛。高栏岛四面环海，距大陆最近处（北水）9.1公里。宝镜湾遗址就位于该岛的西南部。它是南逐湾中的一个小湾。紧靠宝镜湾的是高栏岛风猛鹰山，山麓与沙滩相连，在高出水面10～70米的山坡地带，分布多处岩画，在10～20米为高度的斜坡上广泛分布人类活动遗址，面积达两万余平方米。这里的地形是西面临海，东南面的山坡正好可以抵挡来自东南的台风：在遗址的中部有一条从风猛鹰山上流下来的泉水，迄今仍长流不枯。除此之外，在高栏岛还有多处淡水，水源极为充足。遗址中出土丰富的生产工具和生活用具，证明宝镜湾遗址居民在这里已经有了相对稳定的居住，依靠丰富的海洋资源，过着以渔猎和采集为生的生活。

从沙丘遗址、贝丘遗址和山冈遗址等早期聚落遗址的分析可以看出，居址的选择与环境有密切关系，居址形态主要受制于生态条件，比如淡水资源、食物资源、避寒趋暖和防卫以及垃圾处理等。

沙丘道址和贝丘遗址的建筑形式也是随地理环境不同而多种多样，石峡遗址位于曲江县马坝镇西南约2.5公里，坐落在狮子岩狮头与狮尾之间的山峡地（俗称石峡），在遗址下层发现了2座年代在5500～6000年前的房屋遗址，其中 1 号房址由南北两段墙基槽组成，南段残长 40.7 米，在墙基槽内发现有柱洞，间距为 1 ～ 1.60 米不等。北段墙基槽与南段相距约 8.5 米，残长 16 米。保守估计 1 号房址的面积约为 350 平方米，是一种面积颇大的长屋，另外，西头有与南段墙基槽相垂直的两小段南北向墙基槽，两段之间相距约 6.6 米，形成隔间小房。遗址内发现有较多红烧土遗迹，有些是成层、成片状的红烧土块构件，有些一面或两面留有木竹条之类的凹道，或芒草、草秆之类的痕迹，有些红烧土泥巴中见有稻谷壳和稻叶秆，以增强抗拉力，表明在承重的柱子间有泥巴墙。这是一种典型的木骨泥墙长屋。

而距今 4000 多年的新石器时代晚期吴家园沙丘遗址中夯筑泥沙土房基的出土，则是南中国以及东南亚史前沙丘遗址考古中的首次发现。在香港白泥吴家园沙丘遗址共发现 2 座相毗连的夯土房基，其中一层是一座背山面海，坐东向西的大型房子，为前面出廊的长方形悬山顶式房屋，建筑于夯土基础之上，前有门道、门篷，面阔 6 间、进深 2 间，有两扇大门。房子的立柱、外墙、房内间隔、大门、门篷和屋顶，估计皆是用竹木、茅草或树皮架搭成，面积达 107.5 平方米。其房基经多层夯实处理，分层夯实的灰黑色泥土有 7 层，铺垫的灰色泥土有 6 层，总厚度达 38 ～ 40 厘米。海边沙丘上的沙堤浮沙，很松软，不利践踏。而房基经过夯打处理，居住面被夯实，除改善居住条件外，所树立的柱子也更稳固。夯筑的多层泥沙土房基是沙丘遗址特定居住条件下的产物，也是香港原始居民在海边沙丘上建筑住房的创举。以上两例，说明岭南先民早就学会适应不同的地质和气候条件并发展出相对成熟的建筑技术。

三、滨水建筑与干栏建筑

岭南珠江三角洲和韩江三角洲一带为水乡，河道密织成网，湖泊星罗棋布。岭南先人得需依湖靠泊，向水捕鱼捞虾索取生活资源。

汉杨孚《交趾异物志》有载："乌浒，南蛮之别名，巢居鼻饮，射翠取毛，割蚌求珠为业。"估计"乌浒"人是岭南远古水上居民的后代，以捕鱼采珠为业，是住在水边的赤黑色皮肤的渔民，后来有的发展成以船为家的所谓"疍民"。

水边居住的先民创造了临水高架的干栏式建筑。新石器晚期遗址高要茅岗水上木构建筑遗址面积达数万平方米，建筑沿水作长方形，一端靠山，一端临水，形成台阶式居住面，试掘三组建筑遗址，结构基本相同，保存最完好的一组，残存 14 根木柱，分两行排列，总长 14.7 米，行距 1.64 ～ 1.70 米，柱旁约 1 米远处栽有 22 根木柱，柱顶凿有槽口，木柱凿有榫眼，并有穿套榫眼的圆木条及树皮板。出土木构件带有榫卯，树皮板两端有三角形孔眼，说明铺设后曾用竹钉加固，木作技术有一定水平，推测建筑之周壁及上盖是以树皮板或茅草。这是一类高架于水面或滨水靠岸的干栏式建筑。

干栏式建筑的另一种表现形式是山地住宅。海岛环境的珠海宝镜湾遗址可以更好地说明我们的先人是如何因地制宜地进行建造活动。这里的房子形态至少有两种。从遗址的环境可以看出，遗址居民的居住址主要是在坡地上，陡处可达到 21°。在斜坡上有密集的柱子洞，但没有生活面，推测这是一种山地干栏式建筑，即在倾斜的山坡上用柱子搭起一个居住的平面，再在其上建造房子；而在另一些坡度平缓的地方，则是平地起建的房子，房内地面使用红烧土面，这是一类地面式房子。在遗址中发现零星的木骨泥墙土块，说明当时建房已经采用了这一技术，房顶则用茅草构筑。

由于高栏岛以红砂岩为主体，宝镜湾遗址文化层之下大都是半风化的岩石，不少柱洞在风化岩上开凿，其中一些洞的底部垫有砾石，或在柱洞的两侧加石块、陶片用以加固。在 T6 之中还发现一些直径在 14 ～ 18 厘米的石块，其平整的一面朝上，凹凸面朝，相距 1 米多，推测彼时先民已经学会明础与暗柱配合使用。

岭南远古森林茂密，湿障气大，多野兽虫蛇。先民为防御和适应，相应巢居或栅居当属必然，正如《韩非子·五蠹》所云："上古之世，人民少而禽兽多，人民不胜禽兽虫蛇，故圣人构木为巢，以避群害。"这种巢居构木而成，估计就是下为架空的"干栏建筑"的原型。后来岭南山区所有黎、苗、瑶、侗、仫佬、毛南、彝、布依、土家等少数民族住宅基本是延续这种形式，可见它对环境适应的生命力。

就上述考古资料说明，岭南原始建筑发展初期是经历了一段漫长的开拓历程，岭南人以出色的适应地形、地貌、地势的营造能力，创造出丰富的人居建筑类型，概括起来有：巢居、洞居、岩居、穴居和半穴居、棚居、船居等。

四、早期城镇与宫苑

岭南古称为"百越之地"，与中原被五岭相隔，少有交往。公元前 221 年，秦灭六国，续后秦始皇令任嚣与赵佗率数十万大军南下，平定了岭南，置南海、桂林、象三郡，统一了岭南。《史记》曾记载了秦兵占岭南后"和集百越……与越杂处十三岁"。中原文化与南越本土文化相结合，岭南建筑文化发展又走上了一个新的历程。

赵佗于秦始皇33年封为龙川令。其为驻军施政，在近嶅山濒东江处选地建城。城为土筑，方形，周长800米。三面均为江湖所包围，便保卫，利交通，山水、城、林、田有机结合，是典型的岭南山水城镇，城在水中，房在城中，水绕山环，人工环境与自然生态环境交错共荣。

近年来，广州中山四路考古发掘的南越王宫殿苑囿遗址更揭示出当时宫室规划结合地形高低错落布局，水局的星座化，园路的点步创意，用材的自然化，处处表现出中原文化与南越文化结合后所产生的新的生态理念。

《广东新语》记述赵佗建有四台，即越王台、朝汉台、长乐台和白鹿台。台的形象据裴渊《广州记》云："尉佗筑台以朝汉室，园基千步，直峭百丈，螺道登顶，顶上三亩。塑望升拜，是朝台。"对朝汉台的位置看法尚不一致，较为广泛的认识是今之象岗（一称固岗），从文献推测此台是在自然台地上修饰而成。1982 年在五华县狮雄山上发掘的长乐台，坐落在南岗顶部两级台地上，面积 1 万多平方米。主体建筑位于岗顶东北最高一级平坦台地上，面积约 2000 平方米，环绕主体建筑依地形修筑回廊。这座基址承袭了中原地区先秦以来流行的高台榭建筑形式，并充分利用地形，对山冈顶部作小范围平整，利用高地原生土作建筑台基以构筑殿堂，回廊因山就势，北高南低；回廊边缘靠近较陡的山坡处筑墙基；两端转角处构筑角楼。殿堂、楼亭、回廊、房室遗址，这些建筑依山顺坡散布在一座自然山冈上，面临东江，风景优美，地段险要，估计是赵佗作为游乐、狩猎、观赏、防卫、结交、理政之所。

五、结语

考古发现不断证明，远古的岭南建筑成就超乎我们以往的想象。而对早期聚落与建筑的寻找和研究中，环境是重要因素。从洞穴遗址、山冈遗址到贝丘和沙丘遗址，莫不选择宜人的生态环境，而后繁衍定居，早期聚落往往具有以下环境特征：淡水资源充足而易获取；食物丰足，满足采集、捕捞或狩猎的要求；地形地势既适宜聚居，又可避台风、避洪涝等自然灾害；利交通，便守卫。

早期建筑遗址的研究还显示出，在岭南复杂多样的生态环境下，建筑在萌芽阶段就表现出不同形态：从石峡遗址长达 40 米的木骨泥墙长屋，到茅岗水上木构建筑，和香港吴家园夯筑混沙土房基的大房子，显示出北山区、珠三角河网地区和滨海地区各有不同的建筑形式；同时也显示出，岭南早在 5500 ～ 6000 年前就已经取得相当的建筑成就：可以建造数百平方米的大房子，在建筑技术上取得了长足的进步。从洞居、半穴居、巢居、栅居、船居，远古时代岭南先民在适应环境的生存考验过程中，因地制宜地创造出多姿多彩的原始营构。

观今宜鉴古，无古不成今，“全面的历史文化经验常常使我们突破某种意识的局限，它们是‘未来创作’思想的源泉”，岭南早期建筑适应环境的启示意义不仅仅在于寻根探源。古老的干栏体系，无论是在丘陵山地和滨水沼泽，至今仍在恩惠着村野乡民，并且将在现代干栏即城市底层架空的研究中焕发出新的生命力。不独如此，早期建筑的考古学研究，揭示了岭南人居的本源形态——出于自然、顺应自然，与自然协调共荣，潜蕴着一种应天顺人的建筑哲学，这对于今天的规划和建筑创作有着无尽的启迪。

石经幢的艺术识赏
——以潮州开元寺石经幢为例

原载于2005年《古建园林技术》，与李绪洪合著

经幢，是禅宗佛寺独特的标志性建筑，其发展演变史与石柱、石塔系一脉相承。幢，本意是旌旗，秦汉时代称为幡，或信幡、帜、铭旗和灵旗。从南北朝开始，幢逐渐演变成禅宗佛寺殿前的供具，最初是一根直立木杆上串联多重圆形华盖，华盖周围垂以幢幡、垂幔等，木杆下按十字座。幢上写陀罗尼经文，象征可以避难消灾，所以幢被称为陀罗尼经幢，简称经幢。经幢为求永久性，选用具有抗压、耐腐蚀、不易变质的石材。故经幢从木结构发展到石结构，石结构经幢最简单的做法是用一根八角石柱竖立于一个须弥座之上，顶端覆以宝顶，最复杂繁华的做法如同实垒的石塔一样，常用石材以凿榫卯的形式搭建而成，外观再进行雕饰，故它又被称为经塔。

南北朝开始，由于印度佛教的传入而迅速的发展，佛教为中国帝王所提倡，故在此期间，佛教思想逐渐成为人民的精神寄托，经幢这种佛寺的标志性建筑有了划时代的大发展，并成为佛教艺术的一个重要组成部分。有的经幢营建成一座气势雄伟而雕饰玲珑的小石塔，在营建技术上，拱石、垒石、石与石交接处凿榫对卯，嵌合连贯，使其互相牵制，难以动摇，石缝空隙灌注桐油米浆，使建筑的稳固性有历史性的突破。经幢在造型上受印度窣堵坡建筑的影响，方圆结合，浑然一体，同时又融合了中国木塔、华表的结构，并创造出新的，但仍带有鲜明的本民族特色的形式。唐宋经幢最为盛行，唐经幢造型大方、质直、简朴；宋、金时代经幢雕饰精美，比例优雅，但往往把经幢作为石雕来镌刻，而忽视它是一座建筑物。唐代在经幢的砌石施工中已运用了绞车之类的起重工具，在胶结方法上，也运用了在石缝间灌铁水的技术。宋代石经幢向高矗发展，其结构比唐代复杂，层数增高，施工技术、吊装技术和胶结技术都有新发展。宋以后，营造经幢之风逐渐减退，到了明清，则更为稀少。经幢暗示着佛教的隆重和威仪，宣扬着佛教的思想，营造了佛寺建筑在空间上的壮观气势，丰富了寺院空间组群的层次。它还是种建筑化的仪仗，有效地彰显着佛教徒的虔诚和浓烈的禅宗氤氲。

潮州开元寺前庭的大经幢

潮州开元寺的石经幢是唐代经幢的代表。据乾隆年间《潮州府志·寺观》记载，有“开元寺在城内甘露坊，创于隋唐，兴废不一”。潮州开元寺应建于隋末唐初。根据《唐会要杂记》记载：“唐开元廿六年（738年）戊寅六月一日敕每州（郭）下定形胜，观、寺改以‘开元’为额。”明代的《释氏稽古略·卷三》记载：“唐玄宗开元廿六年诏天下州郡各选一大寺以纪年号，额日‘开元寺’”。可知潮州开元寺为唐开元廿六年改名的寺院。寺内现存的石经幢为唐代珍品，一对位于

潮州开元寺的“石蜡烛”经幢的须弥坐佛雕

潮州开元寺的“石蜡烛”经幢

潮州开元寺的尊胜经幢

山门内庭前，如塔形状，一对位于大雄宝殿前，如烛台状。走进潮州开元寺山门，迎面是两座顶高 6.65 米，须弥座周长 7.85 米的唐代石经幢，极为雄伟壮观。每一座石经幢由 25 层石构件组合叠砌而成，且每一层石构件都赋予精工雕饰。最下层是八角形式的须弥座，有力士以头顶幢柱，因年久的风化，图案已经模糊不清。第 13 和第 19 层的莲花座采用“压地隐起”这种浅浮雕的雕刻手法，凿出凹凸起伏变化的莲花瓣，象征佛教的纯洁和崇高。第 15 层为幢身柱层，雕刻陀罗尼经文，估计应该是用“减地平”和“素平”的方法来刻，因岁月已久，现今不见经文。其余各层均以“素平”和“压地隐起”法，来雕刻佛像、天神、蟠龙、祥云和水波。按照一凹一凸的韵律向上，每一层逐渐缩小，最顶端的宝顶像火焰状。《考工记》写道：“天有时，地有气，材有美，工有巧。合此四者，然后可以为良。”自然的石材，通过人的雕琢和榫合，经过一千多年而不倒，最终成为其独特的建筑，砌法实为高明。1956 年发现西边的一座，幢身倾斜，并且各层部件均出现松弛的现象，遂拆下来重新安装，同时发现东边那座以前用砖砌的幢盖已坏，当时重新雕石而易之，使其为一致完整。重修时发现石幢基座为空心。空心高 1.7 米，周长 7.58 米。还发现原幢须弥座采用石砌拱状结构来支撑实心幢身，唐人对拱砌技术的高度把握，莫不令今人惊叹。修缮时，考虑到对唐人的拱砌方法不掌握，故用灰石填补的须弥座为实心，然后上面再安装幢身、幢盖、宝顶各部件。此幢虽年代久远加之历代政治运动的摧残，幢身美丽的雕刻也只剩下一些隐约可见的残痕，但其雄伟之风尚昭然如初。

中庭大雄宝殿前的天井东、西各有一座四方形的石经幢。经幢造型似古代四方形古灯烛，民间称这种幢为“石蜡烛”。“石蜡烛”分三个层次。基座为四方形的须弥座，每边以“压地隐起”和“减地平”相结合的浅浮雕手法，雕出四个坐佛，四面总共为 16 个坐佛，雕刻精细，线条流畅，线条重叠穿插，佛面轮廓柔和圆润，具有体积感。同时，运用这种“压地隐起”的技法使雕刻面的每一个制高点处在同一平面上，不会因为题材而超出建筑的结构范围。佛像周边用“减地平级”的手法，刻出图案花纹，与佛像的“压地隐起”这一浅浮雕手法形成对比，丰富了须弥座的层次感。中间层次的四面，镌刻太子（释迦牟尼）走过四城图，大面积运用“减地平级”的雕刻方法，目的是保持幢身的整体性。顶层为石蜡烛层，象征佛光普照。唐代此风全国佛寺盛行。

大雄宝殿前的月台两边，各有一座较小的石经幢，东侧称为“尊胜经幢”，西侧称为“准提经幢”。这对经幢高 4.15 米，须弥座为八边形制，周长 5.15 米，均由 18 层石雕构件凿榫叠砌而成。石缝用桐油、糯米胶固。第 12 层幢身八面阴刻《尊胜陀罗尼经》，书法运笔洒脱有力，笔锋凌厉，是研究唐代书法的实物资料。月台西侧的“准提经幢”与东侧的营造形式相同，幢身阴刻《准提陀罗尼经》。1918 年 2 月 13 日潮汕大地震时此幢倒塌，幢身粉碎，现幢身为现代替换之石。须弥座、华盖，宝顶上的佛像及各式图案花纹，经年代的风化残毁，现已模糊不清，但风韵犹存。从其形制可以看到由旌旗演变为经幢的痕迹，如经幢上部分的华盖和八面垂幔，“形、神”与纺织品的华盖相似。先前的木杆演变成了稳重的幢身，而华盖缩小，经文从华盖上转到石幢柱身上，位置充裕而且便于观赏。幢身上部分结构轻巧秀丽，下部分及须弥座稳重浑厚，全幢轻重合宜，繁简适度，充分体现了唐代石幢造型的艺术风格。

经幢既是石雕刻艺术品，又是组合竖直向上、体量奇特的建筑物，往往是娱神、礼佛的“佛的空灵世界”。作为禅宗世界的崇拜物，借以表现佛法权威和隆重。中国由于长期受儒家思想的影响和对现实人生的世俗认同，中国人没有像西方人那样迷狂宗教，所以佛教的标志性建筑物的石经幢没有像西方建筑一样，有超过佛寺的大体量建筑，是佛寺内容的重要标志和丰富空间组合的建筑物。我们在欣赏石经幢艺术时，它们的魅力在我们心理上所激发出的感受会和佛教徒在心理上产生共鸣，构筑建筑空间与建筑“意境”相结合的空间环境，更是艺术的表现，建筑的空间环境的艺术表现，主要致力于某一特定的空间的气氛、情调、韵味的形成，而意境恰好是这一默契、和谐的直观统合。

潮州开元寺中庭“石蜡烛”的四个立面

广州南朝宝庄严寺舍利塔考

原载于2008年《古建园林技术》，与宋欣合著

广州六榕寺，始建于南朝刘宋时期，原名宝庄严寺，后又曾称长寿寺、净寺等名。寺内现古塔巍峨挺秀，是古广州城的一个标志。唐代诗人王勃曾写下三千八百字的《广州宝庄严寺舍利塔碑》，现仍流传于世，是有关六榕寺早期历史的宝贵文献，很多学者据此碑文对六榕寺塔的历史沿革进行了研究，但所得结论众说不一，本文对其中几个建筑问题略作研讨。

一、寺院建置

明代以来，很多方志和著述中认为六榕寺和寺塔同时始建于南朝梁武帝时，如清末民初时六榕寺方丈铁禅和尚曾提到，六寺“建于梁代，距今千四百余年，即梁武帝敕建之宝庄严寺也”，这一观点目前仍被一些书籍所引述。但是，王勃的碑文中明确提到“此寺乃曩在宋朝，早延题目”，因此现今不少学者已经否定了寺、塔同时建于梁代的说法，在余庆绵先生主编的1999年版《六榕寺志》（以下简称《寺志》）中于“建置”篇首说：“本寺始建于南朝宋代（420 — 479）、仅有佛殿。”此《寺志》乃经中国佛教协会副会长、六榕寺现任方丈云峰法师审定，故六榕寺建于南梁的观点现应被摒弃。同时，此《寺志》的“南朝文物古迹”一节有“舍利塔”一条，记为“梁大同三年（537年）始建”，这是缘于王勃碑文中有“夫宝庄严寺舍利塔者，梁大同三年，内道场沙门昙裕法师所立也”。

《寺志》中“舍利塔”条的记述是谨慎的，其未谈到寺中在兴建舍利塔之前是否有塔，而这个问题值得探究。王勃碑文中说“此寺乃曩在宋朝，早延题目。法师聿提神足，愿启规模，爰于殿前，更须弥之塔”，是关于此的重要线索。李庆涛先生曾对这段碑文作翻译，译文为：“这个寺庙是过去在南朝刘宋时期，先就计议过建塔的问题。昙裕法师发起神妙的举措，乐意开创这个格局，于是在佛殿前面，建起了须弥宝塔”，并且推论了：“从这段文字看来，南朝刘宋时期（420 — 479年），已有了宝庄严寺，并有了建塔的意向（当然，还可能包括其他建筑物）。梁大同三年，昙裕法师只是在已有的佛殿之前，修建了舍利塔。”因此，李先生认为在昙裕法师建塔之前，舍利塔原址上是没有塔的。李先生的译文中，原碑文中的“题目”解释为“建塔的问题”，“聿提神足”解释为“发起神妙的举措”。而在《寺志》中，余庆棉先生将“题目”理解为“由头、名义”，“聿提神足”理解为“（病中的昙裕法师）提起精神”。而且，李先生译文中“更须弥之塔”的“更”字意为“建起”，但是陈泽泓先生认为这个“更”字是“更新”的意思。对此，我们基本倾向于余先生和陈先生的看法，认为“更”可理解成“更改”和“更变”，是在原有基础上作进一步发展；“早延题目”的“延”应是“延续”的意思，而“题目”可以理解为原有寺院的规划意题。在最早的寺庙，塔与佛殿是不可分的。于是对这段碑文的解释宜为：“这个寺庙早在刘宋时期，就已经声名远播。昙裕法师振奋精神，希望开创寺庙新气概，于是在佛殿前面，更新须弥塔”。基于这样的理解，便有如下推导：①宝庄严寺大殿前原本有一座塔，南梁昙裕法师于梁大同三年，为了发展需要，作了更扩重建；②宝庄严寺初建应认定是南朝刘宋时期，如《寺志》中所说始建于刘宋；③宝庄严寺在刘宋时期已盛名，故建置应较齐备。

佛教自海上与自陆上传入中国的时间相距不远，地处古海上“丝绸之路”要津的广州最迟在东晋隆安五

年（401年）已建佛寺（制止寺，即后来的光孝寺），南梁时广州已有多所寺庙。“庄严”是佛教用语，来源于西晋时传入中国的大乘《般若经》和《华严经》，当时佛教中心建康东晋时已有庄严寺，广州宝庄严寺始建时间比制止寺晚约19年，而且位置距后者很近。在另有名寺在侧的情况下，宝庄严寺能在刘宋时声名传赞，并在萧梁时吸引名僧昙裕法师携至尊的佛祖舍利驻锡，可见其规模之大、影响之深，因此在殿前原本就有塔是合情理的。

二、旧塔形制

王勃文中只用“须弥之塔”简单地描述了旧塔，因此要了解旧塔的风貌，宜从相关资料和背景着手分析。佛塔的建造最早是为了供奉佛陀骨灰晶体（称舍利），故又称舍利塔。后因舍利稀缺，代之埋藏佛之遗物、器具和佛经等。从犍陀罗艺术起，佛塔中开始雕作佛像。从文献和考古线索来看，六朝时岭南不太热衷于佛像，译经、藏经较为流行，自汉至南北朝，中国佛经十分珍稀，广州是当时的译经重地，颇为珍重经书，直至宋代以后岭南供奉佛经的宝箧印塔风行不衰，是受前朝历史传统的影响，宝庄严寺名中的“庄严”，原是指佛祖讲经之地被布置得庄美威严，可见此寺创建时讲经传法的大殿应是非常庄严，在大殿前设塔相配，是很自然的。

古印度窣堵坡本没有现今佛塔的塔身，犍陀罗艺术把佛塔基座顶部拉长，成为塔身，以利安置佛像。这种与中国原有楼阁建筑结合，塔身采用楼阁式，塔刹和基座配其上下，逐渐形成中国楼阁式塔。另一种是阿育王塔，用于内藏舍利或佛经之用，其所效仿的形制源远流长。据传东晋时，宁波阿育王寺在建寺之初，在地下挖出一个青色小塔。高一尺四寸，广七寸，内悬宝磬，中缀舍利，为阿育王所造八万四千塔之一，此式塔很有可能由印度直接运来，现存潮州开元寺殿前的石塔，最迟建于宋代，为阿育王式，高3.57米，基本保持印度风格。

王勃碑文中形容旧塔的“须弥”二字，本源于佛经中世界中心大山，后来曾有人用于比拟高大。但宝庄严寺旧塔缺乏气势，所以文中应非此意。王勃在《梓州飞乌县白鹤寺碑》中曾写道：“俯会众心，竞起须弥之座”，可见他对于须弥座已有所了解。由此分析所言“须弥”之座，可能有三重含义：一是指这座佛塔放在须弥台座上，二是形容此塔形似须弥，三是暗示其有浓重西域风格，阿育王塔的塔刹和山花蕉叶所占比例很大，形如巨冠，塔身和基座均用须弥座式，迥异于檐口层叠的中华楼阁式塔形象，塔体有较多西域建筑语言，其形制吻合“须弥之塔”的意象，故推测宝庄寺旧塔就是采用了这种富有西域特色的典型供养塔造型，而后世的宝箧印塔是这种风格发展而来。根据考古发掘，汉朝时广州砖石结构技术已较为出色，按照外形特点，宝庄严寺旧塔可能也是石构，类似于潮州开元寺的阿育王塔，也许会更简朴些，细小些，印度味更浓些。

三、宝庄严寺舍利塔的形制

王勃于唐上元二年（675年）路过广州，此时昙裕法师所造之舍利塔刚经修过，王勃应邀写下《广州宝庄严寺舍利塔碑》，其中对舍利塔建成之初时的形貌有段描绘。因为《碑文》的撰写距南朝昙裕法师造塔仅138年，且当时刚完成修塔的官僧民匠还在，所以此段描述应是较为真实准确的，现引如下：

“崇阶遽积，宝树俄周，不殊仙造，还如涌出。故其粉画之妙，丹青之要，璇基岌其六峙，珮关纷其四照。仙楹架雨，若披云翳之宫；采槛临风，似遏扶摇之路。散华珰于月径，璧合非遥；拨罾网于星浔，珠连可验。玉虬承溜，傃云窦而将骞；金爵提甍，拂烟衢而待翥。瑶窗绣户，洞达交辉；方井圆泉，参差倒景。雕镌备勒，飞禽走兽之奇；藻绘争开，复地重天之变。悬梁九息，良马骏走而未穷；迭蹬三休，的卢骋犍而知倦。是栖银椁，用府琼函，采舍卫之遗模，得浮图之故事。”

依照这段描述，宝庄严寺舍利塔有“崇阶”和“宝树”，所以塔是建在一个台座上，周围种植了很多树木。塔身有“粉画”“丹青”等彩画装饰，“璇基”和“琱关”形容有美玉一样的基座和雕饰华丽的门道，“六峙”表明塔有六层，“四照”表明塔为四边形，另在碑文别处还记有“连甍四合”，即屋顶为仅有四条屋脊的攒尖顶，也表明塔为四边形。“仙楹架雨”“采槛临风”表明舍利塔自上而下的楼层外围有挡风雨的檐柱，有漆色饰的外廊栏杆。“散华珰于月径”“拨罾网于星浔”表明檐口有瓦当，檐面布瓦如网。“玉虬承溜”“金爵提甍”表明檐脊上有雕龙脊饰，檐角有挂铃。“瑶窗锈户，洞达交辉；方井圆泉，参差倒景”表明塔身有很多门窗，塔的四周还有几口方井和圆泉。“雕镌备勒”和“藻绘争开”表明塔身内外有很多雕绘的花纹图案。“悬梁九息，良马骏走而未穷；迭蹬三休，的卢骋犍而知倦”是形容塔之高大，骏马都很难爬上去。“是栖银椁，用府琼函”形容塔身材料很美，涂上光亮的色彩。“采舍卫之遗模，得浮图之故事”是说建造此舍利塔是源于印度佛塔之形制。

昙裕法师主持建造的这座舍利塔立面上有楹柱和栏杆环绕，塔身遍布门窗，表明这是一座轻盈的中式楼阁木塔。塔身为四边形，形状似秦汉楼阁，可能与广州汉墓出土的望楼有传承关系。王勃碑文描述舍利塔为六层，这在我国古代较为少见，据《十二因缘经》六层塔为辟支佛塔，七层塔为菩萨塔，而辟支佛的佛性不比菩萨，不知为何昙裕法师不多造一层。不过因岭南飓风大，地震多，六层楼阁塔在当时岭南已是层数较少的塔了。综上分析，南朝宝庄严寺塔原是一座西域特色为主的砖石小塔，梁大同三年建更的舍利塔为一座中华特色的木构楼阁式塔，这一过程形象地反映出佛教建筑艺术融入中国传统文化的轨迹。不过昙裕法师所造之塔在五代末年彻底毁于战火，今日六榕寺内八角九层楼阁塔已非原样了。

第七章　历史建筑的保护意义与维修

谈古建筑的保护意义与维修

原载于 1979 年《文博通讯》

我国是世界文明发达最早的国家之一。我国古代科学技术和文化艺术上的伟大成就主要表现在古代文献记载和现存的文物实物上。古建筑是较能直接综合反映古代文明的文物之一，所以党和国家历来重视古建筑的保护，制订过一系列的保护政策和法令。但是有些同志并不理解，认为古建筑已过时了，没有多大意义。更有的还公然拆除、占用和破坏国家重点保护的古建筑，蔑视国家法令，造成国家文物不应有的损失，实是令人痛心。

本文想通过对古建筑的保护意义的叙述，以图引起大家对古建筑保护的关心和重视，并附带谈一谈古建筑的维修原则与方法，供有关保修人员作参考。

一、古建筑的历史价值

建筑是社会现象。它通常能从侧面反映某一社会发展阶段的生产力和生产关系，因此成为我们研究社会发展史、科学技术史、文化艺术史的重要实物凭证之一。俄罗斯伟大的作家果戈理曾写道：“建筑同时还是世界的年鉴，当歌曲和传说已经缄默的时候，而它还在说话呢。”许多历史现象都可以通过建筑遗物来说明和补充。例如，从广东省曲江马坝石峡原始社会居住遗址我们可以看出当时的社会生活、生产状况和岭南文化与北方文化的同异及其渊源关系；从西沙甘泉岛的居住遗址，我们可以引证我国最迟在唐代以前就开发了西沙群岛，铁的事实说明西沙是我国神圣的领土；从广州陈家祠一类的祠堂中可以了解到我国的封建宗法制度和族权思想的统治情况；从一些寺庙道观（如曲江南华寺、广州六榕寺、梅县灵光寺、肇庆梅庵等），使我们可以知道历史上的宗教活动情况和统治者如何通过宗教来麻醉、奴役人民；从省、府、县文庙（如潮州学宫、德庆文庙等），我们得以了解我国古代封建儒学的统治及其精神内容，等等。这些古建筑，即使内容反动，也可以作为反面教材，向人民进行历史唯物的教育，保护它绝不是颂古非今和宣扬封建毒素。

古建筑对于研究古代科学技术史来说也是很好的实物见证。建筑技术水平往往直接或间接地反映了其他科学的成就，例如，从建筑的结构发展可以看出力学和数学的发展，从建筑材料的发展可以看出物理学和化学的发展；从建筑施工技术的发展可以看出冶金学、运筹学的发展；从古建筑的通风、采光、防热、防潮处理可以了解古代天文学、气象学的成就。大自然环境是建筑的实验室，古建筑的存在正说明了它的科学性所在，而且它本身的破坏过程和修理历程就是一部活的科学史记录，例如海康启秀塔、潮安凤凰塔就是研究抗台风的好资料；河源龟峰塔、阳江北山塔就是研究抗地震的好资料；广州光塔和清真先贤墓就是研究中外技术交流史的好资料；连县慧光塔、仁化澌溪塔、云龙塔、南雄三影塔、英德蓬莱塔等都是研究我国古代高层建筑技术的好资料。肇庆崇禧塔则是研究防水建筑的好资料。古建筑中的碑文和石刻，除了记载有关历代反动派压榨人民的事实外，通常还记述了当地大水、大旱、大风、地震等自然活动。

建筑具有综合其他雕刻、绘画、制陶、编织和文艺书法等多种艺术于一空间的特点，所以它能多方面反映历史上的艺术成就，建筑史本身就包含了艺术史。比如，佛山祖庙和广州陈家祠就综合地反映了广东明清时期的砖雕、木雕、瓷雕、铸雕、琉璃、彩画、嵌砌、剪纸等工艺美术的水平，民间艺术的艺术方法和技巧都被集中地表现了出来，它们是研究广东艺术史不可缺少的资料。各地的石牌坊则是研究石作工程和石雕艺术史的好资料。

二、古建筑的现实作用

现存的古建筑多数是为了满足封建统治者的吃、住、玩、乐和作为统治工具而建造的。但时代不同了，它的实用价值大部分已消逝。古建筑为现代建筑所代替，现代建筑为将来建筑所代替，这是建筑发展的必然趋势。但是古建筑是古代劳动人民用血汗所造成的，是一种物质财富，而且它的避风遮雨的基本功能作用还是存在的，我们就可以充分利用它来为社会主义服务。绝不能像古代有些农民起义那样，认为它曾经为反动统治服务过而憎恨它、摧毁它。因为我们是历史唯物主义者。大革命时期我党利用古建筑来为革命服务的先例已经不少（如广州农讲所、海丰红宫等），新中国成立后利用古建筑的例子更为普遍，如佛山祖庙、广州镇海楼、揭阳学宫、肇庆阅江楼都是利用得很恰当的例证。一些府第和民居（如潮州宋驸马府和明卓府、德庆和河源的明清第宅、佛山和海南地区的古老住宅、粤东和粤北的山区民居）都可以在利用中加以保护，利用得好还有利于保护。不过重点保护建筑应先经文管部门批准，以坚持不改变原状为原则，坚决制止强占滥用重点保护古建筑的不法行为。

在封建社会，统治阶级多是选择在环境优美的地方建造房子的，或在建房子时不惜财力人力叠山理水、栽花移木，造成“虽由人作、宛自天开”的园林境界。如广东省的肇庆七星岩、广州白云山、南海西樵山、番禺莲花山、博罗罗浮山、惠州西湖、英德南山等大好河山名胜，过去都为封建统治阶级所盘踞游乐而建造了一些寺观、亭阁和台榭；又如东莞可园、顺德清晖园、番禺余荫山房等都是岭南庭园建筑的代表作。新中国成立以后，这些名胜和园林已经回到了人民的手中，已变成人民文化游息的好地方。它们的现实价值将随着人民生活水平的提高、交通的便利、国内外旅游事业的发展而日益增大。人们在劳动之余，游览一下祖国壮丽、绚美的河山，欣赏一下古人的艺术杰作，一方面可以消除疲劳，使人心旷神怡；另一方面可以获得一些历史文化知识和自然知识，带来丰富的精神生活，丰富自己的精神世界。

在世界人类文明发展过程中，每一个民族都作出了其应有的贡献，我国古代建筑经过了几千年的发展，在世界上独树一帜，无论在建筑技术上和建筑艺术上都有辉煌的成就，曾居世界领先地位。但是，帝国主义为了侵略我们，却有意贬低我国的科学文化，鼓吹“文化西来说”，说我国传统建筑是不科学的“游戏”；我们中间有些人也因有崇洋思想或对古建筑不认识而轻视自己的东西。今天我们保存它，给它应有的地位，他日，它就可以增强我们的民族自尊心和自信心。让古建筑本身的存在来说话吧！且不谈全国闻名的长城、故宫、赵州桥、佛光寺，广州的光孝寺、潮州的开元寺足以显示出古代木构技术的高超；潮州的湘子桥、广州的石室、各地的高塔和城防工程都表现了古代石构技术的巨大成就。这些都显示了我们祖先的智慧和毅力，我们是应为此而自豪的。这些古建筑，不仅能激发我们的爱国主义热情，而且能激励我们为美好的明天而奋斗。对于国际交流来说，古建筑有利于民族文化的宣传以及与国际文化的互相了解。我们对古建筑有效保护的事实，亦足以戳穿那些污蔑我们不要古代文化艺术的谎言。

无疑，现存的古建筑多数是为满足封建统治者的物质和精神生活需要而兴建的，其内容的糟粕是应该被批判的；但它可取的精华，也是客观存在着的：不论是总体规划、平面组合、园林绿化、空间利用、造型构图、细部处理、采色配置都有可借鉴之处；不论是对结构原理的理解、对材料的合理选择，还是它的建筑施工技术与防护技术，都具有体现科学性的地方，这些都有待我们进一步去发掘研究、总结、提高、继承。我们要创造具有民族特点、地方风采的新建筑，如果离开了对古代建筑遗产的启发与借鉴就等于是无本之源。割断历史总是不可思议的。

三、修护古建筑的原则

我国现存古建筑本来不算多，随着时间的消逝，肯定会越来越少，如何想办法延长它们的寿命，仍是历史赋予我们的职责。

修缮与养护的出发点应该以不失其所赋予的价值为前提。如果古建筑失去了应有的价值，它的存在就失去了意义。所以修理的原则应该是“保存原状，修旧如旧”，不应该是大拆大改，弄得面目全非。修缮时对古建筑大拆大改，实际上是对古建筑的破坏。

某时代的建筑是某时代历史环境的产物，我们修理时要很好地保存它的时代特点，不应有任何主观的创作，万不得已的复原也应该是有根有据。除了形式上要保持原状外，结构材料技术内容上也力求保持原状，能不动的就不动、能不换的就不换，毁坏多少才修多少，最忌为求一劳永逸而采用现代结构材料来代替原有材料结构，这样势必破坏原有合理的结构原则，改变了历史原貌，而且可能由于新材料、新结构不适应于古建筑情况，而给将来的修理带来更大的麻烦。所以，我们必须认识到，现在修理古建筑的目的跟旧社会修庙补寺的目的，是截然不同的，过去修庙是为了宣传迷信和所谓“积阴德”，现在是为了保存古建筑的历史价值、科学价值和艺术价值。当然我们并不排斥应用现代科学技术来延长建筑寿命，在不得已的情况下采用一些相应的新材料来代替也是不可非议的。

古建筑经过时间的洗礼和空间环境的影响而变旧甚至于变质是难免的，维修者的主要任务是想法防止或减慢它的变旧和变质。最忌“为新而新，改头换面”的做法，这方面我们的教训不少。有些古建筑的修理，只求表面形式，着重于外表的翻新，结果后患无穷，不但无法保存原来的古香古色面貌，而且破坏了原有的维护层和内部结构而影响了建筑的耐久性，花了人力物力，失去了原有古朴气质。

对于一般古建筑，当前我们主张“保持不塌不漏”的原则，即以小修小补为主，只修理和拆换那些非修非换不可的部分和构件。这既符合勤俭节约原则又保存了原状。至于有些特殊建筑或破坏严重非大修不可的建筑，才积极创造技术和材料等条件，加以大修和保固，在修理过程中应该始终坚持治本而不是治标的原则。

古建筑的价值有大小，作用有轻重，由于种种原因，我们不能凡古必保。保存古建筑可能会与城市规划、基本建设、现实利用和国家经济条件产生矛盾，在这种情况下，我们应该权衡轻重利害，采取重点保护的政策，即应区别对待，妥善处理，或保或拆或迁或改都要经过有关文化部门的同意方可，以防造成国家文物不可挽救的损失。另外，我们亦需要经常教育干部和群众珍惜爱护祖国古建筑遗产。

四、古建筑的维修方法

修理古建筑是一种细致而复杂的工作，既是一种工程，又是一项文化艺术工作。修理要比新建困难得多。

修理前需要有充分的准备，其内容包括：

（1）查阅文献和碑文，了解其创建与沿革过程，研究其历代修理方法；

（2）对原有建筑进行实测、拍照，并调查访问有关资料；

（3）检查和分析破坏现象和原因；

（4）拟订修缮方案，组织有经验的工匠和准备所需的特殊建筑材料。

在修缮技术方面，我们以“采用传统的工程作法”为主，比如批挡、漆饰、彩面、装修、砌结等工序，宜用土材料、土办法，而传统的“偷梁换柱”等方法亦是多快好省的办法，能较好地保持古建筑原貌。我们认为，古建筑修缮应由富有经验的老工匠主持为妥，并主张成立古建修缮专业队，采取师傅带徒弟的方法，传授传统工艺，使后继有人。

在局部修理上，可采用现代科学方法来减少大拆大落架，如采用环氧树脂等高分子材料来加固梁架和保存原糟朽、断裂的构件；又如采用不饱和聚酯树脂、玻璃布等新材料进行化学加固木柱、额枋的工作等。对于一些已风化和腐蚀的构件，我们也可以用现代方法或传统方法来处理，以保存原有构件。

古建筑损坏的原因很多，现将几项主要原因及其相应的维修方法分述以后：

（1）屋面漏水：产生的原因通常是由于屋面生草长树、积叶积尘，或风力人为的破坏等。常见维修措施是：勤检查，及时发现及时修，勤清扫，使屋面经常保持清洁无污，必要时可采用现代除草剂，如原屋面防水性能已不胜防水，即应考虑加防水措施。

（2）地面潮湿和盐碱水上升：潮湿通常会导致木结构腐蚀和砖石风化，盐碱水上升会影响地面和墙根的破坏，常见的防治方法是先从建筑周围的排水着手，修坡挖沟引水，使地面积水有排泄之处，其次是修复或增加地面防潮层（一般传统方法是加干砂层）。为防止盐碱水上升破坏墙根，可在墙根加隔潮和防湿措施，如加青灰或水泥灰隔潮层，或对墙体作避雨和防水处理。

（3）蚁虫蛀蚀：经常检查，及时用各种有效杀蚁虫药剂防治，加强室内通风采光。

（4）雷灾和火灾：保护原有防雷措施或增加避雷针、避雷网等。严守防火制度或外涂防火剂。

（5）环境的破坏：在保护范围内严禁进行其他建设工程，附近环境应尽量保持原貌（包括地形和树木）。

综合上述，保护古建筑要采用保护与恰当利用相结合，平时经常保养和及时修缮相结合。

对古建筑保护修理中几个问题的浅见

原载于 1985 年《广州文博》，与王维合著

一、关于“不改变文物建筑原状原则”的理解

所谓原状，我们的理解应该是一座建筑物或一个建筑群原来建筑时的状况和面貌，也就是说它创建时或某历史时期重建后其原来的面貌。即它原来的台基，屋身（柱子、墙体、斗栱）、梁架结构、屋顶和装饰装修等构成的要素的原本形状。此外，还包括建筑的色彩、材料质料、形体轮廓、格调风貌，等等。

山西五台山唐代南禅寺大殿于 1973—1976 年的修缮工程中，根据可靠的发掘资料按原状复原、复原工程完成后，参观效果很好，外观上给人以明显唐代风格，富有时代性的特征，所以，我们认为山西五台山南禅寺大殿是有根有据的按原状复原的做法是较为成功的。这一成功经验应推广全国。

1982 年 11 月 19 日第五届全国人民代表大会常务委员会第二十五次会议通过《中华人民共和国文物保护法》，在《文物保护法》第一章总则第十四条中规定，古代建筑“在进行修缮、保养、迁移的时候，必须遵守不改变文物原状的原则”。这个不改变文物原状的原则，是我们在古建维修中必须严格遵守的原则。但往往在古建筑进行修缮时，由于对恢复原状与保存现状的理解不同，是否可以改变材质，用钢筋混凝土来代替木材，对整旧如旧与整旧如新的认识等问题，大家的意见与看法也不一致，因此，无形中就产生了不同的修缮后果。例如：广东省重点文物保护单位的南华寺，是一座南方比较著名的古刹。该寺六祖殿是明代建筑，因年久失修而成危楼，急需加以维修。按国务院 1961 年发布的《文物保护管理暂行条例》的规定，该寺六祖殿的修缮方案，应上报省文物主管部门批准后始能动工，但他们于 1981 年 10 月间，擅自将六祖殿屋顶和梁架结构大拆大改，全部落架，又因一时找不到木料，结果将原来的木结构改为钢筋混凝土结构，改变了原来的结构，改变了原来的外貌，这种做法是极其错误的，它极大地损害和降低了六祖殿的历史、艺术、科学价值。

在“不改变文物建筑原状的原则”下进行修缮工程，往往遇有两种不同的情况，一种是全部按创建时的原状修复，一种是结构复原，其他附属部分是保存后修现状的，这两种情况在广东没有多少经验可谈，这方面的经验山西与河北的同志体会更深些。根据我们所知，属于恢复原状的，有山西五台山唐代南禅寺大殿，此殿在 1973—1976 年的修缮工程中，根据可靠的科学发掘资料进行了台基和屋顶复原，加长了檐椽，门窗也恢复了唐代原状。

另一种是结构复原，其他附属部分保存现状，如广州光孝寺大殿于 1955 年修缮时，恢复了宋代的叉手，另外，附属建筑的复原，如恢复殿前的月台，此种做法是有根据的，它的科学性较高。这里我们有一个体会，只要科学根据充分才好去做，凡是资料根据不足的，应采取慎重态度，还是保存现状为宜。

二、关于使用新材料问题

在广东木材供应紧张的情况下，修缮古建筑不得不使用新材料来解决木材不足问题。

另外，广东地处亚热带，气候高湿多雨，潮湿，白蚁多，虫害多，木材易受蛀。一般木材少则三年五年，多则十年八年就被蛀腐了。现存古建多是上好木料（如楠木、铁木、上杉等），这些木材现今都很难找到。

如作防腐防蚁处理，造价高，也不一定保险。故考虑到耐久问题，全面比较下，也不得不采用新材料仿木构，这无疑降低了古建筑的科学技术价值，是不理想的，但往往是由现实条件造成的。我们的意见是尽量千方百计找到好木料，保持木构的原理和质体，如果使用其他质料应在重修档案中说明。

我们认为，对腐蚀木构件，利用科学方法进行补强，是当前的一种好方法。如在 1977 年 6 月间，我们修理广州光孝寺睡佛阁时，发现明间右边的七架梁榫口霉烂，梁身有楼条斜裂与虫蛀，当时施工员提出要更换，但一方面一时难找到好木料，另一方面当时是用装顶办法施工，就算找到木料更换前也必须先将椽子的铁钉拔起来，层层落架，这样不但要浪费木料和增加经费开支，同时，也会拖长竣工时间。为了节约，经广州市设计院介绍，广东省文管会委托广州市建筑科学研究所建材组对光孝寺睡佛阁七架梁用环氧树脂加固办法处理。实践证明，将腐坏的七架梁采用环氧浆液压力灌浆补强加固后，既保存了原物的面貌，又解决了安全和耐久的问题。采用这种办法既节约了时间，又节约了开支。如果重换横梁、层层落架重修，在时间上起码要多十倍，在经济开支方面也要多千余元，相差五、六倍，所以，我们认为采用这种办法是较好的。1982 年在维修广州陈家祠时，也同样采用了环氧浆液压力灌浆补强加固木柱。另外，有些石柱和石构件的断裂，用环氧类化学剂黏合，效果也很好，但其耐久性如何？还要待时间考证。

有些砖雕和石雕构件，经年久风化或人为破坏，我们也采用过局部用高分子化合物补合的方法，也有用原材料粉末渗合水泥浆补回原状的方法，效果都还不错。

我们在实践中还有一个问题，即有些木构件已早无存迹，要复原又找不到好木料，怎么办？我们只好用新材料来代替。如广东的好些塔顶木架和塔刹木柱早已无存，要修复原样是很困难的，考虑到不易找到好木问题，考虑到广东台风地震的建筑安全问题，考虑到耐久性和将来修理问题，我们只好用些新材料（如钢筋混凝土等）来代替木料。现在番禺县莲花山塔（明代）是这样做的。外形保存或恢复了原貌，但材料改变了，好不好？大家还可进一步讨论。其次是一些要求防水和强度高的砌体，我们还是采用了水泥砂浆，出发点是为了安全耐久。我们认为，古建筑修理不能孤立地只看一面，要全面综合考虑，如果它的存在都受到威胁，用新材料加强它的安全设施还是必要的。

三、古建筑的古为今用问题

古建筑是祖国文化遗产的重要组成部分，凡是古建筑不论是否列为文保单位都可加以保护和利用。因为它是我国古代劳动人民智慧的创造和劳动的结晶，应继续发扬光大，并可用以进行唯物和爱国主义教育，鼓舞人民，增强民族自信心，献身四化建设。

我们保护古建筑的目的并不是单纯为了保护而保护，主要是为了古为今用。如何利用，我们有如下几点考虑：

（1）可以作为新建筑创作的借鉴：我们要创造富有民族形式、社会主义内容的建筑艺术风格，如果没有现存的古建筑形式作为依据是很难设想的，无古不成今，只有继承才谈得上创新，我们是在前人基础上的再实践。在丰富的文化遗产的源泉中吸收养料来丰富祖国建筑艺术，这是应当和必要的。我们保护旧的，也正是为了要创作新的。

（2）可以充分利用旧建筑空间来为社会主义服务：凡古建筑都有一定的使用功能价值，是物质财富，可以供使用的方面很多，如利用它作为博物馆、保管所等。广东利用得比较合适的古建筑有：利用广州光孝寺作文保所，利用肇庆梅庵作博物馆，利用佛山祖庙作博物馆，利用广州陈家祠作民间工艺馆对外开放。在利用中加以保护是最恰当的了。但我们不主张利用古建筑来作为学校、工厂和住宅等，防止人为的破坏和受到污染。

（3）可以作为旅游资源：古建筑多在风景优美的地方，它点缀了祖国的大好河山，美化了大自然环境。这就可以利用它来发展旅游事业，人民观赏这些古代杰出的艺术品，可以丰富人民的精神生活，得到一定的历史知识，并可启发人民的爱国情怀。对于国际友人来说，也有助于国家之间的文化交流和相互了解。从现在的情况看来，凡是古建筑的利用和旅游相结合好的，都修复保存得比较好。但必须注意，有些单位也有为单纯利用而不顾文物保护的。

四、关于古建筑的环境保护问题

古建筑是古代劳动人民创造的结晶、劳动的成果，我们应当根据它们的历史、艺术、科学价值大小，分别确定其不同级别的文物保护单位。例如：广州光孝寺是全国重点文物保护单位，广州怀圣寺光塔是广东省重点文物保护单位，广州六榕寺花塔是市重点文物保护单位，这些文保单位内的古建筑物一定要有专人管理，建立保护责任制，才能及时维修，防止人为的破坏与自然的破坏，把它保护好。

我们在多年来的文保工作中体会到，在实际工作中，应把保护古建筑与周围环境的保护密切结合起来，首先要求古建筑与周围环境气氛相协调，如果在文保单位前后左右都盖起工厂烟窗或者建高楼大厦，那就直接破坏了文保单位的景观了。这里我们试举两个破坏重点文保单位周围环境气氛的典型实例来说明保护古建筑与周围环境气氛协调关系的重要性。如在“文化大革命”十年动乱时期，在全国重点文保单位广州农民讲习所右旁新建起一幢“星火燎原”高大的陈列馆，这座陈列馆建成后，它大大地影响与破坏了讲习所周围环境的气氛，直接影响与破坏了讲习所原有的古建筑群的外观整体气氛。又如广州光孝寺与陈家祠旁边建起五层大楼，同样直接影响与破坏了这两处重点文保单位周围环境的气氛。所以，我们认为，在文保单位绝对保护范围内不得进行其他建设工程，同时，要在文保单位的周围划出一定的建设控制地带。如有特殊需要在这个地带内修建新建筑，也不得破坏文保单位的环境风貌。其设计方案需征得文化行政管理部门同意后，报城乡规划部门批准，只有这样才能把文物保护单位的保护范围和控制范围保护好。

保护范围的大小和级别，应按古建筑的价值、重要性和具体地形地势条件而定，我们认为，重要古建筑还是以三级保护范围的划法为宜，要留有余地，在进口部分的保护范围可以宽一些，深一些，给人以良好的印象，后面的建筑与左右两旁的建筑高度要考虑到视线视角的控制，不要影响古建的原来艺术表现气氛，彩色、体形、线条都要协调。

保护环境非只是观感上的协调问题，还可以起防止古建筑免受人为污染的作用。另外，环境保护，也包括历史环境的保护，使古建筑有历史气氛，古建筑周围的古树、道路和环境小品等也应好好保存，不要破坏。历史环境下的历史建筑，感染力就更强些。

五、有损古建保护的占用单位，必须决心迁出

在保护古建筑工作中我们所遇到的问题不少。其中最令人痛心的是“文化大革命”中强行占用古建筑开办工厂，而极大地损害古建本身的问题。例如：

（1）属全国重点文保单位的广州光孝寺现有面积 29000 多平方米，而被广东电影机械厂占用 14000 多平方米。十多年来他们把一个好端端的古建筑群，破坏得像一座破烂摊子一样。当省、市委决定让他们迁出之后，他们又要“高价”来讨价还价。市机电局与电影机械厂提出，非要省、市委拨 220 万元才能解决搬迁问题。结果省市之间又推来推去，至今消息杳然。

（2）广州黄埔军校旧址是省重点文保单位，新中国成立后一直由黄埔海军代管。为了解决海军战士的住

宿问题，于1982年黄埔海军曾向广东省文管会与广州市文管会提出，要求在黄埔陆军学校门口内（离门口约17米处）左右两边建起两幢六层大楼，经实地研究后，我们认为：黄埔陆军军官学校创办于1 824年，它是大革命时期国共合作的产物。如果校门口内建两幢六层大楼，则直接影响与破坏了黄埔军校的景观，因此，我们不同意在校门口内建高楼大厦（目前这个矛盾已得到初步解决）。

（3）去年驻东莞虎门沙角海军在沙角炮台的濒海台上拟建四层大楼作宾馆，未经地方同意，即兴土木。为了保护国家级的文物景观，我们不同意沙角海军在濒海台上兴建四层馆大楼。后来在广州军区领导机关的干预下才停工。

（4）在“文化大革命”十年动乱期间，有个别市民在光孝寺围墙外建楼房，他们利用光孝寺的围墙作后墙，并在后墙开了窗门，这对光孝寺的保卫工作很不利。为了光孝寺的安全，光孝寺保管所要将居民的后窗塞住，受到居民的反对，这个问题到目前仍未得到很好解决。

类似这样的问题很多。我们总的感觉是《文物保护法》虽然颁布了，但具体执行起来尚需制订一些细则。文物保护是一个社会问题，关系很复杂。要把文物保护好，首先应做好宣传舆论工作，力争得到社会各方面的支持。其次，在法律上、法制上要有一个强力的制约因素，才能保证《文物保护法》的彻底施行。

议古典园林的修复

——兼评议圆明园遗址的保护、整修和利用

原载于 1985 年《广东园林》

1985 年 10 月是北京圆明园罹劫 125 周年，圆明园学会在当月 28—31 日召开了纪念大会，并对该园遗址的整修作了学术讨论。本人有机会参加了这次会议，有所感受，结合岭南古典园林近几年来的修复工作，提出一些意见供有关人员参考。

一、古典园林的意义和修复价值

我国古典园林在世界上被誉称为“园林之母”，她综合体现了中华民族的高度文明，幸存下来的少数古典园林正是历史的见证，同时也是我国古代建筑、园艺、书法、工艺、文学发展的可靠实物资料，可对人们进行历史唯物主义和爱国主义教育。

古典园林有着人文科学的内容，它们往往体现在一些历史名人活动的场所。这些场所见证过许多历史事件，凝固了古人的生活内容和审美情趣，可以帮助我们认识历史，回顾历史。是拍摄古代历史电影、电视的真实舞台。

古代园林直接为人民所创造，具有不朽的人民性。园中一石一木和叠山理水章法都体现了古人对自然美的理解和对某种境界的追求，其意境表达手法和艺术表现手段均可为今后园林设计借鉴；其适应环境、改造环境和美化环境的造园准则仍是当今构园的思想。古代园林中，“古为今用”的方面甚多，它是人类文化艺术的珍贵遗产。

古典园林还保存了好些古木奇花、怪树异草等，研究园艺的可贵实物。园中的风土乡情，地方性的装饰装修，民间的传世工艺……均是创造新园林地方风格的素材和本源。

在旅游事业蓬勃发展的现代，古典园林可以说是国家的“聚宝盆”“黄金地”，如北京的颐和园、北海、圆明园，苏州的“私家园林”，上海的豫园……她们吸引着来自世界的无数旅客，为国家创收了不少外汇。而对广东省而言，我们的四大古园的旅游价值亦可想而知。古典园林给人的特殊享受是其他艺术代替不了的，它可以使人们心情压抑、沉思，也可使人们感到亲切、愉快；它可把人们带进神话般的离奇世界，也可把人们导入豁然开朗的洞天意景。古典园林中一曲曲无声优美的乐章，韵味无穷，使人精神上得到满足，这就是它的休闲价值和艺术价值。

二、古典园林的保护原则与内容

有价值的古典园林已逐步被列入国家文物重点保护单位。按其价值大小可分别定为县、市、省和国家等级别。既然属国家文物，就应按国家 1982 年公布的《文物保护法》进行保护。其保护原则大体有如下几条：

（1）要在文物保护单位的周围划出一定的建设控制地带。在这个地带内修建新建筑和构筑物，不得破坏文物保护单位的环境风貌。其设计方案须征得文化行政管理部门同意后，报城乡规划部门批准。

（2）在进行修缮、保养迁移的时候，必须遵守“不改变文物原状”的原则。

（3）凡使用文物建筑单位，必须严格遵守不改变文物原状的原则，负责保护建筑物及附属文物安全，不

得损毁、改建、添建或者拆除。并负责建筑物的保养和维修。

岭南古典园林已所存不多，但颇有特色，为国之宝，多已列入国家保护单位，为对历史负责，各部门应重视它们的保护，使其传于后世。国家文物法必须遵守。可惜的是，过去由于认识不足，有些古园林（如广东顺德清晖园等）在使用和改建过程中有改变原状的现象，未作详细研究，造成不必要的损失，望今后借以为鉴。

对园林的文物保护，其保护内容从广义而言应有如下几方面：

（1）历史环境的保护——古典园林是在一定历史环境中出现的，谓“相地有因”：或傍宅，或临江湖，或在山野、田庄等特殊环境采用特殊的格局，产生自有的意境，如广东东莞可园的可湖，番禺余荫山房的祠堂、石阶道。在保护中，我们应尽可能确保其完整性，四周遗址亦可暂作绿化用地，控制不受再破坏。另外，园所借远处优美外景也要同样保护。

（2）园内景物的保护——包括山、水、路、石、桥、树、阶、堤岸和雕作小品等。造园在于造景，景物元素无论大小、死活和动静均要尽可能加以保护，缺少或改变都有损于原有景观形象。

（3）建筑实物的保护——包括门、墙、亭、台、楼、阁、廊、榭、厅、房、轩等，这些建筑实物往往是园中景观和观景中心，精华所在，保护更要丝毫不苟，建筑物上的彩画、雕作、诗文、对联、匾额、木作工艺、家具、脊饰地面铺设等均属保护之列，不宜随意改观。

（4）对现存的遗址和散存他处的遗物、文献资料也应进行调查登记，归还保护。

三、古典园林的修复要求与复原要点

保护古园林无非是保护其原有的历史、艺术、科学价值，发挥其观赏游览的作用。修复的宗旨是还其历史本来面目，修旧如旧，不作主观创造，原有景观和实物无根据不作变动，大拆大改必将造成破坏，忌为新而新，改头换面，把现代美学观点强加古人。

每一时代，每一地区，每一对象阶层人士之园林都有其不同的艺术格体、风采和意匠，修复时要心领神会，保其本色。如皇家苑囿的瑰丽端庄，江南园林的淡雅幽静；又如番禺余荫山房的玲珑畅朗，顺德清晖园的清雅晖盈，佛山群星草堂的淡泊素洁，潮阳西园的幽奥奇新，东莞可园的流连洒脱等，在修复前要充分研究，使修复的景物与之相应。原园林的山姿水势、石态路形应严格保持，具体的山脚、水口、泉瀑、渚汀、岸基、桥头也要细腻推敲，精心复原，散石的点缀、小品的营置均不能马虎，如复原无可考，也要按当地古法经营，忌杂乱无章，不古不今，不中不西。

现存园中，古树最为难得，病老者可运用现代园艺科学使其复苏；所缺其他树木可根据文献和采访资料复种原有树种；无可考究之景赏植物，可按文传诗词意境重新配置，其疏密形态务求合中国画法理。水生植物（如浅水荷池）和自然群落生态亦当顺应诗情画意布设成形景观。

对园中现存古建筑修复，应尽可能以“保持原有结构材料”为原则，能不动的就不动，坏多少就换多少，保持原来古香古色的气质。不可追求表面翻新而失掉古朴之风味。

修理园中古建筑是一种复杂而细致的工艺工作，每一细部修理都要认真而慎重，切实可靠，有根有据，修缮技术应采用传统做法为宜，无论是墙体砌结、批档泥塑、脊饰屋面，还是门窗斗木、油漆彩画、大木举架等，均宜用土材料、土办法。

四、古园林修理的步骤与方法

修理古园林通常有研究准备阶段、规划设计阶段、整修复原阶段和验收保养阶段。研究准备阶段包括如下内容：

（1）查阅有关建园和历代修理的文献资料，理解记载该园的有关诗词、图画，访问有关老人。

（2）发掘考释遗址的现况，对一些柱位、墙基、石座、堤位、桥墩尤为注意，对现存建筑的破坏状况也要做详录和分析。

（3）实测和拍摄现有实物和遗址，收集散失园内的遗物。

规划设计阶段是修复成败的决定阶段。规划设计应先拟出总提纲，给出明确的指导思想以及统一修复的总要求，然后分析主、客观条件，研究论证各种可行性，寻求最佳方案。对近期与远期、保护与利用、经营与管理、大环境与小环境等问题均要在方案中加于考虑。

具体规划应以“不立新意、不造新景”为基本原则，不失历史真实，从清理整修入手，对原道路系统、原水局山格、原绿化配置、原供水排污体系和建筑组合要先作出专门规划，对其配合的和谐与否要做出具体模型比较。

复原已毁建筑更要深思熟虑，结构要合旧法式，尺度颜色要与环境相配合，造型要符合原意境。对现代生活所需的电信、电灯、通风降温设备、供应和厕浴设施，宜藏不宜露，宜埋复不宜高架。

当复原设计没有把握时，情愿暂时不建，留后期或后代处理，但要积极作出调查研究，待以后资料较全，技术条件成熟，经济优裕时再行复原，在此间可建临时建筑结合使用。如果时机尚未成熟硬要上马，复原后必将后患无穷。对于过去所修复建筑和景物，如和原园格调不一致，确实又证明它复原有错者，可按当今充分的资料进行改建、整修，或是推倒重建。

修复工作要有充裕的时间，不可赶任务，一蹴而成。工人要选择有一定艺术修养的熟练技工，因为工程的精湛巧作主要是靠工人来实现的。工人与复原设计者要密切合作，在施工过程中也许有边做边改的情况，配合得好可减少一些矛盾和返工。每一幢建筑（或一景观）完工后，需得及时验收和鉴定，总结其优缺点，确保其工程技术和艺术质量。修建好的建筑或景物宜先行向各方面的专家、群众开放，征求意见，以便及时接受正确的评论，不断提高复修水平。

古园复修规划首先考虑的无疑应是历史的真实效果，然而当前的社会效果、环境效应和经济效益也不可忽视。社会效果指的是对当今人民的精神文明建设应有好处，使人追求美好的生活。“古为今用”，要用得恰如其分。环境效应是指对自然环境保护起有一定作用，要保持和控制园内空气新鲜，水面清净、观感优美。经济效益是指要考虑“以园养园”的问题，要有一套经营管理措施。它们之间产生矛盾时，要注意协调，如利用水面养鱼，从经营角度而言，鱼养得越多则收益越高，但养鱼过多则影响水质的清澈度，需得控制。同样植荷栽果也要从景观视觉出发。类似规划都要有科学分析，对交通人流、土质植被、视觉视野、空间利用等均要进行详细的分析，有组织和构思，有比较和论证。

修复建筑涉及问题较多，情况也比较复杂，需要综合分层次加以解决，如哪些先修？哪些后修？修复后如何使用？新修建筑能否局部改造？与现代设施如何配合？这些都要有一个基本的看法。

古典园林通常是城乡的一个旅游点，在总体规划设计中要考虑到其与其他旅游点的联系问题，观览线要顺当，停车与人流要妥善安排，服务网点要便于游客，要有足够的休息场地和广场，园中职工的生活设施也要解决。这些问题都不宜在原有古园中随便解决，通常考虑在园址周围另避新地另行规划。我认为，为保留现况，不宜在园内任意加宽道路和设置停车场。一些服务网点和厕所等设施如非要在园中设置不可，也宜低小不应高大，形式要合原园基调，宜古朴不宜新作。

对古园的维修和保养应注意如下几项：

（1）对古木奇栽，要注意换土、施肥、浇水，要防除病虫害及经常修整枝叶；

（2）对山、石，要注意防腐蚀和风化，保持水土不流失；

（3）对道路、桥涵、通廊，要注意防磨损；

（4）对砖石艺术雕刻，更要严加保护；

（5）建筑的防火设施要周全，要有消防栓和防灾制度，高耸建筑要装避雷针或避雷网；

（6）地面要防潮，屋面要防漏，木构架要防白蚁。要勤检查，勤清扫，把经常保养和及时修缮结合起来。

总而言之，修复前要有一个好的规划设计，有正确的指导思想，修复时要精心施工，周密组织，修复后要合理利用，保养得体。

重修规划设计黄帝陵应把文物保护放在首位

原载于 1992 年《建筑学报》

黄帝陵是首批国家重点文物保护单位，其规划与设计绝不能离开《文物保护法》。对其现有任何文物，是“不得损毁、改建和拆除”的，“必须遵守不改变文物原状为原则”。据发表方案，感觉对原有文物状况改变稍大，古味大失，强加在历史环境中的创新太多。我认为，在文物保护范围内新加的东西，就要受历史的制约，不宜有主观的创造与选择。如轩辕庙，它的形成与发展已越千年，我们搞规划，只有延续其历史的权利，不能破而后立，割断历史。我主张通过考古发掘，弄清地下墙基及文物，按文献与现状，进行复原、充实、完善设计，恢复其鼎盛时期的历史面貌。

宜在规划中淡化祭祀活动内容，增强观瞻、朝圣、游览的机能。无论如何，祭祀是一种迷信活动。按史理分析，“黄帝崩、葬桥山”是一种虚构，汉代距传说中的黄帝时期有几千年，何有可能知其墓葬？古人已论定其是“人文初祖”，我们只公认黄帝是中华民族文明启蒙的化身，把发明养蚕、舟车、文字、音律、医学、数学归功于他一人身上，所以为历代人民所爱戴、怀念。事实上河南、甘肃、河北也有黄帝陵。现代民间清明扫墓风俗已在更新，逐步由封建式祭祀礼仪改变为朝谒、思念，送多只野花，带回树叶和圣土以作纪念，其实是兼郊游览以增生活情趣。故我认为，没有必要设五千人的现代祭祀建筑。考虑到朝谒季节人流的集中性，可在露天草地多设祭场。按先民“天人合一”观念，崇拜祖先和崇拜自然是一致的。在谒陵中让人们回返天然境界，把德、孝、仁、道、游结合起来，这正是传统的旅游心理学。祭祀重在于诚心，重在于天地人三才共融。据此哲理，黄帝陵规划，不宜追求压自然的气势，可顺应自然，“贪天之功，以为己力”，利用山河来壮陵威。这正是中国“事半功倍”的陵墓“风水学”的精华。因此，按历史经验，在名胜风景区是不宜建高、大、华、怪建筑的。应把爱国主义教育寓于乡土环境之中。赤子为乡土而来，受乡土感化，如果乡土情调被现代祭祀建筑所代替，恐怕会恰而其反。

在具体规划上，我建议：

①可考虑在陵与庙之间的林木地段中，建造一座中华民族历史博物馆和一组旅游服务建筑，以增加观览内容和分散人流，其形式可不拘古而有自己时代的选择；②把党校与县中学迁外后，可利用其作泉林草地游憩区，在朝圣期可搭临时性建筑，以供庙会交往、购纪念物和娱乐休闲等用；③净化风景区庸俗杂乱建筑，控制侵蚀景区，封山育林，严防污染，重视作为我们祖先在黄土高原上栖息繁生的毓秀圣洁的原始地貌特征；④保留和完善旧有村庄，利用窑洞住宅和民房，开辟民俗风习旅游；⑤充分保护、修复、利用历史文物资源（如秦汉城墙、汉武仙台、古柏古碑、历史建筑等），提高各自景观质量以吸引观众；⑥恢复古有桥山夜月、沮水秋风、南谷黄花、北岩净雪、龙湾晓雾、风岭春烟等自然景点，并开拓印台山、桥山龙驭等新景区，完善谒陵游览线；⑦新建景区建筑以低、散、蔽、朴为本体，为求古拙、旷达、纯真、自然，凝练出中华先民应天时、顺地利、重人性的生态美学精神；⑧规划好旧有县城，把旧县城改造发展成为陵园的后勤墓地。

潮州湘子桥的修复工程设计

原载于1992年《古建园林设计》

一、历史概况

湘子桥，古称广济桥，在广东潮州东门外之韩江上，始建于宋乾道七年（1171年）。初为浮桥，江中建一石墩，用大绳栓紧86只船，越三年，改用106只船，并于西岸建"仰韩阁"。宋淳熙六年至十六年（1179—1189年）西岸共建有八个墩，墩上建亭屋，称"丁侯桥"。宋庆元二年至四年（1196—1198年）东岸照西岸做法又建有六墩，称"济川桥"，墩间设木梁，江心仍为浮桥。湘子桥的特有格局基本形成。

图1　1958年前广济桥

宋末至明初，湘子桥几经兴废更改，由木梁改为石梁，由石梁又改为木梁，至明宣德十年（1435年）湘子桥发展至空前繁盛时期，"西岸十墩九洞，计长四十九丈五尺，东岸十三墩十二洞，计长八十六丈，中空二十七丈三尺，造舟二十四为浮桥，墩上建二十四楼。"正德年间浮桥改为十八梭船。自后五百多年来，桥再没有重大发展，而经常维修有史可查者，有30多次。

民国二十八年（1939年），西岸第二墩被日机轰炸，中段浮桥也被取消而改为悬索吊桥，但不久即废。此后，湘子桥处在破残状况，桥墩只有20个，桥面为木、石、钢筋混凝土共存，中间浮桥时通时断，墩上楼台所存无几（图1）。

1958年因交通需要，把十八梭船拆除，其间新筑高椿承台两个，上架下行式钢桁架梁，桥面加宽为7米，以通汽车。原有历代桥墩基本保留原状，新桥面则用钢筋混凝土提高了两米左右。

二、建筑特色与价值

古湘子桥结构奇特，形式殊异，是我国造桥史上的光辉一页。综合其特色与价值有：

（一）"十六梭船廿四洲"

古湘子桥是我国唯一的以梁桥、浮桥和拱桥三者结合而可开合的桥梁。虽《诗经》中记载有周文王在渭水"造舟为梁"的事例，但三种桥式并用，在民间沿用了八百多年，且如此宽，如此长，都是世界孤例了。

在景观上，浮桥有起伏变化，动静兼得的情趣，给行人有一个亲水观江的机会。当然这对过去挑担运输而言是不方便的，但过桥情绪的变化又是一种积极的休息。更主要的是这种特殊的景观大量吸引了游客，带来了潮州的繁荣。广东民间有一俗语："到广不到潮，枉费广东走一遭；到潮不到桥，白来潮州走一场。"

（二）“一里长桥一里市”

湘子桥初建时桥头就有楼阁，桥墩就有亭屋，当时只供纪念、游览、停息之用，后来发展成茶亭、饯堂。随着潮州商品经济的繁盛，很自然就出现桥头、桥间摆卖的现象，最后就形成桥市。这是世间罕见的。

据《潮州府志》和《海阳县志》记载和调查，自明至抗日战争前夕，湘子桥上商店栉比，有小吃、有茶座、有卖布的、有卖果品的、有酒肆；有卖香烛纸钱的，也有算命看相的，桥上好像是一条水上长街，人来货往，车水马龙，热闹非常。一清早，桥上商店都开门了，挂起各式多样招揽生意的旗子，有诗谓：“半幅斜阳酒幔飘。”天黑后，叫卖声吆喝声还充响整个桥面，有诗云：“深夜如闻鼙鼓鸣。”茶楼酒店灯火通明，游客在吃喝玩乐，琴声阵阵，笑声串串。《清·吴颖·浮桥楼》赋称“遥指渔灯相照静，海气运去正三更”。可见夜市相续之长。

湘子桥最繁盛期，按史料推测，估计是在明宣德间。李龄在《广济桥赋》描述当时的盛况是：“殷雷动地，轮蹄轰也。怒风搏潮，行人声也。浮云翳日，扬沙尘也。响遏行云，声振林木，游人歌而骚客吟也。凤啸高冈，龙吟瘴海，士女嬉而箫鼓鸣也。楼台动摇，云影散乱，冲风起而波浪惊也。”好一幅扣人心弦的桥市画面呀！

（三）“廿四楼台廿四样”

我国古来就把城市桥梁看作是一种城市艺术点缀，桥梁的艺术特色充实了城市的个性。古潮州之美是和湘子桥的华美分不开的。

自明正德年间起，湘子桥每一桥墩已有一亭屋，也许因为亭屋建在高高的石墩上，故不论是单层或重檐，或楼阁，均统称为楼。有廿四个墩，就建有廿四个楼。为何廿四个样？建桥匠师们探求主观建筑形式的多样美可能是其中一个原因，更主要的是因为桥墩面积大小不同，建造延续时间长，修改和重建频繁，历代匠师们因墩、因时、因条件各造型多样，故形成“廿四楼台廿四样”的特点。

墩上建楼的目的，史料上已有所论述，可乘凉，可避风雨，可休息，可观山情水态，有为店，有竖碑立祠，不同功能要求不同的空间形式，高低、虚实、样式也不同，形成了参差错落，变化丰富的长卷建筑画面。明宣德间，在 136.3 丈的石桥上建造有 126 间亭屋，“恍乎若长虹之蜿蜒”。简直是潮州建筑风情和生活世俗的展现。古代岭南风雨桥是常见的，而规模如此之大，别样如此之多，装饰如此之美，确属举世无双（图 2）。

古潮州自唐宋以来，文明兴盛，潮州木刻、瓷饰、绣艺、雕作、诗画均名誉南粤。作为潮州“门户”建筑的湘子桥，当然充分体现其精华，建筑的艺术造就可想而知。画桥之精美，可谓“最好瀛洲景，楼台拱丽谯”。“湘桥春涨”一向被列为潮州八景之一。

湘子桥上之楼台不仅构筑美巧，而且还极富中国古代园林的意境。《李龄·广济桥赋》云：“虽琼楼玉宇不足以拟其象，而蓬莱方丈适足以并其良。”即是上旅桥自有海岛神仙般的感受。从明宣德间楼亭取名（凌霄、朝仙、冰壶、摘星、得月、云衢、观澜……）可知，当时的景观是多富诗情画意呀！桥上有妙联云：“茶有滋味原无味，亭不画梅却有梅”，有仙味，也有禅味。复道行空，楼牙高啄，六鳌跃脊，风铃叮当，亭斝

图 2　清代《潮州古城图》“广济桥”部分

图 4　湘子桥现存石梁状况

图 3　清代潮州木雕“广济桥”

翚革，曲栏斜槛，别有一番浪漫情调（图 3）。

（四）工程艰巨，建造时间特长

湘子桥从南宋乾道七年始建，从江心筑一个墩到筑三个墩、四个墩、八个墩，总共花了 16 年。当发展到明宣德十年（1435 年），筑成廿四个墩时，已经历了 264 年。是世界桥梁史上建期最长的。江心最高水位达 16.87 米（1911 年），最大流速达每秒 3 米，建墩之难度可想而知。难怪古人托传神仙所造。

桥墩的施工最为艰难。江中原为黏质砂土，水深波涌，要垒石墩，按常规打椿砌基是不可能的。据勘钻推论，是在水枯浪静时，同时几只船装满韩山开采的许多条石，在一处同时把条石抛入江底，几经反复待基础露水面后，再用大石条砌结墩身（有加铁件扒接者，有干砌者，有齿卯榫扣接者），墩壁外圈用层层叠叠的条石垒成“井干”装，上压梁建屋，靠自重来抵御洪水。为杀水势，墩平面采用六角形，上下游均作分水尖（有几个在下游是平的）。由于建造年代和施工条件的不同，桥墩的大小和砌法都各有差异，墩长从10米至21.7米，墩宽从5.8米至13.8米。

墩间跨度也各有差异，旧存石梁最长者为1500厘米（宽 100 厘米，高 120 厘米），最短者长1200厘米（宽 80 厘米，高 100 厘米），重达 43 吨之多（图 4），如何上梁？确是世界之壮举。据传说是先用木排筏搁梁，待潮水上涨时，把木排筏漂划到桥墩跟前，随潮水的上涨，借浮力升高梁位，当石梁高至桥墩时，即去筏，石梁稳当地定位于桥墩上，简捷而省力。

湘子桥在墩间横架木梁是在淳熙六年开始的，但木梁易腐，易浮漂，易烧。据现有文献可知，元泰定三年（1326 年）改木梁为石梁，但石梁脆裂易断，又曾换成木梁，反复几次后，木石共存。桥墩同样是因洪水、

图 5　现存湘子桥桥墩

地震、战火无数次破坏，好些桥墩毁了又建，建了又毁，反复多次，说明潮州人坚忍不拔的精神。现存桥墩的裂缝、破损、倾斜和孔洞，正是大自然破坏的烙印（图 5）。湘子桥的营建史也是古代知识分子与劳动人民相结合与自然灾害宣战的历史。湘子桥被称之为“天下之奇胜”，本属智慧与辛劳的结晶。

三、修复构想

潮州是国家历史文化名城。古代湘子桥的名字冠于潮州，无疑它是当今历史文化名城的重要标志。1958 年湘子桥的改造主要是由于当时潮州经济发展交通的需要，如今韩江已另建新桥，改建后的湘子桥已经完成了它的历史重任，且它的设计安全期已过，正待修理。在当今，随着旅游业的发展和人民生活水平的提高，恢复湘子桥的原有风貌，已到迫不及待的程度。我们在研究了史料，勘测了现状，从国家级文物要求角度的基础上，提出了下列构想，供讨论。

（一）修复出发点

现存湘子桥主要职能是交通，我们设想修复后的湘子桥主要是用于旅游，兼顾行人和自行车的往来。我们的出发点是把湘子桥看作是历史文物，恢复它原有历史面貌。它奇胜天下的上述四大特点和历史价值，力所能及地尽可能恢复，如现经济达不到，则留有余地让后代去完成。

我们应切实遵循国家颁布的“必须遵守不改变文物原状”的原则，做到“整旧如旧”。对于“文物原状”的理解，我们认为是恢复最有代表期的明代正德年间的历史面貌为主要“原状”，并参考宋与清的史料和图样，把民族的、地方的古桥建筑风姿典型地再现出来，把历史文化的精华和潮州人民的智慧表现出来。

我们心目中修复后的湘子桥蓝图是：十八梭船廿四洲，廿四楼台廿四样，繁华桥市一条街，重现古朴风俗画，点彩潮州古名城。

（二）修复的具体设想

（1）桥墩：把 1958 年修理时所保存下来的旧有桥墩全部沿用，对桥基和墩体用现代方法进一步加强，确保安全，对破坏了的墩面石，按旧式样补回。对 1958 年所加的钢筋混凝土墩箍，检查其作用，尽可能把其拆除。现西岸有 7 个旧墩（原 13 个），东岸有 11 个（原 10 个），考虑到排洪量问题，暂不恢复廿四洲。现把东西岸各算一洲，总共有廿一洲。加上城门楼和入口牌楼，在意象上是廿四洲，把中间两个新建高椿承台拆除至枯水面，改作系船墩。尽可能恢复下流分水尖。

（2）桥面：桥面标高基本按现状，保持东西岸标高（14.5 米），两矶墩标高与东西岸同，按明代提高东西桥的中段高度（15.2 ～ 16 米），坡度约 10%。所用桥面改用韩山黄冈石铺地。原有石梁保护不变，适当加固，作为文物保存下来，是历史的见证。墩间承重梁可用钢筋混凝土梁，外表色质和尺度全部仿旧石，或表面贴石面。1958 年新造梁确实还安全，可放在内层沿用。桥面宽度由现 7 米改为原约 5 米。把后加的两边人行道取消。桥边临江边，用明代能疏水棂状石栏杆，减少洪水阻挡力。

（3）矶墩：东西矶墩按原有矶墩形式恢复，原明代纳入步级按记载为 24 级，现水位高差 6.5 米计，改用 16 厘米 ×30 厘米，共 40 级，墩上同样建楼屋。步级用花岗石造，通宽 7 米。为方便群众推单车，步梯需各加两条垂带坡道。桥矶上的原有两铸铁牲牛，按原仿铸放回原位。

（4）浮桥：我们认为还是按 18 梭船恢复为宜，可以把船分为三组。1958 年建的高椿承台拆去后，可考虑竖引航灯柱和系拉浮船，船大小形式按旧式。如何解决船只下面通过和桥上行人方便问题？可考虑在原二承台基上和矶墩各边立一约 7 米高的钢柱（共八根），柱上端饰古灯照明，其间采用三跨可升降的悬索吊桥，用油压机作升降“开合”，中间一跨连船吊起，两边跨只吊桥板。每天桥上人流高峰时，用油压机把浮桥升高以通行人，船同时在江心中跨通过，过了人流高峰后，再把浮桥降回原位，景观不变。

（5）桥上建筑：基本按明代风格恢复，建筑内容从当代旅游需要出发，可具体设置。桥史博物馆、潮州风味小吃、潮州工夫茶座、碑廊、字画廊、潮州工艺店、棋坛琴室等，希望恢复原有韩湘像、鲁班像、罗汉像……还可适当布置娱乐游戏之属，总之使游者有吃、有玩、有看、有买。主要建筑宜布置在桥东西两岸墩上，可建成二、三层，体量可大些，可按宋代“仰韩阁”“盖秀楼”“登瀛门”的形象恢复，有“势压滕王阁，雄吞庚亮楼”之壮丽，创造怀古意境。桥两岸之两墩间可考虑桥廊连接，有“龙卧虹跨”之壮观，与韩山韩公祠交通可采用跨公路的立体交叉处理，并设停车场。矶墩建筑也可高一些，使有韩江门碣之形象。其他墩上之亭、屋、台、楼，尽可能按清代潮州古城图形象恢复，在变化中求统一，屋顶形式可有重檐、歇山、攒尖、硬山等，按“廿四楼台廿四样”精神修复，构架主要按潮州明式，加少许宋式和清式。建筑下层立柱，设活动槛墙，以利洪水涨时去墙排洪，梁柱可用钢筋混凝土仿木，以利增强抗洪、防水、防蚁。楼台基调要古香古色，不用琉璃瓦。宜按明《广济桥赋》记述“五丈一楼十丈一阁，华棁彤撩，雕榜金桷，曲栏斜槛，丹漆涂垩，鳞瓦参差，檐牙高啄，起云构于鸿蒙，倚丹梯于碧落，朱甍耸兮欲飞，龙舟蒙兮如束，琐窗启而岚光凝，翠牖开而彩霞族簇，灵兽盘题而蹲踞，青莺舞栋以翱翔，夭吴灵胥拥桥基于水府，丰隆月御列遗像于回廊”的精神恢复。

（6）其他：清理桥下河床，进行水下考古，把有用的条石吊上重用，各代所留栏板和其他建筑石料、石碑等可作文物在桥上展出，同时，想法增大泄水面积。桥头进口改用步级，完全属步行街形式。东西岸进口用牌楼形象，进牌楼后，自成明代潮州街景意象，亭名、对联、茶幔、匾额、酒旗、店面等，可按明代样式复古。桥的两岸也要做景观设计，堤岸多种竹木，并点缀和改进金山和韩山景色，使人处桥上，面面有景，景景有诗情画意。按园林设计手法，使游客得到回归自然时心旷神怡的精神享受。桥下可出租游艇，供观古代壮观桥梁工程本色。

（三）存在问题讨论

（1）对现有桥基是否稳定，应作观测，因河床在不断升高，水文情况在不断变化。

（2）按现桥面标高基本照旧，如不升高，如何解决防洪、泄洪问题。因升高桥面，对景观、交通、经济都是不利的。如特大洪水时，桥作为漫水桥处理，能否分洪、泄洪确保桥体安全 。

（3）经改成步行旅游桥后，对东西两岸的生活交通影响程度如何估计，是否要在上游再建新桥，是否可考虑用高缆公共汽车或油压升降，悬吊桥之自动传送带解决交通问题。

（4）如何处理恢复古代风貌和保留现状的问题？应用新材料新科学与古形式的协调问题？复古与重建的问题？形式的变化与统一的问题？建筑各时代的独立、混合、再现问题？廿四洲是否恢复问题？

（5）如何掌握防风、防展、防洪的安全度问题？

综合上述，我们认为修复广济桥的时机已初步成熟，但存在问题尚待积极解决，我们坚信广济桥会按上述特点恢复的。它的修复必将起到继承和弘扬中国华优秀历史文化的作用，激发人们的爱国爱乡热情。

注：本文得到杨森、沈启锦同志提供的一些资料和讨论看法，表示感谢。本文图片部分是由潮州名城办提供的。

潮州广济桥修复论证会纪要

原载于 1990 年《广济桥会议》

由国家文物局主持的“潮州广济桥修复论证会”。于 3 月 7—10 日在历史文化名城潮州召开。出席这次论证会的有国家建设部、国家文物局、文物局文保所、国家旅游局、铁道部大桥局、故宫博物院、清华大学、华南理工大学、广东省文曾会办公室、广东省旅游局、广东省建设科研设计所、《人民日报》（海外版）等单位的有关领导和专家学者共二十人，其中既有文物古建方面的、又有桥梁工程方面的知名专家学者。潮州市委、市政府的主要领导和研究修复广济桥领导小组的负责同志分别出席会议，潮州市建委、城建、名城、文化、旅游、水利、航监、地震、设计院等有关单位的负责同志及专业技术人员也参加了会议，并为会议提供了资料和咨询。

论证会首先用一天的时间组织与会的领导和专家学者实地考察广济桥上班高峰期的交通状况和广济桥的建筑结构，并择要参观潮州名城的文物景点。

8—10 日，论证会在文物局专家组召集人罗哲文高级工程师的主持下，就修复广济桥的意义，广济桥的历史沿革和变迁，修复广济桥的方案，如何解决现实的排洪、交通等问题以及广济桥修复后所发挥的效益等一系列问题展开了认真而热烈的讨论。

与会的有关领导和专家学者认为：广济桥始建于南宋乾道七年（1171 年），八百多年来在连闽、粤、赣三省交通方面作用巨大，为促进潮州名城的繁荣昌盛作出了卓越的贡献。广济桥有着极高的历史、科学、艺术价值，它集梁桥、浮桥、拱桥三种桥型于一身，并以十八梭船廿四洲的独特风格名震遐迩。这座雄伟奇特的古桥，是中国桥梁工程中的杰作，在中国乃至世界桥梁史上占有不可取代的重要位置，它是中华民族的优秀文化遗产，是潮州人民和中国人民的骄傲。

“到广不到潮，枉费走一遭；到潮不到桥，白白走一场”。广济桥的建造与潮州名城的建设和发展有着密切的关系，在海内外有着很大的影响，它是唤起和维系海内外潮州人乡土情谊的极受崇仰的表征，是潮州名城不同凡响、最具特色的重要标志。

与会的有关领导和专家学者认为：广济桥的修复，对于弘扬中华民族优秀的传统文化，激发广大人民群众爱国爱乡的热情，丰富潮州名城的内涵，增强潮州的凝聚力和吸引力，展现古城风貌、扩展旅游事业，将起到重大的积极作用，也必将收到良好的社会效益和经济效益。罗哲文先生在发言中还郑重指出：广济桥如能按历史全盛时期的面貌修复，必将在全国，甚至全世界引起轰动，那是应该树碑立传，足以永垂不朽的大好事！

在确认必须进行修复的前提下，针对广济桥的具体修复方法和步骤，专家们高屋建瓴、畅所欲言、各抒己见，提出了不少宝贵的构想和意见，归纳起来大致可分成三个方面。

第一，按原貌修复。

持这种观点的同志占大多数，其理由是：①广济桥是全国重点文物保护单位，它的修复必须遵照《文物法》关于“不改变文物原状的原则”；②文物不能进行改造，因为文物具有历史性、艺术性和科学性，如果脱离这三性，就不称其为文物，广济桥之所以被列为国保单位，就因为它有较高的历史性、艺术性和科学性，而“三性”最重要、最集中的体现就在于“十八梭船廿四洲”的独特风格，如不按原貌修复，势必失去它命题的本义；

③随着韩江大桥的建成通车，主要的交通问题已得到妥善解决，广济桥已完成它担负的交通的历史使命，它的功能应从交通转为文物，我们修复它的目的不是为了解决交通，而且为了恢复古城风貌，再现其独特风格，改善文物环境、展现历史、拓展旅游。所以，必须按其最具特色的风貌来修复它。具体的构思是：修缮加固旧桥墩，为提高排洪能力可考虑适当提高桥面标高，按宋、元、明三代的不同建筑风格修复桥上的楼台亭阁，拆除钢桁架及高椿承台恢复十八梭船。并认为有这样的优点：①有利于排洪，拆除两个高椿承台后可扩大中流的过水断面；②有利于通航，浮桥可开合，再大的船也可通过；③有利于展现名城风貌；④有利于进行爱国主义和传统文化教育；⑤有利于调动多方面筹集资金的积极性。当然，要从根本上解决排洪和交通问题，还在于治理韩江、架设新桥。

第二，改造利用。

持这个观点的同志认为：①桥的功能就是交通、行人、通车；②修复广济桥，制约的因素很多、牵动面太广，必须坚持“古为今用”的原则。具体的构思是：拆除钢桁架，把中间的两个高椿承台改为石墩的形式（另一设想是把高椿承台沿台周围用比较轻的花岗石把它砌起来，作假设石墩），两头尖，梁采用预应力钢筋混凝土梁，表面镶花岗石。留中间的一孔作通航孔，两侧的两个跨度恢复部分梭船，桥面上有选择的修复部分楼台亭阁。

第三，按原貌修复，如条件不具备则缓修。

持这个观点的同志认为：广济桥的独特之处就在于“十八梭船廿四洲”的独特风貌，要修就得按这个古桥风貌特色来修，先确立这个思想，然后，积极去解决存在矛盾，这样才有意义、有影响、有效益，如条件尚不具备、时机尚未成熟则缓修。

此外，专家学者们还对潮州名城的保护建设提出了不少宝贵意见。

与会者认为，长期以来，韩江上游水土流失，下游泥沙淤积，造成河床超常增高，洪害频繁，已严重威胁着潮州这座国家历史文化名城及周围一市二县三百万人口和一百多万亩拼地的安全。因此，不管是否修复广济桥，综合治理韩江水系，都是一件刻不容缓的，比修桥更为重大，更为宏观的大事！但韩江流域覆盖广东、福建、江西三省，整治工作涉及面广、政策性强，为此，与会者强烈呼吁并联名建议，要求国家迅速立项根治韩江，以保护国家重点文物保护单位广济桥和下游两岸人民生命财产的安全。

最后，会议希望潮州市人民政府，要根据各位领导和专家学者提出的初步设想，抓紧做好各方面的工作，组织各有关部门、各方面技术人员，并广泛发动群众，集思广益，尽快提出修复广济桥的方案，上报国家文物局。同时，希望与会的各位领导和专家学者，一如既往地关心、帮助、支持潮州市解决修复广济桥各种技术上以及其他各方面的问题和困难。

1990年3月11日

谈中国古建筑的维修与保养

原载于 2001 年《古建园林技术》

中国是世界上文明发达最早的国家之一。古建筑发展独树一帜，一脉相承，无论在建筑技术和建筑艺术上都有极其大的成就，是中国人的骄傲。保护古建筑是我们国家的国策，我们这一代的承前启后，把古建筑保护管理好流传给后一代，是责无旁贷的。下面谈几个问题。

一、有关保护法令和一些保护概念

（一）《中华人民共和国文物保护法》

《中华人民共和国文物保护法》在 1982 年由全国人大通过，1991 年修改（以下简称《文物保护法》），共八章三十三条，包括总则、文物保护单位、考古发掘、私人收藏文物、馆藏文物、文物出境、奖励与惩罚、附则（附“文物保护管理暂行条例”和“文物工作人员守则”）。此外还有各省地区部属公布的法令、条例、规范和通知。

（二）古建筑的定义和分类

一般把 1840 年鸦片战争以前所建的建筑叫古建筑，从 1840—1949 年的建筑叫近代建筑。也有人把清代（1911 年）以前的建筑叫古建筑，古建筑分宫殿、民居、宗教建筑、园林、会馆、店铺等。文物保护的还有古文化遗址、古墓、石墓、石窟寺、石刻、古工艺品和古图书资料等。当今重建和新建的民族形式建筑叫仿古建筑，好的有意义的仿古建筑将来也许可变为文物建筑。按个体建筑分可为：楼、台、亭、塔、堂、阁、轩、斋、馆、廊、榭、华表、幢、碑、牌坊、城垣等。

（三）关于历史文化名城

国家在 1982 年发出了保护历史文化名城的通知，第一批公布了 24 个，并在不断增加，历史文化名城的特点是：历史长，还在发展，文物古迹多且成片成群，有特色和文化内涵较深。在历史文化名城中应予保护的历史建筑有：①代表各历史时期有特色有代表性的建筑；②有标志性纪念性的建筑；③名建筑师设计的代表性建筑；④不同类型的有一定地位的优秀建筑；⑤有文化传统的街区、巷、名胜风景区、名人故居、古城遗址、古树名木和城市传统环境风貌等。

（四）关于文物所有权

古建筑的所有权可以是国家公有，也可是集体所有和个人所有，但“古文化遗址、古墓葬、古建筑、石刻等，除国家另有规定的以外，属于国家所有”。所谓另有规定是指有些名人故居、祠堂、民房，其自新中国成立以来为其后代所使用；所有权可以属其后代，但公布为文物保护单位后，要受文物法保护管理，属于文物保护单位的古建筑，任何人不可私自拆除、变卖、破坏性更改，使用单位和个人只有使用权。

（五）关于文物保护单位

古建筑保护单位是指各级政府按照法定程序审核公布的历史遗留下来的有较大价值的古建筑，一般是不能移动的文物，按《文物保护法》规定它可分为国家级（称重点文物保护单位）、省（市、自治区）级和县（市）级（称文物保护单位）三级。一般要把文物保护单位组织成保护管理系列，成为文物史迹分布网。

二、古建筑的修护原则

《文物保护法》第十四条规定："古建筑保护单位在进行修缮，保养，迁移的时候，必须遵守不改变文物原状为原则。"在"文物保护管理暂行条例"第十一条规定："一切核定的文物保护单位……在进行修缮、保养的时候，必须严格遵守恢复原状或者保存现状的原则。"

国家法令中所规定的原则，我们无疑是要贯彻的。问题是什么叫原状，什么叫现状？如何去体现恢复原状和保留现状？这就有理解的层次不同和恢复的水平不同。下面谈一谈自己的看法：

什么是原状？一般认为是一座古建筑最后建成时的原来状况。比如德庆学宫是宋到元，元代的基本形状的原状。但它自元建至今有600多年，经过数十次修理，其基本结构是元代的，故我们定它是元代建筑，但原材料、原部件、原装修、原颜色历代均有增、改、加、变。要恢复原状是非常困难和艰巨的。在这种情况下，我们的方法是经过充分勘测调查，找出原有的部件，分析哪些是后变的，先把原来的恢复在本建筑中找依据，也可以从当地或全国找依据，但必须要考虑到时间相近、类型相同、手法工艺相似，要有确实的例证。如没有把握我们就不动它。如果明清后来加、变的东西，合历史发展逻辑的东西，我认为还是不变为宜，不要想当然把元式去代替后变的明清式。但外形风貌希望一致。

对保存现状，我认为要有分析，近现代文物建筑因变化不大，适当清理，可作现状保存，但古建筑的现状往往经过时代的变迁，原来的东西好些已被改变歪曲，有的甚至经过破坏性的修理后，技术价值和艺术价值已大大减少，如果还是保留现状，保护意义就受到局限。我的观点是，只要有条件有把握就应该去恢复原状。把以前历次在修理中所改变的不科学、不历史、不雅观和残坏的东西去掉，恢复它本来面目，正确再现历史的精华和健康的机体。但对恢复原状工作，要抱着十分慎重严肃的态度。绝不能把不适合的东西强加到历史上，要反复调研考证论实，并保存好其详细记录。

关于"约定俗成"，当古建筑经历史上修成改动以后，形象已经基本固定下来，本身具有特色，为群众所认可和接受，虽然它不合法式，似乎不太文雅，时代性也不明显，但它已成地方标志，在这种情况下，也应保持现况为宜，如广州的五层楼、潮州的凤凰塔等。

古建筑往往是组合院落或是一组建筑群，单独的很少，我们谈的保持原状，还包括历史环境风貌、规模格局、平面布设、建筑结构、材料工艺、造型装饰和古木奇石等。在古迹风景的古建筑的原状保护，范围应更大些，包括原来的自然风光、风水格局、对景借景和原有林木河湖等。

三、古建筑的评价标准与"双重双利"方针

古建筑价值通常从历史、艺术、科学三方面来确定，价值比较高的建筑通常年代比较早，有时代性，建筑保存比较完整，类型有代表性，有民族、地区特色，结构材料和工艺较为合理科学。平面布局在历史上有创新，造型装饰艺术水平较高，或在此建筑中曾发生过重大的历史事件，环境和位置比较优越，或在特殊的地点。评价标准可以列出系统指标按百分比来综合考虑，但不同地区不同地点应有所侧重，重点重心可以有所不同，这里要提一提的是有些古建筑的价值一时还难于认识，也有的是从单独来看，价值不大，但作为城市古建筑

群来说，作用就大了。所以我的观点是尽可能多保护一些，不可轻易毁掉。

由于建设开发的需要，一般的古建筑不可能全部保存下来。所以国家在提出“坚决保护，严禁破坏”的同时，又提出“重点保护，重点发掘”和“既对文物保护有利，又对基本建设有利”的方针。要做到防止破坏前提下的“两重两利”。解决的办法是权衡轻重，积极运筹，具体方法有：

建设项目非常重要，又非在此地建不可，保护古建筑可以考虑在上报管理部门批准后，按原状搬迁。

古建筑价值重大，建设项目应让路或绕行。一般情况下，只有后人让先人，不可能先人让后人。

如果古建筑价值不大，又是零星的，又影响建设较大，可以把这些古建筑详细测绘，记录，做资料保留，然后拆除。

如果是建筑项目和古建筑保护同样重要，又互不迁让，可以考虑用高科技手段，把古建筑在原地封闭保存。

在历史文化名城中，应以古建筑为主，要成片保护，可考虑把新建筑融化到旧建筑中去，在一般城市改造中，有的地段可以以新建筑为主，把单独的古建筑穿插到新建环境中去，配合绿洲设计成景点，把古典的东西融入新城市建设中来。

同样级别重要的古建筑在建筑组群中，也可以分为下面几种情况：①保存比较完整，内外变化不大，原汁原味较浓；②内部平面结构保存比较好，但外形已经变了或大半是后加的东西；③平面是原来的东西，地面以上是经历代重建，或上面保存的旧东西不多；④破旧不堪，或面目全非。以上建筑虽在同一地段，也可以分别对待。绝对全面保护，拆去后加部分而恢复原状，或恢复外貌而改变使用功能，全部清理拆除后改作绿地等。

四、古建筑的保管工作与“四有”

《文物保护法》规定：“各级文物保护单位，分别由省，自治区，直辖市人民政府和县，自治区，市人民政府划定必要的保护范围，作出标志说明，建立记录档案，并区别情况分别设立专门机构或者专人负责管理……”。以上四方面的工作我们通常叫“四有”，以下谈一谈其具体做法。

（一）划定必要的保护范围

划定保护范围的目的，一是为使古建物和历史环境不被破坏，二是古建筑外围有一个过渡空间，古建筑与其他建筑在艺术风格上取得协调。保护范围大小的划定视文物保护单位的类别、规模、地理位置和周围环境不同而不同。

保护范围一般可分重点保护区（安全保护区）和一般保护范围（影响范围）两种。保护范围按需要确定后，需按比例绘在文物保护单位的总平面上，一般还附文字资料说明和历史现状以及环境说明，经当地政府审核批定公布。

在保护范围内任何增建项目一定要经有关文物部门审批。在保护范围内严禁放易燃品、易爆品、有害有毒气体、放射性和腐蚀性物品，严禁开山采石，毁林开荒，砍树挖池等。

（二）作出标志和说明介绍

文物保护单位的标志一般用石、木、水泥砂板制作，为 3∶2 长方形，最大 1.5∶1 米，最小 0.6∶0.4 米，用简洁的文字表明单位级别、名称、公布机关、日期等。要显目、大方、美观。有的还另附标志说明，内容包括文物建造年代、发展历史、性质、范围、特色价值等，有宣传作用。

（三）建立科学记录档案

档案的内容包括文献、文字记录、拓片、照片模型、实测图、录像片、影片等，其中分行政管理资料和科学研究资料两部门。其目的有三：一是作宣传研究，二是作文物建筑的修复依据或毁坏后能重建，三是作历史资料永远妥善保存。通常要求一式五份。

设立专门保管机构和有相应的保护措施。

设立专门保管机构是为了把保管的责任落实到具体的机构上，它可成立专门的保管所，也可委托研究所、纪念馆、博物馆，也可委托给其他单位和个人，这要签订委托合同，明确权利与职责，订出规章制度和有关保护措施。

五、古建筑的重修

（一）重修前的准备工作

测绘破坏现状实例图和进行拍照记录。在原有“四有”的实测图基础上进行考查并对破坏部位、程度在图上进行绘位，对其各部结构，构造的裂、腐、歪、错、脱、残等都要认真勘实。对装修、檐墙、地面的破坏情况进行拍照。

调查研究破坏原因。在现场认真勘察破坏现况时还要进一步分析其破坏原因。了解究竟是自然还是人为，以便在重修设计时考虑对策。另外，还要访问当时群众、原修理工匠和老人。有的观测要借助科学仪器，不断进行。

查阅有关历史档案和历代修理文献。目的是为复原作依据。确定修复的年代，研究每次修理的增减构件和演变过程。

对破坏危险程度的鉴定。这在决定是否要大修时尤为重要。修理前我们通常会问，这建筑有无危险？还能维持多少年？鉴定的依据主要有以下几方面：一是看其破坏的速度，是动态或相对静态；二是看破坏是否到了极限状态（如梁枋的下垂度超过了梁跨的 1/100，如塔的重心偏离大于 17% 直径时，梁枋的槽断面积大于 1/6 时，砖石墙体向外倾斜尺寸大于 1/6 底厚时）；三是看主体结构的整体性和破坏外因的严重性；四是看平中对称的变化程度等。

（二）维修工程的分类

我国现行进行古建筑维修工程大体可分六类，即保养工程、抢救工程、修缮工程、修复工程、迁建工程、复建工程。

修缮工程又分为大、中和小修三种，它们基本按保存现状原则修理，中修是指翻修整个屋面，更换部分大木构件。大修是指全部重新落架修理。有时可以局部进行复原。

（三）维修方案的拟定

维修工程设计方案的确定最为重要，方案选择不妥，或会产生破坏性修复或会损失原有的文物价值，或会造成经济和人力的浪费。维修的原则是：①能小、中修的尽可能不要大修；②修旧如旧（即不要改变文物原状），不要画蛇添足；③以治本为主，不要仅行治标，求表面焕然一新；④应采用传统工艺、材料和传统施工方法，维修的范围应尽可能缩小，少增一些附加的东西。

确定方案的因素主要要考虑残毁的程度、现有的经济和技术的条件、现有的工具材料，以及古为今用的情况和其他特殊的要求。

设计方案确立的过程大体是由调查、研究、分析做出初步方案→经主管保护单位和群众参与提出意见并由同行专家提出具体修改意见→做出修改方案报上级部门批审认可→绘出工程设计图（包括施工说明、建筑与结构图纸、概算、预算及设备、环境设计）→组织监理调整设计→组织施工→验收使用。

六、组织施工和工程验收

所有文物保护古建筑的修理都要在施工前把设计文件、设计图、说明书和工程预算汇总后上报有关主管部门，经批准后才能施工（修复工程得先呈报方案审批）。50 万元以上的工程还要经过投标来选定施工队。在施工过程中还要做好如下工作：

施工计划——包括进度计划、人工计划、材料计划、场地布设计划和经费使用计划。力求切实可行，综合工种要科学配置，运用新技术，做到好、快、省。

施工管理——要掌握修缮原则，熟悉设计要求，做好施工档案记录，确保防火、防雷、防盗，注意施工人身安全，保护原有文物，监察工程质量（特别是隐蔽工程）等。

施工协调——维修文物古建筑为百年大计，质量要求很高，部门关系又复杂。一般都要成立一个能代表各方的维修委员会，以协调关系，通变解决随时可能发生的问题。

工程验收——所有文物保护古建筑在维修完工后都要进行验收通过，不合要求的要进行补工或返工，验收后分优、良和合格等级别评定，并加评语。评委主要由专家学者组成，加上批审主管单位、设计单位和当地质检单位等。验收时应由设计和施工单位共同提出供审文件，主要包括工程施工总结报告书、设计图纸（平、立、剖及大样）、设计说明书、工程用款结算书等。有些隐蔽部分还要有质量保证书。总的评价应看修后是否保持原来的造型风貌、原来的结构方式、原来的构件质地和原来的工艺。

施工用之建筑材料与工具——中国古建筑可泛称土木之功，以土、木、石、砖、瓦、竹、石灰、五金和油漆彩画为建筑材料，修缮时的配料原则是原来是什么就用什么材料，非因安全问题应不用或少用新建筑材料。补换材料的质体、强度、尺寸、颜色等应尽可能接近原材料。外国有主张把新修、加固材料和旧材料绝然分开的手法，其目的是为新旧对比，便以分别。但在中国传统观念是不易接受的。我也认为，我们还是要保存古建筑的完整性，“修旧如旧”好，新旧的强烈对比往往破坏了古建筑的传统形象。当然，如果只为保护遗址，或残缺不全的砖石部件，是可以把附加材料现代化的。在古代，工匠修建古建筑是手工业式的，建筑通常看作是工艺，运用刨、锯、凿、墨斗、平尺、规、矩等工具来操作，维修时最好也保持这些工具和工艺。当然运输和安装还是可用现代工具的。修古建一般不宜片面求快，进行机械化大兵团作战。

七、古建筑保养与维修的未来

我国由于地大人多，民族多历史长，祖先留下来的古建筑不计其数，虽然不断遭受人为和自然的破坏，只剩九牛一毛之数，但也相当可观。古建筑反映了国家历史的辉煌，表现了过去中国的文化艺术和科学技术的伟大成就，保护它，维修好它是我们这一代不可推卸的历史使命，也是为世界文明遗产宝库增光添辉。由此看来，维修和保养古建筑事业，势必是全球性的神圣事业。

古建筑的存在有一种新陈代谢过程，“今”可以变成“古”，“古”可以变成“远古”。生生不灭。而且古建筑类型多、辐面广、各族各地都有其特色，是历史、生活的见证，是艺术与技术的综合。所以维修保养古建筑将是一项长期、全面、持续发展的事业。

古建筑是祖先留给我们的物质财富，是一种很重要的旅游资源，“古为今用”的方面有：

激发爱国爱乡的精神，增加民族自信心和加强民族凝聚力。

创作有地方民族特色建筑的借鉴实物资料，是学生参观学习的好场所，是研究古建筑技术发展的好证据。

可以利用古建筑作为文化馆、博物馆、老人活动场地和作为人民休闲的好场所。

可对外开放旅游，作为文化艺术的国际交流，使外国人了解中国。

由于古建筑有上述“古为今用”的现实意义，已引起国家各阶层人们的重视；国家已有一套法令、政策，而且从各方面培养了好些有关技术人才。国家对古建筑修复与保护的款项也在增多，各界人士捐钱修古建筑做善事的也在不断出现。维修保护古建筑的科学技术也在日益进步。可以断定，我国未来维修古建筑的事业是前程无限的光辉事业。

南越王宫本是“秦汉假船台”？

原载于2003年《会议论文》

《广州日报》8月28日载“南越王宫博物馆奠基”报道，实为高兴，这是广州文化建设的盛事。但所登照片并不是南越王宫的脊饰尾，而是南汉的东西，两者相距千多年，成了新闻笑话。出乎于历史责任感，为避免引起广州这决策的遗憾，真诚提意见如下。

（1）“南越王宫博物馆”，宜改为“南越王宫苑博物馆”，因当今还没有发掘到“南越王宫的建筑遗址”，已发掘的“苑”是大家肯定的南越王时的“苑囿”。先把“苑”作为博物馆主体展出，“宫”当各界认可以后再补之。

（2）我的老师龙庆忠教授一直认为，现在所谓“秦代造船遗址”就是“南越王宫遗址”。所有建筑史界（除莫伯治先生）和造船史研究界都已作科学论证。从时间上和空间上，以及考古事实上，这里都不可能是造船遗址。

（3）实际上“造船遗址”刚发掘不久就被定性了，但事实至现在也还没有发掘完成。为什么不继续考古完就把遗址掩盖了，结论应该在考古的后头。按时代背景，说造船遗址是一种政治的造作。

（4）如果是“秦造船遗址”，它的文物价值肯定比南越王宫殿高。按理应叫“秦造船遗址博物馆”。

（5）如果作为“南越王宫博物馆”，南越王宫的考古实物应是主要的。应该有南越王时代的宫址和相当多的相应文物。但宫址还没有，文物也是零星的。绝对不能把南汉的文物当作南越的东西来充当。

（6）所谓“秦造船遗址”发掘后不久，我按所谓“船台”柱位，经研究就肯定它是南越王宫的遗址，按考古文物和建筑史料，已作了平、立、剖面的复原图，当时为了确切证实，我要求考古发掘者在“船台”的西南角，多发掘四五个柱位就可明了。但他们就是不理睬，更甚者，我们所有持“反造船”论的学者，都被拒之“门外”，毫无讨论的权利，这是学术界所不多见的。

（7）我认为“船台”与“宫址”之争是“真实”与“假作”之争，是“科学”与“反科学”之争，是“学术民主”与“学术腐败”之争，绝不能等闲视之！对政府威信有很大的影响。

（8）中外许多学者都认为造作“秦汉造船遗址”是考古大笑话，说它是“造船遗址”有如下几点是说不过去的：①苑和“造船台”基本是同一文化层，“造船台”的木墩下就存在有汉代的石器、陶器、木竹及生活用具，“造船台”四周都有许多汉代宫殿的地砖和瓦。②南越王和汉初时代基本是共一历史阶段，南越王与汉初是共存的。南越王不可能在秦“造船台”上建王宫。③从“规划”的角度分析。“造船台”（即南越王宫）其方位、方向、形制、景观、标高关系等，都是同样的规划理念，曲水流觞与“造船台”基本相互咬接。石渠有步级上“官署砖石走道”——由汉陶砖走道上木楼梯进“南越王宫”的干栏木楼层，合情合理，是秦汉时常建的宫苑布局。④其考古报告中有“秦井中发现有汉砖瓦”事实，这正好证明“船台”就是南越王宫殿。⑤其考古报告中有在曲流水渠北面发现木建筑被烧的遗址，这证实我们认为南越宫是因火烧而毁的事实。⑥“船台”不会建造在地形低洼的淤泥上，只有宫殿因要在苑囿低地上建，必须采用南方湿地常用的“干栏”式基础。所谓“船台”构作，完全是干栏式基础的做法。⑦“造船说”所谓最有力的证据是“弯木地牛”，而几乎所有造船专家都认为这是常识性的错误。

香港新界历史建筑保护现状与前瞻

原载于2009年《古建园林技术》，与余伟强合著

自宋以来，中原有不少文人士大夫为躲避战乱，辗转南迁，其中有最后留居于今香港新界地区。他们不但经济上富有，而且在明、清时代科名显赫，单是新界邓、彭、侯、文、廖五大姓，进士、举人便不下数十人。他们在新界等处建起大量宅第、祠堂、书室，不少是岭南建筑的杰作。

然而清晚期，由于1842年与1860年对外战争的失败，清政府将香港岛和九龙半岛割让予英国，英人随即进行殖民性质的都市化发展，把原有村落发展为市区了。新界地区直至1898年才因《展拓香港界址专条》租借给英国99年，当时新界居民的武装抗英行动导致以后的不干预政策，所以新界地区的中国传统建筑保留得较多。

20世纪70年代新界又发展为卫星城市，原有的中国历史建筑同样得不到妥善保护，为此我们对这些保留不多的传统建筑应该进行梳理和有效保护。

一、香港新界历史建筑概况

（一）现存状况

清初，清政府为了明遗臣郑氏反叛，励行迁海政策，强令香港全区居民内迁五十里，整个区域的房屋都拆毁，取而代之是建壕沟和筑礅台等军事设施。正如屈大均《广东新语》中《迁海》条载："民既尽迁；于是毁屋庐以作长城，掘坟茔而为深堑；五里一墩，十里一台；东起大虎门，西迄防城，地方三千余里，以为大界；民有闯出咫尺者，孰而诛戮；而民之以误出墙外死者，又不知几何万矣。"复界后的荒凉景象，新界大埔龙跃头邓氏族谱中描述甚详："村之移也，拆房屋，荒田地，流亡八载，饿死过半。界之复也，复田而不复海，无片瓦，无寸木盖茅房。"由此可见，香港区内现存的中国历史建筑基本是重建或回迁以后新建。

清道光二十一年，鸦片战争战败后，香港岛和九龙半岛分别于1842年及1860年作为殖民地割让予英国，1898年新界地区亦租借予英国人。英政府进驻前，新界居民的武装抗英行动，赢得了特别法律《新界条例》的特殊不干预政策，所以新界地区的中国建筑保留得较多。

随着20世纪70年代卫星城市的发展，城市化的进程在新界土地不断扩展，原有的中国历史建筑没有得到妥善的保护，大都无情地拆去重建或改建，至今所剩无几。

（二）现实作用与意义

香港新界历史建筑其中不少是岭南建筑的杰作，多属于珠江三角洲地区广府院落传统民居和广东客家传统民居，这些民居是祖先遗留下来的，香港人多认为是宗族的根，不轻易拆除，外出族人看作是认祖归宗的地方。这些历史建筑工艺精湛，适应当地自然环境，冬暖夏凉，具有很高的文化价值和实用价值，是资源，也是财富。

从经济价值来看，这些历史建筑具有岭南特色，富有中国传统建筑的美，可转化为旅游景点，宣传中华文明，吸引中外旅客观光休闲，促进香港的旅游业。从前殖民地时代的香港，青少年长期受西方文化的影响，普遍对本国文化认识贫乏，民族意识薄弱，迷失自我。保养好新界的传统建筑有利于对本土文化表述，爱国爱乡，

更深层意义是在于教育下一代，使之明白到中国文化的渊源和身份的认同。

（三）香港历史建筑的定义与级别

1. 香港历史建筑的定义

按照香港特别行政区政府古物古迹办事处作出的定义，历史建筑是："简单而言，文物建筑是我们文化认同及延续的象征，现代人无不对于它们的结构特色感到惊叹。文物建筑更具有多方面的学术研究及审美价值。香港的文物建筑种类繁多，其中包括瑰丽的传统中式祠堂和西式住所，以至拥有独特功能如水务工程的建筑。建筑物的风格、选址、物料的使用和种类均受到社会信仰、传统、思想及文化的影响，因此透过研究文物建筑，可发现其中包含的艺术与人文讯息。"

2. 历史建筑的分级

根据香港古物咨询委员会第一二九次会议（公开会议）记录，香港历史建筑级别的评定是以下 6 个元素评定，包括：

历史价值：在某段特定时间的历史意义；

建筑价值和组合价值：设计特色、综合性规划和建筑群建筑风格；

社会价值和地区价值：曾举办的社会活动、市民的集体回忆、与特定社群之间的联系和会否认定为重要象征性或视觉上的地标；

真确程度：真确原貌；

罕有程度；

其他评语。

早期的香港历史建筑名单并不向外公开，只供政府内部参考，不可引用为强制保育香港历史建筑的依据，据古物古迹办事处认为由于内容敏感，当中涉及私人物业，评级会对物业造成影响。基于近年民众的强烈要求，民政事务局于 2007 年 1 月 9 日正式公布了三个级别香港历史建筑的部分清单。

根据古物古迹办事处的定义标准，香港历史建筑被分为三个级别，这是由古物咨询委员会开会评定的：

一级历史建筑：具有特别重要的价值，必须尽可能予以保存（目前已公布有 117 幢），新界沙田曾大屋（本名山厦围）是一例。该围是香港唯一方形堡垒式建筑的客家围，建于同治年间，四面围墙环绕，墙基及墙身均以青砖叠成，高数米，正门上装连环铁闸门，上有门楼，可登围墙，围墙四角筑有炮楼，围墙下为屋舍。围屋主要部分为中轴之前、中、后三厅，各厅之间为天井所隔；前厅出口为全围屋正门，门以铁铸造，上部由铁枝扭花所或，下镌铁板。前厅用以安放杂物，中厅为正厅，用作会客，亦作议事厅用，后厅为祖堂。正门左右另有道门两个，皆装木门。各厅左右横屋为连接成排的住屋，每排有屋九间，共五十四间。围墙外原有护河环绕，外有木桥与外连接。

二级历史建筑：具特别价值，必须选择性地予以保存（目前已公布有 185 幢），新界元朗屏山仁敦冈书室是一例。该书室又称"燕翼堂"，约建于同治年间，曾为私塾。书室是两进建筑，门屋和正厅都是三开间，有两边厢房，中间为一天井。目前两边厢房已改建为混凝土结构。

三级历史建筑：具若干价值，但还未足以获考虑保存（目前已公布有 194 幢），新界元朗厦村友善书室是一例。建于道光年间，书室分前院及正堂，两旁有侧室建筑。1984 年重建为混凝土结构。

3. 香港法定古迹

古物咨询委员会和香港特区政府主管部门会及时对具有非常重要价值的历史建筑物，向行政长官汇报，并申请批准将其列为香港法定古迹，随后由宪报公告宣布，受香港法例第 53 章《古物及古迹条例》所保护，任何人不得干扰这法定古迹，所有保护古迹的管理和维修全由政府主管部门负责。

评定为法定古迹一般需要经历以下步骤:

第一步:主管当局如认为建筑物或构筑物因具有历史、考古或古生物学意义而符合公众利益,可咨询古物咨询委员会,并获行政长官批准后,藉宪报公告宣布该处为古迹、历史建筑物或考古或古生物地点或构筑物。使建筑物或构筑物能够列为香港法定古迹,从而受到法例保护,任何人不得干扰这法定古迹。

第二步:刊宪前,该主管当局须将宣布位于私人土地范围的古迹的意向书面通知,连同清楚显示拟宣布为古迹的位置的图则,送达该私人土地的拥有人及任何合法占用人。

第三步:该拥有人或合法占用人可在通知送达后1个月内或在行政长官就个别情况所容许的较长期限内,向行政长官提出呈请,反对该项拟作出的宣布。行政长官会同行政会议作出的指示,即为最终决定。

第四步:主管当局可在事先获行政长官的批准下,支付款项予古迹的拥有人或合法占用人,以补偿可能蒙受的经济损失。

第五步:补偿额由主管当局与暂定古迹或古迹的拥有人或合法占用人协议;在没有协议的情况下,拥有人或合法占用人可向区域法院申请评定应支付的补偿额。区域法院可应上述申请而按情况判给申请人区域法院认为合理的补偿。

然而特区政府在推行文物保护的政策时,一向都没有采取强硬的态度。虽然政府可按条例在宪报公告宣布私人的历史建筑物列为法定古迹,却订出了一些较具弹性的保障措施,通常在宪报公告宣布前与业主作非正式磋商,有时双方却难以达成协议。尤其在处理新界的历史遗迹时,需要特别审慎,因为新界居民的业权,是受香港法例第97章《新界条例》保障的。

元朗厦村邓氏宗祠和粉岭龙跃头觐龙围门楼都是新界传统建筑成为香港法定古迹的例子。

二、新界历史建筑的保护近况

香港新界现存历史建筑不多,却面临更严峻的挑战,具体如下:

有些历史建筑被无情地拆去;

缺乏保护古迹的意识和修缮经验的技术人员;

错误地修复,没有按原样保存,以致古迹顿失其意义。

新界文物建筑保护面对的问题包括:

历史建筑内居民为改善生活而造成的破坏。随着生活水平的提升,历史建筑已不能符合现代生活需求,村民纷纷把破旧的楼房拆去重建,由于在原址重建,可采用1972年12月1日实施的“新界乡村小型屋宇政策”,兴建一所面积700方尺以内高25尺以下的乡村小型屋宇不须经一般的建筑审批制度,专业人士设计的建筑图纸只要交当时的新界理民府(现今的新界政务署)审查后便可施工,手续相当简单。大量的民居、祠堂、书院和庙宇在这种背景下被大改大拆,酿成了不可挽回的损失。

(一)历史建筑因经济利益被洽购

香港土地供应缺乏但人口众多,随着20世纪70年代卫星城市的发展,城市化的进程不断加快,地产商提供物业的洽购价,比古物主管当局给予有文物价值的户主的补偿要高,这种现象影响到古物古迹办事处为保护文物而收回土地和物业的工作成效。重建后的物业的租售价值亦大大提升,相对地鼓励户主对历史建筑的重建。从图1可显示地产商的洽购建议和出售公产的批准程序,这张公告张贴在一个有一百多年历史的书室外墙。

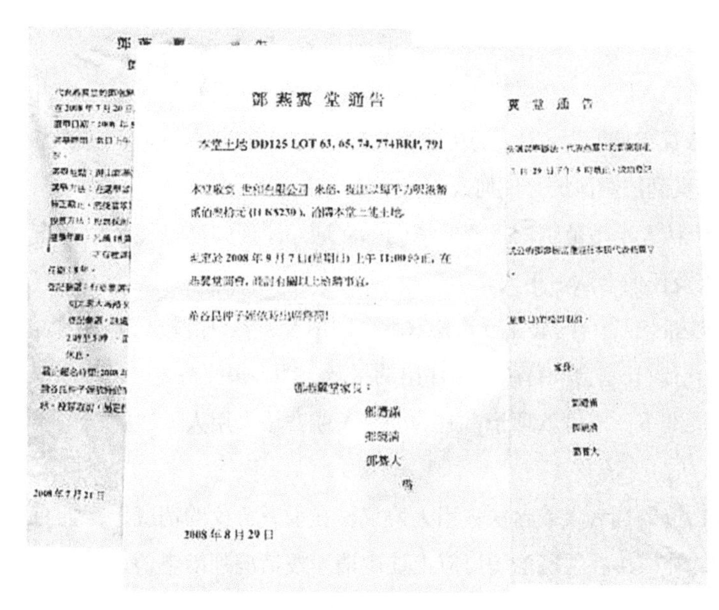

鄧燕翼堂通告

本堂土地 DD125 LOT 63, 65, 74, 774BRP, 791

2008 年 8 月 29 日

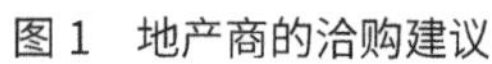

图 1　地产商的洽购建议

图 2　法定古迹的围墙被破坏

（二）历史建筑非妥善修缮而造成的破坏

历史建筑被无情地拆去，是和缺乏保护古迹价值的认识和缺少古迹修护经验的技术人员有关，破坏性的修复，以致文物价值大打折扣。另外，本来法定古迹的修复，香港特区政府内部有一份认可专业顾问和认可建造商的名册，所有维修的项目只可由名册上的认可单位承办。不幸的是这份名册没有公开，所以私人在聘请修复本身的文物建筑时，往往所托非人，造成文物的破坏，例如具有一百多年历史位于青山的青云观便被错误地拆卸重建。2003 年公告的《中华人民共和国文物保护法实施条例》第 15 条已规定，承担文物保护单位的修缮、迁移、重建工程的单位，应当同时取得文物行政主管部门发给的相应等级的文物保护工程资质证书和建设行政主管部门发给的相应等级的资质证书。

（三）对历史建筑的漠视与无知造成的破坏

在现有的破坏缘由中，最主要的破坏莫过于对历史建筑保护的漠视与无知，这与香港殖民历史密切相关。殖民地时代的香港，人们长期受西方文化的影响，普遍对中国传统文化认识贫乏，民族意识薄弱。近十年，香港市民渐渐认识保护古迹的价值，可惜的是，往往被引导去关注对他们有历史回忆的近代西方建筑，如中环皇后码头、中区警署和维多利亚法院，却忽视了民族文物建筑的保护。有些村民往往因个人利益，偷偷地破坏法定古迹的文物建筑（图 2），可见户主为了扩大重建房屋的可用空间，把已成为法定古迹的围村围墙移去部分以提供房屋墙壁所需的空间。由此可见香港特区政府有些部门对本土对历史建筑保护意识还不是很看重，监察措施还不是很完善，所以政府在推行文物保护的政策时，原可按条例在宪报公告私人的历史建筑物列为法定古迹，宜采取强硬的态度。另外，对已列入法定古迹要经常严密地检查。

三、保护新界历史建筑的前瞻

从 2006 年保留旧中环天星码头抗争事件看来，多数香港市民已认识保护古迹的重要性与必要性，也表明了特区政府保护文物的决心，特区政府于 2007 年 7 月 1 日成立了发展局，负责规划、地政和工务的统筹文物保护工作，促成两者之间的平衡，作出清晰的文物保护政策声明。在2007年9月25日香港特区行政会议建议，经行政长官指令采取以下声明，作为文物保护的指引：“以适切及可持续的方式，因应实际情况对历史和文物建筑及地点加以保护、保存和活化更新，让我们这一代和子孙后代均可受惠共享。当然，在落实这项政策时，应充分顾及关乎公众利益的发展需要、尊重私有产权、财政考虑、跨界别合作，以及持份者和社会大众的积极参与。”为达到这项重要的政策目的，会陆续实施五项主要措施，涵盖公营和私人领域两方面，计有：

在公营方面，规定所有公共工程项目在项目最初阶段便进行文物影响评估；

推动活化再利用政府拥有的历史建筑；

以私人拥有的历史建筑为目标，推展一些合适诱因，推动保存私人拥有的历史建筑，从而在文物保护和尊重私人发展权益两者中谋取平衡；

凸显伙伴合作关系，造就更多机会让市民参与文物保护，提高古物咨询委员会的透明度，并让公众参与订定各行政措施的细节；

在发展局辖下开设文物专员办事处。文物专员将协调文物保育工作，并建立本港和港外联系网络。

然而上述措施，纯粹为满足保育抗争者的需求而制定，为更好地保护，笔者认为下述各项仍应同步落实。

（一）加强对新界历史建筑的认识

引发抗争促使香港特区政府重视历史建筑保护的先驱，是文物保护学者和相关的社会团体，例如香港长春社。不幸的是，他们都忽视了本地传统文化的中国历史建筑。可喜的是，今年9月立法会议员竞选时，多位候选人都把文物保育列入竞选政纲中。只要启发他们对保护新界历史建筑的认同，便可带动市民和政府的认知。

（二）尽速完成对文物建筑的评审

古物咨询委员会委任的专家评审小组正就1400多幢文物建筑进行评审，当中约500幢历史建筑已评级及公布，另900多幢应尽速完成文物建筑的评审，制订合适的保护方法，方便政府和公众监察，避免重蹈景贤里事件的覆辙。景贤里这个具近代岭南特色的建筑在未完成评级前遭到破坏性的改建，门楼顶和围墙顶的琉璃构件几乎全部打烂，多数的梁头和部分檐下斗栱也被打烂。据专家评估，景贤里的大门、楼梯的柱、长廊的门等，已无法补救，经复修后最多只可回复八成艺术面貌。

（三）加强与业主的沟通

完成文物建筑的评审后，透过目前宣称的监察，政府应主动与面临倒塌或破坏威胁的文物建筑的业主商讨，找出最合适的解决方案。具体措施如下。

1. 提供维修资助

向私人拥有的已评级历史建筑之业主提供资助，使他们可以自行进行小型维修工程，从而使这些历史建筑不致因日久失修而破损。作为接受资助的先决条件，建筑物的业主须接受若干条件，包括在维修工程完成后的协议期限内，不得拆卸建筑物、不得转让建筑物的业权及容许建筑物作合理程度的开放予公众参观。维修前须向政府提交报告，及允许政府的代表在施工期间和竣工后视察有关的维修工程。

2. 减收地价

用以鼓励发展具有文物价值的地点，将一向按土地面积计算的地价按一定比例减收，对于保护全区而非零星地点的文物起激励作用。

3. 地积转移

政府为保留部分的衙前围村，接受了参与保护文物的发展商“地积转移”的设计方案，在可建的范围内提高地积的比率。

4. 换地

政府为保留整个景贤里，开创了“以地换地”的先例。这种通过合理的经济补偿，使私有财产与社会利益之间达至平衡的机制，将对香港的文物保护产生重大的推动作用。

5. 经济赔偿

支付款项给予文物建筑的拥有人或合法占用人，以补偿可能蒙受的经济损失。

（四）按条例在宪报公告宣布私人的历史建筑物列为法定古迹

列为法定古迹的建筑物享有香港法例第 53 章《古物及古迹条例》的保护，任何人不得干扰这法定古迹，所以政府应采取强硬的态度宣布私人的历史建筑物列为法定古迹，纵使对簿公堂亦要争取，冀望定成案例和引发民众关注，有利于往后与业主商讨。

（五）准入制度的订立

避免建筑物被破坏或错误地修复，有必要参考外国和内地制定文物保育从业人员和单位的准入制度，尤其着重中国传统建筑保护的能力，这方面的人才在港不足。所以目前政府的重要文物修缮项目，都聘请内地专业人员作顾问并引进内地技术工匠。笔者认为短期的解决办法是公开政府内部认可专业顾问和认可建造商的名册，能起到立竿见影的效果。

（六）设立文物保护信托基金

目前法定古迹和已评级历史建筑全由政府和业权人管理，专业性不强，同时保育经费由政府支出和慈善团体赞助，远低于实质需要及有效的规划。欧洲各国采取设立文物保护信托基金措施来统筹管理和策划，取得成效，笔者认为可以为香港传统建筑保护所借鉴。

参考文献：

[1] 屈大均 . 广东新语迁海条 .

[2] 新界大埔龙跃头邓氏族谱 .

[3] 香港古物咨询委员会第一二九次会议（公开会议）记录 . 2007.

[4] 香港特别行政区律政司 . 古物及古迹条例 .[Z]2005.

[5] 国家文物局 . 中华人民共和国文物保护法实施条例 .[Z]2003.

[6] 2007 年 10 月香港特区政府发展局呈交立法会参考资料摘要：文物保护政策 .

[7] 蔼蓝 · 艾波林 . 文化遗产：鉴定、保存和管理 [M]. 刘蓝玉译 . 台北：五观艺术管理出版社，2004.

第八章　旅游文化与游览建筑研究

罗浮山朱明洞风景区规划构思

"全国区域旅游开发和旅游地图"学术会论文，原载于1989年《全国区域旅游开发会议》，与陈广万合著

罗浮山是我国十大名山之一，地处珠江三角洲边缘。汉史学家司马迁称之为"粤岳"，与西樵山并列为"南粤二樵"。以山势雄伟奇特见著。自秦开发以来，便是岭南旅游胜地，"始游者安期生，始称者陆贾，始居者葛洪，始疏者袁宏，始赋者谢灵运。"李白、杜甫、李贺、刘禹锡、苏轼、杨万里、汤显祖、屈大均等历史文人都有赞美罗浮山的名篇。

朱明洞在罗浮山南麓，由其他狮山、象山梅花山、马山环抱而成。朱明洞在道教上称"朱明耀真之天"，为"第七洞天"，秦朝安期生是这里的开山始祖，后朱灵芝、葛洪也在这里修道炼丹。明代礼部尚书湛若水曾在此建精舍讲理学，"以游者三千余人"，"于时讲学之盛，海内莫有过于罗浮者。"

朱明洞内山丘环护，泉池水清澈，树木繁茂，奇石拥立，珍禽飞鸣，"周年有不谢之花，四季有常青之草，"环境极为清幽静，奥雅而神秘，实为罗浮山奇观之精华。

一、朱明洞景观之形成及其特色

朱明洞气象万千，景观丰富，系有"神仙洞府""泉源福地"之称。洞天内，移步景换，处处成画，然而历史上形成的著名观景有：

（一）冲虚古观

冲虚观是罗浮山五个道观中历史最久、规模最大的道观，北靠罗浮山主峰山脚，南面白莲泡，殿宇掩映于苍松翠柏之中，两侧有狮山和象山拱卫，气势非凡。观为二进三路，正殿供奉"三清"神——元始天尊、灵宝道君，历代为道教圣地，香火鼎盛，游客如云。

冲虚观始建于东晋咸和年间，原为葛洪修道处，葛洪尸解赋仙后，晋安帝义熙初（公元405年）置"葛洪祠"唐天宝年间扩建为"葛仙祠"。宋元二年（公元1087年）哲宗赐"冲虚观"匾额，故名，经历代修建扩大，现有建筑面积约4200平方米，相传杭州西湖的黄龙洞和香港的黄大仙观都是从这里分支出去的。

冲虚观是岭南古观的典型建筑，由多院落组合成为外封闭开放的空间。右偏院为道士静居所在，左偏院"客堂"前，有"长生井"，泉水甘洌甜美，相传经常饮用，可健康长寿。古人有诗云："传闻地献宝，灵液出凤草，每日汲三升，何必安期枣？"

现存冲观多为清式建筑，木结构尚保存完好，白墙、灰瓦、琉璃屋面边饰，琉璃正脊为清代石湾名陶匠吴厅玉等精心塑制，内容多是结合道教的历史典故和神仙传说，"三清宝殿"顶的"双龙戏珠"，更是生动传真。

古观庭院清幽朴雅，奇树繁花叶影多。侧院丹桂飘香，瑞气蒸腾。宋代增城单县君有《冲虚观》诗句："雄峰峻峙焕朱明，元圣清虚此耀真，地静无人闲日月，山高举首近星辰。"

（二）葛洪炼丹与洗药池

炼丹灶与洗药池在冲虚观右侧，炼丹灶由花岗石砌成，其合座为八角形，依易经八方位，各面雕有乾、坤、

震、巽、坎、离、艮、兑符号，上下还刻有麒麟、瑞鹤、葫芦和嘉树行云等图案。台座上为四方亭式石构建筑，攒尖顶，上有葫芦，四角起翘，四拉雕有云龙，形制古朴，属明式，而正方壁面书雕有“稚川丹灶”四个大字，为清乾隆年间广东督学吴鸿所书。离丹灶不远，有一巨石，上刻“丹以祈寿世”字样，为朝鲜旅入金秉熹所题。

洗药池距“稚川丹灶”约两丈，为石砌八字形水池，池旁有一巨大自然花岗石，谓“钓鱼台”。巨石出桃临池，上刻“洗药池”三字，石上还有清末爱国诗人丘逢甲于1910年秋题咏：“仙人洗药池，时闻药香发，洗药仙人去不还，古池冷浸梅花月。”据《罗浮山志》载：“书堂坑南，有石臼三、药槽一，乃葛稚川炼药之遗石，槽亦天成，槽下为一瀑布，旁多红翠鸟，一名特药。”葛洪常登山采药，归来在此洗药是可信的，而八角池是后来砌成。

（三）洞天药市

罗浮山地处北回归线，高峰幽谷，终年云遮雾障，有植物三千多种，其中药用植物1240种，较珍贵的有金耳环、救必应、还魂草、金锁匙、巴戟、灵芝、黄精等。民谣云：“罗浮十八面，面面有珍宝；若然无菖蒲，也产黄连与甘草。”是岭南著名天然中药宝库。

葛洪在《抱朴子》中云：罗浮山“篱陌之间，顾盼皆药”，“草石所在皆有”。他在《金匮药方》《备急方》中也记述了罗浮山的许多药名。

苏东坡贬谪惠州时，亦曾在朱明洞锄药圃，对罗浮中药大为赞誉，写有《小圃五咏》诗吟咏人参、甘草等。现存“东坡亭”估计是明建清修建筑。

屈大均在《广东新语》中记述广东有四市。其中“一曰药市，在罗浮山冲虚观左，亦曰洞天药市。有捣药禽，其声叮当如铁杵臼相击。一名红翠，山中人视其飞集之所，知有灵药。罗浮故多灵药。”可见罗浮药市之盛名。历代药民上山采草药后，经制作炼取成方，就在朱明洞行市买卖，“洞天药市”由此名传。据传唐代武则天曾派人到罗浮，建平云阁，企图提炼“长生不老药”。民国时陈济棠亦曾在此开设制药厂。为方便上山药民宿，曾建造峰石楼，至今尚存。20世纪70年代，罗浮山下长宁圩，兴建了“广东罗浮山制药厂”，利用当地丰富药物资源，制炼了多种名药，搜集整理了许多民间古秘方，继承了药市传统，中外闻名。

（四）“桃源洞天”与“别有一天”

从洗药池沿迳登山，则见路旁岩石上刻有“桃源洞天”四字，山路两边巨卧立，勿宽勿狭，山泉水蜿流而下，野花山蕨攀藤蔓衍其间，一石迎面，上刻“云游”，迂迴石巷，石壁森森，转弯处又有“蓬莱径”石刻，顺石梯而上还有“登云梯”“别有一天”等摩崖石刻，均由名道士古空禅、闲空子所书。字迹刚劲，野趣横生。

过了“别有一天”，只见迎面危崖上悬立一巨石，上刻“飞来”二字，此石上大下小，若即若离，势气欲动。传说明时冲虚观有一道士正在洞中打坐，忽风雨大作，雷电交加，地动山摇，风雨止后，只见一巨石巍然挺立于崖上，不知何而来，故曰“飞来石”，或是因当时地震，巨石从山上滚下巧立以此而成佳景。

“桃源洞天”以深幽取胜，想当年，洞内桃树遍坡，春来花开，一片绯红，落花时节，花瓣飘洒泉涧，景观是相当动人的。有诗云：“繁花片片随流水，深涧冷冷见碧桃。”

历代文人学士对罗浮山朱明洞风光评价都甚高，这里山高、水清、林密、径幽、景秀、石雅、寺多、暑凉、药灵、兰香、蝶美、云深，这种境界确实使人神思，壮观而又玄奇。难怪被称为“仙山”。唐代李白有“余欲隐罗浮，犹怀明主恩”的心愿，杜甫有“甫欲养老于罗浮山”之说，李贺写有《罗浮山人与葛布》篇。宋苏东坡谪居惠州三年，但“杖履罗浮殆居其半”。其《初食荔枝》诗云：“罗浮山下四时春，芦橘杨梅次第新，日啖荔枝三百颗，不辞长做岭南人。”历代赞美罗浮山朱明洞的诗篇数以百计。朝野名士都以游罗浮为快事，景以文传，罗浮身价日增。

近代名人兴游罗浮山的也颇多。1921年底，孙中山先生偕夫人宋庆龄，与廖仲恺、何香凝夫妇，以及魏邦平、伍廷芳等，曾坐小汽船沿东江面上，转石坳至横河圩，再乘舆轿游览了冲虚古观、白鹤观等名胜，并作了题赠。

总之，朱明洞以“清、幽、秀、雅”的景观特色称著。冲虚古观是全国道教圣地，稚川丹灶与洗药池在世界化学史和药学史上有相当的地位，洞天药市在全国久负盛名。自然景观与人文景观相辅相成，相得益彰。追溯历史原由，领略风土人情，饱览山光水色，博采逸闻趣事，品尝风味特产。实为游朱明洞之大宗乐事。这正是朱明洞之综合旅游资源特色所在。

二、朱明洞风景区规划构思

朱明洞是罗浮山的景区中心，是精华所在，其丰富的风景名胜资源，构成了它旅游的优势，如何利用这些资源，合理安排景区，发展旅游事业，是当前非常迫切的问题，我们通过勘探和调查，作了一些设想，总的规划思想是：充分保护现有文物，保护与开发并重，逐步恢复原有著名景点，积极开创新景区，突出个性，讲求意境，完善旅游设施，把罗浮山建设成为名山型、岭南型、“洞天福地”型的旅游胜地。以神奇、野犷、幽静、奥藏取胜，突出一个“药”字，关注一个“泉”字，落实一个“趣”字。把远期与近期结合起来，把历史与现实结合起来。

按上规划思想，我们初步对朱明洞西北角景区作了一个规划以作探讨实施。总的构思要点如下：

（1）修复和利用冲虚古观——把其规划成岭南道教旅游中心。

历史文物古迹的教育和认识作用大小，取决于重视历史环境的深度和真实度。为使游人认识史现象和价值，应把冲虚古观按原来历史面貌，“修旧如旧”地修复。增加内容力求慎重，与道教无关的东西，考虑远离。近年来经政府拨款和港澳道友资助，基本按原样修复了大殿、照壁、廊、道房，重现了道场肃穆、玄秘的情调。现规划在其四周多种松柏，以避闹与灰尘，还其“深山藏古寺”的原风。在古观与白莲池之间腹地，恢复一些碑、亭榭之属以缓冲人流拥挤和作为道场活动，道士与游客可在此得到广泛接触和交流，增加宗教人文景观，游人也可增加游兴和增添宗教知识。

（2）保护丹灶和洗药池，恢复一些原有古迹景观。

东晋时，葛洪弃官就道，在此炼丹采药救世，又在此总结了我国战国以来的道学理论，写出了《抱朴子》名著，在世界史学上颇有影响。丹灶与洗药池是唯一与葛洪生活与学术相联系的古迹，虽现存遗迹是后人所建，但也是可贵文物，规划时，绝对按原样保存，四周的地势山石力求不变。但为便于保护与管理，周边加设围墙，在隔中求变，营造特殊历史环境空间，用简朴的便门与冲虚古景观点取得方便的联系。

据史料记载，葛洪用以炼丹之所有丹房，四壁有高墙丈八，挂有宝剑古镜等物，结合现状，我们在现丹灶的北边恢复一座丹房，其内象征性地陈设一些东晋时的棋台书剑，房中还可复制当时炼丹之“末济炉”（金鼎），还其历史本貌。为纪念葛洪的功绩，还在附近建葛洪纪念馆和葛洪塑像，展示其炼丹、修道、著作、治病，以及其夫人鲍姑的生活事迹，其间联廊与息亭可补充面积之不足和围合景观。

（3）东坡亭的修复与东坡山房的重建。

苏东坡对葛洪非常敬仰，在惠州时，经常到罗浮山来寻访葛洪事迹和学道炼丹，自称“东坡之师抱朴老，真契早已交前生。”他和儿子苏过在“稚川丹灶”附近搭建了“东坡山房”，并立炉炼丹。现山房无存，址也无可考，估计是在现“稚川丹灶”之北“书堂坑”附近。现存东坡亭是明清时后人为纪念东坡而建，已残破，按原祥修复，可作中心主景物。

现规划恢复之东坡山房在东坡亭之西北，彼此成为轴线，另在其北建东坡药堂，其南建罗浮春酒房。据史料记载，苏东坡曾根罗浮隐士推荐的古酒方，在东坡山房附近，酿出了“玉色香味”，超然非人间物的桂酒，并兴致勃勃地写了《新酿桂酒》诗。

苏东坡在《杂书罗浮事》中记述了一件趣事：一个月夜，道士邓守安伴仙人“吕洞宾”来访。他拿出一坛“真一酒”，三人借酒兴击节高歌，天将明，吕仙告辞赠送“真一酒”酿法一书。东坡按此方，终于酿造了醇香的“真一酒”。规划中的“真一亭”正是对东坡行迹浪漫的怀念表达。

苏东坡贬居罗浮，寄情山水，酿酒品酒是他生活的主要方面，他写有《酒经》。美酒酿成，每把盏当风，一醉方休，以消愁壮志，请“人间何者非梦幻，南来万里真良图。”他的诗与酒是不可分的。他在赠酒冲虚道士邓守安时附诗云：“一杯罗浮春，远响采薇客；遥知独酌罢，醉卧松下石。幽人不可见，清啸闻月久；聊戏庵中人，空飞本无迹。”这种意境，力图在规制和书画陈设中反映出来。

苏东坡在罗浮时对罗浮中草药酿盛为特赞，写有《小国五泳》诗，对药理和种药圃艺都有深刻的认识，可刻碑置于院中。其他规划的碑廊可用现代书法铭刻历代与罗浮有关的药方和酒方，以宣罗浮灿烂的地方文明。

东坡曾在山房附近躬锄药圃，为重现历史环境，规划中将建筑四周空地辟为药用植物园，是生产，也是景观。药用乔木、灌木、藤木、草本并茂，搭配成景栽。圃中引泉灌药，利用地势高差形成泉瀑，流入洗药池，增加动势，美化景物。现在公路改为蹬级小道，道旁筑往篱造柴门，重现葛洪所著《抱朴子》“篱陌之间，顾盼皆药”的意境。石间草地皆种药，构成处处有宝，步移景换的情调。

（4）建药史博物馆，增加旅游内容，创造条件使罗浮山成为全国药史药物研究中心。

中药、中医在中国有着悠久的历史，是世界文明史的重要组成部分。罗浮山可以说是岭南天然最大的药物植物园，是历代中药研究和制作的重地，也是南药的宝库。在这里建造药史博物馆，存放全国中药史料和研究中药很有条件。本规划在“书堂坑”台地上建药史博物馆正为此创造条件，这里环境清静，后近山路，交通方便，与东坡山房上下错落，组成建筑轴线群组。药物研究中心可以将蓬莱阁和浮山海楼改建而成，山脚种竹，若隔若聚，别有风趣。

（5）重建罗浮药市，药膳和举办“华夏中药节”——供观光游览，并选购和服用中药，使罗浮山成为独特中华文化特色的旅游胜地。

中药是中华之国粹，炎黄子孙为之自豪。药膳起源于中国，已有三千多年的历史，它由药物、食物、调料三者组成，取其药性，食之其味，兼有药物功效，且食品其美味，能强身、治病、长寿。目前为世界许多国家所重视。在“瑞花遍地，灵药千丛”的罗浮山建药市、办药膳最为适宜。

在朱明洞冲虚古观右侧，据史载本有药市，现在规划中将旧茶室之山沟腹地改建扩建为药市、药膳。顺山沟台地建成古朴的药街，有看、有饮、有吃、有卖，自由交易，各得其所。规划成行、成肆、成廛、成店，重现山区买卖的人情风物，招揽四方来客，把药物生产、采集、市卖、饮用、展观结合起来。

广东每年有秋交会和民间欢乐节，展销效果颇佳，利用图中规划的药市，可每年在此举办“华夏中药节”，以召集中外药客，交流国际药物，互通药行信息。到时也可邀请中外名医，在此“挂牌”行医，现示各方医术贤能。

（6）新建兰圃与盆景园，以增添游览内容，分散游客。

罗浮山是华南野生兰的主要产地，有墨兰、素心兰、板兰。在深山幽谷泉洞中时有发现，北麓梅谷和小蓬莱溪畔尤多白墨兰，其叶莹、香远、花高，闻名于世，兰又可入药，故在药市北山坡上规划一片兰圃。此带树高坡，阴幽而通风，宜植兰，在室内室外，树下石旁摆植兰地，可观，可游，可购，可茶，设路亭棚架以供游憩。

盆景又称“立体的山水画，无声的山水诗”，在世界上一时流行。罗浮山盆景资源非常丰富，“树仔头”有榆、紫薇、九里香、酸味、松等，已有相当的造盆景历史。本规划拟在兰圃西建造盆景园，既生产又观赏，两全其美。

（7）建置购物商场与娱乐中心，以热闹旅游气氛。

罗浮山属山区避地，夜尽人稀无去处，如何广招游客，使游客留得住，玩得好，有现代综合旅游的新潮，确实是个大问题。本规划拟将原旧礼堂（近旅游住宿区）改建为娱乐中心，设舞厅、影院、游戏、酒吧等，在其前面广场建合院式购物商场。游客可在此购买地方特产和工艺商品，并可定时开墟，召集当地家民在此做买卖。

（8）其他设想：

修整和恢复桃源洞天和两仪洞景点——在内种桃树，修整曲迳，挖深洞穴，建亭桥和栏座。

理顺景区道路——路不宜直，不宜大，不宜大开土方，保存原有山区石路风貌，在路旁种竹摆石，石顺地势高低参差，有“山回路转，柳暗花明”意境。

增文人题咏——在自然石上，或院内立碑雕刻史诗，新句，匾词以点景。设空白碑，以满足游人（或单位）在名山留迹的愿望。

广植花木——林深花艳是罗浮的本来面目，本规划力求多造林。按史料，罗浮有龙钟竹、罗汉竹、四方竹、筷子竹、茅竹、箪竹、楠竹……可恢复成林。据史载，罗浮有“御贡柑”、沙棠、柑橘等名果，也有名荔枝（桂味、桂缘、妃子笑）、表梅等，在朱明洞空地造柑园、梅园、荔枝园。

养育和招引鸟——据史载，罗浮山有红翠鸟、水鸭、白鹭、白鹤、金丝猿等。能保护、引种招引山中野生禽兽，则可增加山乡野趣。山中野味鱼虾亦可满足游人口福。

建筑形式的探索——从罗浮山朱明洞历史发展而言，与文物古迹有关的人物，追求的都是清淡、玄泊、虚静的艺术境界，建筑空间宜以山居朴雅自然，清敞之风韵，形式宜仿竹、木、石为主。布局采取散而隐、变而通、低而小的格局。

罗浮山是华南很有开发前途的旅游胜地，工作才刚起步，希望得到各方人士的关注和支持，本规划方案只是抛砖引玉而已。

岭南名山西樵山的历史文化内涵与开发模式刍议

原载于2003年《广东园林》

西樵山在广东南海市境，离广州约40公里，它与罗浮山齐名，有“南粤名山数二樵”之誉。因地处珠江三角洲平原，巍峨挺拔于河涌交错的一望平畦之上，其山体有七十二峰，如莲峰簇瓣，钟灵奇秀，妩丽清毓，似仙山，有盆景式的美韵。

西樵山直径约4公里，面积约14平方公里，主峰大科峰海拔344米，是一座古火山，山之地层是岩质疏松易储水的凝灰岩，故能形成众多的湖泊、泉瀑与岩洞。自然景观千姿百态，处处可见奇崖凝翠，泉流飞瀑、锦石悬空、湖光岫云，屈大均在《广东新语》中有“盖不知山在水中抑水在山中矣。”

岭南人开发西樵山始于原始社会，从考古发掘证实，早在四五千年前，岭南人祖辈就在这里制陶、狩猎、捕鱼、种植。被称为“西樵山文化”，铭刻着岭南人早期战胜自然的光辉业绩，是珠江流域走上文明的灯塔。

唐宋时期是西樵山的大发展时期，山下官山镇已依山傍水成形，唐代诗人曹松曾隐居山中教民种茶，好些文人方士在山中结庐讲学，建寺选庙，修行炼丹。宋人有诗云：“碧王峰边多胜迹，西樵奇胜岂虚传。”

明清之际，西樵更是人文荟萃、卧虎藏龙之地。明正德、嘉靖年间，学者湛甘泉、方献夫和霍韬等在大科峰研究和讲述理学；白云洞有何中行父子在此隐居读书，陈白沙、吴廷举、李子长、欧大任、戚继光、陈子壮、陈恭尹、黎简、朱次琦、康有为等文人雅士均在西樵山留下遗迹。明清时山中有庙寺观宫30多间，大型书院四间，山村八处，亭、台、楼、阁、桥、井、碑刻等无数，文物景观遍山布野。

近几十年来，西樵山在发展和开拓中有所成就，也存在着问题。鉴于面对未来的开发，曾有如下思考，供有关部门参考。

一、关于地位与性质

西樵山在珠江三角洲的中心，是百越文化发祥地，岭南山水明珠，风俗的画卷，也是广州的前花园。

西樵山的开发应以旅游为主体，结合珠江平原的生态保护。它的定格首先是历史文化名山，其次是美好的自然景观。故作为旅游性质，是否可提为：具备岭南文化特色的山林水乡风景名胜旅游区？

西樵山的规划宜纳入珠江三角洲健康、可持续发展的经济规划框架之中，高标准、高要求确定其综合开发潜力，是广东旅游发展战略之重点，与国际旅游业相接轨，由自己的特有资源确定特有的旅游项目。

二、关于范围和幅地

从现代经济大旅游观念出发，发展应是综合的、地区的、整体的，资源的利用要合理和高效益。把分散、小型、粗放、低质的行业部门向集中、联合、优化结构过渡，增加竞争力。

规划范围宜扩大、包括一山（西樵山）、一镇（官山镇）、一岸（珠江西岸）、一岛（平沙岛）。面积约180平方公里，人口十万以上。

官山镇作为南海的一个行政管理重镇，宜与旅游区统为一体，把官山镇建设成全方位为旅游服务的旅游城，是旅游后勤基地，用现代化高科技手段协调旅游业和其他行业的发展。

三、关于特色与功能分区

西樵山属风景名胜旅游区，以自然美为本色，主调应是它原有雄奇、灵巧的山崖洞穴，静谧、清雅的泉流溪回瀑响，幽秀的山林野花。古代原有的道观、佛寺、书院在山间交替出现，在造型和景观上得体优美，起“天然图画”的点睛作用，这些人文历史内涵可以引导人们去联想，扩大和延伸了时空。这正是西樵山的价值精华所在。

西樵山原有的功能是避烦嚣、寻野趣、陶心胸、养静气、探美景、修健身、研学术、读诗书、超尘俗、寄情怀等。当今的功能宜在历史功能上加以变革和丰富，增加一些为广大劳动群众休闲、度假、娱乐和爱国主义教育等功能。但它的步行游览情调，让游人亲近山林，回归自然和怀古探幽的基本功能不宜变，山上新建筑尽可能少、小、蔽、散、古朴些。

开发重点宜在山下，官山镇可改造发展为旅游城，把服务设施、管理机构、文化娱乐、旅游工业都放在这里。是吃、住、行、玩、购的中心所在。离山较远处还可适当建些高层建筑，作为现代人造山与西樵山对峙，可以是现代化的金融商业地带，与西樵山景观组成起伏的轮廓线。

靠珠江一带宜开发为度假别墅区，招引旅客在此休闲、会议和文化娱乐活动等，建筑宜以低层为主，为防北江洪水可采“干栏”式建筑和采用水乡渔村式的布局，穿插自然，轻盈通透。

平沙岛是未开发的江中小岛，宜独自规划或为独立的小岛游览度假区，可设水上俱乐部，设钓鱼、飞船、水乐等旅游项目，有仙岛隔世的意境，有水上人家淡泊的气氛。

山的西北角原有农田水网地带，可保持旧农村景象，恢复一些桑基鱼塘、果基鱼塘和蔗基鱼塘，作为生态观光旅游区，反映珠江三角洲亚热带水乡农村面貌。

四、关于名胜古迹的恢复

由于天灾人祸，历史上所存的原汁原品的文物古迹在山中已不多，新增加的一些不伦不类的建筑也使名山大为逊色，建议应作适当修整，拆去一些不妥建筑，恢复一些原有书院、寺庙、亭台楼阁，如大科书院、云谷书院、紫云楼、云岩寺、妙阳仙馆、樵山祖庙、憩云亭、见泉楼、锦岩庵等，重建的式样以复古为主，各朝代各类型都有一些，目的是在造景和配景，给人怀古探幽之情调，增加西樵山的时空远度与深度。

古道、古井、古桥、古泉、古洞龛、古崖刻、古墓均是历史环境的组成，尽可能恢复，山上现代化的东西不宜过多，山路不宜过宽，新增建筑要与山体比例形态相协调，使之淡雅而有乡土气。

西樵山原是抗日反侵略的名山，要重视这些文物的修复，作为爱国主义和民族精神的教育基地。

五、关于加强旅游文化建设

文化是旅游的灵魂，恢复优良的历史文化注入现代化的高尚文化是西樵山开发的重大战略措施，为此作如下建议：

（1）建造西樵山原始社会文化博物馆和珠江三角洲历史博物馆；建造历史长廊和民俗博物馆；建造詹天佑、康有为、陈启源名人纪念馆。

（2）建造“西樵山自然生态”博物馆、把西樵山地质、气象、气候、动物、植物重新展现出来，圈地作动植物品种重点保护区，恢复药王峰药用植物园。

（3）恢复茶文化、竹文化，重建茶仙庙、方竹馆，建造茶艺室、竹艺室，让游客参与制作、品尝、购买。

（4）恢复云路、大科、碧云、白山、寺边、云端、石牌等七条村落，利用这些古朴、简洁淡雅的民居，作参观游览、接客住宿。

（5）恢复“拥翠评花”盛会，按季节开放花圃，多建花廊、花亭、花楼。

（6）恢复理学名山的影响，利用旧书院研究和展现古代藏书、印书、书艺、书法等技艺。

六、关于景区景点建设

西樵山在历史上就由于地域和景观不同存在着天湖、翠岩、石燕岩、白云洞、玉岩、黑岩、九龙岩、大科峰等景区，当前规划宜按原来的情调特点加以发挥，加建的建筑和小品要乡土化、文物化、艺术化。

景观的分段、分群组要体系化，各有特色，各有重点对象，同时要以诗、书、画、雕刻等加深它的文化内蕴，景点宜按诗情画意，通过游览路线把其联串起来，做到步移景异，面面美景如画。

原来西樵山上水源丰富，山上池、泉、瀑、溪、井很多，景点建设要在水方面下功夫，多植蓄水林，恢复和增建一些水库、水池，多造水景，保持青山绿水、山回水转的本色。

西樵山天然崖洞甚多，明清时因开石材留下的崖壁和洞穴也不少，规划时可加于利用。如利用岩洞做茶室、休息室、展室，或作岩居接待住宿，利用岩壁作雕书刻像，仿龙门敦煌作石窟寺等。

不断地增加一些旅游项目、更新一些旅游内容是必要的，但是这要在保持历史文化名山的前提下考虑，新建的景点宜与文物保护区拉开一点距离，各自成区。可以在草地开拓青少年野营区，在湖区增加水上娱乐，其他登山、品兰、品果、风俗游玩等都可作为景观组织到旅游中来。

七、关于环境保护

优美的自然环境和丰富的历史环境是西樵发展旅游的根基，在规划时要确切有效保护，在保护资源的前提下才可谈开发，对此建议如下：

（1）修建比较宽阔的环山公路，路两边种5～10行环山保护林带，保护林内为风景名胜区的绝对保护范围，保护林外800～1000米不宜建有污染的工厂，山脚宜多蓄水为湖，或溪或河，使山水相映，山下可建一些不高于四层的亭台楼阁，起分路的引景、对景的作用，在山中和环山四周严格控制建筑密度与高度。

（2）大自然的伟力造化了西樵山的神奇俊秀，岭南人的长期经营创造了西樵山的千古韵味，保护好原有的这卷历史风情画面是开发旅游之首要。要严格依法保护山上之文物，山上的一石一树都尽可能地加以保留，开路不宜太大太多，建筑宜少而精，人为污染要尽可能减至最小，护林要有严格的防火措施。

（3）山上的开发要从生态平衡原则出发，在控制旅游环境客量的前提下，可建一些生态建筑、生态风情区、生态别墅区，发展方向应生态化，保持环境质量的持续美好。

（4）山上原始林木和花鸟虫兽要绝对保护。近现代更改的粗放林要按造景、蓄水、防火、防风的要求逐步更新，多植攀岩植物。

西樵山为岭南千古名山，保护和开发好它是我们这一代岭南人的神圣职责。再也不能为眼前利益去毁坏它的容貌。

罗浮山的旅游资源评价与开发建议

原载于1991年《广东园林》，与陈广万合著

罗浮山素称岭南第一山，耸立于东江之滨，处于博罗、增城、龙门接壤处，方圆260多平方公里，以其不寻常的自然和人文景观吸引着国内外游客，自秦汉以来就是全国著名的风景园林区。其旅游潜力之大难以估量。如何规划建设好这一名山，应当广泛征求各方意见，本文简述鄙见以引玉。

一、资源的特色与估价

山高而矫雄——罗浮山主峰飞云顶高达海拔1296米，比广州白云山摩星岭（382米）高出三倍多。虽稍低于泰山，然其有起伏峰峦432座，常年云霞缭绕，浓郁绿树披山，有如泼墨山水画，秀色迷人，可谓矫雄。

史长而传奇——罗浮山始开发于秦，安期生曾游，葛洪曾居，陆贾、袁宏、谢灵运、李白、杜甫、李贺、苏轼等历史名人均留下了许多赞美名篇。中国道教史和佛教史的一些重大事件都在这里发生，留下了好些传闻和掌故，是岭南民俗文学的发祥地之一。现留古迹繁多，历来被称之为岭南“神仙洞府”。神秘玄奇的色彩归纳在一个“仙”意上，仙山有仙味，仙味出自于仙丹、仙水、仙翁、仙观、仙酒、仙桥、仙岩、仙蝶。在人们心目中，罗浮山是神仙居留的地方。

洞幽而泉清——天然造化使罗浮山岩洞层出，计有大型幽岩72个，洞天奇景18处。个个龙穴、凤巢、仙洞都使人神思飘逸，易产生野旷原始的浪漫色彩，为它山洞无有。飞瀑名泉也有近千处，其中白水门瀑布被认为是广东最大的、最壮丽的瀑布。泉流处处皆有，水清冽而甘美。其中卓锡泉、酿泉、长生井泉均属天下长寿名泉。

林深而药多——罗浮山四季如春，雨足土肥，植物生长繁茂，计有3000多种，其中药用植物有1240多种，为岭南取之不尽的天然药库。这里古木参天，奇花遍地，珍禽飞鸣，彩蝶翩跃。

庙名而境奇——罗浮山原有九观十八寺，其中五观五寺为岭南名寺，冲虚观是全国最有名的道教圣地之一，华首寺为唐代之名寺。其瑰丽灵秀之景观，缥缈神奇之意境，耐人寻味，素有“泉源福地”之誉。

罗浮山给旅游者总的印象是：清朴、幽凉、虚幻、秀雅、酥鲜。

二、规划指导思想

按以上资源特色，为增加对游客的吸引力，宜把罗浮山建成如下圣地：

（1）以道教为主的宗教游览圣地——冲虚观，其历史悠久，建筑保存完好，国内外影响大，以此为基地发展为宗教圣地，以研究了解道教历史文化之精华和精神，给游人以观光和鉴赏。

（2）养生、养心、养性、养老之疗养度假胜地——罗浮山，其冬暖夏凉，风光宜人，空气清新，药草佳果众多，宜作避暑、过冬、疗养、闲休之地，吃仙果，喝仙水，玩仙山，饮仙茶，沐仙浴，乐仙居，可长寿熙年。在山间、山谷、山坡、山前均可建各类型行业的疗养修身所。罗浮山自葛洪开始，就有许多人在此研究和实践长生之道。

（3）中华药物研究、生产、培植、制作、交易之地——罗浮山药物资源非常丰富，早在一千六百年前，

道家葛洪就在这里采灵芝，写药书。苏东坡也曾在这里躬锄药圃，写药诗。宋代始，罗浮山就有了药市。武则天曾想在此炼制“长生不老”药。清末以来，这里药店药厂颇多，继承和发扬这些传统，利用这得天独厚的自然资源条件，开发药圃，种植药草，生产药品，发展药市，设置药理、药疗、药学研究中心，设立药史博物馆，是大有可为的。

（4）中华气功、健武、民俗等文化研究培训之地——岭南许多武功和民间传说掌故均发源于罗浮山，道家的轻功、气功曾在罗浮山盛行，利用这些特有的文化，弃其糟粕，取其精华，为现代人服务，为旅游观光服务，是合乎“古为今用”原则。

总的规划思想应该是从罗浮山的本身自然资源和历史人文条件出发，从现代人的需要和旅游心理出发，办成有民俗、宗教、养生、药疗特色的名山旅游区。

三、开发的具体意见

罗浮山的开发已有一个好开头，有如一块精良的素玉，有待进一步去装点，美饰。对其开发具体意见如下：

（1）进一步研究、调查、宣传罗浮山的旅游资源，充实规划资料，提高罗浮山的知名度。

（2）进行初步总体规划，确定重点旅游区，对游览分区和游览路线，对旅游功能的大体划分，有一个粗线条的确定，对重点区（如朱明洞）要考虑详细规划。

（3）要切实做好保护旅游资源，保护文物古迹和林木草药，不能随意变更其山形地貌水面泉流。多造肉桂、杜仲、檀香、黄檗、原朴等药材。维护生态平衡，保护鸟兽繁衍。

（4）逐步恢复一些历史景观和用绿化造一些自然景观，如梅花村、华乐园、龙潭阁、甘露亭、飞瀑亭……一些生产林、专业林也需作景观配置设计，宜果化、美化、香化、彩化。发展传统荔枝林、金柑林、梅林等。

（5）利用土地资源吸引外资和有关行业单位建造一些旅游设施和疗养所、度假村、避暑别墅、老人院等。

（6）完善管理体制，协调多方关系，集中领导，统一规划、统一布局、统一管理、统一建设。

（7）建设不宜急于求成，长短结合，逐步增加和恢复高层次的景点和设施。

（8）走综合开发的道路，从地理经济学、园艺学、建筑园景学、历史人文学、旅游经营学、系统工程学等方面去发挥罗浮山的固有优势。兼旅游、度假、野营、种养、会议、商务、研究于一体。

四、对建筑营造的意见

建筑在旅游区的成景和构成游客的舒适度十分重要，据罗浮山的特色和实际情况，希望今后新添的建筑有如下几个宜与不宜：

（1）宜低不宜高——即建筑层数以低层为主，建筑过高易破坏和遮挡风景。

（2）宜散不宜密——即希望建筑散落在山水之间，少开土方，使建筑与山形地势结合在一起，不至成块成堆。

（3）宜通不宜闭——旅游建筑最怕闭塞，闭则易成死局，通则能左顾右盼构成佳景，空间畅朗轻盈。

（4）宜自然不宜娇作——返求自然是当代旅游的主要心理追求，建筑形态比例宜自然，与山水互相衬托协和，使人心旷神怡。

（5）宜中不宜洋——建筑如用地方、特色、民族形式，易与历史建筑和岭南山川所协调，宜多用坡顶，少用平顶，多用民居风采，少用洋楼式样，不宜压古而标“洋”风。

（6）宜藏不宜露——来罗浮山主要是领略山川美色，建筑在自然风光中始终是配景的小筑，宜隐藏在山林坡谷之间。建筑是配山林，而不是压山林。

（7）宜朴简而不宜豪华——朴素简洁的建筑有山情美，比华丽取宠的建筑更耐人寻味，也合乎旅游建筑“野”“犷”“清”的要求。

（8）宜建有诗情画趣的建筑，少搞求气派的表显性建筑——从历史和山区环境而言，罗浮山的建筑宜以淡泊、虚静取胜，以空灵雅典为艺术境界追求，应以山居草舍的情趣为主调，形成上宜以自然材料为主，可宜石瓦、土木、砖竹、茅草。内部设备可高档，外部形式可要有特色，表现山野林村的风韵。一些琉璃瓦、大红大绿的面砖、幕墙等是不宜多用的。

充实和提高广州旅游的文化内涵

原载于1995年《跨世纪的选择》

本文提出要通过突出广州的海洋文化的特色、岭南花艺果林的乡情特色、宗教文化旅游特色、建立各种类型的博物馆、利用广州近代文明进步的显曜、发挥广州饮食文化的吸引力、加快广州的现代文明建设七个方面来充实和提高广州旅游的文化内涵，从而发展与实现广州的大旅游战略。

世界旅游业在蓬勃发展，人类旅游观念也在不断更新，当前世纪之交的旅游业已从经济因素逐步转向文化因素，推动着人类社会文明的进程。文化的交流和精神的享受已趋于旅游功能的主界。广州旅游发展的战略要充分估计到这一点。基于这一观点，特提出如下几点建议，供参考。

一、突出海洋文化的特色

广州城市文明的进程是和海洋文化的发展直接联系在一起的，美丽富饶的南海和珠江孕育了广州特有的文化内容和形式，在世界上有特殊的地位。自远古时的贝丘文化，到秦汉以来“海上丝绸之路”的延续，直至现今海洋文化是广州文化发展的主流，以它特有的魅力引起世界的注意，海洋文化的特色大体有：

①江海的自然之美与人文景观整体的和谐统一；②海洋地区人们的生活之美，以及由环境而生成的风俗习惯、礼仪性格；③人们与海洋气候斗争中取得的生产技艺与文化品质；④在历史长河中沉积的信仰，以及中外交往的史迹；⑤特殊自然和人文引发出来的所有文艺问题内容和创造思维。

如何在广州旅游战略显示海洋文化特色，具体建议如下：

（1）开发沿海珠江旅游线——在景观规划上要把从白鹅潭向东之大沙头、二沙头、东圃、黄埔、长洲、莲花山、南沙、横档岛、黄山鲁、虎门等景点建设好，并串成相互联系的风景线，形成走水线、观水线、玩水面、购海产、吃海鲜的水乡旅游系列。同样沿江上石门、花都、肇庆，沿南线中山、澳门、深圳、香港亦可串通为一日游、二日游，与港澳联网，沿线可充实一些渔村、水上集市、泳场、水上乐园等旅游景点，给人有返朴海上生活的真趣。

（2）海洋交通史迹的展现——可以在黄埔、南海神庙、长洲、虎门等地建立“海上丝绸之路”博物馆、广东造船史博物馆、海军史博物馆，也可以通过水下考古发掘，发展水下观光游览。为了开辟海岛风光旅游可以利用上下横档岛建设海岛俱乐部。为了展示珠江与长江水上文化交流的史迹，可以把石门扩大为旅游区，并建“清官”博物馆、珠江三角洲史博物馆、岭南名人博物苑等，表彰中原文化对岭南文化的促进作用。

（3）开辟水乡综合游览线——在珠江三角洲一带还保持着好些原形的村落，它凝聚着时序的更迭，沙田人世事的沧桑。记载着广州郊村百姓生存发展的历史，如人们到番禺的沙湾和南村游览，很自然会寻觅到当地先民的文化意念和曾经的辉煌。保护和利用历史悠久，较完整典型的水乡村寨作为旅游点，是有特殊意义的。

二、突出岭南花艺果林的乡村特色

广州因气候宜、土壤肥、植果养花历史长、园艺高，故有花城果乡之称。岭南盆景、岭南兰花、岭南根雕、岭南热带作物等均是有特色的观赏资源。具体开发意见如下：

将白云山开发为岭南最大的花果山，各科专业和果园分区设立，联成体系。使各类花圃，按季节相继争香斗艳，招揽四方来客，常年不衰，花丛果林间只点缀竹篱茅舍，完全是自然本色。河南花地、西关荔枝湾也可局部恢复其历史风情。

从化、花县、增城、番禺原有岭南佳果，可扩大、充实、美化成佳果品尝游览区，河南新窖可进一步开发为岭南品果公园，以果林来组景，反映果乡风情。可仿日本和美国建几个国家公园。

萝岗赏梅古来热闹，可集天下梅种扩充经营，成为冬游的好去处。

流溪河森林公园、南昆山森林公园、飞霞山、芙蓉嶂等森林公园等已有一定的基础，可进一步充实、提高，规划成世界第一流的林景公园，要求原始野趣，路要通、设备要全、文化气息要浓。内可以设置珍禽异兽园、野生动物园、狩猎场、山林俱乐部、森林雕塑园、自然幻景园等，宜是高品位、大格局。其间水库也可利用为游船、钓鱼、水底世界等。

华南植物园经过四十多年的经营已初具规模，希望扩大为世界性的植物园，植物品种要增多、景观质量要提高，成为广州重要的游览基地；其他东湖公园、南湖乐园、麓湖公园、流花湖公园等绿化面积不宜缩小，各自发挥其特色，并联络成岭南园林游览线。西苑盆景园和兰圃也应扶持发展。

三、宗教旅游特色的发挥

广州是一个宗教文化历史不衰的城市，它的特点是教类派系多而全，宗教建筑较完整繁多，观赏价值高，宗教世界性强，与港澳、东南亚联系密切。所以宗教旅游历来是广州旅游业的一大宗。

信仰自由是国家宪法规定的，对社会发展也有稳定作用。如何合理利用广州现存丰富的宗教，促使广州旅游向多元化发展，也是当前该研究的重要课题。为此，提出几点建议：

目前广州有佛教、道教、伊斯兰教、基督教、天主教等宗教团体，这些团体与国内外的教友和香客都有广泛的联系，为加快广州旅游的发展，可考虑允许他们独立自主地发展旅游业，筹组旅游接待机构，兴建饮食、住宿建筑，许可他们组织专线游，以及“朝宗”、庙会等。国家旅游部门可以与之合作、引导、制订规划，统筹全局，以利健康发展。

利用广州原有风景名胜可以修复扩展一些宗教旅游区。如白云山原有白云寺、景泰寺、蒲涧寺、濂泉寺、双溪寺、能仁寺、郑仙祠、云泉山馆等，可允许宗教界筹款分期修复一些。逐步形成寺院群，作为特定的宗教文化旅游区。

目前开放的寺院、宫室、教堂，宜从宗教文化旅游的要求进行规划、扩大、充实。如光孝寺、六榕寺、大佛寺、三元宫、圣心堂、东山堂、华林寺等，应按文物法规保护筑围，修好古建，恢复原貌，搞好环境，增加旅游服务设施，方便交通……满足现代化旅游需要，使能接待更多的游客。过去因历史原因，教产被变卖或侵占的寺院（如海幢寺），宜尽可能协调各方，恢复旅游宗教活动。旅游和宗教单位的关系要协调好，创造比较良好的宗教旅游气氛。

四、各类型博物馆的充实和提高

博物馆是城市的文化橱窗，是地方历史文明的见证，它能使游客在最短时间内最集中地获得各种知识，满足精神文化生活的需要。广州大力发展博物馆事业，并把其纳入旅游建设总纲是很有必要的。

目前广州博物馆的现状数量少、规模小、种类不全、展示艺术不够高。建议在这方面多下功夫，多建一些像南越王墓的博物馆，成为“拳头”景点。

对博物馆的建议我主张高标准、大型化、系列化、群体化，建世界性一流博物馆。具体意见如下：

（1）在白云山或花都地区建面向世界的岭南自然博物馆，规模要大，品式要高，综合成体系，独一无二。

（2）恢复广州明代北段城墙，把象岗山和五层楼联系起来，把南越王墓博物馆和广州博物馆联成整体，城墙内腔可扩充各种展览，把越秀公园建设成以大型博物馆为主的公园，增建广州石刻和碑雕博物馆，把广州旧城拆建遗留下来的石刻文物保存展览；扩大岭南古书画美术馆；重建粤秀楼和旧炮台；恢复春睡画院；搞一些仿古街肆和仿古牌坊等，构成越秀山的连锁博览旅游线。

（3）建立广州旧城区系列民俗博物馆群。由于种种原因，广州古街巷正在不断消逝，我们却无能为力，但一些古祠堂、古民居、古斋舍、古学轩总会保留一点。从旅游角度出发，我们可以把它们开发成民俗博物馆，使后人和外国人了解我们祖先的生活。如西关古屋可作西关风情博物馆，何家祠可作何家宗法博物馆，文德古路可作文俗游览街，九曜园可作品石博物馆，万目草堂可作古书院博物馆……其他私人收藏博物馆、古当铺、古金银器、古玉器、古服古玩作坊都可恢复一些，以增古城游览情趣。

（4）曾昭璇教授曾建议把海珠区七新岗“古海遗址”建设成为华南地理科学公园。我认为很好，如能利用高岗丹霞地形和鳞奇的石景，加上发掘恐龙遗址和古海变迁遗物，是很有吸引力的。

五、近代文明进步的显曜

广州是中国近代革命的策源地，是近代文明的中心，中国文化的转换与重构也是在广州开始的。近代西学东渐促进了广州文化的发展，中西文化和思想在广州的撞击，编演出许多可歌可泣的革命事迹，涌现出许多爱国历史人物。它的旅游价值和爱国主义价值不能低估。

如何进一步利用近代文明的事迹和遗产作为旅游资源？笔者有如下看法：

保护好沙面、沿江路、太平南、清平路、上下九一带的近代建筑群，修整复原其原有市貌，反映岭南商品文化、殖民文化的特色，把近代广州人融汇中外的创造性、面向世界的适应性和商战色彩的竞争精神表现出来。

开发长洲、虎门一带近代军事战争史迹游览线。一方面可以接受爱国主义和军事战争的教育，另一方面领略海岛风光。

为了展现近代广州科技文化艺术的进步，可考虑在旅游区内适当设置近代科技、近代新闻报刊、近代教育、近代书画、近代先进人物、近代华侨博物中心。其他北郊近代史迹（如四方台、三元里古庙、石井桥、升平学社、义勇祠等）亦可组织游览线。

开发近代革命烈士陵园（如红花岗、黄花岗、十九路军等）和名人陵墓（如朱自清、邓仲元、卢廉若、邓世昌、冯如等）事迹游览线。

六、发挥广州饮食文化的吸引力

“食在广州”世所公认。来广州吃广州菜，上广州茶楼，既是物质享受也是精神享受，其味无穷。“食在广州”有三大特色：

（1）菜料广博奇杂，品精新异，配料多而巧，食味重清、鲜、滑嫩，讲究香，五滋六味俱全，原汁原味，做菜讲求工艺，多式多样；菜命名妙而有趣，做法重图案美，有诗情画意，吃则讲艺术配套，出菜讲礼仪秩序。

（2）饮食有季节性，冬暖夏热口味不同，吃法各异，注重药疗饮食，考究进补与鲜热清毒，食路宽广，野味山珍，斋素饼果，无所不包。进餐早中晚时间不同，色、香、味也不同。

（3）食肆林立，档次品类繁多。茶楼、酒家、餐馆、小吃店、大排档，遍布全城，日夜经营，随意方便，谓“三茶两饭一夜宵”。食店经营款式多，丰俭由人，现点现煮，服务周到。另饮食环境，讲求装饰装修，重情调气氛。

广州的饮食文化已誉满全球，是广州旅游业发展的支柱，是作为一种综合文化出现的，是旅客的一种高层次享受。为进一步发挥广州饮食文化的优势，建议如下：

（1）在保持原有饮食文化特色的情况下，向多元化、兼容善变的方向提高，更深入地融合东西南北饮食文化于一体，使不同对象的旅客有广泛选择的灵活性。使老人养生食疗有去处，老年娱乐文化有场所。目前世界饮食向野、粗、斋、杂的方向发展，广州饮食文化要充分注意到这一点，一方面发挥传统，另一方面面向世界，使广州烹饪不断创新，更有吸引魅力。

（2）对广州未来饮食文化的发展要有专门的研究对策，宜从全方位来研究饮食建筑、饮食环境、风俗、礼仪、器、形、味、色、香，同时要和诗词歌赋、琴棋书画、音乐舞蹈、戏剧曲艺紧密结合，构成新的饮食风韵。

（3）研究科学技术在饮食烹饪上的应用，老一套不卫生不科学的饮食方法需要革新，把传统饮食工艺和机械化、电气化、营养化的先进技艺结合起来，从而提炼、深化岭南的饮食“精粹”。

（4）“室雅客来勤”，餐厅茶座的空间艺术研究同样是饮食文化研究的重要课题，不同环境、不同对象、不同饮食内容都会有不同空间情调。广州有饮食场所园林化的传统，使人、物和自然融为一体。旅游设宴宜视线开旷，雅玩不凡，光照奇特，陈列丰赡简洁。

七、加快广州现代文明建设是发展广州旅游的关键

现代文明是现代人智慧的结晶，是最有生命力和吸引力的，整个城市的旅游综合潜力在于它的经济繁荣、环境卫生、道德风尚、城市风貌、交通通信、市政公安等。现代化国际大都会的整体形象是最有感召性的。如何增加广州整体形象的魅力，浅见如下：

确保环境污染的制止。确立广州规划战略的大旅游思想，把整个城市规划按城市环保要求向园林化发展，多留广场、绿地、水面，提供人们动态旅游活动的场所。

集中规划几处世界有影响有地方特色的，大体量、高品位的系列建筑群，以超常的风格脱俗而出，可以是文化娱乐中心、商业金融中心，也可以是科技中心、饮食中心，本身就是一旅游“拳头”，招揽四方来客。

规划建设几个世界第一流工厂和村落，结合现代文明发展工业旅游和农业旅游，使外国了解广州的成就和进步。

开发几个典型的高水平的旅游度假村，类型可以多一些，各有对象和特点，有的以冬天度假为主，有的夏天消暑，有的是会议住宿，有的以养生为主，有的则可集度假、经商、置业于一体，在消闲中又能操持事业。

注意道路、灯饰、小品、广告招牌的整体化艺术效果，大小景观都刻意安排，把广州建成全方位、立体化、形象美的旅游城。特别是广州各旅游点间的联系网线，交通要直接清晰，引、送、留客人要方便，在时间和空间上的安排要有优选可变的可能。

旅游业是一项关联面很广、复杂艰巨的系统工程，要全社会和各学科的关心和支持。从景点设置、服务接待、组织管理、情报宣传、人才培训、旅游心理等，都要作进一步的研究和提高，它们很大程度都受到社会整体的制约。各旅游单位和集团，孤立于自己的眼前利益，沉溺于各种生财之道，是不足取的。加强广州市旅游业的领导，加速旅游发展战略纲要的拟订，重视旅游文化的整体性是很有必要的。

南雄珠玑巷风景旅游区开发模式的探索

原载于1995年《广东园林》

一、历史与意义

珠玑巷在现今南雄城北约11公里处，原是唐代通岭南驿道沙水驿站旧址，其得名传说是：唐代此地名为敬宗巷，住有一张昌七世同居家族，朝廷为表彰其孝义，赐予珠矶一串，因而改名为珠玑巷。另说是宋汴京有珠玑巷，宋南渡至此，居民为怀念故里而称此地为珠玑巷。

据《宋史》载，北宋建炎年间，金兵攻陷汴京，宋室朝民分两路南逃，一流寓太湖流域，一走赣南过梅关寄寓南雄。

到南宋末，元军大举南侵，珠玑巷一带居民为避战乱，又分批再南迁至珠江三角洲一带。

据岭南好些族谱记载，南宋末，宫内有一胡妃因事潜逃，随南雄黄贮万居珠玑巷，朝廷闻讯后即派兵追杀，居民三十三姓，九十七户为避兵祸，结伴顺北江南下，散居在当时地广人稀的南海、中山、新会、顺德、番禺、东莞一带。

珠玑巷是中华民族拓展南疆的中转站。由珠玑巷南迁到珠江三角洲，随后又分迁到世界各地的后裔已数以百万计，这些华夏炎黄子孙，在发展岭南生产和振兴世界文明都作出了巨大贡献。在当今寻根问祖热潮中，珠玑巷将成为旅游的观瞻、怀旧、思乡、敬祖的圣地，是民族凝聚力的具体磁场，其田园的风光，足以使人回归自然。古朴的民风民俗，是地方历史乡土的好教材。

二、地位与优势

粤北山河壮丽，风景优美，古迹遍地，现有风景旅游区丹霞山、金鸡岭、南华寺、连南瑶寨、马坝人遗址等，从旅游网络组织而言，南雄是东端不可忽略的重点，是粤北的珍珠，江西南下的窗口。

南雄自秦汉以来是中原通岭南的主要通口，有独一无二的梅关，世界闻名的恐龙故乡，国家瑰宝三影塔，还有钟鼓岩、古城门楼、古民居、古桥等古迹。旅游人文景观和自然景观都有很大潜在优势，其他地方难以代替。加上南雄烟叶，南雄应该是粤北第三产业发展的重要基地。

珠玑巷是南雄旅游线上的中心和重心。它是一条南北走向的古巷，自唐张九龄奉诏凿梅关辟驿道以来，这里就繁荣富裕，南来北往的文人学士、达官将相、富商贵贾都曾在此经过或停留。巷全长1500多米，路面宽4米多，用鹅卵石铺砌而成，两旁民宅、祠堂、店铺毗节相连，曲直有致，弯凸自然，尺度合宜，其间有元代八角石塔一座，有跨巷门楼三座。巷区有古榕古梅、池塘小河，外围是宽阔的良田沃野、红岗翠岭，一派好风光。

当前南雄还保持着较好的生态环境，文物资源丰富，古代建筑颇有地方特色，民俗风情古朴，山水景观幽雅清闲，很有吸引力。

以上都是发展旅游的优势。

三、开发思路与指导思想

珠玑巷开发性质属具有乡土民俗特色的名胜古迹旅游区，主要对象是国内外寻根访祖者、民俗观光者、朝拜游赏者、田园风光欣赏者、宗教诚拜者、历史文化娱乐寻欢者。通过雅俗、动静、古往今来景观的配置，招徕各层次的旅客。综合景象是展现岭南山区历史民族风情的优美画面，寓历史题材，适天然美景，按现代旅游，玩、吃、住、看、带、拜、养等需要来安排布设。

(1) 保护——包括对文物古迹、古路古树、田园风光、山丘池塘、旧祠堂、民宅、店铺、古桥古井等的保护。这些是主要旅游资源，不能乱拆乱改，以免造成“建设性的破坏”，宜修旧如旧，还其历史原来面貌。巷的格局应保持不变。环境不能污染，旧巷景色基本保持原有风貌。

(2) 控制——即控制保护范围，控制建筑容量与密度，控制新建筑的高度、形式与原有环境的协调，控制发展方向等，宜统一规划，统一管理。有措施，有法规。组织体制要健全，有长远规划，分期分批逐步实现。发展也宜留有余地，防止盲目建设。

(3) 利用——利用现存的文物古迹开放参观。旅游离不开宣传，利用现有景点和民间传说可以扩大宣传，吸引游客和招商开发。现有的祠堂经修复后可以继续使用，民居可以改用民俗馆、小商店、工艺生产场、展览室等，有的也可改为旅舍、娱乐场等。在现今还不能筹出大量资金的情况下，可利用原有资源把旅游业逐步带旺起来。

(4) 开发——是发展珠玑巷旅游事业的希望所在，要不断地增加和完善新的旅游项目，逐步向系列化、多元化、综合性方向发展，不断丰富充实旅游内容，有吃喝玩乐，也有高层次的文化欣赏，有天生丽质和古人留迹，也有后天造景和今人新创。

四、开发建设项目的构思

新开发项目宜在继承前人的基础上发展，旧景前提下的协调要有特色，但不刻意追求。原则是实事求是、高效益、有新意。可考虑:

(1) 民俗风情村——即招商和休假山庄式别墅群，可在东南角另辟山丘地兴建，与珠玑巷现有道路相连，用绿带隔开，要高标准，可眺望田园风光，有世外桃源情调，以清静闲散取胜，可卖、可租、可贷、可送。

(2) 重建唐宋驿站——反映唐宋交通文化情势，内有驿务巡检房、驿馆、邸店、驿肆、马驴棚等，并可设古代交通博物馆，使人了解和亲身体验古代陆上旅行生活，也可以重现唐代岭南通过释道送荔枝上京给杨贵妃品尝的场面。其地点可在中心区，即沙水池一带（这估计原是唐代沙角巡检旧址）。

(3) 祠堂建筑群——中国古代是宗族血缘文化体系，每姓必有祠堂（有总祠、支祠、分祠等），在珠玑巷建祠堂建筑群，目的是加强海内外联谊，便于各地同胞寻根问祖，并可研究和观光宗族文化发展历史，显示各地祠堂建筑艺术。在祠堂内可列宗祖系列牌，可以经营族谱和作祀礼仪旅游活动。反映我国古代礼义之拜的家族交际文化概况。也可在祠堂内立各姓历代英雄之像，有爱国教育作用。全国有一百多姓，仅宋代在此地南迁就有三十三姓。其位置可分散在沿巷空地，也可将原有祠堂修复。大量的可在中心区一角建祠堂群。

(4) 沙水池水上游乐场——利用沙水池原来的水面进行扩大改造，成为宽畅怡神的水景区，其中可开辟游艇、钓鱼、水上射击、游泳、观鱼等旅游项目，四周水面尽可能连为一体，池中设岛，配亭台楼阁。景要星罗棋布、曲折蜿蜒，收放开合在水网之间。重现珠江三角洲一带“桑基鱼塘”“蔗基鱼塘”“果基鱼塘”的情调。

(5) 仿宋代市镇生活游乐区——宋代是珠玑巷的兴盛时期，从史料和诗文可知，当时珠玑巷的繁荣是宋代开封、临安经济文化南移的延续。位置可在巷的东北面坡地，可考虑重建宋街，内容可以有仿宋茶房酒肆、廊房草市、银铺钱庄、众伎瓦市、画院词社、香斋药店等。以宋临安京城和“清明上河图”为依据，活现宋代岭南市镇生活概况，游人亲自参与，乐趣无穷。

(6) 恢复沙水寺——原沙水寺是宋代广东名寺，为招揽游客，发展宗教旅游，可考虑重建，其位置、规模和平面形式可按遗址原样恢复。

(7) 旅游后勤服务区——现住珠玑巷的居民近千人，将来发展成旅游区后，大部分家属将迁出，现有的居民托幼医疗站等也得外迁。这就要求另辟后勤服务区。此区可考虑建在现镇政府附近的丘地上，有直通道路方便联系。

五、规划的具体意向

(1) 在珠玑巷与公路交接处应有小广场，以便停车和公共汽车落站，广场四周有小卖部和加油站等服务性建筑。广场进入珠玑巷前应建有新牌坊，入牌坊后就是古式鹅卵石路（宽 4.5 ～ 6 米），路两旁是松树夹路，重现唐驿道风貌，原第一牌楼至第三牌楼应是古巷绝对保护区，是步行巷道，不走汽车和拖拉机。

(2) 整体还保持古巷的风貌，沿巷古色古香，三座牌楼分为三大景区，原有建筑尽量保留，后建建筑和没有特色的建筑可考虑拆除一点，新添补缺一些古式有代表建筑，或种树绿化添小品建筑，新添一些新景点，加上一些招牌横匾之属点染巷的气氛，要让人不来不知道，一来忘不了。

(3) 巷的活动中心可在沙水塘一带，为最高潮，其他两个高潮可在贵妃塔和张昌故居一带。这三个重点可设些小广场小游园之属，以容纳较多旅客，三个景区宜有步行小道直通公路，东片则辟路通民俗风情村和仿宋市民生活游乐区。除此以外，古巷的四周均为梅林、竹林、桂林、水田、池塘。用自然景观与巷隔开，外围宜以大自然风光为主调。要不忘“天赐之美为大美”的格言。以自然古朴取胜。

(4) 在古巷中可增设一些手工艺作坊和商店，局部可以建一些岭南特色的商住店，下层卖工艺品，楼上住人，店后是生产作坊，即做即卖。新添建筑要有防灾抗灾能力，生活要方便舒适，环境质量要好。南雄的有名工艺生产也可集中到这里来，南雄的烟酒茶贸易和工艺加工市场也可集中在此，体现烟酒茶文化水平。市场、文化、娱乐、民俗、工艺、生态、博览应是珠玑巷的主调。

(5) 整个旅游区应发挥地方特色，有自己的特色才能吸引游客和走向世界。体现传统文化是造景和旅游活动的主导思想。把古代文化精华加以利用，强调每个旅游者有机会亲身参与这些活动，有益身心健康。旅游客户首先要对准珠江三角洲，其次是港澳侨南迁后裔。以中档消费为主，也有高低档。

六、建设的步骤与措施

(1) 首先应把鹅卵石路按原尺寸原材料修好，做好两边排水沟，便于污水的排放，做好卫生工作。同时疏通池塘水系，搞好四周绿化，创造良好的环境卫生质量。

(2) 调查现存建筑，按旅游资源要求，可分保、改、拆、修等几类。对巷内现代洋式建筑、新添加不三不四建筑、残破质量不高的建筑、有污染性建筑、建筑艺术水平差的建筑，宜逐步拆除。拆后空地和原有空地可按规划需要补建一些祠堂、商店，或绿化作为户外活动娱乐场地。所有空地要实测编号，可出租、拍卖，或公建，以作发展房地产。但需统一规划，纳入旅游需要。对于保留建筑，有的可原封使用，有的要更改使用内容，有的要修理，统筹考虑。需要建祠堂者可以优先选址。

(3) 搞好供电、供水设施，迁出一些现住居民和一些不适宜的单位。尽可能征购附近和古巷内的土地和房产。

（4）逐步恢复和重建历史上有名的景点、古宅园、古寺庙，传播历史文化。

（5）加紧联谊、招商，多渠道筹集资金。健全机构组织，理顺关系，培养人才，争取各方面的专家支持，做好宣传工作。

七、发展南雄旅游事业的建议

南雄有丰富的旅游资源，发展旅游业很有潜力，应作为重要产业来考虑。交通问题、资金问题、设施问题逐步解决后，将前景无穷。按理宜先做好全县旅游规划，把各旅游资源统一利用开发，逐步实现，长计划短安排。

开展恐龙旅游是南雄最大的优势，可建造恐龙博物馆、恐龙生态环境场，也可用现代科学手段活灵活现远古恐龙世界，并生产恐龙玩具和工艺品。

梅关宜早日修理，其与钟鼓岩可组成统一景区。完善旅游设施。这一带可多种梅、桂、枫林。先恢复旧有景点，新建建筑宜慎重考虑。要与风景协调，要隐藏一些，素淡一些，大小高低要得体，开合疏散要合宜。

南雄旧城历史长，还有城门楼、孔庙、旧街、民居等古建筑。有特色的要保留一些，在古迹集中的地方可成片保护。

三影塔是广东的第一塔，造型壮丽雄健，结构合理，有绝对建造年代（宋祥符二年）。建议保留其四周民房古朴环境，重建延祥寺，恢复三影幻景。

其他南雄的旅游资源也待进一步调查、研究、发掘，把其组成较完整的游览机体。还可综合安排旅游日程，与广东和韶关旅行社联系，组织一天游或二三天游。在保护中利用，在利用中开发，繁荣南雄经济。但愿正如明代黄公辅诗人寄托珠玑巷那样：“遥忆先人曾赋比，百年泰运又还期。”

对西樵旅游发展战略的意见

原载于1996年《广州旅游工作会议》，与陈教堂合著

我们于1996年1月17日参加全省旅游景区建设工作会议，后又于2月中特约参观西樵山局部景区，对西樵山旅游业的发展留下了许多好的印象，做了很多有意义的工作，但又在相互交谈的启发中，有如下思考，现将综合几点意见，供参考：

一、关于西樵山的旅游地位和性质问题

（1）应强调西樵山是珠江三角洲旅游的中心，是广州的“前花园”，是广东旅游业的前哨，并关系到整个广东旅游业的发展，故其规划应该是高标准、高要求、高起点，每一重大建设行为要慎重又慎重，多作可行性研究。

（2）由于其位置的重要性，建议应从现代大旅游的观念出发，确定综合旅游潜力。西樵旅游应纳入广东旅游圈中，与国际旅游接轨。

（3）西樵山的旅游性质应从其资源特色的发展需要而定格。它首先是广东历史名山（主峰海拔844米，是古火山复合锥状体，有72峰，28处泉瀑，36洞， 林密、花茂、异禽多）；其次是岭南历史文化的发祥地之一（有广州地区最早的新石器遗址，宋以来的近十处书院遗址，是一座名山，八处的山村，几十处的庙宇、亭台楼阁和明清名人故居、抗日纪念地、民族工业发祥地）。因此，我们认为西樵山的旅游性质应该是：具备岭南文化特色的山林水乡风景名胜旅游度假区。

二、关于规划的范围和幅地的问题

（1）官山镇作为南海市的基层行政机构宜应与旅游度假区统为一体。旧官山镇应改造成为全方位为旅游服务的珠江三角洲现代化新城，此城应是旅游事业的后勤基地，用高科技的手段协调旅游业与其他行业的关系，用科学管理来促使旅游业全面、持续、健康地发展。

（2）规划范围宜包括一山（西樵山）、一城（官山镇）、一岸（珠江西岸）、一岛（平沙岛）等177. 07平方公里，人口约13万的幅地上，为增加旅游的综合竞争力，必须从现在的分散、粗放、低质向集中、联合、优化、高效发展。

三、关于规划功能分区与特色的建议

（1）西樵山本应强调野趣、静谧、林秀、古朴、隐幽，以自然风光取胜，建筑尽少则少，小、散、蔽、简、古，车路不宜多和宽，以步行为主，目的是创造人的游览情调，让游人亲近山林，回归自然和怀古探曲。

（2）官山镇建设成为旅游新城后，现代化气息要浓，服务设施要全，办事效率要高。可以发展一些为旅游服务的工业，可以作为现代化文化娱乐城来考虑，有热闹、繁荣水乡小城镇的气氛，在离山较远处，可新

建官山新城中心，建筑可以高些，密些，作为“现代人造山”与“西樵自然山”对峙，增加景观城市轮廓线，它是该区的金融中心、商业中心，是岭南土特产和旅游工艺品的生产和交易中心，是区域性的专业产品（如丝纺、金玉、水果、鱼类等）市场。在近山地方可作为旅游吃、住、行、玩的地带，建筑以多层为主，外形应按旅游建筑处理，体现岭南特色，作为动与静的过渡。

（3）靠珠江和临官山涌一带宜开辟为度假别墅区，招引旅客在此休闲、度假和文化娱乐，建筑以低层次为主，可采用干栏式，以防北江洪水，布局宜有水乡民居的特色，穿插自然，轻盈通透。

（4）平沙岛是在西江中未开发的小岛，应独自规划建设成小岛游览新区，作为山林游览区的补充，以分散游客量和增加游人停留时间。岛上应以水上文化娱乐和会议度假为主，有与世隔离的仙岛气氛，可以有水上俱乐部，主要交通用船只，构成历史上珠江三角洲一带艇民（疍民）水上人家泊江而居的情调。

（5）生态农业旅游区可建在西樵山附近的原有农田水网地带，保持原有的农村景象，恢复一些原有的桑基鱼塘、果基鱼塘和蔗基鱼塘。反映珠江三角洲亚热带水乡农村面貌，以农业观光吸引游客。

四、关于恢复历史名胜古迹的建议

（1）西樵是唐宋以来的岭南历史名山，明代最为鼎盛，计有寺庙 30 多座。书院先后近十间，亭台楼阁无数，村落近 30 处，这些古迹因经天灾人祸已大多变成废墟或被改建，为反映历史面貌和增加旅游情趣，择其有代表性的可以重建一些，如大科书院、云谷书院、紫云楼、云岩寺、妙阳仙馆、樵山祖庙、云亭、见泉楼、锦岩庵等，重建这些古建筑的目的在于造景和配景，给人怀古之幽情，给人作游览休息。重建也应复古，唐宋、明清的建筑式样都有一些，各种类型都有一些，增加西樵山的时空远度和深度。

（2）理顺和重修原有古道、古路、古桥梁、古崖石刻、古洞龛，自然朴实的历史环境尽可能重现出来，山上少一些现代化的东西，新开马路不宜过多、过宽，新建筑比例要与山体协调，色宜淡雅，多用本土化的坡顶，藏于山林之中。

（3）保护维修一些名人墓葬，以增加文物气氛，强调西樵山抗日、反侵略古迹，作为爱国主义和民族英雄事迹教育基地。

五、关于加强旅游文化建设的意义

（1）建造“西樵山文化博物馆”，将西樵山原始人石器文化一直到明清珠江三角洲文化的发展，集中展示出来。

（2）建造“西樵山自然生态博物馆”，把珠江三角洲一带的原有动物、植物、地形、地质、气象、物候重现出来。

（3）建造“历史碑廊和民族博物馆”，恢复天湖龙船游玩风俗；建造詹天佑、康有为、陈启沅等名人纪念馆，重建书院。

（4）恢复西樵山茶文化，重建茶仙庙，作为茶艺室，精种各种名茶，设置茶叶加工房，让旅客操作、参观、购买。

（5）积极开发“理学名山”的书院文化，展现古代藏书、书艺、书法、印书等过程，设展览室。并设岭南古代画廊或美术馆等。

（6）西樵山历史上有“拥翠评花”盛会，杜鹃、郁金、佛桑、白鹤花、粉蝶等奇花易于生长，恢复花会，重建赏花亭，提倡花文化，亦可带动旅游事业的发展。

（7）西樵山历史上因避世，山中村落不少，现仍存有云路、大科、碧云、白山、寺边、云端、石牌等七条村，村居建筑面积达两万多平方米，旧宅基５００多间，建筑古朴简洁，色彩淡素，环境静谧清新，是典型的珠江三角洲民居风貌。建议作为历史文物加以全面保留，修复完善，一可作参观游览，二可作旅客住宿、展览和其他旅游服务。我们的观点是在山上少建新房，多利用旧房，旧房要保存原味原貌。

六、关于景观景区建设的建议

（1）近年来修建的环山公路，这很好，建议两边种宽广的林荫带，最少五行树，一般宜 10 ～ 20 行，成为环山绿化保护带，公路内应是风景名胜区的绝对保护范围，山下宜多挖池蓄水，或湖，或溪，或河，使山水相映，山移水转。在离山麓 800 ～ 1000 米内不宜建有污染性的工厂，四周严格控制建筑密度，建筑不能高于 4 层。

（2）山上不宜多搞建筑，可按森林公园的管理条例经营，尽量利用和改造现有的建筑，现存建筑宜改造成为乡土化、文物化、艺术化，增加文化内涵，有岭南山区建筑的特色、形式、比例、体量、色彩要与山水环境协调。

（3）要绝对保护原始林木和原有山上池、泉、瀑布、溪、洞、井、岩等景观，可在山上适当增建一些水库、水池。防止水质被游人污染，林木要有严格的防火设施。

（4）造景和经营要从生态平衡的原则出发，环境自然化，发展方向要生态化，保持优美环境质量的持续性。山上在控制旅游环境容量的前提下，可以建一些生态别墅区、生态建筑、生态风景区，做到人无我有，吸引游客。

（5）所在景观要分区、分段、分群。用游览路线串起来，每一景区都有自己的特点和情调，做到步移景异，面面都是好景，高标准高要求建设和摆布每一建筑小品，景的设置要有情趣，景是诗、是画。立于世界水平，景点的设立和改造要慎重，要经过论证和审批手续，对后一代负责，以后可作为文化留下。

（6）利用天然岩洞为游客服务，可作休息室、茶室，也可在原岩洞造佛像、石雕、画廊、碑刻，也可开发一 些岩居，在旧石场崖壁上可以仿洛阳龙门或仿敦煌造一些石窟。 原有岩石碑刻要显露出来。

（7）在山下和山坡处正对大路处可以建一些对景性的楼阁建筑，以作引景、点景，增加旅游的宣传品位。

（8）增加一些可供游客参与的旅游项目， 如露营、科学考察、风俗旅游、水果品味欢乐节等。

番禺横档岛旅游区规划构想

原载于 1988 年《广东园林》，与 陈广万、叶志合著

番禺横档岛位于珠江出口虎门水道主航道西侧，东岸有沙角、西岸有大角山，地势非常险要，历来为兵家必争之地。是广州海防门户，自明代以来已为海上要塞。岛分上下两横，砥柱中流，像两艘不沉的战舰，峙守着狮子洋的咽喉。

鸦片战争前夕，爱国军事家林则徐等，根据珠江口岸地形江势条件积极布防，部署大角山和沙角炮台为第一防线，上下横档岛为第二防线，并在两岛间之水域布下“铁索拦江”，构成“金锁铜关”的阵势。1841 年初，英国侵略军以数倍于我军兵力炮火围攻上横档炮台，守军在得不到援军的情况下浴血苦战，写下了卫国史上的壮丽篇章。古战场的历史遗迹本身就是爱国主义教育的好课堂，兼上这里海阔天空，风光旖旎，是天然的旅游度假胜地，实为可堪开发的旅游璞玉资源。经我们初步考察。拟提如下开发意见。

一、基本情况

横档岛离现南北台（虎门石矿场）约 5 分钟快艇的水上航程。上横档岛面积 0.06 平方公里，属红色砂岩、砾岩地层，岛中隆起高地为海拔 28 米，岛平面呈方状出尖角，四周是石砾沙滩。岛上现有主体炮台六处，间有坑道相通。岛上风化土层较厚，草木丛丛，中部有一个较平坦的阅兵场，为当年练兵习武场。在场西南角有一眼水井，传说是清道光二十一年（1841 年）二月初六，爱国官兵在抗英侵略时因弹尽援绝失陷时，坚不受俘，宁死不屈投井殉国处。直至光绪十一年（1885 年）重修炮台时捞出遗骸合葬于后山，尚立有“义勇之冢”，以供后人吊念。岛上守军营盘建筑遗址处岛中隐蔽腹地，这里残墙断壁尚历历在目。

下横档岛在上横档岛的左前方，相距约 600 米，岛平面形如横摆梭船，面积约 0.055 平方公里，东西长约 500 米，东西两端高中间低，呈马鞍形剖面，海拔 28 米为最高处。岛同属红砂岩地层，尤吸引人的是岛南端有 0.2 平方公里的沙滩，水清流缓，夏淡冬咸，砂细质软，宜于嬉泳。岛上明台暗堡密布，计大型炮台有 8～9 处。炮位间有机组成整体，军机莫测。

上下横档岛间有数堆经海浪冲刷小岛崩塌形成的礁石群，潮退露石，潮涨隐没，变化万千。其中常见主礁群称“鹭秋排”，礁石千姿百态。两岛东侧有“金锁牌”岛，是鸦片战争当年铁索拦江之支柱，现岛上建有航标灯塔。

作为古海防要塞的横档岛，岛上主要的人为工程是军事工程。现大体尚基本保存，因岛孤于江中，人们难于接近，少有人为破坏。现在破坏多是战争痕迹，遗憾的是新中国成立后有人在此开石场，大量破石取土，有些炮台和通道遭破坏，现存炮台多为圆形或半圆池形，直径多约 10 ～ 15 米不等，现大炮已一无所存。炮池多为坚硬的石灰三合土所造（亦有混凝土），池壁上还残存着炮弹座和掩体槽等。炮台间多有坑道相通（明暗均有），坑道为砖砌起拱，结构严密，宽阔连贯，完整坚固，上方有通风窗，地面有排水设施，坑道内边还建有一些军事用房设置，有士兵房、军需仓库、长官宿舍、指挥室等，地下墙体为防水防潮，还设有夹墙和通风排水管道。

南北台石矿场与上下横档岛只有一水之隔（相距约 1500 米），此处与广州、市桥有直接水运和公路的联系，交通方便，已备有接待游客吃住的服务设施。探岛可乘艇扬帆，为开发横档岛起着“基地”作用。广州、

东莞、中山、番禺沿江港口，亦可直接乘船到两岛上度假。

二、景观特征

旅游资源中最为吸引人的要素是景观，开发前途常取决于景观内容数量、性质、特色等。经过勘测体验，我们认为横档岛有“岛美”“景奇”“地险”三大特征，是广州附近未开发的旅游处女地，前途广阔。

岛美——珠江口岛屿不多，像横档岛如此精美巧秀可游的江海之岛更为难得。两岛静卧江心碧波之上，有似“天公”塑造的岭南盆景，有诗情，也有画意。

岛之北有大虎、小虎为屏，岛之南有龙穴岛为障。峡江对岸群山拱起，四周层层叠景美不胜收。伶仃洋海天相接，浪涌石岸沙滩。登岛览胜江面，只见片片渔船鼓风扬帆出海，大的船舰穿梭往来，气势非凡。待秋日“落霞与孤鹜齐飞，秋水共长天一色”的意境；夏日艳阳普照沙滩，白浪轻卷莹沙，海风习习，正是畅游沐阳戏浪弄潮的好季节，到此一游更令人心旷神怡。

岛上岗丘坡地野生植被甚丰，有山桔、黄杨、鹊梅、山稔等南方木本，也有山菊、牵牛花、野兰、山海棠等山花异草。山雀、飞燕、海鸟也是居岛常客。鸟语、花香、蝶飞、虫鸣均增添了岛上幽野情趣。

景奇——横档岛流传有这样奇特的传说：古时，曾有一只神仙脚力——怀孕了八百年的雌虎，被禁锢在莲花山上。龙女阿娘一日从龙穴（岛）往莲花山嬉于碧莲池，浴罢俯地梳妆，失落“镇浪灵环”于石缝，缝闭合拾不到，乃用“破海神替”破石，岂料竟破伤虎眼。虎痛追扑龙女阿娘惊惧而逃，遗下绣鞋一只（阿娘鞋山），挡住猛虎。虎仍追不舍，危急中，一青年渔夫见状，挥槽奋击虎脑，槽竟折分为二，形成了现存的上下横档岛。神话虽不足为信，今天横档岛的地质成因，早有了科学的简述，然而两岛不同凡响的“奇”，容易引起游人的幻想。

据县志记载，每逢年初三到年初五几天，人们从虎门靖康盐场一带眺望龙穴岛和横档岛海面上空出现的“海市蜃楼”，在春雨如烟，水气如幕的时刻，海面上空突然出现琼台楼阁、闹市街巷、车马往来的幻境，被称为“新安八景”之一。这种因光折射形成的“奇观幻境”，应作为天象旅游资源。

我国自春秋起就有海岛神仙的传说，蓬莱、方丈、瀛洲三山是文人画家、道人佛界所追求的升华境界，岛的神秘感有如现实中的仙岛，变化万千的自然景象本是人们梦求的幻境，这里空气清新而潮润，岛上灌木丛茂密而视野广阔，怪石散落有致，岩体榕树盘缠，藤葛蔓垂，时花满坡。处处境域举步而异、静谧、高逸、超遁，过海登岛进“山”探胜，真有“桃源景幻迷归路”的诗境。

地险——珠江三角洲一带流传着这样的民谣：“虎门六台，金锁铜关，入来不易，出去更难。”可见横档岛一带地势之险要。

作为海防要塞应有如下条件：易于封锁控制海上航线，有森严壁垒的军事工程系统，有陡峭的防卫地形和能坚守的阵地。横档岛样样皆备。

现存十多处炮台均雄踞岛中高地，正前方为峭壁，俯瞰海面可察海情。近听惊涛拍岸，远眺海阔天空、日月星辰，均豪情壮怀。

人们对海本有惊险莫测的传统心理，航海探宝，首经风浪考验，然后登岛历险望险，游趣倍增。探险是人们（尤其是青少年）重要的旅游心理，从“险”字下功夫，也是横档岛旅游资源的特色。

三、规划的指导思想

横档岛旅游资源特色构成了它的优势，合理安排旅游区建设，突出风景点的个性，远近结合，逐步经营，发挥优势的布局与安排的规划指导如下：

（一）以海防工事工程作为游览参观的主要内容

横档岛古炮台的完整性、科学性和系列配置，据了解是全国的首款。虽其建造时代较晚，但其历史价值和科学价值是巨大的。它使人们开眼界、增知识、一长见闻，发游人深思。保护、修复、利用它是开发旅游业的前提。对现有工程应按“修旧如旧”，按历史原貌尽快修复。任何规划内容和新建景观都应以军事工程为主体，岛上主要游览线也应是参观军事工程线。

横档岛经历过几次战争，是历史的见证，古战场的痕迹可凭临吊念，进行爱国主义教育。围绕着战争的史料还可开辟一些骑马、射箭、军事野营、射击操枪、练拳习刀、军事航海等体育游玩项目，吸引好奇的游人，激发别具情趣的游览兴致。

（二）以保持海岛纯真的自然风光招来游人

海岛旖旎壮丽的自然风光令人陶醉，横档岛现存其他人为工程不多，沙滩、林木、礁石、岗坡、崖壁……仍基本保持天然生态，是旅游资源可贵之处。保护这些自然生态和景观，就可招揽大批游人。

横档岛主要由两岛一排礁石所组成，远观有层次感、雕塑感，近看有宁奇感、瑰秀感。蓝色的海，绿色的岛，白色的沙，黑色的石，这是醉人的自然色彩。林草密密，野花遍地，蔓藤攀枝，有亚热带的气息。岛岸的曲折展伸及其海生植物和动物，易于激发人们豪犷的海鸟浪漫情绪，这些在规划中应有保留和发挥。

（三）以南国海岛游乐、避暑、秋航、海餐、度假作为旅游经营的主要对象

为充分利用独特的旅游资源招揽游人，以取得较好的经济效益，研究旅游项目、对象和经营方式是极为重要的。

海岛空气清新，温湿宜人，盛夏凉风习习，正是游人的好去处。可组织学生来此作为海岛野营和海上军体训练的基地。

夏日游泳季节，节日的沙滩可容纳数以千计的游客。来这里游泳不仅是健身运动，也是投入江河大自然怀抱的消遣和戏乐。

珠江口为咸淡水交会处。海鲜产丰而味美，膏蟹、麻虾、风鳝、鱼立鱼、护鱼、挞公（龙挞鱼）等四季均有，游人常来也百吃不厌。在岛畔吃海鲜更添殊趣。

总之，规划的指导思想是利用与保护相结合，作为开发海岛文物与自然旅游资源时，以保护为前提，以上述三个内容来促进开发。

四、旅游区规划构想

根据横档岛的旅游资源特色和现代人旅游心理和生活要求，可将两岛游览区划分为六个小区：

（1）古炮台文物观赏区；

（2）海滩浴泳区；

（3）海滨；

（4）海岛野营游乐区；

（5）海岛登高望海区；

（6）“鹭秋牌”游览区。

具体规划构想如下：

（一）关于旅游路线构想

两岛美景主要是江海，水宜平望，临岸游观令人心旷怀宽。主要游览路线应尽可能绕岛四周，通过环岛路把海滩、礁石、码头服务性建筑等连成整体，登岛道路亦把全岛沟通。

绕岛路可沿岸自由弯曲，近水际或穿沿滩，曲直高低随意自然，不作强制，使景观山回路转，步移景异。沿岸设景可幽旷交替，幽景向岛，旷景向海。幽景绿树成荫、山花烂漫，旷景一望无际，海阔天空。

绕岛路宽 1.2 ～ 1.5 米为宜。在主要景观处可扩宽为休息台、眺望亭、廊榭和游玩场地等，路上沙滩及草地要融为一体。与登岛路交接处要作景观处理，使有过渡效果，设碑石、置泉景、建亭台或崖刻雕作，以引人入胜。

登岛路基本按原走向稍加调整，目的把通往炮台古迹点连接起来，太陡改缓，险处置安全，增加一些回合小路，使游人有选景余地。路宜野，不要破坏岛貌景石。路边可建小亭台以供小憩和观海。路与炮台交接要合情理。

为开发鹭秋排，可考虑“金锁铜关”的历史意念，在鹭秋排和横档岛之间用铁链桥联起来（不宜用吊桥破坏自然环境），使游人有踏波过海、逐浪漂行的境界。在鹭秋排上，以不破坏自然礁石为前提，建海鲜浮舫、钓鱼台、渔艇住家或帆灿基地等。

（二）关于重现古战场进行爱国、军事教育的构思

历史文物古迹的教育作用和认识作用大小，在于重现历史环境的深度和真实度。规划前要对战争史实作深入调研。对这些军事工程的科学性及当时的军事战略战术作客观的评定，然后才定出其游览参观的内容。

为使游人认识历史现象和价值，应把现存遗迹按原复修后，分项在原地设碑用文字简要说明，并通过导游讲解充实。在古战场适当地点立纪念碑和记史碑、指挥台、司令部、主炮台，应重点修复和较详介绍。流失在民间的古炮和军事设备应尽快收集，置放原位。主炮台所缺设施，最好仿造复原，重现当年军威，游人可穿古兵服在现场摄影留念，也可购仿古军事用品和玩具。

为吸引中外历史学者，可筹建历史军事博物馆和纪念馆，也可置以军事电影为主的影视厅，作军事教育，两岛战争史实可制作电影或电视放映。在上横档岛腹地和江滨设军事野营地及跑马射箭场，同样可增加古战场的军事气氛反映我国古代的尚武精神。

（三）有关建筑形式与景观特色的构思

为创造适宜的古战场历史环境气氛，岛上建筑宜土不宜洋，宜古不宜今。但内涵可用现代设备适应现代人的游览生活，结合岛上的环境特色，还是以石构建筑为主调，以灰白色为主要色相，它以碧海、蓝天、绿岛较相称协调。

我们认为岛上固定建筑应在方位、布局、美学、科学上站得稳，经得起时间、群众的考验，是美好的典型。因此可先建临时性建筑，待认识深入、逐步完善后才固定下来。沙滩的休息棚亭和附属建筑可用草棚、帐幕等先代替，实地建筑要考虑空间要求，一般说来，体量宜小、分散、宜低和宜简，以建筑来调节空间点缀自然。

从景区规划角度，可划分岛上雄伟的炮台景观、岛下的活泼的江（海）湾园林景观及沿岛坡地幽静游息景观三种。景物配置要考虑游览心理的转景换景关系，宜隐不宜露，陡宜不拘格。

（四）关于景观保护与环境改造的设想

珠江口受上游污染，水质交浊，淤积增多，对其综合整治，有待今后国土规划改造实施。而当前两岛开

发过程中应从下列着手：

（1）对下横档岛环岸淤泥滩可种红树木、芦苇等海生植物，起净化作用，既美化景色又招来鸟雀。

（2）对下横档岛南岸沙片沙滩可引浪冲洗，使它保持洁白。为泳者安全应标出泳场范围，作江海浴场的规划设计。

（3）在码头附近可清沙泥作堤，植树护岸；岛上绿色植被应尽可能保留，可多植榕、榄仁等冠大荫浓、抗风招鸟的热带乔木，夏季“树底乘凉”为旅游活动需要，其轩昂古朴、枝根盘节的树态更增添蓬莱仙景的意象。在下横岛低地避风好，可种植荔枝、柑橙桃李和万寿果等岭南佳果，参观果园和品赏（成熟），更添野趣。

（4）上横岛采石场留下五口缺口，建议用垂直绿化遮掩和林木护壁来化枯歇为奇特。岩下挖填，引水入内，构成岛中湖景。或沿石壁建吊楼式住所，或石壁中打洞岩居，别有风采，也可利用峰岩异炯，点缀小筑，增加层次，强化景效。

（5）横档岛北有大、小虎，南有蒲洲、大角山，东有沙角威远炮台，诸景均隔岸相望，互为对景。在景观规划时，依各自景观的联系，一设置相望的台、亭、阁等。

（6）两岛能源和淡水供应问题。目前两岛暂无人居住，供电如一次投资架设输电线路困难，可分岛自设发电设备供电，太阳能和风能若可实现，则有利于环境保护和生态平衡。目前岛上有水井二，下岛有水井一，但水量少不满足，建议将原水井（龙井）作景观处理，游人渴饮清泉或洗手有亲切感，在沙滩附近挖深井，抽存水塔供全岛饮用和泳后冲浴用。

横档岛古炮台遗迹，列为国家重点文物保护单位，1985 年 7 月 10 日中央文化部文物局两位处长亲临视察，指示分批维修、保护好这些文物。经番禺县政府批准，成立横档岛旅游区，由番禺南北台发展公司主持开发。经过两年多的努力，两岛已修复部分古炮台工程和改造下横档岛的沙滩，已于 1987 年 7 月起部分接待前来游泳、野营等旅游活动的人。

参考文献

1. 陈广万 . 论番禺县旅游资源及其开发 . 广东园林 [J].1987（03）.

2. 何侃基 . 富丰而神奇的旅游资源 [J]. 番禺经济，1985.

3. 杨宝祥 . 让古战场变为旅游区 [J]. 番禺报，1986.

如何塑造作为现代国际大都市的广州旅游总体形象

原载于1996年《广州旅游工作会议》

中国是一个幅员辽阔、民族众多、旅游资源极其丰富、经济文化发展很不平衡的国家，各地都在大力发展旅游事业。发展旅游的共同理念都以博大精深的传统精华为依托，以爱国主义教育为引导，按时间、地点、条件、发挥优势、突出主题形象，确立多层的目标体系，竞争非常剧烈。广州应如何应对？现在应该是总结经验，学习先进，提高理论，再上台阶的时候了。在定向上、定位上和实施模式上应该突出自己的个性和特色，不断探索自己的新路子。下面粗略谈一谈几点意见。

一、塑造大都会的在格局、大手笔、大气派的形象

对一城市最深印象应该是总体规划布局，世界上的所有名城都有独特的布局。大都会摆开的架势，从空中俯视必然是庙宇图案，宏伟、壮丽，建筑融合在大自然环境之中。气象万千、人杰地灵。就旧广州而言，它依靠白云山，背向珠江，负阴抢阳，城市轴线明确，东西南北街道井井有条，城市轮廓高低起伏，是世界上公认的历史文化名城。

然而，近几十年来，随广州飞速的发展城市规划，在思想理论上、在定性定位上、在手法构思上、在技术实施上都跟不上世界的潮流，处于就近忘远、反复易变、因小失大、应急损公状态中，往往单纯追求经济利益，忽视了城市整体的文化品位和景观形象。城市建设中留下的遗憾败笔处处可见。作为旅游城市角度而言，吸引人的地方实在太少了。

世界上的旅游城市必然是建筑美的城市。广州要成旅游城市，首先要把旅游思想贯穿到城市总体规划中去。把旅游与城市建筑结合起来。对此，本人一些建议如下：

（1）做好今后的区域和分区规划，优化城市环境设计，保持原有的山形地势，建筑高的要高上去，低的要低下来，大片大片的绿化来隔开镇、区、卫星城、村；实现广州大地园林化，把广州城建成绿、美、静、清、秀的城市。

（2）规划道路网应与旅游观光线结合起来，旅游点分主次，布局适均称，组成点、线、面、网络，运行要顺、捷、清晰回合。主干道要有气派，要林荫、宽敞。街道两旁建筑景物要有起伏节奏感，作长幅的街景设计，如流通空间，车移景异，处处如画，人工美与自然美融合在一起，旅途也是美的享受。

（3）规划好白云山系、珠江水系，做好平川丘陵系的风景线设计，要有各成特色，给人以超凡脱俗、诗情画意的游感。在其间可以搞一些系列旅游点使其他地方不可代替。

（4）增加或改建、扩建几个大规模、大气派、有特色的中心广场，广场的文化主题和功能性质要明确，如集会游玩广场、文化游憩广场、交通集散广场、商业交广场、博览纪念广场等，其空间比例、围合形式、艺术布局、构图手法应随时代的进步、视觉的规律和各种艺术、技术手段，要富有魅力产生旅游轰动效应。可请世界一流大师，运用大手笔精心规划设计，达到现代国际水准。

（5）各关总车站、航空站、水运总站等城市主要交通枢纽是旅客入广州的门户，是游客的第一关键形象，宜是高品位、高水平的建筑群组。水、陆、空转运就方便直接，沿路街景应流连迷人。

二、塑造岭南海滨城市形象

广州地处岭南，自然气候、地形、地貌、植被均具有特色：广州位于珠江出海处，利江海交通之便，自古以来，岭南人就有独特的生活习惯、人情风貌、生产方式、思维哲理，形成了兼容善变、务实重利的岭南文化。如何塑造创新岭南海滨城市的新形象？建议如下：

（1）主张把岭南文化作为广州城市建设的灵魂。在城市规划上、建筑形式上、绿化配置上都突出岭南特色。有亚热带的，通畅轻盈的气质；有传统岭南文化提炼出来的符号；有南国清新开朗的情调；有岭南地方风俗的人文景观。旨在给游客留下深刻地域文化的印象。

（2）为了集中表现岭南文化特征，可以筹划建设五大景观工程：一是岭南历史名人和文化馆；二是岭南历代风俗民情馆；三是南国缤纷世界专题馆；四是南粤珍稀动植物园；五是岭南戏剧、曲艺、武术表演游乐园。

（3）以海滨为依托，大做水的文章，体现海洋文化的特色。具体构思有五项：一是沿珠江作滨江线形立体构图环境设计，显示江海开朗清爽的激情画面；二是开设原汁原味的水上居民和水乡风情游；三是组建规模大、高档次的海洋博物馆；四是在建筑、雕塑、小品上处处体现海洋文化的内涵；五是开辟大型江滨海鲜海味食市和商场。

三、维护广州作为历史文化名城的本色，并从传统特色中再现历史名城形象

作为历史文化名城的广州，本来应该是发展广州旅游的基础，遗憾的是在“大破大立”的错误决策下，已失去了原有旅游综合文化影响力，如何亡羊补牢，值得深入研究。

每一座历史文化名城由于历史渊源不同，地域环境差异均有各自的传统特色。广州公认的历史定位是南国花城、口岸商城、华侨乡城、三朝都会南方食城、近代革命城，这些特色都是要保留、继承发扬的，历史和现代消失了的可以考虑再现，如：

（1）南国花城——一方面要保留和扩大原有的花市和花店，另一方面可恢复花地在郊野建立各类型的花木生产基地，经常举办世界性的花博览会和花展销会，使广州处在四季常花的花世界。

（2）口岸商城——广州自秦汉以来就是“海上丝绸”之路的起点。历史上留下来的海洋口岸历史遗迹（如菠萝庙、怀圣寺、天后宫、西来初地、龙王庙、沙面……）要修复扩展开发成旅游点，同时可考虑恢复十三行（或史馆）；建造成口岸交通史馆和古航海俱乐部等。旧广州向来是繁荣的商城，有许多商业街专业巷、手工业作坊，建筑之间以骑楼和风雨廊相成顾片，珠光宝气，琼楼玉宇，千姿百态，夜生活光彩迷人，是岭南典型的市井商城，为从保护历史名城和开发旅游资源出发，完全可以选择旧城几个点（如陈家祠、威仁庙、华林寺、六榕寺、五仙观等附近）恢复、再现。

（3）华侨乡城——广州华侨遍布全世界，中外文化交流少有间断，是一个未有衰竭过的开放城市，侨房的结构、形式和装饰多有明显特色，尽可能给以保护，居住形态往往中西结合，侨居宜成片开发旅游区，华侨名人的故居、店铺可以利用作陈列室、文化室和为现时侨务活动。新建的华侨村在规划设计上要有“侨”味。可以在华侨众多的地方建“唐人街”“华侨城”等旅游点，并建一些“敬祖祠”“寻根堂”等旅游项目招引华侨回国旅游。

（4）南方食城——“食在广州”享誉世界，旧广州原有传统食街、茶楼、酒家、风味餐厅、西餐馆……宜发掘、保留、发展。复古的原始饮吃、药膳、御膳、贡酒席、民族餐等，稀、怪、奇、美吃有待开发。美吃文化可结合参与性的歌、舞、饮、猎、游、乐、购、休、览等，构成大规模的“岭南博览食城”。把中国食文化集中、提炼，把“食在广州”推上高峰。

（5）三朝都会——广州曾是南越、南汉、南明三朝首都。南越、南汉文化是当时最有特色的文化之一，可惜已留下遗迹不多。但文献记载丰富具体，可以大做旅游“拳头”产品，建议：①利用已发掘的中同四路南越宫殿和御苑遗址开辟世界级的遗址公园，把其近5万平方米的绝对保护范围规划重视广州两千年前荣耀文明；②把象岗山的南越王墓博物馆扩大充实，并与越秀山明城墙用开桥联成一体，五层楼可改成南明博物馆，另建大型博物馆；③建造南汉历史博物馆，塑仿南汉旧城微缩景区；④流花湖、西湖、荔湾湖等地选址重建南汉王官御苑，重视南汉宫殿建筑之辉煌。

（6）近代革命之城——广州是近代革命的策源地，革命遗迹多，可在控制、保护、修复的前提下，大做动态开发，构成系列的旅游产品推向市场，建议：①充实扩大烈士陵园内近代革命史博物馆；②开发虎门要塞爱国主义教育旅游基地，把番禺和东莞连成整体，规模要大，档次要高；③大力发展近代革命历史体裁旅游点（如黄埔军校、中山纪念堂、19路军坟场、三元里平旧址、邓世昌故居等）并组成旅游网络。旧有炮台、古战场、军事设施和炮舰等可考虑恢复，重视军事演习，寓教育、娱乐、锻炼于一体。

四、塑造分区标志性旅游景点，建造广州至尊景观形象

广州的人文和自然旅游资源都很丰富，开发旅游点比较容易，品类较多，但开发零星、无规模、层次较低，参与性少，吸引力差，效益欠佳，不能持续发展。要改善这些现象，一是突出重点，集中投资；二是优化联合，结点成网，强化特色，搞主题性旅游线。

突出重点，集中投资，首先要按分区各搞突破口，各区和郊县要有典型代表旅游景点，构作宜有分量，个性宜强，具体建议：

（1）瘦狗岭是天河新城的靠背，“龙脉”所在，可以开扩成公园，山顶可以建类似香港太平山观景楼作标志性建筑。以“龙脉”为轴线可以把体育中心和珠江新城串起来，中心四周建成群成组的高层建筑，内空外实，其四周用高架环车连成整体，形式世界一流的商易城，构成旅游购物胜地。

（2）在东郊高等院群附近可开发高科技旅游区，集高科技生产、博览、购销、游乐、观光、休闲于一体，展现世界人类、智能之骄傲，标志超前高科技的高情感美学成就，时代的、综合的、无约束的、泛美的旅游境界。

（3）在白云山与帽峰山广阔山林区建设跨世纪生态旅游区。这里该是绿的世界、花的海洋、动物的王国、鸟的天堂，是真正广州的后花园，人们可以在这里大范围无拘束地与大自然亲和，旅游美感是脱世的、仙境的、持续的。把中国神话般的“天上人间”表现出来，是“山海经”精神的体现。山上可建岭南山林标志的工程艺术构作。

（4）孕育广州文明的珠江首先要还其“珠水晴波碧水”的面貌，沿岸应该是花园绿翠、十里锦绣、海市蜃楼。沿江可布设船史馆、水上艇（疍）民游村、水上俱乐部、野岛乐园、沙田村舍等景点，恢复一些海波楼、望江楼、海珠炮台、海山楼、市舶亭等景观。在岸要建置一些标志珠江文明、海洋文化、“海上丝绸之路”起点的纪念性雕塑或建筑。

（5）荔湾区可以荔湾湖、流花湖、西关大屋等为重点大做标志旅游的文章；黄埔以长洲岛、黄埔军校为主题，从化以温泉、云台山为主题，花都以芙蓉山王子森林与九龙潭为主题，番禺以莲花山、横档岛、万顷沙为主题，等等，均可顺理有标志性的旅游“拳头”景观。能否为世认可，其关键在于决策、规划、设计。景观形象应该是世界性的，当今景观相当多是有景无可观，有待提高，把大好美山丽水破坏了，可惜！可叹！现在是要探索原因的时候了。标志性景观不是静止不变的，开放的竞争世界，标志是一个创新的概念，是一种有意境的地区文化科技高水平素质的表现，不是玩花样，只要以人为本，面向中外游客，精心设计，标志名誉，自然而成。广州曾经有广交会、五羊雕像、五层楼、中山纪念堂等为标志形象，现在人们已不满足了。

创造新形象，我主张还是从自己的地位、优势出发，以规划的总体特色为依据，突出宣传广州的人文历史和高科技建设的伟大成就，主题是岭南江海文化历史大都会，是繁荣、和平、文明、吉祥。

五、结论

广州是一个很有潜力的国际旅游大城市，有过去历史的辉煌，开放改革以来的蓬勃发展，但在简单化的商品经济思想指引下，无识别性、无情趣、无可读性、无个性的景观形象太多了。零星、自流、盲目、恶性竞争、不可持续、粗放仍然是广州旅游发展的障碍。现在的迫切任务是总结经验、组织队伍、培养人才、提出纲要、精心规划、科学实施、加强管理。

一个城市的旅游形象应该是综合的整体社会形象，包括一切政治、经济、文化的市民行为等要素。城市生态环境形象有绿化园林、空气清新、宁静少尘、阳光艳丽、生态优化、蓝天秀水；人文工程形象包括对历史文化的尊重、城市空间、道路系统、步行景区、建筑体量、形式、风格、色彩、景观组合；市民文明形象包括安全、方便、整合、清洁、秩序、条理；经济形象包括产业布局、产业空间、商业结构、管理体系、服务体系等。

目前，广州要想发展“大旅游”，必须先从社会总体形象综合抓好，全市民都来关注旅游事业，人人是东道主，树立奋发向上、互相尊重、助人为乐的精神道德风貌。

求美是旅游的核心。在逐步迈向国际现代旅游大城市的今天，让我们全体市民都来共同塑造广州美的形象。

五邑旅游发展规划探讨

原载于1996年《广东旅游》

江门新会、台山、开平、恩平、鹤山地处珠江三角洲西部，地理环境优越，水陆交通方便，历史文化凝积深厚，发展旅游潜力很大，开发旅游大有作为，前途无量。在当前国内外掀起大旅游浪潮的推动下，如何统一思想，达成共识，制定规划，采取措施，是促进当地经济持续发展的重要决策，本着这种精神，本人特提出一些看法，供参考。

一、发展旅游始终要把保护环境放在第一位

目前五邑的大西坑、白水带、圭峰山、古兜山、大雁山、梁金山、石花山、叱石山、公坑山、马山等风景区都在开发旅游，有的已做出了规划，总的思想是向山要地、向山要钱，有的被瓜分开发房地产，这实在是不可取的，将造成难于挽救的严重恶果。

五邑平原近20多年来，经济速度发展惊人，可开发的土地已不多，余下的山是绿洲，是五邑人的肺叶，是要绝对保护好的。在生态平衡严格控制下才考虑旅游。首先要保护好林木和水源，少开山，少动土，保护其山清水秀林密的景色。路通而不宜大，规划要以自然幽静为宗，返璞归真，建筑应以藏为主，尽可能少、散、低、简，建筑是点缀物、配景角色，不宜搞上山索道。

山林性旅游区应着重于林木的培植和逐步改造，把单一林变为综合林，使其美化、果化、香化和立交空间化。发展带有观光性的养殖旅游项目，公共游览区不宜独占，宜发展群众假日休闲游，一些饮食、娱乐等服务建筑尽可能放在山下，集中管理，商务别墅更不宜多建，适当在偏僻处考虑建些生态型别墅。

二、发展旅游要在“侨”字上下功夫

五邑侨民比当地人口还多，是中国著名的华侨之乡，吸引华侨回来投资旅游，组织华侨及其子女回乡观光旅游都是大有可为的，侨属出国探亲也将成为旅游“热门”，对此，具体建议如下：

（1）在江门筹建华侨博物馆，把五邑华侨的历史、现状、名人、侨乡风采……用现代科技展现出来。

（2）开发恩平、开平碉楼旅游区。碉楼是五邑特有的建筑，中西结合，“侨”味浓，形式多样，艺术品位高，可在碉楼比较集中的地区，选择多种类型开放参观，有的可作别墅接待游客。

（3）开辟侨乡旅游区，在鹤山、新会等地侨乡，择其田园风光好、侨屋多而典型、有代表性的侨村，经修整后对外开放参观，让华侨及其后代回来租居休假，生爱国、爱乡、爱家之情。同时可结合农业旅游，展示历史上果基、桑基、蔗基、蕉基、瓜基鱼塘原貌，游人可随意钓鱼、划艇、摘果，古代养蚕织丝工艺也可反映出来，让游人参与男渔女织的乡间生活。

（4）修建开平“立园”侨园旅游点。立园是旅美华侨谢维立先生亲自设计建造的“中西合璧”的别墅式园林，是中国近代通俗园林的典型，有较高的历史艺术价值，可按原状修复，四周广种树木，招徕华侨、港澳同胞。江门陈白沙故居也是侨味很浓的近代民宅，庭园宽广、设计独特、别致舒适，在中外结合上富有创造性，宜

保护其原有历史环境，开发为旅游景点。

三、开发景区要确立中心主题，表达主导思想，突出特色，配套规划

五邑现今的旅游景区有吸引力的地方不多，为增强竞争力，还需在主题上提高品位，配套开发。具体建议如下：

（1）江门北街西江与江门河交汇处有一小岛叫古猿洲，岛中有山有湖，四周江面宽阔，风光怡人，有仙岛般的境界，是广东罕有的高质量旅游资源，建议高要求做好规划，以古猿为主题筹建古猿和原始人类博物馆（仿效恐龙博物馆），用高科技手段来展示古猿的类型和演化过程，重现北京猿人、马坝猿人的环境与情调，让时间倒流。在岛上可建猿猴乐园，让人亲猴、玩猴，建筑不宜多，应原始化，可以建朴素的轩辕庙，原来的环境不要破坏，加之整理，路不宜直，顺其自然，不宜建会议中心和别墅，景观规划可参考杭州西湖小瀛洲和三潭印月。同时可以开展水上娱乐和晚间旅游项目，以增效益。

（2）"小鸟天堂"是新会天马村人自明代以来保护林木爱护鸟类的遗证，其独特的自然生态景观非常壮丽，吸引着大量国内外的游客。当前发展规划还是应该以爱鸟亲鸟为主题，以人鸟共存共乐为主导，少搞酒店别墅游乐场等投资项目。巨榕要绝对保护好，四周宜再培植几个榕岛，要营造鸟的饮食、繁殖、玩戏的环境，四周不宜有永久性建筑，建些竹篱茅舍式的观鸟亭、亲鸟阁、栖鸟楼；稍远处可以建些鸟类博物馆、鸟研究中心、鸟市、鸟园、虫堂、鱼馆、花圃、花鸟画院，集中反映中华花鸟虫鱼文化艺术精神。

（3）茶庵寺在江门五马归槽山麓，相传唐代高僧一行曾在此种茶、品茶、观天象。明代群众为纪念他而建茶庵寺敬拜。这里风景幽美，四周环境宽畅，荷池、花荫、小径、台榭宜人，令人流连忘返，建议开拓以茶文化为主题的茶庵旅游胜地，利用山麓种植各种名茶，设土法茶坊使游人了解传统制茶工艺，设茶馆、茶寮让旅客参观品尝名茶。这里有一古井，泡茶甘醇可口，可引泉入茶室，设茶道，表"和、散、清、寂"精神，让游客参与，趣乐无穷。其他茶具、茶叶展销、茶史陈列、高僧一行生平展览等均可作为观光活动的内容，但建筑必须离茶庵远些，形式宜简朴古拙，表现茶文化的精神境界，反映一行高僧的人格力量。

（4）崖门古战场是南宋最后灭亡处，南宋最后二十万官兵和宋帝昺在此壮烈殉国。旅游规划要显示其爱国悲壮主题。可以按宋式恢复行宫草市，可以考古发掘战船作文物陈设，可以设计建造海战博物馆和全景画馆，用科学手段，重现当时战争场面，可以广植蟠龙山桔和新会柑，慈元殿与杨太后陵宜古朴苍哀，陆秀夫、文天祥、张世杰纪念馆要充实，重视文物的保存，崖门奇石宜恢复历史原貌。崖门炮台为清代军事设防，是广东保存得最完善的炮台之一，军事技术价值高，可以独立发展为旅游点。

四、开发江、海、水乡旅游应是五邑的强劲项目

五邑江河交织，湖泊纵横，海岸线长，是有名的水乡，水上旅游资源颇丰，对其利用开发现具体建议如下：

（1）上下川岛浪清沙白、泉足山翠，是极理想的海滨旅游胜地。自1985年大力开发以来，已颇具规模，当前的任务应是高水平修订总体规划。上下川岛应有统一的功能分区建设好景点，保护好沙滩与林木，清拆丑俗建筑，在美化上下功夫。首先开发体制要理顺，以综合发展来提高效益。别墅占地不宜太多，"游"和"玩"的内容宜多些。"旅"的建筑宜集中，浴海水、看海景、吃海鲜、钓海鱼、玩海面、晒海滩始终是这里旅游的主旋律。为增加岛上的历史文化内涵，建议恢复宋王府，修好明清军府、兵营、练兵场、点将台、扯旗台、号令阶等遗址。岛上为纪念明末有名天主教徒方济阁·沙勿略而建的教堂及其墓园要复原和利用，这是东西方文化交流的见证，作为旅游点，将招徕许多宗教人士朝拜。

（2）江门市郊洪圣庙是祭祀南海龙王之神庙，建于明代，背山面河，形势浩阔，水乡人们为祈求航海安全常来进香，每年来此朝拜的华侨、港澳同胞络绎不绝。建议拓展水上旅游线，庙宇布局恢复其明代巍峨壮观风貌，四周少建房舍，扩大水面，多种榕柳，还其古朴典雅原状。可以通过庙会来扩大影响。

（3）鹤山的古劳大堤是明代当地人民抗御西江洪暴的“大水围”。围内河涌水网四通八达，石桥、农舍、江帆、绿树相映成趣，好一派水乡美景，开发水乡旅游当是大有可为。建议选点规划，重点表现水乡人情风俗，反映水乡风土情趣，体验水乡生活，开展龙舟竞赛。

（4）五邑沿海渔港多，沙堤、崖门、广海等渔港历史悠久，颇有名声，可规划开发为旅游区，让游人扬帆出海钓鱼捕鱼，观看网箱养鱼盛况，品尝各种鲜鱼，购买各种海产品，这无疑是一种别有风趣的旅游项目。

五、五邑旅游要发掘历史文物资源，充实文化内涵

五邑历史悠久，有文物古迹300多处，是岭南古代文化的聚焦点。如何发挥它们的旅游价值，是当前振兴旅游的关键。下面意见供旅游管理部门参考：

（1）陈白沙是明代岭南第一大名儒，是岭南地方文化的伟大开拓者，其事迹多，国内外影响大，以他为题材，弘扬地方文化，是五邑开发旅游的一大宗。建议首先把白沙祠、钓鱼台、白沙墓、白沙公园串联起来综合规划。白沙祠四周60米内要划出文物保护范围，清理不雅建筑，按明式恢复其原有村落，保持其中轴对称布局，前后增建的牌楼和后楼不宜过于高大，宜用仿明式，后花园要多种树木，与白沙墓统一安排。前院池塘要恢复，以中国庭院绿化为主调。白沙公园应增加表现陈白沙有关内容，重建嘉会楼，建造白沙陈列室，恢复白沙生平碑记。钓鱼台要尽可能恢复其历史环境面貌，可立像安碑表史，表现白沙事迹。

（2）梁启超是近代史中的风云人物，把其故里开发为旅游点是很有远见的。规划时需扩大范围，内容要充实，可以把凌云塔和文昌阁同时纳入旅游范围。其子梁思成是中国建筑史学界一代名人，也可就近建一座纪念馆。

（3）白水带水月宫是典型的岭南小庙，坐落在江门市郊大华山，庙藏深山，与小溪、山石、林木、山路、小桥相映成趣，一方净土，如人间仙境，历史上就是江门宗教旅游胜地，可惜近现代在此新建庙宇和营业性房子过多，大黄大红，喧宾夺主，空间挤塞，环境破坏，建议早日作出保护规划，还其清幽境界，在保护范围内少加多减，移建一些庙宇，净化环境，建筑要“文物化”，古香古色。四周多植树造林。

（4）鹤山东坡泊舟处原是苏东坡沿西江南航海南时“流连不能去”的地方，临江石螺山风景秀丽迷人，现还留有东坡亭和钓石文物，让后人怀旧追思，建议在此规划成风景旅游区，依山建一些简朴的观景亭台楼阁，开发为以林木为主的临江郊野公园。恢复一些原有寺院。

（5）五邑的文物还有不少祠堂、民宅、古桥、古井、石刻窑址、牌坊书院等，著名庙宇有医灵庙、龙冈古庙、灵湖古寺、凌东与雅山关帝庙、司前天后庙、张将军庙、环溪庙、月华寺等，这些文物古迹均可发展宗教旅游。问题是要规划引导，先要依法保护好原有文物不改变古迹原貌，保存地方文化特色，并让其世世代代保存下去，这当是用之不尽的旅游资源，比造“假古董”发展旅游更有深刻的意义。

岭南文物古迹旅游资源开发的思考

原载于1996年《广东人谈旅游》

文物古迹是我们祖先留给我们最可贵的、用之不尽的财富。当今发展旅游，很大程度上是在承领祖先给我们的恩赐、遗荫，如果广州没有五层楼、南越王墓、光孝寺等，广州旅游就将大为逊色。正由于岭南光辉、古老的民族文化内涵不断地吸引着四方游客，要发展旅游则首先要保护好文物古迹，这是世界旅游同行的共识。如何保护？如何利用？现结合广东目前存在的问题，谈如下几点看法。

一、旅游规划中文物古迹的地位与意义

岭南有着相当丰富多彩的文物古迹，蕴涵着岭南文化的优良传统和岭南先人的无穷智慧，作为中华民族文化的部分，标示着对世界文明的卓越贡献。这些文物古迹，存在世上少则百年，多则几千年，避过天灾人祸才得以保存下来，实在不易，因它们的不可再生性，其价值会越来越大。

文物古迹包括城乡和风景区所存留下来的历史上所建造的寺观、坛庙、亭台、楼阁、道路、桥梁、井舍、民宅等，是古老文化的综合体，它们既是历史的见证，又是美的观赏对象，也是我们民族科学发展历程的表现，有着永不磨灭的魅力。

文物古迹在旅游事业中的作用有：

（1）是文化游览的好场所，是发展旅游的重要物质基础。如番禺余荫山房与东莞可园等岭南庭园，每天有上千中外游客到此参观游览，欣赏园中美景，领会诗情画意；又如南雄三影塔、河源龟峰塔、罗定文塔等，是招徕游人登高望远以畅胸怀的好去处。

（2）是进行爱国主义教育的基地，是增强民族凝聚力的磁场。如虎门炮台遗址与林则徐销烟池是鸦片战争屡挫英国侵略军进犯的战场，崖门和南山等炮台是古代国防前线，均可作为爱国主义教育的基地，又如黄埔军校、中山故居、中山纪念堂等是国内群众和港澳华侨所敬仰的地方。南雄珠玑巷和各地祠堂是由血统关系联系的纽带场所，到此旅游参拜，可增强民族和宗教的情感。

（3）是宗教信仰观光的场所。信仰的多元化是当今社会的特色，宗教的精神安慰也有助于社会的稳定，如光孝寺、南华寺、开元寺是佛教观光胜地；怀圣寺是伊斯兰教观光胜地；冲虚观、三元宫是道教观光胜地；石室圣心堂是天主教观光胜地。宗教文化是岭南文化的一大特色，有其明显的特点，为岭南文化瑰宝，有很大的旅游吸引力。

（4）是学习历史文化知识的好去处。古建筑本身就是历史展品，它凝结了当时历史阶段的历史现象。如佛山祖庙，它展现了明清岭南庙宇的建筑形制、平面布局、建筑风格、装饰特点，也可以使人了解到当时的人情风俗、文化水平。又如湘子桥，它是宋交通史、桥梁史的实物载体，记载了潮州历史发展的兴衰。

（5）是岭南历史人物纪念场所。岭南人古来对人民作过贡献的历史人物常立祠崇拜，如冼太庙、东坡庙、韩文公祠、包公祠、关帝庙、孔庙、葛洪祠等，岭南人也特别崇拜观世音、天后、何仙姑、龙母娘娘等善良妇女形象，各地都立有祠庙纪念，人们心理上祈求着消苦消难、天下太平、怀念先人功德无量、造福于民。这些祠庙就成了游客的崇拜圣地。

（6）是展现博物、陈设古董的场馆。在一百年前康有为就提出“凡吾国省府县镇，皆宜设博物院”，并说“今吾遗宫殿坛庙，正宜修饰而保护之，以供国人之游尝，择一、二处以博物院”。现五层楼为广州市博物馆，陈家祠为工艺博物馆，梅庵为肇庆市博物馆，潮州宋驸马府为民俗博物馆，均使用恰当，广招天下游客。

（7）是专业学习研究的实物资料。如七星岩摩崖石刻、葫芦山摩崖石刻等保存了岭南唐代以来书法艺术，可作专题研究岭南各书体的例证；如马坝人遗址和石峡遗址是专门研究岭南原始社会的课堂；又如象岗山南越王墓，是研究岭南汉代历史文化的专题证物。这些文物古迹都是闻名世界的，可组织专题旅游，成为对外开放和宣传中国古代文明的重要窗口。

（8）是现代艺术设计和创作的重要借鉴。文物古迹涉及建筑、绘画、雕刻、陈设、五金工艺、园林等艺术，这些艺术还在发展之中。我们要创造有岭南特色的艺术，就得借鉴古代艺术的技巧、手法、形式、工艺。

岭南文物古迹源远流长、博大精深、传统优良、丰富多彩，在旅游资源中有着不可替代的地位，是世世代代永远读不完的历史和特殊的百科全书，也是失不去用不尽的旅游聚宝盆，只要我们有效地保护它、合理地利用它、科学地管理它，依靠这一旅游资源就会带给我们滚滚而来的物质财富和精神财富。

二、文物古迹保护的措施与维修的原则

国家对文物古迹提出“保护为主，抢救第一”的方针。要具体落实，一靠国家文管部门，二靠社会力量。《文物保护法》规定：“一切机关、组织和个人都有保护文物的义务。”作为旅游部门，保护文物理当负有双重责任。遗憾的是，广东近十多年来随着建设和旅游事业的发展，文物古迹遭到损坏和破坏的现象不少，令人伤心。具体表现如下：

（1）在城市规划建设中忽视文物古迹因素，为眼前利益，破坏了古城格局，主干道和地铁穿过文物古迹众多的旧城中心区。在旧城改造中大片有历史价值的民房被拆除重建。

（2）在修理古建筑时，在没有专业人员设计情况下，乱拆乱改，失去原来价值，采用水泥架、贴瓷砖的方法，把其现代化了，称之为“保护性破坏”。

（3）在修理过程中，按“现代美”的眼光改变原貌，有的把原有壁画、泥塑、彩画去掉，有的重刻、重画、重塑，大红大绿、不三不四，谓之“无知性破坏”。

（4）随意改变原有古建筑的用途，乱行加建扩建，新旧混合，面目全非。有的甚至拆旧重建，谓之“破坏性保护”。

（5）在文物保护范围内，任意建造新房子，形式、风格、比例、颜色都不协调，喧宾夺主，破坏原有的历史环境。

（6）在文物古迹四周乱动土砍树，或轻易移动文物古迹，变更地形地貌，或增加污染和构筑物等。

以上现象在广东至今常有发生，需大声疾呼，这些破坏行为不只是违法的，也给发展旅游事业带来不可补救的损失。

古建筑的修缮是比新建房子更难更复杂的工程，应本着对历史负责、对下一代负责的精神认真对待。首先要做好调查、拍照、实测，把历史、演变、现状搞清楚，并了解其破坏原因，然后按《文物保护法》及规章条例做出修复方案，经有关部门审批后，绘出具体施工设计图纸，找有经验的施工队施工，修缮完工后，要经过验收才转入使用。

至于修缮的原则，《文物保护法》概括为：“不改变文物原状为原则”。原状可以理解为原来的形状，一般认为最初的建造是原状，但如果是经过多次修理，有的已经改变，已无法复原，我认为可保留现状，不要轻易改变。又如在近现代修复中所变更的不合理、不科学的东西，或庸俗的形式，可参考其他地方同类同

时代的形式修复，按原建筑的精神保留精华，去掉糟粕。

原状修复一定要通过考证研究，持慎重态度，如没有把握，对古建筑的修养又不高，宁肯不动，免得造成更大的破坏。原状不可能全原，每一次修理的时代烙印保留一些也合乎情理，不能按现代的艺术眼光去改造。

保留原状可以从以下五个方面来努力：

（1）保留原来的历史环境。包括古树古路、原有平面格局、原场地空间比例、原院落天井、原排水体系。

（2）保留原有的结构形制。每一时代每一地区的结构形式构造方法都是不同的，如抬梁式、穿斗式、混合式、山墙承重等都反映了建筑科学技术发展的特点，保存好结构形制是最重要的。

（3）保存原有的材料质体。建筑的结构和材料是联系在一起的，由原来的木结构改成钢筋混凝土结构是不合理的，技术价值全无。修理古建筑时应尽可能保存原构体原材料，避免用现代材料代替，水泥等材料往往一用就“死”，如的确为了安全非用不可，应不要将它表露出来。

（4）保留原来的艺术形式。古建筑的艺术形式与风格因时因地因使用功能而异，变化万千，修理时要保存它的个性风貌，其脊饰、门窗、彩画、栏杆、雕饰等应保持不变原则。室内陈设和空间气氛也力求修复原状。

（5）保存原有的工艺技术，工艺技术是表现古建筑技术和艺术的主要手段，要彻底复古，就得靠传统工艺，施工材料、操作程序、施工方法、施工工具等最好还是以旧为宜，固有的艺术品质和韵味才容易做出来。古建筑本身可以说是工艺，工和艺是不可分的，现代施工机械和方法很难满足这种要求。当然在实际修缮中由于造价和材料条件等原因，也不可能全用旧工艺。

三、文物古迹利用的具体方式和方法

文物古迹是民族文化的象征，是历史的见证。把文物古迹在旅游地展现出来，让人们有机会接触、认识它，培养人们对民族文化的感情，让子孙后代热爱它、保护它。

合理利用是指在确保文物古迹能“益寿延年”的前提下得到开发，为旅游产生经济效益，“保”和“用”是辩证统一关系，保而不用难以坚持，用而不保如“杀鸡取蛋”。对古建筑的用法要经过慎重研究和有审批手续，绝不能搞破坏性的利用。

如何使文物古迹能持续、合理地“古为今用”，这是一篇大文章，潜力大，大有可为，要纳入长期的开发规划，要与文物部门好好合作，并协调城建、宗教、文化、园林等部门。总结经验，制定方案时可学习国外先进经验，除使用其建筑空间外，还可以利用文物作为历史教育的课堂，学习文物知识，利用文物作仿制品、纪念品、图案，还可出版有关的书籍、画册……看市场需要以至开拓更多合理利用的途径。

文物古迹过去“为保而保”，作用小，变成“死”东西。改革开放后，旅游事业蓬勃发展，出现滥用、乱用的现象也不好。合理利用的具体方式、方法就得进一步研究。以下提出几点建议：

（1）在使用人数上要适当控制。过去古建筑是少人使用，现超量旅游者前来参观，对安全和保护都带来威胁，如光孝寺每天要容纳上万人，莲花塔每天要供上千人上塔，解决方法可以从管理入手。一是控制每小时进入的人数；二是要有参观组织指挥人，有些房室轮流开放；四是人流常走的地面宜加保护面层。

（2）利用方式要恰当。古建筑可利用的范围很广，可以作宗教崇拜，可以作博物馆陈列室，可以作文艺活动，可以作专题展示参观，可以作办公教学等。科学利用的方式我认为，一要尽量保持原来的使用功能，形式与内容一致；二是以静为主，少有污染不易引火引雷；三要活动内容宜文雅古典，内外风格一致，以古色古香的气氛反映民族文化精神；四要从保存整个历史环境入手，作为一个历史景观来处理，如果景观破坏严重，可以考虑用迁移方法，适当集中。

(3)利用中要不断作学术研究和宣传。文物古迹为无价之宝，要认识它先得研究它。研究也是不断深入的，研究前要做实测工作、拍照录像工作、建文字历史档案，对它的科学性艺术性进行研究。在这个基础上扩大宣传，扩大其知名度，招徕更多的参观欣赏者。发挥古建筑作用可以有两种途径，一是实物展示；二是书籍、模型、图像展示，研究工作主要是为后一途径。

（4）古建筑群组的利用宜长短期相结合。如果一个古村落或一个街坊利用时，开发的困难就会更大些，在这种情况下，首先要确定保护范围，然后分保护等级，对典型重点保护建筑先重点开发，其他分级对待。分批开发，把长远保护和近期使用结合起来，有些建筑可能建造时间较晚，但其他方面有价值，也要好好保存。有些建筑还在民间使用但要有保护合同，分清职责，开发规划，长计划短安排。

（5）利用文物要加强严格管理，文物古迹管理是一种专门业务，旅游部门要培养专门人才，有一支素质较高的队伍，其中包括监测、维修、利用、规划、现场管理等。每一处文物都要有文史、图纸、碑志、保护章程等。研究进一步发挥文物古迹的作用。

（6）文物利用要有整体的综合观念在一个旅游区内，文物只是作为一个景点存在，文物景点与其他景点之间要互依互衬，组成顺当的游览路线。每一个景区可用绿化带分隔开来，各自有中心内容，各有特色，避免杂乱无章。

四、文物古迹开发的其他有关问题

把文物古迹保护好管理好是国策、是光荣的任务，又是十分艰巨的工作，会产生许多的矛盾，出现很多的问题，下面谈一谈本人在处理这些问题时的看法。

（一）保护修理与“假古董”的问题

一般已经毁去的文物古迹，我是不主张重建的，可作为废墟保存下来，如果毁去时间不长，还有砖石遗留构件，平面基本保留，又有旧图或照片，使用上需要，我认为是可以按样重建的，基本还可属文物，但乱七八糟的胡编乱造，这就是破坏了，坏了中华文物的名声。如果移地重建一些历史上存在过的建筑，设计又能表现民族的精神，我也认为是可以的。适当地建一些相配的建筑，风格又协调，是美化而不是丑化，也是可以的。无中生有，又不伦不类，这种“假古董”，破坏了自然景观画面，是有害无益的，得要拆除。

（二）自然风景与人文景观的配合问题

古代风景名胜区可谓天工人巧交互增辉，一般人巧不宜压自然，建筑不宜太多、太高、太花、太大。确要新建增加房子，定要与原有建筑和山水地形相配得体，如太密，可另增辟新景区，新景区与旧景区隔开一些距离，以道路相串联起来。

（三）宗教活动与旅游开发的问题

俗有谓“天下名山僧占多”。过去风景区中心地段多建有寺庙宫观，这些文物是得到法律保护的，原有的宗教活动也允许保留，宗教文化是重要旅游资源，可吸引大量游客，应纳入旅游规划“旅庙合一”，把行、食、宿、拜、息、观、玩、尝结合起来，统一安排。我主张宗教部门可以独立自主有局部经营管理权，但要统一在大的旅游管理计划内减少矛盾，相互促进，我不主张旅游部门兼营宗教，不宜造假庙，做假和尚、假道士，要尊重宗教的行教原则和国家法令，过去教徒多是修行持道崇尚自然，养性修身。现在“香客”在信仰之余，游山赏水，追求返璞归真的情趣，带有观光健身的意义，发展宗教旅游是形势所趋，但作为我们旅游事业，宜多从大文化上着想，把宗教文化组织进行，饮食民情风俗、斋吃醮玩等。

（四）风景名胜旅游区后勤服务组织问题

原文物古迹景区的观众容量是有限的，新开景区内的建筑也不宜太多，可后勤服务的建筑比例又不能少，一般情况下宜在旅游区范围之外加建后勤基地。这基地可规划新建，也可利用原村落和小镇发展。这样，要求对旧村镇进行改建扩建规划。在规划中应注意其旅游特色，将其作为一个橱窗，展现地方传统，既服务于服务人员，又服务于游客。同时作为旅游住宿和集市来处理，考虑工艺品纪念品生产基地和旅游农副业生产场地。

（五）历史文化名城的旅游开发问题

历史文化名城的条件是历史悠久、文化有特色、文物众多、持续发展，是综合开发旅游的好地方。其旅游规划要注意文物古迹的有机联系，把点连成线和面，一条街、一巷里、一组建筑群地分区分片保护，新建房子要与之协调，同时要划出保护地带，严控保护范围、清除污染物，保存地方传统文化（指有特色的饮食工艺、小品、景观、戏剧曲艺、诗歌文辞、音乐舞蹈等）。在古城中心区内应保存视线走廊，尽量不建高层建筑。岭南历史文化名城要保持岭南历史文化品位，集中岭南的文明精华，发展成为国际旅游城市，通过旅游交往扩大开放，促进经济贸易、文化交流和科技引进。

善于继承 勇于创新

——访华南理工大学建筑学院邓其生教授

五月的广州，大雨突然倾盆而至是常见的事情，午后一场大雨，畅快淋漓，让人感到痛快，忽而急，忽而缓；随着暴风把阵阵凉意带给了波澜不惊的人们，也浇灭了连日来的燥热。雨后的阳光映在窗户上，反射着刺眼的光芒，正当我慵懒地倚在凳子上看着窗外时，一位老人从门口探出了脑袋，笑呵呵的，我认出这位定是邓其生教授。我立即起身预备搀扶他去会议室，他却健步走在前头，虽然已是耄耋之年的老人，却仍是步履矫健。面带微笑的邓其生教授一头银发，考究的衣着，亲切的面容，饱满的精神，和我握手时，来自他宽大掌心的力度恰到好处。刚坐下，我们就开始了愉快的聊天，邓老比我想象中要健谈很多。

一往情深难割舍 岁月如歌留华园

邓其生出生在粤东五华转水的一个村落，后来随父亲来到粤北韶关翁源，那时正是抗战时期，有许多有名的画家来到翁源避难，从小耳濡目染，促生了他对素描绘画的兴趣，成就了今日的建筑学功底。中学时期的他，赶上抗美援朝，为了鼓舞民众的爱国热情，需要绘画宣传，邓其生良好的绘画功底在这时得到尽情的发挥，他笑说那时候做宣传都是直接在墙上涂画。正是因为他从小练就了扎实的绘画功底，所以在 1954 年时报考华南理工大学时成功被建筑学系录取。

1959 年邓其生毕业后便当助教。他在华南理工大学从事教学、科研工作五十余载。五十年来，他从未对学术和教育有过懈怠。在公开刊物上发表过近 140 篇论文，其间为国家培养出众多理论与实践结合的专家学者，用“桃李满天下”来形容他，再贴切不过了。留校工作，对他来说是幸运的，自始至终他内心都充满着感恩。谈及恩师龙庆忠教授，他感慨万千。他说在 1962 年，恰逢当时华工学术造诣很高的老教授龙庆忠需要招收研究助理。在当时的“反右”斗争中邓其生没有反龙庆忠教授，龙庆忠也看中当时年轻好学的邓其生，把原在建筑设计组的他转到建筑历史教研组，邓其生，从此便成为中国古建筑的教师。

在“文化大革命”前，老师带着他到全国调研，在这四五年的时间里，他到过东北三省、山西、河北、甘肃、西安、洛阳、北京等省市，对各类古建筑技术历史进行钻研，这段艰苦的日子给他打下了坚实的基础。“文化大革命”的到来，打破了他们科研生活的平静，教学研究都停滞下来了。在“文化大革命”后，又开始到广西调查研究古民居古建筑，此后还担任过建筑设计课、城市规划课和建筑构造课等课程的老师，他见证了华南理工大学建筑学院的变迁成长。邓其生说那个时候学习氛围特别浓厚，都希望获取更多更全面的知识，课余时间就到图书馆查资料学习，他对母校的人文环境都充满着感恩，勤奋的种子在这里发芽，不断的努力成就了他的学业。在他看来，大学专业学习都是为读博士打基础，为将来走向社会学本领。只有在社会实践中才能显现真才实学，在校期间首先要学会做人，顺应国家的需要，按照国家所需要的方向去做好本分工作。他不反对名利，但不能把名利看作人生的目标，一味追求名利是很难有成就的，打好基础，有做人的本领，名利自然就会有了。

慧眼独具走天下 光影仙境信手拈

“我刚从四川游玩回来，一个人去的，拿手机拍了七八百张照片。”邓其生津津有味地说着他只身旅游的生活。经历人间四月，几乎行游了整个四川，他编辑了《人间四月四川行》剪影集。81 岁的老人精神气儿一点不输给年轻人，他说：“我是去帮广元县规划设计邓艾墓的，趁现在还能走得动，多走走，做些社会工作。”

一直以来，邓其生一半时间在做教育，一半时间在研究古建筑修护。在任教期间，邓其生所授课程深受学生喜爱，他也经常带学生去实测，包括教学生们素描课、课外指导学生，并强调所有课程都应该综合起来运用，不能分修。实践是邓其生最为强调的，他让学生去全国城市和农村实测考查，注重把理论与实际结合起来。在研究修复建筑方面，他修复了南雄宋三影塔、莲花山塔、东莞虎门炮台等古老建筑；设计建造了番禺莲花山的观音像、江门纪元塔、封开广元塔、肇庆披云楼。他在行游天下的同时，经常和当地的旅游部门交换发展特色旅游问题的意见，他修缮了各地大小寺庙，常与方士、道长做朋友，很多朋友都认识他，在群众面前他从不摆架子。他说，一个人在社会上行走，要想搞好工作和过好生活，首先得懂得处理好人际关系、懂得做人，不论是家庭关系、上下级关系还是师生关系都一定要平等待人，有人格修养，才会有事业成功。邓其生娴熟地滑动着智能手机屏幕，给我们讲述着他在行游天下过程中的趣事，像一位老顽童，他说他退休后的心愿就是出几本旅游影集，除了自己可以不时回味，人生历程还可留给后代作见证和资料。

探求筑梦六十载 行笔走墨溢流年

邓其生的研究领域颇为广泛，尤其是在中国建筑技术史、古建筑保护与维修、旅游风景建筑、岭南建筑文化、中国园林景区与城市规划方面理论与实践成就显著。他参与过东莞可园、番禺余荫山房、潮阳西园等岭南代表性古园林的修复。他强调要“善于继承，勇于创新，传承古老精华，保护古代文物”。对于古建筑修缮，他始终按《文物保护法》，坚持“保持原状，修旧如旧”。广东是我国古塔数量最多、类型最为齐全的省份，修塔事业是他专业铺开的一片广阔的天地，经他主持修理的古塔有莲花山明塔、河源龟峰塔、英德蓬莱宋塔、五华狮雄塔、南雄三影塔、海康三元塔、肇庆崇禧塔、罗定文塔等。他在修塔中研究总结、创新，由此设计了高明雁山塔、封开广元塔和莲花山观音像。

修塔建塔是邓其生的专业，也是他一生的乐趣，他希望自己修复和新设计的作品能万古流长，传给下一代。他最近设计建成的花都湖岭南园林思平地质公园牌楼和三水孔圣园，都是传承性代表作，希望未来得到群众的喜爱。

技多不压身，邓其生不仅在建筑学造诣颇高，在书法、绘画、诗歌以及印刻等领域也有着浓厚的兴趣和造诣，他在家里专门腾出一间房收藏书籍和书画，已有 4 万多册幅。他的学生自发地为他举办了多次画展，他说从建筑学基础考虑，特别是对古建筑的研究来说，书画功底是必不可少的，不学习画画、写字就缺少做建筑的修养，当然这些爱好也是退休老人娱乐休闲的一种方式，书画可以修身养性，还有助于交流交友。

谈及邓其生的字画，他送给我们一幅“志存高远”，这幅字画是在当天早起时完成的，字中行云流水，笔如云烟。刚劲有力的墨宝是邓其生对华工学子的真诚寄语，希望莘莘学子追求远大理想，追求事业上的抱负，追求卓越的成就。

老骥志千里 筑梦乌托邦

规划中国小康之城是邓其生一生的梦，他幽默地笑，想求与同仁实现中国社会的“乌托邦”。

退休后的这些年，邓其生注意到农村城镇化发展的浪潮，城市化是中国必由之路，中国如何城市化？这是值得探索的问题，他利用空闲时间到广东各地去调研。他说人一定要有梦，有梦才有追求，再通过坚持不懈的努力接近自己的梦想。

邓其生掰着手指，将他心中的梦娓娓道来。

粤北翁源是邓其生度过童年的地方，由于怀有深厚的感情，他有一个具体的设想：翁源以兰花而盛名，可以以兰花为规划基因，创造一个以兰花产业为主体的兰花城市。他说，通过这个工程，预计可以增加上万人的就业机会，还能带动旅游业的发展，引领中外兰花产业链系统集约的发展。

在粤东五华建“武术城市”，也是邓其生正在构思的一个规划梦。建设成武术之乡既可以帮助村民脱贫致富，也能振兴中华武术。邓其生早已将“武术之乡”的初步规划构想做好了，希望可以逐步实现这个美好的梦。

邓其生强调不要在罗浮山进行过多的房地产开发，应该保留大自然所给予我们的馈赠。罗浮山有中草药1240种，可以在山的前面建一个中药小城镇，以复兴中华医药，把中医的种植、制作、教育、医疗、养生、研究交流、博览、市场等结合起来，带动城镇经济发展。

“人们为了生存和理想创造了城市，人是城市改造与发展的核心主体，以人为本、尽量关心人应该是城市规划改造和管理的核心。”邓其生语重心长地说。他强调，城市是为人民服务的，对于每一个建筑作品，首先考虑的问题应该是为市民的生产和生活服务，不宜奢靡花哨，人住得安全健康、舒服快乐、幸福才算合格。年虽老矣，但邓其生保持着与时俱进的心态，在建筑设计中主张风格变化发展，继承民族优秀设计精华，规划建造既要符合现代化同时又有民族特色的建筑。

邓其生在研究城市规划历史中，认为春秋战国时代孔子提出的“世界大同”“天下为公”“天人合一”是中国城市的主要规划理念。它和西欧的“田园城市”是相类似的。孔子提出的“小康之家”主要是精神层面上的。如果它现代化、物质化，基本上就是社会主义社区规划模式了，对体制改革也许会起一定的作用。

结语

“老骥伏枥，壮心不已”，邓其生将他一生精力、能力和感情都奉献给了华南理工大学，献给了他的学生，献给了社会。能一步步实现他的梦，他觉得很满足，也很知足。如今，邓其生虽年过八旬，但他从未停止过工作，也从未停止过学习，他仍活跃于岭南乃至全国的古建筑修复领域，无论什么身份，他从未忘记自己作为一名建筑学家的社会使命。正如他所说，人一定要有梦，要坚持，一切困难都是暂时的，我们要做的就是实现自己的梦。

——王蓓

邓其生科教人生年表

1954年秋	进入广州华南理工大学建工系建筑学专业学习
1959年夏	提前毕业，留任华南理工大学建工系建筑学专业助教，参加初步设计教学
1960年秋	参加中国建筑研究院主持的海南、潮汕、新会和粤北地区的民居建筑研究，执笔完成了调查报告
1962年	从设计教研组调到历史教研究组，作为龙庆忠教授的助手，进一步开拓建筑理论与历史的研究领域
1962—1964年	先后考察了敦煌、西安、开封、太原、洛阳、郑州、大连、哈尔滨、苏州、南京、上海等地，后又到四川、云南、广西等地考察，积累丰富了第一手研究资料，直到“文化大革命”才中断调查研究工作
1979年	发表论文《重视建筑形式的探索》（建筑学报，1979.5）、《祖国建筑遗产与建筑现代化》（华南土建，1979.5）、《谈古建筑的保护意义与维修》（文博通讯，1979.8）、《中国古代建筑木材防腐》（建筑技术，1979.10）、《广州石室艺术形象》（新建筑，1979.10）
1980年	发表论文《古建筑的价值、利用和研究》（科技史文集，1980.1）、《中国古代建筑基础》（建筑技术，1980.2）、《美妙的大屋顶》（建筑工人，1980.4）
1981年	与林克明先生发表《广州城市建设要重现文物古迹保护》（南方建筑，1981.1），发表论文《绿林史掇》（广东园林，1981.2）、《论城市住宅问题》（南方建筑，1981.2）、《院落住宅发展与南方农舍探讨》（南方建筑，1981.4）、《庭园与环境保护》（环境，1981.6）、《我国古代建筑防水措施》（科技史文集，1981.7）、《鲁班与鲁班经》（建筑工人，1981.9）
1982年	发表论文《壁画·建筑·雕塑》（与史庆堂合作）（南方建筑，1982.1）、《园林革新散论》（广东园林，1982.1）、《城镇园林化刍议》（广东园林，1982.3）、《东莞可园》（建筑历史与理论，1982.3、4）、《传统·革新·现代化》（南方建筑，1982.4）
1983年	发表论文《南方建筑的防潮措施》（南方建筑，1983.1）、《梅庵初探》（广东文博，1983.2）、《我国寺庙园林与风景园林的发展》（广东园林，1983.2）、《城市的历史与未来——对佛山古镇未来的设想》（南方建筑，1983.3）、《中国有关竹材应用处理的发展》（农史研究，1983.3）、《论传统园林的因借手法》（广东园林，1983.4）、《中国古建筑的防水防潮技术》（南方建筑，1983.12）、《岭南古建筑文化特色》（建筑学报，1983.12）
1984年	发表论文《梅关杂考》（广州文博，1984.3）、《发展卫星城是解决广州住宅问题的重要途径》（广州研究，1984.5）、《庭园史程》（广东园林，1984.12）
1985年	参与撰写《中国建筑技术史》（科学出版社）。 发表论文《议广州旧城改建纲要与文物保护内容》（南方建筑，1985.1）、《议古典园林的修复》（广东园林，1985.1）、《南方传统建筑的防虫蚁害措施》（南方建筑，1985.2）、《庭园史程》（广东园林，1985.2）、《岭南盆景》（广东园林，1985.2）、《对古建筑保护修理中几个问题的浅见》（与王维合作）（广州文博，1985.3）、《广州光孝寺年代考》（广州研究，1985.6）、《广州怀圣寺的建造年代考释》（广州研究，1985.6）

续表

1986 年	发表论文《论古典园林的修复》（广东园林，1986.1）、《浅谈广州旧城改造规划中的旧住宅改建》（南方建筑，1986.1）
1987 年	发表论文《开放与创作》（南方建筑，1987.3）、《从解决困难住户谈到房租制度改革》（广州房地产研究，1987.6）
1988 年	发表论文《论广州石室的建筑艺术形象》（与李佩芳合作）（新建筑，1988.1）、《番禺横档岛旅游区规划构想》（与陈广万、叶志合作）（广东园林，1988.3）
1989 年	发表论文《论名城的开发与改造 ——对广州规划建设献策之一》（广州名城发展战略会，1989.1）、《从黄鹤楼重建谈建筑创作》（南方建筑，1989.2）、《罗浮山朱明洞风景区规划构想》（与陈广万合作）（全国区域旅游开发会议，1989.12）
1990 年	发表论文《潮州广济桥的修复构想》（与杨森合作）（中国文物报，1990.1）
1991 年	参与撰写《岭南古建筑》（广东科技情报出版社）。 发表论文《广州旧城改造与开发的初步探讨》（南方建筑，1991.1）、《寻求海岛的自然风韵》（新建筑，1991.2）、《罗浮山的旅游资源评价与开发建议》（与陈广万合作）（广东园林，1991.4）
1992 年	晋升为教授。 发表论文《重修规划设计黄帝陵应把文物保护放在首位》（建筑学报，1992.1）、《居住建筑亦应表现民族的文化精神》（建筑师，1992.4）、《潮州湘子桥修复工程设计》（古建园林技术，1992.9）
1993 年	发表论文《广州城建应更上一层楼——审视广州城建的成就与遗憾》（建筑与城市，1993.2）、《番禺余荫山房布局特色》（中国园林，1993.3）、《中国古典园林的自然观》（与昌建平合作）（北京园林，1993.4）、《广州建筑与海上“丝绸之路”》（广东经济，1993.8）、《面向世界展望未来的世纪工程——把广州建设成国际大都会的构想》（南方房地产，1993.12）、《作为现代化国际大都市的广州名城风貌》（广东经济，1993.12）
1994 年	被批准为博士生导师
1995 年	发表论文《华夏文化与中国建筑》（建筑与文化论文集，1995.1）、《充实和提高广州旅游的文化内涵》（跨世纪的选择，1995.1）、《南雄珠玑巷风景旅游区开发的探索》（广东园林，1995.2）、《从国外住房发展议广州住宅建设的对策》（住宅科技，1995.7）、《城镇规划建设的用地问题和对策》（南方房地产，1995.8）、《在平凡中略显风姿——阳西县大会堂设计》（南方建筑，1995.12）、《中国古建筑中的民族精神》（古建园林技术，1995.12）
1996 年	发表论文《对西樵旅游发展战略的意见》（广州旅游工作会议，1996.2）、《如何塑造作为现代国际大都市的广州旅游总体形象》（广州旅游战略文集，1996.6）、《五邑旅游发展规划探讨》（广东旅游，1996.8）、《岭南文物古迹旅游资源开发的思考》（广东人谈旅游，1996.10）
1997 年	发表论文《岭南早期建筑发展概观》（华南理工大学学报，1997.1）

续表

1998 年	发表论文《议岭南城乡规划质量——对广东城乡规划建设可持续发展的思考》（南方建筑，1998.1）、《岭南居住小区环境规划质量综议》（广州高品位小区讨论，1998.7）
2000 年	发表论文《从建筑考古学看广州“造船遗址”》（中国文物报，2000.8）、《住宅建筑的造型和环境质素》（南方房地产，2000.12）
2001 年	参与撰写《弘扬岭南建筑文化》（天马图书有限公司），《重构广州山水城市》（广州出版社）。发表论文《新世纪我国住宅发展与建筑设计》（商品住宅小区研究，2001.1）、《重构广州“山水城市”》（南方建筑，2001.1）、《论古建筑的保护与维修》（古建园林技术，2001.2）、《以中国山水文化精神营造广州宜居环境》（南方房地产，2001.2）、《中国风水科学经验集序》（李秉文阴阳地理经验集序，2001.3）、《塑造广州旅游总体形象》（南方建筑，2001.4）、《现代居住观漫谈》（英华风采，2001.4）、《保护历史文化名城资源提高广州文化品格》（广东历史文化名城保护文集，2001.5）、《谈古建筑的保养》（古建园林技术，2001.6）、《人居与生态》（南方房地产，2001.7）、《中西建筑观与空间意识比较》（国际中国建筑史研讨会，2001.8）、《从南海神庙营建谈广州海外交流与旅游开发》（南方建筑，2001.8）、《弘扬岭南建筑文化》（城市文化与广州发展，2001.12）
2002 年	发表文章《近代教会学校建筑的形态发展与演变》（与彭长歆合作）（华中建筑，2002.5）
2003 年	发表论文《从顺德顺峰山牌坊建筑的思考》（南方建筑，2003.3）、《从可持续发展谈历史文化名城整体环境保护》（华中建筑，2003.3）、《建设小康社会住区的思考》（南方房地产，2003.3）、《南越王宫本是“秦汉假船台”？》（会议论文，2003.3）、《岭南名山西樵山的历史文化内涵与开发模式刍议》（广东园林，2003.3）、《关于“肇庆历史文化名城保护与利用”的建议》（中国名城，2003.4）
2004 年	发表论文《广东古塔的地位和特色》（与邓琮合作）（广东古塔，2004.2）、《探索古城保护中开发和开发中保护的模式》（中国名城，2004.3）、《近代广州建筑的变革与岭南建筑风格的形成》（与彭长歆合作）（华中建筑，2004.5）、《潮阳西园》（中国园林，2004.6）、《旧城改造中房地产开发的可持续发展和生态优化》（南方房地产，2004.7）、《广州现代建筑发展的轨迹与未来的展望》（南方建筑，2004.8）、《岭南早期建筑适应环境的启示》（与曹劲合作）（第二届国际建筑史会议，2004.8）
2005 年	发表论文《中国传统建筑生态优化的理念与实践》（与胡冬香合作）（南方建筑，2005.2）、《石经幢的艺术识赏》（与李绪洪合作）（古建园林技术，2005.3）、《探索广东佗城保护的模式》（中国名城，2005.4）、《增加科技含量 提高住宅品质》（南方房地产，2005.6）、《风水研究发展刍议》（与李娜合作）（华中建筑，2005.12）
2006 年	发表论文《广东房地产市场整体发展的建议》（广东房地产研究，2006.5）

续表

2008 年	发表论文《广州南朝宝庄严寺舍利塔考》（与宋欣合作）（古建园林，2008.3）
2009 年	发表论文《香港新界历史建筑保护现状与前瞻》（古建园林技术，2009.3）
2010 年	发表论文《发展“环保小康居住工程”的思路》（南方房地产，2010.1）、《创构广州人居生态环境》（生态住宅研究，2010.3） 在香港儒学大会发言《弘扬儒学 复兴孔教精神 走中国建筑自己现代化道路》（2010.10）
2012 年	发表论文《古代广州山水城市与羊城八景》（与吴隽宇合作）（华中建筑，2012.8）

邓其生社会工程实践人生年表

	项目名称	时间
主持或参与的岭南古建筑修复工程	新会陈白沙祠与牌楼（王维主持）	1980.2—1982.1
	番禺莲花山明塔	1980.3—1981.5
	海南儋县东坡书院	1982.1—1983.9
	南雄珠玑巷门楼、亭和陈家祠	1982.3—1985.5
	海丰文庙	1983.2—1984.1
	广州番禺学宫	1983.2—1984.5
	肇庆崇禧塔	1983.4—1983.12
	连县宋慧光塔	1983.5—1985.1
	海康明三元塔	1984.3—1985.1
	海康雷祖祠	1985.1—1988.1
	肇庆梅庵与文庙	1985.1—1988.2
	仁化华林寺宋塔	1986.1—1987.3
	广州六榕寺宋塔	1987.3—1988.2
	南雄宋三影塔	1989.1—1992.5
	曲江南华寺藏经阁与钟鼓楼	1990.10—1991.11
	海口市五公祠和仿宋亭	1990.10—1992.1
	河源宋龟峰塔	1990.11—1991.3
	高州冼太庙	1991.1—1992.2
	英德宋莲莱塔	1991.5—1992.10
	番禺莲花城	1991.7—1992.3
	罗定明文塔	1991.10—1992.10
	东莞观音堂	1993.5—1993.10
	揭阳城隍庙	1993.10—1994.10
	潮阳四序堂	1994.1—1995.3
	东莞明留花塔	1995.1—1996.5
	肇庆元魁塔	1995.4—1996.12
	广州咨议局旧址	1995.7—1996.5

续表

	项目名称	时间
主持或参与的岭南古建筑修复工程	化州孔庙	1997.3—2013.3
	深圳南山天后庙	1998.1—1999.1
	东莞虎门炮台	1998.5—1999.10
	河源金花庙	1998.8—1999.3
	五华学官	2009.10—2010.5
	梅州灵光寺	2013.1—2016.1
	梅州邓工公墓	2015.1—2018.1
	四川广元邓艾墓	2017.3—2018.2
主持设计建造的复古建筑	肇庆宋披云楼	1989.3—1990.1
	深圳南山明天后宫	1992.2—1993.3
	南雄唐张昌故居	1994.1—1995.1
	肇庆丽谯楼	1994.8—1995.3
	东莞仿清黄旗道观	1995.2—1996.1
	高要盘古龙王庙	1996.3—1996.11
	鹤山雁山仿宋塔	1997.3—1998.1
	三水仿明清孔圣园	1998.3—1999.10
	肇庆北岭山上明珠广场建筑群	1998.6—1999.3
	汕尾仿明武帝庙	2000.1—2002.4
	封开仿汉广信塔	2006.1—2006.12
主持或参与规划设计的景区	番禺横档岛规划与海韵阁设计	1988.3—1989.10
	番禺莲花山古城景区与 36.8 米观音像的设计	1991.1—1992.10
	阳西儿童公园景区规划	1992.2—1993.1
	龙川佗城景区规划	1996.1—1997.1
	四会葫芦山风景区	1997.3—2010.5
	番禺余荫山房修理与文昌苑设计	2000.1—2010.1
	湖南平江伍市规划	2007.6—2008.1
	花都湖岭南园与花都阁	2013.5—2018.1
	恩平地质公园门楼	2016.1—2017.2

续表

	项目名称	时间
主持或参与设计创作的具岭南特色的建筑	海南亚热带作物学院教学楼、汕头公元厂、珠江宾馆等	1959.1—1959.12
	雷州宾馆	1987.3—1988.1
	阳西行政与文化建筑群	1988.3—1991.3
	广州国际科贸中心	1990.1—1991.1
	阳西广播局大楼	1990.12—1991.5
	广东省旅游学校	1992.3—1995.1
	大埔蔡氏别庄	1994.1—1998.3
	阳西交警大楼	1994.5—1995.3
	番禺横档岛泳场	1995.11—1996.5
	广州帽峰山新世纪花圃服务楼	1998.5—1999.3
	五华中学教学楼	2002.1—2002.10
	台山下川岛海山建筑群（地税会所、千帆酒店、海趣别墅、财政招待所）	2002.6—2008.5
	台山水步金山宾馆	2003.6—2005.6
	台山厨艺学校	2004.2—2005.1
	台山检察院办公楼	2015.1—2016.3